H. R. Etzold

# So wird´s gemacht

Dr. Hans-Rüdiger Etzold
Diplom-Ingenieur für Fahrzeugtechnik

# So wird's gemacht

pflegen - warten - reparieren

Band 94:

PEUGEOT 106

Benziner

1,0 l / 33 kW (45 PS) ab 9/91
1,1 l / 44 kW (60 PS) ab 9/91
1,4 l / 55 kW (75 PS) ab 9/91
1,4 l / 69 kW (94 PS) ab 9/91

Diesel

1,4 l / 37 kW (50 PS) ab 8/92

Delius Klasing Verlag

Bibliografische Information der Deutschen Nationalbibliothek
Die Deutsche Nationalbibliothek verzeichnet diese Publikation in der Deutschen Nationalbibliografie; detaillierte bibliografische Daten sind im Internet über http://dnb.dnb.de abrufbar.

2. Auflage
ISBN 978-3-7688-0871-2


**Alle Angaben ohne Gewähr**
Druck: Books on Demand, Norderstedt



Delius Klasing Verlag, Siekerwall 21, D - 33602 Bielefeld
Tel.: 0521/559-0, Fax: 0521/559-115
E-Mail: info@delius-klasing.de
www.delius-klasing.de

## *Lieber Leser,*

in letzter Zeit werde ich von Autofahrern öfters angesprochen und gefragt, ob man bei den modernen Fahrzeugen überhaupt noch etwas selbst reparieren kann. Das vorliegende Buch ist meine Antwort. Seite für Seite sind Arbeiten beschrieben, die von einem fachlich interessierten Autofahrer selbst durchgeführt werden können.

Selbstverständlich hat es in den vergangenen Jahren im Automobilbau erhebliche Fortschritte gegeben, so daß erfreulicherweise viele Einstell- und Kontrollarbeiten nicht mehr erforderlich sind. Weggefallen sind beispielsweise das Einstellen der Zündung und, je nach Motor, das Einstellen des Leerlaufs und des Ventilspiels. Und durch den vermehrten Einbau von langzeitstabilen Bauteilen, zu denen beispielsweise die elektronische Zündanlage oder die elektronischgesteuerte Einspritzanlage zählen, entfällt der Austausch von Verschleißteilen. Andere Arbeiten wiederum, wie das Überprüfen elektronischer Bauteile, sind nur noch mit teuren Prüfgeräten möglich, die speziell auf den betreffenden Fahrzeugtyp abgestimmt sind und deren Anschaffung sich in der Regel für den Hobbymonteur nicht lohnt.

Obwohl also das Fahrzeug technisch immer aufwendiger und komplizierter wird, greifen dennoch von Jahr zu Jahr immer mehr Heimwerker zum »So wird's gemacht«-Handbuch. Die Erklärung dafür ist einfach: Weil die Technik des Automobils komplizierter geworden ist, kommt man bei Arbeiten am Fahrzeug ohne eine spezielle Anleitung nicht mehr aus. Das gilt auch für den Fachmann. Außerdem gibt es nach wie vor am Auto eine Reihe von Verschleißteilen, die in regelmäßigen Abständen kontrolliert und gegebenenfalls ausgewechselt werden müssen. Dazu zählen vor allem Bremsbeläge, Stoßdämpfer sowie Teile der Abgasanlage.

Grundsätzlich muß sich der Heimwerker natürlich darüber im klaren sein, daß man mit Hilfe eines Handbuches nicht automatisch zum Kfz-Handwerker wird. Man sollte also nur Arbeiten durchführen, die man sich selbst zutraut. Das gilt insbesondere natürlich bei Arbeiten, die die Verkehrssicherheit des Fahrzeugs beeinträchtigen können. Gerade in diesem Punkt sorgt das »So wird's gemacht«-Handbuch für praktizierte Verkehrssicherheit. Durch die exakte Beschreibung der erforderlichen Arbeitsschritte und den nötigen Warnhinweisen wird der Heimwerker bei der Arbeit entsprechend sensibilisiert und fachlich richtig informiert. Auch wird darauf hingewiesen, im Zweifelsfall die Arbeit lieber einem Fachmann zu überlassen.

In der Öffentlichkeit wird hin und wieder von interessierten Kreisen der Vorwurf erhoben, Heimwerker würden durch ihre Eigenarbeiten am Fahrzeug die Verkehrssicherheit negativ beeinflussen. Aus den Kontakten, die ich zu Hobbymonteuren habe, kann ich nur vom Gegenteil berichten. Derjenige Fahrzeugbesitzer, der sein Fahrzeug selbst pflegt und wartet, hat ein großes Interesse an einem verkehrssicheren, gepflegten Auto.

Vor jedem Arbeitsgang empfiehlt sich ein Blick in das vorliegende Buch. Dadurch wird schnell der Umfang und auch der Schwierigkeitsgrad der Reparatur deutlich. Außerdem erfährt man, welche Ersatz- oder Verschleißteile eingekauft werden müssen und ob unter Umständen die Arbeit nur mit Hilfe von Spezialwerkzeug durchgeführt werden kann.

Für die meisten Schraubverbindungen ist das Anzugsmoment angegeben. Bei Schraubverbindungen, die in jedem Fall mit einem Drehmomentschlüssel angezogen werden müssen (Zylinderkopf, Achsverbindungen usw.), ist der Wert **f e t t** gedruckt. Nach Möglichkeit sollte man jede Schraubverbindung mit einem Drehmomentschlüssel anziehen. Übrigens: Für viele Schraubverbindungen sind die neuen Innen- und Außen-Torxschlüssel erforderlich.

Auch der fachkundige Hobbymonteur, der sein Fahrzeug selbst wartet und repariert, sollte bedenken, daß der Fachmann viel Erfahrung hat und durch die Weiterschulung und den ständigen Erfahrungsaustausch über den neuesten Technik-Stand verfügt. Mithin kann es für die Überwachung und Erhaltung der Betriebs- und Verkehrssicherheit des eigenen Fahrzeugs sinnvoll sein, in regelmäßigen Abständen eine PEUGEOT-Werkstatt aufzusuchen.

Natürlich kann das vorliegende Buch nicht auf jede aktuelle technische Frage eingehen. Dennoch hoffe ich, daß die getroffene Auswahl an Reparatur-, Wartungs- und Pflegehinweisen in den meisten Fällen die eventuell auftretenden Probleme zufriedenstellend löst.

***Hans-Rüdiger Etzold***

# Inhaltsverzeichnis

# Motor

Der PEUGEOT 106 ist mit Benzin- und Dieselmotoren aus der Motorenbaureihe TU ausgestattet. Die einzelnen Motoren unterscheiden sich hauptsächlich im Hubraum und in der Leistung. Das Triebwerk ist im Motorraum quer zur Fahrtrichtung eingebaut.

Die Motorblöcke sind aus Leichtmetall gefertigt und besitzen 4 eingepreßte, nasse Laufbuchsen mit Runddichtringen. Bei hohem Verschleiß oder Riefen an den Laufflächen des Zylinders können einzelne oder alle Laufbüchsen samt der dazugehörigen Kolben ausgetauscht werden. Der Motorblock des 1,4 l-Motors mit 69 kW (94 PS) ist aus Grauguß gefertigt. Die Zylinderbohrungen sind direkt in den Motorblock eingelassen.

Im unteren Teil des Motorblocks befindet sich die Kurbelwelle, die von 5 Kurbelwellenlager abgestützt wird. Über Gleitlager sind die Pleuel, die die Verbindung zu den Kolben herstellt, mit der Kurbelwelle verbunden. Den unteren Abschluß des Motors bildet die Ölwanne, in der sich das zur Schmierung und Kühlung des Motors benötigte Motorenöl sammelt. Oben auf dem Motorblock ist der Zylinderkopf aus Leichtmetall aufgeschraubt.

Im Zylinderkopf steuert die 5fach gelagerte, obenliegende Nockenwelle die Ein- und Auslaßventile. Die Ventile sind V-förmig in Reihe angeordnet und werden über Kipphebel betätigt. Angetrieben wird die Nockenwelle durch einen wartungsfreien Zahnriemen von der Kurbelwelle. Ebenfalls durch den Zahnriemen wird auch die seitlich im Motorblock sitzende Kühlmittelpumpe angetrieben.

Die Zahnrad-Ölpumpe ist unten in der Ölwanne an den Motorblock angeschraubt und wird durch eine kurze Rollenkette von der Kurbelwelle angetrieben.

Für die Aufbereitung eines zündfähigen Benzin-Luftgemisches sorgt eine elektronisch geregelte Einspritzanlage, die in der Regel wartungsfrei arbeitet.

Der zur Verbrennung des Benzin-Luftgemisches notwendig Zündfunke wird durch eine wartungsfreie elektronische Zündanlage erzeugt. Der Zündverteiler wird direkt von der Nockenwelle angetrieben und sitzt seitlich am Zylinderkopf.

Eine Aufschlüsselung über Einbau-Zeitraum, Motor- und Modellzugehörigkeit ergibt sich aus der Tabelle auf Seite 13.

**Achtung:** Bevor Arbeiten am Motor durchgeführt werden, empfiehlt es sich, anhand der Tabelle den Motor eindeutig zu identifizieren.

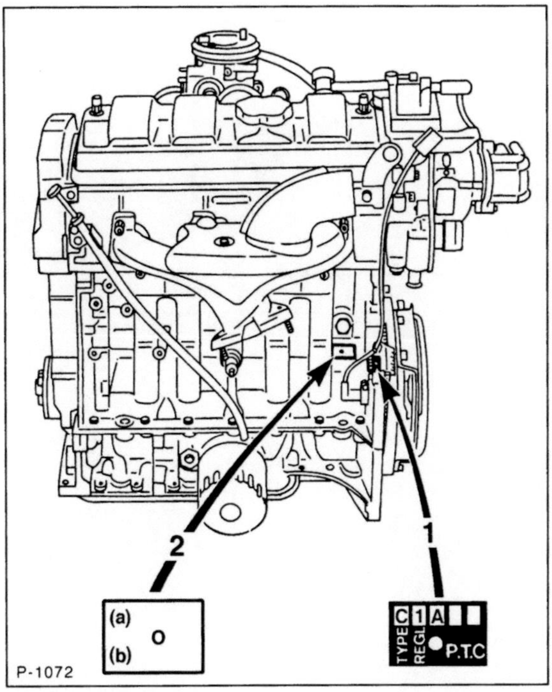


Die Kennzeichnung des Motors erfolgt durch 2 Schilder, die am Zylinderblock hinten aufgenietet sind. Schild 1 gibt den Motortyp an, Schild 2 die Motornummer, wobei unter –a– die Aggregatenummer und unter –b– die fortlaufende Seriennummer vermerkt ist.

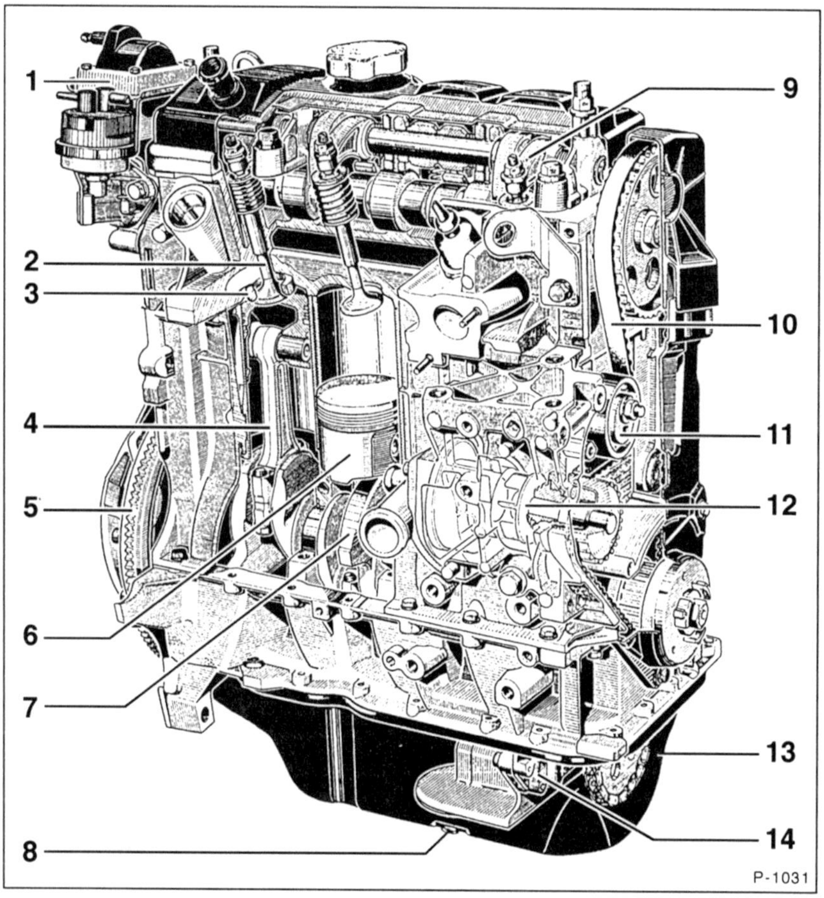


## Motor TU

1 – Zündspule
2 – Einlaßventil
3 – Ventilsitzring
4 – Pleuel
5 – Schwungrad
6 – Kolben
7 – Kurbelwelle
8 – Ölablaßschraube
9 – Kipphebel
10 – Zahnriemen
11 – Spannrolle
12 – Kühlmittelpumpe
13 – Ölwanne
14 – Ölpumpe

## Die wichtigsten Motordaten

| Motorbezeichnung | 0,9 l | 1,1 l | 1,4 l | 1,4 l XSi | 1,4 l Diesel |
|---|---|---|---|---|---|
| Motorcode | TU9M | TU1MZ | TU3MZ | TU3J2Z | TUD3 |
| Motortyp | OHC | OHC | OHC | OHC | OHC |
| Herstellungszeitraum | 9/91 – | 9/91 – | 9/91 – | 9/91 – | 8/92 – |
| Hubraum | 954 | 1124 | 1361 | 1361 | 1361 |
| Leistung kW bei 1/min<br>PS bei 1/min | 33/6000<br>45/6000 | 44/6200<br>60/6200 | 55/5800<br>75/5800 | 69/6600<br>94/6600 | 37/5000<br>50/5000 |
| Drehmoment Nm bei 1/min | 73,5/3600 | 87,5/3800 | 111/3400 | 117/4200 | 83/2500 |
| Bohrung Ø mm | 70 | 72 | 75 | 75 | 75 |
| Hub mm | 62 | 69 | 77 | 77 | 77 |
| Verdichtung | 9,1 | 9,4 | 9,3 | 9,1 | 22,5 |
| Zünd-/Einspritzanlage | Monopoint | Monopoint | Monopoint | Multipoint | Verteilerpumpe |
| Zündfolge | 1 – 3 – 4 – 2 | 1 – 3 – 4 – 2 | 1 – 3 – 4 – 2 | 1 – 3 – 4 – 2 | 1 – 3 – 4 – 2 |
| Kraftstoff (ROZ) | Super bleifrei 95 | Super bleifrei 95 | Super bleifrei 95 | Super bleifrei 95 | Diesel |
| Katalysator | geregelt | geregelt | geregelt | geregelt | ungeregelt |
| Füllmengen<br>Motoröl (mit Filter) Liter<br>Kühlmittel Liter | <br>3,5<br>5,8 | <br>3,5<br>5,8 | <br>3,5<br>5,8 | <br>3,5<br>5,8 | <br>3,5<br>6,0 |

# Motor aus- und einbauen

Der Motor wird mit dem Getriebe nach unten ausgebaut. Abgas- und Ansaugkrümmer sowie Generator bleiben am Motor angebaut. Zum Ausbau des Motors benötigt man einen Kran oder einen Flaschenzug, einen Rangierwagenheber und eine Grube oder genügend hohe Unterstellböcke, damit der Motor unter dem aufgebockten Fahrzeug hervorgeholt werden kann. In **keinem Fall** darf der Motor mit einem Rangierwagenheber abgesenkt werden, da der Heber am Motor und am Getriebe schwere Schäden verursachen würde.

Vor Montagearbeiten im Motorraum sollten die Kotflügel mit Decken gegen Lackschäden geschützt werden.

Je nach Baujahr und Ausstattung können die elektrischen Leitungen beziehungsweise Unterdruck- oder Kühlmittelschläuche unterschiedlich im Motorraum verlegt sein. Da im einzelnen nicht auf jede Variante eingegangen werden kann, empfiehlt es sich, die jeweilige Leitung vor der Demontage mit Klebeband zu kennzeichnen.

**Ausbau**

- Motorhaube ausbauen, siehe Seite 159.
- Den Luftfilter ausbauen, siehe Seite 67.
- Batterie ausbauen, siehe Seite 187.

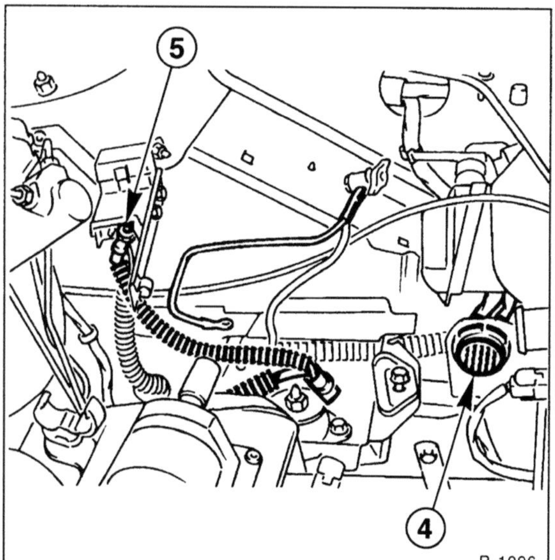

P-1096

- Stecker –4– und Massekabel –5– abklemmen.
- Sämtliche Unterdruckschläuche abziehen. Zum leichteren Einbau Leitungen vorher mit Klebeband kennzeichnen.
- Kühlerlüfter ausbauen, siehe Seite 53.
- Radkappen von den Vorderrädern abbauen.

P-1095

- Antriebswellenmuttern lösen. **Achtung: Dabei muß das Fahrzeug gebremst werden und auf den Rädern stehen. Unfallgefahr!**
- Fahrzeug vorn aufbocken, siehe Seite 226.
- Falls vorhanden, untere Motorraumverkleidung ausbauen.
- Kühlmittel ablassen, siehe Seite 55.
- Öl aus Getriebe und Achsantrieb ablassen und auffangen. Ölablaßschraube anschließend wieder hineindrehen, siehe auch Seite 240.
- Je nach Reparaturumfang am Motor, Motoröl ablassen, siehe Seite 231.
- Gaszug am Drosselklappenhebel abbauen, siehe Seite 65.

**Achtung:** Der Gaszug darf nicht geknickt werden.

- Schlauchschellen lösen und oberen und unteren Kühlmittelschlauch am Kühler abziehen.
- Heizungsschläuche vom und zum Motor abziehen.
- **Benzinmotor:** Unterdruckleitung des Bremskraftverstärkers vom Ansaugkrümmer abbauen.
- **Dieselmotor:** Unterdruckleitung des Bremskraftverstärkers von der Unterdruckpumpe abbauen.
- Schlauchschellen lösen, Kraftstoffzulaufleitung abziehen und mit einem geeigneten Stopfen verschließen. Zum Verschließen der Leitungen können saubere Schrauben mit entsprechendem Durchmesser in die Leitungen gesteckt werden. Zum leichteren Einbau Leitungen vorher mit Klebeband kennzeichnen.
- Kupplungsseilzug am Ausrückhebel aushängen, siehe Seite 96.
- Beide Antriebswellen ausbauen, siehe Seite 110.
- Abgasanlage ausbauen, siehe Seite 88.
- Tachowelle am Getriebe abschrauben und herausziehen.

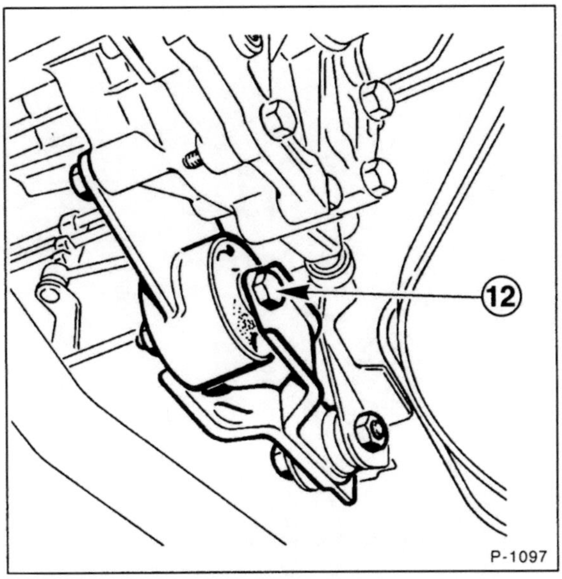


- Befestigungsschraube –12– der Drehmomentabstützung abschrauben. Drehmomentabstützung nach hinten wegklappen.
- Schaltgestänge am Getriebe aushängen, siehe Seite 100.

- Hebequerträger –1– mit Haken –2– in die Hebeösen des Motors einhängen. Steht der Querträger nicht zur Verfügung, entsprechend dickes Seil oder Kette mit stabilen Karabinerhaken verwenden.
- Flaschenzug einhängen und Motor soweit anheben, bis die Motorlager entlastet sind.

- Befestigungsschrauben –8– und Befestigungsmutter –9– der Getriebehalterung abschrauben und Halterung abnehmen.

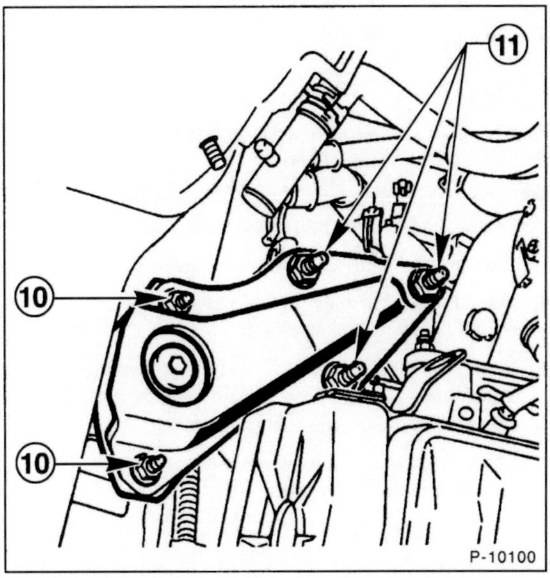


- Befestigungsmuttern –10– und –11– der rechten Motorhalterung abschrauben und Halterung abnehmen.
- Sicherstellen, daß sämtliche Schläuche und Leitungen abgezogen sind, die vom Motor und Getriebe zum Aufbau führen.

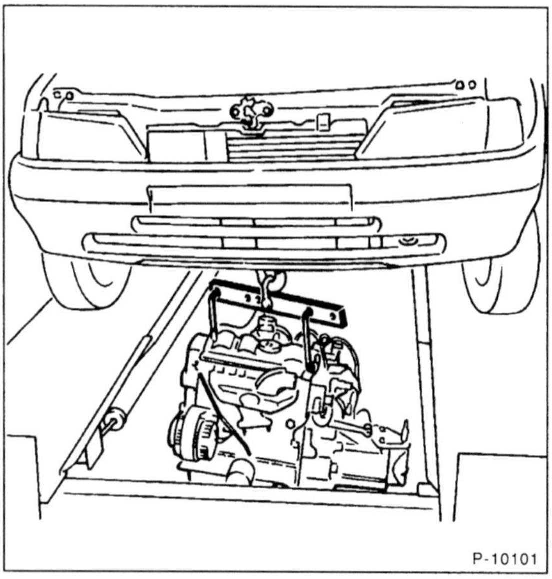


- Motor mit Getriebe nach unten aus dem Motorraum absenken. Dabei Antriebseinheit sorgfältig führen, um Beschädigungen zu vermeiden.

**Falls der Motor vom Getriebe getrennt werden soll:**

- Getriebe vom Motor abflanschen, siehe Seite 100.

### Einbau

Beim Einbau des Motors sind grundsätzlich alle selbstsichernden Muttern zu erneuern.

- Motorlager, Kühlmittel-, Öl- und Kraftstoffschläuche auf Porosität oder Risse prüfen, falls erforderlich erneuern.

**Falls Motor und Getriebe getrennt wurden:**

- Kupplungsausrücklager auf leichten Lauf und Ausrückhebel auf Leichtgängigkeit prüfen.
- Kupplungs-Mitnehmerscheibe auf ausreichende Belagdicke sowie Belagzustand prüfen, bei hoher Kilometerleistung, über 80.000 km, austauschen.
- Kerbverzahnung der Getriebe-Antriebswelle mit $MoS_2$-Schmierfett etwas schmieren.
- Getriebe anflanschen, siehe Seite 100.
- Motor mit Getriebe vorsichtig von unten in den Motorraum einführen. Beim Anheben darauf achten, daß der Motor sorgfältig geführt wird, um Beschädigungen an Triebwerk und Aufbau zu vermeiden.

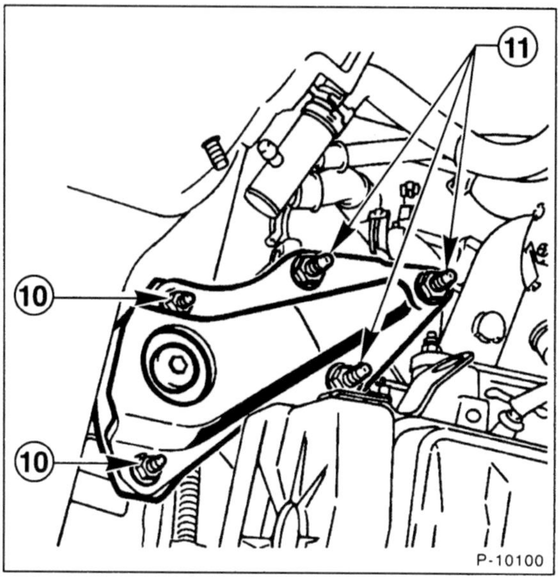


- Rechtes Motorlager ansetzen und Muttern –10– mit **20 Nm** und Muttern –11– mit **50 Nm** festschrauben.

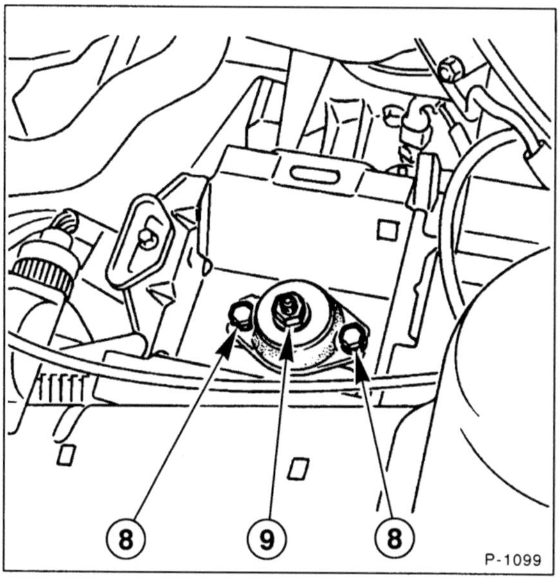


- Linkes Getriebelager ansetzen, Schrauben –8– mit **30 Nm** und Mutter –9– mit **85 Nm** festschrauben.
- Motor-Hebevorrichtung abbauen.
- Schaltgestänge einhängen, siehe Seite 100.

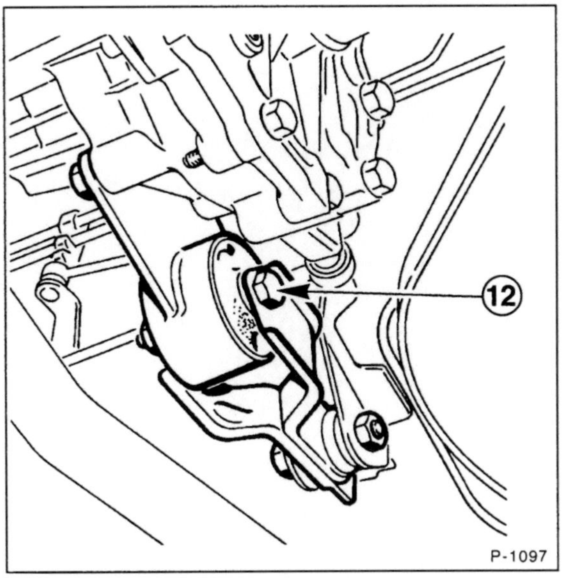


- Die Drehmomentabstützung vorklappen und Schraube –12– mit **55 Nm** festschrauben.
- Kupplungsseilzug am Ausrückhebel einhängen, Kupplung einstellen, siehe Seite 96.
- Beide Antriebswellen einbauen, siehe Seite 110.
- Abgasanlage einbauen, siehe Seite 88.
- Kraftstoffvor- und -rücklaufleitung aufschieben und mit Schlauchschellen sichern.
- Tachowelle aufschieben und Stift einsetzen.
- Elektrische Leitungen entsprechend der beim Ausbau angebrachten Kennzeichnungen aufschieben. Elektrische Leitungen mit Kabelbindern fixieren.
- Unterdruckschlauch für Bremskraftverstärker aufschieben.
- Luftfilter-Einsatz prüfen, gegebenenfalls ausklopfen oder erneuern. Luftfilter einbauen, siehe Seite 67.
- Gaszug einbauen und Einstellung prüfen, siehe Seite 65.
- Heizungs- und Kühlmittelschläuche an Zylinderkopf und Kühlmittelstutzen aufschieben und mit Schlauchschellen sichern.
- Kühlerlüfter einbauen, siehe Seite 53.
- Kühlmittelschläuche am Kühler anschließen und mit Schellen sichern.
- Wo vorhanden, untere Motorraumverkleidung einbauen.
- Fahrzeug ablassen, siehe Seite 226.
- Achsmuttern mit **260 Nm** anziehen. **Achtung: Dabei muß das Fahrzeug gebremst werden und auf den Rädern stehen. Unfallgefahr!**
- Kühlmittel auffüllen und Kühlmittel auf Gefrierschutz prüfen, siehe Kapitel »Wartung«.
- Getriebeöl auffüllen, siehe Seite 240.
- Motorölstand prüfen, gegebenenfalls Motoröl auffüllen, siehe Seite 233.
- Motorhaube einbauen, siehe Seite 159.
- Batterie einbauen und anschließen, siehe Seite 187.
- Falls vorhanden, Zeituhr einstellen sowie Diebstahlcode für das Radio eingeben.
- Motor auf Betriebstemperatur bringen, sämtliche Flüssigkeitsstände überprüfen und sämtliche Schlauchanschlüsse auf Dichtheit überprüfen, gegebenenfalls Anschlüsse nachziehen.

## Zahnriemen aus- und einbauen

**Benzinmotor**

**Ausbau**

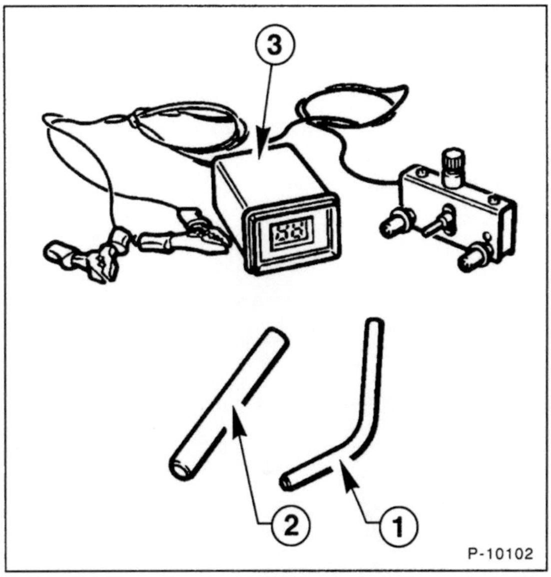


- **Erforderliches Spezialwerkzeug:** Feststellstift für Schwungrad –1–, Ø 6 mm; Feststellstift für Nockenwellenzahnrad –2–, Ø 10 mm; Riemenspannungsmeßgerät –3–, z. B. SEEM C.TRONIC 105.5. Feststellstifte selbst herstellen beziehungsweise Bohrer oder Durchschläge mit geeignetem Durchmesser verwenden.
- Batterie-Massekabel (–) abklemmen. **Achtung:** Dadurch werden die elektronischen Speicher gelöscht, zum Beispiel Motor-Fehlerspeicher oder Radiocode. Batterie nur bei **ausgeschalteter Zündung** abklemmen, da sonst das Steuergerät der Einspritzanlage beschädigt werden kann. Vor dem Abklemmen sollten auch die Hinweise im Kapitel »Radio« bzw. »Batterie aus- und einbauen« durchgelesen werden.
- Radschrauben für rechtes Vorderrad bei auf dem Boden stehendem Fahrzeug lösen. Scheibenrad (Felge) zur Radnabe mit Farbe kennzeichnen. Dadurch kann das ausgewuchtete Rad wieder an gleicher Stelle montiert werden.
- Fahrzeug aufbocken und Vorderrad abnehmen, siehe Seite 226.
- Seitlichen Spritzschutz im rechten Radkasten ausbauen.

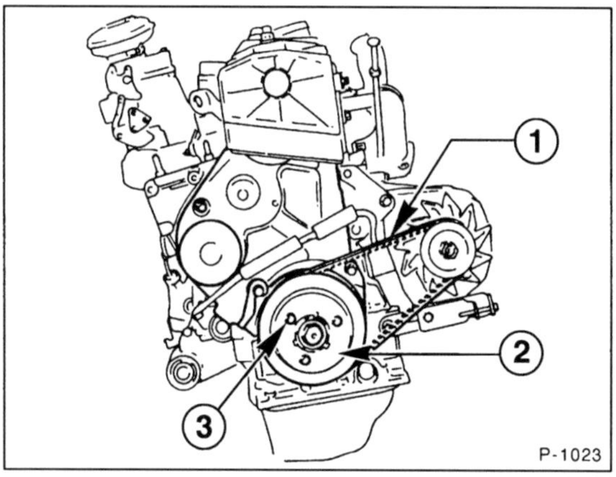


- Keilriemen –1– entspannen und abnehmen, siehe Seite 40.
- Drei Befestigungsschrauben –3– für Kurbelwellenriemenscheibe –2– lösen und Riemenscheibe abnehmen. Zum Gegenhalten der Riemenscheibe langen Schraubendreher zwischen 2 Befestigungsschrauben und Zentralschraube einlegen.
- Kabelstrang lösen und zur Seite legen.

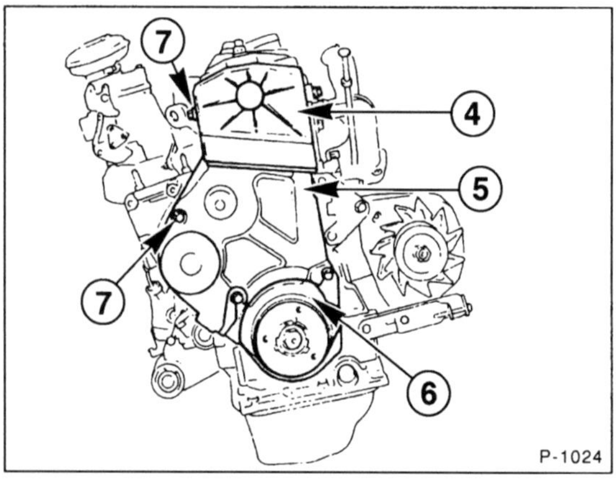


- Obere Zahnriemenabdeckung –4– sowie die beiden unteren Abdeckungen –5– und –6– ausbauen. Dazu die 6 Befestigungsschrauben –7– herausdrehen.

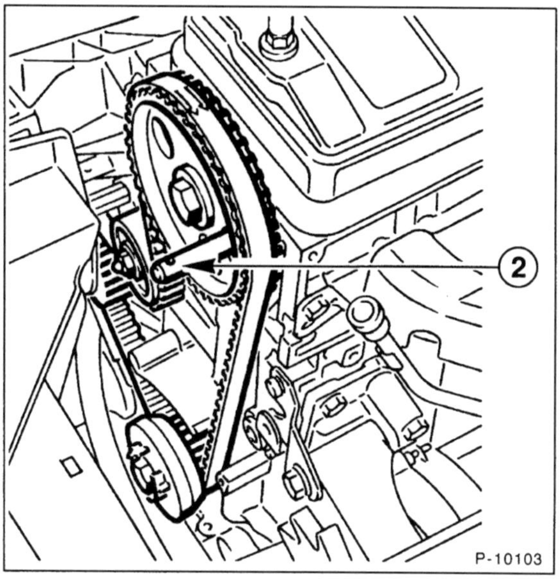


- Motor in Einstellage feststellen. Dazu Kurbelwelle an der Zentralschraube mit Stecknuß und Verlängerung in Motordrehrichtung weiterdrehen, bis der Fixierstift –2– für das Nockenwellenzahnrad eingesetzt werden kann. Motordrehrichtung, siehe Abbildung P-1019 auf Seite 28.

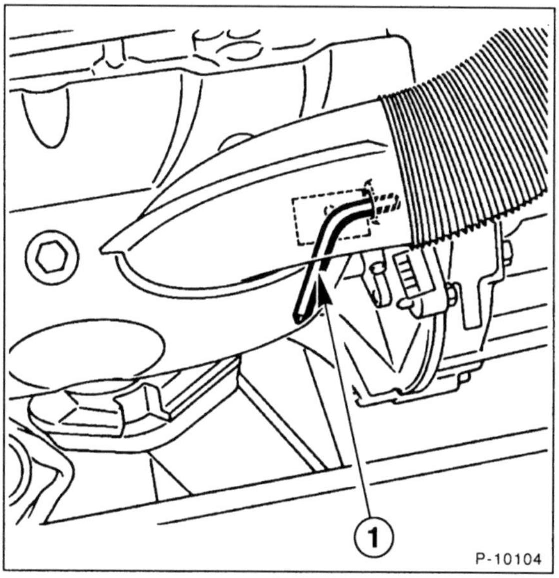


- In dieser Motorstellung zweiten Fixierstift –1– in das Schwungrad einsetzen.
- Laufrichtung des Zahnriemens mit Kreide durch einen Pfeil auf dem Zahnriemen markieren.

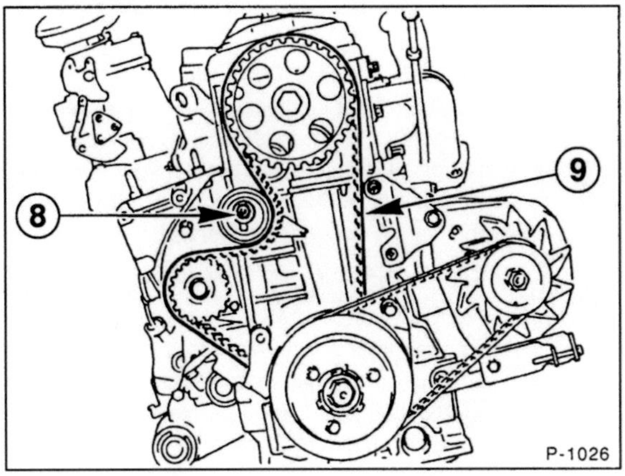


- Befestigungsmutter für Spannrolle –8– lösen.
- Zahnriemen entspannen und abnehmen. **Achtung:** Dabei Zahnriemen nicht knicken. Eventuell geknickten Zahnriemen unbedingt ersetzen, da der Riemen im späteren Betrieb reißen und dadurch schwere Motorschäden verursachen kann.

**Achtung:** Bei ausgebautem Zahnriemen Motor (Kurbelwelle/Nockenwelle) möglichst **nicht** verdrehen, Fixierstifte nicht entfernen, sonst können an Kolben und Ventilen schwere Schäden entstehen.

### Zustand des Zahnriemens prüfen

- Falls folgende Mängel festgestellt werden, Zahnriemen grundsätzlich ersetzen:
- Kühlflüssigkeit oder Motoröl auf dem Zahnriemen. Ursache dafür sind in der Regel undichte Wellendichtringe von Kurbel- oder Nockenwelle oder eine undichte Kühlmittelpumpe.
- Verhärteter Gummi auf der Riemenaußenseite. Der Riemen ist dann glänzend, unelastisch und so hart, daß bei fest angedrücktem Fingernagel kein Abdruck hinterlassen wird.
- Risse im Gummi auf der Außenseite.
- Risse oder abgelöstes Gewebe auf der Innenseite.
- Risse am Zahnfuß.
- Risse an der schmalen Riemenseite.
- Schmale Riemenseite stark abgenutzt.
- Stark abgenutzte Zähne. Gewebe der belasteten Zahnseite abgenutzt, ausgefranst, Gummi abgeblättert, Farbe auf weiß geändert. Zahnbreite reduziert.
- Ausgebrochene Zähne.

### Einbau

**Achtung:** Nockenwelle und Kurbelwelle dürfen bei ausgebautem Zahnriemen grundsätzlich nicht mehr verdreht werden.

Falls die Nockenwelle jedoch im Rahmen anderer Arbeiten verdreht werden muß, unbedingt darauf achten, daß dabei kein Kolben im OT steht. Andernfalls drücken die Ventile beim Drehen der Nockenwelle auf den Kolben, wobei Kolben und Ventile beschädigt werden können. Um dies zu verhindern, Kurbelwelle um ca. 90° (¼ Umdrehung) vor- oder zurückdrehen. Dabei Kurbelwelle insgesamt nicht weiter als 90° verdrehen.

Bevor die Kurbelwelle wieder in OT-Stellung gebracht wird, darauf achten, daß sich die Nockenwelle in OT-Stellung befindet. Anschließend müssen sich die Fixierstifte wieder einsetzen lassen.

- Zahnriemenspannrolle von Hand drehen und auf Leichtgängigkeit und Spiel überprüfen, gegebenenfalls erneuern.

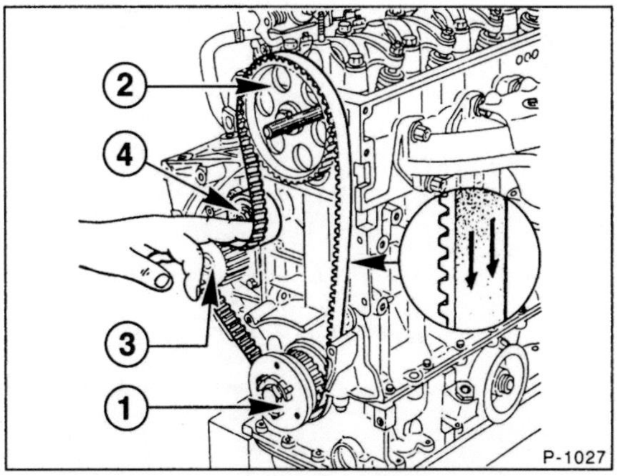


- Zahnriemen in folgender Reihenfolge auflegen: Am Kurbelwellenzahnrad –1– beginnen, dann über das Nockenwellenzahnrad –2–, das Kühlmittelpumpenzahnrad –3– und zuletzt über die Spannrolle –4– schieben. **Achtung:** Die durch Pfeile gekennzeichnete Drehrichtung beachten. Zahnriemen immer nur in der vorigen Drehrichtung einbauen.

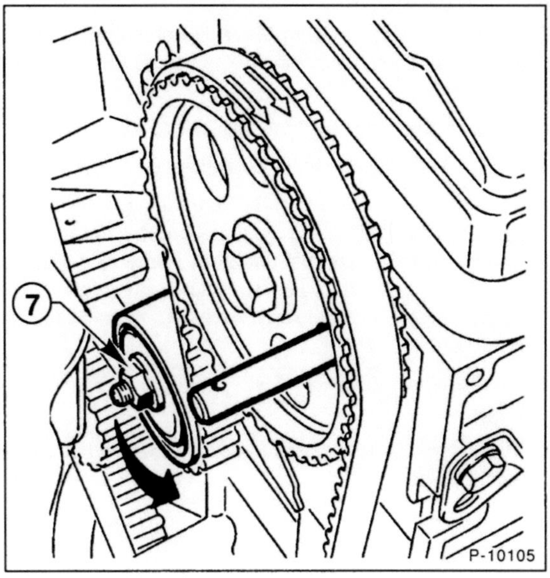


- Spannrolle von Hand entgegen dem Uhrzeigersinn –Pfeilrichtung– drücken, bis Zahnriemen vorgespannt ist.
- Mutter –7– mit 20 Nm festziehen.

- Fixierstifte –1–, –2– (siehe Abbildung P-10103, P-10104) aus Nockenwellenzahnrad und Schwungrad herausziehen.

**Spannen**

- Motor an der Kurbelwellen-Riemenscheibe 2 Umdrehungen in Motordrehrichtung durchdrehen. Die Nockenwelle dreht sich dabei einmal um 360°. **Achtung:** Nicht am Nockenwellenzahnrad drehen, dadurch würde der Zahnriemen überbelastet. Motordrehrichtung, siehe Abbildung P-1019 auf Seite 28.

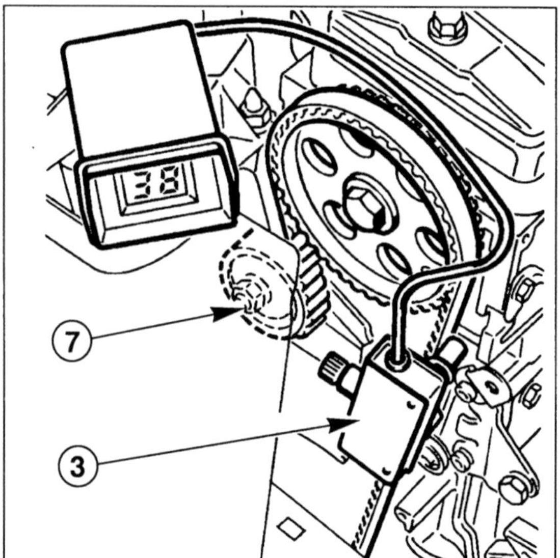

P-10106

- Riemenspannungsmeßgerät auf der Zugseite –3– des Zahnriemens ansetzen.
- Befestigungsmutter –7– für Spannrolle lösen.
- Spannrolle entgegen dem Uhrzeigersinn drehen, bis das Riemenspannmeßgerät einen Wert von 45 SEEM-Einheiten anzeigt.
- Befestigungsmutter für Spannrolle mit **20 Nm** festziehen.
- Meßgerät vom Zahnriemen abnehmen.
- Motor an der Kurbelwellen-Riemenscheibe 4 Umdrehungen in Motordrehrichtung durchdrehen. Die Nockenwelle dreht sich dabei zweimal um 360°. **Achtung:** Nicht am Nockenwellenzahnrad drehen, dadurch würde der Zahnriemen überbelastet. Motordrehrichtung, siehe Abbildung P-1019 auf Seite 28.
- Eine Minute warten, damit sich der Zahnriemen anpassen kann.
- Riemenspannungsmessgerät auf der Zugseite des Zahnriemens ansetzen.

**Achtung:** Steht das Riemenmeßgerät nicht zur Verfügung (Ausland, Panne), kann die Zahnriemenspannung auch behelfsmäßig eingestellt werden. Dazu den Zahnriemen so spannen, daß er sich an der längsten Strecke zwischen zwei Riemenscheiben gerade noch um 90° verdrehen läßt. Nach dem behelfsmäßigen Einstellen der Riemenspannung muß jedoch umgehend die Spannung mit einem Prüfgerät überprüft und gegebenenfalls nachgestellt werden.

- Die Befestigungsmutter für Spannrolle lösen.
- Spannrolle entgegen dem Uhrzeigersinn drehen, bis das Riemenspannmeßgerät einen Wert von 40 SEEM-Einheiten für einen neuen Zahnriemen und 36 SEEM-Einheiten für einen gebrauchten Zahnriemen anzeigt. Ein Zahnriemen gilt dann als gebraucht, wenn er länger als eine Stunde am Motor gelaufen ist.

**Achtung:** Der angegebene Meßwert darf nicht überschritten werden. Wird der Meßwert überschritten, muß das Meßgerät abgenommen und die Einstellung nochmals neu begonnen werden.

- Befestigungsmutter für Spannrolle mit **20 Nm** anziehen.
- Meßgerät vom Zahnriemen abnehmen.
- Motor an der Kurbelwellen-Riemenscheibe 2 Umdrehungen in Motordrehrichtung durchdrehen. Die Nockenwelle dreht sich dabei einmal um 360°. **Achtung:** Nicht am Nockenwellenzahnrad drehen, dadurch würde der Zahnriemen überbelastet. Motordrehrichtung, siehe Abbildung P-1019 auf Seite 28.
- Riemenspannungsmeßgerät auf der Zugseite des Zahnriemens ansetzen.
- Der Meßwert darf bei einem neuem Zahnriemen 51 ± 3 SEEM-Einheiten und bei einem gebrauchten Zahnriemen 45 ± 3 SEEM-Einheiten betragen. Wird der angegebene Wert nicht erreicht, muß die Einstellung wiederholt werden.
- Drei Zahnriemenabdeckungen einsetzen und mit 6 Nm festschrauben.
- Kurbelwellen-Riemenscheibe mit 3 Schrauben festschrauben. Zum Gegenhalten langen Schraubendreher zwischen 2 handfest angezogenen Schrauben und der Zentralschraube einlegen.
- Keilriemen einbauen und spannen, siehe Seite 40.
- Verkleidung Radhaus vorn rechts einbauen.
- Vorderrad anschrauben, dabei auf Markierung zur Radnabe achten.
- Fahrzeug ablassen, siehe Seite 226.
- Radschrauben über Kreuz mit **85 Nm** festziehen.
- Batterie-Massekabel (–) anklemmen. **Achtung:** Batterie nur bei **ausgeschalteter Zündung** anklemmen, sonst kann das Steuergerät der Einspritzanlage beschädigt werden.
- Zeituhr einstellen.
- Diebstahlcode für Radio eingeben.
- Motor laufen lassen. Ein pfeifender Zahnriemen ist in der Regel zu stark gespannt.

# Zahnriemen aus- und einbauen

**Dieselmotor**

**Ausbau**

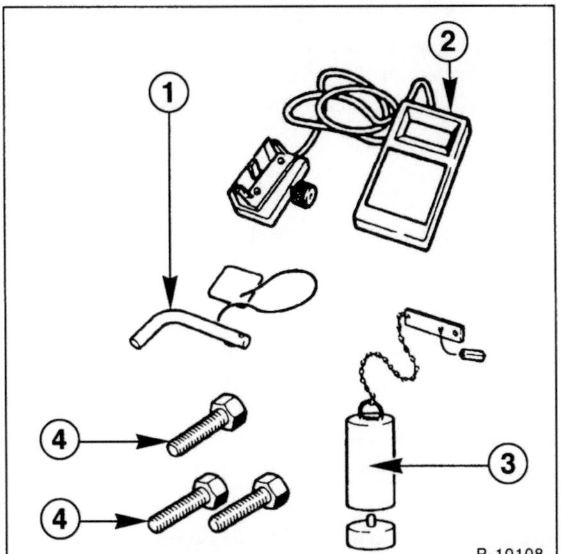

P-10108

- **Benötigtes Spezialwerkzeug:** Fixierstift für Kurbelwelle –1– (PEUGEOT-Spezialwerkzeug .0132Q), Riemenspanner –3– (PEUGEOT-Spezialwerkzeug .0132XZ mit den entsprechenden Prüfgewichten für den Dieselmotor); Riemenspannungsmeßgerät –2–, z. B. SEEM C.TRONIC 105.5; Fixierschraube für Nockenwellenzahnrad –4–, M8 x 40; 2 Fixierschrauben für Einspritzpumpenzahnrad –4–, M8 x 30. Anstelle des Feststellstifts kann auch ein Bohrer oder Durchschlag mit geeignetem Durchmesser verwendet werden.
- Batterie-Massekabel (–) abklemmen. **Achtung:** Dadurch werden die elektronischen Speicher gelöscht, zum Beispiel der Radiocode. Vor dem Abklemmen sollten auch die Hinweise im Kapitel »Radio« bzw. »Batterie aus- und einbauen« durchgelesen werden.
- Radschrauben für rechtes Vorderrad bei auf dem Boden stehendem Fahrzeug lösen. Scheibenrad (Felge) zur Radnabe mit Farbe kennzeichnen. Dadurch kann das ausgewuchtete Rad wieder an gleicher Stelle montiert werden.
- Fahrzeug aufbocken und Vorderrad abnehmen, siehe Seite 226.

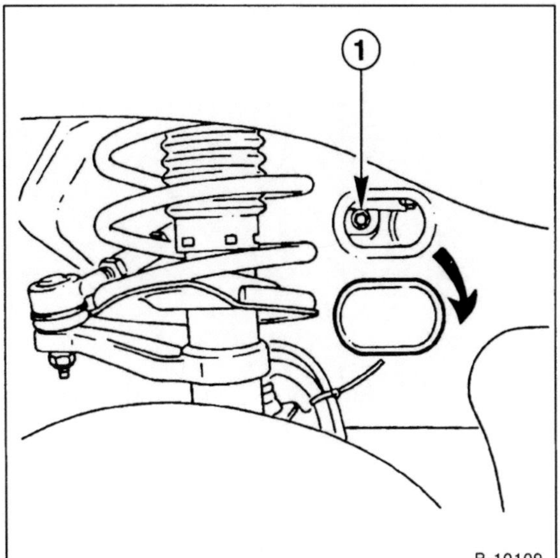

P-10109

- Abdeckung abhebeln.
- Schraube –1– herausdrehen.
- Vorglührelais vom Stehblech abschrauben.
- Den rechten Scheinwerfer ausbauen, siehe Seite 207.
- Die Glühkerzen ausbauen, siehe Seite 82.

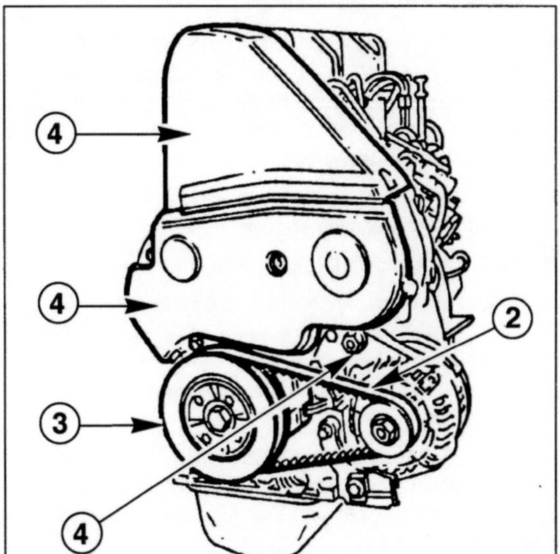

P-10110

- Keilriemen –2– entspannen und abnehmen, siehe Seite 40.
- Die Keilriemenscheibe –3– abschrauben. Zum Blockieren des Motors den höchsten Gang einlegen und von Helfer auf die Bremse treten lassen.
- Befestigungsschrauben der Zahnriemenabdeckungen –4– abschrauben und Abdeckungen abnehmen.

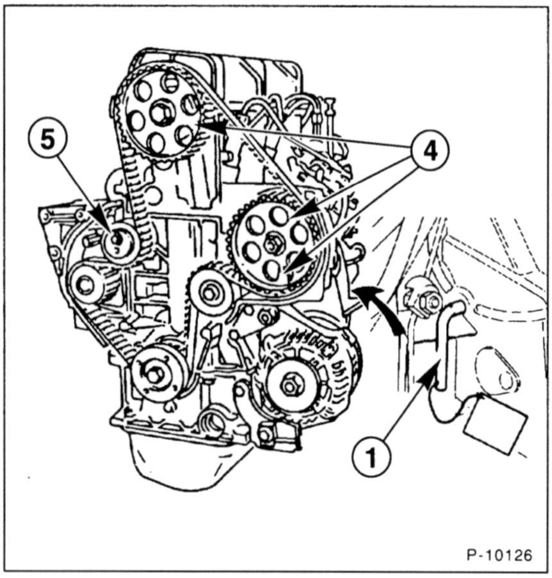


● Motor in Einstellage feststellen. Dazu Kurbelwelle an der Zentralschraube mit Stecknuß in Motordrehrichtung weiterdrehen, bis die Fixierschrauben –4– für das Nockenwellen- und das Einspritzpumpenrad eingesetzt werden können. Zum Fixieren der Räder werden M8-Schrauben mit einer Länge von 40 mm (Nockenwelle) und 30 mm (Einspritzpumpe) benötigt. Motordrehrichtung, siehe Abbildung P-1019 auf Seite 28.

● In dieser Motorstellung Schwungrad mit PEUGEOT-Spezialwerkzeug .0132Q –1– feststellen. Steht dieses Spezialwerkzeug nicht zur Verfügung, kann auch ein Dorn, Schraubendreher oder Bohrer mit geeignetem Durchmesser verwendet werden.

● Laufrichtung des Zahnriemens mit Kreide durch einen Pfeil auf dem Zahnriemen markieren.

● Befestigungsmutter für Spannrolle –5– lösen.

● Zahnriemen entspannen und abnehmen. **Achtung:** Dabei Zahnriemen nicht knicken. Eventuell geknickten Zahnriemen unbedingt ersetzen, da der Riemen im späteren Betrieb reißen und dadurch schwere Motorschäden verursachen kann.

**Achtung:** Bei ausgebautem Zahnriemen Motor (Kurbelwelle/Nockenwelle) **nicht** verdrehen, Fixierstifte nicht entfernen, sonst können an Kolben und Ventilen schwere Schäden entstehen.

### Zustand des Zahnriemens prüfen

● Falls folgende Mängel festgestellt werden, Zahnriemen grundsätzlich ersetzen:

■ Kühlflüssigkeit oder Motoröl auf dem Zahnriemen. Ursache dafür sind in der Regel undichte Wellendichtringe von Kurbel- oder Nockenwelle oder eine undichte Kühlmittelpumpe.

■ Verhärteter Gummi auf der Riemenaußenseite. Der Riemen ist dann glänzend, unelastisch und so hart, daß bei fest angedrücktem Fingernagel kein Abdruck hinterlassen wird.

■ Risse im Gummi auf der Außenseite.

■ Risse oder abgelöstes Gewebe auf der Innenseite.

■ Risse am Zahnfuß.

■ Risse an der schmalen Riemenseite.

■ Schmale Riemenseite stark abgenutzt.

■ Stark abgenutzte Zähne. Gewebe der belasteten Zahnseite abgenutzt, ausgefranst, Gummi abgeblättert, Farbe auf weiß geändert. Zahnbreite reduziert.

■ Ausgebrochene Zähne.

### Einbau

**Achtung:** Nockenwelle und Kurbelwelle werden bei ausgebautem Zahnriemen grundsätzlich nicht mehr verdreht.

Falls die Nockenwelle jedoch im Rahmen anderer Arbeiten verdreht werden muß, unbedingt darauf achten, daß dabei kein Kolben im OT steht. Andernfalls drücken die Ventile beim Drehen der Nockenwelle auf den Kolben, wobei Kolben und Ventile beschädigt werden können. Um dies zu verhindern, Kurbelwelle um ca. 90° (¼ Umdrehung) vor- oder zurückdrehen. Dabei Kurbelwelle insgesamt nicht weiter als 90° verdrehen.

Bevor die Kurbelwelle wieder in OT-Stellung gebracht wird, darauf achten, daß sich die Nockenwelle in OT-Stellung befindet. Anschließend müssen sich die Fixierstifte wieder einsetzen lassen.

● Zahnriemenspannrolle von Hand drehen und auf Leichtgängigkeit und Spiel überprüfen, gegebenenfalls erneuern.

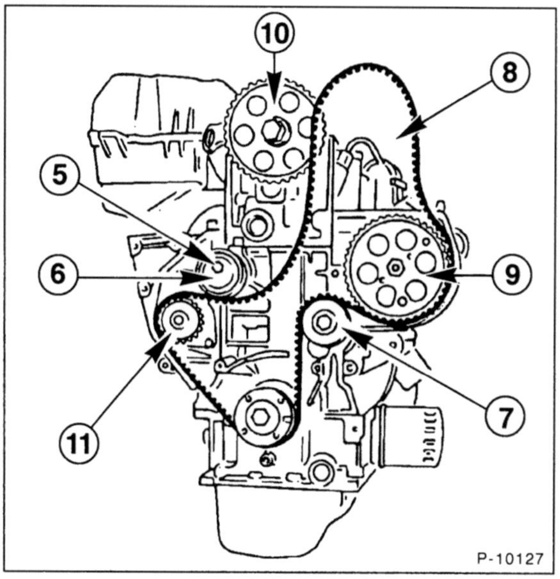


● Zahnriemen in folgender Reihenfolge auflegen: Am Kurbelwellenzahnrad beginnen, dann über die Umlenkrolle –7–, das Einspritzpumpenzahnrad –9–, das Nockenwellenzahnrad –10–, die Zahnriemenspannrolle –6– und das Kühlmittelpumpenzahnrad –11– aufschieben. **Achtung:** Der Zahnriemen muß im Bereich –8– zwischen dem Einspritzpumpenrad und dem Nockenwellenzahnrad ganz straff gespannt aufgezogen werden.

**Achtung:** Die durch Pfeile gekennzeichnete Drehrichtung des Zahnriemens beachten. Zahnriemen immer nur in der vorigen Drehrichtung einbauen.

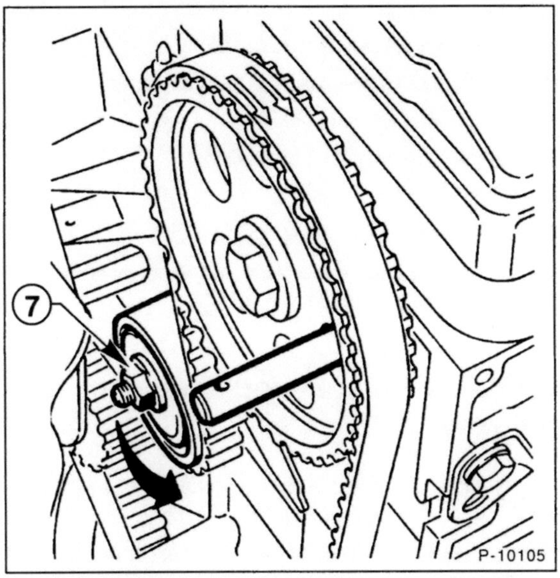


- Spannrolle von Hand entgegen dem Uhrzeigersinn –Pfeilrichtung– drücken, bis Zahnriemen vorgespannt ist.
- Mutter –7– mit **15 Nm** festziehen.
- Fixierstifte –1– und Fixierschrauben –4– (siehe Abbildung P-10126) von Nockenwellenzahnrad, Einspritzpumpenzahnrad und Schwungrad abziehen beziehungsweise abschrauben.

**Spannen**

- Motor an der Kurbelwellen-Riemenscheibe 4 Umdrehungen in Motordrehrichtung durchdrehen. Die Nockenwelle dreht sich dabei zweimal um 360°. **Achtung:** Nicht am Nockenwellenzahnrad drehen, dadurch würde der Zahnriemen überbelastet. Motordrehrichtung, siehe Abbildung P-1019 auf Seite 28.

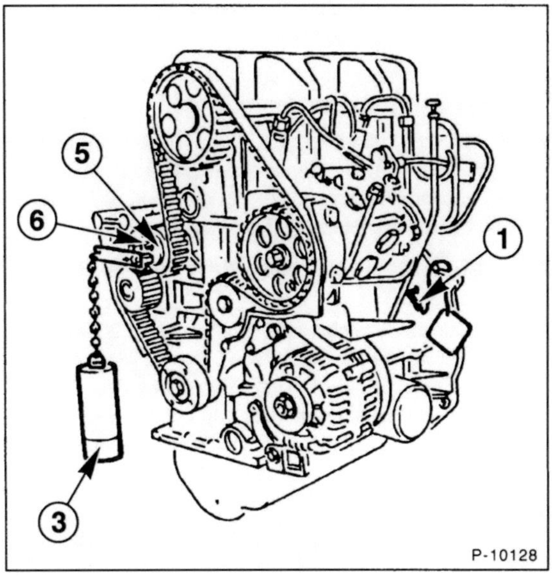


- Motor verdrehen, bis der Fixierstift –1– an der Schwungscheibe eingesetzt werden kann.
- PEUGEOT-Spezialwerkzeug .0132XZ mit den für den Dieselmotor entsprechenden Prüfgewichten an der Spannrolle –6– einhängen.

**Achtung:** Steht das Spezialwerkzeug und das Riemenmeßgerät nicht zur Verfügung (Ausland, Panne), kann die Zahnriemenspannung auch behelfsmäßig eingestellt werden. Dazu den Zahnriemen so spannen, daß er sich an der längsten Strecke zwischen zwei Riemenscheiben gerade noch um 90° verdrehen läßt. Nach dem behelfsmäßigen Einstellen der Riemenspannung muß jedoch umgehend die Spannung mit einem Prüfgerät überprüft und gegebenenfalls nachgestellt werden.

- Befestigungsmutter –5– für Spannrolle lösen.
- Auf das Hebelende des Spezialwerkzeuges drücken, um die Spannung des Zahnriemens deutlich zu erhöhen.
- Befestigungsmutter für Spannrolle mit **15 Nm** festziehen.
- Fixierstift herausziehen und Motor an der Kurbelwellen-Riemenscheibe 4 Umdrehungen in Motordrehrichtung durchdrehen. Die Nockenwelle dreht sich dabei zweimal um 360°. **Achtung:** Nicht am Nockenwellenzahnrad drehen, dadurch würde der Zahnriemen überbelastet. Motordrehrichtung, siehe Abbildung P-1019 auf Seite 28.
- Eine Minute warten, damit sich der Zahnriemen anpassen kann.
- Befestigungsmutter –5– für Spannrolle lösen.
- Zahnriemen durch das Prüfgewicht des Spezialwerkzeuges spannen lassen.
- Motor an der Kurbelwellen-Riemenscheibe 2 Umdrehungen in Motordrehrichtung durchdrehen. Die Nockenwelle dreht sich dabei einmal um 360°. **Achtung:** Nicht am Nockenwellenzahnrad drehen, dadurch würde der Zahnriemen überbelastet. Motordrehrichtung, siehe Abbildung P-1019 auf Seite 28.

- Motor verdrehen, bis der Fixierstift an der Schwungscheibe eingesetzt werden kann.
- Befestigungsmutter für Spannrolle mit **15 Nm** festziehen. Spezialwerkzeug abnehmen.
- Einstellung überprüfen, dazu die Fixierschrauben an Nockenwellenrad und Einspritzpumpenrad einschrauben. Lassen sich die Schrauben nicht einschrauben, muß der Zahnriemen nochmals neu aufgelegt werden.
- Fixierstift herausziehen und Fixierschrauben abschrauben.
- Motor an der Kurbelwellen-Riemenscheibe 2 Umdrehungen in Motordrehrichtung durchdrehen. Die Nockenwelle dreht sich dabei einmal um 360°. **Achtung:** Nicht am Nockenwellenzahnrad drehen, dadurch würde der Zahnriemen überbelastet. Motordrehrichtung, siehe Abbildung P-1019 auf Seite 28.

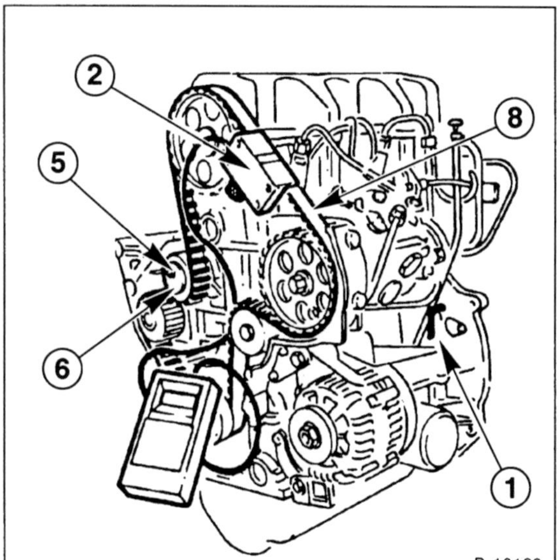

P-10129

- Motor verdrehen, bis der Fixierstift –1– an der Schwungscheibe eingesetzt werden kann.
- Riemenspannungsmeßgerät –2– im Bereich –8– zwischen Nockenwellenrad und Einspritzpumpenrad ansetzen.
- Der Meßwert darf bei einem neuem Zahnriemen 51 ± 3 SEEM-Einheiten und bei einem gebrauchten Zahnriemen 45 ± 3 SEEM-Einheiten betragen. Wird der angegebene Wert nicht erreicht oder unterschritten, muß die Einstellung wiederholt werden.
- Befestigungsmutter für Spannrolle mit **15 Nm** anziehen.
- Meßgerät vom Zahnriemen abnehmen.
- Fixierstift herausziehen.
- Die Zahnriemenabdeckungen einsetzen und mit 6 Nm festschrauben.
- Kurbelwellen-Riemenscheibe festschrauben. Zum Gegenhalten langen Schraubendreher zwischen 2 handfest angezogenen Schrauben und der Zentralschraube einlegen.
- Keilriemen einbauen und spannen, siehe Seite 40.
- Verkleidung Radhaus vorn rechts einbauen.
- Vorderrad anschrauben, dabei auf Markierung zur Radnabe achten.
- Fahrzeug ablassen, siehe Seite 226.
- Radschrauben über Kreuz mit **85 Nm** festziehen.
- Vorglührelais anschrauben.
- Batterie-Massekabel (–) anklemmen.
- Zeituhr einstellen.
- Diebstahlcode für Radio eingeben.
- Motor laufen lassen. Ein pfeifender Zahnriemen ist in der Regel zu stark gespannt.

## Zylinderkopf aus- und einbauen

**Benzinmotor**

Zylinderkopf nur bei abgekühltem Motor ausbauen. Abgas- und Ansaugkrümmer bleiben angeschlossen.

Eine defekte Zylinderkopfdichtung ist an folgenden Merkmalen erkennbar:

- Leistungsverlust.
- Kühlflüssigkeitsverlust. Weiße Abgaswolken bei warmem Motor.
- Ölverlust.
- Kühlflüssigkeit im Motoröl, Ölstand nimmt nicht ab, sondern zu. Graue Farbe des Motoröls, Schaumbläschen am Ölpeilstab, Öl dünnflüssig.
- Motoröl in der Kühlflüssigkeit.
- Kühlflüssigkeit sprudelt stark.
- Keine Kompression auf 2 benachbarten Zylindern.

**Ausbau**

- Batterie-Massekabel (–) abklemmen. **Achtung:** Dadurch werden die elektronischen Speicher gelöscht, zum Beispiel Motor-Fehlerspeicher oder Radiocode. Batterie nur bei **ausgeschalteter Zündung** abklemmen, da sonst das Steuergerät der Einspritzanlage beschädigt werden kann. Vor dem Abklemmen sollten auch die Hinweise im Kapitel »Radio« bzw. »Batterie aus- und einbauen« durchgelesen werden.
- Zahnriemen ausbauen, siehe Seite 17.
- Luftfilter ausbauen, siehe Seite 67.
- Kühlflüssigkeit ablassen, siehe Kapitel »Wartung«.
- Gaszug am Drosselklappenhebel ausbauen, siehe Seite 65.
- Kraftstoffvor- und -rücklaufleitung am Kraftstoffverteilerrohr bzw. an der Einspritzeinheit abziehen und mit geeignetem Stopfen verschließen.

**Monopoint-Einspritzanlage bis 7/92**

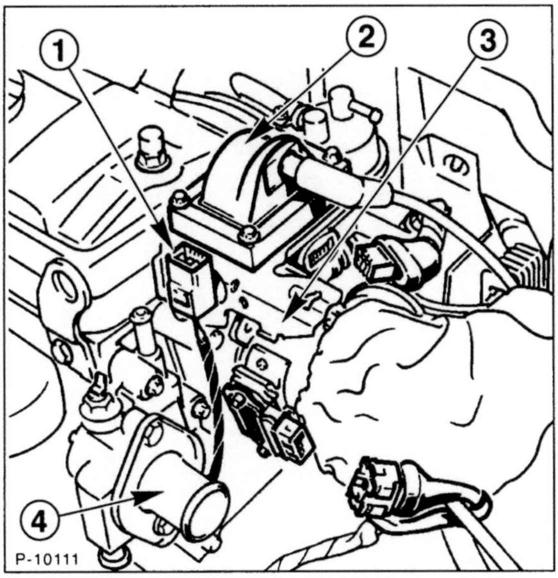


- Den Stecker des OT-Gebers –1– aus seiner Halterung lösen und abnehmen.
- Stecker der Zündspule –2– und des Zündverteilers –3– abziehen.

---

- **Monopoint-Einspritzanlage seit 7/92, Multipoint-Einspritzanlage:** Zündspule ausbauen, siehe Seite 61.
- Leitung vom Temperaturgeber abziehen.
- Schlauchschellen lösen und Kühlmittelschläuche vom Thermostatgehäuse –4– abziehen.
- Sämtliche elektrische Leitungen und Schläuche vom Zylinderkopf abziehen.

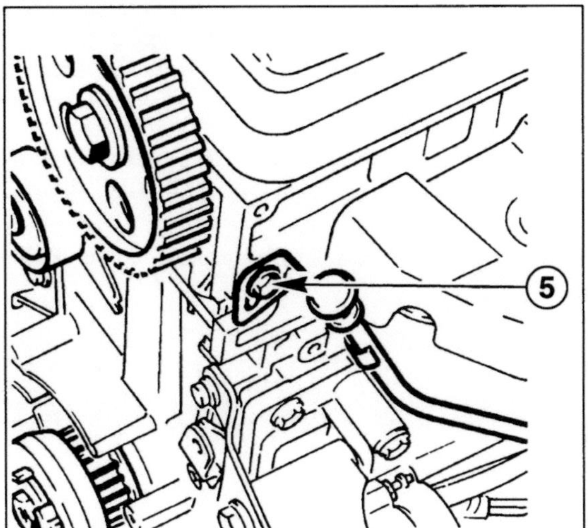


- Ölmeßstab-Führungsrohr –5– vom Zylinderkopf abschrauben.
- Vorderes Abgasrohr vom Krümmer und vom Kupplungsgehäuse abschrauben und mit Draht aufhängen, damit es nicht herunterfallen kann.

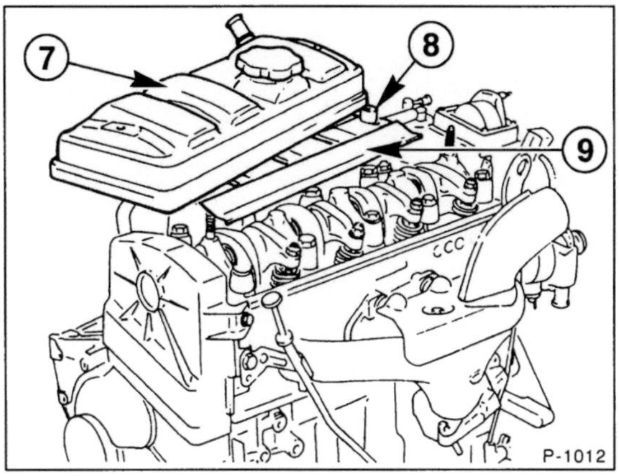


- Vom Zylinderkopfdeckel –7– 2 Hutmuttern abschrauben und mit Leitblech –9– sowie den 2 Distanzstücken –8– abnehmen.

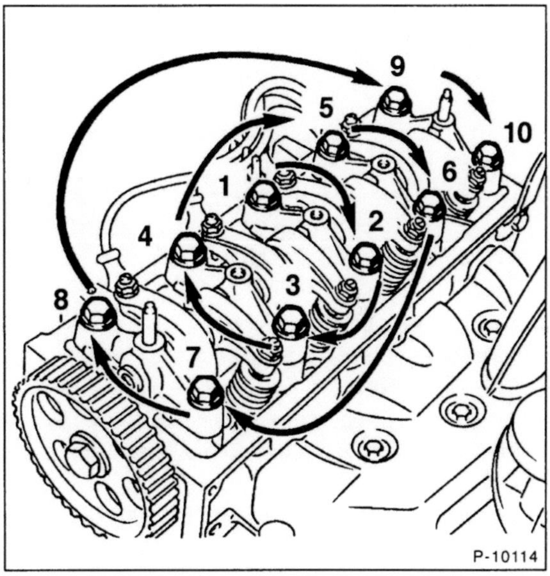


- Zuerst alle Zylinderkopfschrauben in umgekehrter Reihenfolge der Numerierung, also von 10 nach 1, um ½ Umdrehung lösen, dann herausdrehen.

**Achtung:** Das Lösen der Zylinderkopfschrauben in falscher Reihenfolge kann zum Verzug oder Reißen des Zylinderkopfes führen.

- Kipphebelwelle mit Lagerböcken und Kipphebel abnehmen.

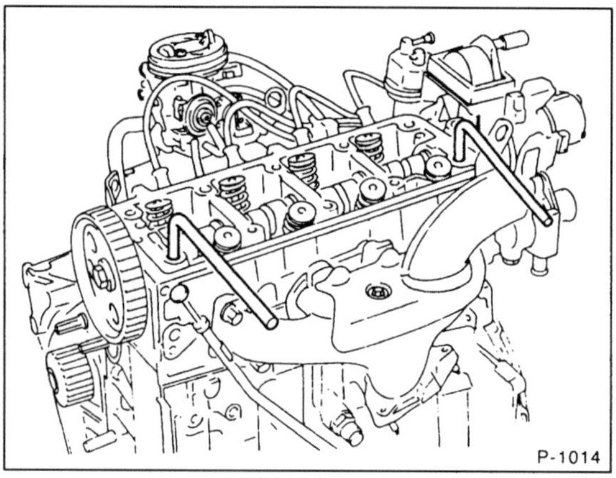


- Zylinderkopf mit Hilfe von 2 um 90° abgewinkelten Hebeln lösen.

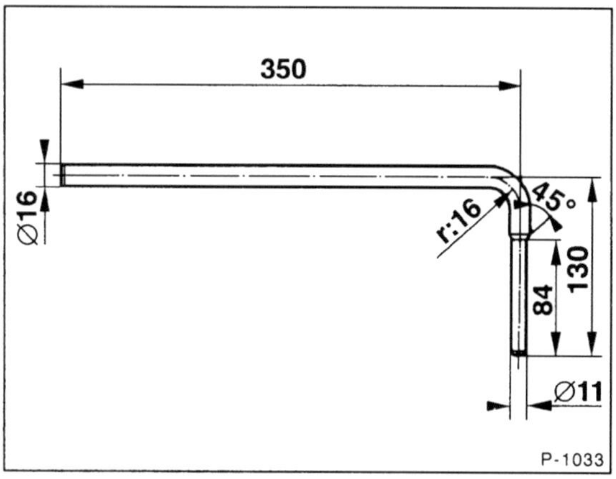


- Die Zylinderkopf-Abhebewerkzeuge können nach der vorliegenden Abbildung auch selbst angefertigt werden; alle Maße in mm.
- Prüfen, ob sämtliche Schläuche und Leitungen, die vom Zylinderkopf zum Motor und Aufbau führen, abgezogen sind.
- Zylinderkopf komplett mit Ansaug- und Abgaskrümmer abheben.

**Achtung:** Zylinderkopf nach dem Ausbau nicht auf der Dichtfläche absetzen, dabei könnten voll geöffnete Ventile beschädigt werden. Deshalb Zylinderkopf auf 2 Holzleisten legen.

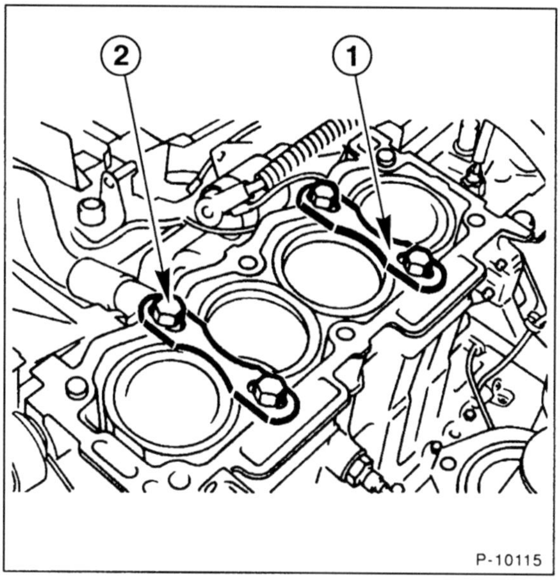


- In der Werkstatt werden die Laufbuchsen mit Zylinderkopfschrauben –2– und den beiden PEUGEOT-Laufbuchsenhaltern –1– fixiert, damit sich die Laufbuchsen beim Bewegen des Fahrzeugs beziehungsweise beim Durchdrehen des Motors nicht verkanten können. Wenn das Fahrzeug, solange der Zylinderkopf ausgebaut ist, nicht bewegt wird oder die Kurbelwelle nicht verdreht, kann dieser Arbeitsgang entfallen.

**Einbau**

Vor dem Einbau Zylinderkopf und Zylinderblock mit geeignetem Schaber von Dichtungsresten freimachen. **Darauf achten, daß keine Dichtungsreste in die Bohrungen fallen.** Bohrungen mit Lappen verschließen. Eventuell Reinigungsmittel »Decabloc« verwenden. **Achtung:** Auf keinen Fall Schneidewerkzeuge oder Schleifmittel verwenden.

- Gewinde für Zylinderkopfschrauben im Motorblock reinigen. Die Gewindelöcher dürfen nicht mit Öl oder Wasser gefüllt sein, gegebenenfalls Flüssigkeiten mit Druckluft ausblasen. Steht keine Preßluft zur Verfügung, mit einem kleinen Schraubendreher und einem saugfähigen Lappen die Bohrungen reinigen. Falls erforderlich, Gewindelöcher im Motorblock vorsichtig mit Gewindebohrer M10x150 reinigen.
- Zylinderkopf auf Risse, Zylinderlaufflächen auf Riefen überprüfen.

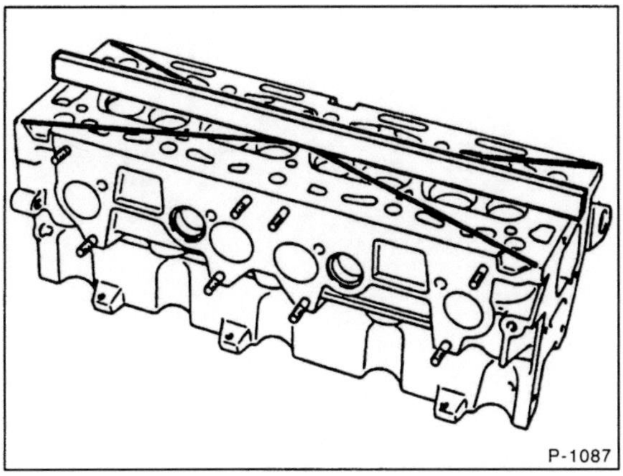


- Zylinderkopf und Motorblock mit Stahllineal in Längs- und Querrichtung auf Planheit prüfen. Die zulässigen Unebenheiten dürfen maximal 0,05 mm nicht überschreiten, gegebenenfalls Zylinderkopf nacharbeiten lassen (Werkstattarbeit).
- Falls eingebaut, Laufbuchsenhalter abschrauben.

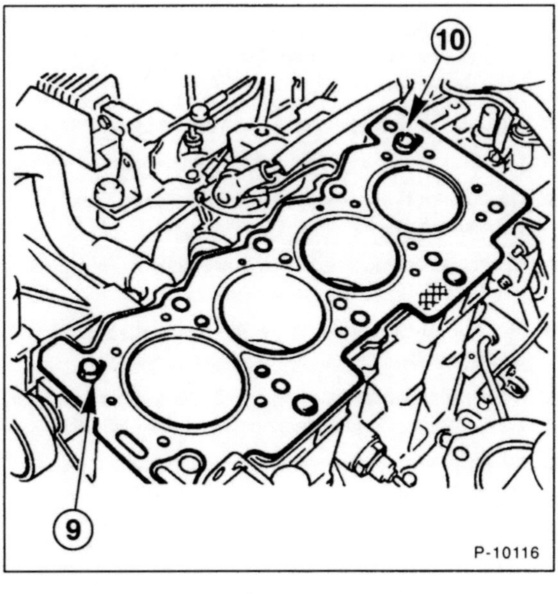


- Kontrollieren, ob die Zentrierhülsen –9–, –10– eingesetzt sind.
- Zylinderkopfdichtung grundsätzlich ersetzen.
- Neue Dichtung ohne Dichtmittel so auflegen, daß keine Bohrungen verdeckt werden und die Herstelleraufschrift –schraffierte Fläche– nach oben zeigt.
- Zylinderkopf aufsetzen, vorher Nockenwelle mit einem Stift feststellen.

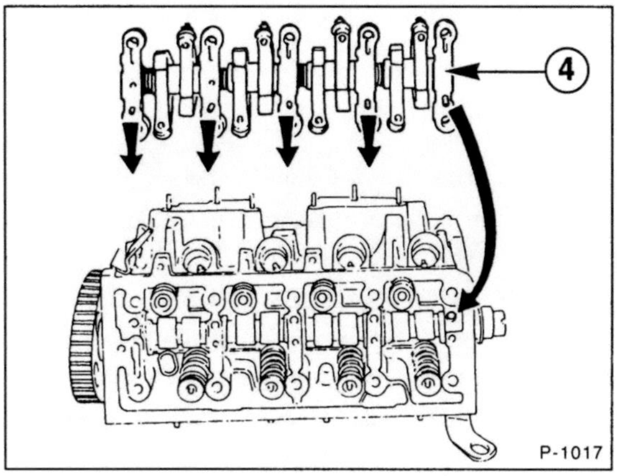


- Kipphebelgruppe –4– einbauen. Dabei darauf achten, daß die Zentrierhülsen vorhanden sind.
- Werden die bisherigen Zylinderkopfschrauben wiederverwendet: Gewinde sorgfältig abbürsten. Es empfiehlt sich jedoch, die Kopfschrauben grundsätzlich zu ersetzen.
- Zylinderkopfschrauben an den Gewinden und unter den Schraubenköpfen mit »Molykote G Rapid« bestreichen, einsetzen und handfest anziehen.

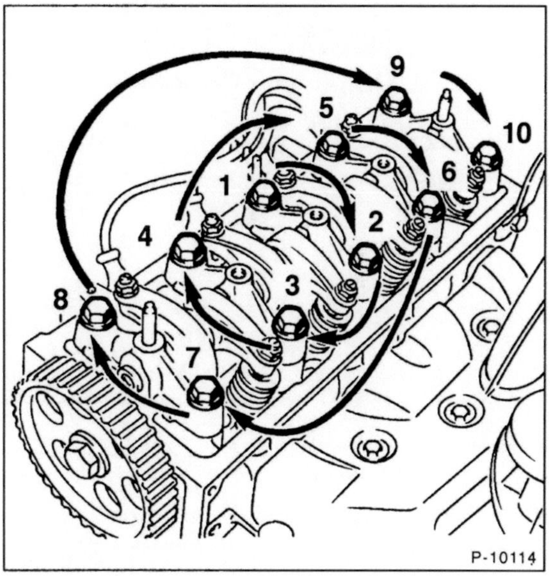


**Achtung:** Das Anziehen der Zylinderkopfschrauben ist mit größter Sorgfalt durchzuführen. Vor dem Anziehen der Schrauben sollte der Drehmomentschlüssel auf seine Genauigkeit überprüft werden.

**Alle Motoren außer XSi**

- Zylinderkopfschrauben gemäß der Reihenfolge in Abbildung von 1 bis 10 in **zwei Stufen** anziehen.

**Achtung: Die Zylinderkopfschrauben in jeder Stufe jeweils in der Reihenfolge von 1 bis 10 anziehen.**

**1.Stufe:** mit Drehmomentschlüssel **20 Nm**

**2.Stufe:** mit starrem Schlüssel **240° weiterdrehen**

**Es empfiehlt sich, in der 2. Stufe die Schrauben um 2 x 90° sowie 1 x 60° nachzuziehen.**

**XSi-Motor**

- Zylinderkopfschrauben gemäß der Reihenfolge in Abbildung von 1 bis 10 in **drei Stufen** anziehen.

**Achtung: Die Zylinderkopfschrauben in jeder Stufe jeweils in der Reihenfolge von 1 bis 10 anziehen.**

**1.Stufe:** mit Drehmomentschlüssel **20 Nm**

**2.Stufe:** mit starrem Schlüssel **120° weiterdrehen**

**3.Stufe:** mit starrem Schlüssel **120° weiterdrehen**

**Es empfiehlt sich, in der 2. und 3. Stufe die Schrauben um 1 x 90° sowie 1 x 30° nachzuziehen.**

Zum Anziehen der Zylinderkopfschrauben wird eine Winkelscheibe, zum Beispiel HAZET 6690, benötigt. Steht die Winkelscheibe nicht zur Verfügung, Schlüssel im 90°-Winkel zum Zylinderkopf ansetzen, Schlüssel in einem Zug drehen, bis der Schlüsselarm parallel zur langen Seite des Zylinderkopfes steht.

**Achtung:** Anschließend dürfen die Kopfschrauben **nicht nachgezogen** werden.

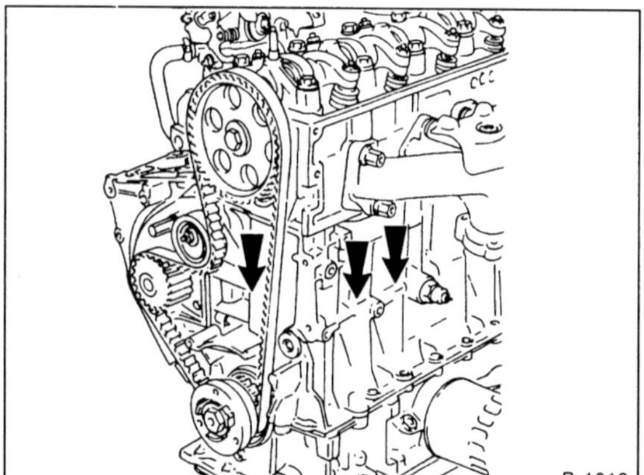

P-1019

- Zahnriemen in Motordrehrichtung –Pfeile– auflegen und spannen, siehe Seite 17.
- Ventilspiel einstellen, siehe Kapitel »Wartung«.

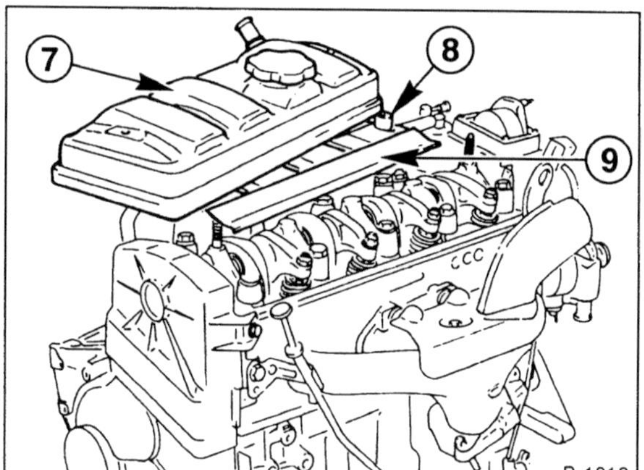


P-1012

- Zylinderkopfdeckel einbauen. Dazu Leitblech –9– aufsetzen, Distanzstücke –8– über die Bolzen schieben, Zylinderkopfdeckel –7– auflegen und mit 2 Hutmuttern mit 5 Nm, also ganz leicht anziehen.
- Führungsrohr für den Ölmeßstab mit Loctite-Dichtmittel in den Ölfilterstutzen einsetzen und am Zylinderkopf mit 15 Nm anschrauben.
- Vorderes Abgasrohr mit neuer Metalldichtung und am Abgaskrümmer mit **neuen** Muttern und **35 Nm** wechselseitig anziehen.
- Elektrische Leitungen aufstecken, siehe unter »Ausbau«.
- Unterdruckleitung für Bremskraftverstärker aufschieben.
- Gaszug am Drosselklappenhebel einclipsen. Gaszug einstellen, siehe Seite 65.
- Kühlmittelschläuche am Thermostatgehäuse aufschieben und mit Schlauchschellen sichern.
- **Monopoint-Einspritzanlage bis 7/92:** Stecker für OT-Geber, Zündspule und Zündverteiler verbinden.
- **Monopoint-Einspritzanlage seit 7/92, Multipoint-Einspritzanlage:** Zündspule einbauen, siehe Seite 61.
- Kühlsystem auffüllen, siehe Kapitel »Wartung«.
- Luftfilter einbauen.
- Batterie-Massekabel (–) anklemmen. **Achtung:** Batterie nur bei **ausgeschalteter Zündung** anklemmen, sonst kann das Steuergerät der Einspritzanlage beschädigt werden.
- Zeituhr einstellen.
- Diebstahlcode für Radio eingeben.
- Ölstand im Motor prüfen, gegebenenfalls Öl nachfüllen. Wurde der Zylinderkopf abgebaut aufgrund einer defekten Zylinderkopfdichtung, empfiehlt sich ein vorgezogener Ölwechsel einschließlich eines Ölfilterwechsels, da sich im Motoröl Kühlflüssigkeit befinden kann.
- Motor starten und warmlaufen lassen. Gegebenenfalls Motorregelung prüfen lassen. Zündzeitpunkt und Leerlauf prüfen beziehungsweise einstellen.
- Kühlmittel auf Gefrierschutz prüfen und gegebenenfalls auffüllen, siehe Seite 234.

**Achtung:** Die Zylinderkopfschrauben dürfen **nicht** nachgezogen werden.

# Zylinderkopf aus- und einbauen

## Dieselmotoren

Der Zylinderkopf kann bei eingebautem Motor ausgebaut werden. Abgas- und Ansaugkrümmer bleiben angeschlossen.

Eine defekte Zylinderkopfdichtung ist an folgenden Merkmalen erkennbar, siehe Seite 24.

### Ausbau

- Batterie-Massekabel (–) abklemmen. **Achtung:** Dadurch werden die elektronischen Speicher gelöscht, zum Beispiel der Radiocode. Vor dem Abklemmen sollten auch die Hinweise im Kapitel »Radio« bzw. »Batterie aus- und einbauen« durchgelesen werden.
- Zahnriemen ausbauen, siehe Seite 21.
- Luftfilterdeckel abschrauben und Luftfiltereinsatz herausnehmen, siehe Seite 68.
- Die 3 Befestigungsschrauben und 2 Befestigungsmuttern des Ansaugkrümmers abschrauben und Ansaugkrümmer abnehmen.
- Kühlmittel ablassen, siehe Seite 55.

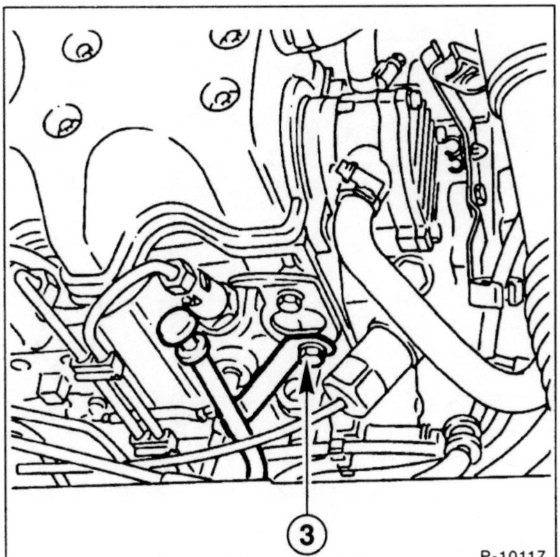


P-10117

- Befestigungsschraube –3– des Ölmeßstab-Führungsrohrs vom Zylinderkopf abschrauben.
- Ölmeßstab-Führungsrohr aus dem Ölfilterstutzen ziehen.
- Sämtliche Unterdruckschläuche mit Klebeband für den späteren Wiedereinbau kennzeichnen und von der Vakuumpumpe abziehen bzw. abschrauben.
- Schläuche und Stecker mit Klebeband für den späteren Wiedereinbau kennzeichnen und am Kühlmittelstutzen abziehen.
- Die 8 Befestigungsschrauben des Ventildeckels abschrauben und Ventildeckel abnehmen.

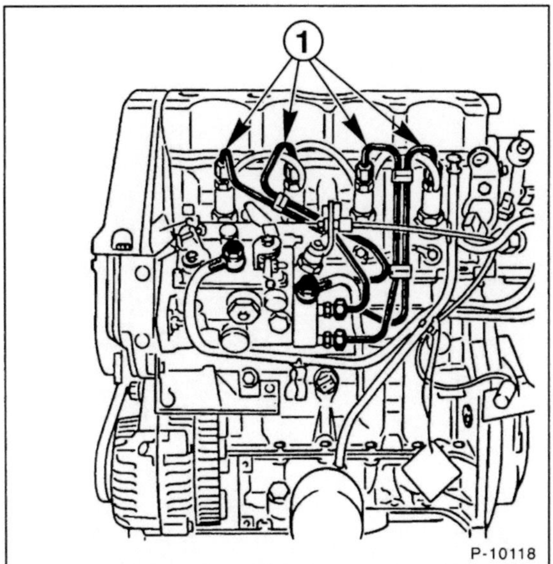


P-10118

- Überwurfmuttern für Einspritzleitungen –1– an den Düsen und der Einspritzpumpe lösen. Leitungen komplett mit Haltern abnehmen. **Achtung:** Biegeform nicht verändern. Leitungsanschlüsse mit geeigneten Kappen verschließen und dadurch vor Verschmutzung schützen.
- Kraftstoffrücklaufleitung zum Kraftstoffilter von der Einspritzdüse abziehen.
- Fahrzeug vorne aufbocken, siehe Seite 226.
- Vorderes Abgasrohr abschrauben und mit einem Draht gegen Herabfallen sichern, siehe Seite 88.
- Fahrzeug ablassen, siehe Seite 226.
- Kabel zu den Glühkerzen abschrauben.

**Achtung:** Der Zylinderkopf muß vor dem Lösen der Zylinderkopfschrauben ausreichend abgekühlt (handwarm) sein.

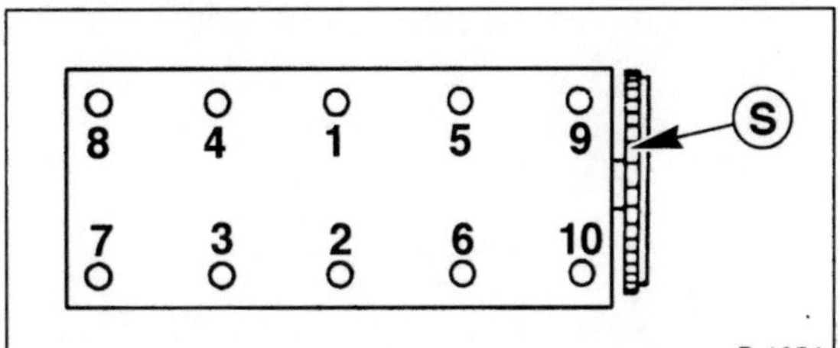


P-1054

- Zylinderkopfschrauben in umgekehrter Reihenfolge der Numerierung, also von 10 nach 1, herausdrehen. Dabei sämtliche Schrauben zunächst um eine halbe Umdrehung lösen, dann alle Schrauben in der gleichen Reihenfolge komplett herausdrehen. S – Schwungrad.
- Prüfen, ob sämtliche Schläuche und Leitungen, die vom Zylinderkopf zum Motor und Aufbau führen, abgezogen sind.

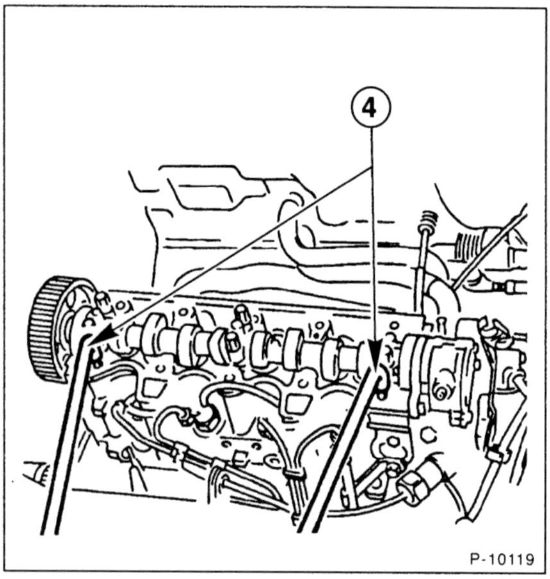


- Zylinderkopf mit Hilfe der beiden Hebel –4– durch Kippen lösen.
- Zylinderkopf komplett mit Abgaskrümmer abheben.

**Achtung:** Zylinderkopf nach dem Ausbau nicht auf der Dichtfläche absetzen, dabei könnten voll geöffnete Ventile beschädigt werden. Deshalb Zylinderkopf auf 2 Holzleisten legen.

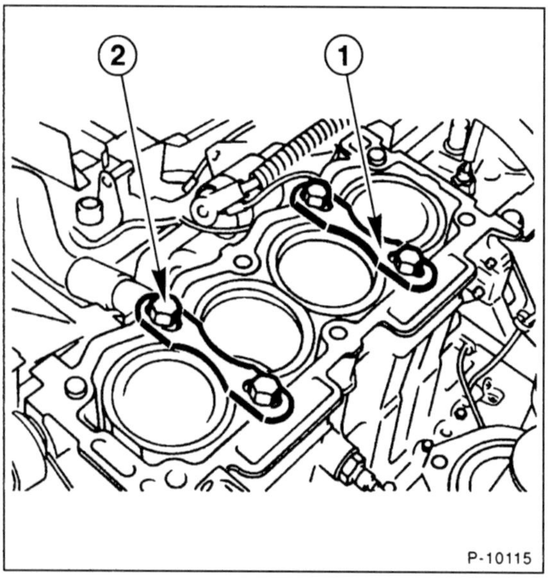


- In der Werkstatt werden die Laufbuchsen mit Zylinderkopfschrauben –2– und den beiden PEUGEOT-Laufbuchsenhaltern –1– fixiert, damit sich die Laufbuchsen beim Bewegen des Fahrzeugs beziehungsweise beim Durchdrehen des Motors nicht verkanten können. Wenn das Fahrzeug, solange der Zylinderkopf ausgebaut ist, nicht bewegt wird oder die Kurbelwelle nicht verdreht, kann dieser Arbeitsgang entfallen.

**Einbau**

Vor dem Einbau Zylinderkopf und Zylinderblock mit geeignetem Schaber von Dichtungsresten freimachen. **Darauf achten, daß keine Dichtungsreste in die Bohrungen fallen.** Bohrungen mit Lappen verschließen. Eventuell Reinigungsmittel »Decabloc« verwenden. **Achtung:** Auf keinen Fall Schneidewerkzeuge oder Schleifmittel verwenden.

- Bei geöffnetem Einspritzsystem möglichst wenig mit Druckluft arbeiten, Fahrzeug nicht bewegen. Geöffnete Bauteile verschließen oder abdecken, wenn die Reparatur nicht umgehend ausgeführt wird.
- Gewinde für Zylinderkopfschrauben im Motorblock reinigen. Die Gewindelöcher dürfen nicht mit Öl oder Wasser gefüllt sein, gegebenenfalls Flüssigkeiten vorsichtig mit Druckluft ausblasen. Steht keine Preßluft zur Verfügung, mit einen kleinen Schraubendreher und einem saugfähigen Lappen die Bohrungen reinigen. Falls erforderlich, Gewindelöcher im Motorblock vorsichtig mit Gewindebohrer M10x150 reinigen.
- Zylinderkopf auf Risse, Zylinderlaufflächen auf Riefen überprüfen.

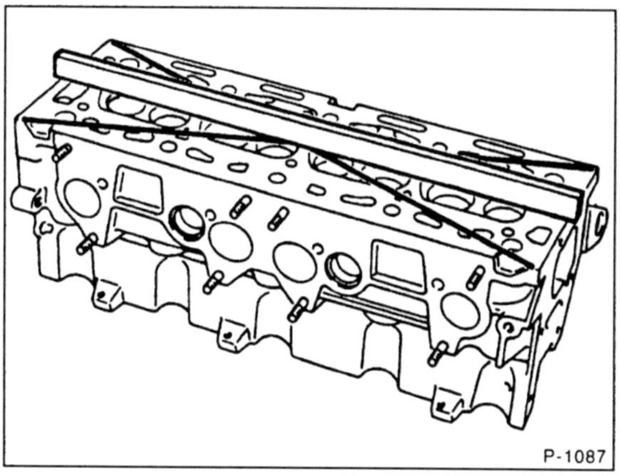


- Zylinderkopf und Motorblock mit Stahllineal in Längs- und Querrichtung auf Planheit prüfen. Die zulässigen Unebenheiten dürfen maximal 0,05 mm nicht überschreiten, gegebenenfalls Zylinderkopf nacharbeiten lassen (Werkstattarbeit).
- Falls eingebaut, Laufbuchsenhalter abschrauben.
- Folgende Teile auf einwandfreien Sitz und Zustand prüfen: Ventilsitze und Ventilführungen, Ventile, Ventilfedern, Wirbelkammern, Nockenwelle, Nockenwellenlager, Gewindelöcher.

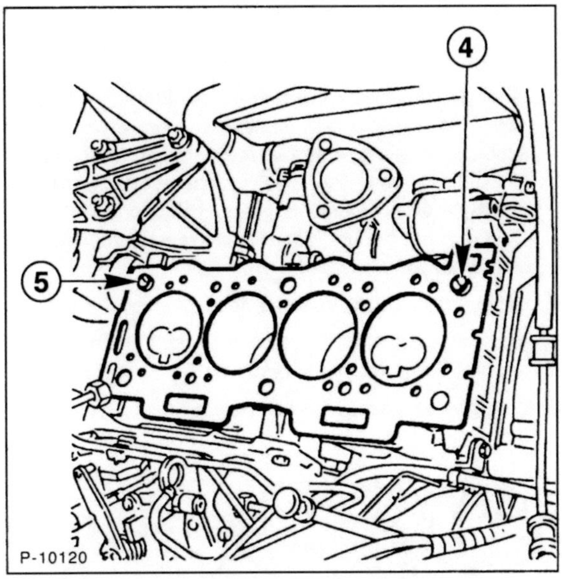


- Kontrollieren, ob die Zentrierhülsen –4–, –5– eingesetzt sind.
- Zylinderkopfdichtung grundsätzlich ersetzen.
- Neue Zylinderkopfdichtung ohne Dichtmittel so auflegen, daß keine Bohrungen verdeckt werden und die Herstelleraufschrift nach oben zeigt.
- Zylinderkopf aufsetzen.
- Werden die bisherigen Zylinderkopfschrauben wiederverwendet: Gewinde sorgfältig abbürsten. Es empfiehlt sich jedoch, die Kopfschrauben grundsätzlich zu ersetzen.
- Zylinderkopfschrauben an den Gewinden und unter den Schraubenköpfen mit »Molykote G Rapid Plus« bestreichen, einsetzen und handfest anziehen.

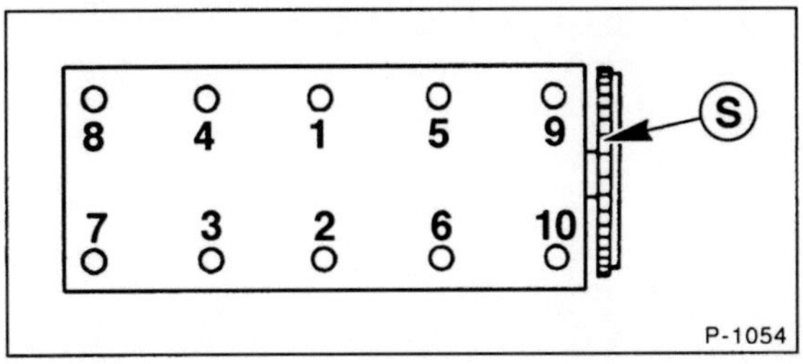


**Achtung:** Das Anziehen der Zylinderkopfschrauben ist mit größter Sorgfalt durchzuführen. Vor dem Anziehen der Schrauben sollte der Drehmomentschlüssel auf seine Genauigkeit überprüft werden.

- Zylinderkopfschrauben gemäß der Reihenfolge in Abbildung von 1 bis 10 in **fünf Stufen** anziehen.

**Achtung: Die Zylinderkopfschrauben in jeder Stufe jeweils in der Reihenfolge von 1 bis 10 anziehen.**

**1.Stufe:** mit Drehmomentschlüssel **60 Nm**

**2.Stufe:** Schrauben **lösen**

**3.Stufe:** mit Drehmomentschlüssel **20 Nm**

**4.Stufe:** mit starrem Schlüssel **160° weiterdrehen**

**5.Stufe:** mit starrem Schlüssel **160° weiterdrehen**

**Es empfiehlt sich, in der 4. und 5. Stufe die Schrauben um 1 x 90° sowie 1 x 70° nachzuziehen.**

Zum Anziehen der Zylinderkopfschrauben wird eine Winkelscheibe, zum Beispiel HAZET 6690, benötigt. Steht die Winkelscheibe nicht zur Verfügung, Schlüssel im 90°-Winkel zum Zylinderkopf ansetzen, Schlüssel in einem Zug drehen, bis der Schlüsselarm parallel zur langen Seite des Zylinderkopfes steht.

**Achtung:** Anschließend dürfen die Kopfschrauben **nicht nachgezogen** werden.

- Zahnriemen auflegen und spannen, siehe Seite 21.
- Kabelstrang-Glühkerzen ansetzen und festschrauben.
- Ansaugkrümmer ansetzen und festschrauben.
- Luftfiltereinsatz einbauen, siehe Seite 68.
- Führungsrohr für den Ölmeßstab mit Loctite-Dichtmittel in den Ölfilterstutzen einsetzen und am Zylinderkopf mit 15 Nm anschrauben.
- Ventilspiel einstellen, siehe Kapitel »Wartung«.
- Zylinderkopfdeckel ansetzen und mit 7 Nm festschrauben.
- Einspritzleitungen an Düsen und Pumpe ansetzen und Überwurfmuttern mit etwa 20 Nm festziehen.
- Kraftstoffrücklaufleitung an Einspritzdüse aufschieben.
- Vorderes Abgasrohr mit neuer Dichtung anschrauben, siehe Seite 88.
- Unterdruckschläuche entsprechend der Markierungen montieren.
- Elektrische Leitungen anklemmen, siehe unter »Ausbau«.
- Sämtliche Kühlmittelschläuche aufschieben und mit Schlauchschellen sichern.
- Schläuche und Stecker am Kühlmittelstutzen aufschieben.
- Kühlmittel auffüllen, siehe Kapitel »Wartung«.
- Ölstand im Motor prüfen, gegebenenfalls Öl nachfüllen. Wurde der Zylinderkopf aufgrund einer defekten Zylinderkopfdichtung abgebaut, empfiehlt sich ein vorgezogener Ölwechsel einschließlich eines Ölfilterwechsels, da sich im Motoröl Kühlflüssigkeit befinden kann.
- Batterie-Massekabel (–) anklemmen.
- Zeituhr einstellen.
- Diebstahlcode für Radio eingeben.
- Motor warmlaufen lassen, Motoröl- und Kühlmittelstand kontrollieren sowie Schlauchanschlüsse auf Dichtheit prüfen.

# Nockenwelle aus- und einbauen

**Benzinmotor**

**Achtung:** Werden Teile der Ventilsteuerung wieder verwendet, müssen diese an gleicher Stelle wieder eingebaut werden. Damit keine Verwechslungen vorkommen, empfiehlt es sich, ein entsprechendes Ablagebrett anzufertigen.

**Ausbau**

- Batterie-Massekabel (–) abklemmen. **Achtung:** Dadurch werden die elektronischen Speicher gelöscht, zum Beispiel Motor-Fehlerspeicher oder Radiocode. Batterie nur bei **ausgeschalteter Zündung** abklemmen, da sonst das Steuergerät der Einspritzanlage beschädigt werden kann. Vor dem Abklemmen sollten auch die Hinweise im Kapitel »Radio« bzw. »Batterie aus- und einbauen« durchgelesen werden.

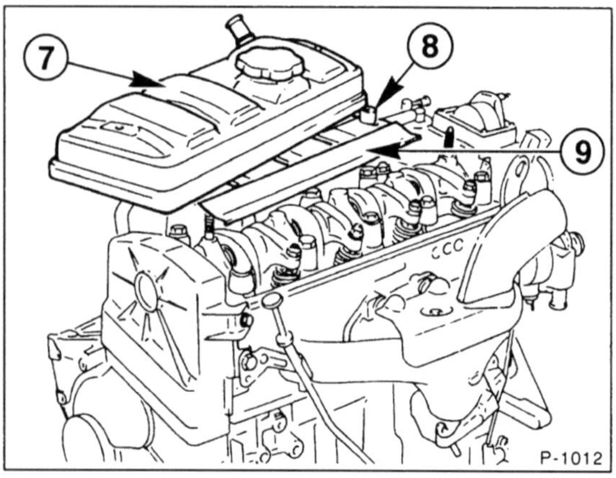


- Zylinderkopfdeckel –7– mit 2 Hutmuttern abschrauben und mit Leitblech –9– sowie den 2 Distanzstücken –8– abnehmen.

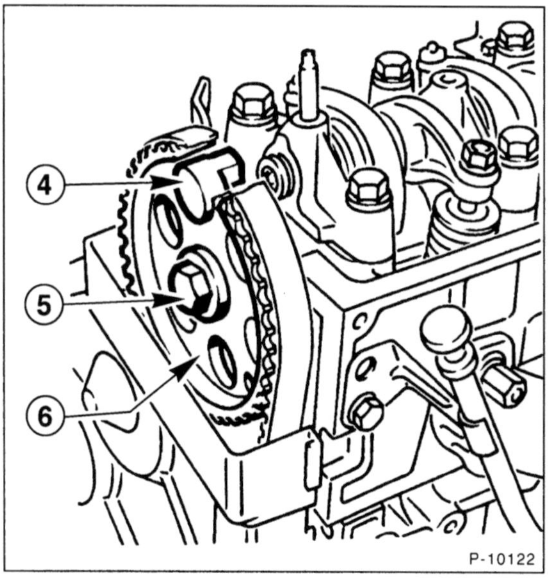


- Nockenwellenrad –6– von vorn mit einem Dorn arretieren. Dazu einen geeigneten Dorn oder sehr stabilen Schraubendreher durch eine Bohrung im Nockenwellenzahnrad schieben und auf der Oberkante des Zylinderkopfes abstützen. Um eine Beschädigung der Dichtfläche des Zylinderkopfes zu vermeiden, ein Stück Holz unterlegen. Schraubendreher festhalten und Befestigungsschraube –5– des Nockenwellenrades abschrauben. Nockenwellenrad abnehmen, gegebenenfalls mit leichten Schlägen eines Gummihammers abtreiben. Die PEUGEOT-Werkstatt benutzt anstelle eines Knebels das Spezialwerkzeug 7.0132Y –4–.

- Zahnriemen ausbauen, siehe Seite 17.

**Monopoint-Einspritzanlage bis 7/92**

- Zündverteiler ausbauen, siehe Seite 60.

- Zündverteilerträger –7– abschrauben.

**Monopoint-Einspritzanlage seit 7/92, Multipoint-Einspritzanlage**

- Zündspule ausbauen, siehe Seite 61.

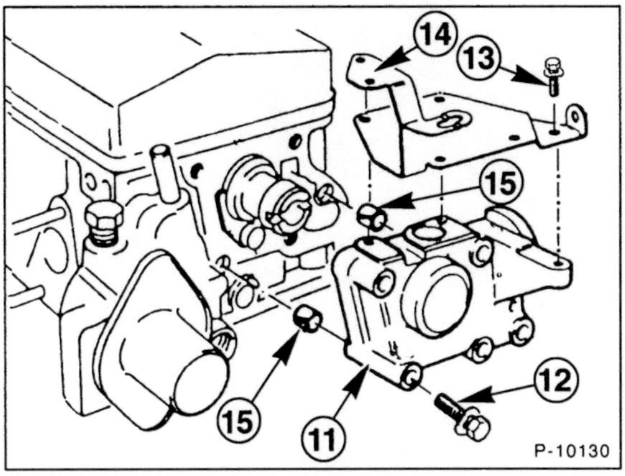


- Befestigungsschrauben –13– des Spulenhalters –14– abschrauben und Spulenhalter abnehmen.
- Befestigungsschrauben –12– des Zündungsträgers –11– abschrauben und Zündungsträger abnehmen.

---

- Zylinderkopf ausbauen, siehe Seite 24.
- Befestigungsschraube des Nockenwellenrades abschrauben und Nockenwellenrad abnehmen.
- Nockenwellen-Haltegabel abschrauben.

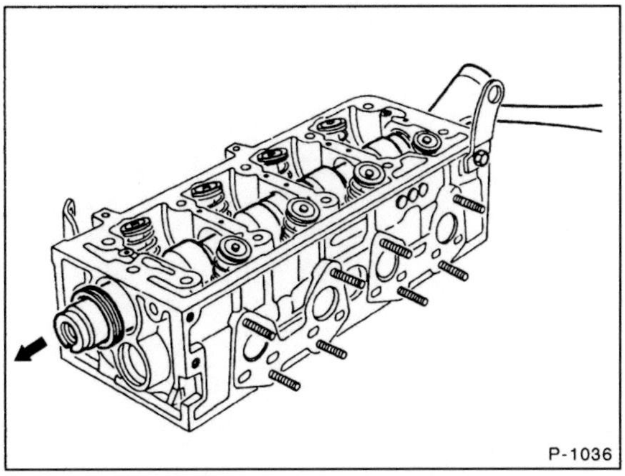


- Durch Schläge mit einem Gummihammer auf die Verteiler-Seite der Nockenwelle den vorderen Dichtring lösen.
- Nockenwelle vorsichtig zur Zahnriemenseite hin herausziehen.

**Einbau**

- Nockenwellenlager ölen.
- Nockenwelle vorsichtig einführen.

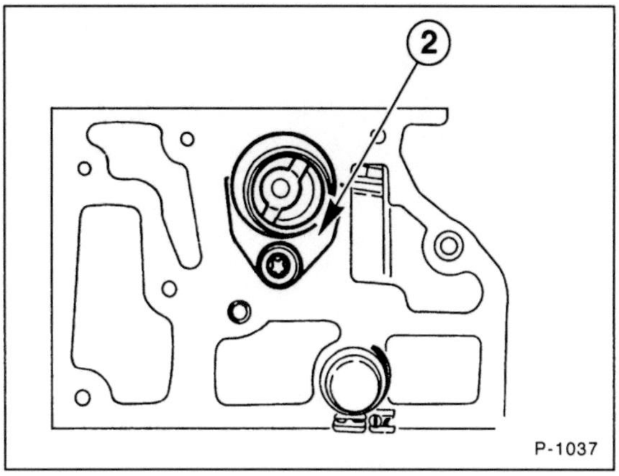


- Haltegabel –2– ansetzen und mit 15 Nm festschrauben.

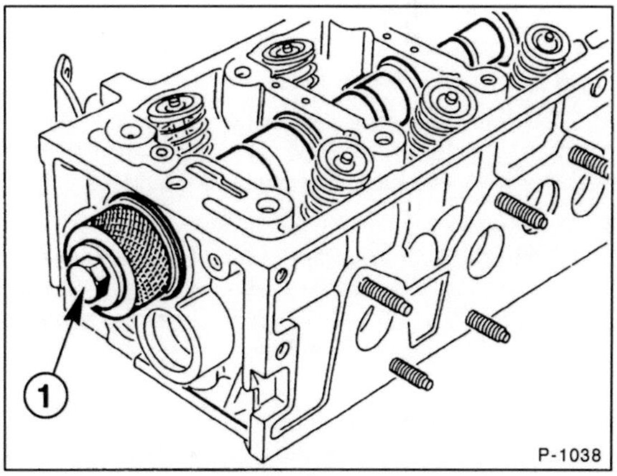


- Neuen Nockenwellen-Dichtring mit geeignetem Rohr bis zum Anschlag einziehen. Dabei müssen Innen- und Außendurchmesser des Rohres dem Dichtring entsprechen. Hinten auf das Rohr eine oder mehrere Unterlegscheiben auflegen und mit Hilfe der Befestigungsschraube –1– für das Nockenwellen-Zahnrad oder einer etwas längeren Schraube den Dichtring einziehen.
- Zylinderkopf einbauen, siehe Seite 24.
- Nockenwellenzahnrad ansetzen und handfest anschrauben.

---

**Monopoint-Einspritzanlage bis 7/92**

- Zündverteilerträger ansetzen und festschrauben.
- Zündverteiler einbauen, siehe Seite 60.

---

**Monopoint-Einspritzanlage seit 7/92, Multipoint-Einspritzanlage**

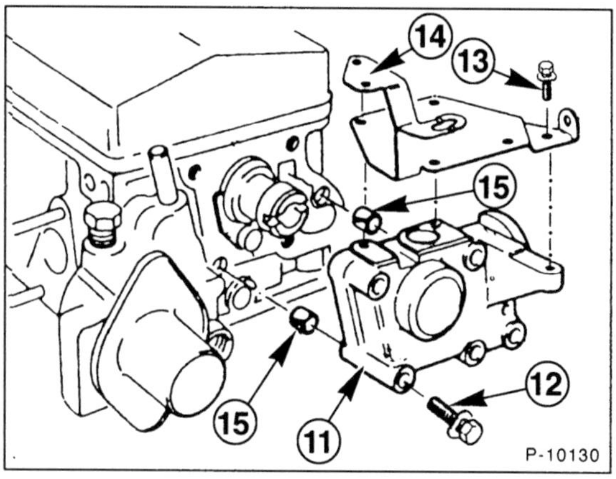


- Kontrollieren ob Zentrierhülsen –15– im Zylinderkopf sitzen.
- Spulenhalter –14– ansetzen und mit Befestigungsschrauben –13– festschrauben.
- Zündungsträger –11– ansetzen und mit Befestigungsschrauben –12– festschrauben.
- Zündspule einbauen, siehe Seite 61.

---

- Zahnriemen einbauen und vorspannen, siehe Seite 17.
- Nockenwellenzahnrad mit einem Knebel blockieren und mit **80 Nm** festziehen. Die PEUGEOT-Werkstatt benutzt anstelle eines Knebels das Spezialwerkzeug 7.0132Y. **Achtung:** Um eine Beschädigung der Zylinderkopfdeckel-Dichtfläche zu vermeiden, muß ein Holz untergelegt werden.
- Kurbelwelle um 2 Umdrehungen weiterdrehen, Schwungrad arretieren und Zahnriemen endgültig spannen, siehe Seite 20.
- Ventilspiel einstellen, siehe Kapitel »Wartung«.

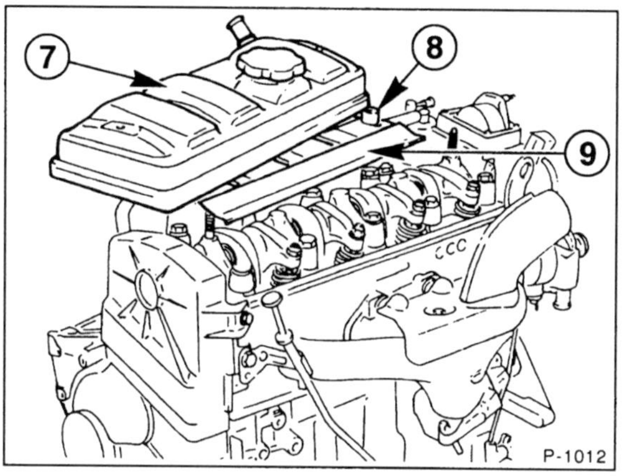


- Zylinderkopfdeckel einbauen. Dazu Leitblech –9– aufsetzen, Distanzstücke –8– über die Bolzen schieben, Zylinderkopfdeckel –7– auflegen und mit 2 Hutmuttern und 5 Nm, also ganz leicht anziehen.
- Dichtflächen am Zündverteilerträger und Zylinderkopf reinigen und eine dünne Schicht Dichtmasse auftragen. Zündverteilerträger mit Zündspule ansetzen und mit 8 Nm festschrauben.
- Batterie-Massekabel (–) anklemmen. **Achtung:** Batterie nur bei **ausgeschalteter Zündung** anklemmen, sonst kann das Steuergerät der Einspritzanlage beschädigt werden.
- Zeituhr einstellen.
- Diebstahlcode für Radio eingeben.

# Nockenwelle aus- und einbauen

## Dieselmotor

**Achtung:** Werden Teile der Ventilsteuerung wieder verwendet, müssen diese an gleicher Stelle wieder eingebaut werden. Damit keine Verwechslungen vorkommen, empfiehlt es sich, ein entsprechendes Ablagebrett anzufertigen.

### Ausbau

- Batterie-Massekabel (–) abklemmen. **Achtung:** Dadurch werden die elektronischen Speicher gelöscht, zum Beispiel der Radiocode. Vor dem Abklemmen sollten auch die Hinweise im Kapitel »Radio« bzw. »Batterie aus- und einbauen« durchgelesen werden.
- Zahnriemen ausbauen, siehe Seite 21.
- Luftfilterdeckel abschrauben und Luftfiltereinsatz herausnehmen, siehe Seite 238.
- Die 8 Befestigungsschrauben des Ventildeckels abschrauben und Ventildeckel abnehmen.
- Nockenwellenrad von vorn mit einem Dorn arretieren. Dazu einen geeigneten Dorn oder sehr stabilen Schraubendreher durch eine Bohrung im Nockenwellenzahnrad schieben und auf der Oberkante des Zylinderkopfes abstützen. Um eine Beschädigung der Dichtfläche des Zylinderkopfes zu vermeiden, ein Stück Holz unterlegen. Schraubendreher festhalten und Befestigungsschraube des Nockenwellenrades abschrauben. Nockenwellenrad abnehmen, gegebenenfalls mit leichten Schlägen eines Gummihammers abtreiben.
- Vakuumpumpe abschrauben und abnehmen.

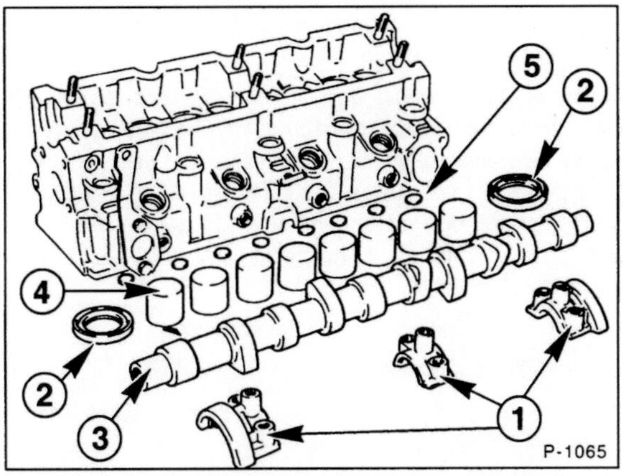


- Lagerdeckel –1– der Nockenwelle schrittweise lösen. Schrauben herausdrehen und Lagerdeckel abnehmen.
- Dichtringe –2– abnehmen.
- Nockenwelle –3– herausnehmen, ebenso die Tassenstößel –4– mit den Einstellscheiben –5–.

### Einbau

- Tassenstößel mit den entsprechenden Einstellscheiben einsetzen. **Achtung:** Werden Nockenwelle, der Zylinderkopf oder Tassenstößel ersetzt, sind Einstellscheiben mit der geringsten Stärke einzubauen.

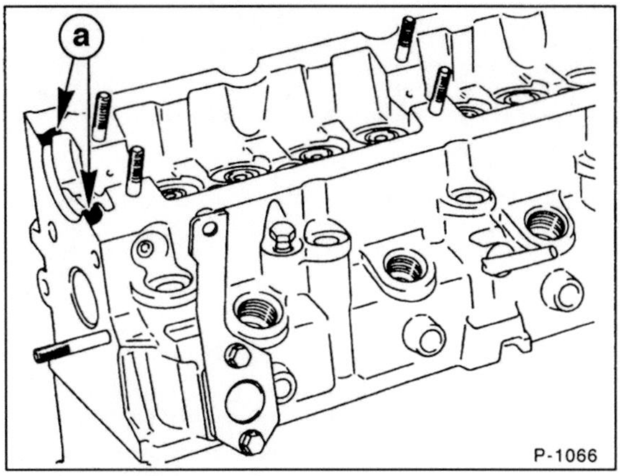


- An der Stirnseite des Zylinderkopfes eine dünne Schicht Dichtmasse »LOCTITE FORMETANCH«, wie in der Abbildung unter –a– gezeigt, auftragen.
- Lagerflächen der Nockenwelle mit »MOLYCOTE G RAPID« schmieren.

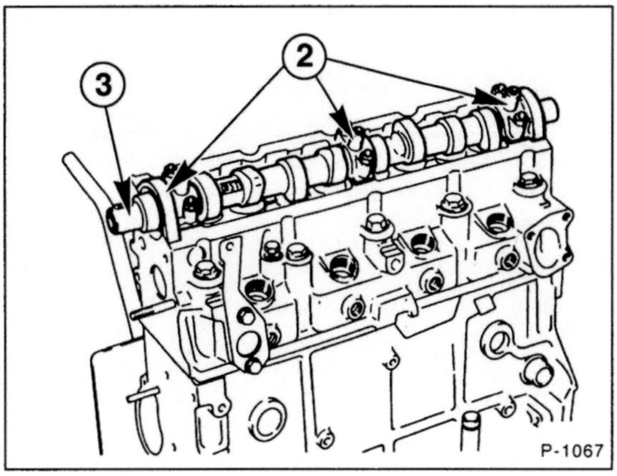


- Nockenwelle –3– einsetzen.
- Lagerdeckel –2– einsetzen und leicht anschrauben.
- Anschließend die Lagerdeckel schrittweise vom mittleren Lager ausgehend in zwei Durchgängen festschrauben. Im ersten Durchgang mit 10 Nm festziehen und im zweiten Durchgang mit **20 Nm** festziehen.
- Ventilspiel prüfen und gegebenenfalls einstellen, siehe Seite 235.

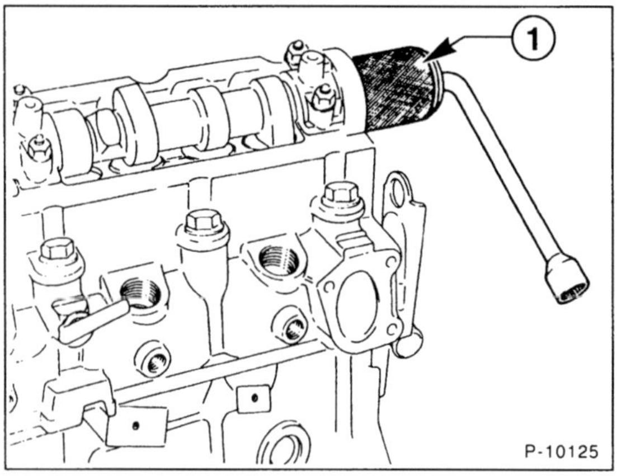


- An beiden Enden der Nockenwelle einen neuen Dichtring montieren. Dazu wird ein kurzes Rohr –1– mit identischem Außen- und Innendurchmesser wie der Dichtring benötigt. Neuen Dichtring ansetzen und mit Rohr sowie der Nockenwellenradschraube beziehungsweise einer passenden Schraube und geeigneten Unterlegscheiben gleichmäßig bis zum Anschlag einziehen.
- Vakuumpumpe ansetzen und mit **20 Nm** festschrauben.
- Nockenwellenzahnrad aufschieben und mit **80 Nm** festschrauben.
- Luftfiltereinsatz einbauen, siehe Seite 238.
- Zylinderkopfdeckel ansetzen und mit 7 Nm festschrauben.
- Zahnriemen einbauen und spannen, siehe Seite 21.
- Batterie-Massekabel (–) anklemmen. **Achtung:** Batterie nur bei **ausgeschalteter Zündung** anklemmen, sonst kann das Steuergerät der Einspritzanlage beschädigt werden.
- Zeituhr einstellen.
- Diebstahlcode für Radio eingeben.

## Ventil aus- und einbauen

### Ausbau

**Achtung:** Werden Teile der Ventilsteuerung wiederverwendet, müssen diese an gleicher Stelle wieder eingebaut werden. Damit keine Verwechslungen vorkommen, empfiehlt es sich, ein entsprechendes Ablagebrett anzufertigen.

- Zylinderkopf ausbauen und auf 2 Holzleisten legen, siehe Seite 24/29.
- Ansaugkrümmer komplett vom Zylinderkopf abschrauben.
- Abgaskrümmer vom Zylinderkopf abschrauben.
- **Dieselmotor:** Nockenwelle ausbauen und Tassenstößel abnehmen. Nockenwelle ausbauen, siehe Seite 35.

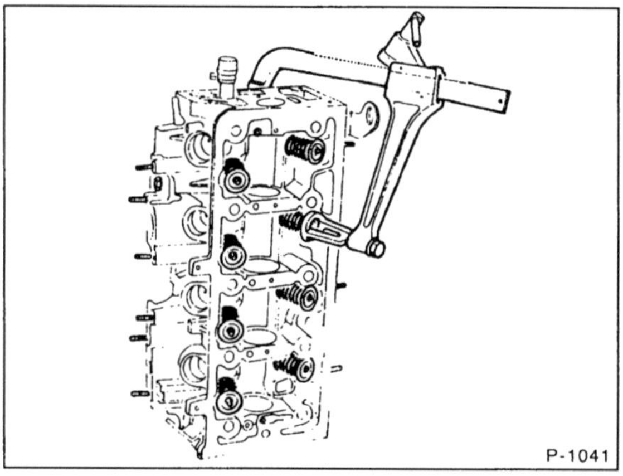


- Ventilfeder mit handelsüblichem Ventilfederspanner zusammendrücken. Ventilkeile abnehmen und Ventilfeder wieder entspannen.

**Achtung:** Beim Herausnehmen der Ventilkeile darauf achten, daß der Ventilschaft nicht durch den heruntergedrückten Ventilteller beschädigt wird. Andernfalls muß das Ventil ausgewechselt werden, da bei beschädigtem Ventilschaft keine ausreichende Abdichtung mehr gewährleistet ist. Die Folgen sind dann erhöhter Ölverbrauch und Verschleißerscheinungen in der Ventilführung.

- Ventilfederteller und Ventilfeder abnehmen.
- Ventil zur Brennraumseite hin herausziehen.
- Ventilschaftabdichtung ausbauen, siehe Kapitel »Ventilschaftabdichtung ersetzen«.
- Nächstes Ventil auf dieselbe Weise ausbauen.

### Einbau

Vor Einbau der Ventile Ventilführungen prüfen, eventuell Ventilführungen aufreiben und/oder Ventilsitze nacharbeiten (Werkstattarbeit).

**Achtung:** Neue Ventilfederteller sind an der Unterkante der Bohrung für die Kegelstücke vereinzelt sehr scharfkantig. Dadurch können die Ventilschäfte beschädigt werden (Riefen etc.). Beschädigte Ventile müssen ersetzt werden, Ventilfederteller vor dem Einbau gegebenenfalls entgraten.

- Ventilschaft an den Anlageflächen der Ventilkegelstücke entgraten.

**Achtung:** Werden in einen neuen Zylinderkopf bereits gelaufene Ventile eingebaut, dann muß der Ventilsitz eingeschliffen werden, siehe Seite 38.

- Ventilschaft und Ventilführung mit Motoröl leicht einölen und Ventil einsetzen.

**Achtung:** Ventilschaftabdichtungen grundsätzlich ersetzen.

- Ventilschaftabdichtungen erneuern, siehe Kapitel »Ventilschaftabdichtung ersetzen«.
- Ventilfeder und Ventilfederteller einsetzen.
- Ventilfeder mit Spannapparat zusammendrücken und Ventilkegelstücke einsetzen. **Achtung:** Auf richtige Anlage der Kegelstücke am Ventilschaft achten. Falls erforderlich, Grat mit Schmirgelleinen entfernen.
- Alle weiteren Ventile einbauen. Darauf achten, daß Aus- und Einlaßventile nicht vertauscht werden.
- **Dieselmotor:** Tassenstößel einsetzen und Nockenwelle einbauen, siehe Seite 35.

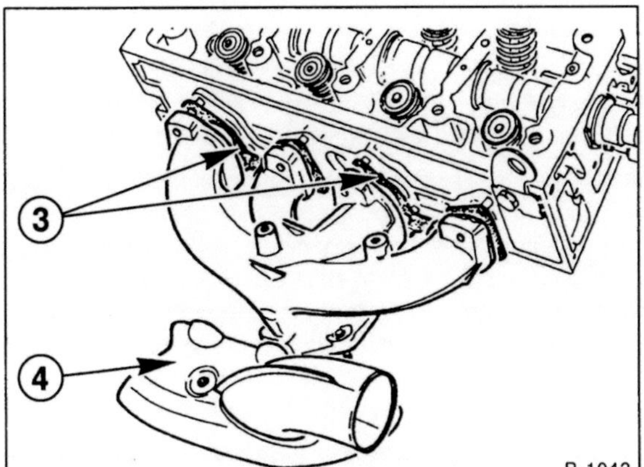

P-1042

- Abgaskrümmer am Zylinderkopf ansetzen, neue Dichtungen –3– verwenden. 8 **neue** Muttern abwechselnd mit **15 Nm** festziehen.

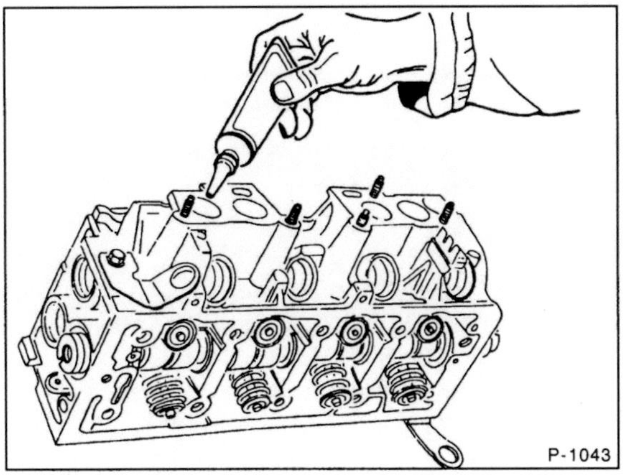
P-1043

- Anlageflächen von Zylinderkopf und Ansaugkrümmer sorgfältig reinigen.
- An der Auflagefläche für den Ansaugkrümmer eine dünne Schicht Dichtmasse, zum Beispiel Loctite, auftragen.
- Ansaugkrümmer ansetzen und Muttern abwechselnd mit **8 Nm** festziehen.
- Zylinderkopf einbauen, siehe Seite 24/29.
- Ventile einstellen, siehe Seite 235.

## Ventilschaftabdichtungen ersetzen

**Alle Motoren**

Hoher Ölverbrauch kann auch auf verschlissene Ventilschaftabdichtungen zurückzuführen sein. Bei heißem Motor riecht dann das Abgas nach verbranntem Öl und ist bläulich eingefärbt. Grundsätzlich beim Erneuern der Ventile oder Arbeiten am Zylinderkopf Ventilschaftabdichtungen erneuern.

**Ausbau**

- Zylinderkopf ausbauen, siehe Seite 24/29.
- **Dieselmotor:** Nockenwelle ausbauen und Tassenstößel abnehmen. Nockenwelle ausbauen, siehe Seite 35.

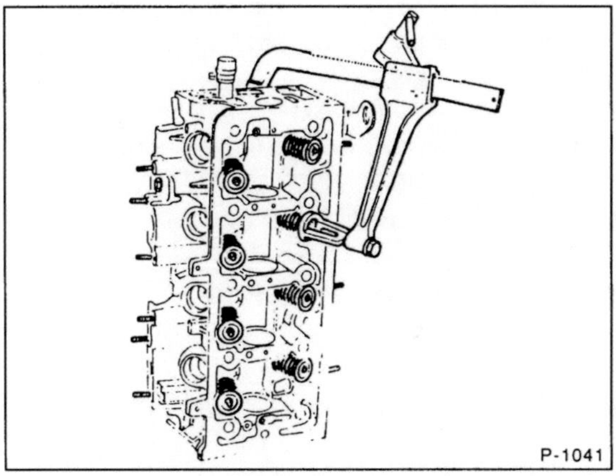
P-1041

- Ventilfeder mit handelsüblichem Ventilfederspanner zusammendrücken. Ventilkeile abnehmen und Ventilfeder wieder entspannen.

**Achtung:** Beim Herausnehmen der Ventilkeile darauf achten, daß der Ventilschaft nicht durch den heruntergedrückten Ventilteller beschädigt wird. Andernfalls muß das Ventil ausgewechselt werden, da bei beschädigtem Ventilschaft keine ausreichende Abdichtung mehr gewährleistet ist. Die Folgen sind dann erhöhter Ölverbrauch und Verschleißerscheinungen in der Ventilführung.

- Ventilfeder abnehmen.

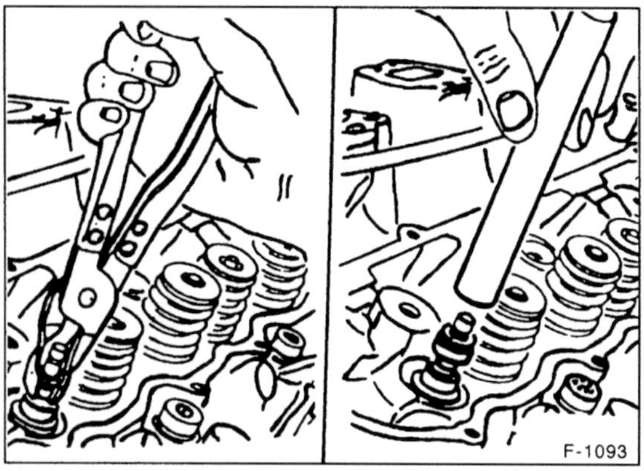


- Ventilschaftabdichtung mit handelsüblicher Ventildichtringzange, z. B. HAZET 791-5 bzw. 791-2, vom Ventilschaft abziehen.
- Die anderen Ventilschaftabdichtungen auf die gleiche Weise ausbauen.

**Einbau**

- Ventilschaft an den Anlageflächen der Ventilkegelstücke mit Klebeband abkleben, damit die Ventilschaftabdichtung beim Einbauen nicht beschädigt wird.
- **Neue** Ventilschaftabdichtungen leicht einölen, vorsichtig aufschieben und mit Treibdorn, z. B. PEUGEOT .0132W, aufdrücken. Anschließend Klebeband entfernen. **Achtung:** Dabei Abdichtlippe nicht beschädigen.
- Sämtliche Ventilschaftabdichtungen auf diese Weise montieren.
- Ventilfedern montieren, siehe Seite 36.
- **Dieselmotor:** Tassenstößel einsetzen und Nockenwelle einbauen, siehe Seite 35.
- Zylinderkopf montieren, siehe Seite 24/29.

## Ventilsitz einschleifen

Bei einwandfrei bearbeiteten Ventilsitzringen und neuen Ventilen ist das Einschleifen der Ventilsitze im Zylinderkopf nicht unbedingt erforderlich.

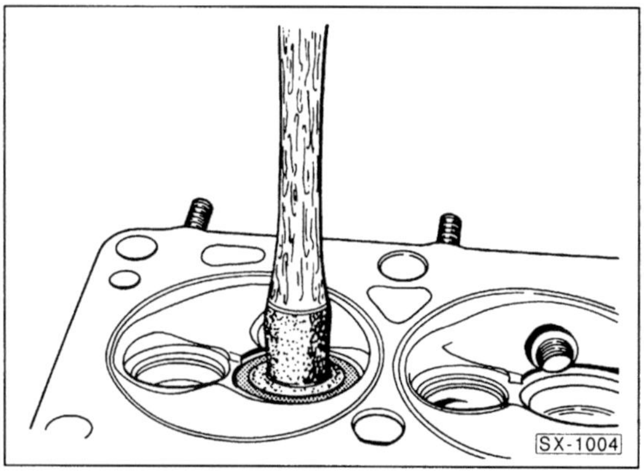


- Die Ventile dürfen nur mit feinkörniger Schleifpaste eingeschliffen werden. Für die notwendigen Drehbewegungen wird ein Gummisauger auf den Ventilteller gesetzt. Rillenbildung auf den Sitzflächen beim Einschleifen läßt sich durch häufiges Anheben und gleichmäßiges Weiterdrehen des Ventils während des Schleifvorgangs vermeiden.

**Achtung:** Die Schleifpaste ist nach dem Einschleifen sorgfältig zu entfernen.

- Geprüft werden kann der Schleifvorgang am Tragbild sowie mit Kraftstoff; Ventil lose einsetzen, Kraftstoff in Brennraum einfüllen, Kraftstoff darf nicht aus der Ventilführung auslaufen. Sonst Schleifvorgang wiederholen.

## Kompression prüfen

Die Kompressionsprüfung erlaubt Rückschlüsse über den Zustand des Motors. Und zwar läßt sich bei der Prüfung feststellen, ob die Ventile oder die Kolben (Kolbenringe) in Ordnung beziehungsweise verschlissen sind. Außerdem zeigen die Prüfwerte an, ob der Motor austauschreif ist beziehungsweise komplett überholt werden muß. Für die Prüfung wird ein Kompressionsdruckprüfer benötigt, der für Benzinmotoren recht preiswert in Fachgeschäften angeboten wird.

**Achtung:** Für den Dieselmotor wird ein Kompressionsdruckprüfer mit größerem Meßbereich, bis ca. 40 bar, benötigt.

Der Druckunterschied zwischen den einzelnen Zylindern darf maximal 1,0 bar (Dieselmotor 1,5 bar) betragen. Falls ein oder mehrere Zylinder gegenüber den anderen einen Druckunterschied von mehr als 1,0 bar beziehungsweise 1,5 bar haben, ist dies ein Hinweis auf defekte Ventile, verschlissene Kolbenringe beziehungsweise Zylinderlaufbahnen. Ist die Verschleißgrenze erreicht, muß der Motor überholt beziehungsweise ausgetauscht werden.

Der Meßwert für den Kompressionsdruck kann je nach verwendetem Meßgerät und Anlasserdrehzahl unterschiedlich ausfallen. Als Soll-Richtwert gilt bei den Benzinmotoren 11-13 bar, beim Dieselmotor 20-25 bar Kompressionsdruck. Aussagefähiger ist der Druckunterschied zwischen den einzelnen Zylinder.

- ■ Zur Prüfung der Kompression den Motor warmfahren. Nach Erreichen der Kühlmittel-Betriebstemperatur noch etwa 5 km weiterfahren, damit auch eine ausreichende Motoröltemperatur +80° C sichergestellt ist.
- ■ Ventilspiel muß korrekt eingestellt sein, gegebenenfalls einstellen, siehe Seite 235.

**Benzinmotor**

- Zündung ausschalten.
- Sämtliche Zündkerzenstecker abziehen. Dafür gibt es eine spezielle Zange, zum Beispiel HAZET 1849. Damit dürfen die Stecker jedoch nur an den Blechhülsen gefaßt werden.
- Anschließend Zündkerzen-Nischen im Zylinderkopf mit Preßluft ausblasen, und alle Zündkerzen mit geeignetem Kerzenschlüssel herausschrauben.

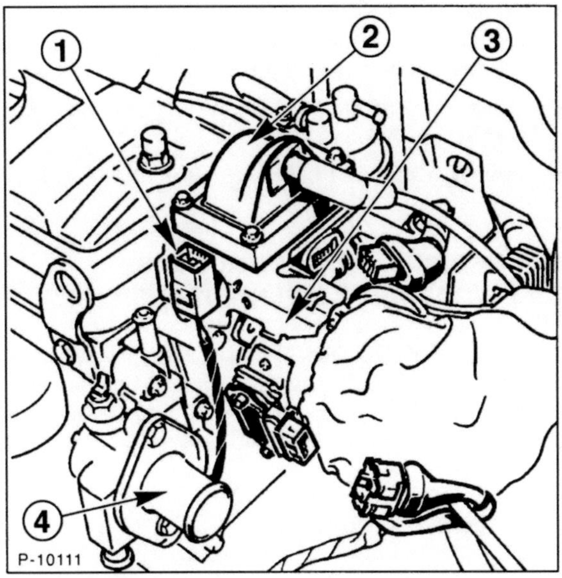


- **Monopoint-Einspritzanlage bis 7/92:** Mehrfachstecker von der Zündspule –2– abziehen.

- **Monopoint-Einspritzanlage seit 7/92, Multipoint-Einspritzanlage:** Stecker von Zündspule –1135– abziehen.

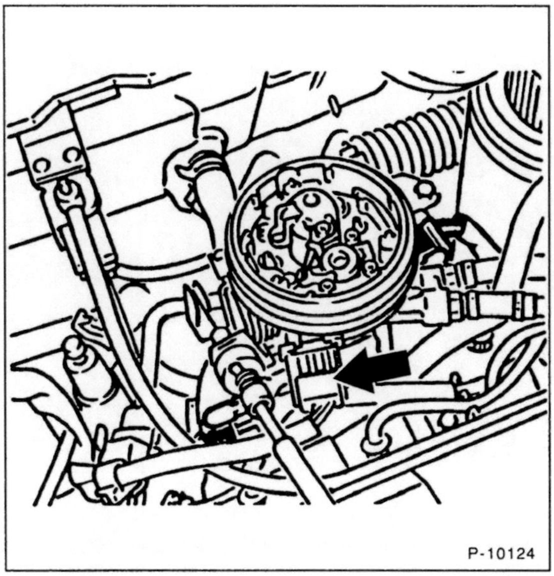


- Mehrfachstecker –Pfeil– an Einspritzeinheit abziehen.
- **XSi-Motor:** Stecker an den Einspritzventilen abziehen.
- Motor mit Anlasser durchdrehen, damit Rückstände und Ruß herausgeschleudert werden. **Achtung:** Getriebe in Leerlaufstellung und Handbremse angezogen. Bei diesem Vorgang **nicht** über den Motor beugen, Verletzungsgefahr durch herausgeschleudernde Rußpartikel.
- Kompressionsdruckprüfer entsprechend der Bedienungsanleitung in die Zündkerzenöffnung drücken oder einschrauben.
- Von einem Helfer das Gaspedal ganz durchtreten lassen und während der ganzen Prüfung mit dem Fuß festhalten lassen.
- Anlasser ca. 4 Sekunden beziehungsweise so lange betätigen, bis kein Druckanstieg mehr auf dem Meßgerät erfolgt. Die Batterie muß dabei voll geladen sein, die Drehzahl soll mindestens 300/min betragen.
- Nacheinander sämtliche Zylinder prüfen und vergleichen. Jeweils vorher das Meßblatt im Kompressionsdruckschreiber in die neue Arbeitsstellung bringen.
- Anschließend Zündkerzen einschrauben und Zündkabel aufstecken, siehe Seite 238.
- Mehrfachstecker an Einspritzeinheit/Einspritzventilen aufstecken.
- Mehrfachstecker an Zündspule aufstecken.

### Dieselmotor

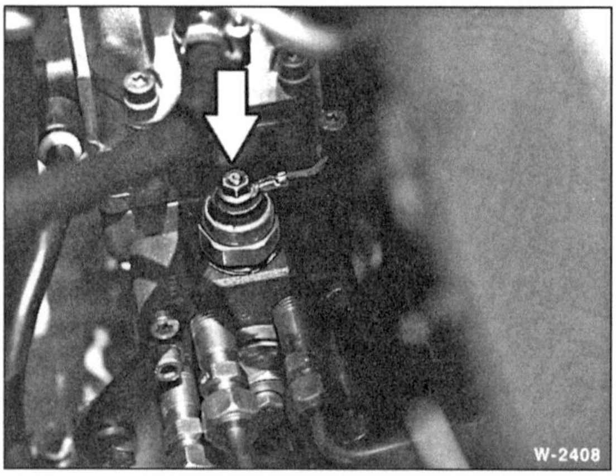


- Elektrische Leitung vom Absteller –Pfeil– an der Einspritzpumpe abziehen, damit kein Kraftstoff durch die Einspritzdüsen in den Brennraum eingespritzt wird.

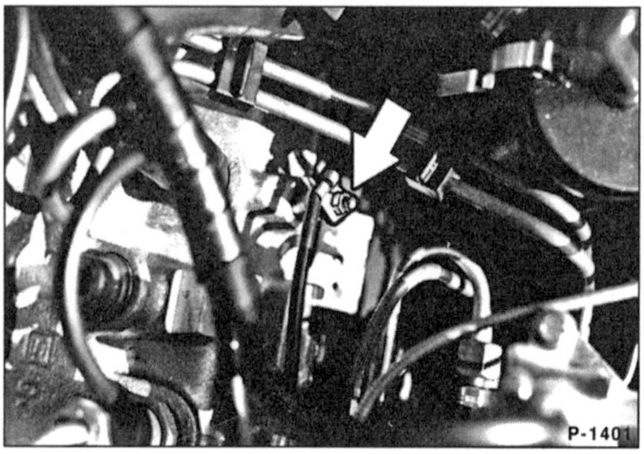


- Anschlußkabel für Glühkerzen abschrauben.

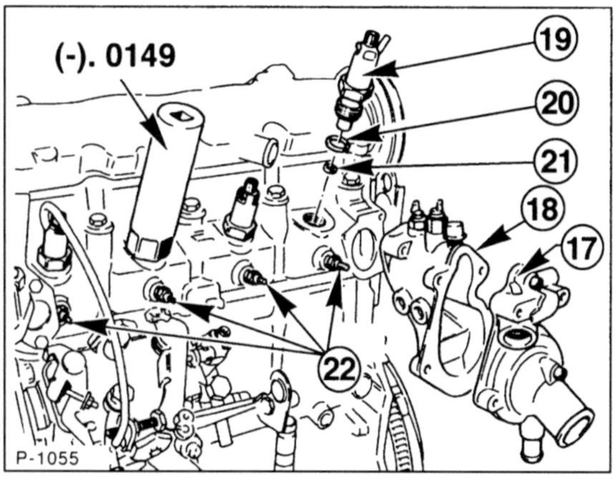


- Alle Glühkerzen –22– ausbauen.
- Kompressionsdruckprüfer mit flexiblem Verbindungsschlauch anstelle einer Glühkerze einschrauben.
- Motor mit Anlasser so lange durchdrehen, bis der Meßwert nicht mehr ansteigt. Dabei muß die Mindestdrehzahl des Motors bei 200/min liegen.
- Der gemessene Kompressionsdruck soll 22 bar nicht unterschreiten. Der Druckunterschied zwischen den einzelnen Zylindern darf maximal 1,5 bar betragen.
- Glühkerzen einschrauben, mit **22 Nm** festziehen und elektrische Leitungen anschließen.
- Leitung am Absteller montieren.

## Keilriemen für Generator aus- und einbauen/Keilriemen spannen

Wird der alte Keil- beziehungsweise Keilrippenriemen wieder eingebaut, so ist dieser immer auf Verschleiß und Beschädigung zu überprüfen. Sind die Flanken ausgefranst, Risse oder Bruchstellen vorhanden, so ist der Riemen in jedem Fall zu ersetzen.

#### Fahrzeuge ohne Klimaanlage

#### Ausbau

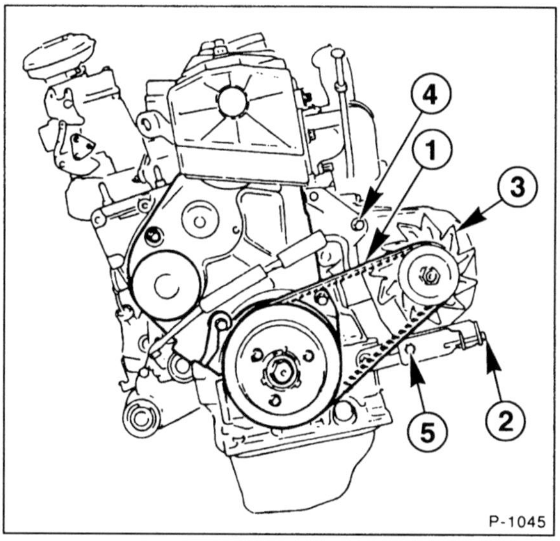


- Lagerschraube –4– für Generator –3– lösen.
- Klemmschraube –5– lösen.
- Spannschraube –2– nach links drehen. Dadurch schwenkt der Generator zum Motor, und der Keil- beziehungsweise Keilrippenriemen –1– wird entspannt.
- Keilriemen abnehmen.

#### Einbau

- Keilriemen auflegen und spannen.

**Keilriemen spannen**

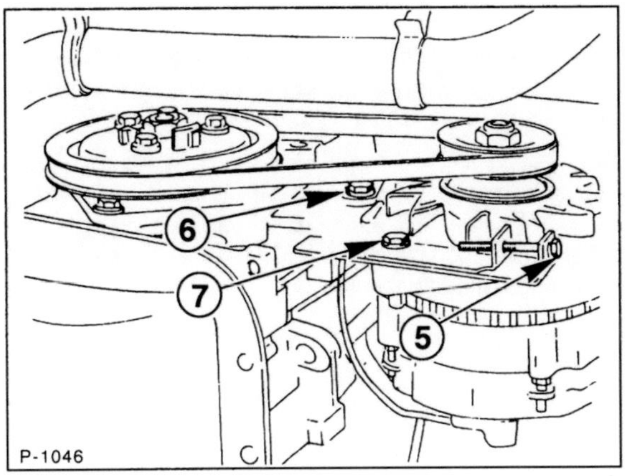


- Spannschraube –5– nach rechts drehen, bis das maximale Spiel in der Mitte der längsten Spannweite des Riemens bei normalem Fingerdruck 4 mm beträgt.
- Anschließend die Schrauben –7– mit 15 Nm und –6– mit 35 Nm festziehen.
- Spannung nochmals kontrollieren, gegebenenfalls Keilriemen erneut spannen.
- In der Werkstatt wird die Spannung des Keilriemens anschließend mit einem speziellen Prüfgerät für Keilriemenspannung kontrolliert.

**Fahrzeuge mit Klimaanlage**

**Ausbau**

- Die beiden Befestigungsschrauben der Spannrolle lösen.
- Mit der Spannschraube an der Spannrolle den Keilrippenriemen entspannen.
- Keilrippenriemen abnehmen.

**Einbau**

- Keilrippenriemen auflegen und spannen.

**Keilrippenriemen spannen**

- Wird der Keilrippenriemen nur nachgespannt: Die beiden Befestigungsschrauben der Spannrolle lösen.
- Mit der Spannschraube an der Spannrolle den Keilrippenriemen spannen.
- Das maximale Spiel in der Mitte der längsten Spannweite des Riemens soll bei normalem Fingerdruck 4 mm betragen, gegebenenfalls Keilrippenriemen erneut spannen.
- In der Werkstatt wird die Spannung des Keilriemens anschließend mit einem speziellen Prüfgerät für Keilriemenspannung kontrolliert.
- Befestigungsschrauben der Spannrolle festziehen.

## Störungsdiagnose Motor

Wenn der Motor nicht anspringt, Fehler systematisch einkreisen. Damit der Motor überhaupt anspringen kann, müssen beim Benzinmotor immer zwei Grundvoraussetzungen erfüllt sein: Das Kraftstoff-Luftgemisch muß bis in die Zylinder gelangen und der Zündfunke muß an den Zündkerzenelektroden überschlagen. Als erstes ist deshalb immer zu prüfen, ob überhaupt Kraftstoff gefördert wird. Wie man dabei vorgeht, steht in den Kapiteln »Kraftstoffanlage« und »Einspritzanlage«.

Um festzustellen, ob ein Zündfunke vorhanden ist, Zündkerzen herausschrauben, in Zündkerzenstecker stecken und einzeln gegen Masse halten. Dabei Kerzenstecker oder Zündkabel **nicht** mit der Hand festhalten, sondern eine gut isolierte Zange nehmen. Von Hilfsperson Motor starten lassen. **Achtung:** Um Schäden am Katalysator zu vermeiden, darf dabei kein Benzin eingespritzt werden. Daher Sicherung für Kraftstoffpumpe abziehen. Wenn kein Zündfunke überspringt, Fehler entsprechend dem Kapitel »Zündung« aufspüren. **Achtung: Sicherheitshinweise für elektronische Zündanlage beachten.**

**Beim Dieselmotor Vorglüh- und Kraftstoffanlage prüfen.**

**Störung:** Der Motor springt schlecht oder gar nicht an

| Ursache | | Abhilfe |
|---|---|---|
| **Bedienungsfehler beim Starten** | **Benzinmotor:** | ■ **Bei kaltem und warmem Motor:** Kupplung ganz durchtreten und Motor starten, ohne das Gaspedal zu betätigen. Anlasser nicht länger als etwa 5 Sekunden betätigen. |
| | | ■ Springt der Motor auch nach 3 Startversuchen nicht an, ca. 10 Sekunden warten und Motor wie bei »heißem Motor« beschrieben starten. |
| | | ■ **Bei heißem Motor:** Gaspedal ganz durchtreten und in dieser Stellung halten –nicht pumpen– und Motor starten. Nach dem Anspringen des Motors Gaspedal mit steigender Drehzahl langsam entlasten. |
| | **Dieselmotor:** | ■ **Bei kaltem Motor:** Zündung einschalten und sobald die Kontrollampe erlischt, Kupplungspedal ganz durchtreten und Motor starten. Bei strengem Frost zusätzlich das Gaspedal beim Starten ganz durchtreten. |
| | | ■ **Bei warmem Motor:** Es braucht nicht vorgeglüht zu werden, der Motor kann sofort angelassen werden. Springt der Motor nicht innerhalb von 20 Sekunden an, kurz warten und Startvorgang wiederholen. |
| Zündanlage defekt oder verschmutzt | | ■ Zündanlage entsprechend Störungsdiagnose überprüfen |
| Kraftstoffanlage defekt, verschmutzt | | ■ Kraftstoffanlage entsprechend Störungsdiagnose überprüfen |
| Anlasser dreht zu langsam | | ■ Batterie laden. Anlasser überprüfen |
| Ventilspiel falsch | | ■ Ventilspiel korrigieren |
| Kompressionsdruck zu niedrig | | ■ Ventilspiel einstellen, Motor überholen |
| Zylinderkopfdichtung defekt | | ■ Dichtung ersetzen |
| **Dieselmotor:** | | |
| Vorglühanlage defekt | | ■ Vorglühanlage entsprechend Störungsdiagnose überprüfen |
| Förderbeginn verstellt | | ■ Förderbeginn überprüfen |
| Einspritzdüsen defekt | | ■ Einspritzdüsen überprüfen |
| Einspritzpumpe defekt | | ■ Einspritzpumpe ersetzen |

# Motorschmierung

### Verschmutzung des Motoröls

Je nach den Betriebsbedingungen unterliegen die Motorenöle recht wechselnden Beanspruchungen. Es ist deshalb sehr schwierig, die verschiedenen Betriebsbedingungen in ihrer Auswirkung auf das Schmiermittel genau festzulegen. Motoren, die lange Zeit mit hoher Drehzahl oder mit Vollast laufen, erreichen hohe Öltemperaturen. Unter Einwirkung hoher Temperaturen und des Luftsauerstoffes beginnt das Öl zu oxydieren. Die Oxydationsprodukte verdicken das Öl und können sich als lackartige Überzüge an den oberen Kolbenpartien, in den Kolbenringnuten und an den Ventilschäften ablagern. Dies kann zu einer Verkokung der Ventilteller führen.

### Ölverdünnung beim Benzinmotor

Erhalten die Zylinder ein kraftstoffüberreiches Gemisch, werden von einem Motor nur selten oder nie Höchstleistungen verlangt oder wird mit unterkühltem Motor gefahren (Stadtverkehr), so ist eine unvollkommene Verbrennung die Folge. Ruß, Ölkohle und andere Produkte, der unverbrannte Kraftstoff selbst und die Kondensation von Feuchtigkeit führen zur Bildung von Schlamm, Säure und Asphalt. Der unverbrannte Kraftstoff schlägt sich an den kalten Zylinderwänden nieder und läuft in das Kurbelgehäuse, wobei der Ölfilm an Zylinder und Kolben abgewaschen wird. Die Folge ist eine verminderte Schmierung der Kolbenlaufbahn und eine Ölverdünnung, welche die Schmiereigenschaften des Öles je nach Kraftstoffgehalt beeinträchtigen.

Bei zu hoher Ölverdünnung ist eventuell ein vorzeitiger Ölwechsel vorzunehmen. Da sich bei scharfer Fahrt (heißer Motor) die Benzinanteile im Öl verflüchtigen, ist vor allem im Winter (viele Kaltstarts – hoher Benzinanteil im Öl) öfters der Ölstand zu kontrollieren.

### Viskosität des Motoröls

Viskosität nennt man die Zähflüssigkeit des Öls. In Abhängigkeit von der Temperatur neigt jedes Öl dazu, seine Zähflüssigkeit zu verändern. Mit zunehmender Wärme wird es dünnflüssig. Dadurch wird die Haftfähigkeit und Druckfestigkeit des Schmierfilms beeinträchtigt. Bei Kälte wird es dick und zähflüssig, wobei das Fließvermögen träge und der innere Reibungswiderstand vergrößert wird. Diese Eigenschaft erfordert die Verwendung eines Motoröles von einer Zähflüssigkeit, die sich bei wechselnden Temperaturen möglichst wenig verändert.

Bei kaltem Motor soll es noch dünnflüssig genug sein, um die Arbeit des Anlassers nicht übermäßig zu erschweren und um vom Startbeginn an zu allen Schmierstellen möglichst schnell fließen zu können.

Die Zähflüssigkeit oder Viskosität ist gleichbedeutend mit der inneren Reibung eines Öles und wird nach dem SAE-System (Society of Automotive Engineers) gekennzeichnet, wie zum Beispiel SAE 30, SAE 10 usw. Hohe SAE-Zahlen weisen auf dicke, niedrige auf dünne Öle hin. Die Viskosität gibt aber keinen Aufschluß über die Schmiereigenschaften eines Öles.

### Das Mehrbereichsöl

Für die PEUGEOT 106-Motoren sind Mehrbereichsöle vorgesehen. Mehrbereichsöle haben den Vorteil, daß sie sich den Temperaturverhältnissen (Sommer/Winter) anpassen. Mehrbereichsöle bauen auf einem dünnflüssigen Einbereichsöl (z. B. 15 W) auf. Durch sogenannte Verdickerer wird das Öl im heißen Zustand stabilisiert, so daß für jeden Betriebszustand die richtige Schmierfähigkeit gegeben ist. Wird ein Mehrbereichsöl verwendet, sollte man zu den modernen Ölen greifen, die eine hohe Viskositätsspanne haben (z. B. 15 W-40, 15 W-50). Das »W« in der SAE-Bezeichnung weist das Öl als wintertauglich aus.

### Das Leichtlauföl

Bei Leichtlaufölen handelt es sich um Mehrbereichsöle, denen unter anderem Reibwertverminderer zugesetzt wurden, so daß eine Kraftstoffeinsparung von bis zu 2 Prozent möglich sein soll. Leichtlauföle haben eine niedrige Viskosität (z. B. 10 W-30). Sie erfordern unkonventionelle Grundöle (Synthetiköle).

### Anwendungsbereich/Viskositätsklassen

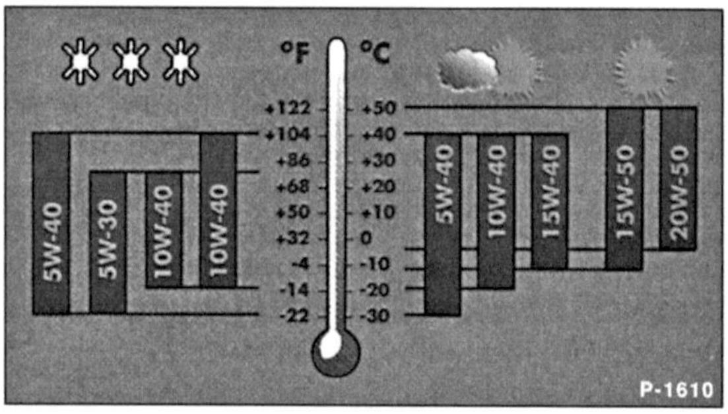


Da die Einsatzbereiche benachbarter SAE-Klassen sich überschneiden, können kurzfristige Temperaturschwankungen unberücksichtigt bleiben. Es ist zulässig, Öle verschiedener Viskositätsklassen miteinander zu mischen, wenn einmal Öl nachgefüllt werden muß und die Außentemperaturen nicht mehr der Viskositätsklasse des im Motor befindlichen Öles entsprechen.

**Zusatzschmiermittel – gleich welcher Art – sollen weder dem Kraftstoff noch den Schmierölen beigemischt werden.**

### Spezifikation des Motoröls

Grundsätzlich sind nur HD-Öle für die modernen Motoren zugelassen. HD-Öle sind legierte Öle, deren Schmiereigenschaften durch Zusatz verschiedener chemischer Wirkstoffe erheblich verbessert sind. Diese Zusätze bewirken einen besseren Korrosionsschutz, ein günstigeres Verhalten gegen Oxydationserscheinungen, insbesondere eine geringere Neigung zur Schlammbildung im Kurbelgehäuse, ein besseres Viskositätsverhalten, reinigende und lösende Eigenschaften. Die reinigenden und lösenden Zusätze verringern nicht nur die Rückstandsbildung im Motor, sondern besitzen zugleich die Fähigkeit, Rückstände zu lösen und sie und alle anderen Verunreinigungen im Motoröl fein verteilt und ständig in der Schwebe zu halten, so daß beim Ölwechsel die Verunreinigungen mit abfließen.

Die Qualität eines HD-Motoröls wird durch das API-System gekennzeichnet (API: American Petroleum Institut). Europäische Hersteller richten sich ebenfalls nach diesem System.

Die Kennzeichnung erfolgt durch jeweils zwei Buchstaben. Der erste Buchstabe gibt den Anwendungsbereich an: **S** = Service, für **Ottomotoren** geeignet; **C** = Commercial, für **Dieselmotoren** geeignet.

Der zweite Buchstabe gibt die Qualität in alphabetischer Reihenfolge an.

Von höchster Qualität sind Öle der API-Spezifikation **SG** für Ottomotoren und **CE** für Dieselmotoren. **Achtung:** CE-Motorenöle, die vom Öl-Hersteller ausdrücklich als Öle für Diesel-Motoren bezeichnet werden, sind für Otto-Motoren nicht geeignet. Es gibt Öle, die sowohl für den Otto- wie auch für den Diesel-Motor geeignet sind. In diesem Fall sind beide Spezifikationen (Beispiel SF/CD) auf der Öldose vermerkt.

Für den PEUGEOT 106 mit **Benzinmotor** sind Motoröle der API-Spezifikation **SG** geeignet, beziehungsweise für den **Dieselmotor** API-**CD**.

Europäische Ölhersteller geben noch zusätzlich eine »CCMC«-Spezifikation an. Die CCMC-Spezifikationen berücksichtigen insbesondere die europäische Motorentechnologie und gewinnen daher immer mehr an Bedeutung. Öle für Benzinmotoren erhalten je nach Qualität die Klassen CCMC-G1 bis -G5; Dieselmotoröle für Pkw gibt es in den Spezifikationen CCMC-PD1 und der höherwertigen Spezifikation CCMC-PD2.

Bei Benzinmotoren schreibt PEUGEOT die Mindestnorm CCMC-G4 für Mehrbereichsöle vor; CCMC-G5 gilt für Leichtlauföle mit niedriger Viskosität. Diese Normen entsprechen in etwa der API-Spezifikation SG, mit zusätzlichen europäischen Anforderungen. Das vorgeschriebene Dieselmotorenöl CCMC-PD2 liegt leistungsmäßig etwas über dem API-CD-Öl.

### Ölverbrauch

Bei einem Verbrennungsmotor versteht man unter dem Ölverbrauch diejenige Ölmenge, die als Folge des Verbrennungsvorganges verbraucht wird. Auf keinen Fall ist Ölverbrauch mit Ölverlust gleichzusetzen, wie er durch Undichtigkeiten an Ölwanne, Zylinderkopfdeckel usw. auftritt.

Normaler Ölverbrauch entsteht durch Verbrennung jeweils kleiner Mengen im Zylinder; durch Abführen von Verbrennungsrückständen und Abrieb-Partikeln. Zudem verschleißt das Öl durch die hohen Temperaturen und die hohen Drücke, denen es im Motor fortwährend ausgesetzt ist.

Ferner haben auch äußere Betriebsverhältnisse, Fahrweise sowie Fertigungstoleranzen einen Einfluß auf den Ölverbrauch. Der durchschnittliche Ölverbrauch beträgt 0,5 l/1000 km, er darf jedoch höchstens 1,0 l/1000 km betragen.

Unbedingt muß Öl nachgefüllt werden, wenn die »Nachfüll«-Markierung erreicht ist (Nachfüllmenge dann max. 1,4 l). **Achtung:** Nicht Öl über die »Maximal«-Markierung einfüllen. Wurde zuviel Öl eingefüllt, muß das überschüssige Öl abgelassen werden. Sonst kann bei den Benzinmotoren der Katalysator beschädigt werden, da unverbranntes Öl in die Abgasanlage gelangt.

# Der Ölkreislauf

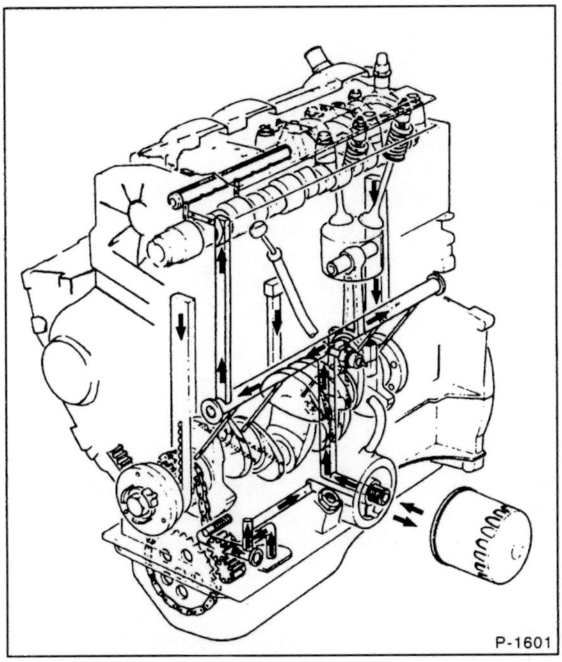


Die Ölpumpe saugt das Motoröl aus der Ölwanne an und drückt es in den Hauptstromölfilter. An der Druckseite der Ölpumpe befindet sich ein Überdruckventil (Öldruckregelventil). Bei zu hohem Öldruck öffnet das Ventil, und ein Teil des Öls kann in die Ölwanne zurückfließen.

Durch die Mittelachse der Filterpatrone gelangt das gefilterte Öl in den Hauptölkanal. Dort sitzt auch der Öldruckschalter, der über die Öldruck-Kontrollampe im Armaturenbrett dem Fahrer zu niedrigen Öldruck signalisiert. Bei verstopftem Ölfilter leitet ein Kurzschlußventil das Öl direkt und ungefiltert in den Hauptölkanal.

Vom Hauptölkanal zweigen Kanäle ab zur Schmierung der Kurbelwellenlager. Durch schräge Bohrungen in der Kurbelwelle wird das Öl an die Pleuellager geleitet.

Gleichzeitig gelangt Motoröl über Steigleitungen in den Zylinderkopf und versorgt dort Nockenwellenlager, Kipphebel und Ventilschaft-Enden.

# Öldruck überprüfen

- Wagen warmfahren, die Öltemperatur soll ca. +80° C betragen. Ölstand kontrollieren.

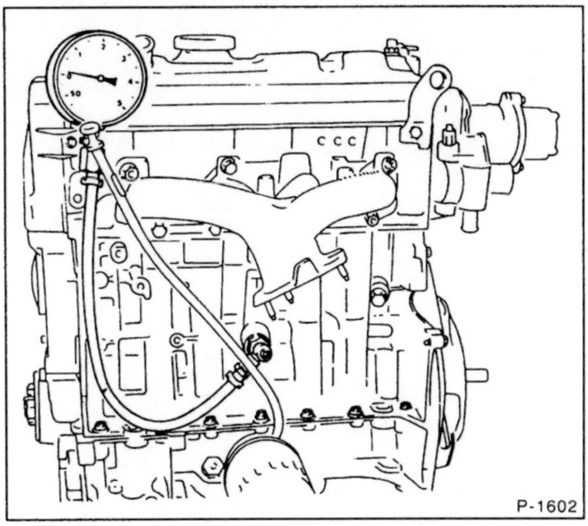


- Öldruckschalter ausbauen. Der Öldruckschalter befindet sich über dem Ölfilter.
- Anstelle des Öldruckschalters geeignetes Manometer in den Motorblock einschrauben.
- Drehzahlmesser anschließen.
- Motor starten und langsam auf Prüfdrehzahl bringen.

| Prüfdrehzahl | Mindestöldruck |
|---|---|
| Leerlauf | 1,5 bar |
| 1000/min | 2 bar |
| 2000/min | 3 bar |
| 4000/min | 4 bar |

- Die durch den Öldruckschalter gesteuerte Ölwarnleuchte im Armaturenbrett leuchtet bei einem Öldruck unter 0,8 bar und erlischt, wenn der Öldruck auf über 0,8 bar steigt.
- Öldruckschalter mit neuem Dichtring einsetzen und nicht zu fest, mit ca. 15 Nm festziehen.
- Falls der Öldruck vom Sollwert abweicht, siehe »Störungsdiagnose Ölkreislauf«.
- Drehzahlmesser entfernen.

# Ölwanne aus- und einbauen

**Ausbau**

- Batterie-Massekabel (–) abklemmen. **Achtung:** Dadurch werden die elektronischen Speicher gelöscht, zum Beispiel Motor-Fehlerspeicher oder Radiocode. Batterie nur bei **ausgeschalteter Zündung** abklemmen, da sonst das Steuergerät der Einspritzanlage beschädigt werden kann. Vor dem Abklemmen sollten auch die Hinweise im Kapitel »Radio« bzw. »Batterie aus- und einbauen« durchgelesen werden.
- Fahrzeug aufbocken, siehe Seite 226.
- Motoröl ablassen, siehe Kapitel »Wartung«.

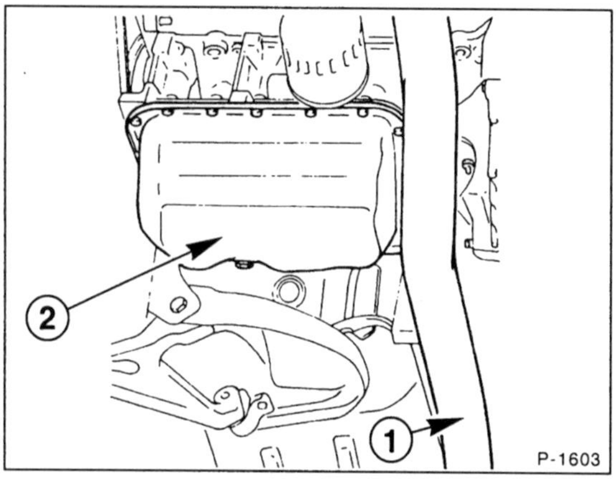


- Vorderes Abgasrohr –1– am Krümmer und am Achsantrieb abschrauben.
- Ölwanne –2– abschrauben und nach unten abnehmen. Festsitzende Ölwanne mit Schraubendreher seitlich vorsichtig abdrücken.

**Einbau**

- Ölwanne innen reinigen.
- Dichtflächen von Ölwanne und Motorblock reinigen. Dabei keine Schneidewerkzeuge oder Schleifmittel verwenden. Eventuell verbogene Dichtflächen an der Ölwanne vorsichtig richten.
- Dichtmasse (Silikonpaste) an der Ölwanne auftragen.
- Ölwanne ansetzen und handfest anschrauben. Anschließend Schrauben mit **8 Nm**, also nur leicht, festziehen.
- Vorderes Abgasrohr einbauen, siehe Seite 88.
- Neues Motoröl einfüllen, siehe Kapitel »Wartung«.
- Batterie-Massekabel (–) anklemmen. **Achtung:** Batterie nur bei **ausgeschalteter Zündung** anklemmen, sonst kann das Steuergerät der Einspritzanlage beschädigt werden.
- Zeituhr einstellen.
- Diebstahlcode für Radio eingeben.
- Hochspannungskabel an der Zündspule abziehen, damit der Motor nicht anspringen kann.
- Anlasser betätigen und Motor so lang durchdrehen lassen, bis die Öldruckwarnleuchte erlischt.
- Hochspannungskabel wieder anschließen.
- Fahrzeug ablassen, siehe Seite 226.

# Öldruckschalter prüfen

Der Öldruckschalter ist zu prüfen, wenn die Öldruckkontrollampe in der Armaturentafel nicht oder ständig aufleuchtet. Leuchtet die Kontrollampe ständig, so ist zuerst der Öldruck zu prüfen. Ist dieser in Ordnung, so ist nachfolgende Prüfung durchzuführen.

- Motor abstellen und Stecker am Öldruckschalter abziehen. Der Öldruckschalter befindet sich über dem Ölfilter.
- Zündung einschalten und Kontakt des Steckers gegen Masse (z. B. Motorblock) halten.

Leuchtet die Kontrollampe auf, ist der Öldruckschalter zu ersetzen. Leuchtet die Lampe nicht auf, ist entweder die Kontrollampe defekt oder es liegt eine Unterbrechung in der Leitung vor; Leitungsführung anhand des Stromlaufplanes kontrollieren.

- Zündung ausschalten und Stecker am Öldruckschalter aufstecken.

# Ölpumpe aus- und einbauen

## Ausbau

- Batterie-Massekabel (–) abklemmen. **Achtung:** Dadurch werden die elektronischen Speicher gelöscht, zum Beispiel Motor-Fehlerspeicher oder Radiocode. Batterie nur bei **ausgeschalteter Zündung** abklemmen, da sonst das Steuergerät der Einspritzanlage beschädigt werden kann. Vor dem Abklemmen sollten auch die Hinweise im Kapitel »Radio« bzw. »Batterie aus- und einbauen« durchgelesen werden.
- Fahrzeug aufbocken, siehe Seite 226.
- Motoröl ablassen, siehe Kapitel »Wartung«.
- Ölwanne ausbauen, siehe Kapitel »Ölwanne ausbauen«.

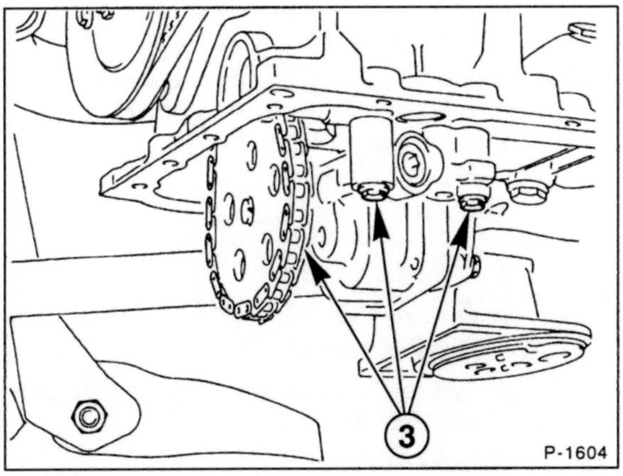


- Ölpumpe mit 3 Schrauben –3– abschrauben, nach unten schwenken und aus der Antriebskette herausziehen.
- Motoröl aus der Ölpumpe ablaufen lassen.

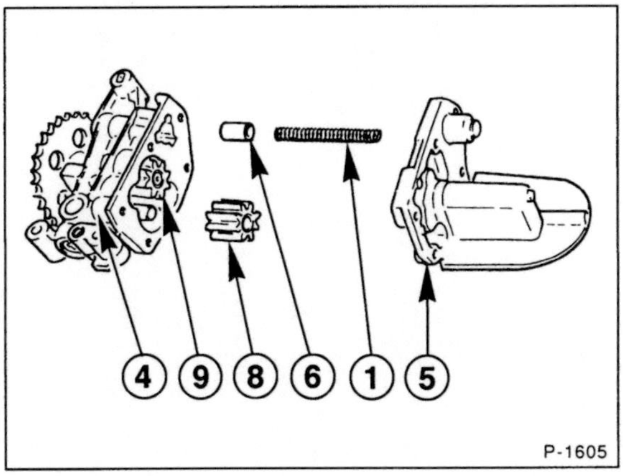


- Ölpumpe zerlegen:
  1 – Kolbenfeder
  4 – Pumpengehäuse
  5 – Ansaugsieb
  6 – Überdruckventilkolben
  8 – Angetriebenes Zahnrad
  9 – Mitlaufendes Zahnrad

## Einbau

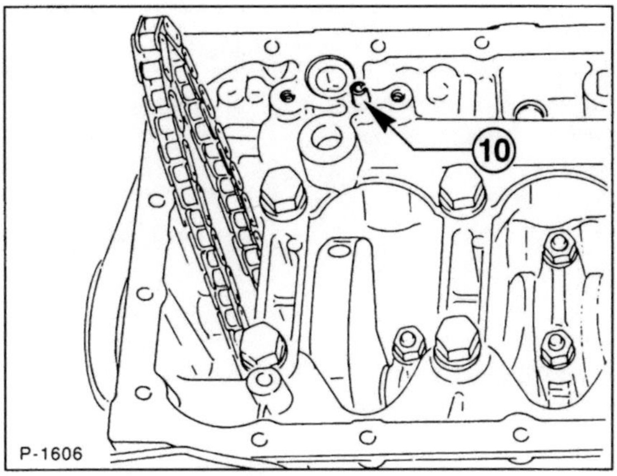


- Prüfen, ob die Zentrierhülse –10– im Motorblock vorhanden ist, gegebenenfalls einsetzen.

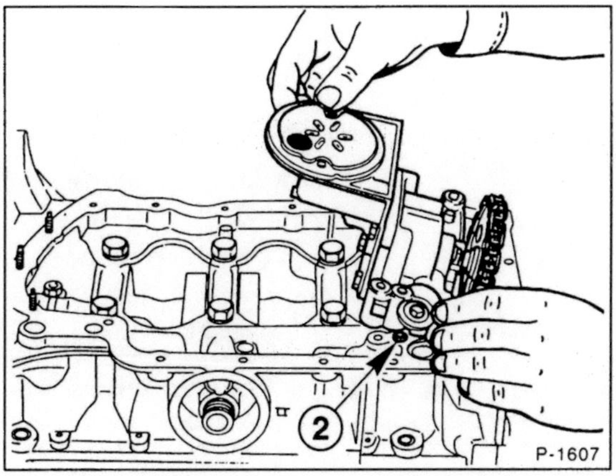


- Zahnrad der Ölpumpe in die Antriebskette einsetzen.
- Pumpe zum Motorblock schwenken, über die Zentrierhülse –2– ausrichten und mit 8 Nm anschrauben.
- Ölwanne einbauen, siehe Kapitel »Ölwanne aus- und einbauen«.
- Neues Motoröl einfüllen, siehe Kapitel »Wartung«.
- Batterie-Massekabel (–) anklemmen. **Achtung:** Batterie nur bei **ausgeschalteter Zündung** anklemmen, sonst kann das Steuergerät der Einspritzanlage beschädigt werden.
- Zeituhr einstellen.
- Diebstahlcode für Radio eingeben.
- Hochspannungskabel an der Zündspule abziehen, damit der Motor nicht anspringen kann.
- Anlasser betätigen und Motor so lang durchdrehen lassen, bis die Öldruckwarnleuchte erlischt.
- Hochspannungskabel wieder anschließen.
- Fahrzeug ablassen, siehe Seite 226.

# Störungsdiagnose Ölkreislauf

| Störung | Ursache | Abhilfe |
|---|---|---|
| Kontrolleuchte leuchtet nicht nach Einschalten der Zündung | Öldruckschalter defekt | ■ Zündung einschalten, Leitung vom Öldruckschalter abziehen und gegen Masse halten. Wenn die Kontrollampe leuchtet, Schalter ersetzen. |
| | Strom zum Schalter unterbrochen, Kontakte korrodiert | ■ Elektrische Leitung und Anschlüsse prüfen |
| | Kontrollampe defekt | ■ Kontrollampe ersetzen |
| Kontrollicht verlischt nicht nach Anspringen des Motors | Öl sehr warm | ■ Unbedenklich, wenn Kontrollicht beim Gasgeben verlischt |
| Kontrollicht verlischt nicht beim Gasgeben bzw. leuchtet während der Fahrt | Öldruck zu gering | ■ Ölstand prüfen, ggf. auffüllen; Öldruck nach Vorschrift prüfen |
| | Elektrische Leitung zum Öldruckschalter hat Kurzschluß gegenüber Masse | ■ Kabel am Schalter abziehen und isoliert ablegen (nicht gegen Masse legen), Zündung einschalten. Wenn die Kontrollampe aufleuchtet, Leitung überprüfen |
| | Öldruckschalter defekt | ■ Schalter auswechseln |
| Zu niedriger Öldruck im gesamten Drehzahlbereich | Zu wenig Öl im Motor | ■ Motoröl nachfüllen |
| | Ansaugsieb in der Saugglocke verschmutzt, Saugrohr gebrochen | ■ Ölwanne ausbauen, Ansaugsieb reinigen, ggf. Saugrohr ersetzen |
| | Ölpumpe verschlissen | ■ Ölpumpe ausbauen und prüfen, gegebenenfalls ersetzen |
| | Lagerschaden | ■ Motor demontieren |
| Zu niedriger Öldruck im unteren Drehzahlbereich | Öldruckregelventil klemmt in offenem Zustand durch Verschmutzung | ■ Öldruckregelventil ausbauen und prüfen |
| Zu hoher Öldruck bei Drehzahlen über 2.000/min | Öldruckregelventil öffnet nicht wegen Verschmutzung | ■ Öldruckregelventil ausbauen und prüfen |

# Motorkühlung

## Kühlmittelkreislauf

**Benzinmotor**

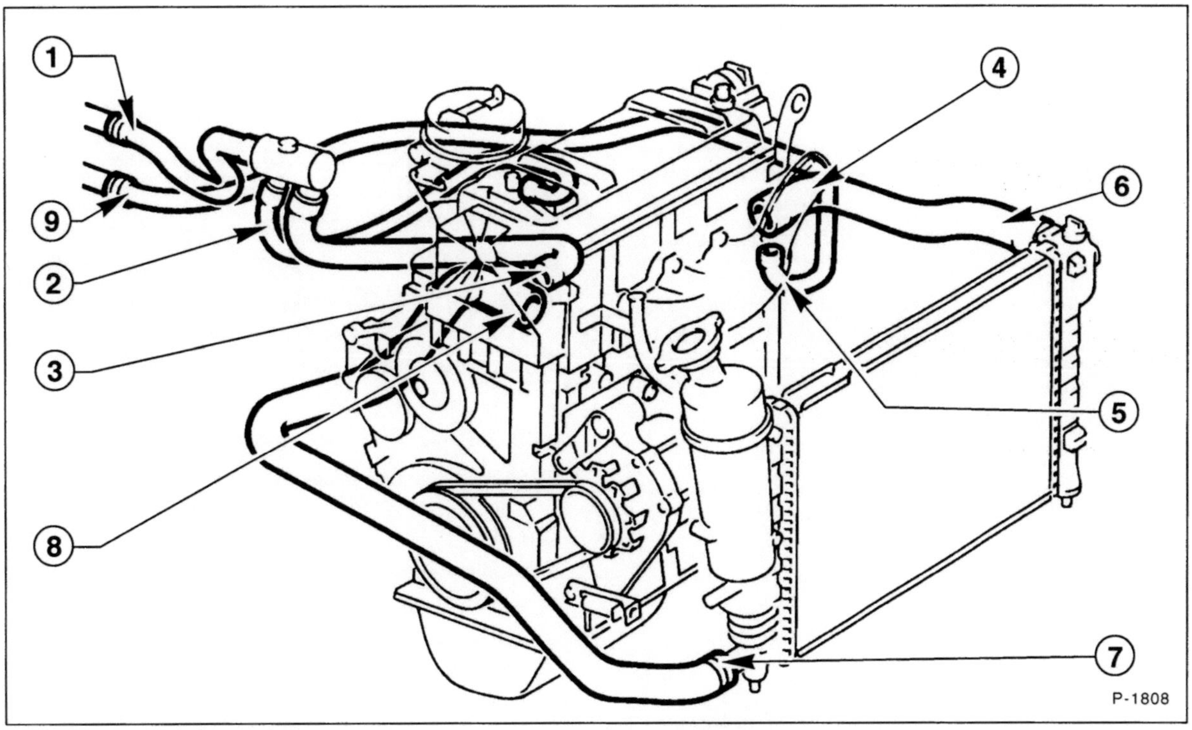


1 – Auslaß Heizungswärmetauscher
2 – Rücklauf Ansaugkrümmervorwärmung
3 – Rücklauf Heizungswärmetauscher
4 – Auslaß Motor
5 – Auslaß Heizungswärmetauscher
6 – Einlaß Kühler
7 – Auslaß Kühler
8 – Einlaß Motor
9 – Einlaß Heizungswärmetauscher

## Der Kühlmittelkreislauf

Das Kühlsystem besteht im wesentlichen aus dem Kühler, der Kühlmittelpumpe, dem Thermostat und einem elektrisch betriebenen Lüfter.

Der Kühlmittelkreislauf wird thermostatisch geregelt. Solange der Motor kalt ist, zirkuliert das Kühlmittel nur im Motorblock und im Wärmetauscher der Heizung. Mit zunehmender Erwärmung öffnet der Thermostat den großen Kühlmittelkreislauf. Das Kühlmittel wird von der ständig im Einsatz befindlichen Kühlmittelpumpe bewegt, die vom Zahnriemen angetrieben wird. Die Kühlflüssigkeit durchströmt den Kühler und wird dabei durch den an den Kühlrippen vorbeistreichenden Fahrtwind abgekühlt.

Zur Verstärkung der Kühlluft besitzt der PEUGEOT 106 einen elektrisch angetriebenen Lüfter. Angesteuert wird der Lüfter über einen Thermoschalter, der im Wasserkasten des Kühlers eingeschraubt ist.

Bei steigender Temperatur dehnt sich die Kühlflüssigkeit aus. Der Druck im Kühlsystem nimmt so lange zu, bis der normale Arbeitsdruck erreicht ist. Wenn der Druck weiter ansteigt, strömt Kühlflüssigkeit in den Ausgleichbehälter, der sich neben dem Kühler befindet. Sobald der Druck im System durch abkühlende Kühlflüssigkeit abnimmt, läuft vom Ausgleichbehälter wieder Kühlflüssigkeit in den Kühlkreislauf zurück.

Nachgefüllt wird das Kühlmittel nur über den Ausgleichbehälter.

**Warnhinweis: Der Kühler-Lüfter kann auch bei abgeschaltetem Motor selbsttätig anlaufen. Hervorgerufen durch Stauwärme im Motorraum kann dies auch mehrmals hintereinander geschehen. Bei Arbeiten im Motorraum und warmem Motor muß deshalb immer mit einem plötzlichen Einschalten des Lüfters gerechnet werden.**

**Inhalt des Kühlsystems**

**Benzinmotor: 5,8 l**

**Dieselmotor: 5,5 l**

## Kühler-Frostschutzmittel

Das Motorkühlsystem wird vom Werk mit einer Mischung aus Wasser und Kühlerfrost- und Korrosions-Schutzmittel aufgefüllt. Das Kühlkonzentrat verhindert Frost- und Korrosionsschäden und hebt außerdem die Siedetemperatur des Wassers an. Deshalb muß das Kühlsystem unbedingt ganzjährig mit Kühlerfrost- und Korrosionsschutzmittel gefüllt sein. Wird das Kühlsystem nur mit Wasser gefüllt, können schwere Korrosions-Schäden entstehen.

Da der Korrosionsschutz-Anteil in der Kühlflüssigkeit nach einiger Zeit an Wirkung verliert, muß die Kühlflüssigkeit im Rahmen der Wartung alle 2 Jahre ausgetauscht werden, siehe Kapitel »Wartung«.

Das richtige Mischungsverhältnis zwischen Kühlmittel und Wasser beträgt 1 : 1. Der Frostschutz reicht dann bis mindestens – 35° C.

## Thermostatgehäuse aus- und einbauen

**Benzinmotor**

**Ausbau**

- Kühlmittel ablassen und auffangen. **Achtung:** Die Kühlflüssigkeit braucht nicht vollständig abgelassen zu werden. Es reicht, wenn der Kühlflüssigkeitsspiegel unterhalb vom Thermostatgehäuse liegt, siehe Seite 55.

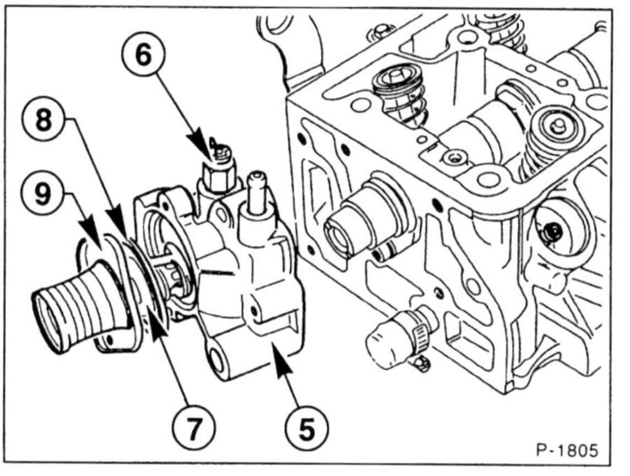


- Stecker vom Temperaturgeber –6– abziehen.
- Stecker vom Temperaturgeber Einspritzanlage abziehen.
- Kühlmittelschlauch vom Kühlmittelstutzen abziehen, vorher Schlauchschelle ganz öffnen und zurückschieben.
- Kühlmittelstutzen –9– abschrauben.
- Thermostat –7– herausnehmen.
- Thermostatgehäuse –5– abschrauben.
- Falls erforderlich, Temperaturgeber abschrauben.

**Einbau**

- Dichtflächen an Zylinderkopf und Thermostatgehäuse sorgfältig reinigen.
- Auf die Dichtfläche des Thermostatgehäuses –5– zum Zylinderkopf eine dünne Schicht Dichtmasse, z. B. Atmosit, auftragen.
- Thermostatgehäuse –5– am Zylinderkopf mit 8 Nm festschrauben.
- Thermostat –7– mit neuer Dichtung –8– in das Thermostatgehäuse einsetzen.
- Kühlmittelstutzen –9– mit 8 Nm anschrauben, vorher Dichtflächen mit Silikondichtmasse bestreichen.
- Kühlmittelschlauch am Kühlmittelstutzen aufschieben und mit Schlauchschellen sichern.
- Falls ausgebaut, Temperaturgeber anschrauben.
- Stecker aufstecken.
- Kühlmittel auffüllen, siehe Seite 55.

## Kühlmittelregler (Thermostat) aus- und einbauen

Der Kühlmittelregler (Thermostat) öffnet mit zunehmender Erwärmung des Motors den großen Kühlmittelkreislauf. Bleibt der Thermostat durch einen Defekt geschlossen, wird der Motor zu heiß. Erkennbar ist das an einer im roten Anzeigebereich stehenden Kühlmittel-Temperaturanzeige (aufleuchten der Kontrollampe), während gleichzeitig der Kühler kalt bleibt. Ein defekter Thermostat kann aber auch nach dem Abkühlen der Kühlflüssigkeit weiterhin geöffnet bleiben. Dies erkennt man daran, daß der Motor nicht mehr seine Betriebstemperatur erreicht bzw. daß der Zeiger der Kühlmittel-Temperaturanzeige langsamer ansteigt als bisher oder im Winter die Heizleistung nachläßt.

### Ausbau

- Kühlmittel ablassen und auffangen. **Achtung:** Die Kühlflüssigkeit braucht nicht vollständig abgelassen zu werden. Es reicht, wenn der Kühlflüssigkeitsspiegel unterhalb vom Thermostatgehäuse liegt, siehe Seite 55.
- Kühlmittelschlauch vom Kühlmittelstutzen abziehen, vorher Schlauchschelle ganz öffnen und zurückschieben.

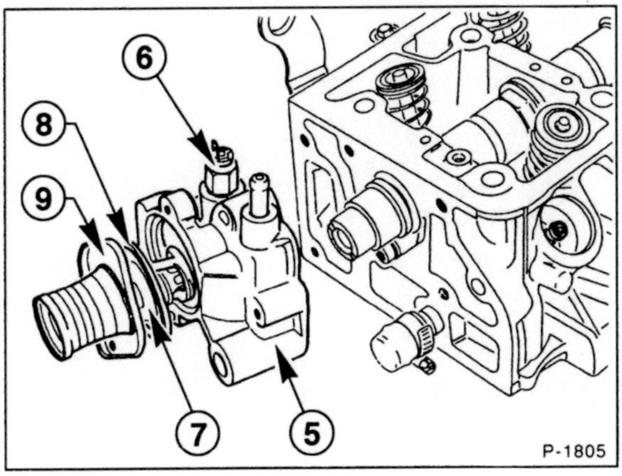


- Kühlmittelstutzen –9– abschrauben.
- Thermostat –7– herausnehmen und prüfen, gegebenenfalls ersetzen.

### Einbau

- Dichtfläche sorgfältig reinigen.
- Thermostat –7– mit neuem Dichtring –8– einsetzen.
- Kühlmittelstutzen –9– mit 8 Nm anschrauben, vorher Dichtflächen mit Silikondichtmasse bestreichen.
- Kühlmittelschlauch am Kühlmittelstutzen aufschieben und mit Schlauchschellen sichern.
- Kühlmittel auffüllen und Kühlsystem entlüften. Vorher Frostschutz der Kühlflüssigkeit überprüfen, siehe Seite 55.

## Kühlmittelregler (Thermostat) prüfen

**Achtung:** Es kann nur der Öffnungsbeginn des Thermostats überprüft werden, da das Öffnungsende bei einer Temperatur über dem Siedepunkt des Wassers liegt.

### Prüfen

- Kühlmittelregler im Wasserbad langsam erwärmen. Dabei darf der Thermostat nicht die Wände des Behälters berühren. Der Thermostat muß vollständig eingetaucht sein. Temperatur mit einem geeigneten Thermometer kontrollieren.
- Sobald das Wasser die Öffnungstemperatur von 88° C erreicht, muß der Thermostat mit dem Öffnen der Regelklappe beginnen.
- Anschließend prüfen, ob sich der Regler beim Abkühlen wieder ganz schließt, andernfalls Regler ersetzen.
- Bei fehlerhafter Funktion, Thermostat ersetzen.

## Kühlmittelpumpe aus- und einbauen

### Ausbau

- Batterie-Massekabel (–) abklemmen. **Achtung:** Dadurch werden die elektronischen Speicher gelöscht, zum Beispiel Motor-Fehlerspeicher oder Radiocode. Batterie nur bei **ausgeschalteter Zündung** abklemmen, da sonst das Steuergerät der Einspritzanlage beschädigt werden kann. Vor dem Abklemmen sollten auch die Hinweise im Kapitel »Radio« bzw. »Batterie aus- und einbauen« durchgelesen werden.
- Kühlmittel ablassen, siehe Seite 55.
- Obere und untere Zahnriemenabdeckung ausbauen, siehe Seite 17/21.
- Nockenwellenzahnrad und Schwungrad arretieren, siehe Seite 17/21.
- Zahnriemenspannrolle lösen, Zahnriemen entspannen und von der Kühlmittelpumpe abnehmen, siehe Seite 17/21.

- Motor mit einem Rangierwagen unter der Ölwanne abstützen. **Achtung:** Um eine Beschädigung der Ölwanne zu vermeiden, sollte ein Stück Holz dazwischen gelegt werden.

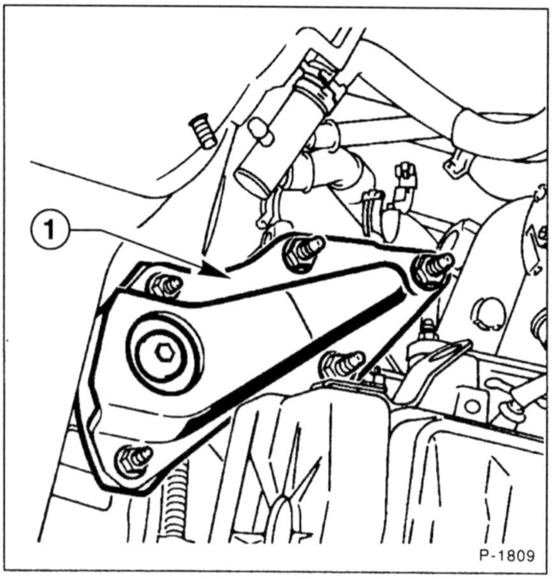


- Die obere Motorhalterung –1– abschrauben.

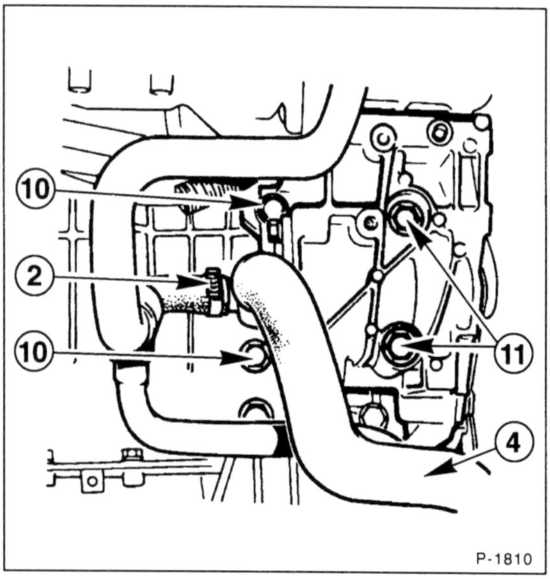


- Kühlmittelschläuche –2–, –4– abziehen, zuvor Schlauchschellen lösen und ganz zurückschieben.
- Befestigungsschrauben –10–, –11– herausdrehen.

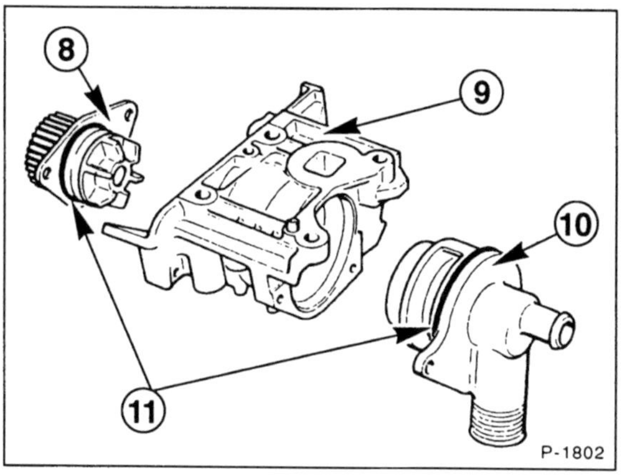


- Kühlmittelpumpe komplett abnehmen.
- Flügelrad –8– und Kühlmittelstutzen –10– vom Gehäuse –9– abschrauben.
- Runddichtringe –11– erneuern.

**Einbau**

- Flügelrad auf leichten Lauf prüfen.
- Kühlmittelpumpe zusammensetzen und handfest anziehen.

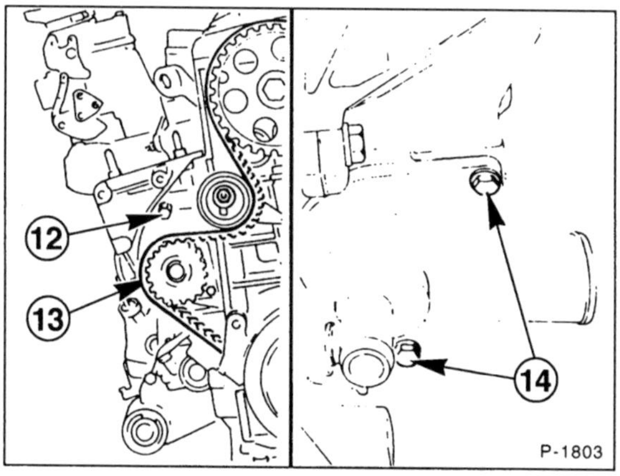


- Schrauben mit folgendem Drehmoment anziehen: –12– mit **16 Nm**; –13– mit **8 Nm**; –14– mit **8 Nm**.

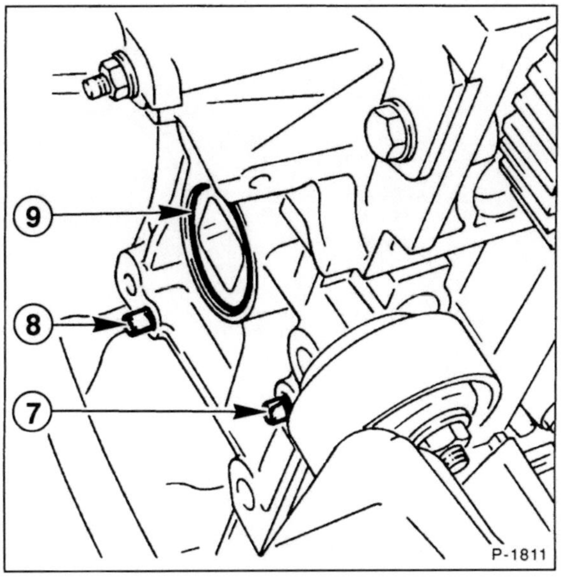


- O-Ring -9- am Motorblock ersetzen.
- Prüfen, ob die Zentrierhülsen -7-, -8- im Motorblock eingesetzt sind, gegebenenfalls einsetzen.

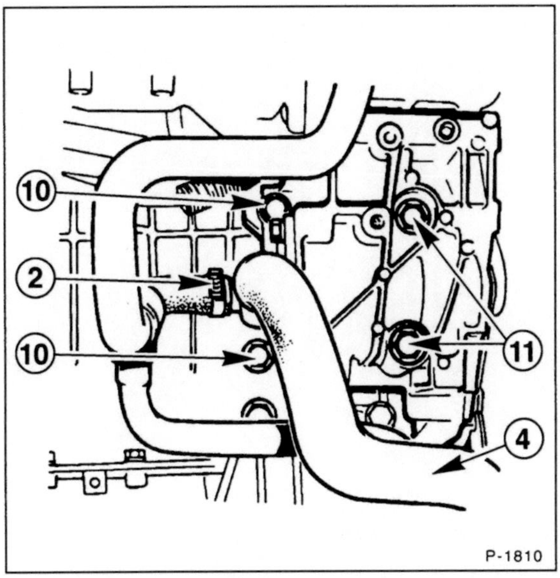


- Kühlmittelpumpe ansetzen. Schrauben –10– mit **30 Nm** und Schrauben –11– mit **50 Nm** festschrauben.
- Kühlmittelschläuche -2-, -4- aufschieben und mit Schlauchschellen sichern.

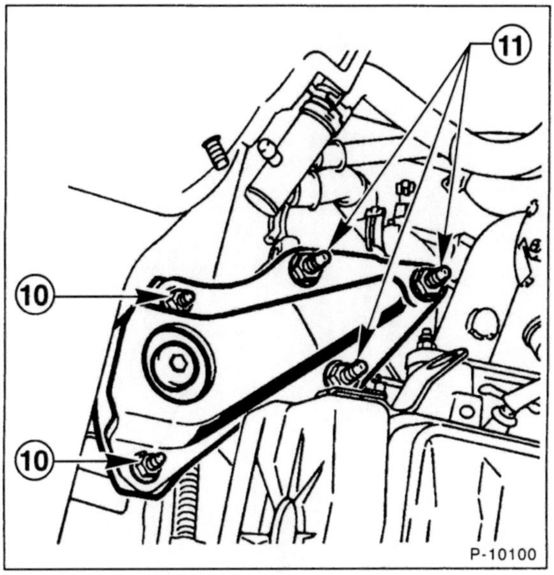


- **Benzinmotor:** Motor absenken und rechte Motorhalterung ansetzen. Muttern –10– mit **20 Nm** und Muttern –11– mit **50 Nm** festschrauben.
- **Dieselmotor:** Motor absenken und rechte Motorhalterung mit **50 Nm** festschrauben.
- Zahnriemen einbauen und spannen, siehe Seite 17/21.
- Kühlsystem auffüllen und entlüften, siehe Seite 55.
- Batterie-Massekabel (–) anklemmen. **Achtung:** Batterie nur bei **ausgeschalteter Zündung** anklemmen, sonst kann das Steuergerät der Einspritzanlage beschädigt werden.
- Zeituhr einstellen.
- Diebstahlcode für Radio eingeben.

## Kühler/Kühlerlüfter aus- und einbauen

Nach längerer Laufzeit des Fahrzeuges können sich die dünnen Kanäle im Kühler durch Rückstände im Kühlmittel und durch Kalkablagerungen zusetzen. Dadurch läßt die Kühlleistung stark nach und der Motor wird zu warm. In diesem Fall hilft nur ein Austausch des Kühlers.

### Ausbau

- Batterie-Massekabel (–) abklemmen. **Achtung:** Dadurch werden die elektronischen Speicher gelöscht, zum Beispiel Motor-Fehlerspeicher oder Radiocode. Batterie nur bei **ausgeschalteter Zündung** abklemmen, da sonst das Steuergerät der Einspritzanlage beschädigt werden kann. Vor dem Abklemmen sollten auch die Hinweise im Kapitel »Radio« bzw. »Batterie aus- und einbauen« durchgelesen werden.
- Kühlmittel ablassen, siehe Seite 55.
- **Benzinmotor:** Luftfilter ausbauen, siehe Seite 67.
- Das Hitzeschutzblech vom Abgaskrümmer abschrauben.

- Steckverbindung für Lüfter trennen.
- Stecker für Thermoschalter abziehen.

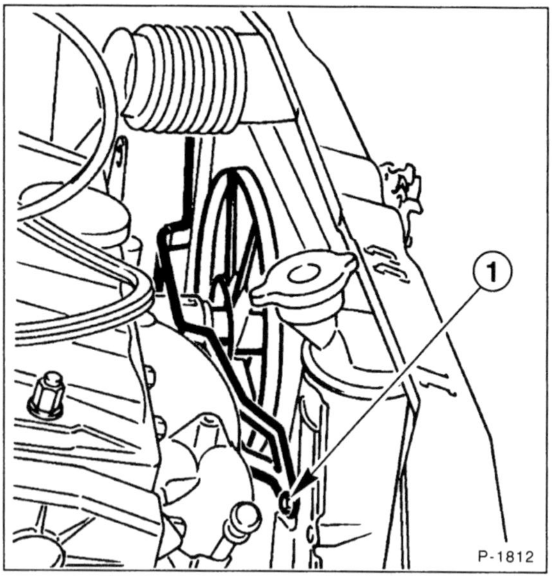


- Befestigungsschraube –1– lösen und Kühlerlüfter abnehmen.
- Kühlmittelschläuche oben und unten vom Kühler abziehen. Vorher Schlauchschellen lösen und zurückschieben.
- Linken Scheinwerfer ausbauen, siehe Seite 205.

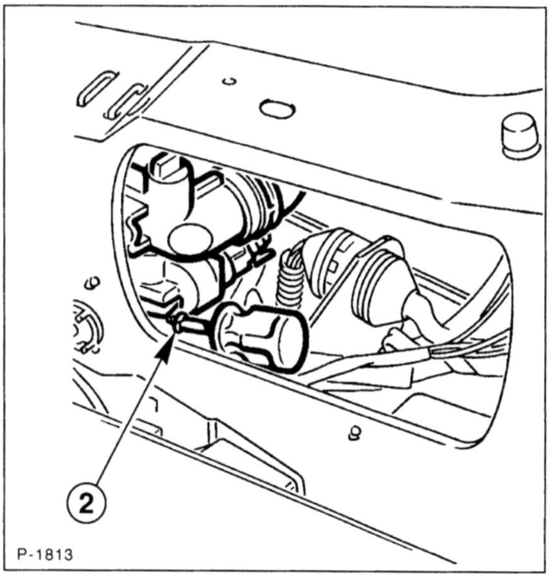


- Befestigungsschraube –2– des Luftleitbleches herausdrehen.

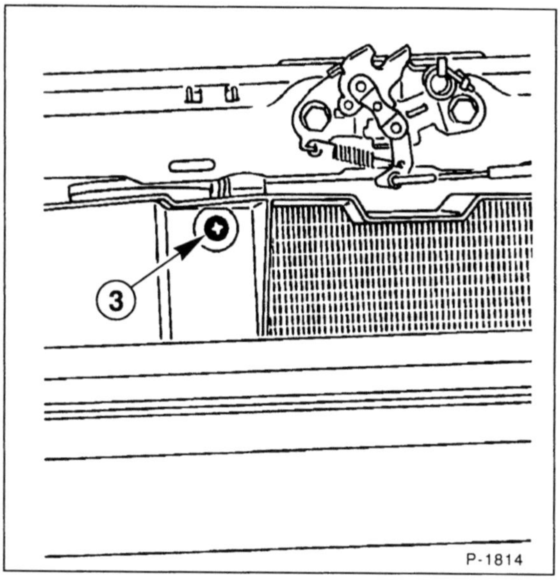


- Vordere Befestigungsschraube –3– des Luftleitbleches herausdrehen.

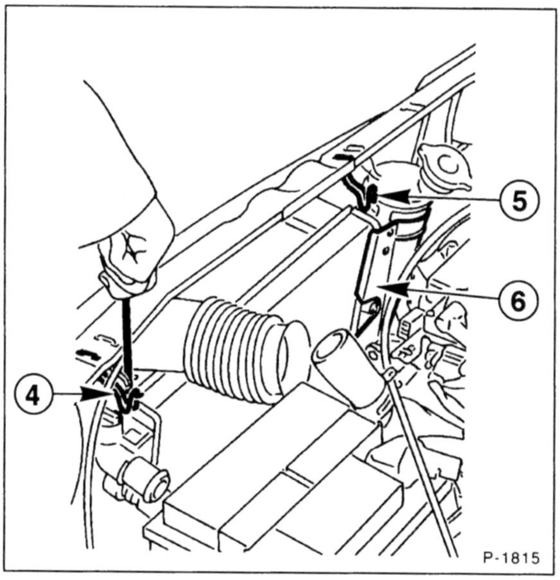


- Haltefedern –4–, –5– anheben und Kühler aushängen.
- Kühler nach oben herausheben.
- Hitzeschutzblech –6– abschrauben.
- Lüfter mit 3 Schrauben abschrauben.

**Einbau**

- Gummitüllen unten auf Beschädigung prüfen, gegebenenfalls ersetzen.
- Hitzeschutzblech anschrauben.
- Kühler von oben einsetzen, so daß die Führungen unten in die entsprechenden Aussparungen eingreifen.
- Haltefedern einhängen.

- Die beiden Halteschrauben des Luftleitbleches festschrauben.
- Scheinwerfer einbauen, siehe Seite 205.
- Oberen und unteren Kühlmittelschlauch aufschieben und mit Schlauchschellen sichern.
- Kühlerlüfter ansetzen und festschrauben.
- Kühlflüssigkeit auffüllen, siehe Seite 55.
- Steckverbindungen des Lüfters anschließen.
- Das Hitzeschutzblech am Abgaskrümmer festschrauben.
- **Benzinmotor:** Luftfilter einbauen, siehe Seite 67.
- Batterie-Massekabel (–) anklemmen. **Achtung:** Batterie nur bei **ausgeschalteter Zündung** anklemmen, sonst kann das Steuergerät der Einspritzanlage beschädigt werden.
- Zeituhr einstellen.
- Diebstahlcode für Radio eingeben.
- Lüfter kurz anlaufen lassen, siehe unter »Thermoschalter prüfen.
- Motor warmfahren und im Leerlauf drehen lassen, bis der Lüfter einschaltet. Kühlsystem auf Dichtigkeit prüfen.
- Kühlmittelstand prüfen, gegebenenfalls auffüllen.

## Thermoschalter prüfen

Der Thermoschalter befindet sich seitlich am Kühler. Er schaltet den elektrischen Lüfter zu, wenn die Kühlflüssigkeit eine bestimmte Temperatur erreicht. Der Schalter ist zu prüfen, wenn bei heißem Motor der Elektrolüfter nicht einschaltet. **Prüfvoraussetzungen:** Thermostat und Druckausgleichventil im Verschlußdeckel des Ausgleichbehälters sind in Ordnung. Bei einem Defekt an diesen Teilen kann der Thermoschalter den Lüfter nicht zuschalten, weil er dann nicht durch die Kühlflüssigkeit erwärmt wird.

- Schutzkappe und Stecker vom Thermoschalter abziehen. Die Klemmen der beiden Leitungen mit kurzer Prüfleitung verbinden.
- Zündung einschalten. Wenn der Lüfter jetzt anläuft, Thermoschalter ersetzen.
- Andernfalls Stecker am Lüftermotor auf festen Sitz und guten Kontakt prüfen. Elektrische Leitungen und Lüftermotor nach Schaltplan prüfen.
- Neuen Thermoschalter mit neuem Dichtring ansetzen, mit **45 Nm** festschrauben und Funktion überprüfen. Motor warmfahren und solange im Leerlauf drehen lassen, bis der Lüfter für Kühlmittel einschaltet.

## Kühlmittel ablassen und auffüllen

Das Kühlmittel muß nach Reparaturen am Kühlsystem, bei denen das Kühlmittel abgelassen wurde, und im Rahmen der Wartung erneuert werden. Falls bei Reparaturen der Zylinderkopf, die Zylinderkopfdichtung, der Kühler, der Wärmetauscher oder der Motor ersetzt wurden, muß die Kühlflüssigkeit auf jeden Fall ersetzt werden. Das ist erforderlich, weil sich die Korrosionsschutzanteile in der Einlaufphase an den neuen Leichtmetallteilen absetzen und somit eine dauerhafte Korrosionsschutzschicht bilden. Bei gebrauchter Kühlflüssigkeit ist der Korrosionsschutzanteil in der Regel nicht mehr groß genug, um eine ausreichende Schutzschicht an den neuen Teilen zu bilden.

Nur von PEUGEOT freigegebenes Kühlmittel verwenden. Das Kühlkonzentrat muß für Aluminium-Bauteile geeignet sein.

**Achtung:** Kühlflüssigkeit ist giftig und darf nicht einfach weggeschüttet oder dem Hausmüll mitgegeben werden. Gemeinde- und Stadtverwaltungen informieren darüber, wo sich die nächste Sondermüll-Sammelstelle befindet.

### Ablassen

- Batterie-Massekabel (–) abklemmen. **Achtung:** Dadurch werden die elektronischen Speicher gelöscht, zum Beispiel Motor-Fehlerspeicher oder Radiocode. Batterie nur bei **ausgeschalteter Zündung** abklemmen, da sonst das Steuergerät der Einspritzanlage beschädigt werden kann. Vor dem Abklemmen sollten auch die Hinweise im Kapitel »Radio« bzw. »Batterie aus- und einbauen« durchgelesen werden.
- Das Heizungsventil vollständig öffnen. Dazu den Temperaturregler ganz in den roten Bereich stellen.
- Verschlußdeckel am Ausgleichbehälter abschrauben. **Achtung:** Deckel nur abnehmen, wenn Kühler mindestens auf Handwärme abgekühlt ist, sonst besteht Verbrühungsgefahr durch heiße Kühlflüssigkeit. Zur Sicherheit einen Lappen um den Stutzen legen.
- Sauberes Auffanggefäß unter den Kühler stellen.
- Fahrzeug vorne aufbocken, siehe Seite 226.

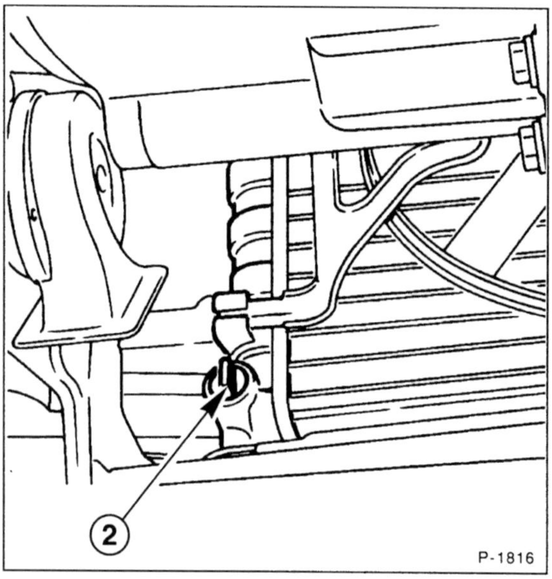


- Ablaßschraube –2– am Kühler herausdrehen und Kühlflüssigkeit vollständig aus dem Kühler ablaufen lassen.

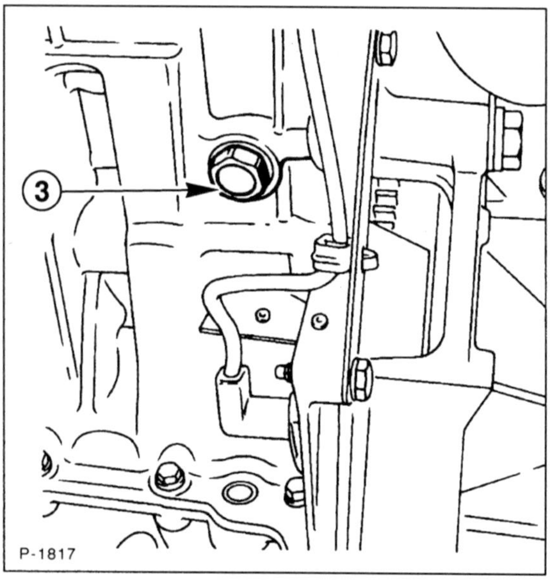


- Ablaßschraube –3– am Motorblock herausdrehen und Kühlflüssigkeit vollständig aus dem Motorblock ablaufen lassen.

**Auffüllen**

**Achtung:** Da Kühler, Wärmetauscher und Teile des Motors aus Aluminium gefertigt sind, darf nur ein dafür geeignetes Frost- und Korrosionsschutzmittel verwendet werden.

- Ablaßschraube mit neuem Dichtring am Motorblock ansetzen und mit **50 Nm** einschrauben.
- Ablaßschraube am Kühler handfest anschrauben.
- Fahrzeug ablassen, siehe Seite 226.

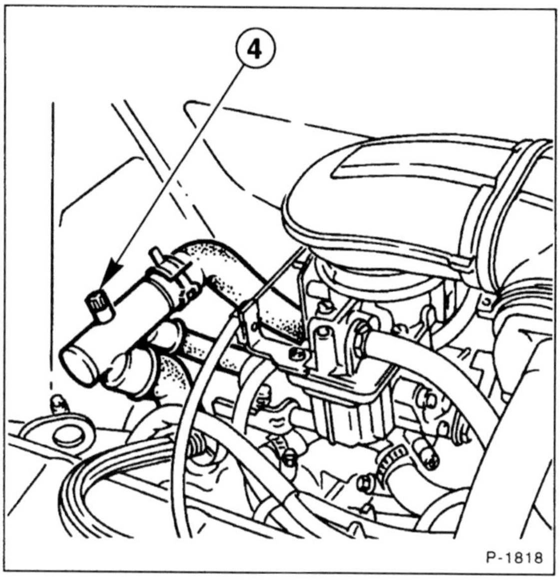


- Entlüftungsschraube –4– öffnen.

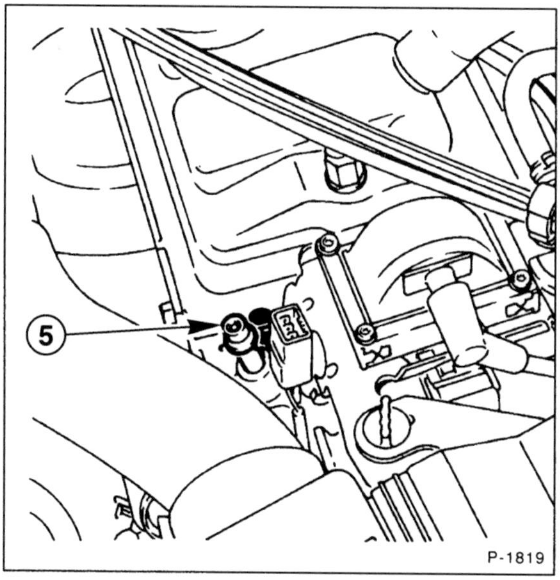


- Entlüftungsschraube –5– um ½ Umdrehung öffnen.
- Das Kühlsystem am Ausgleichbehälter mit Kühlmittel befüllen, bis zu den Entlüftungsschrauben das Kühlmittel in einem gleichmäßigen Strahl austritt.
- Die Entlüftungsschrauben verschließen.
- Kühlmittelstand bis zur MAX-Markierung auffüllen.
- Batterie-Massekabel (–) anklemmen. **Achtung:** Batterie nur bei **ausgeschalteter Zündung** anklemmen, sonst kann das Steuergerät der Einspritzanlage beschädigt werden.
- Zeituhr einstellen.
- Diebstahlcode für Radio eingeben.

**Kühlsystem entlüften**

**Achtung:** Zum Entlüften des Kühlsystems muß der Verschlußdeckel am Ausgleichbehälter abgenommen sein.

- Den Motor starten und mit 2000/min laufen.
- Sobald sich der Kühlerlüfter einschaltet, den Motor abstellen.
- Den Ausgleichsbehälter bis zur MAX-Markierung auffüllen.
- Verschlußdeckel am Ausgleichbehälter aufschrauben.

## Störungsdiagnose Motor-Kühlung

**Störung:** Die Kühlmitteltemperatur ist zu hoch, Anzeige steht im roten Bereich oder Kontrolleuchte leuchtet auf.

| Ursache | Abhilfe |
|---|---|
| Zu wenig Kühlmittel im Kreislauf | ■ Ausgleichbehälter muß bis über die Markierung »MIN« voll sein. Kühlsystem auf Dichtheit prüfen |
| Kühlmittelregler (Thermostat) öffnet nicht | ■ Prüfen, ob oberer Kühlmittelschlauch am Kühler warm wird. Wenn nicht, Regler ausbauen und prüfen, ggf. ersetzen |
| Keilriemenspannung für Kühlmittelpumpe zu gering | ■ Spannung prüfen und einstellen |
| Geber für Kühlmitteltemperaturanzeige defekt | ■ Geber überprüfen |
| Kühlmitteltemperaturanzeige defekt | ■ Anzeigegerät überprüfen |
| Verschlußdeckel für Ausgleichbehälter defekt | ■ Kühlsystem prüfen, Druckprüfung des Verschlußdeckels durchführen |
| Kühlerlamellen verschmutzt | ■ Kühler ausbauen und von der Motorseite her mit Preßluft durchblasen |
| Kühler innen durch Kalkablagerungen oder Rost zugesetzt. Kühler wird nur im oberen Teil warm, unterer Kühlmittelschlauch vom Kühler wird nicht warm | ■ Kühler erneuern |
| Kühler-Lüfter läuft nicht | ■ Stecker für Lüftermotor auf festen Sitz und guten Kontakt prüfen. Gegebenenfalls Hilfskabel von der Batterie am Lüfter anschließen, siehe auch Stromlaufplan. **Achtung:** Verletzungsgefahr durch drehenden Lüfter! Thermoschalter prüfen. |

# Zündanlage

Die Zündanlage erzeugt den Zündfunken, der das angesaugte Kraftstoffluftgemisch in Brand setzt. Um einen kräftigen Zündfunken erzeugen zu können, wird in der Zündspule die Batteriespannung von 12 Volt auf 30.000 Volt umgeformt.

Der Dieselmotor benötigt keine Zündanlage, da sich aufgrund der hohen Verdichtung die angesaugte Luft so stark erwärmt, daß nach dem Einspritzen des Kraftstoffes die Zündung von selbst erfolgt.

Die Benzinmotoren des PEUGEOT 106 sind mit einer kennfeldgesteuerten Zündanlage ausgestattet, deren Regelung im Steuergerät der Einspritzanlage integriert ist.

Die Zündanlage besteht bei Motoren mit Monopoint-Einspritzanlage bis Baujahr 7/92 aus dem Verteiler mit Verteilerläufer, der Zündspule sowie den Zündkerzen.

Die anderen Benzinmotoren sind mit einer kennfeldgesteuerten, vollelektronischen Zündanlage ausgestattet, bei der auch die Funktion des herkömmlichen Zündverteilers durch elektronische Bauteile übernommen wird.

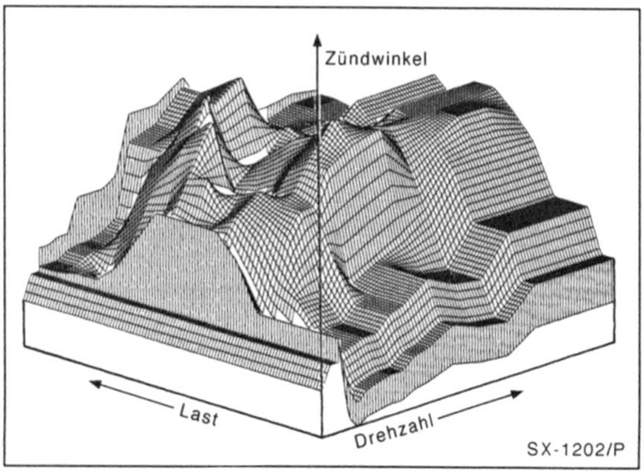


Zur Ermittlung des richtigen Zündzeitpunktes stützt sich das Steuergerät auf ein elektronisch gespeichertes Zündkennfeld. Dadurch läßt sich die Zündanlage leichter an unterschiedliche Betriebsbedingungen anpassen.

Die Verteilung der Zündspannung auf die einzelnen Zylinder erfolgt durch bewegungslos arbeitende, elektronisch gesteuerte Bauteile. Eine Prüfung des Zündzeitpunktes ist nicht notwendig, da das Zündsystem keine beweglichen Bauteile besitzt und sich somit der Zündzeitpunkt nicht verstellen kann.

Erzeugt wird die Zündspannung durch zwei in einem Gehäuse untergebrachten Zündspulen, die bei jeder Kurbelwellenumdrehung zum jeweils richtigen Zeitpunkt je zwei Zündfunken abgeben. Jede Zündspule versorgt zwei Zylinder. Während der Zündfunke in dem Zylinder, der sich gerade in der Kompressionsphase befindet, das Gemisch zündet, wird der zweite Zündfunken in den Auspufftakt des korrespondierenden Zylinders abgegeben. Das Zündspulengehäuse ist am Zylinderkopf auf der Schwungradseite angeschraubt.

**Bei Arbeiten an der elektronischen Zündanlage sind bestimmte Punkte zu beachten, um Verletzungen von Personen oder die Zerstörung der Zündanlage zu vermeiden. Siehe Kapitel »Sicherheitsmaßnahmen zur elektronischen Zündanlage«.**

Die im PEUGEOT 106 verwendeten Einspritzanlagen verfügen über ein umfangreiches Sebsttestprogramm sowie einem Fehlerspeicher, der die im Fahrbetrieb auftretenden Fehler erkennt und abspeichert. Zur Abfrage des Fehlerspeichers werden spezielle PEUGEOT-Prüfgeräte und umfangreiche Prüfunterlagen für den jeweiligen Motortyp benötigt. Bei Störungen ist daher eine PEUGEOT-Werkstatt aufzusuchen.

**Achtung:** Wird die Batterie abgeklemmt, werden alle im Fehlerspeicher erfaßten Werte sowie auch »gelernte« Betriebswerte, zum Beispiel die Leerlaufdrehzahl-Regelung, gelöscht. Nach dem Wiederanklemmen der Batterie können Mängel im Fahrverhalten (Stottern, Aussetzer beim Beschleunigen oder unrunden Leerlauf) auftreten. Zum Einspeichern der Werte wie im Kapitel »Leerlaufdrehzahl und CO-Gehalt prüfen/einstellen« vorgehen.

# Die Zündanlage

**Monopoint-Einspritzanlage bis 7/92**

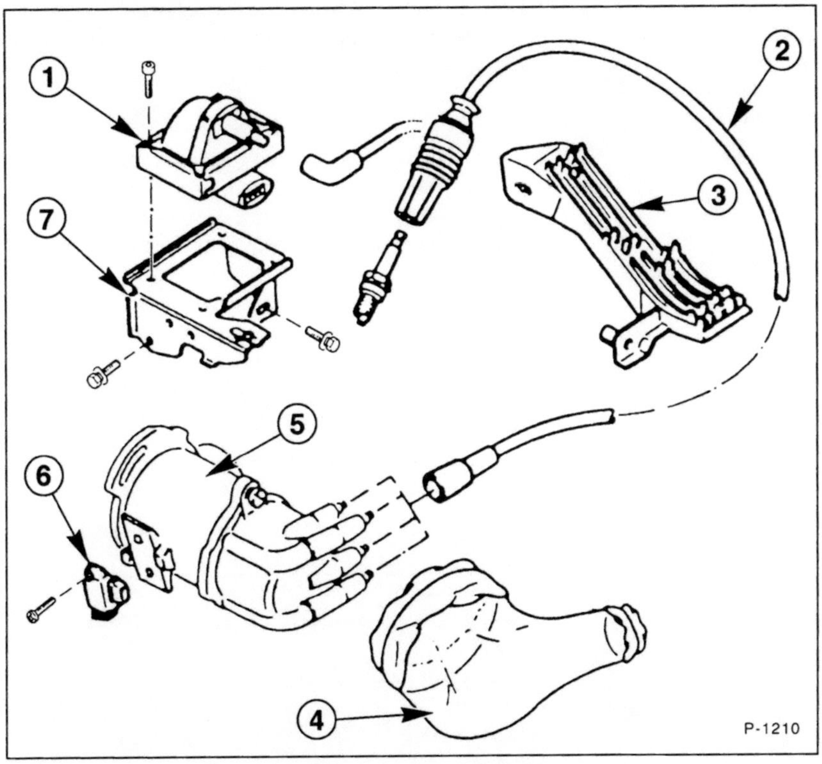


1 – Zündspule
2 – Zündkabel
3 – Zündkabelhalter
4 – Abdeckung
5 – Zündverteiler
6 – Zündmodul
7 – Spulenhalter

**Monopoint-Einspritzanlage seit 7/92, Multipoint-Einspritzanlage**

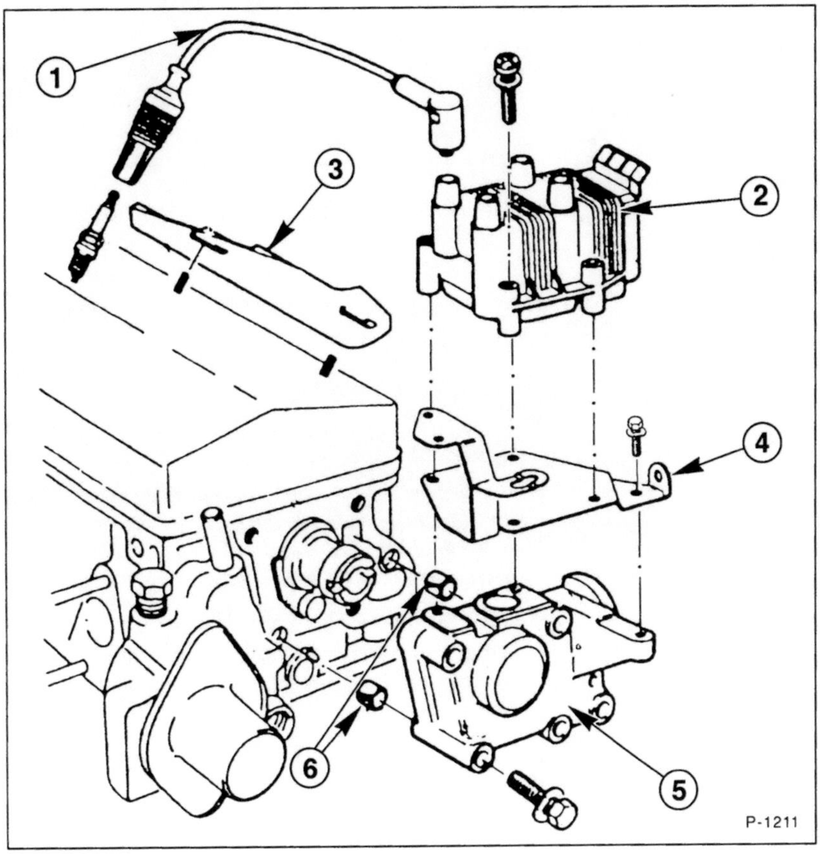


1 – Zündkabel
2 – Zündspule
3 – Zündkabelhalter
4 – Spulenhalter
5 – Zündungsträger
6 – Zentrierhülse

## Sicherheitsmaßnahmen zur elektronischen Zündanlage

Bei den elektronischen Zündanlagen der PEUGEOT 106-Benzinmotoren kann die Zündspannung bis zu 30 kV (Kilovolt) betragen. Unter ungünstigen Umständen, zum Beispiel bei Feuchtigkeit im Motorraum, können Spannungsspitzen die Isolation durchschlagen. Werden in einem solchen Moment die spannungsführenden Teile berührt, kann dies zu einem Elektroschock führen.

Um Verletzungen von Personen und/oder die Zerstörung der elektronischen Zündanlage zu vermeiden, ist bei Arbeiten an Fahrzeugen mit elektronischer Zündanlage folgendes zu beachten:

- Zündkabel nicht bei laufendem Motor bzw. bei Anlaßdrehzahl mit der Hand berühren bzw. abziehen.
- Leitungen der Zündanlage nur bei ausgeschalteter Zündung abklemmen. Bei eingeschalteter Zündung kann durch Erschütterung des Verteilers ein Hochspannungsstoß ausgelöst werden.
- Das An- und Abklemmen von Meßgeräteleitungen (Drehzahlmesser/Zündungstester) nur bei ausgeschalteter Zündung vornehmen.
- Am Masseanschluß der Zündspule dürfen kein Entstörkondensator und keine Prüflampe angeschlossen werden.
- Meßgeräte und Zündblitzlampen nicht bei laufendem Motor an den Plusanschluß der Zündspule anklemmen.
- Die Zündspule darf nicht durch eine andere Ausführung ersetzt werden.
- Das Fahrzeug darf nicht auf mehr als +80° C erwärmt werden (z. B. Lackieren, Dampfstrahlen). Motor erst starten, wenn das Fahrzeug etwas abgekühlt ist.
- Die Motorwäsche ist nur bei abgeschalteter Zündung durchzuführen.
- Bei Elektro- und Punktschweißarbeiten ist die Batterie komplett abzuklemmen.
- Personen mit einem Herzschrittmacher sollen keine Arbeiten an der elektronischen Zündanlage durchführen.

## Zündverteiler aus- und einbauen

**Monopoint-Einspritzanlage bis 7/92**

Der Zündverteiler wird durch die Nockenwelle angetrieben und ist an der Schwungradseite an den Zylinderkopf angeflanscht.

**Ausbau**

- Batterie-Massekabel (–) abklemmen. **Achtung:** Dadurch werden die elektronischen Speicher gelöscht, zum Beispiel Motor-Fehlerspeicher oder Radiocode. Batterie nur bei **ausgeschalteter Zündung** abklemmen, da sonst das Steuergerät der Einspritzanlage beschädigt werden kann. Vor dem Abklemmen sollten auch die Hinweise im Kapitel »Radio« bzw. »Batterie aus- und einbauen« durchgelesen werden.
- Befestigungsschrauben abschrauben, Verteilerkappe abnehmen und zur Seite legen.
- Mehrfachstecker vom Verteilergehäuse abziehen. Dabei am Stecker, nicht am Kabel ziehen.
- Unterdruckleitung von der Unterdruckdose abziehen.

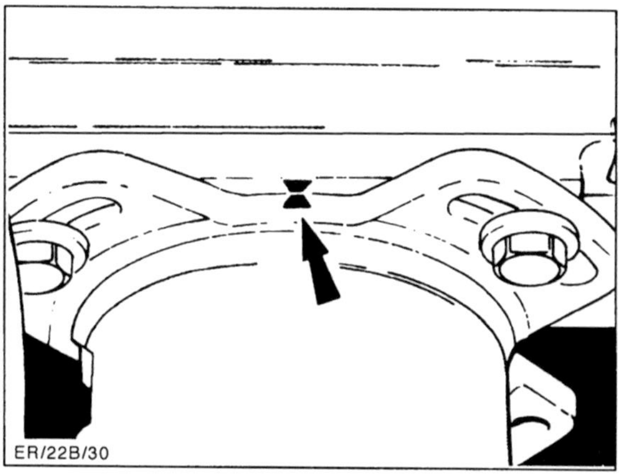

ER/22B/30

- Stellung des Verteilers zum Zylinderkopf mit Filzstift oder Reißnadel markieren. Dazu Strich über Verteiler und Zylinderkopf ziehen.
- Befestigungsmuttern herausdrehen und Verteiler abnehmen.

**Einbau**

- Dichtring für Zündverteiler auf Beschädigung prüfen, gegebenenfalls ersetzen.
- Verteiler einsetzen, dabei Mitnehmerklaue am Verteiler so ausrichten, daß sie in die Nuten der Nockenwelle paßt. **Achtung:** Die Mitnehmerklaue ist außermittig versetzt und paßt nur in einer Stellung in die Nockenwelle.
- Haltemuttern anziehen, nicht festziehen.
- Zündverteiler verdrehen, bis sich die beiden angebrachten Markierungen decken. Anschließend Verteiler festziehen.

**Achtung:** Falls Zylinderkopf oder Verteiler ersetzt werden, Verteiler so drehen, daß sich die Schrauben mittig in den Langlöchern befinden. Anschließend Schrauben festziehen.

- Mehrfachstecker aufstecken.
- Unterdruckleitung aufschieben.
- Verteilerkappe innen reinigen, aufsetzen und anschrauben.
- Batterie-Massekabel (–) anklemmen. **Achtung:** Batterie nur bei **ausgeschalteter Zündung** anklemmen, sonst kann das Steuergerät der Einspritzanlage beschädigt werden.
- Zeituhr einstellen.
- Diebstahlcode für Radio eingeben.
- Zündzeitpunkt prüfen, gegebenenfalls einstellen.

## Zündspule prüfen/aus- und einbauen

**Monopoint-Einspritzanlage seit 7/92, Multipoint-Einspritzanlage**

Die Zündspule muß geprüft werden, wenn keine Hochspannungsstöße (für den Zündfunken) an den Zündkerzen ankommen, obwohl sich der Anlasser dreht.

- Batterie-Massekabel (–) abklemmen. **Achtung:** Dadurch werden die elektronischen Speicher gelöscht, zum Beispiel Motor-Fehlerspeicher oder Radiocode. Batterie nur bei **ausgeschalteter Zündung** abklemmen, da sonst das Steuergerät der Einspritzanlage beschädigt werden kann. Vor dem Abklemmen sollten auch die Hinweise im Kapitel »Radio« bzw. »Batterie aus- und einbauen« durchgelesen werden.

### Prüfen

P-1213

- Stecker von Zündspule –1135– abziehen.
- Alle Zündkabel an der Zündspule abziehen.

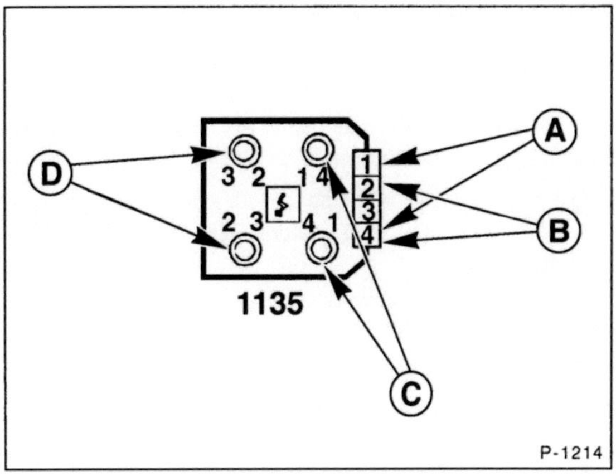

P-1214

- Primärwiderstand der einzelnen Zündspulen prüfen: Mit einem Ohmmeter nacheinander den Widerstand zwischen den Kontakten des Zündspulenanschlusses messen.
  Messen zwischen Kontakte:
  1 und 4 –A–;
  2 und 4 –B–;
  **Sollwert** bei beiden Messungen: 0,8 Ohm.
- Sekundärwiderstand der einzelnen Zündspulen prüfen: Mit einem Ohmmeter nacheinander den Widerstand zwischen den Zündkabelanschlüssen messen.
  Messen zwischen Anschlüsse:
  1 und 4 –C–;
  2 und 3 –D–;
  **Sollwert** bei beiden Messungen:
  BOSCH-Zündspule: 14,6 Ohm.
  VALEO-Zündspule: 8,6 Ohm.
- Bei deutlicher Abweichung vom Sollwert, Zündspule ersetzen.

### Zündspule ersetzen

**Achtung:** Falls die Zündspule ersetzt wird, auf keinen Fall die Zündspule für ein unterbrechergesteuertes Zündsystem einbauen.

- Befestigungsschrauben lösen und Zündspule abnehmen.
- Neue Zündspule ansetzen und festschrauben, Kabelstecker aufschieben.
- Zündkabel auf die Zündspule aufstecken.

**Achtung:** Die Buchsen der Hochspannungsleitungen an der Zündspule sind von »1« bis »4« gekennzeichnet. Die Zündkabel müssen entsprechend der Zylinder aufgesteckt werden. Zylinder 1 liegt auf der Keilriemenseite des Motors, Zylinder 4 liegt auf der Schwungradseite des Motors.

- Batterie-Massekabel (–) anklemmen. **Achtung:** Batterie nur bei **ausgeschalteter Zündung** anklemmen, sonst kann das Steuergerät der Einspritzanlage beschädigt werden.
- Zeituhr einstellen.
- Diebstahlcode für Radio eingeben.
- Zündzeitpunkt prüfen, gegebenenfalls einstellen.

# Zündzeitpunkt prüfen/einstellen

**Monopoint-Einspritzanlage bis 7/92**

Der Zündzeitpunkt ist nach dem Austausch des Zylinderkopfs und/oder des Verteilers einzustellen.

Zum Prüfen und Einstellen des Zündzeitpunktes werden ein Drehzahlmesser und eine Zündblitzpistole mit Phasenverstellung benötigt.

**Zündzeitpunkt prüfen**

- Motor auf Betriebstemperatur bringen und abstellen.
- Drehzahlmesser nach Vorschrift anschließen.
- Leerlaufdrehzahl prüfen, gegebenenfalls einstellen.
- Unterdruckleitung von der Unterdruckdose am Verteiler abziehen und verschließen.

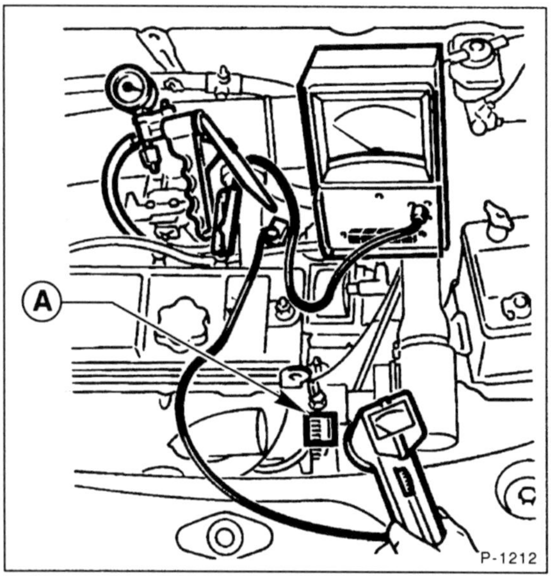


- Zündblitzlampe an die Batterie anschließen. Die kapazitive Klemme an das Hochspannungskabel des 1. Zylinders anklemmen.
- Motor starten und im Leerlauf drehen lassen.
- Zündzeitpunkt-Markierung mit Zündblitzlampe anblitzen. **Sollwert:** 8° vor OT.
- Die Zündung ist richtig eingestellt, wenn beim Anblitzen die Kerbe der Schwungscheibe gegenüber dem richtigen Zündzeitpunkt auf der Skala scheinbar stillsteht. Ist dies nicht der Fall, Zündzeitpunkt einstellen.
- Falls Wert in Ordnung, Prüfgeräte abklemmen und Unterdruckleitung am Zündverteiler aufschieben.

**Einstellen**

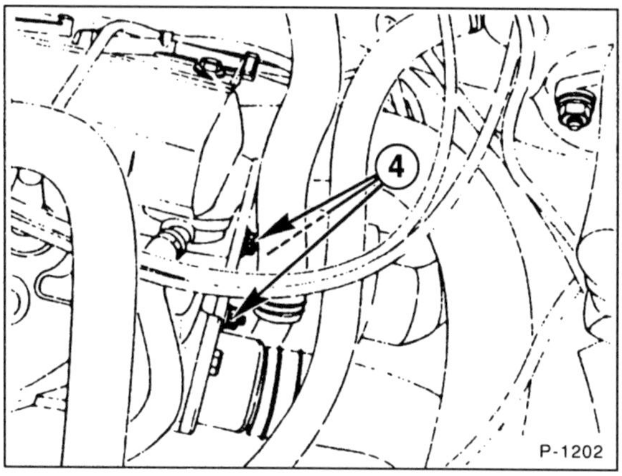


- Zum Einstellen des Zündzeitpunktes die Befestigungsschrauben des Zündverteilers lösen und Zündverteiler bei laufendem Motor verdrehen, bis die Markierungen beim Anblitzen gegenüberstehen.
- Befestigungsschrauben festziehen und Zündzeitpunkt nochmals kontrollieren.
- Motor abstellen.
- Prüfgeräte abklemmen und Unterdruckleitung am Zündverteiler aufschieben.

# Zündkerzentechnik

Die Zündkerze besteht aus der Mittel-Elektrode, dem Isolator mit Gehäuse und der Masse-Elektrode. Die Masse-Elektrode ist gasdicht im Isolator befestigt, der Isolator ist fest mit dem Gehäuse verbunden. Zwischen Mittel- und Masse-Elektrode springt der Zündfunke über, der das Kraftstoffluftgemisch entzünden soll. Von der Zündkerze hängen Startbereitschaft, Leerlaufverhalten, Beschleunigung und Höchstgeschwindigkeit ab. Man sollte deshalb nicht ohne Grund von dem vom Werk vorgeschriebenen Zündkerzentyp abweichen, der unter anderem von der Wärmewert-Kennzahl bestimmt wird.

Die Wärmewert-Kennzahl gibt den Grad der Wärmebelastbarkeit einer Zündkerze an. Je niedriger die Wärmewert-Kennzahl einer Kerze ist, desto höher ist die Wärmebelastbarkeit. Die Kerze kann also die Wärme besser ableiten, wodurch schädliche Glühzündungen (Motorklopfen) verhindert werden. Eine Kerze mit hoher Wärmebelastbarkeit hat allerdings den Nachteil, daß ihre Selbstreinigungstemperatur ebenfalls höher liegt. Sie neigt daher schneller zum Verrußen, insbesondere dann, wenn der Motor häufig seine Betriebstemperatur während der Fahrt nicht erreicht (Stadtverkehr, Kurzstreckenverkehr im Winter). In der Regel werden »kalte« Zündkerzen (Wärmewert-Kennzahl ab 06) bei »heißen« Motoren eingesetzt, also bei Triebwerken denen hohe Motorleistung abgefordert wird.

Durch den Kupferkern (Cu) in der Mittelelektrode und noch mehr durch die Silber-Mittelelektrode wird die Wärmeleitfähigkeit und damit die Wärmebelastbarkeit erhöht.

Die Wärmewert-Kennzahl ist im Zündkerzencode enthalten. Der Code schlüsselt sich wie folgt auf:

**Bosch-Zündkerze**

Beispiel:

**F R 7 D C 2**

① ② ③ ④ ⑤ ⑥

① W = Gewinde M 14 x 1,25 mit Flachdichtsitz, SW 21; F = Gewinde M 14 x 1,25 mit Flachdichtsitz, SW 16; H = Gewinde M 14 x 1,25 mit Kegeldichtsitz, SW 16; SW = Schlüsselweite.

② R = Mit Widerstand, zur Entstörung. Die Funktion der Zündanlage wird dadurch nicht beeinflußt.

③ Wärmewert-Kennzahl. Die Wärmewertskala wird von 06 (»kalt«) bis 13 (»warm«) angegeben. Dabei entspricht die Kennzahl 8 dem alten Wärmewert 175 (frühere Bezeichnung), 7 – 200, 6 – 225 usw.

④ B = Gewindelänge 12,7 mm, vorgezogene Funkenlage; C = Gewindelänge 19 mm, normale Funkenlage; D = Gewindelänge 19 mm, vorgezogene Funkenlage; L = Gewindelänge 19 mm, extrem vorgezogene Funkenlage. Die Angabe der Gewindelängen beziehen sich jeweils auf Zündkerzen mit Flachdichtsitz. Zusatz »T« (z. B. »DT«) = 3 Masse-Elektroden.

⑤ = Elektrodenwerkstoff der Mittelelektrode: Ohne Angabe = Cr-Ni-Legierung, C = Ni-Cu-Verbund-Mittelelektrode, S = Silber-Mittelelektrode, P = Platin-Mittelelektrode.

⑥ 2 = Elektroden in Zweistoffausführung.

**Beru-Zündkerze**

Beispiel:

**14 F R 7 D U**

① ② ③ ④ ⑤ ⑥

① Gewindedurchmesser in mm, hier: M 14 x 1,25.

② F = Flachdichtsitz, K = Kegeldichtsitz.

③ R = Entstörwiderstand 5 kΩ / 10 kΩ.

④ Wärmewert-Kennzahl. Aufschlüsselung wie »Bosch«.

⑤ Gewindelänge. Aufschlüsselung wie »Bosch«.

⑥ Elektrodenwerkstoff der Mittelelektrode: U = »ultra« (Ni-Cu-Verbund-Mittelelektrode), S = Silber-Mittelelektrode, P = Platin-Mittelelektrode, O = Verstärkte Mittelelektrode; R = mit Abbrandwiderstand.

**Zündkerze einbauen**

- Zündkerzen von Hand bis zur Anlage am Zylinderkopf einschrauben.
- Zündkerzen mit Zündkerzenschlüssel und **25 Nm** festziehen. **Achtung:** Dabei Zündkerzenschlüssel nicht verkanten, damit der Keramikisolator nicht beschädigt wird.
- Kerzenstecker aufstecken. Durch Hin- und Herbewegen festen Sitz der Kerzenstecker und Zündkabel prüfen.

## Zündkerzenwerte für PEUGEOT 106

| Motor-Kennbuchstabe[1)] | Zündkerzen | | | | Elektrodenabstand in mm |
|---|---|---|---|---|---|
| | EYQUEM | BOSCH | BERU | CHAMPION | |
| TU9M | – | F 7 DCOR | 14F-7DUOR | – | 0,8 |
| TU1MZ | RFC 42 LS | FR 8 DC | 14FR-8DU | RC 10YCC | 0,8 |
| TU3MZ | RFC 52 LS | F 7 DCOR | 14F-7DUOR | RC 9 YCC | 0,8 |
| TU3J2Z | RFC 58 LS | – | – | RC 7 BMC | 1,5[2)] |

[1)] Motorzuordnung, siehe Seite 13.

[2)] EYQUEM-Zündkerzen: Elektrodenabstand: 1 mm.

## Störungsdiagnose Zündanlage

Um festzustellen, ob ein Zündfunke vorhanden ist, Zündkerzen herausschrauben, in Zündkerzenstecker stecken und einzeln gegen Masse halten. Dabei Kerzenstecker oder Zündkabel **nicht** mit der Hand festhalten, sondern eine gut isolierte Zange nehmen. Von Hilfsperson Motor starten lassen. **Achtung:** Um Schäden am Katalysator zu vermeiden, darf dabei kein Benzin eingespritzt werden. Daher Stecker von Einspritzdüsen abziehen, siehe Seite 38.

**Achtung: Sicherheitshinweise für elektronische Zündanlage beachten.**

**Hinweis:** Es empfiehlt sich, zuerst den Fehlerspeicher der Motorsteuerung von einer Werkstatt abfragen zu lassen.

**Störung:** Der Motor springt schlecht oder gar nicht an

| Ursache | Abhilfe |
|---|---|
| Widerstand in Zündkerzenleitung/Zündkerzenstecker zu hoch | ■ Zündleitung/Zündkerzenstecker erneuern |
| Zündkerzenstecker in falscher Reihenfolge aufgesteckt | ■ Zündkerzenstecker nach Zündfolge 1-3-4-2 aufstecken |
| Zündkerzen wegen zu vieler Startversuche naß | ■ Zündkerzen ausbauen und trocknen |
| Zündkerzen außen feucht und verschmutzt | ■ Zündkerzen reinigen, trocknen, Silikonschutzkappe auf Zündkerze und Stecker schieben |
| Leistung der Zündspule zu gering | ■ Elektrische Leitungen an der Zündspule auf festen Sitz und guten Kontakt prüfen |
| Zündspule gerissen, Brandkanäle | ■ Zündspule erneuern |
| Zündkerze defekt | ■ Grundsätzlich alle Zündkerzen ersetzen. Nur bei ganz geringer Laufleistung einzelne Zündkerze austauschen |

# Kraftstoffanlage

Zur Kraftstoffanlage zählen der Kraftstoffbehälter, die im Kraftstoffbehälter liegende Kraftstoffpumpe (nur Benzinmotoren), die Kraftstoffleitungen, der Kraftstoffilter und der Luftfilter. Die eigentliche Kraftstoff-Einspritzanlagen für die Benzinbeziehungsweise Dieselmotoren werden in separaten Kapiteln behandelt.

Der Kraftstoffbehälter ist unter der Rücksitzbank vor der Hinterachse angeordnet. Der jeweilige Kraftstoffvorrat wird dem Fahrer durch eine Kraftstoffvorratsanzeige angezeigt. Über ein Entlüftungssystem wird der Tank belüftet.

Diesel-Varianten sind mit einer in das Kraftstoffiltergehäuse integrierten Kraftstoffheizung ausgerüstet, um einen reibungslosen Betrieb auch bei extrem kaltem Wetter zu gewährleisten.

## Sauberkeitsregeln bei Arbeiten an der Kraftstoffversorgung

Bei Arbeiten an der Kraftstoffversorgung sind die folgenden Regeln zur Sauberkeit sorgfältig zu beachten:

- Verbindungsstellen und deren Umgebung vor dem Lösen gründlich reinigen.
- Ausgebaute Teile auf einer sauberen Unterlage ablegen und abdecken. Folien oder Papier verwenden. Keine fasernden Lappen benutzen!
- Geöffnete Bauteile sorgfältig abdecken bzw. verschließen, wenn die Reparatur nicht umgehend ausgeführt wird.
- Nur saubere Teile einbauen.
- Ersatzteile erst unmittelbar vor dem Einbau aus der Verpackung nehmen.
- Keine Teile verwenden, die unverpackt (z. B. in Werkzeugkästen usw.) aufgehoben wurden.
- Bei geöffneter Kraftstoffanlage möglichst nicht mit Druckluft arbeiten.
- Das Fahrzeug möglichst nicht bewegen.

## Gaszug aus- und einbauen/ einstellen

**Achtung:** Der Gaszug ist sehr knickempfindlich und daher beim Einbau besonders sorgfältig zu behandeln. Ein einziger leichter Knick kann zum späteren Bruch im Fahrbetrieb führen. Züge, die geknickt wurden, dürfen deswegen **nicht** eingebaut werden.

**Ausbau**

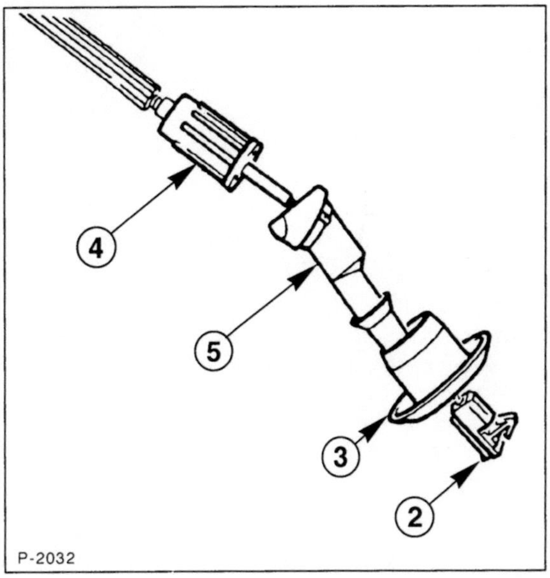


- Kunststoffnippel –2– des Seilzuges am Gaspedal aushängen.
- Dichtring –3– von Seilhüllenführung abziehen.
- **Benzinmotor:** Seilzug am Betätigungshebel der Drosselklappe aushängen.
- **Dieselmotor:** Seilzug am Betätigungshebel der Einspritzpumpe aushängen.
- Seilzug aus dem Widerlager ziehen.

- Halteklammer vom Gaszug abziehen. Vorher Einbaulage notieren, zum Beispiel, wieviel Rasten die Klammer vom Ende der Zughülle entfernt ist. Dadurch kann der Gaszug beim Einbau voreingestellt werden.
- An der Stirnwand Seilhüllenanschlag –4– aus der Seilhüllenführung lösen und abziehen.
- Seilhüllenführung –5– aus der Stirnwand lösen und abziehen.
- Kompletten Gaszug aus Motorraum nehmen.

**Einbau**

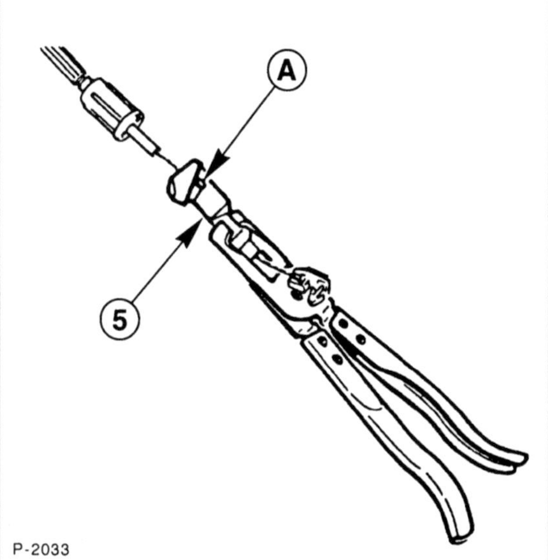

P-2033

- Seilzug durch die Öffnung in der Stirnwand vom Motorraum aus in den Fahrzeuginnenraum führen. **Achtung:** Darauf achten, daß die Verdrehsicherung –A– der Seilhüllenführung –5– in die dafür vorgesehene Aussparung in der Stirnwand sitzt.
- Mit einer Zange die Seilhüllenführung in den Fahrzeuginnenraum ziehen, bis Führung einrastet. Die PEUGEOT-Werkstatt benutzt dazu die Spezialzange 0170. **Achtung:** Die Seilhüllenführung darf durch die Zange nicht beschädigt werden.

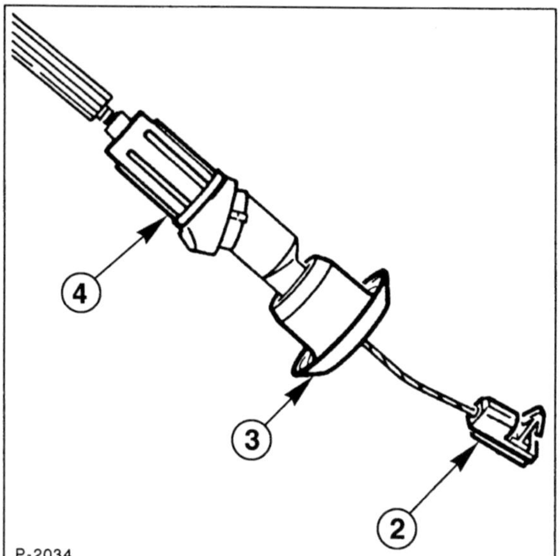

P-2034

- Seilhüllenanschlag in die Seilhüllenführung –4– schieben.
- Vom Fahrzeuginnenraum Gummidichtring –3– auf Seilhüllenführung schieben.
- Kunststoffnippel –2– des Seilzuges am Gaspedal einhängen.
- Halteklammer entsprechend der notierten Raste auf den neuen Gaszug schieben.
- Seilzug am Widerlager einhängen.
- **Benzinmotor:** Seilzug am Betätigungshebel der Drosselklappe einhängen.
- **Dieselmotor:** Seilzug am Betätigungshebel der Einspritzpumpe einhängen.
- Gaszugeinstellung kontrollieren.

**Kontrollieren und Einstellen**

- Gaspedal von Helfer ganz durchdrücken lassen (Vollgasstellung).
- **Benzinmotor:** Drosselklappenhebel in Vollgasstellung drücken.
- **Dieselmotor:** Betätigungshebel der Einspritzpumpe in Vollgasstellung drücken.
- Falls Spiel vorhanden ist, Sicherungsklammer am Widerlager herausziehen, bis der Gaszug gespannt ist. Sicherungsklammer in neue Raste der Zughülle einschieben.

# Luftfilter aus- und einbauen

## Dieselmotor

### Ausbau

Der Luftfilter befindet sich im Motorraum am Motor direkt über dem Ansaugkrümmer.

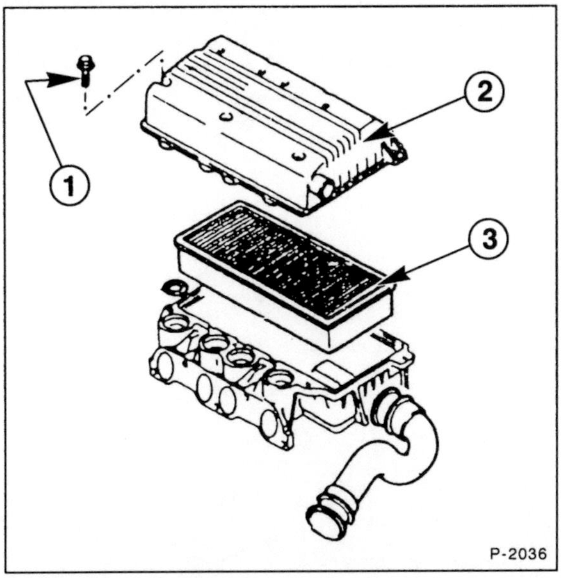


- Schlauch der Motorentlüftung abziehen.
- 7 Befestigungsschrauben –1– des Luftfilterdeckels –2– abschrauben.
- Luftfilterdeckel abnehmen und Luftfiltereinsatz –3– herausnehmen.

### Einbau

- Luftfiltergehäuse mit einem sauberen Lappen reinigen.
- Luftfiltereinsatz in Luftfiltergehäuse einlegen.
- Luftfilterdeckel ansetzen und mit Befestigungsschrauben anschrauben.

## Benzinmotor

### Ausbau

Der Luftfilter befindet sich im Motorraum hinter dem Motor direkt neben dem Ansaugkrümmer.

- Schlauchschelle lösen und Schlauch –2– der Motorentlüftung abziehen.
- Schlauchschelle lösen und Schlauch –3– abziehen.
- Beide Halteklammern –Pfeile– am Luftfiltergehäuse lösen.
- Schlauchschelle –1– abschrauben und Luftfilterverbindungsrohr –4– abziehen.
- Luftfiltereinsatz aus dem Luftfiltergehäuse herausnehmen.

### Einbau

- Luftfiltergehäuse mit einem sauberen Lappen reinigen.
- Luftfiltereinsatz in Luftfiltergehäuse einlegen.
- Luftfilterverbindungsrohr ansetzen, Schlauchschelle festschrauben und mit Halteklammern befestigen.
- Schläuche aufschieben und mit Schlauchschelle sichern.

# Kraftstoffvorratsbehälter aus- und einbauen

Der Kraftstoffbehälter mit einem Fassungsvermögen von 45 Litern befindet sich unter dem Bodenblech unterhalb der Rücksitzbank.

**Achtung:** Beim Ausbau des Kraftstofftanks muß der Tank leer sein, sonst läuft beim Ausbau Kraftstoff aus. Dazu entweder Tank weitgehend leerfahren oder Kraftstoff durch das Einfüllrohr mit einer explosionsgeschützten Pumpe in einen geeigneten und ausreichend großen Behälter abpumpen. **Unbedingt auf gute Belüftung des Arbeitsplatzes achten. Kraftstoffdämpfe sind giftig, kein offenes Feuer, Brandgefahr! Feuerlöscher bereitstellen!**

- Batterie-Massekabel (–) abklemmen. **Achtung:** Dadurch werden die elektronischen Speicher gelöscht, zum Beispiel Motor-Fehlerspeicher oder Radiocode. Batterie nur bei **ausgeschalteter Zündung** abklemmen, da sonst das Steuergerät der Einspritzanlage beschädigt werden kann. Vor dem Abklemmen sollten auch die Hinweise im Kapitel »Radio« bzw. »Batterie aus- und einbauen« durchgelesen werden.
- Hintere Sitzbank ausbauen, siehe Seite 172.
- Abdeckbleche für Kraftstoffstandgeber und Kraftstoffpumpe ausbauen.

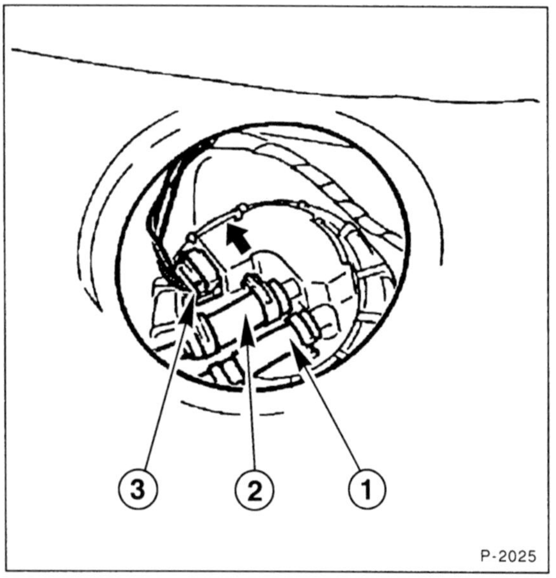

P-2025

- Schlauchschellen lösen und Kraftstoffleitungen –1–, –2– abziehen. Leitungen vor dem Ausbau mit Klebeband kennzeichnen, damit sie beim Einbau nicht vertauscht werden.
- Stecker –3– abziehen.
- Stecker von Kraftstoffgeber abziehen.
- Fahrzeug aufbocken, siehe Seite 226.
- Abgasanlage ausbauen, siehe Seite 88.
- Hitzeschutzblech abschrauben.

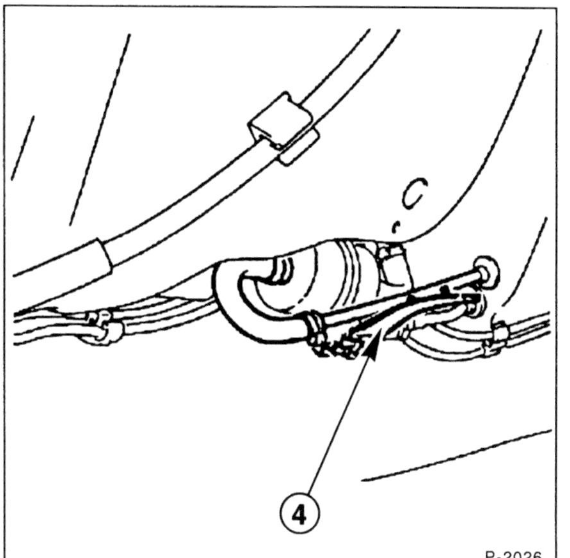

P-2026

- Halteband –4– am Kraftstoffilter aushängen.
- Kraftstoffilter und Leitungen aushängen.

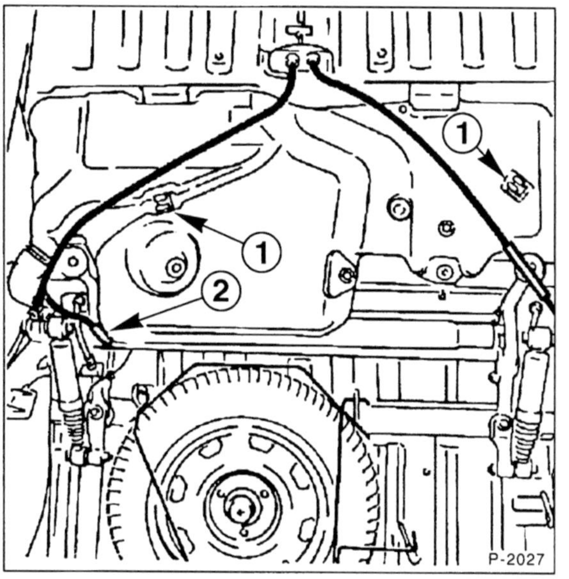

P-2027

- Handbremsseilzüge –1– aushängen.
- Tankbelüftungsschlauch –2– aushängen.

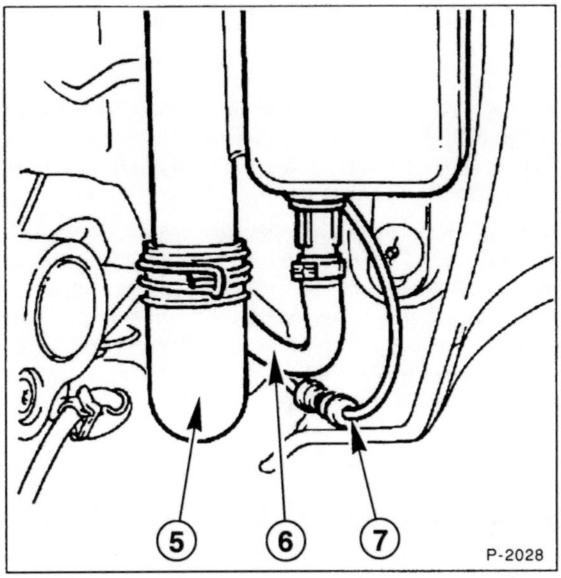


- Schlauchschelle lösen und Einfüllschlauch –5– abziehen.
- Schlauchschelle lösen und Entlüftungsleitung –6– abziehen.
- Steckanschluß –7– trennen.

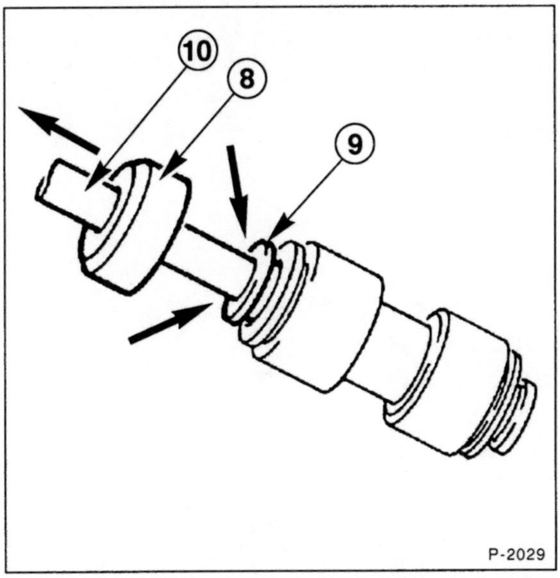


- Zum Trennen des Steckanschlusses Sicherungskappe –9– zurückschieben, auf Ring –8– drücken und an Leitung –10– ziehen.

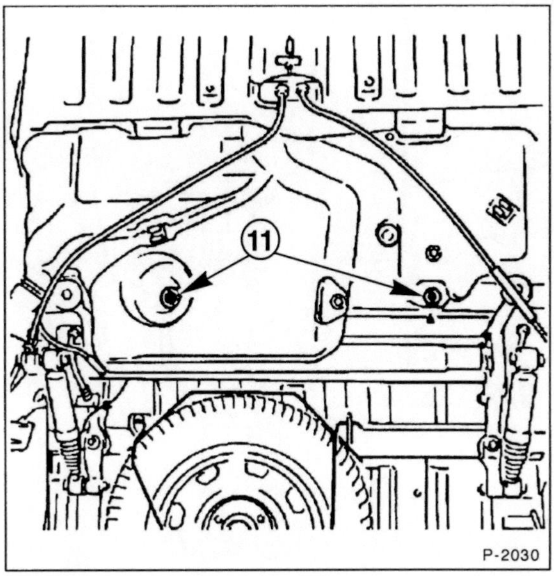


- Befestigungsmuttern –11– abschrauben. Kraftstoffbehälter kippen und nach unten herausnehmen.

**Einbau**

- Kraftstoffbehälter einsetzen. Dabei die beiden Zungen in die vorderen Haltungen einsetzen.
- Kraftstoffbehälter nach oben schwenken und mit den Befestigungsschrauben anschrauben.

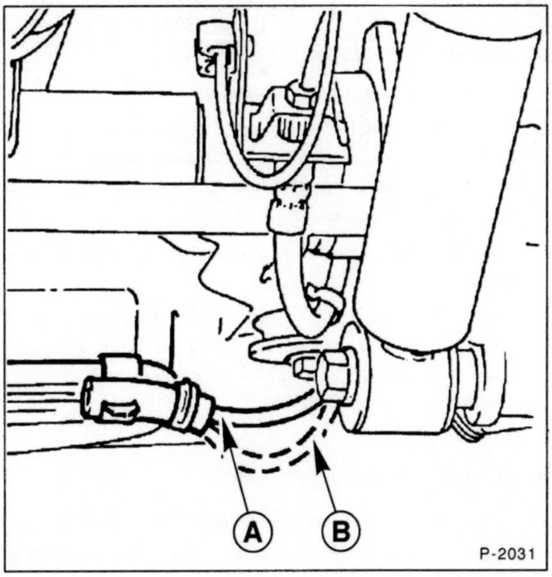


- Belüftungsschlauch einclipsen. **Achtung:** Der Schlauch darf nach dem Einbau nicht durchgebogen sein.
  A = richtig
  B = falsch

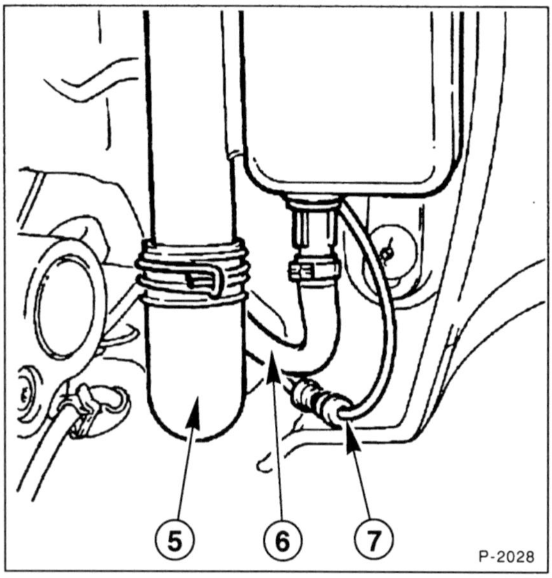


- Einfüllschlauch –5– auf Einfüllrohr aufschieben und mit Schlauchschelle sichern.
- Entlüftungsleitung –6– aufschieben und mit Schlauchschelle sichern.
- Steckanschluß –7– verbinden.
- Handbremsseilzüge einclipsen.
- Kraftstoffilter und -leitungen montieren und Halteband einhängen.
- Hitzeschild einbauen.
- Abgasanlage einbauen, siehe Seite 88.
- Fahrzeug ablassen, siehe Seite 226.
- Vom Innenraum her Stecker für Tankgeber und Kraftstoffpumpe aufschieben sowie die zwei Kraftstoffschläuche entsprechend den Markierungen aufschieben und mit Schlauchschellen sichern.
- Kraftstoffbehälter auffüllen und Dichtheit der Anschlüsse prüfen.
- Batterie-Massekabel (–) anklemmen. **Achtung:** Batterie nur bei **ausgeschalteter Zündung** anklemmen, sonst kann das Steuergerät der Einspritzanlage beschädigt werden.
- Zeituhr einstellen.
- Diebstahlcode für Radio eingeben.
- Motor starten und prüfen, ob kein Kraftstoff austritt.
- Abdeckbleche für Kraftstoffstandgeber und Kraftstoffpumpe einbauen.
- Rücksitzbank einbauen, siehe Seite 172.

## Kraftstoffpumpe/Kraftstoffstandgeber aus- und einbauen

In diesem Kapitel wird der Aus- und Einbau der Kraftstoffpumpe bei den Benzinmotoren beschrieben. Die Arbeitsbeschreibung für den Ausbau des Kraftstoffgebers gilt für Diesel- und Benzinmotoren.

**Achtung:** Beim Ausbau der Kraftstoffpumpe muß der Tank leer sein, sonst läuft beim Ausbau Kraftstoff aus. Dazu entweder Tank weitgehend leerfahren oder Kraftstoff durch das Einfüllrohr mit einer explosionsgeschützten Pumpe in einen geeigneten und ausreichend großen Behälter abpumpen. **Unbedingt auf gute Belüftung des Arbeitsplatzes achten. Kraftstoffdämpfe sind giftig, kein offenes Feuer, Brandgefahr! Feuerlöscher bereitstellen.**

### Ausbau

- Batterie-Massekabel (–) abklemmen. **Achtung:** Dadurch werden die elektronischen Speicher gelöscht, zum Beispiel Motor-Fehlerspeicher oder Radiocode. Batterie nur bei **ausgeschalteter Zündung** abklemmen, da sonst das Steuergerät der Einspritzanlage beschädigt werden kann. Vor dem Abklemmen sollten auch die Hinweise im Kapitel »Radio« bzw. »Batterie aus- und einbauen« durchgelesen werden.
- Hintere Sitzbank ausbauen, siehe Seite 172.
- Abdeckblech für Kraftstoffstandgeber oder Kraftstoffpumpe ausbauen.

### Kraftstoffpumpe

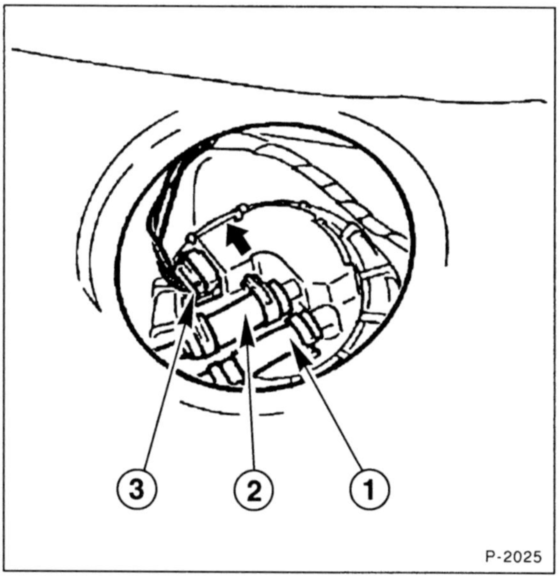


- Schlauchschellen lösen und Kraftstoffleitungen –1–, –2– abziehen. Leitungen vor dem Ausbau mit Klebeband kennzeichnen, damit sie beim Einbau nicht vertauscht werden.
- Stecker –3– abziehen.

- Stecker des Kraftstoffstandgebers abziehen.
- Überwurfmutter mit **Holzstange und leichten Hammerschlägen lösen**.
- Kraftstoff-Fördereinheit oder Kraftstoffstandgeber aus dem Tank herausheben. **Achtung:** Beim Herausziehen Lappen unterlegen und eventuell austretenden Kraftstoff auffangen.

**Einbau**

- Kraftstoff-Fördereinheit oder Kraftstoffstandgeber in den Kraftstoffbehälter einsetzen. Darauf achten, daß dabei der Geber des Kraftstoffstandgebers nicht verbogen wird. Dichtring vor dem Einbau mit Kraftstoff benetzen.
- Überwurfmutter ansetzen und festschrauben.
- Stecker für Kraftstoffstandgeber oder Kraftstoffpumpe aufschieben sowie die zwei Kraftstoffschläuche entsprechend den Markierungen aufschieben und mit Schlauchschellen sichern.
- Kraftstoffbehälter auffüllen und Dichtheit der Anschlüsse prüfen.
- Batterie-Massekabel (–) anklemmen. **Achtung:** Batterie nur bei **ausgeschalteter Zündung** anklemmen, sonst kann das Steuergerät der Einspritzanlage beschädigt werden.
- Zeituhr einstellen.
- Diebstahlcode für Radio eingeben.
- Motor starten und prüfen, ob kein Kraftstoff austritt.
- Abdeckbleche für Kraftstoffstandgeber und Kraftstoffpumpe einbauen.
- Rücksitzbank einbauen, siehe Seite 172.

# Einspritzanlage

Je nach Motorversion kommen 2 technisch unterschiedliche Benzin-Einspritzanlagen im PEUGEOT 106 zum Einsatz. Alle Modelle außer dem XSi-Modell sind mit einer Monopoint-Einspritzanlage von BOSCH oder MARELLI ausgestattet. Der Motor des XSi-Modelles ist mit der Multipoint-Einspritzanlage von BOSCH ausgerüstet.

Beide Einspritzsysteme basieren auf demselben Grundsystem einer elektrisch geregelten intermittierenden, also stoßweisen, Einspritzung. Bei der Monopoint-Einspritzanlage spritzt ein zentrales Einspritzventil den Kraftstoff direkt in das Ansaugrohr. Bei beiden Anlagen sind Zünd- und Einspritzsysteme in nur einem Steuergerät integriert.

Alle Einspritzsysteme sind langzeitstabil und wartungsarm. Reparaturen an den Gemischbildnern sind äußerst selten und sollten von einer Fachwerkstatt durchgeführt werden, zumal auch für die Reparatur und Überprüfung der Einspritzanlage Spezialwerkzeug erforderlich ist.

Bestimmte Defekte innerhalb des Zünd- und Kraftstoffsystems werden in einem Fehlerspeicher des Steuergerätes gespeichert und können mit einem speziellen Diagnose-Prüfgerät von der PEUGEOT-Fachwerkstatt abgefragt werden. Die aufgetretenen Fehler werden als 2stellige Fehlercodes gespeichert. Bei erheblichen Fehlern leuchtet gleichzeitig die Motor-Warnlampe im Schalttafeleinsatz auf. Es muß in diesem Fall zur Fehlersuche und -behebung umgehend eine Fachwerkstatt aufgesucht werden.

**Achtung:** Bei Arbeiten an der Einspritzanlage ist auf peinliche Sauberkeit zu achten. Siehe Seite 65.

**Achtung:** Die Kraftstoffanlage steht unter Druck. Deshalb ist vor dem Auswechseln von Teilen der Druck im System abzubauen. Hierzu Kraftstoffleitung zwischen Kraftstoffpumpe und Filter vorsichtig lösen. Beim Abziehen Lappen um die Leitung legen.

Der Überdruck baut sich von selbst ab (ohne Lösen der Leitung), wenn der Motor einige Stunden abgestellt ist.

## Monopoint-Einspritzanlage

Im Unterschied zur Multipoint-Einspritzanlage besitzt die Monopoint-Anlage von BOSCH oder MARELLI nur ein einziges Einspritzventil, das zentral über der Drosselklappe angeordnet ist. Die Betätigung des Einspritzventils erfolgt elektromagnetisch im Takt der Zündimpulse.

Der Kraftstoff wird von der im Kraftstoffbehälter sitzenden elektrischen Kraftstoffpumpe über den Kraftstoffilter zur zentralen Einspritzeinheit gefördert. Ein Druckregler an der Einspritzeinheit sorgt dafür, daß der Druck im Kraftstoffsystem unabhängig von der eingespritzten Kraftstoffmenge konstant auf ca. 1 bar gehalten wird.

Die Verbrennungsluft wird vom Motor über Luftfilter und Drosselklappe angesaugt. Als Maß für die gerade angesaugte Luftmenge wird neben der Motordrehzahl die Winkelstellung der durch das Gaspedal betätigten Drosselklappe dem Steuergerät übermittelt. Zusätzlich zum Drosselklappenwinkel wird der Unterdruck im Ansaugkrümmer von einem Geber erfaßt.

Das Steuergerät regelt entsprechend der gemessenen Luftmenge die Einspritzzeit und dadurch die Einspritzmenge. Bei längerer Öffnung des Einspritzventils wird mehr Kraftstoff eingespritzt. Das Abgas wird wie bei der Multipoint-Einspritzanlage durch die Lambda-Sonde kontrolliert und gegebenenfalls die Kraftstoffzumessung korrigiert. Zusätzliche Fühler und Geber sorgen in jeder Fahrsituation für die richtig bemessene Kraftstoffmenge.

- Der Temperaturfühler am Kühlmittelstutzen mißt die Motortemperatur (Motor kalt – höherer Kraftstoffbedarf).
- Der Temperaturfühler im Ansaugkanal mißt die Lufttemperatur. Die Temperatur der Ansaugluft ist unter anderem ein Maß für die Luftdichte und wird vom Steuergerät bei der Kraftstoffzumessung berücksichtigt.

Sämtliche Einspritzanlagen sind praktisch wartungsfrei, nur der Luftfiltereinsatz muß im Rahmen der Wartung gewechselt werden.

**Schemazeichnung der BOSCH-Multipoint MP3.1**

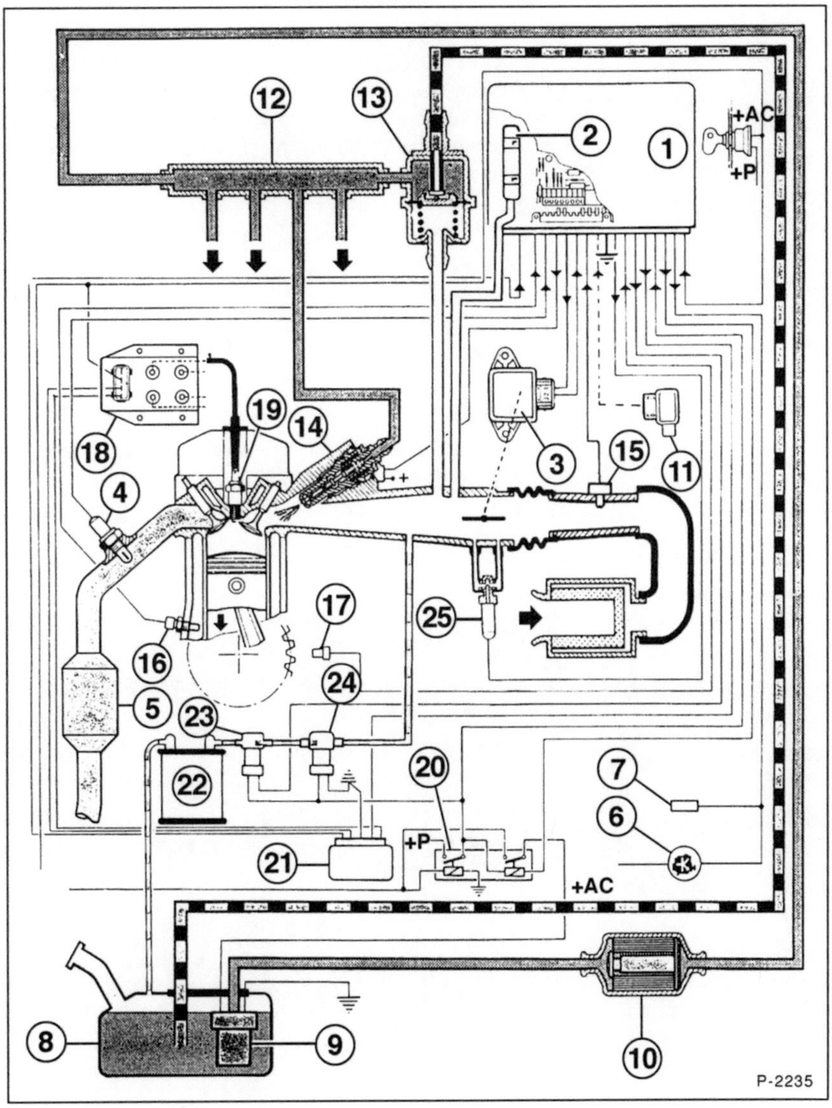


1 – **Elektronisches Steuergerät**
2 – **Saugrohrdruckgeber**
3 – **Drosselklappen-Potentiometer**
4 – **Lambdasonde**
5 – **Katalysator**
6 – **Warnleuchte**
7 – **Diagnosestecker**
8 – **Kraftstoffbehälter**
9 – **Kraftstoffpumpe**
Ist als Tauchpumpe ausgelegt und befindet sich im Tank.
10 – **Kraftstoffilter**
11 – **Potentiometer Gemischeinstellung**
12 – **Verteilerrohr**
13 – **Druckregler**
14 – **Einspritzventil**
15 – **Ansaugluft-Temperaturfühler**
16 – **Motortemperaturfühler**
17 – **Drehzahl- und Bezugsmarkengeber**
18 – **Zündspule**
19 – **Zündkerzen**
20 – **Einspritzrelais**
21 – **Zündschaltgerät**
22 – **Aktivkohlebehälter**
23 – **Magnetventil**
24 – **Sperrventil**
25 – **Leerlaufregelungsventil**

# BOSCH-Multipoint MP3.1

Der Kraftstoff wird aus dem Kraftstoffbehälter von der elektrischen Kraftstoffpumpe angesaugt und über den Kraftstoffilter zum Verteilerrohr und dann zu den Einspritzventilen gefördert. Ein Druckregler am Verteilerrohr hält den Kraftstoffdruck, bezogen auf den Saugrohrdruck, konstant auf 3 bar. Die Einspritzventile werden elektrisch angesteuert und spritzen den Kraftstoff intermittierend, also stoßweise, in das Ansaugrohr vor die Einlaßventile.

Die benötigte Luftmenge wird vom Motor über Luftfilter und Sammelsaugrohr angesaugt. Im Sammelsaugrohr sitzen die Einspritzventile direkt vor den Einlaßventilen. Sie werden über elektromagnetische Ventile vom Steuergerät geöffnet.

Das Steuergerät regelt entsprechend dem gemessenen Saugrohrdruck, der Ansauglufttemperatur, der Motortemperatur, der Drosselklappenstellung, der Abgaszusammensetzung und der jeweiligen Motordrehzahl die Einspritzzeit und dadurch die Einspritzmenge. Bei längerer Öffnung des Einspritzventils wird mehr Kraftstoff eingespritzt. Die entsprechenden Fühler und Geber sorgen auch in extremen Fahrsituationen für die jeweils richtig bemessene Kraftstoffmenge.

- Der Saugrohrdruckgeber im Steuergerät mißt den jeweiligen Saugrohrunterdruck.
- Der Ansaugluft-Temperaturfühler mißt die Temperatur der angesaugten Luft und übermittelt diesen Wert an das Steuergerät.
- Der Motortemperaturfühler mißt die Temperatur der Motorkühlflüssigkeit. Dadurch wird z. B. bei einem kalten Motor mehr Kraftstoff eingespritzt.

- Das Drosselklappenpotentiometer sitzt direkt an der Drosselklappenwelle. Es übermittelt dem Steuergerät die Stellung der Drosselklappe. Dadurch wird z. B. die Schubabschaltung gesteuert, denn solange der Leerlaufkontakt des Schalters geschlossen ist und gleichzeitig die Drehzahl über einem bestimmten Wert liegt, wird vom Steuergerät die Kraftstoffzufuhr für den Motor gesperrt.
- Die Lambdasonde (Sauerstoffsensor) mißt den Sauerstoffgehalt im Abgasstrom und schickt entsprechende Spannungssignale an das Steuergerät. Daraufhin verändert das Steuergerät das angesaugte Kraftstoff-/Luftverhältnis, so daß die Abgase im Katalysator optimal nachverbrannt werden.
- Das Leerlaufregelungsventil stabilisiert im Leerlauf die Motordrehzahl.

## Sicherheitshinweise zur Einspritzanlage

- Motor nicht ohne fest angeschlossene Batterie starten.
- Zum Starten des Motors **keinen** Schnellader verwenden. Keine höhere Spannung als 12 Volt verwenden. Beim Schnelladen die Batterie abklemmen.
- Nie bei laufendem Motor oder eingeschalteter Zündung die Batterie abklemmen.
- Bevor eine Prüfung der elektronischen Einspritzanlage erfolgt, zuerst Zündung und Zündkerzen instandsetzen.
- Bei Temperaturen über +80° C (Trockenofen), Steuergerät ausbauen.
- Mehrfachstecker des Steuergerätes nicht bei eingeschalteter Zündung abziehen oder aufstecken.
- Bei einer Kompressionsdruckprüfung Kraftstoffzufuhr zu den Einspritzventilen unterbrechen. Dazu entweder Kraftstoffpumpen-Sicherung herausziehen oder Stecker für die Einspritzventile abziehen.
- Für Spannungsprüfungen keine Prüflampe verwenden, sondern ein hochohmiges Diodenprüfgerät oder ein Spannungsmeßgerät.
- Prüfstifte der Meßgeräte nicht in die Stecker einführen, sondern Steckerschutz abnehmen und Messungen an den Leitungseingängen durchführen.
- Spannungsprüfungen nur bei gutem Ladezustand der Batterie vornehmen.
- Für Masseprüfungen Batterie abklemmen.

## Leerlaufdrehzahl und CO-Gehalt prüfen/einstellen

Die Leerlaufdrehzahl und der CO-Gehalt können nur noch kontrolliert, aber nicht mehr eingestellt werden. Um einen optimalen Rundlauf und ein gutes Abgasverhalten zu gewährleisten, sind die Werte entsprechend dem Betriebszustand im Steuergerät eingespeichert. Werden die Werte nicht erreicht, muß eine PEUGEOT-Werkstatt aufgesucht werden, da zur weiteren Fehlersuche Spezialwerkzeug und Testgeräte benötigt werden.

Nur bei den Modellen mit Monopoint-Einspritzanlage muß die Leerlaufdrehzahl nach dem Abklemmen der Batterie neu eingespeichert werden.

**Leerlaufdrehzahl und CO-Gehalt kontrollieren**

- Zündkerzen und Luftfilter-Einsatz auf einwandfreien Zustand prüfen, siehe Seite 238.
- Motor warmfahren und anschließend im Leerlauf drehen lassen, bis der Kühlerlüfter einschaltet.
- Motor abstellen.
- Drehzahlmesser und CO-Prüfgerät gemäß Herstelleranweisung anschließen.
- Elektrische Verbraucher wie Scheinwerfer, Heckscheibenheizung usw. ausschalten.

**Achtung:** Während der Prüfung oder Einstellung darf der Kühlerlüfter nicht laufen.

- Motor starten und eine Minute im Leerlauf laufen lassen. Leerlaufdrehzahl sowie CO-Gehalt messen und mit Sollwert vergleichen.

| Einspritzanlage | CO-Wert | Leerlaufdrehzahl |
|---|---|---|
| Monopoint (BOSCH) | ≥ 0,4 % | 850 ± 50/min |
| Monopoint (MARELLI) | – | 800 ± 50/min |
| Multipoint | 1 ± 0,5 % | 880 ± 50/min |

- Werden einer oder beide Sollwerte nicht erreicht, PEUGEOT-Fachwerkstatt aufsuchen.
- Motor abstellen.
- Meßgeräte entfernen.

**Leerlauf einspeichern**
**Monopoint-Einspritzanlage**

Je nach Hersteller (BOSCH, MARELLI) gibt es unterschiedliche Einstellverfahren.

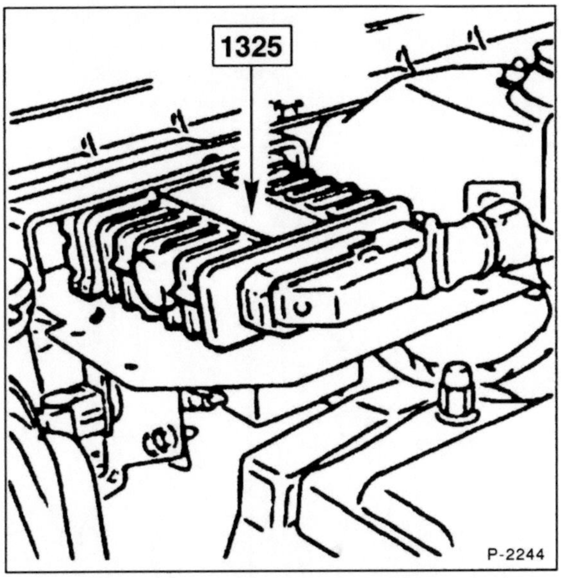


Von welchem Hersteller die Einspritzanlage ist, kann man am Typenschild auf dem Steuergerät –1325– ablesen. Das Steuergerät befindet sich im Motorraum vor dem rechten Federbeindom unter einer Abdeckung.

**MARELLI**

- Zündung einschalten, Motor nicht starten.
- 10 Sekunden warten und dann Motor starten. Jetzt ist die Leerlaufdrehzahl reinitialisiert.

**BOSCH**

- Motor mit erhöhter Drehzahl laufen lassen und warten, bis sich der Kühlerlüfter mindestens 2mal eingeschaltet hat. Motor abstellen.
- Alle elektrischen Verbraucher, wie zum Beispiel die Beleuchtungsanlage oder die Heckscheibenheizung, ausschalten.
- Zündung ein- und ausschalten.
- Motor starten und 30 Sekunden im Leerlauf laufen lassen. **Achtung:** Es darf kein Gas gegeben werden, da sonst nicht die korrekte Leerlaufdrehzahl eingespeichert wird.
- Zehn Minuten in den verschiedenen Drehzahlbereichen fahren, jedoch hauptsächlich in dem Drehzahlbereich zwischen 2500/min und 3500/min.
- Fahrzeug anhalten und 1 Minute im Leerlauf laufen lassen. **Achtung:** Es darf kein Gas gegeben werden.
- Motor abstellen. Die Leerlaufdrehzahl ist jetzt eingespeichert.

## Förderdruck der Kraftstoffpumpe prüfen

Der Kraftstofförderdruck ist zu prüfen, wenn der Motor schlecht oder überhaupt nicht anspringt und wenn der Motor unrund läuft oder häufig abstirbt.

Je nach Hersteller (BOSCH, MARELLI) gibt es unterschiedliche Prüfverfahren, von welchem Hersteller die Einspritzanlage ist, siehe Kapitel »Leerlaufdrehzahl und CO-Gehalt prüfen einstellen«.

**Prüfvoraussetzung:** Mindestens 10 l Kraftstoff im Tank; Batteriespannung mindestens 12 V.

- Motor abstellen.

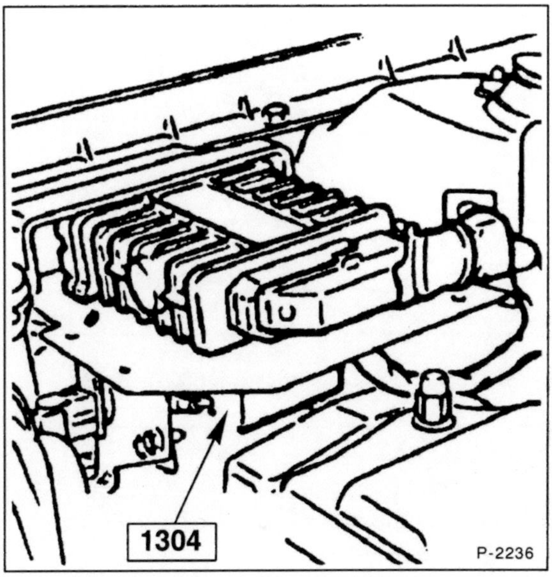


- Stecker vom Doppelrelais –1304– abziehen.

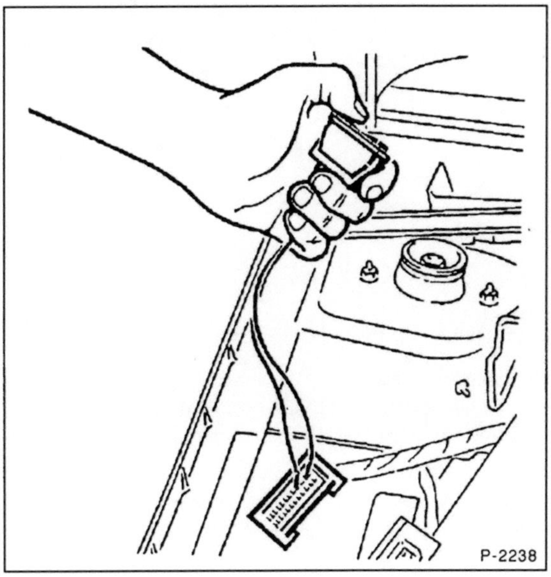


- **BOSCH-Einspritzanlage:** Mit einem Tastschalter die Kontakte 1 und 11 des Anschlußsteckers des Doppelrelais überbrücken.

- **MARELLI-Einspritzanlage:** Mit einem Tastschalter die Kontakte 8 und 13 des Anschlußsteckers des Doppelrelais überbrücken.

---

**Multipoint-Einspritzanlage**

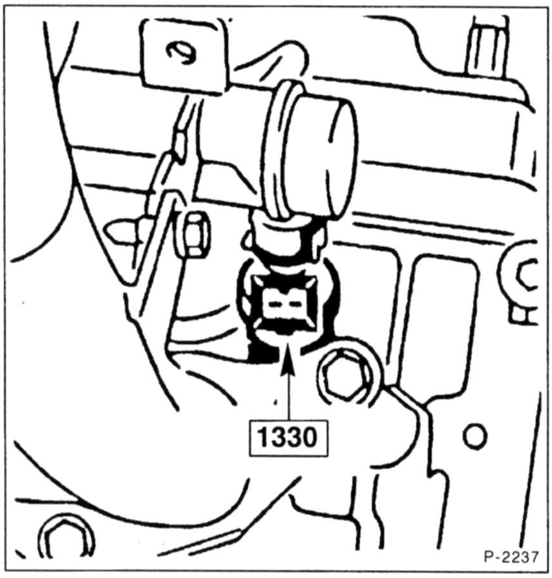


- Stecker von den Einspritzdüsen –1330– abziehen.

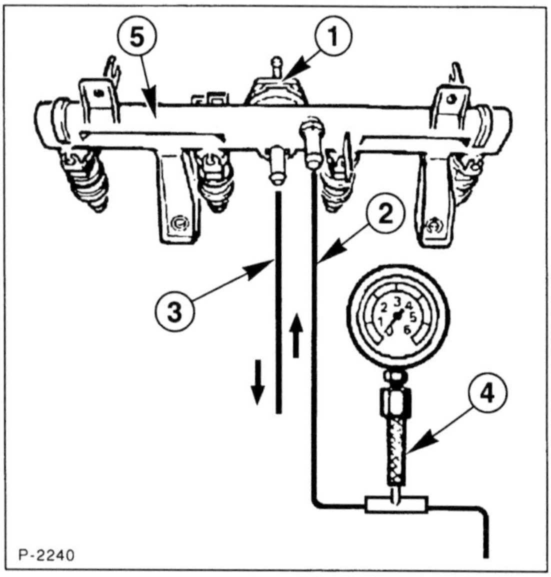


- Unterdruckleitung am Druckregler –1– abziehen. Eine Vakuumpumpe anschließen, Unterdruck erzeugen und somit einen Druckabfall im Kraftstoffsystem herbeiführen.
- Schlauchschelle lösen und Kraftstoffvorlaufleitung –2– am Verteilerrohr –5– abziehen und in die Vorlaufleitung eine Druckmeßvorrichtung –4– mit kraftstoffresistenten Leitungen anschließen.
- Vakuumpumpe vom Druckregler abziehen.
- Taster einige Sekunden betätigen. Druck ablesen. **Sollwert:** 2,8 – 3,2 bar.
- Liegt der abgelesene Kraftstoffdruck unter 2,8 bar oder der Druckaufbau dauert sehr lange, Kraftstoffrücklaufleitung so abklemmen, das kein Kraftstoff mehr zurückfließen kann.
- Taster einige Sekunden betätigen. Steigt der Druck nicht über 2,8 bar, ist das Ansaugsystem der Pumpe, der Kraftstoffilter und das gesamte Leitungssystem auf Durchgang zu prüfen. Liegt der Druck zwischen 2,8 und 4,5 bar, muß der Druckregler überprüft werden.

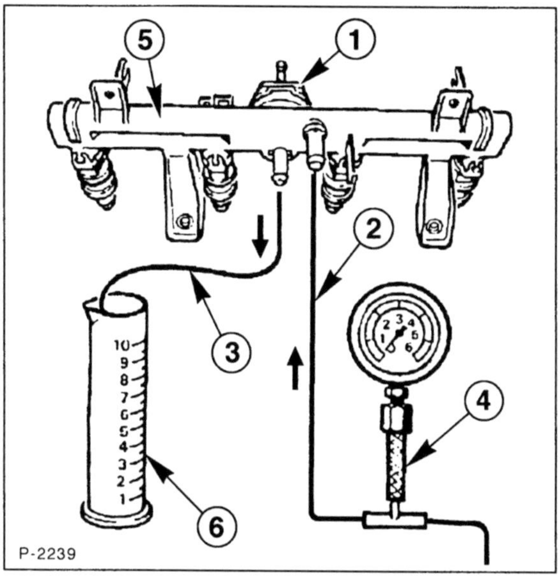


- Lag bei der ersten Messung der abgelesene Wert über 3,2 bar, Kraftstoff-Rücklaufleitung am Verteilerrohr –5– abziehen. Eine Hilfsleitung –3– aufschieben und in einen Meßbehälter –6– mit ca. 1 l Fassungsvermögen führen.
- Taster einige Sekunden betätigen. Liegt der abgelesene Wert zwischen 2,8 und 3,2 bar, das gesamte Leitungssystem der Kraftstoffanlage auf Durchgang überprüfen.
- Liegt der abgelesene Kraftstoffdruck über 3,2 bar, muß der Druckregler überprüft werden.
- Fällt nach dem Loslassen des Tasters der Kraftstoffdruck sogleich ab, Taster erneut betätigen und Kraftstoffvorlaufleitung zwischen Druckmeßgerät und Verteilerrohr abquetschen.
- Fällt der Druck nicht ab, ist der Druckregler zu überprüfen. Fällt der Druck ab, ist die Kraftstoffpumpe zu ersetzen, da das Rückschlagventil hängt.
- Vakuumpumpe am Druckregler anschließen, Unterdruck erzeugen und somit einen Druckabfall im Kraftstoffsystem herbeiführen.
- Druckmeßvorrichtung und Hilfsleitung abmontieren. Kraftstoffvor- und -rücklaufleitung aufschieben und mit Schlauchschellen sichern.
- Vakuumpumpe vom Druckregler abziehen und Unterdruckleitung aufschieben.
- Tastschalter abnehmen und Stecker am Doppelrelais aufschieben.
- Stecker an den Einspritzdüsen aufschieben.

---

**Monopoint-Einspritzanlage**

- Luftfilter ausbauen, siehe Seite 67.

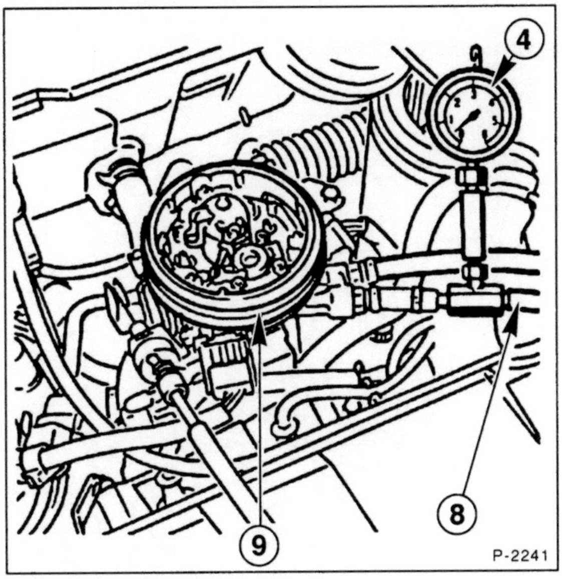


- Schlauchschelle lösen, Lappen um die Kraftstoffvorlaufleitung -8- legen und Leitung von der Einspritzeinheit -9- abziehen.
- In die Vorlaufleitung eine Druckmeßvorrichtung -4- mit kraftstoffresistenten Leitungen anschließen.
- Taster betätigen und Sollwert an Druckmeßvorrichtung ablesen.
  **Sollwert:**
  **BOSCH-Einspritzanlage:** 1,0 – 1,2 bar
  **MARELLI-Einspritzanlage:** 0,9 – 1,1 bar.
- Liegt der abgelesene Kraftstoffdruck unter 1,0 bar (BOSCH-Einspritzanlage) beziehungsweise 0,9 bar (MARELLI-Einspritzanlage), den Schlauch der Kraftstoffrücklaufleitung abquetschen.
- Taster betätigen, der Kraftstoffdruck muß bei 2,5 bar liegen. Liegt der abgelesene Wert unter 1,0 bar (BOSCH-Einspritzanlage) beziehungsweise 0,9 bar (MARELLI-Einspritzanlage), muß die Kraftstoffpumpe erneuert werden.

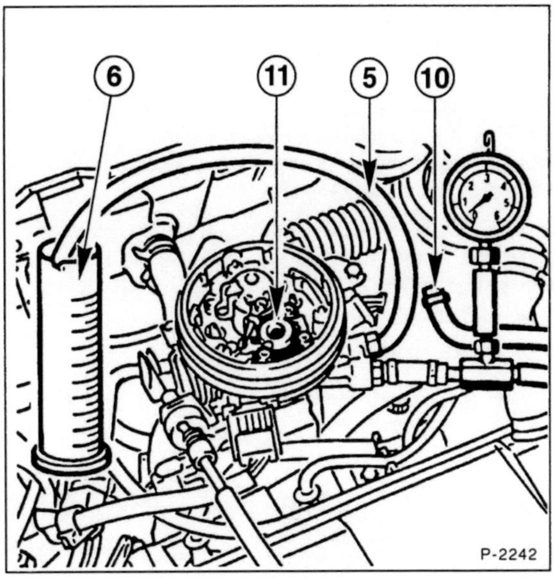


- Liegt der Kraftstoffdruck bei der ersten Messung über 1,2 bar (BOSCH-Einspritzanlage) oder 1,1 bar (MARELLI-Einspritzanlage), Schlauchschelle lösen und Kraftstoffrücklaufleitung –10– abziehen. Eine Hilfsleitung -5- aufschieben und in einen Meßbehälter -6- mit ca. 1 l Fassungsvermögen führen.
- Taster betätigen und Druck ablesen. Beträgt der Druck 1,2 bar (BOSCH-Einspritzanlage) beziehungsweise 1,1 bar (MARELLI-Einspritzanlage), Kraftstoffilter ersetzen und Kraftstoffleitungen auf Durchgang kontrollieren.
- Liegt der Kraftstoffdruck unter 1,0 bar (BOSCH-Einspritzanlage) beziehungsweise 0,9 bar (MARELLI-Einspritzanlage) oder über 1,2 bar (BOSCH-Einspritzanlage) beziehungsweise 1,1 bar (MARELLI-Einspritzanlage), den Druckregler –11– mit Halterung austauschen.
- Hilfsleitung und Druckmeßvorrichtung abmontieren. Kraftstoffvor- und -rücklaufleitung aufschieben und mit Schlauchschelle sichern.
- Tastschalter abnehmen und Stecker am Doppelrelais aufschieben.
- Luftfilter einbauen, siehe Seite 67.

# Fördermenge der Kraftstoffpumpe prüfen

Der Kraftstofffördermenge ist zu prüfen, wenn der Motor unrund läuft, Aussetzer hat oder häufig abstirbt.

**Prüfvoraussetzung:** Mindestens 10 l Kraftstoff im Tank; Batteriespannung mindestens 12 V.

Je nach Hersteller (BOSCH, MARELLI) gibt es unterschiedliche Prüfverfahren, von welchem Hersteller die Einspritzanlage ist, siehe Kapitel »Leerlaufdrehzahl und CO-Gehalt prüfen/einstellen«.

- Motor abstellen.

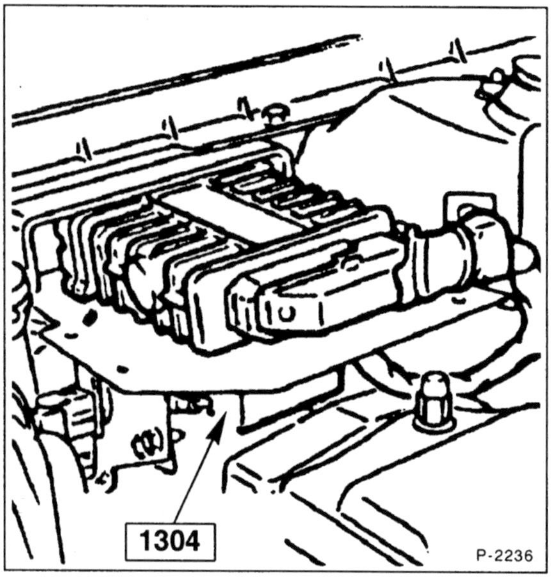


- Stecker vom Doppelrelais –1304– abziehen.

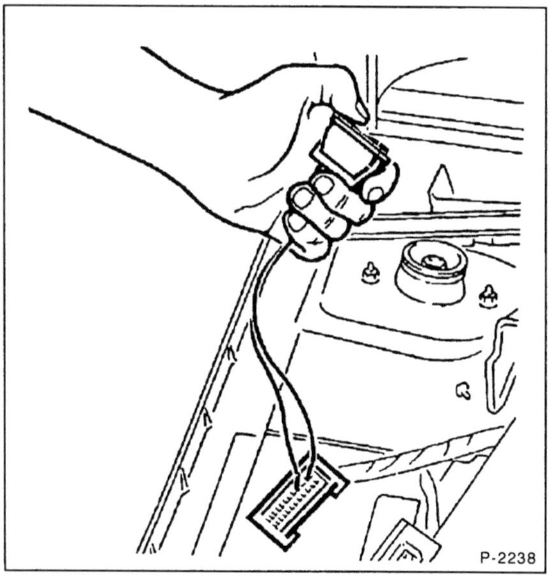


- **BOSCH-Einspritzanlage:** Mit einem Tastschalter die Kontakte 1 und 11 des Anschlußsteckers des Doppelrelais überbrücken.
- **MARELLI-Einspritzanlage:** Mit einem Tastschalter die Kontakte 8 und 13 des Anschlußsteckers des Doppelrelais überbrücken.

**Multipoint-Einspritzanlage**

- Stecker von den Einspritzdüsen –1330– abziehen.

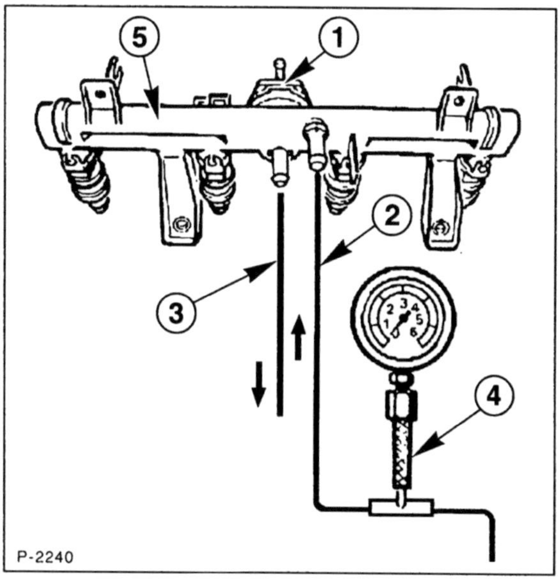


- Unterdruckleitung am Druckregler –1– abziehen. Eine Vakuumpumpe anschließen, Unterdruck erzeugen und somit einen Druckabfall im Kraftstoffsystem herbeiführen.
- Schlauchschelle lösen und Kraftstoffrücklaufleitung am Verteilerrohr –5– abziehen und eine Hilfsleitung –3– aufschieben und in einen Meßbehälter –6– mit ca. 1 l Fassungsvermögen führen.
- Vakuumpumpe vom Druckregler abziehen.

- Taster 15 Sekunden betätigen. Geförderte Kraftstoffmenge im Meßbehälter ablesen.
  **Sollwert:** min. 360 $cm^3$.
- Wird dieser Sollwert nicht erreicht, Kraftstoffilter ersetzen und Kraftstoffleitungen auf Durchgang kontrollieren. Messung wiederholen, wird der Sollwert immer noch nicht erreicht, muß die Kraftstoffpumpe ersetzt werden.
- Meßbehälter und Hilfsleitung abmontieren. Kraftstoffrücklaufleitung aufschieben und mit Schlauchschellen sichern.
- Tastschalter abnehmen Stecker am Doppelrelais aufschieben.
- Stecker an den Einspritzdüsen aufschieben.

---

**Monopoint-Einspritzanlage**

- Luftfilter ausbauen, siehe Seite 67.

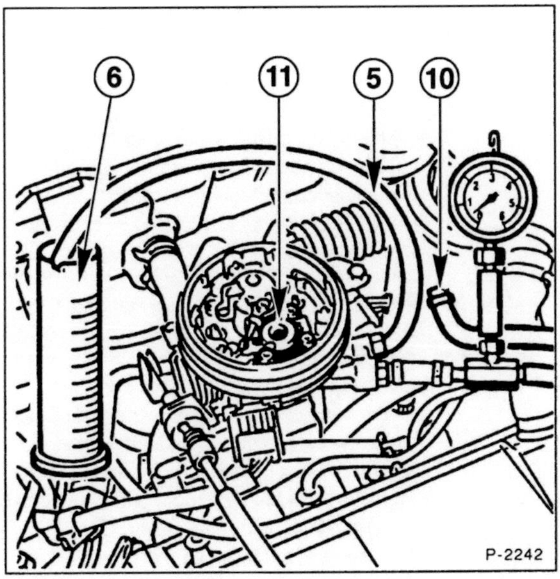


- Schlauchschelle lösen, Lappen um die Kraftstoffrücklaufleitung –10– legen und Leitung von der Einspritzeinheit abziehen. Eine Hilfsleitung –5– aufschieben und in einen Meßbehälter –6– mit ca. 1 l Fassungsvermögen führen.
- Taster 15 Sekunden betätigen. Geförderte Kraftstoffmenge im Meßbehälter ablesen.
  **Sollwert:**
  **BOSCH-Einspritzanlage:** min. 420 $cm^3$
  **MARELLI-Einspritzanlage:** min. 375 $cm^3$.
- Wird dieser Sollwert nicht erreicht, Kraftstoffilter ersetzen und Kraftstoffleitungen auf Durchgang kontrollieren. Messung wiederholen, wird der Sollwert immer noch nicht erreicht, muß die Kraftstoffpumpe ersetzt werden.
- Hilfsleitung und Meßbehälter abmontieren. Kraftstoffrücklaufleitung aufschieben und mit Schlauchschelle sichern.
- Tastschalter abnehmen und Stecker am Doppelrelais aufschieben.
- Luftfilter einbauen, siehe Seite 67.

## Störungsdiagnose Benzin-Einspritzanlage

Bevor anhand der Störungsdiagnose der Fehler aufgespürt wird, müssen folgende Prüfvoraussetzungen erfüllt sein: Bedienungsfehler beim Starten ausschließen. Sowohl für den kalten wie warmen Motor gilt: Gaspedal während des Startvorgangs nicht betätigen, Kupplungspedal treten.

Kraftstoff im Tank, Motor mechanisch in Ordnung, Batterie geladen, Anlasser dreht mit ausreichender Drehzahl, Zündanlage ist in Ordnung, keine Undichtigkeiten an der Kraftstoffanlage, Verschmutzungen im Kraftstoffsystem ausgeschlossen, Kurbelgehäuse-Entlüftung in Ordnung, elektrische Masseverbindung (Motor-Getriebe-Aufbau) vorhanden. Fehlerspeicher abfragen (Werkstattarbeit). **Achtung:** Wenn Kraftstoffleitungen gelöst werden, müssen diese vorher mit Kaltreiniger oder Benzin gesäubert werden.

| Störung | Ursache | Abhilfe |
|---|---|---|
| Motor springt nicht an | Elektro-Kraftstoffpumpe läuft beim Betätigen des Anlassers nicht an (keine Laufgeräusche hörbar) | ■ Leicht gegen das Pumpengehäuse klopfen, damit sich eine eventuell hängengebliebene Pumpe lösen kann |
| | | ■ Prüfen, ob Spannung an der Pumpe anliegt. Elektrische Kontakte auf gute Leitfähigkeit überprüfen |
| | Sicherung defekt | ■ Sicherung für Kraftstoffpumpe überprüfen |
| | Kraftstoffpumpenrelais defekt | ■ Relais überprüfen |
| | Einspritzventile erhalten keine Spannung (Multipoint-Einspritzanlage) | ■ Stecker von den Ventilen abziehen, Prüflampe anschließen und Starter betätigen. Prüflampe muß schwach flackern. Wenn die Lampe schwach leuchtet: Steuergerät ersetzen; wenn die Prüflampe nicht leuchtet: Kraftstoffpumpen relais überprüfen |
| Der kalte Motor springt schlecht an, läuft unrund | Temperaturfühler defekt | ■ Temperaturfühler prüfen (Werkstattarbeit) |
| Der Motor setzt aus | Elektrische Verbindungen zur Kraftstoffpumpe zeitweise unterbrochen | ■ Steckverbindungen und Anschlüsse von elektrischen Leitungen an der Kraftstoffpumpe, dem Luftmengenmesser und dem Kraftstoffpumpen-Relais auf feste und widerstandslose Verbindung prüfen. Sicherung und Kontaktstellen am Kraftstoffpumpen-Relais prüfen. Kontakte reinigen bzw. erneuern |
| | Kraftstoff-Fördermenge zu gering | ■ Kraftstoffpumpen-Fördermenge prüfen |
| | Kraftstoffilter verstopft | ■ Kraftstoffilter erneuern |
| | Kraftstoffpumpe defekt | ■ Kraftstoffpumpe prüfen |
| | Einspritzventil defekt | ■ Einspritzventile prüfen |
| Der Motor hat Übergangsstörungen | Luftansaugsystem undicht | ■ Ansaugsystem prüfen. Dazu Motor im Leerlauf drehen lassen und Dichtstellen sowie Anschlüsse im Ansaugtrakt mit Benzin bestreichen. Wenn sich die Drehzahl kurzfristig erhöht, undichte Stelle beseitigen. **Achtung:** Benzindämpfe sind giftig, nicht einatmen! |
| | Temperaturfühler defekt | ■ Temperaturfühler prüfen |
| | Kraftstoffsystem undicht | ■ Sichtprüfung an allen Verbindungsstellen im Bereich des Motors und der elektrischen Kraftstoffpumpe. Alle Anschlüsse nachziehen |
| Der heiße Motor springt nicht an | Druck im Kraftstoffsystem zu hoch | ■ Kraftstoffdruck prüfen lassen, gegebenenfalls Druckregler ersetzen |
| | Rücklaufleitung zwischen Druckregler und Tank verstopft oder geknickt | ■ Leitung reinigen oder ersetzen |

# Dieselmotor

## Das Diesel-Prinzip

Beim Dieselmotor wird reine Luft in die Zylinder angesaugt und dort sehr hoch verdichtet. Dadurch steigt die Temperatur in den Zylindern über die Zündtemperatur des Dieselöls an. Wenn der Kolben kurz vor dem oberen Totpunkt steht, wird in die hochverdichtete und etwa 600° C heiße Luft Dieselöl eingespritzt. Das Dieselöl zündet von selbst, Zündkerzen sind also nicht erforderlich.

Bei sehr kaltem Motor kann es vorkommen, daß durch die Verdichtung die Zündtemperatur nicht erreicht wird. In diesem Fall muß der Motor vorgeglüht werden. Dazu befindet sich in jeder Wirbelkammer eine Glühkerze, die den Brennraum aufheizt.

Der Kraftstoff wird von der Verteiler-Einspritzpumpe aus dem Kraftstoff-Vorratsbehälter angesaugt. In der Einspritzpumpe wird der für die Diesel-Einspritzung erforderliche hohe Druck von 110 bis 140 bar aufgebaut und der Kraftstoff entsprechend der Zündfolge in die für jeden Zylinder vorhandene Wirbelkammer gespritzt. Durch die Form der Wirbelkammer erhält die angesaugte Luft beim Verdichtungshub eine bestimmte Wirbelbewegung, so daß sich der eingespritzte Kraftstoff optimal mit Luft vermischt.

Bevor der Kraftstoff in die Einspritzpumpe gelangt, durchfließt er den Kraftstoffilter. Dort werden Verunreinigungen und Wasser zurückgehalten. Es ist deshalb äußerst wichtig, den Kraftstoffilter entsprechend der Wartungsvorschrift zu entwässern beziehungsweise auszuwechseln.

Die Einspritzpumpe ist wartungsfrei. Alle beweglichen Teile der Pumpe werden mit Dieselöl geschmiert. Angetrieben wird die Einspritzpumpe durch den Zahnriemen von der Kurbelwelle.

Da der Dieselmotor als Selbstzünder nicht durch Spannungsunterbrechung der Zündanlage abgeschaltet werden kann, besitzt er ein Magnetventil. Durch Ausschalten der Zündung wird die Spannungsversorgung für das Magnetventil unterbrochen, und das Ventil verschließt den Kraftstoffkanal. Dadurch ist sichergestellt, daß die Kraftstoffzufuhr vor Einrasten des Lenkschlosses gesperrt ist. Das Magnetventil wird beim Starten des Motors über den Zünd-Anlaßschalter mit Spannung versorgt und öffnet daraufhin den Kraftstoffkanal.

Der Dieselmotor im PEUGEOT 106 ist sereinmäßig mit einem Abgas-Rückführungssystem und einem Oxidationskatalysator in der Abgasanlage ausgerüstet. Der Katalysator reduziert vornehmlich die Kohlenmonoxide und die Kohlenwasserstoffverbindungen im Abgas.

Das Abgasrückführungssystem verringert zusätzlich den Anteil von Stickoxiden (NOx) im Abgas. Hierbei wird ein Teil der Abgase wieder angesaugt und nachverbrannt. Verschiedene Ventile sorgen für die richtige Dosierung der Abgasrückführung. Ein Thermoschalter am Kühlmittel-Thermostatgehäuse schaltet das System ab, solange der Motor seine Betriebstemperatur noch nicht erreicht hat. Das Abgas-Rückführungssystem ist wartungsfrei.

## Glühkerzen prüfen

**Prüfvoraussetzung:** Motor kalt (Umgebungstemperatur). Batterie voll geladen, Batteriespannung mindestens 11,5 Volt.

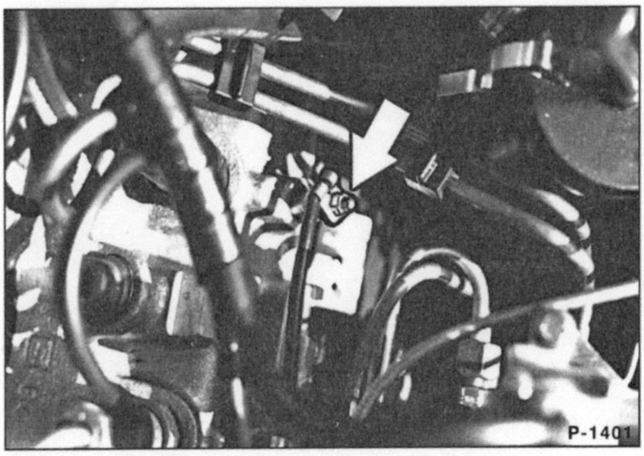


- Anschlußkabel für Glühkerzen abschrauben.

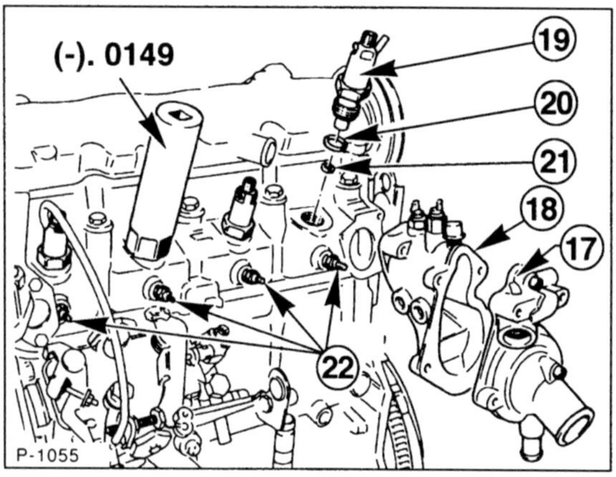


- Spannungsprüfer an den Pluspol der Batterie anklemmen und nacheinander an jede Glühkerze –22– anlegen.
- Leuchtdiode leuchtet auf: Glühkerze in Ordnung.
- Leuchtdiode leuchtet nicht auf: Glühkerze defekt, austauschen; Anzugsdrehmoment: **22 Nm. Achtung:** Das Anzugsdrehmoment darf **nicht** überschritten werden, da sonst der Ringspalt zwischen Glühstab und Gewindeteil zugezogen wird und die Glühkerze vorzeitig ausfällt. Bei verbrannten Glühstiften Hinweise beachten.
- Anschlußkabel an Glühkerze ganz leicht mit 5 Nm anschrauben.

### Glühkerzen mit verbrannten Glühstiften

Verbrannte Glühstifte von Glühkerzen sind häufig Folgeschäden von Düsenstörungen. Derartige Schäden sind nicht auf Mängel in oder an der Glühkerze zurückzuführen.

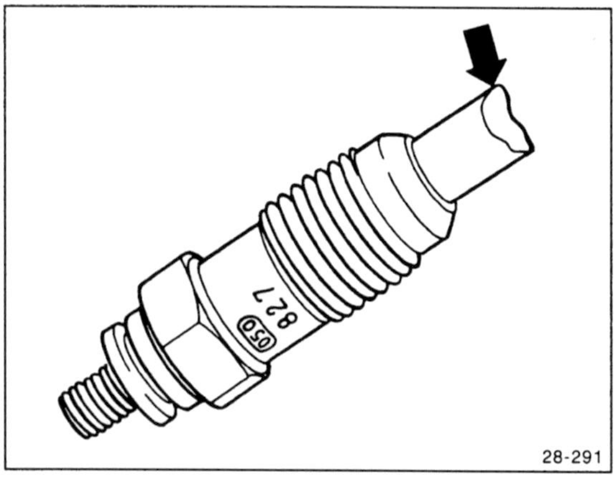


Werden im Beanstandungsfall derartige Glühkerzen gefunden –Pfeil–, genügt es nicht, diese nur zu ersetzen. Es muß eine Überprüfung der Einspritzdüsen auf Strahl, Schnarren, Druck und Dichtigkeit erfolgen (Werkstattarbeit).

## Kraftstoffanlage entlüften

Falls der Tank einmal ganz leer gefahren wurde oder Teile der Kraftstoffanlage wurden ausgetauscht, muß die Kraftstoffanlage in der Regel entlüftet werden.

Um bei Startschwierigkeiten zu prüfen, ob Kraftstoff zu den Einspritzventilen gefördert wird, an zwei Einspritzventilen die Überwurfmuttern lösen und den Motor ohne vorzuglühen starten, bis Kraftstoff an den Überwurfmuttern austritt. Überwurfmuttern mit 20 Nm (Anhaltswert) festziehen und Motor vorschriftsmäßig starten.

- Darauf achten, daß kein Dieselkraftstoff auf die Kühlmittelschläuche läuft. Gegebenenfalls müssen die Schläuche sofort wieder gereinigt werden. Angegriffene Schläuche sind sofort zu ersetzen. Bei Arbeiten an der Einspritzanlage Sauberkeitshinweise beachten, siehe Seite 65.
- Entlüftungsschraube am Kraftstoffilter lösen.
- Mit dem Gummiball solange pumpen, bis Kraftstoff austritt. Der Gummiball ist am linken Federbeindom (Fahrerseite) befestigt.
- Entlüftungsschraube festschrauben.
- Motor laufen lassen, bis alle Luftreste aus dem Kraftstoffsystem entfernt sind.

**Achtung:** Wenn sich die Kraftstoffanlage nicht richtig entlüften läßt, dann ist folgendermaßen vorzugehen:

- Alle Überwurfmuttern an den Einspritzleitungen lösen. Motor mit Anlasser durchdrehen, bis Kraftstoff austritt. Anschließend Muttern mit 20 Nm (Anhaltswert) festziehen. Bei Undichtigkeiten ganz vorsichtig auf 25 Nm nachziehen.

Durch diese Maßnahmen ist eine schnelle Entlüftung sichergestellt.

## Leerlauf einstellen

Da der Dieselmotor keine Zündanlage besitzt, wird zum Einstellen der Leerlaufdrehzahl ein spezieller Diesel-Drehzahlmesser benötigt. Er ist sehr teuer, so daß sich der Kauf nicht unbedingt lohnt.

Zur Einstellung der Leerlaufdrehzahl sind folgende Arbeitsschritte unbedingt in der beschriebenen Reihenfolge einzuhalten.

- Motor auf Betriebstemperatur bringen, der Kühlerlüfter muß sich mindestens einmal eingschalten haben.
- Elektrische Verbraucher (Radio, Licht, usw.) und Klimaanlage müssen ausgeschaltet sein.
- Motor im Leerlauf laufen lassen, Fahrzeug mit Handbremse gegen wegrollen sichern.

**Leerlaufanhebung prüfen und einstellen**

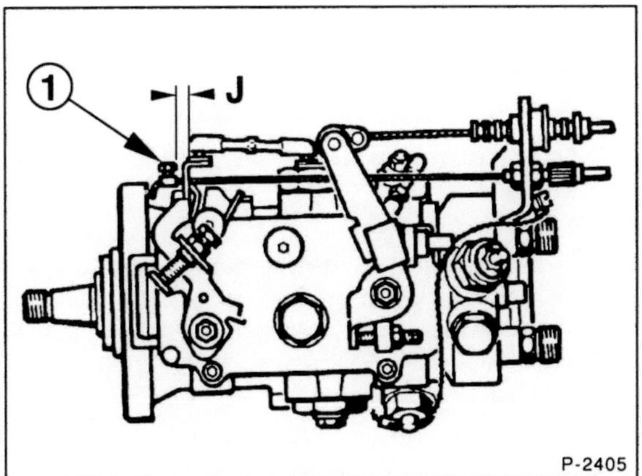

P-2405

- Prüfen ob der Seilzug für Leerlaufanhebung ein Spiel –J– von 0,5 - 1,0 mm hat.
- Gegebenenfalls Zug nachstellen, dazu Klemmschraube –1– lösen und Spiel einstellen.
- Klemmschraube festziehen.

**Leerlaufdrehzahl prüfen und einstellen**

- Motor abstellen und Drehzahlmesser nach Bedienungsanleitung anschließen.
- Leerlaufdrehzahl prüfen. **Sollwert:** 780 ± 20/min. Wird der Sollwert nicht erreicht, Leerlaufdrehzahl einstellen. **Achtung:** Bei dieser Prüfung darf der Kühlerlüfter nicht eingeschaltet sein, gegebenenfalls warten bis der Lüfter sich ausschaltet.

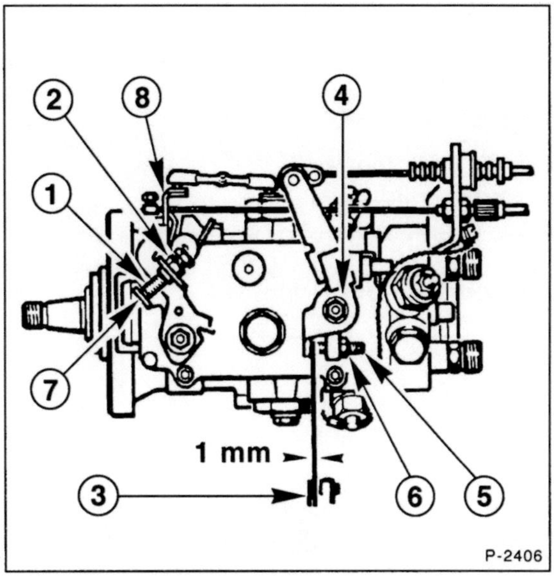

P-2406

- Zum Einstellen der Leerlaufdrehzahl Kontermutter –2– lösen und durch Verdrehen der Einstellschraube –1– Leerlaufdrehzahl einstellen.
- Kontermutter mit 4 Nm festziehen.

**Mindestdrehzahl prüfen und einstellen**

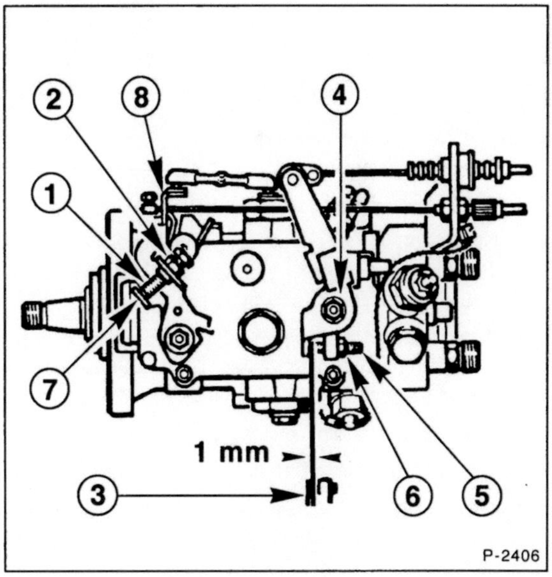

P-2406

- Lehre –3– mit 1 mm Stärke zwischen Drehzahlverstellhebel –4– und Restmengenanschlagschraube –5– einsetzen.
- Motordrehzahl prüfen. **Sollwert:** 1600 ± 100/min. Wird der Sollwert nicht erreicht, Mindestdrehzahl einstellen. **Achtung:** Bei dieser Prüfung darf der Kühlerlüfter nicht eingeschaltet sein, gegebenenfalls warten, bis der Lüfter sich ausschaltet.

- Zum Einstellen der Mindestdrehzahl Kontermutter –6– lösen und mit der Restmengen-Anschlagschraube –5– eine Drehzahl von 1600 ± 100/min einstellen. **Achtung:** Zum Einstellen muß die Lehre zwischen Hebel und Einstellschraube verbleiben.
- Kontermutter mit 4 Nm festziehen.
- Lehre –3– herausziehen.
- Leerlaufdrehzahl kontrollieren, gegebenenfalls einstellen.

**Leerlaufstabilität prüfen und einstellen**

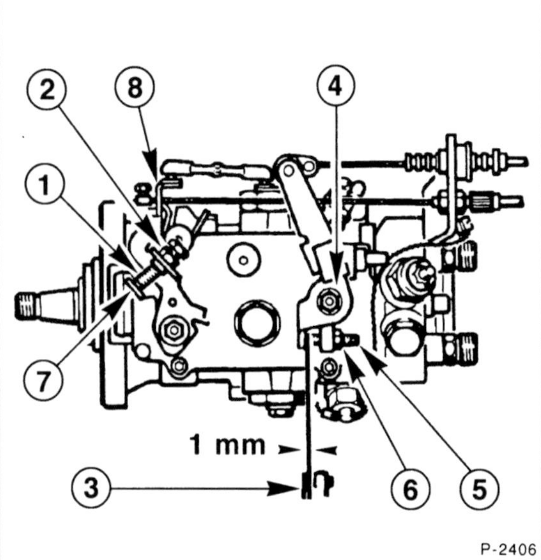

P-2406

- Mit dem Leerlaufverstellhebel –4– den Motor auf 3000/min beschleunigen.
- Verstellhebel loslassen.
- Fällt die Drehzahl zu schnell ab und der Motor neigt zum Absterben, Kontermutter –6– lösen und Einstellschraube –5– eine ¼ Umdrehung einschrauben.
- Fällt die Drehzahl zu langsam ab und der Motor läuft mit erhöhter Drehzahl, Kontermutter –6– lösen und Einstellschraube –5– eine ¼ Umdrehung herausschrauben.
- Kontermutter mit 4 Nm festziehen.
- Leerlaufdrehzahl kontrollieren, gegebenenfalls einstellen.
- Leerlaufanhebung kontrollieren, gegebenenfalls einstellen.

**Leerlaufanhebungsdrehzahl prüfen**

- Hebel –8– (siehe Abbildung P-2406) von Hand bis zum Anschlag drücken.
- Motordrehzahl prüfen. Sollwert: 950 ± 50/min. Wird der Sollwert nicht erreicht, Einstellung des Leerlaufs wiederholen.

## Einspritzdüsen aus- und einbauen

Defekte Einspritzdüsen können zu starkem Klopfen des Motors führen und Lagerschäden vermuten lassen. Bei derartigen Beanstandungen Motor im Leerlauf laufen lassen und Einspritzleitungs-Überwurfmuttern der Reihe nach lösen. Verschwindet das Klopfen nach dem Lösen einer Überwurfmutter, so zeigt dies eine defekte Düse an.

Defekte Düsen macht man auch ausfindig, indem man der Reihe nach die Einspritzleitungs-Überwurfmuttern löst, während der Motor in schnellerem Leerlauf dreht. Bleibt die Motordrehzahl nach Lösen einer Überwurfmutter konstant, zeigt dies eine defekte Düse an. Geprüft werden kann die Einspritzdüse mit Hilfe eines Manometers (Werkstattarbeit).

Die ersten Anzeichen von Düsenstörungen treten wie folgt auf:

- Fehlzündungen
- Klopfen in einem oder mehreren Zylindern
- Motor überhitzt
- Leistungsabfall des Motors
- Übermäßig starker schwarzer Auspuffqualm
- Hoher Kraftstoffverbrauch

**Ausbau**

- Batterie-Massekabel (–) abklemmen. **Achtung:** Dadurch werden die elektronischen Speicher gelöscht, zum Beispiel Radiocode. Vor dem Abklemmen sollten auch die Hinweise im Kapitel »Radio« bzw. »Batterie aus- und einbauen« durchgelesen werden.
- Einspritzleitungen und Kraftstoffrücklaufleitungen sorgfältig von außen mit Kaltreiniger oder Dieselkraftstoff reinigen.

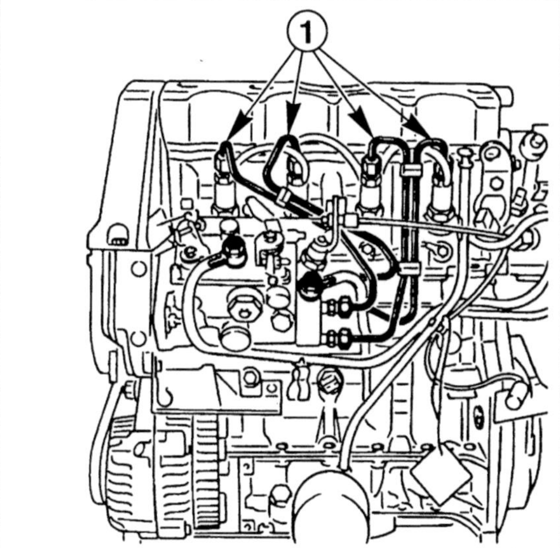

P-10118

- Einspritzleitungen –1– komplett ausbauen, dazu Überwurfmuttern an Pumpe und Einspritzdüsen mit offenem Ringschlüssel, zum Beispiel von HAZET, lösen.

**Achtung:** Anschlüsse zum Schutz vor Verschmutzung mit Verschlußkappen verschließen. Biegeform der Einspritzleitungen nicht verändern.

- Die Kraftstoff-Rücklaufschläuche –2– von den Einspritzdüsen abziehen. Anschlüsse mit Verschlußkappen versehen.

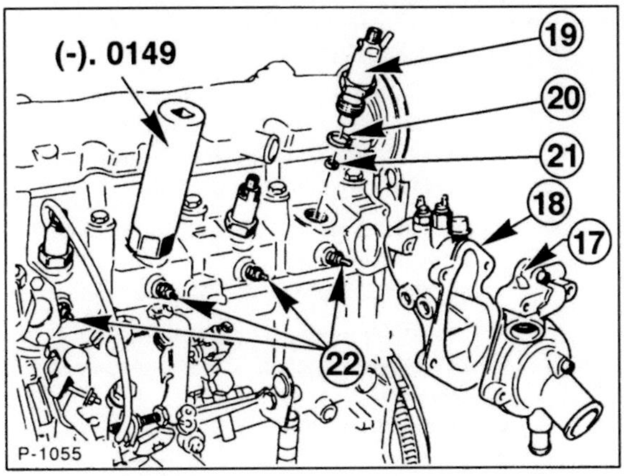


- Einspritzdüsen –19– mit Steckschlüsseleinsatz SW 27, zum Beispiel HAZET 4555 oder PEUGEOT .0149, ausbauen.

### Einbau

- Grundsätzlich **neue** Wärmeschutzdichtungen –21– und Kupferscheiben –20– zwischen Zylinderkopf und Einspritzventil verwenden. Die gewölbte Seite der Wärmeschutzdichtung muß nach oben zeigen. Zusätzlich abgebildete Teile: 17 – Kühlmittelstutzen, 18 – Thermostatgehäuse, 22 – Glühkerzen.
- Einspritzdüsen mit **90 Nm** festziehen.
- Einspritzleitungen mit 20 Nm (Anhaltswert) festziehen.
- Die Kraftstoff-Rücklaufschläuche aufschieben.
- Batterie-Massekabel (–) anklemmen.
- Falls vorhanden, Zeituhr einstellen sowie Diebstahlcode für Radio eingeben.

## Elektrischen Absteller prüfen/ aus- und einbauen

Der elektrische Absteller befindet sich an der Einspritzpumpe oberhalb der Kraftstoffanschlüsse. Sobald der Zündschlüssel in Stellung »Fahrt« gedreht wird, erhält der Absteller Spannung und öffnet den Kraftstoffkanal. Im stromlosen Zustand ist der Kolben des Abstellers durch den Druck der eingebauten Feder ausgefahren und verschließt den Kraftstoffkanal. Der Absteller ist zu prüfen, wenn der Motor nicht anspringt oder sich nicht abstellen läßt.

### Prüfen

- Zündung einschalten. Absteller muß klicken.

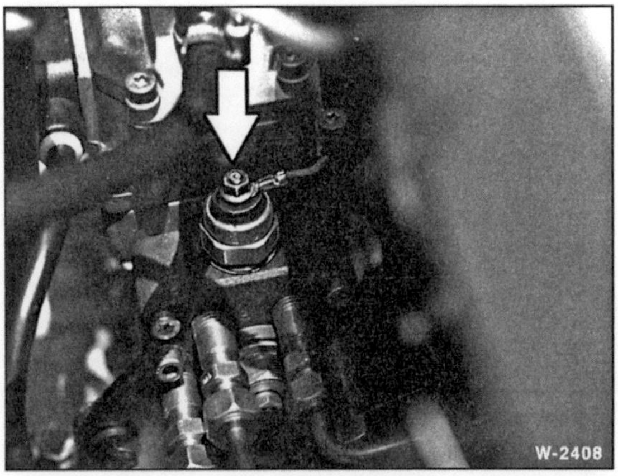


- Andernfalls elektrische Leitung abschrauben. Mit Hilfskabel Batterie-Plus (+) an Leitungsanschluß des Abstellers anlegen.
- Wenn das Magnetventil jetzt anzieht, elektrische Leitungen gemäß Stromlaufplan prüfen.
- Zieht das Ventil nicht an, Absteller ersetzen.

### Ausbau

- Elektrische Leitung abschrauben.
- Absteller herausschrauben.

**Achtung:** Darauf achten, daß Kolben und Feder nicht herausfallen. Im stromlosen Zustand ist der Kolben durch den Druck der Feder ausgefahren.

### Einbau

- Absteller mit neuem O-Ring einsetzen und festziehen.

## Störungsdiagnose Diesel-Einspritzanlage

Bevor anhand der Störungsdiagnose der Fehler aufgespürt wird, müssen folgende Prüfvoraussetzungen erfüllt sein: Bedienungsfehler beim Starten ausgeschlossen. Kraftstoff im Tank, Motor mechanisch in Ordnung, Batterie geladen, Anlasser dreht mit ausreichender Drehzahl. **Achtung:** Wenn Kraftstoffleitungen gelöst werden, müssen diese vorher mit Kaltreiniger gesäubert werden.

| Störung | Ursache | Abhilfe |
|---|---|---|
| 1. Motor springt nicht an<br>Motor springt schlecht an | 1. Motor glüht nicht vor | ■ Vorglühanlage prüfen |
| | 2. Elektromagnetischer Absteller erhält keine Spannung | ■ Spannungsprüfer an Absteller anschließen, Zündung einschalten. Leuchtdiode muß leuchten, sonst Leitungsunterbrechung ermitteln und beseitigen |
| | 3. Elektromagnetischer Absteller lose, defekt | ■ Absteller auf festen Sitz und Massekontakt prüfen. Zündung abwechselnd ein- und ausschalten, dabei muß der Absteller klicken |
| | 4. Kraftstoffversorgung defekt. | ■ Prüfen, ob Kraftstoff gefördert wird |
| | a) Kraftstoffleitungen geknickt, verstopft, undicht, porös | ■ Kraftstoffleitungen reinigen, gegebenfalls ersetzen |
| | b) Kraftstoffilter verstopft | ■ Kraftstoffilter ersetzen |
| | c) Tankbelüftung verschlossen. Kraftstoffsieb im Tank verschmutzt | ■ Reinigen |
| | 5. Einspritzdüsen defekt | ■ Einspritzdüsen prüfen, Überwurfmuttern nacheinander lösen und prüfen, ob die Zylinder arbeiten |
| | 6. Einspritzpumpe defekt | ■ Versuchsweise neue Pumpe einbauen |
| 2. Motor ruckelt im Leerlauf, beim Anfahren | 1. Kraftstoffschläuche an der Kraftstoffpumpe bzw. am Kraftstoffilter lose | ■ Kraftstoffschläuche ersetzen, mit Schlauchschellen befestigen, Hohlschrauben festziehen |
| | 2. Wie unter 1.4–6 | ■ Wie unter 1.4 – 6 |
| 3. Kraftstoffverbrauch zu hoch | 1. Luftfilter verschmutzt | ■ Filtereinsatz ersetzen |
| | 2. Kraftstoffanlage undicht | ■ Sichtprüfung an allen Kraftstoffleitungen (Saug- Rücklauf- und Einspritzleitungen), Kraftstoffilter und Einspritzpumpe durchführen |
| | 3. Rücklaufleitung verstopft | ■ Rücklaufleitung von Einspritzpumpe zum Kraftstoffbehälter mit Luft durchblasen. Überströmdrossel in der Hohlschraube der Rücklaufleitung ersetzen |
| | 4. Förderbeginn der Einspritzpumpe verstellt | ■ Förderbeginn einstellen |
| | 5. Leerlaufdrehzahl zu hoch | ■ Leerlaufdrehzahl einstellen |
| 4. Vorglühkontrollampe leuchtet nicht auf | 1. Glühlampe im Schalttafeleinsatz defekt | ■ Lampe ersetzen |
| | 2. Vorglühung/Glühkerzen defekt | ■ Glühkerzen prüfen |
| 5. Vorglühkontrollampe leuchtet nicht, kalter Motor springt schlecht an | Eine oder mehrere Glühkerzen defekt | ■ Glühkerzen/Steuergerät prüfen ggf. ersetzen |

# Abgasanlage

Die Abgasanlage besteht aus folgenden Teilen: Abgaskrümmer, vorderes Abgasrohr, Katalysator, Zwischenrohr mit Mittelschalldämpfer (je nach Motor und Ausstattung) und Nachschalldämpfer. Die für die Regelung des Katalysators erforderliche Lambdasonde ist kurz vor dem Katalysator eingeschraubt.

Alle Teile der Abgasanlage sind miteinander verschraubt beziehungsweise mit Doppelschellen verbunden und lassen sich einzeln auswechseln. Selbstsichernde Muttern und alle Dichtungen sind nach dem Ausbau zu ersetzen. Halteringe und Gummipuffer auf Porosität und Beschädigung prüfen, gegebenenfalls auswechseln.

Beim Einbau einer neuen Abgasanlage empfiehlt es sich, alle Befestigungsteile ebenfalls zu erneuern.

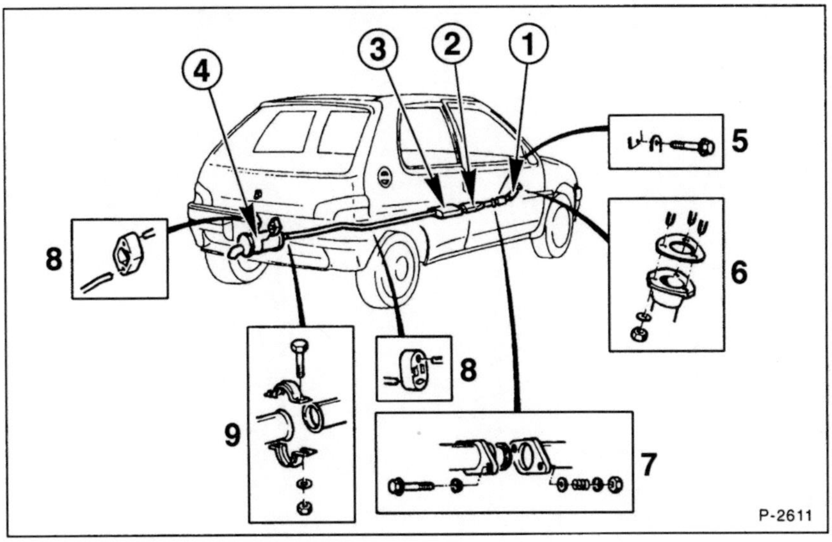


1 – **Vorderes Abgasrohr**

2 – **Katalysator**

3 – **Mittelschalldämpfer**
Bei einigen Modellen nicht vorhanden.

4 – **Nachschalldämpfer**

5 – **Befestigung vorderes Abgasrohr**

6 – **Trennstelle Abgaskrümmer/ Vorderes Abgasrohr**

7 – **Trennstelle vorderes Abgasrohr/Katalysator**

8 – **Gummiaufhängung**

9 – **Trennstelle Mittleres Rohr/ Nachschalldämpfer**

## Abgasanlage aus- und einbauen

### Ausbau

- Fahrzeug aufbocken, siehe Seite 226.
- Sämtliche Schrauben und Muttern der Abgasanlage mit rostlösendem Mittel einsprühen. Rostlöser einige Zeit einwirken lassen.
- **Benzinmotor:** Lambdasonde an der Steckverbindung der Zuleitung trennen und ausbauen, siehe Seite 89.
- Abgasanlage mit Werkstattwagenheber oder durch Helfer abstützen.
- Mittelflansch auseinanderschrauben, bei Gelenkflanschausführung Lage der Distanzhülsen und Federn beachten.
- Vorderes Abgasrohr am Abgaskrümmer von unten abschrauben.
- Vorderen Abgasrohr-Halter abschrauben.
- Abgasanlage aus den Haltegummis aushängen und herausnehmen.
- Die Teile der Abgasanlage können auch einzeln ausgebaut werden. Falls sich Steckverbindungen oder Schrauben nicht lösen lassen, Abgasrohr an der Verbindungsstelle mit Schweißbrenner erhitzen. Asbest unterlegen! **Achtung:** Brandgefahr, Feuerlöscher bereitstellen!

### Einbau

**Achtung:** Gummihalterungen, Muttern, Schrauben und Klemmschellen grundsätzlich erneuern. Um die Muttern und Schrauben der Abgasanlage später leichter lösen zu können, empfiehlt es sich, diese mit einer Hochtemperaturpaste, zum Beispiel Liqui Moly LM-508-ASC, einzustreichen.

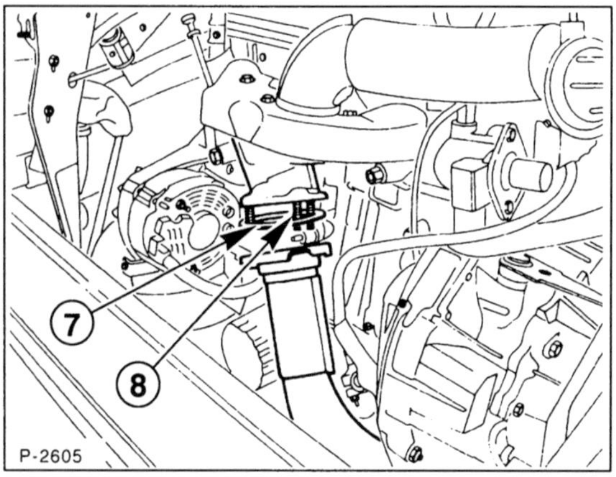


- Metalldichtung –7– auf jeden Fall ersetzen. Lockere Stehbolzen –8– einschrauben, beschädigte Bolzen ersetzen.
- Vorderes Abgasrohr am Abgaskrümmer ansetzen und leicht beiziehen.

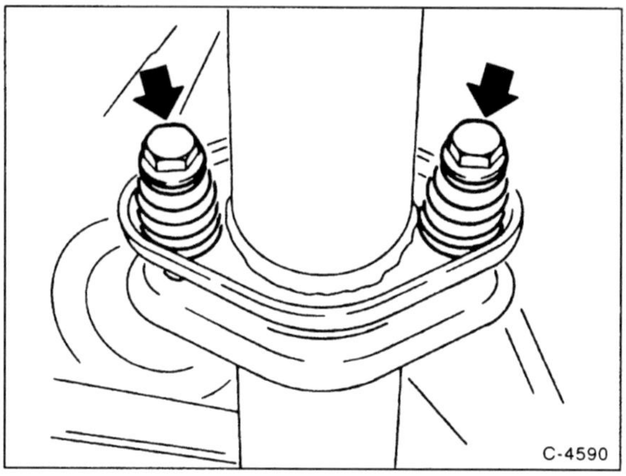


- Katalysator ansetzen und am Gelenkflansch leicht beiziehen. Vorher neuen Dichtring zwischenlegen. Beim Zusammensetzen der Rohre auf richtigen Sitz des Dichtringes achten. Er wirkt gleichzeitig als elastische Kupplung.
- Mittelrohr einhängen und am Katalysator leicht beiziehen.
- Endschalldämpfer in die Gummihalterung einhängen.
- Endschalldämpfer mit Mittelrohr verbinden. Klemmschelle ansetzen und Befestigungsschrauben handfest anschrauben.
- Vor dem Anziehen der Schrauben, Abgasanlage ausrichten. Dabei auf ausreichenden Abstand zum Aufbau achten (mindestens 25 mm), gegebenenfalls Anlage verdrehen oder in Längsrichtung verschieben. Die Gummihalterungen müssen gleichmäßig belastet werden.

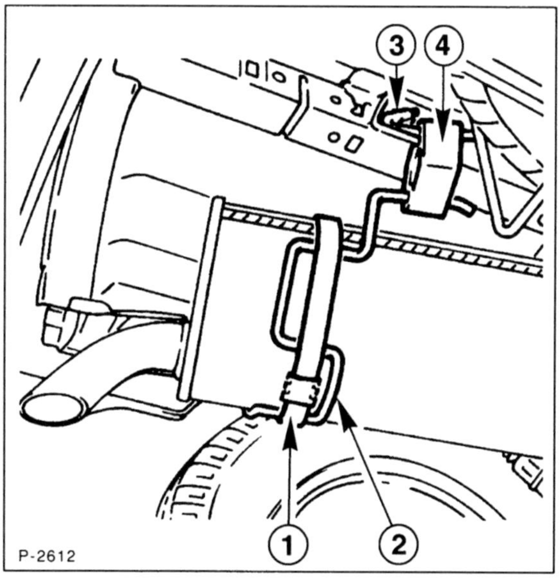


**Achtung:** Um Resonanzgeräusche zu vermeiden, ist darauf zu achten, daß die Gummihalterungen –4– soweit wie möglich auf die Befestigungshaken –3– aufgeschoben sind.

- Vorderen Halter am Getriebe anschrauben.
- Befestigungsmuttern am Abgaskrümmer mit **35 Nm** festschrauben.

- Befestigungsschrauben am Zwischenrohrflansch mit **10 Nm** festschrauben.
- Befestigungsschrauben am Endschalldämpfer mit 15 Nm festschrauben.
- **Benzinmotor:** Lambdasonde einbauen und Leitungen verbinden, siehe Seite 89.
- Fahrzeug ablassen, siehe Seite 226.

## Endschalldämpfer aus- und einbauen

### Ausbau

- Fahrzeug aufbocken, siehe Seite 226.
- Mutter an der Klemmschelle zwischen Mittelrohr und Endschalldämpfer mit rostlösendem Mittel einsprühen und dieses einige Zeit einwirken lassen. Schelle abschrauben.

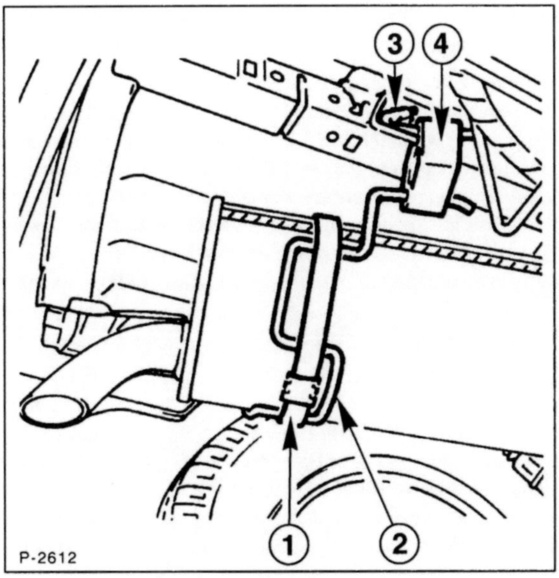

P-2612

- Schalldämpfer mit Gummihalterung –4– von Befestigungshaken –3– abziehen und Endschalldämpfer herausnehmen.

### Einbau

- Neuen Endschalldämpfer in die Gummihalterung einhängen.
- Endschalldämpfer mit Mittelrohr verbinden. Klemmschelle ansetzen und Befestigungsschrauben handfest anschrauben.
- Hauptschalldämpfer ausrichten, dabei auf genügenden Abstand zum Aufbau achten.

**Achtung:** Um Resonanzgeräusche zu vermeiden, ist darauf zu achten, daß die Gummihalterungen –4– soweit wie möglich auf die Befestigungshaken –3– aufgeschoben sind (siehe Abbildung P-2612).

- Klemmschelle festziehen.
- Fahrzeug ablassen, siehe Seite 226.

## Lambdasonde aus- und einbauen

Die Lambdasonde dient zur Regelung der Abgaszusammensetzung. Sie ist bei Fahrzeugen mit geregeltem Katalysator im Abgasrohr vor dem Katalysator eingeschraubt.

### Ausbau

- Elektrische Steckverbindung trennen.

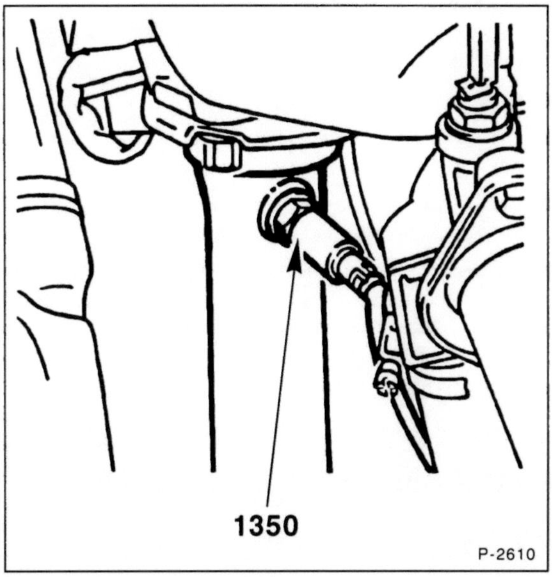

P-2610

- Lambdasonde –1350– am vorderen Abgasrohr herausschrauben.

### Einbau

**Achtung:** Bei Ersatz der Lambdasonde nur gleiche Ausführung verwenden.

- **Nur** Gewinde der Lambdasonde mit BOSCH-Lambdasondenfett bestreichen. Neue Sonden sind schon mit diesem Fett versehen. Das Fett darf nicht an die Schlitze, beziehungsweise Bohrungen des Sondenkörpers kommen. Sondenkörper der neuen Lambdasonde möglichst nicht berühren, nicht verschmutzen.

**Achtung:** Wird die Sonde ohne das Spezialfett eingeschraubt, frißt sich das Gewinde mit der Zeit fest. Die Lambda-Sonde kann dann später nicht mehr herausgeschraubt werden.

- Lambdasonde in das vordere Abgasrohr einschrauben und mit **30 Nm** festziehen.
- Stecker für Lambdasondenleitung verbinden.

## Abgasanlage auf Undichtigkeit prüfen

Bei Fahrzeugen mit geregeltem Katalysator können Undichtigkeiten der Abgasanlage vor der Lambdasonde zu folgenden Störungen führen:

- Startschwierigkeiten; der Motor geht aus, schüttelt im Leerlauf, ruckelt beim Beschleunigen.

**Prüfvoraussetzungen:** Motor kalt oder handwarm. Zur Prüfung ist eine Druckluftanlage erforderlich.

- Motor starten und bei laufendem Motor Abgasanlage auf Undichtigkeit abhören.
- Motor abstellen.
- Druckluftpistole in das Endrohr der Abgasanlage einführen und mit einem Lappen abdichten.
- Betriebsdruck der Druckluftanlage auf ca. 6 bar einstellen. Druckluftpistole andauernd betätigen.
- Verbindungsstellen Zylinderkopf/Abgaskrümmer, Krümmer/Abgasrohr vorn und Abgasrohr vorn/Katalysator mit einem handelsüblichen »Leck-Sucher« einsprühen und auf Blasenbildung untersuchen.
- Undichtigkeit beseitigen.

## Abgaskrümmerdichtung ersetzen

Eine defekte Abgaskrümmerdichtung ist an einem zischenden/patschenden Motorengeräusch erkennbar. Bei Fahrzeugen mit geregeltem Katalysator führt die Undichtigkeit oft zu Startschwierigkeiten; der Motor geht aus, schüttelt im Leerlauf, ruckelt beim Beschleunigen. Siehe Kapitel »Abgasanlage auf Undichtigkeit prüfen«

**Ausbau**

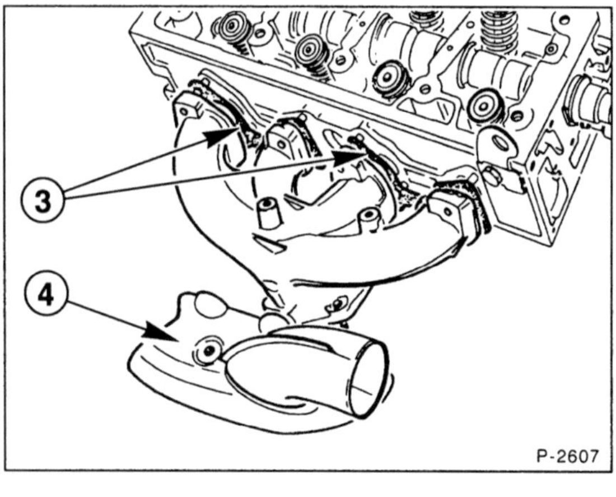


- Ansaugschlauch vom Warmluftfangblech –4– abziehen.
- Warmluftfangblech abschrauben.
- Muttern für Abgaskrümmer abschrauben und Krümmer von den Stehbolzen abziehen.
- Dichtungen –3– abnehmen und ersetzen.

**Einbau**

- Lockere sowie beschädigte Stehbolzen ersetzen, vor dem Einschrauben mit geeignetem Abdichtmittel, zum Beispiel »Curil« oder »Loctite AMV« einstreichen.
- Dichtungen erneuern, in richtiger Stellung einbauen.
- Abgaskrümmer mit neuen, selbstsichernden Kupfermuttern und **30 Nm** anschrauben.
- Vorderes Abgasrohr einbauen.
- Warmluftfangblech einbauen, Luftschlauch zum Ansaugluftfilter aufstecken.

## Der Katalysator

Alle PEUGEOT 106 sind serienmäßig mit einen Katalysator ausgestattet. Der Katalysator erfordert, daß der Motor grundsätzlich mit bleifreiem Kraftstoff betrieben wird. Bei Fahrzeuge mit Benzinmotor wird ein geregelter 3-Wege-Katalysator eingebaut. Die Dieselmotoren sind mit einem Oxidationskatalysator bestückt.

In Benzinmotoren mit geregeltem Katalysator ist ein regelbarer Gemischbildner eingebaut. Unter einem regelbaren Gemischbildner verstehen die Techniker einen Vergaser oder eine Einspritzanlage, bei der das Verhältnis von Kraftstoff zu Luft in Abhängigkeit von den Fahrzuständen und vom Sauerstoffgehalt im Abgas ständig verändert werden kann. Mit einem herkömmlichen Vergaser ist das nicht möglich, da er keine entsprechende Steuereinheit besitzt. Aus diesem Grund greifen die Techniker entweder auf einen elektronisch regelbaren Vergaser oder eine Einspritzanlage zurück.

Die Steuerungsbefehle erhält der Gemischbildner von der Lambdasonde, die vorn im Abgaskrümmer sitzt und hier vom Abgasstrom umspült wird. Die Lambda-Sonde ist ein elektrischer Meßfühler, der den Restgehalt an Sauerstoff im Abgas durch elektrische Spannungsschwankungen anzeigt und Rückschlüsse auf die Zusammensetzung des Luft-/Benzin-Gemisches ermöglicht. In Bruchteilen von Sekunden gibt die Lambdasonde entsprechende Signale an das Einspritz-Steuergerät weiter und paßt dadurch das Kraftstoff-Luftverhältnis ständig an. Das ist einerseits erforderlich, da sich ja die Betriebsverhältnisse (Leerlauf, Vollgas) ständig ändern, zum anderen aber auch, weil nur dann eine Nachverbrennung im Katalysator erfolgt, wenn noch genügend Benzin-Anteile im Motor-Abgas vorhanden sind.

Damit es also bei einer Temperatur von +300° bis +800° C im Katalysator überhaupt zu einer Nachverbrennung kommen kann, muß das Kraftstoff-Luftgemisch mehr Kraftstoffanteile aufweisen, als für die reine Verbrennung erforderlich wäre. Mithin muß bei Katalysatorbetrieb mit einem um bis zu 5 Prozent höheren Kraftstoffverbrauch gerechnet werden.

Beim 3-Wege-Katalysator wird aufgrund der Lambda-Regelung die Oxidation von Kohlenmonoxid (CO) und Kohlenwasserstoffen (HC) sowie die Reduktion der Stickoxide ($NO_X$) gleichzeitig durchgeführt.

Die Abgasreinigung des Dieselmotors verfügt über eine geregelte Abgasrückführung zur Verringerung der Stickoxide sowie über einen Oxidations-Katalysator. Dieser Katalysator reduziert vornehmlich die Kohlenmonoxide und die Kohlenwasserstoffverbindungen im Abgas.

# Der Umgang mit Katalysator-Fahrzeugen

Um Beschädigungen an der Lambdasonde und am Katalysator zu vermeiden, sind nachstehende Hinweise unbedingt zu beachten:

### Benzinmotoren

- Grundsätzlich nur **bleifreien** Kraftstoff tanken.
- Falls irrtümlich bleihaltiger Kraftstoff getankt wurde, müssen das Abgasrohr vor dem Katalysator, sowie der Katalysator erneuert werden. Vor dem Einbau der Neuteile mindestens 2 Tankfüllungen mit bleifreien Kraftstoff verfahren.
- Das Anlassen des Motors durch Anschieben oder Anschleppen ist nicht erlaubt. Unverbrannter Kraftstoff könnte bei einer Zündung zur Überhitzung des Katalysators und zu seiner Zerstörung führen. Starthilfekabel verwenden.
- Häufige Kaltstarts hintereinander sollten vermieden werden. Sonst sammelt sich im Katalysator unverbrannter Kraftstoff, der bei Erwärmung schlagartig verbrennt und dabei den Katalysator beschädigt.
- Bei Startschwierigkeiten nicht unnötig lange den Anlasser betätigen. Während des Anlassens wird permanent Kraftstoff eingespritzt. Fehlerursache ermitteln und beseitigen.
- Keine Funkenprüfung mit abgezogenem Zündkerzenstecker durchführen.
- Es darf kein Zylindervergleich (Balancetest) durch Zündabschaltung eines Zylinders durchgeführt werden. Bei Zündabschaltung der einzelnen Zylinder – auch über Motortester – gelangt unverbrannter Kraftstoff in den Katalysator.
- Treten Zündaussetzer auf, hohe Motor-Drehzahlen vermeiden und Fehler umgehend beheben.
- Beim Ausbau des Katalysators diesen nicht fallen lassen. Dadurch wird der Keramikkörper zerstört.

### Benzin- und Dieselmotoren

- Fahrzeug nicht über trockenem Laub oder Gras abstellen. Die Abgasanlage wird im Bereich des Katalysators sehr heiß und strahlt die Wärme auch nach Abstellen des Motors noch ab.
- Beim Ein- oder Nachfüllen von Motoröl besonders darauf achten, daß auf keinen Fall die Maximum-Markierung am Ölpeilstab überschritten wird. Das überschüssige Öl gelangt sonst aufgrund unvollständiger Verbrennung in den Katalysator und kann das Edelmetall beschädigen oder vollständig zerstören.

# Kupplung

Die Kupplung übernimmt folgende Aufgaben: Beim Schalten der Gänge trennt sie den Kraftschluß zwischen Motor und Getriebe und beim Anfahren sorgt sie durch die Reibung für einen ruckfreien Kraftschluß.

Die Kupplung besteht aus der Druckplatte, der Mitnehmerscheibe und dem Ausrücklager. Die Kupplungsdruckplatte ist fest mit dem Schwungrad verschraubt, das wiederum an der Kurbelwelle des Motors angeflanscht ist. Zwischen Kupplungsdruckplatte und Schwungrad befindet sich die Kupplungsmitnehmerscheibe, die von der Druckplatte gegen das Schwungrad gepreßt wird. Die Mitnehmerscheibe wird von der mit ihr verzahnten Getriebeantriebswelle zentriert.

Beim Niedertreten des Kupplungspedals (auskuppeln) wird über Kupplungsseil und Ausrückhebel das Ausrücklager gegen die Feder der Druckplatte gedrückt. Dadurch entspannt sich die Kupplungsdruckplatte, und die Mitnehmerscheibe wird nicht mehr gegen die Schwungscheibe gepreßt. Der Kraftschluß zwischen Motor und Getriebe ist aufgehoben.

Wird das Kupplungspedal zurückgenommen (einkuppeln), preßt die Druckplatte die Mitnehmerscheibe gegen das Schwungrad. Der Kraftschluß ist wieder hergestellt, da die angepreßte Mitnehmerscheibe über die Verzahnung fest mit der Getriebewelle verbunden ist.

Bei jedem Ein- und Auskuppeln wird durch den leichten Schleifvorgang etwas Reibbelag von der Mitnehmerscheibe abgeschliffen. Die Mitnehmerscheibe ist also ein Verschleißteil, doch hat sie eine mittlere Lebensdauer von über 100.000 Kilometern. Der Verschleiß hängt im wesentlichen von der Belastung (Anhängerbetrieb) und der Fahrweise ab. Das Kupplungsspiel muß regelmäßig im Rahmen der Wartung und nach dem Einbau einer neuen Kupplung beziehungsweise eines neuen Seilzugs eingestellt werden.

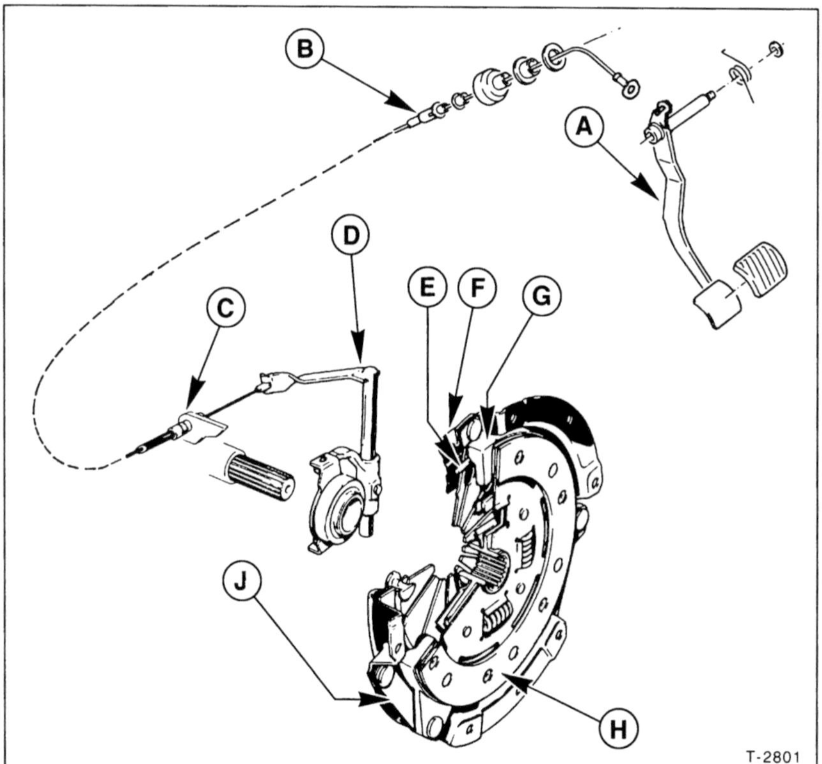


**A – Kupplungspedal**
**B – Kupplungsseilzug**
**C – Widerlager**
**D – Ausrückwelle mit Gabel und Ausrücklager**
**E – Kippring**
**F – Kupplungsdeckel (Druckplatte)**
**G – Druckplatte**
**H – Reibscheibe**
**J – Federstahllaschen**

# Kupplung aus- und einbauen/prüfen

## Ausbau

- Getriebe ausbauen, siehe Seite 100.
- Wird die alte Kupplungsdruckplatte wieder eingebaut, Druckplatte und Schwungscheibe mit Farbstrich zueinander markieren, damit diese später wieder lagerichtig zusammengebaut werden können.

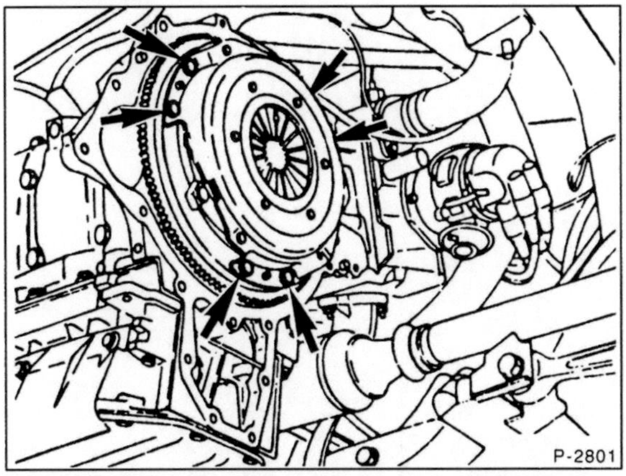
P-2801

- Befestigungsschrauben –Pfeile– der Kupplungsdruckplatte nacheinander jeweils um 1 bis 1 ½ Umdrehungen lösen, bis die Druckplatte entspannt ist.

**Achtung:** Wenn die Schrauben sofort ganz gelöst werden, können die Membranfeder sowie die Paßstifte zwischen Druckplatte und Schwungrad beschädigt werden.

- Falls das Schwungrad beim Lösen der Schrauben mitdreht, Schwungrad am Anlasser-Zahnkranz mit Schraubendreher und Dorn blockieren.
- Anschließend Schrauben ganz herausdrehen.
- Druckplatte und Kupplungsscheibe herausnehmen. **Achtung:** Druckplatte und Kupplungsscheibe beim Herausnehmen nicht fallen lassen, sonst können nach dem Einbau Rupf- und Trennschwierigkeiten auftreten.
- Schwungrad mit einem benzingetränktem Lappen abwischen.

## Prüfen

Wird die bisherige Druckplatte beziehungsweise Kupplungsscheibe wieder eingebaut, ist diese vor dem Einbau zu prüfen.

- Verölte, verfettete oder mechanisch beschädigte Kupplungsscheiben sind grundsätzlich auszutauschen.
- Kupplungsdruckplatte auf Brandrisse und Riefen prüfen, gegebenenfalls ersetzen.

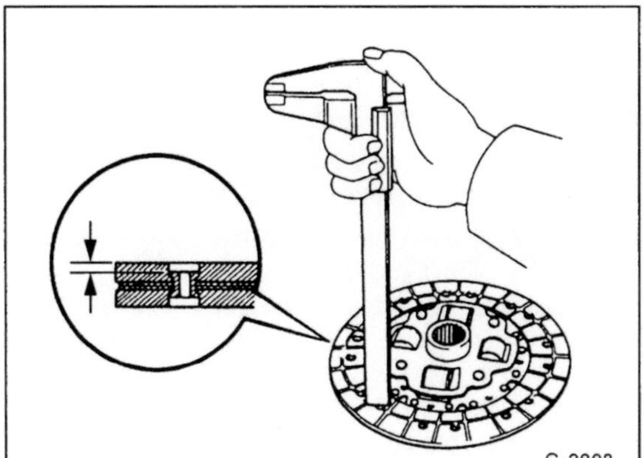
G-2803

- Belagstärke der Kupplungsscheibe mit Schieblehre messen. Das Maß bis zu den Nietköpfen muß mindestens 0,3 mm betragen, sonst muß die Kupplungsscheibe ausgetauscht werden. Ebenso bei Belagrissen.

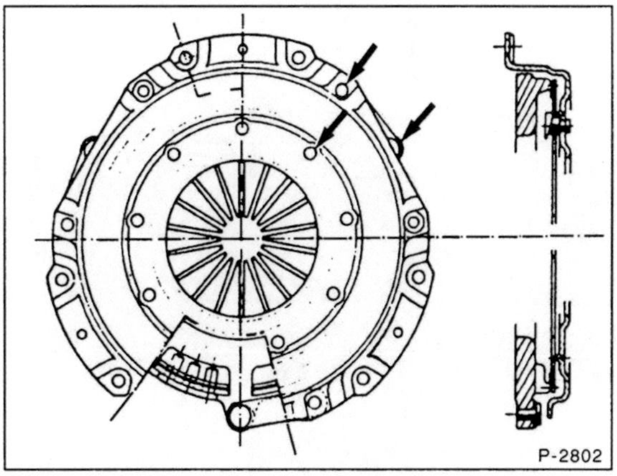
P-2802

- Federverbindungen zwischen Druckplatte und Deckel auf Risse, Nietbefestigungen auf festen Sitz prüfen. Kupplungen mit beschädigten oder losen Nietverbindungen ersetzen.

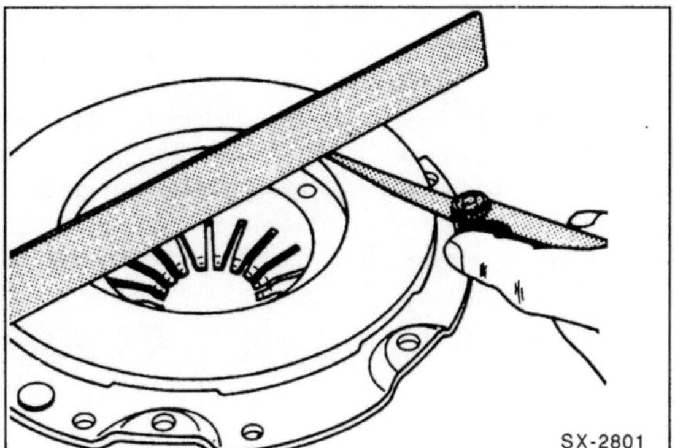
SX-2801

- Auflagefläche der Druckplatte auf Risse, Brandstellen und Verschleiß prüfen. Druckplatten, die bis zu 0,3 mm nach innen durchgebogen sind, dürfen noch eingebaut werden. Die Prüfung erfolgt mit Lineal und Fühlerblattlehre.

- Federfenster, Torsionsfedern und Nabe auf Verschleiß- und Einlaufspuren überprüfen, gegebenenfalls Kupplungsscheibe erneuern.
- Schwungrad auf Brandrisse und Riefen prüfen.
- Kupplungsdruckplatte und Schwungrad mit sehr feinem Schmirgelleinen abziehen.
- In der Werkstatt kann die Kupplungsscheibe auf Schlag geprüft werden. Der Seitenschlag darf bei der Kupplungsscheibe maximal 0,25 mm betragen. **Achtung:** Diese Prüfung ist nur notwendig, wenn die alte Kupplungsscheibe wieder eingebaut werden soll und die Kupplung vorher nicht richtig ausgekuppelt hat.
- Ausrücklager im Getriebegehäuse prüfen. Das Lager darf keine sichtbaren Druckstellen aufweisen. Lager von Hand drehen. Das Lager darf nicht haken. Entwickelte das Lager beim Auskuppeln Geräusche, ist das Lager ebenfalls zu ersetzen, siehe Seite 95.

**Einbau**

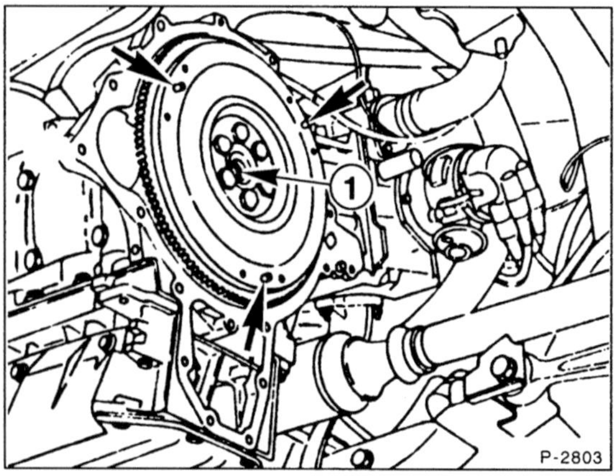


- Zentrierstifte –Pfeile– am Schwungrad auf festen Sitz prüfen.
- Führungslagerbuchse –1– der Getriebeantriebswelle sichtprüfen, bei Beschädigung ersetzen.
- Falls Motoröl vom Motor ins Kupplungsgehäuse eingedrungen ist, Dichtring der Kurbelwelle ersetzen. Dazu die 6 Befestigungsschrauben der Schwungscheibe abschrauben und Schwungscheibe abnehmen. Mit einem Schraubendreher den Dichtring vorsichtig abhebeln. Mit einem geeigneten Rohr Dichtring eintreiben. Anschließend Schwungrad ansetzen, die 6 Befestigungsschrauben mit Schrauben-Sicherungsmittel einsetzen und mit **60 Nm** anziehen.

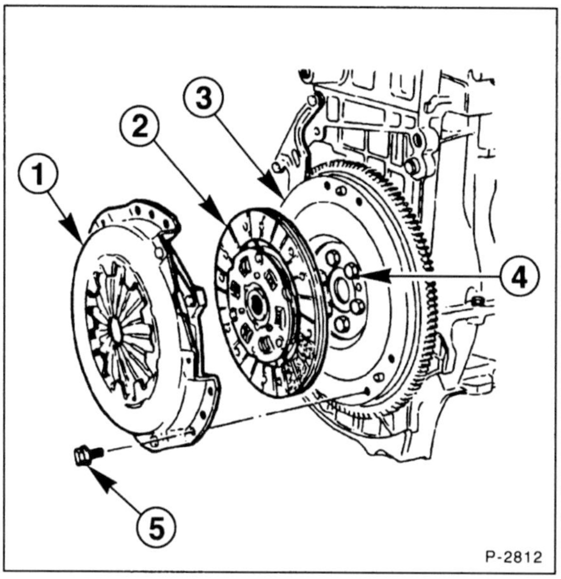


- Kupplungsscheibe –2– in Schwungrad –3– einsetzen. Dabei ist darauf zu achten, daß die Federn der Dämpfungsnabe zur Druckplatte –1– hin zeigen. Die Kupplungsscheibe muß mit einem passenden Dorn, zum Beispiel von HAZET (Nr. 2173), oder mit einer alten Getriebe-Antriebswelle zentriert werden Die PEUGEOT-Werkstatt benutzt hierzu das Spezialwerkzeug ME5T und BE3.
- Kupplungsdruckplatte lagerichtig in die entsprechenden Paßstifte am Schwungrad einsetzen.
- Befestigungsschrauben –5– für Kupplungsdruckplatte nacheinander mit 1 bis 1½ Umdrehungen anziehen, bis die Druckplatte festgezogen ist. Anschließend Zentrierdorn entfernen. **Achtung:** Darauf achten, daß die Druckplatte beim Anziehen der Schrauben gleichmäßig und gratfrei in das Schwungrad eingezogen wird. Anzugsdrehmoment für die Schrauben: **15 Nm**.

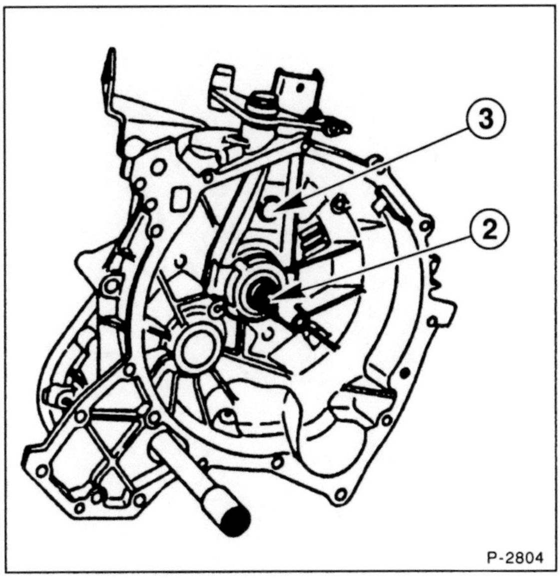


- Folgende Teile mit Spezialfett »MOLYKOTE BR 2 PLUS« leicht einfetten:
  - die Keilnuten der Getriebeantriebswelle –2–;
  - das Führungsrohr des Ausrücklagers;
  - die Enden der Ausrückgabel –3–;
  - den Kugelbolzen der Ausrückgabel.

  Dabei die gesamte Oberfläche der Verzahnung fetten. **Achtung:** Nicht zu viel Fett auftragen, da überschüssiges Fett im Fahrbetrieb auf die Reibfläche geschleudert wird und dadurch die Wirkung der Kupplung beeinträchtigt. Werden andere Schmierstoffe verwendet, kann das zu Schaltschwierigkeiten führen.
- Getriebe einbauen, siehe Seite 100.

# Ausrücklager aus- und einbauen/prüfen

Hörbare Laufgeräusche bei niedergetretenem Kupplungspedal deuten auf ein defektes Ausrücklager hin. Das Ausrücklager darf nicht ausgewaschen werden, laute sowie schwer drehbare Lager ersetzen.

### Ausbau

- Getriebe ausbauen, siehe Seite 100.

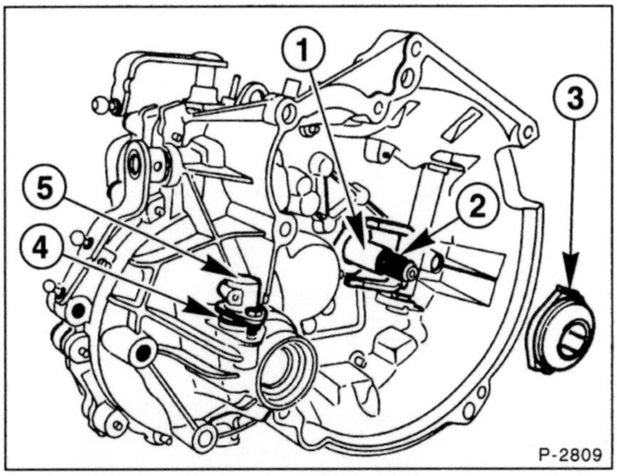


- Ausrücklager –3– von der Getriebe-Antriebswelle –1– abziehen.

### Prüfen

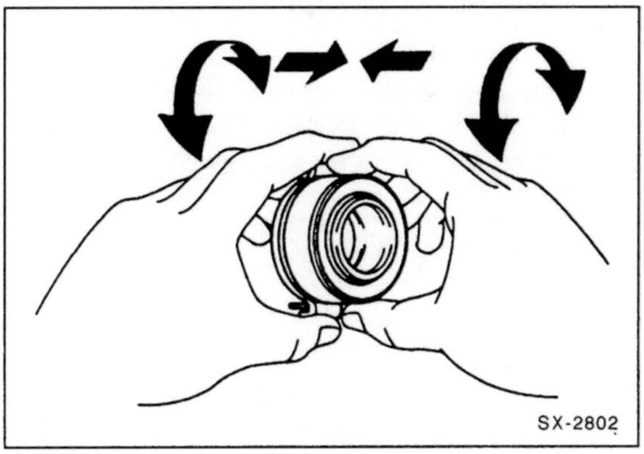


- Ausrücklager zusammendrücken und gleichzeitig drehen. Läuft das Lager rauh, neues Lager einbauen. **Achtung:** Das Lager ist dauergeschmiert und darf weder gereinigt noch nachgefettet werden.
- Gleitflächen auf Verschleiß, Korosion und Beschädigungen überprüfen.

### Einbau

- Folgende Teile mit Fett »MOLYKOTE BR 2 PLUS« bestreichen:
  - das Führungsrohr des Ausrücklagers –1–;
  - die Keilverzahnung der Getriebeantriebswelle.

- Ausrücklager einsetzen und in Lagergabel –2– einhängen.
- Getriebe einbauen, siehe Seite 100.

## Kupplungsseilzug ersetzen

**Ausbau**

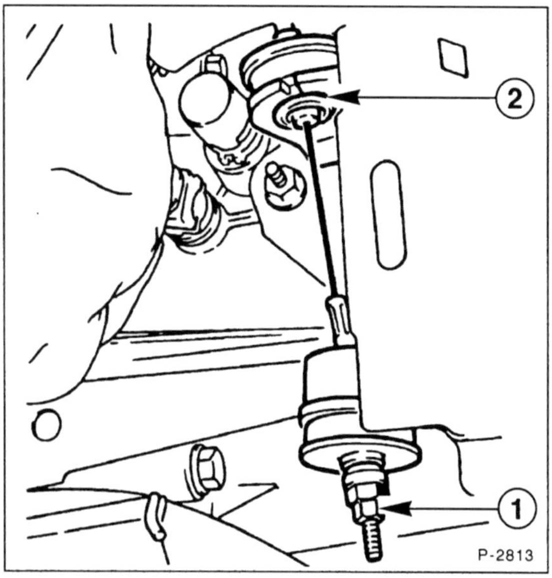


- Kontermutter –1– abschrauben, Seilzug am Ausrückhebel und am Widerlager –2– aushängen. Vor dem Abschrauben mit einem Zollstock am Ausrückhebel die Länge des überstehenden Gewindes bis zur Kontermutter messen. Dadurch kann der neue Kupplungsseilzug auf die gemessene Länge voreingestellt werden.
- Fahrzeug aufbocken, siehe Seite 226.

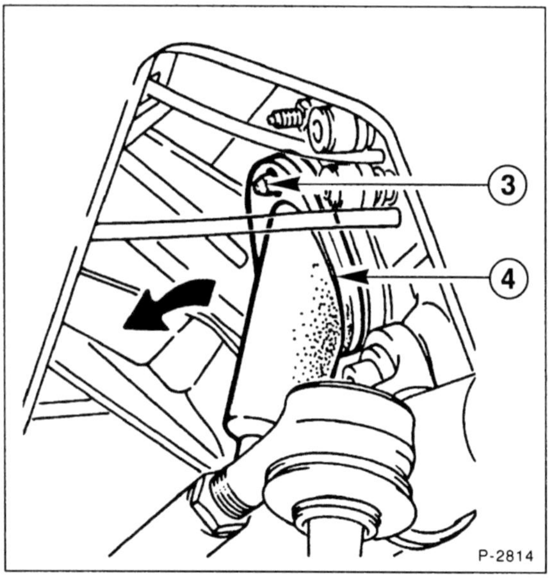


- Befestigungsmutter –3– abschrauben und Seilzughalterung –4– wegschwenken.
- Seilzugöse aus dem Kupplungspedal aushängen.

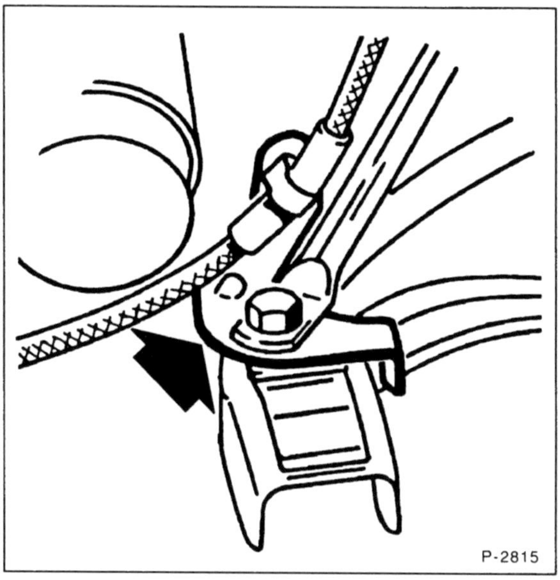


- **1,4l-Motoren:** Kupplungsseilzug von der Halterung –Pfeil– lösen.
- Seilzug herausnehmen.

**Einbau**

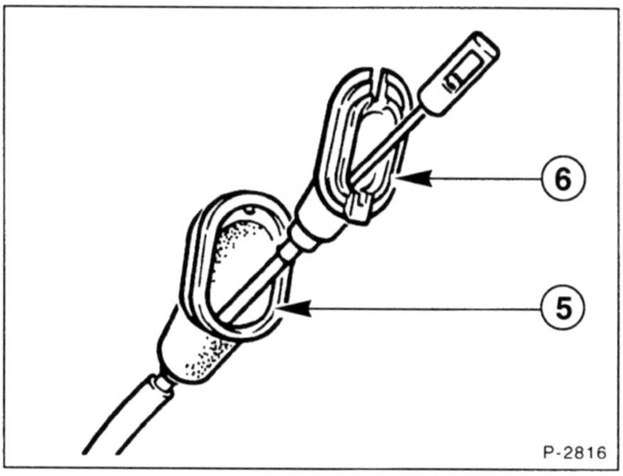


- Gummischutzkappe –5– auf Seilzughalterung –6– aufschieben.
- Von einem Helfer Kupplungspedal in der obersten Stellung halten lassen.

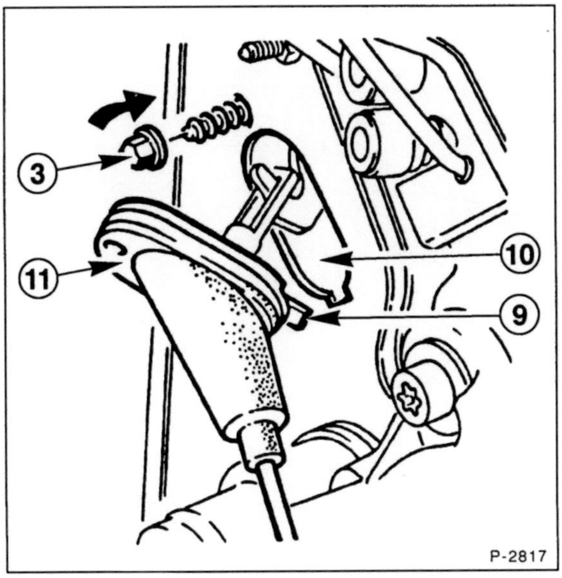


- Haltebügel des Seilzugs in das Kupplungspedal einhängen.
- Kupplungspedal von einem Helfer durchtreten lassen, damit sich der Seilzug setzen kann.
- Zunge -9- in die Aussparung der Pedalhalterung -10- einführen.
- Komplette Seilzughalterung -11- in Pfeilrichtung schwenken und mit Mutter -3- anschrauben.
- Kupplungsseilzug im Motorraum verlegen.
- **1,4l-Motoren:** Kupplungsseilzug an der Halterung einhängen.
- Kupplungszug am Ausrückhebel des Getriebes einhängen. Einstellmutter am Ausrückhebel auf den vorher gemessenen Wert aufschrauben.
- Fahrzeug ablassen, siehe Seite 226.
- Kupplungspedal ca. 20mal durchtreten.
- Kupplungsspiel einstellen.

## Kupplungsspiel einstellen

Das Kupplungsspiel muß im Rahmen der Wartung kontrolliert und gegebenenfalls eingestellt werden. Das ist auch dann erforderlich, wenn Getriebe oder Kupplungszug ausgebaut waren.

**Prüfen**

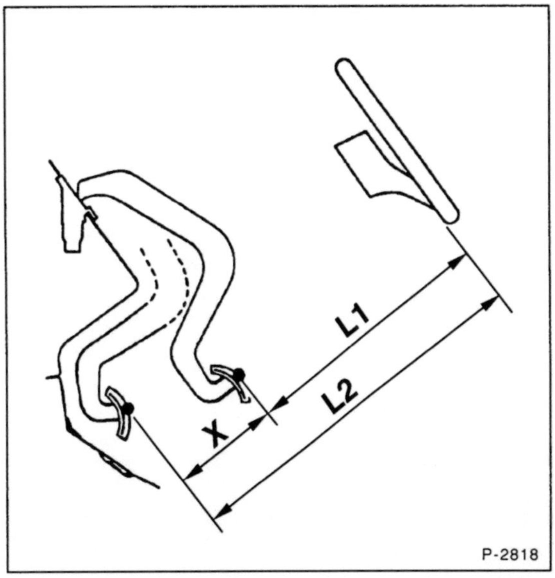


- Mit einem Zollstock Abstand von Lenkradkranz-Unterkante bis zur Mitte des Kupplungspedales messen. **Achtung:** Dabei das Kupplungspedal nicht durchtreten. Maß -L1- notieren.
- Kupplungspedal ganz durchtreten und erneut Abstand zwischen Kupplungspedal und Lenkradkranz-Unterkante messen. Maß -L2- notieren.
- Die Differenz beider Meßwerte (L2 minus L1) muß **135 mm** bis **145 mm** betragen. Andernfalls Kupplungsseilzug einstellen.

**Einstellen**

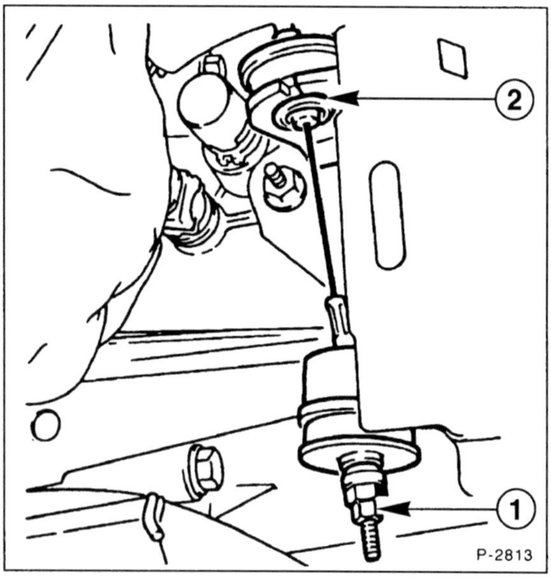


- Kontermutter –1– am Ausrückhebel lösen.
- Einstellschraube verdrehen, bis der Kupplungspedalweg etwa **140 mm** beträgt.
- Einstellschraube mit Kontermutter kontern.

# Störungsdiagnose Kupplung

| Störung | Ursache | Abhilfe |
|---|---|---|
| Kupplung rupft | Motor- oder Getriebelager defekt | ■ Prüfen, gegebenenfalls auswechseln |
| | Getriebe liegt in der Aufhängung nicht fest | ■ Befestigungsschrauben nachziehen |
| | Kupplungsseil falsch verlegt | ■ Seilführung kontrollieren, gegebenenfalls in Ordnung bringen |
| | Druckplatte trägt ungleichmäßig | ■ Druckplatte auswechseln |
| | Kupplungsscheibe kein Originalteil | ■ Original-Kupplungsscheibe einbauen |
| | Kupplungsscheibe verschlissen oder verölt | ■ Kupplungsscheibe prüfen |
| | Ausrücker drückt einseitig | ■ Ausrückgabel- und -lager überprüfen |
| Kupplung rutscht | Pedalspiel falsch | ■ Kupplung einstellen |
| | Kupplungsscheibe verschlissen | ■ Dicke der Kupplungsscheibe prüfen, gegebenenfalls auswechseln |
| | Spannung der Membranfeder zu gering | ■ Druckplatte auswechseln |
| | Belag verhärtet oder verölt | ■ Kupplungsscheibe austauschen |
| | Kupplung wurde überhitzt | ■ Originalteil einbauen |
| Gänge lassen sich schwer oder gar nicht einlegen (Kupplung trennt nicht richtig) | Pedalspiel falsch | ■ Kupplung einstellen |
| | Kupplungsscheibe klemmt auf der Antriebswelle, Kerbverzahnung trocken oder verklebt | ■ Kerbverzahnung reinigen, entgraten, ggf. Rost entfernen und mit $MoS_2$-Fett schmieren |
| | Belag durch Abrieb verklebt | ■ Kupplungsscheibe austauschen |
| | Kupplungsscheibe hat Seitenschlag | ■ Kupplungsscheibe prüfen lassen |
| | Druckplatte defekt | ■ Druckplatte auswechseln |
| Schwergängiges Pedal Ungewöhnliche Geräusche beim Aus- oder Einkuppeln | Pedalachse/Seilzug schwergängig | ■ Teile schmieren oder ersetzen |
| | Ausrücklager verschlissen | ■ Ausrücklager auswechseln |
| | Lose Teile im Kupplungsgehäuse | ■ Kupplung instandsetzen |
| Auf- und abschwellendes Geräusch bei Zug- oder Schubzustand, oder wenn Fahrzeug im ausgekuppeltem Zustand rollt | Torsionsdämpfer der Kupplungsscheibe schwergängig | ■ Kupplungsscheibe erneuern |
| | Nietverbindungen der Kupplung locker | ■ Kupplung ersetzen |
| | Unwucht der Kupplung zu groß | ■ Kupplung und Kupplungsscheibe ersetzen |

# Getriebe/Schaltung

Das Getriebe kann ohne Ausbau des Motors nach unten ausgebaut werden. Ein Ausbau ist dann erforderlich, wenn die Kupplung ausgewechselt werden soll oder wenn das Getriebe erneuert beziehungsweise überholt werden muß. Da es jedoch in keinem Fall anzuraten ist, Reparaturen am Getriebe mit Heimwerkermitteln in Angriff zu nehmen, wird hier lediglich der Ausbau des Aggregates beschrieben.

Zum Ausbau des Getriebes benötigt man ein Rangierwagenheber und genügend hohe Unterstellböcke damit das Getriebe unter dem Fahrzeug hervorgeholt werden kann, eine Werkstatthebebühne oder eine Grube.

## Getriebe aus- und einbauen

### Ausbau

- Batterie-Massekabel (–) abklemmen. **Achtung:** Dadurch werden die elektronischen Speicher gelöscht, zum Beispiel Motor-Fehlerspeicher oder Radiocode. Batterie nur bei **ausgeschalteter Zündung** abklemmen, da sonst das Steuergerät der Einspritzanlage beschädigt werden kann. Vor dem Abklemmen sollten auch die Hinweise im Kapitel »Radio« bzw. »Batterie aus- und einbauen« durchgelesen werden.
- Batterie ausbauen, siehe Seite 187.
- **Benzinmotor:** Luftfilter ausbauen, siehe Seite 67.
- Massekabel oben am Getriebe abschrauben.
- Kupplungsseil am Getriebe aushängen, siehe Seite 96.
- Stecker für Rückfahrscheinwerfer am Getriebe abziehen.
- **Benzinmotor mit Monopoint-Einspritzanlage bis 7/92:** Zündverteilerkappe ausbauen, siehe Seite 60.
- Handbremse anziehen, damit das Fahrzeug nicht wegrollt.
- Radkappen von den Vorderrädern abbauen.

P-1095

- Antriebswellenmuttern lösen. **Achtung: Dabei muß das Fahrzeug gebremst werden und auf den Rädern stehen. Unfallgefahr!**
- Fahrzeug vorn aufbocken, siehe Seite 226.
- Falls vorhanden untere Motorraumverkleidung ausbauen.
- Getriebeöl ablassen, siehe Seite 240.

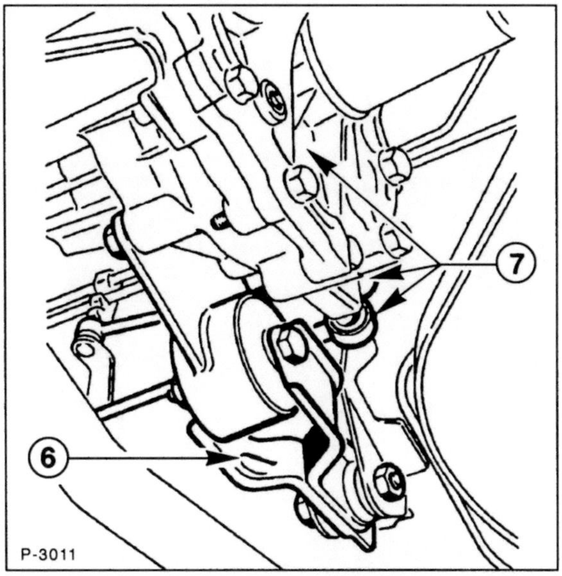


- Befestigungsschraube der Drehmomentabstützung –6– abschrauben. Drehmomentabstützung nach hinten wegklappen.
- Schaltgestänge –7– am Getriebe aushängen, siehe Seite 104.

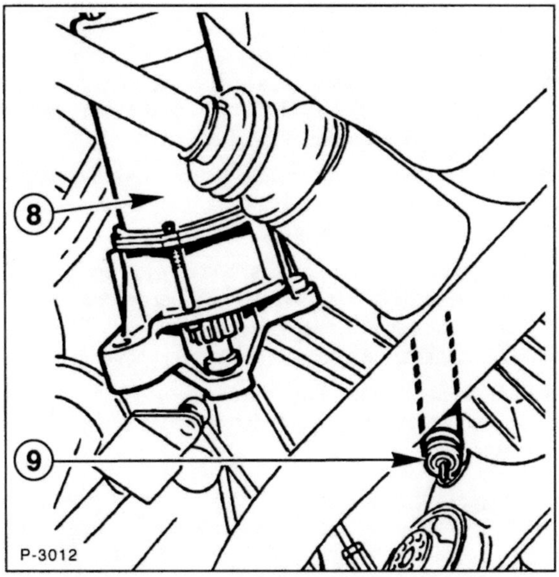


- Anlasser –8– ausbauen und mit angeschlossenen Kabeln zur Seite legen, siehe Seite 198.
- Tachometerwelle –9– am Getriebegehäuse abschrauben.

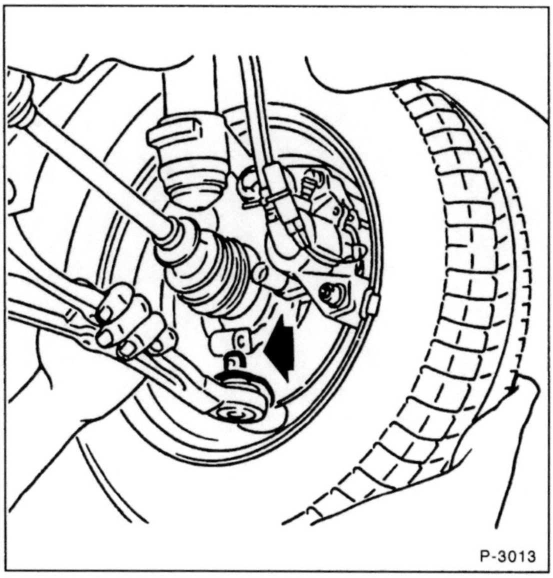


- Auf beiden Seiten die Befestigungsschrauben des Achsschenkel-Kugelgelenkes abschrauben und Kugelgelenk –Pfeil– aus Achsschenkel ziehen. **Achtung:** Den Querlenker nur soweit nach unten ziehen, bis er aus dem Achsschenkel herausgleitet. Wird der Querlenker weiter nach unten gedrückt, löst sich der Bolzen der hinteren Querlenkerlagerung.
- Gelenkwellen ausbauen, siehe Seite 110.

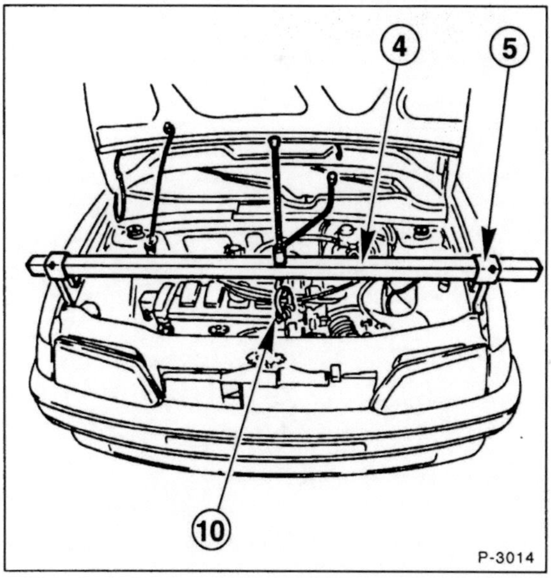


- Aufhängevorrichtung –4– mit Füßen –5– ansetzen. Einen Schäkel –10– an der Halteöse des Motors montieren und am Querträger einhängen. Motor/Getriebeeinheit mit Spindel vorspannen. Steht die Aufhängevorrichtung nicht zur Verfügung, geeignete Stange auf Böcken seitlich vom Fahrzeug lagern und Motor mit Seil vorspannen.

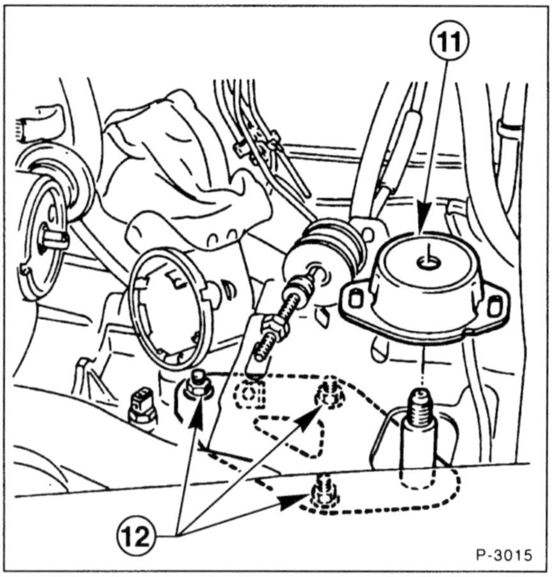


P-3015

- Motor/Getriebelager –11– abschrauben.
- Motor/Getriebeeinheit etwas ablassen. **Achtung:** Die Riemenscheibe der Lichtmaschine darf nicht am Längsträger anstehen.
- Getriebe mit einem Rangierwagenheber unterstützen.
- Befestigungsschrauben Motor/Getriebelager –12– herausschrauben.
- Sämtliche Verbindungsschrauben Motor/Getriebe herausschrauben.

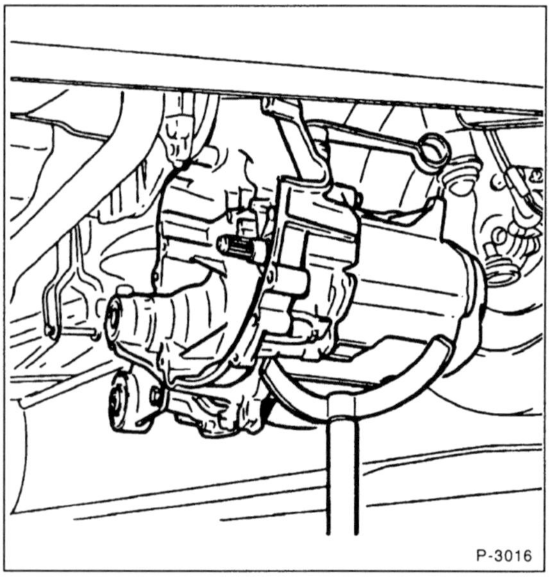

P-3016

- Getriebe mit Rangierwagenheber leicht anheben und mit Montierhebel vom Motor abdrücken. Getriebe vorsichtig ablassen und mit Helfer herausheben.

**Einbau**

- Vor dem Einbau Kupplung prüfen, siehe Seite 93.
- Kupplungsausrücklager auf leichten Lauf prüfen. **Achtung:** Lager nur abwischen, nicht auswaschen. Sind vor dem Ausbau Laufgeräusche des Ausrücklagers beim Auskuppeln aufgetreten, Lager auswechseln, siehe Seite 95.

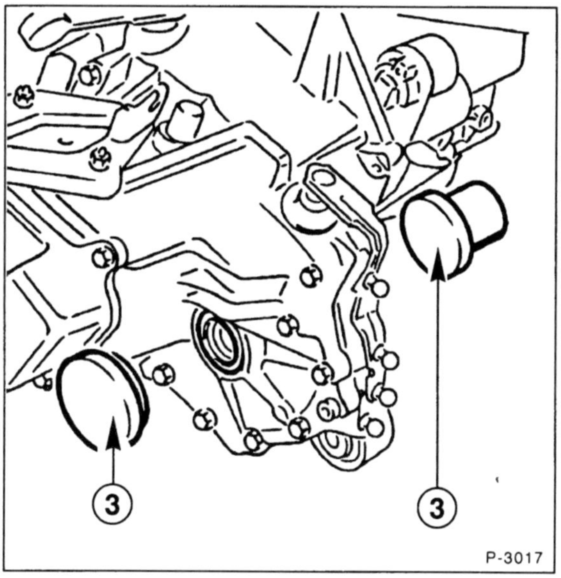


P-3017

- Dichtringe Achsantrieb/Gelenkwelle müssen ersetzt werden. Zum Einbau benutzt die PEUGEOT-Werkstatt als Montagedorn das Spezialwerkzeug .0317G und .0317S. Steht dieses Spezialwerkzeug nicht zur Verfügung, können die Dichtringe auch mit einem geeigneten Rohr mit gleichem Durchmesser eingetrieben werden.
- Alten Dichtring mit Schraubendreher heraushebeln. Vor dem Einschlagen der Dichtungen den Raum zwischen den Dichtlippen mit Mehrzweckfett füllen.
- Kerbverzahnung der Antriebswelle reinigen und leicht mit »Molykote-Gleitpaste BR2 PLUS« bestreichen. Außerdem Führungsrohr des Ausrücklagers sowie Enden der Ausrückgabel mit Molykote-Gleitpaste schmieren.
- Prüfen, ob die Paßhülsen zur Zentrierung von Motor/Getriebe im Motorblock vorhanden sind, gegebenenfalls einsetzen.

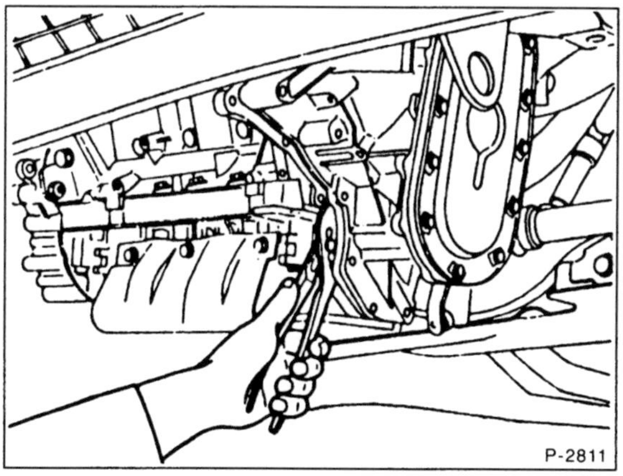

P-2811

- Getriebe anheben und waagerecht in die Kupplung einfahren. Falls beim Einsetzen die Getriebe-Antriebswelle nicht in die Kupplungsscheibe einrastet, Antriebswelle vorsichtig mit Rohrzange entsprechend verdrehen.

- Verbindungsschrauben Motor/Getriebe abwechselnd mit **45 Nm** festziehen.

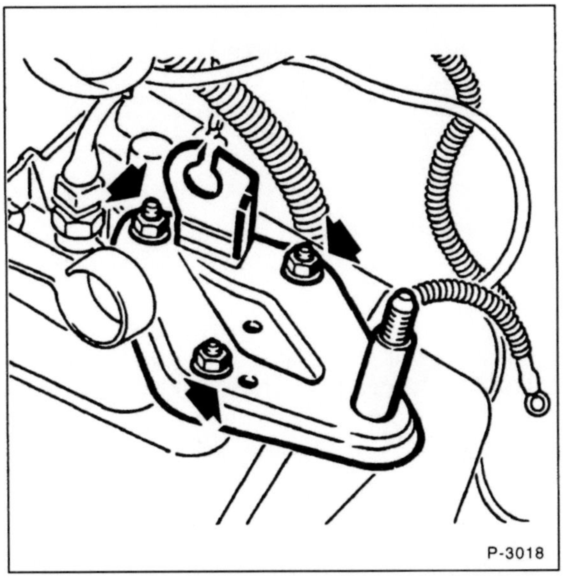

- Die Getriebehalterung ansetzen und Befestigungsschrauben –Pfeile– festschrauben.

- Antriebseinheit anheben und Motorlager ansetzen. Muttern –13– vom Motor/Getriebelager mit **30 Nm** festziehen, dann mittlere Mutter –14– mit **85 Nm** anziehen. Motor-Abfangvorrichtung abnehmen.
- Gelenkwellen einbauen, siehe Seite 110.
- Schaltstangen auf die Kugelköpfe der Getriebehebel aufdrücken.
- Abgasrohr am Abgaskrümmer anschrauben, siehe Seite 88.
- Getriebeöl auffüllen, siehe Seite 240.
- Anlasser einbauen, siehe Seite 197.
- Elektrische Leitung für Rückfahrscheinwerfer anschließen.
- Tachowelle in das Getriebe einsetzen und Überwurfmutter festziehen.
- Kupplungsseil einbauen und einstellen, siehe Seite 96.
- Massekabel am Getriebegehäuse anklemmen.

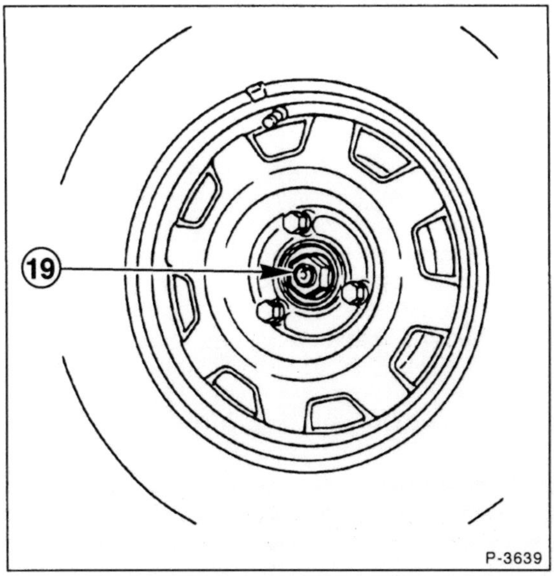


- Alte Radnabenmutter abschrauben und Gelenkwelle mit **neuer** Mutter –19– und **260 Nm** festschrauben. Unterlegscheibe nicht vergessen. **Achtung: Dabei muß das Fahrzeug gebremst werden und auf den Rädern stehen. Unfallgefahr!**
- Batterie-Massekabel (–) anklemmen. **Achtung:** Batterie nur bei **ausgeschalteter Zündung** anklemmen, sonst kann das Steuergerät der Einspritzanlage beschädigt werden.
- Zeituhr einstellen.
- Diebstahlcode für Radio eingeben.
- **Benzinmotor mit Monopoint-Einspritzanlage bis 7/92:** Zünd-Verteilerkappe wieder einbauen, siehe Seite 60.

## Die Schaltung

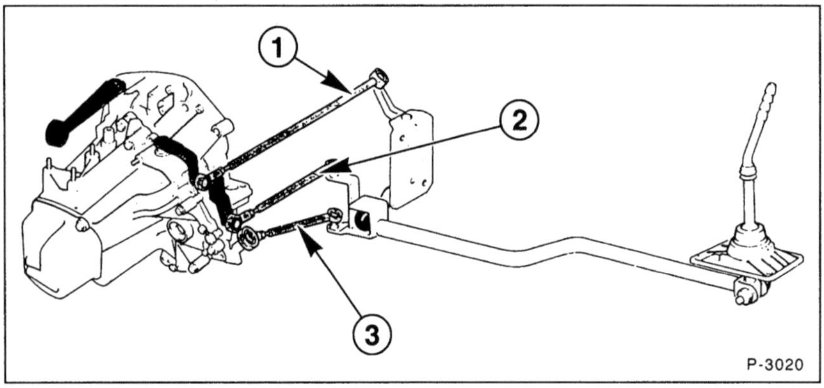


1 - Schaltzugstange
2 - Wählzugstange
3 - Abstützstange
4 - Schaltstange
5 - Schalthebelbock
6 - Schalthebel

Die Schaltung besteht aus dem Schalthebel, dem Schalthebelbock und den Schaltstangen. Beim Einlegen eines Ganges wird zwischen der Querbewegung, dem Wählen der Schaltgasse, und der Schaltbewegung, dem Einlegen des Ganges, unterschieden. Beide Bewegungen werden über je eine Schaltzugstange und dem entsprechenden Umlenkhebel auf das Getriebe übertragen.

## Schaltstangen prüfen/einstellen

Die Einstellung der Schaltstangen muß dann überprüft werden, wenn sich das Getriebe nicht mehr sauber schalten läßt oder die Gänge während der Fahrt herausspringen.

- Fahrzeug vorn aufbocken, siehe Seite 226.

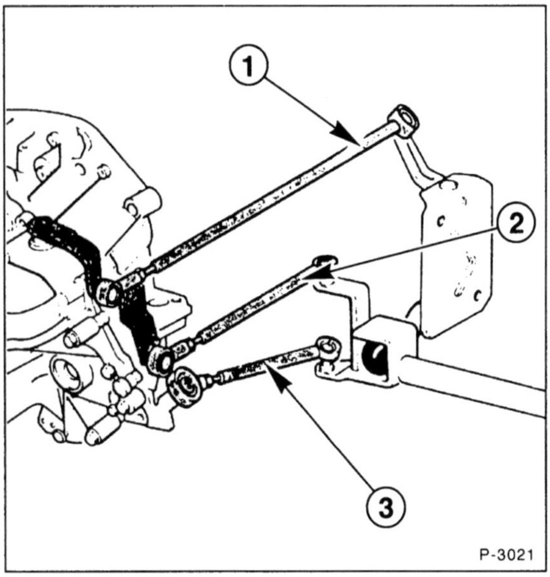


- Die Maße der Schaltstangen überprüfen. Sollwert:
  Schaltzugstange –1– : 331 mm
  Wählzugstange –2– : 186 mm
  Abstützstange –3– : 186 mm

- Werden die Sollwerte nicht erreicht, Kontermutter lösen und Schaltstangen durch Drehen auf das richtige Maß einstellen.
- Fahrzeug ablassen, siehe Seite 226.

# Vorderachse

Die Bauweise der PEUGEOT 106-Vorderachse ist durch die beiden McPherson-Federbeine bestimmt. Die Federbeine bestehen jeweils aus einer Schraubenfeder und einem integrierten Stoßdämpfer. Sie sind oben über Stützlager mit der Karosserie verschraubt. Unten sind sie am Achsschenkel befestigt. Die Führung der Räder erfolgt durch die Querlenker. Zusätzlich ist bei den Modellen mit Motoren über 60 PS (44 kW) ein Stabilisator eingebaut, der die Neigung des Aufbaus bei Kurvenfahrt vermindert.

Die Radlagerung erfolgt über Kugellager, die in die Achsschenkel eingepreßt sind. Die Übertragung der Motorantriebskraft erfolgt über zwei Gelenkwellen, die über jeweils zwei Gleichlaufgelenke mit den Rädern und dem Achsantrieb verbunden sind.

Der PEUGEOT 106XSi hat eine etwas abgewandelte Vorderachse. Hier werden die Vorderräder über geschmiedete Querlenker geführt, der Stabilisator ist über eine Koppelstange mit den Federbeinen verbunden.

**Achtung:** Schweiß- und Richtarbeiten an tragenden und radführenden Teilen der Vorderradaufhängung sind nicht zulässig. **Selbstsichernde Muttern** sind im Reparaturfall **immer zu ersetzen.**

Die Vorderachse ist wartungsfrei.

**Vorderachse aller Modelle außer 106 XSi**

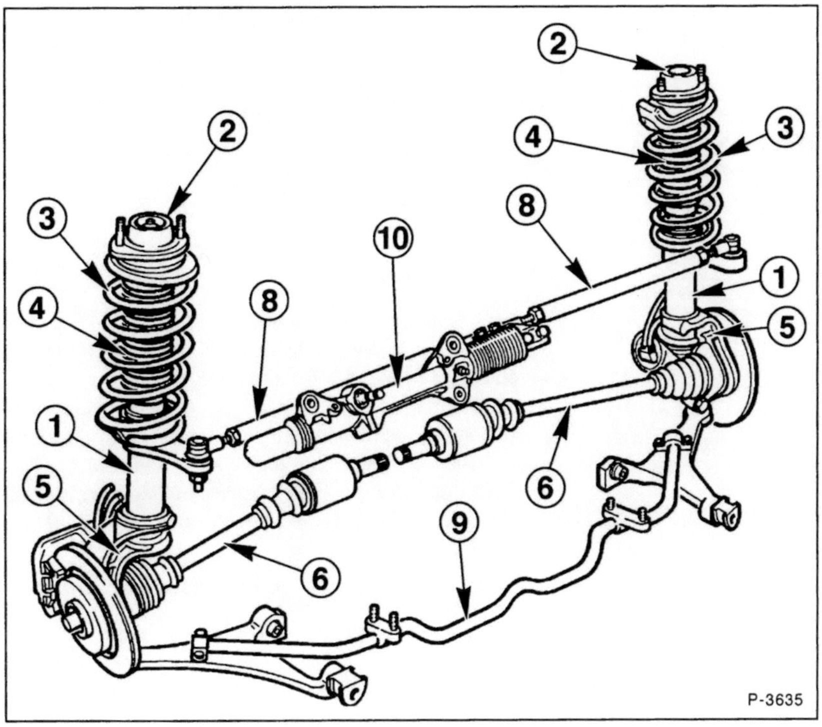


**1 – Federbein**
**2 – Stützlager**
**3 – Schraubenfeder**
**4 – Stoßdämpfer**
**5 – Achsschenkel**
**6 – Querlenker**
**7 – Gelenkwellen**
**8 – Spurstange**
**9 – Stabilisator (ab 60 PS/44 kW)**
**10 – Zahnstangen-Lenkgetriebe**

## Federbein aus- und einbauen

**Ausbau**

- Handbremse anziehen.
- Radkappe vom Vorderrad abbauen.

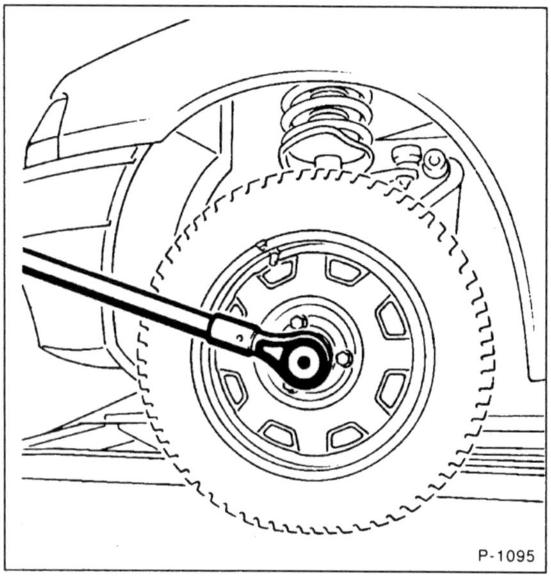
P-1095

- Antriebswellenmutter lösen. **Achtung: Dabei muß das Fahrzeug gebremst werden und auf den Rädern stehen. Unfallgefahr!**
- Radschrauben bei auf dem Boden stehendem Fahrzeug lösen. Scheibenrad (Felge) zur Radnabe mit Farbe kennzeichnen. Dadurch kann das ausgewuchtete Rad wieder an gleicher Stelle montiert werden.
- Fahrzeug aufbocken und Vorderrad abnehmen.
- Stabilisator vom Querlenker beziehungsweise Federbein abschrauben, siehe Kapitel »Stabilisator aus- und einbauen«.

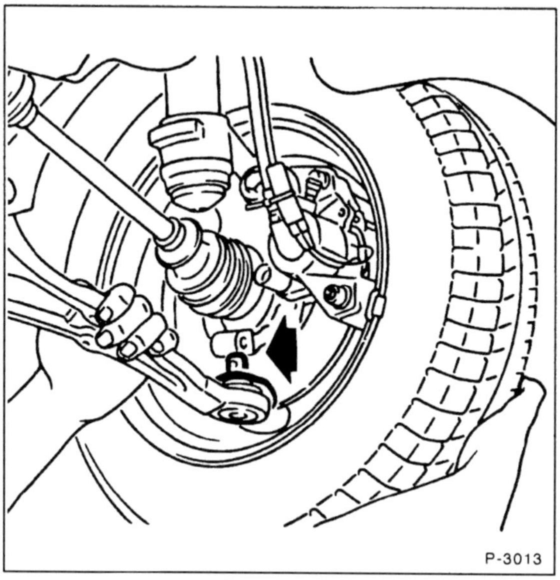
P-3013

- Die Befestigungsschraube des Achsschenkel-Kugelgelenkes abschrauben und Kugelgelenk –Pfeil– aus Achsschenkel ziehen. **Achtung:** Den Querlenker nur soweit nach unten ziehen, bis er aus dem Achsschenkel herausgleitet. Wird der Querlenker weiter nach unten gedrückt, löst sich der Bolzen der hinteren Querlenkerlagerung.

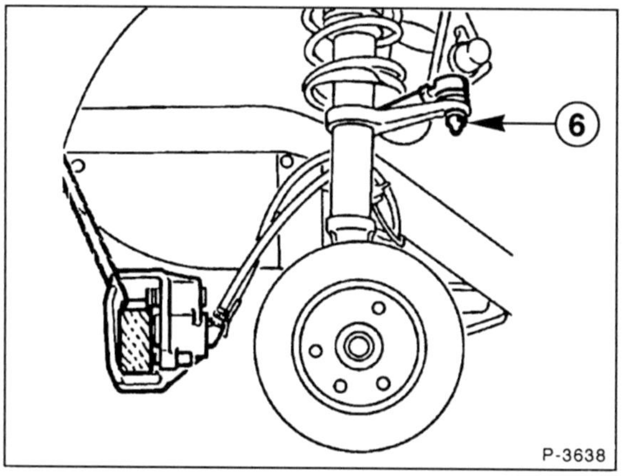

P-3638

- Bremssattel und Bremsbeläge ausbauen und mit angeschlossenem Bremsschlauch mit Draht im Radlauf so aufhängen, daß der Bremsschlauch nicht verdreht und auf Zug belastet wird. Um ein Herausgleiten des Bremskolbens zu verhindern, empfiehlt es sich, ein Holzstück zwischen Bremskolben und Bremssattel zu klemmen. **Achtung:** Wird der Bremsschlauch abmontiert, muß die Bremsanlage entlüftet werden. Ausbau Bremssattel, siehe Seite 132.
- Mutter –6– des Spurstangenkopfes abschrauben.

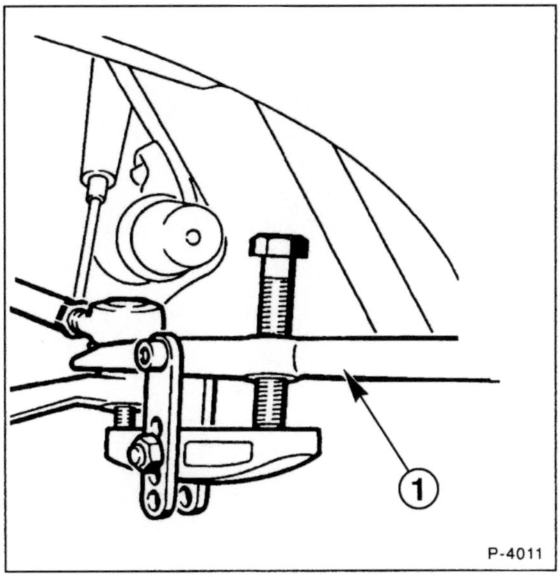


- Spurstangengelenk mit einem Kugelgelenkabzieher –1–, z. B. HAZET 779, auspressen.
- Antriebswelle aus Achsschenkel ziehen. **Achtung:** Dabei darauf achten, daß die Gelenkwelle nicht aus dem Differentialgehäuse gleitet.

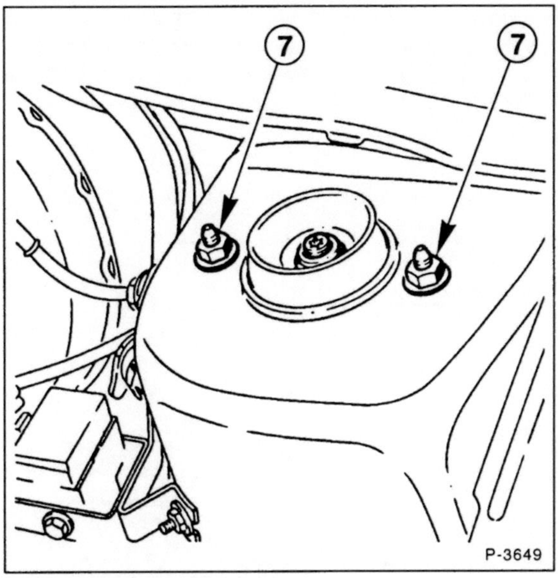


- Die beiden oberen Befestigungsmuttern –7– abschrauben und Federbein nach unten herausnehmen.

**Einbau**

- Federbein von unten in den Radlauf einführen und ansetzen. Von oben die Befestigungsmuttern mit Unterlegscheiben ansetzen und mit **20 Nm** festschrauben.
- Verzahnung der Gelenkwelle und Radnabe mit Benzin reinigen (fett- und ölfrei) sowie alle Rückstände entfernen.
- Antriebswelle in die Radnabe einführen und alte Mutter handfest aufschrauben.

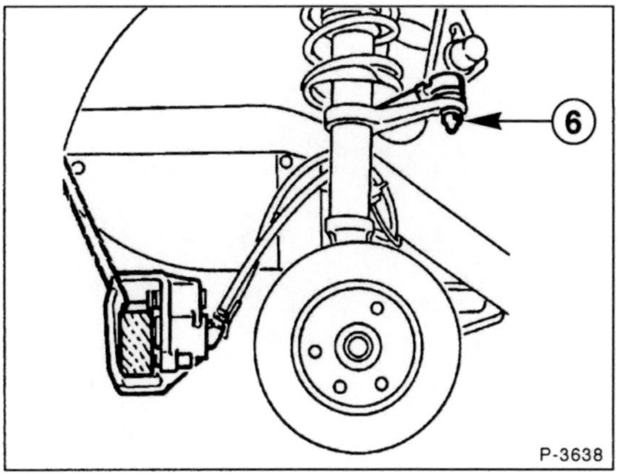


- Spurstangenkopf einsetzen und mit einer **neuen selbstsichernden** Mutter –6– und **25 Nm** festschrauben.
- Holzklotz entfernen und Bremsbeläge und Bremssattel einbauen, siehe Seite 132.

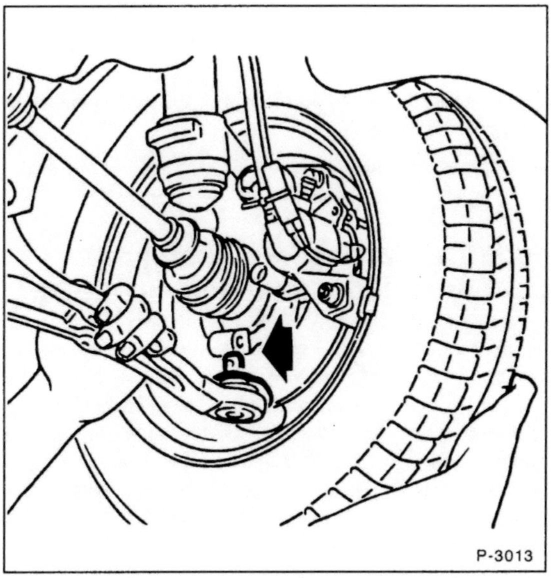


- Kugelgelenk –Pfeil– in den Achsschenkel einführen. **Achtung:** Den Querlenker nur so weit nach unten ziehen, bis er aus dem Achsschenkel herausgleitet. Wird der Querlenker weiter nach unten gedrückt, löst sich der Bolzen der hinteren Querlenkerlagerung.
- Befestigungsschrauben Kugelgelenk einsetzen und mit **neuer selbstsichernden** Mutter und **50 Nm** festschrauben.
- Stabilisator ansetzen und festschrauben, siehe Seite 113.
- Vorderrad anschrauben, dabei auf Markierung zur Radnabe achten.
- Fahrzeug ablassen.
- Radschrauben über Kreuz mit **85 Nm** festziehen.

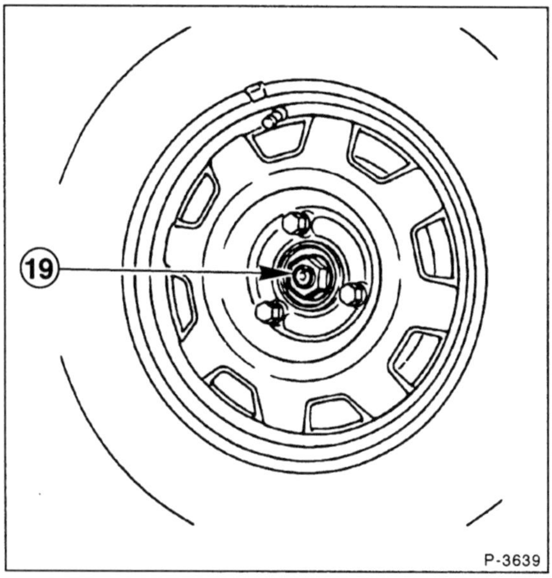


- Alte Radnabenmutter abschrauben und Gelenkwelle mit **neuer** Mutter –19– und **260 Nm** festschrauben. Unterlegscheibe nicht vergessen. **Achtung: Dabei muß das Fahrzeug gebremst werden und auf den Rädern stehen. Unfallgefahr!**
- Baldmöglichst Spur überprüfen, ggf. einstellen lassen.

## Federbein zerlegen/Stoßdämpfer/ Schraubenfeder aus- und einbauen

Die Schraubenfeder des Federbeins ist unter Spannung eingebaut. Um das Federbein zerlegen zu können, muß die Feder mit einem geeigneten Spanner vorgespannt werden. **Achtung:** Keine Hilfsmittel, z.B. Draht, zum Spannen verwenden. Die PEUGEOT-Werkstätten benutzen dazu eine Spezial-Spannvorrichtung. Es kann auch jede andere, handelsübliche Spannvorrichtung mit mindestens **3 Spannbügeln** genommen werden.

Haben die Stoßdämpfer eine Laufleistung von über 80.000 km, so sollten diese aus Sicherheitsgründen nur noch paarweise ausgetauscht werden. Stoßdämpfer prüfen, siehe Seite 118.

### Ausbau

- Federbein ausbauen, siehe Seite 106.

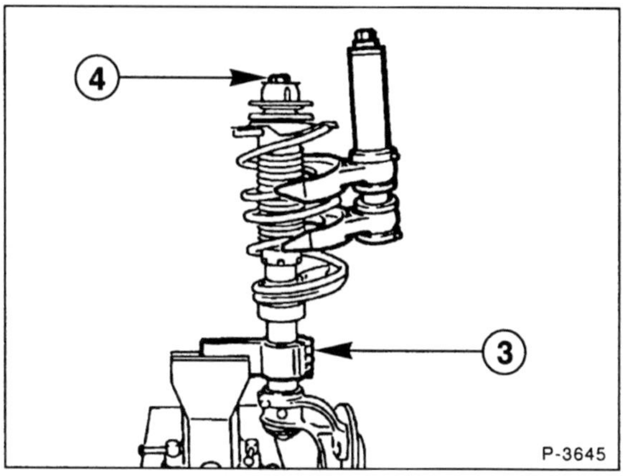


- Federbein in Schraubstock einspannen, die PEUGEOT-Werkstatt benutzt dazu das Spezialwerkzeug .0906H. **Achtung:** Federbein nicht direkt am Federbeinrohr im Schraubstock festklemmen.
- Feder mit geeigneter Spannvorrichtung vorspannen.

**Achtung: Auf keinen Fall Stoßdämpfer lösen, wenn die Feder nicht einwandfrei und sicher gespannt ist. Falls der Federspanner in die Windungen der Feder eingesetzt wird, darauf achten, daß die Federwindungen sicher umfaßt werden und der Federspanner nicht abrutschen kann. Feder grundsätzlich an 3 gegenüberliegenden Seiten spannen. Die Schraubenfeder steht unter großer Vorspannung, deshalb nur stabiles Werkzeug verwenden. Keinesfalls Feder mit Draht zusammenbinden. Unfallgefahr!**

- Mutter –4– von der Kolbenstange mit tiefgekröpftem Ringschlüssel abschrauben. Zum Gegenhalten Stoßdämpferstange mit TORX 40-Schlüssel gegenhalten.

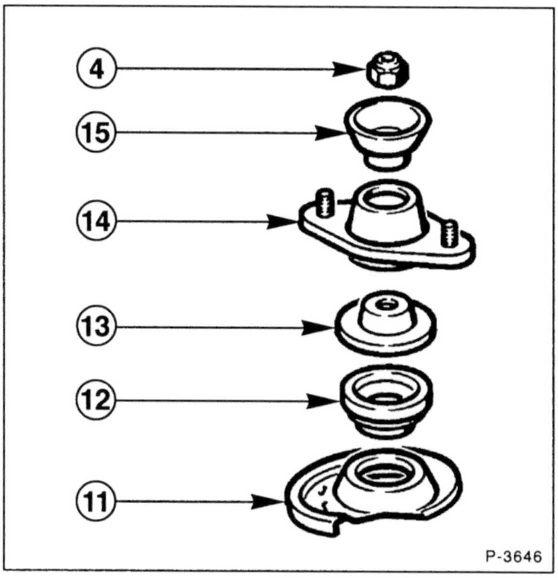


- Ausfederungsbegrenzung –15–, oberen Halter –14–, Einfederungsbegrenzung –13–, Kugellager –12– und Stützteller –11– vom Federbein abnehmen.

- Soll nur der Stoßdämpfer ausgewechselt werden, bleibt die Feder gespannt. Soll die Feder ersetzt werden, Feder langsam entspannen.

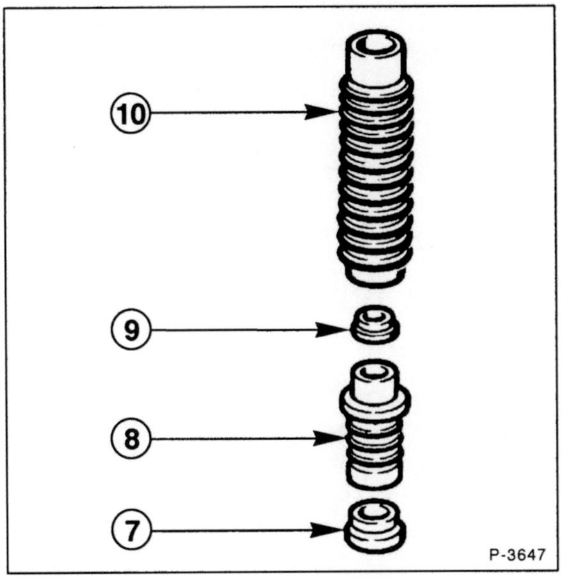


- Schutzmanschette –10–, Stützring –9–, Begrenzungsanschlag –8– und Distanzstück –7– vom Federbein abnehmen.

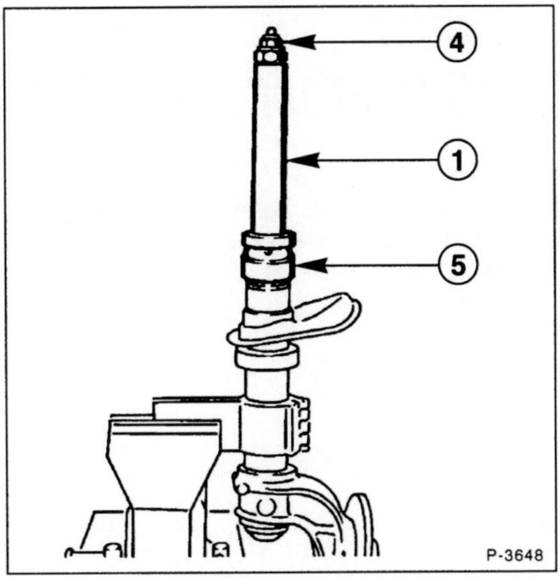


- Hakenschlüssel –1– (PEUGEOT-Spezialwerkzeug .0618A) auf Federbein aufsetzen und mit Mutter –4– festschrauben.
- Mit Hakenschlüssel Verschlußmutter –5– abschrauben.
- Stoßdämpfer mit Hakenschlüssel aus Federbeinrohr herausziehen.
- Mutter abschrauben und Hakenschlüssel mit Verschlußmutter von Stoßdämpfer abnehmen.

**Einbau**

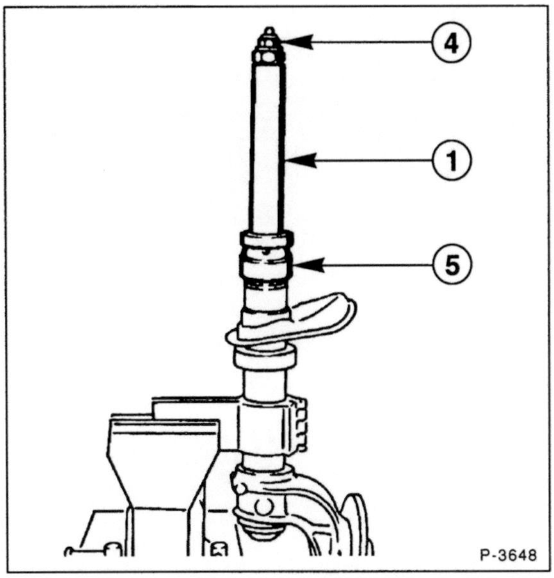


- Verschlußmutter –5– und Hakenschlüssel –1– in gezeigter Reihenfolge auf Stoßdämpfer aufsetzen und mit Mutter –4– festschrauben.
- Stoßdämpfer in Federbeinrohr einsetzen. **Achtung:** Bei Fahrzeugen mit verstärkter Federung 40 bis 45 $cm^3$ Fett »ESSO NORVA 275« zwischen Federbeinrohr und Stoßdämpfer einfüllen.
- Verschlußmutter mit **150 Nm** festschrauben. Gegebenenfalls bei Fahrzeugen mit verstärkter Federung überschüssiges Fett von der unteren Stützscheibe entfernen.
- Mutter abschrauben und Hakenschlüssel von Federbein abnehmen.
- Distanzstück –7–, Begrenzungsanschlag –8–, Stützring –9– und Schutzmanschette –10– in der in Abbildung P-3647 gezeigten Reihenfolge auf das Federbein schieben.
- Beim Einbau neuer Federn beachten, daß je nach Motorisierung/Fahrzeugausstattung unterschiedliche Federn eingebaut sind. Nur gleiche Federn an einer Achse verwenden.
- Vormontierte Schraubenfeder mit geeigneter Spannvorrichtung spannen und Stoßdämpfer einsetzen. Darauf achten, daß das Federende richtig im Federteller anliegt.

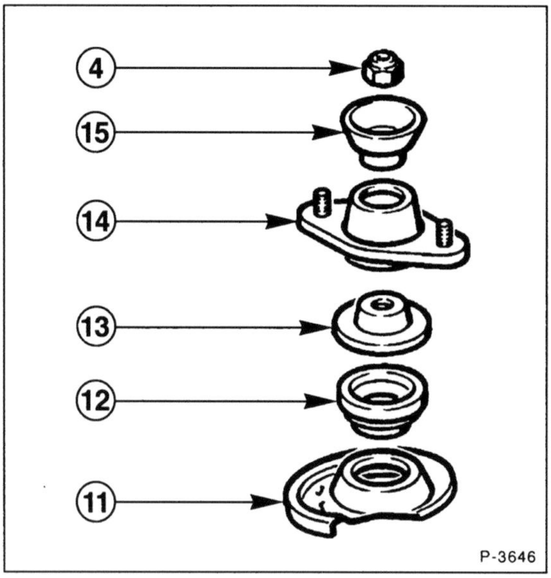


- Stützteller –11–, Kugellager –12–, Einfederungsbegrenzung –13–, oberen Halter –14– und Ausfederungsbegrenzung –15– auflegen, **neue selbstsichernde** Mutter –4– auf die Stoßdämpfer-Kolbenstange mit **70 Nm** festschrauben.
- Feder langsam entspannen. Darauf achten, daß die Federenden im oberen und unteren Federteller einwandfrei sitzen, gegebenenfalls oberen Federteller verdrehen.
- Federbein einbauen, siehe Seite 106.

## Gelenkwelle aus- und einbauen

**Ausbau**

- Handbremse anziehen.
- Radkappe vom Vorderrad abhebeln.

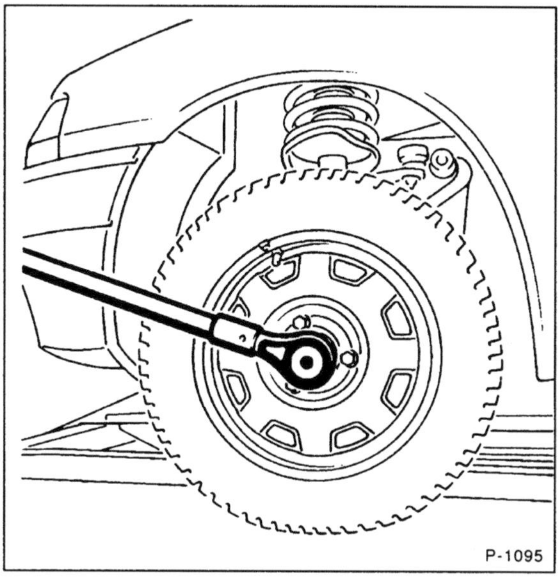


- Antriebswellenmutter lösen. **Achtung: Dabei muß das Fahrzeug gebremst werden und auf den Rädern stehen. Unfallgefahr!**
- Radschrauben bei auf dem Boden stehendem Fahrzeug lösen. Scheibenrad (Felge) zur Radnabe mit Farbe kennzeichnen. Dadurch kann das ausgewuchtete Rad wieder an gleicher Stelle montiert werden.
- Fahrzeug aufbocken und Vorderrad abnehmen.
- Stabilisator vom Querlenker beziehungsweise Federbein abschrauben, siehe Kapitel »Stabilisator aus- und einbauen«.

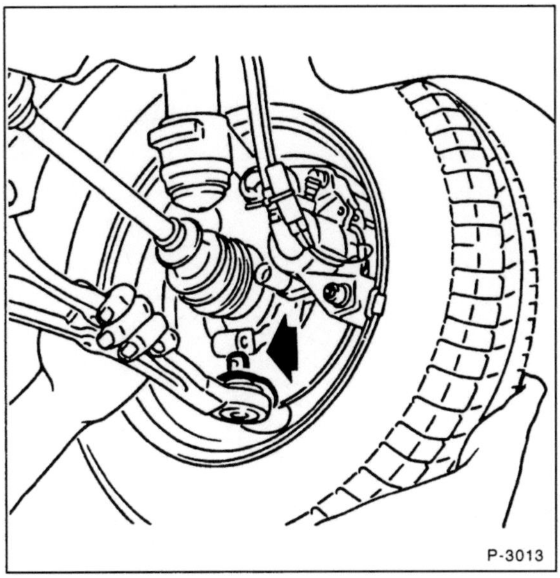


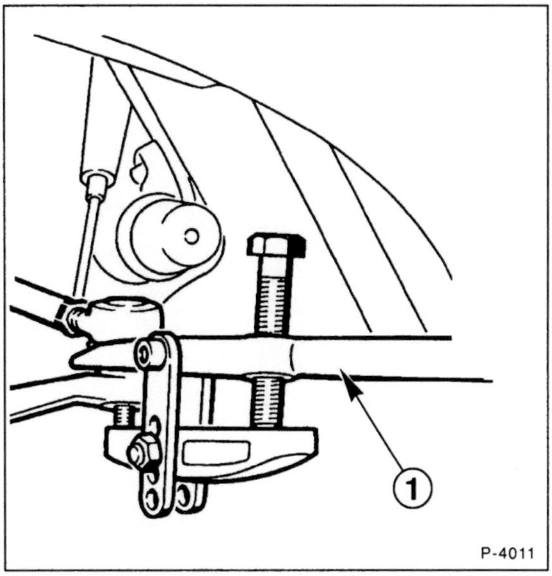


- Die Befestigungsschraube des Achsschenkel-Kugelgelenkes abschrauben und Kugelgelenk –Pfeil– aus Achsschenkel ziehen. **Achtung:** Den Querlenker nur so weit nach unten ziehen, bis er aus dem Achsschenkel herausgleitet. Wird der Querlenker weiter nach unten gedrückt, löst sich der Bolzen der hinteren Querlenkerlagerung.

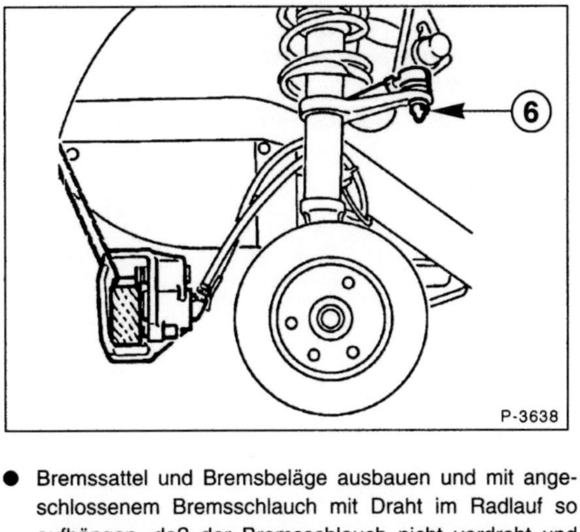


- Bremssattel und Bremsbeläge ausbauen und mit angeschlossenem Bremsschlauch mit Draht im Radlauf so aufhängen, daß der Bremsschlauch nicht verdreht und auf Zug belastet wird. Um ein Herausgleiten des Bremskolbens zu verhindern, empfiehlt es sich, ein Holzstück zwischen Bremskolben und Bremssattel zu klemmen. **Achtung:** Wird der Bremsschlauch abmontiert, muß die Bremsanlage entlüftet werden. Ausbau Bremssattel, siehe Seite 132.
- Mutter –6– des Spurstangenkopfes abschrauben.
- Spurstangengelenk mit einem Kugelgelenkabzieher –1–, z. B. HAZET 779, auspressen.
- Antriebswelle aus Achsschenkel ziehen.
- Gelenkwelle aus dem Getriebe herausziehen.
- Gelenkwelle herausnehmen.

**Einbau**

- Vor dem Einbau Verzahnung der Gelenkwelle und Radnabe mit Benzin reinigen (fett- und ölfrei) sowie alle Rückstände entfernen.

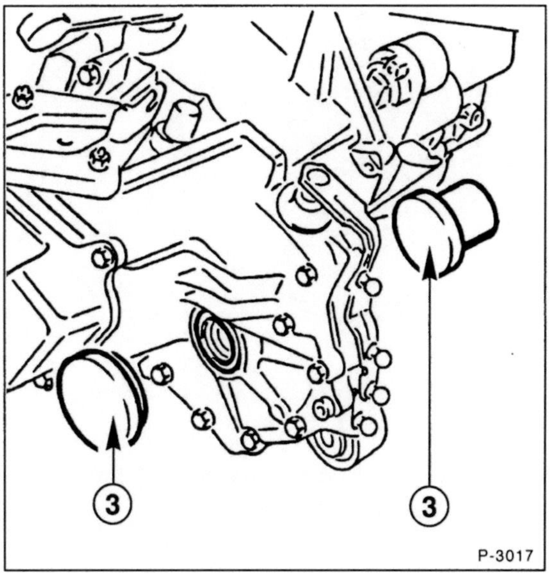


- Die Dichtringe Achsantrieb/Gelenkwelle müssen ersetzt werden. Zum Einbau benutzt die PEUGEOT-Werkstatt als Montagedorn –3– das Spezialwerkzeug .0317G und .0317S. Steht dieses Spezialwerkzeug nicht zur Verfügung, können die Dichtringe auch mit einem geeigneten Rohr mit gleichem Durchmesser eingetrieben werden.

- Alten Dichtring mit Schraubendreher heraushebeln. Vor dem Einschlagen der Dichtungen den Raum zwischen den Dichtlippen mit Mehrzweckfett füllen.
- Gelenkwelle in das Getriebe einsetzen.
- Antriebswelle in die Radnabe einführen und alte Mutter handfest aufschrauben.

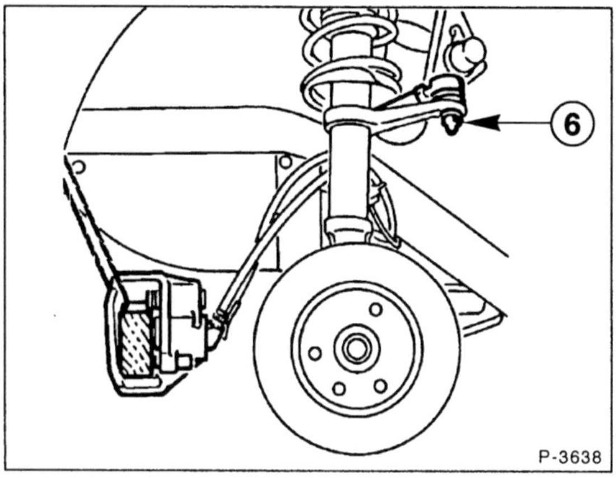


- Spurstangenkopf einsetzen und mit einer **neuen selbstsichernden** Mutter –6– und **25 Nm** festschrauben.
- Holzklotz entfernen und Bremsbeläge und Bremssattel einbauen, siehe Seite 132.

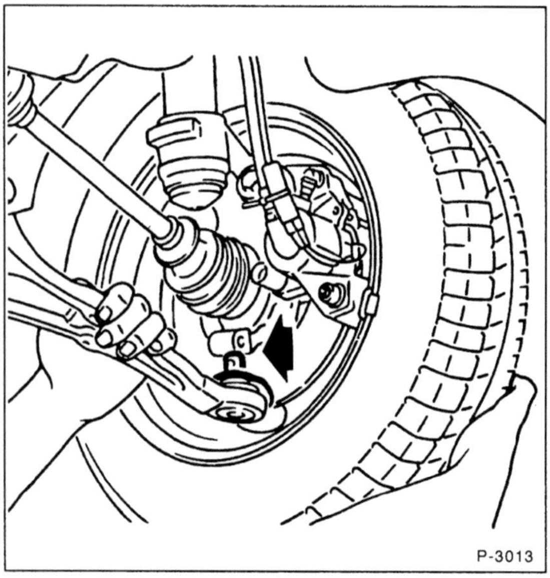


- Kugelgelenk –Pfeil– in den Achsschenkel einführen. **Achtung:** Den Querlenker nur so weit nach unten ziehen, bis er aus dem Achsschenkel herausgleitet. Wird der Querlenker weiter nach unten gedrückt, löst sich der Bolzen der hinteren Querlenkerlagerung.
- Befestigungsschraub Kugelgelenk einsetzen und mit **neuer selbstsichernder** Mutter und **50 Nm** festschrauben.
- Stabilisator ansetzen und festschrauben, siehe Seite 113.
- Vorderrad anschrauben, dabei auf Markierung zur Radnabe achten.
- Fahrzeug ablassen.
- Radschrauben über Kreuz mit **85 Nm** festziehen.

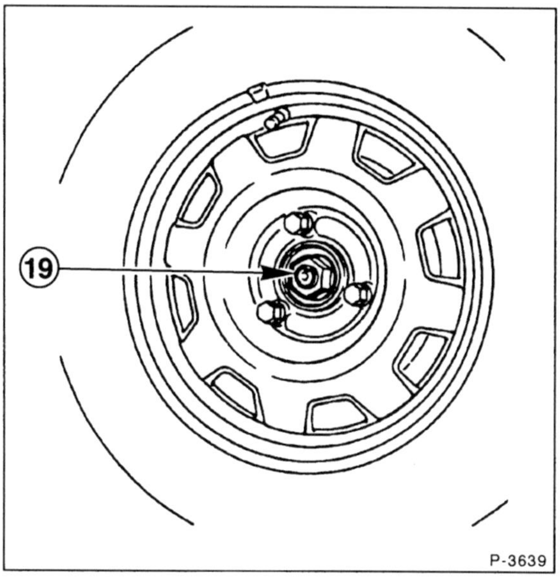


- Alte Radnabenmutter abschrauben und Gelenkwelle mit **neuer** Mutter –19– und **260 Nm** festschrauben. Unterlegscheibe nicht vergessen. **Achtung: Dabei muß das Fahrzeug gebremst werden und auf den Rädern stehen. Unfallgefahr!**
- Baldmöglichst Spur überprüfen, ggf. einstellen lassen.
- Getriebeöl überprüfen und gegebenenfalls auffüllen, siehe Seite 240.

## Stabilisator aus- und einbauen

Nur Fahrzeuge mit einer Motorleistung ab 60 PS/44 kW sind mit einem Stabilisator ausgerüstet.

**Ausbau**

- Fahrzeug aufbocken, siehe Seite 226.

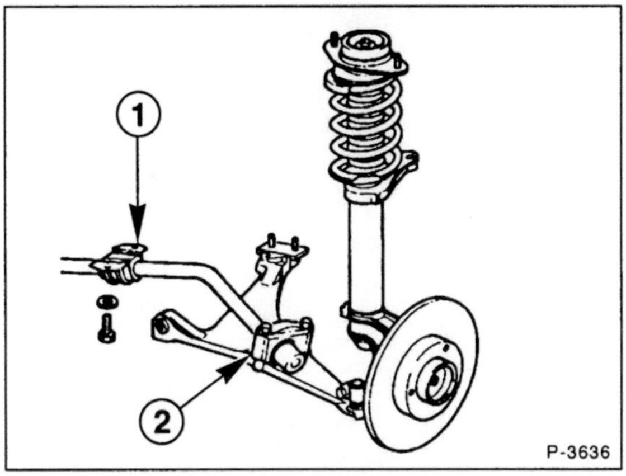


P-3636

- **Alle Modelle außer XSi:** Stabilisator an den Querlenkern abschrauben, dazu Befestigungsschrauben auf beiden Seiten abschrauben und Lager –2– abnehmen.

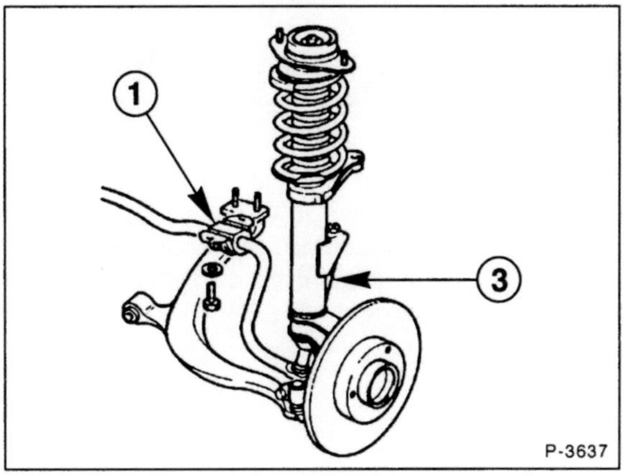


P-3637

- **XSi-Modelle:** Koppelstangen –3– von Querlenker abschrauben.
- Klemmschellen –1– am Unterboden abschrauben und Stabilisator abnehmen.

**Einbau**

**Alle Modelle außer XSi**

- Gummilager der Klemmschellen einfetten.
- Lager am Querlenker ansetzen und Befestigungsschrauben mit **25 Nm** anschrauben.

**XSi-Modelle**

- Stabilisator mit Koppelstangen am Federbein ansetzen und mit **25 Nm** anschrauben.
- Lager der Klemmschellen **nicht** einfetten.

- Klemmschellen am Unterboden ansetzen und mit **55 Nm** anschrauben.
- Fahrzeug ablassen, siehe Seite 226.

## Querlenker aus- und einbauen

**Ausbau**

- Fahrzeug vorn aufbocken, siehe Seite 226.

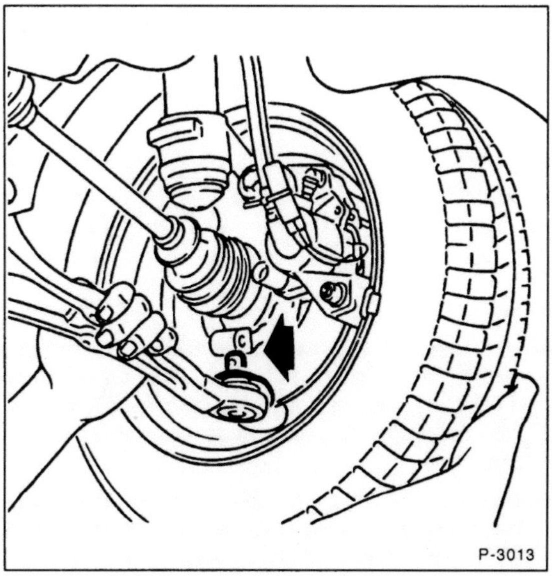

P-3013

- Die Befestigungsschraube des Achsschenkel-Kugelgelenkes abschrauben und Kugelgelenk –Pfeil– aus Achsschenkel ziehen. **Achtung:** Den Querlenker nur so weit nach unten ziehen, bis er aus dem Achsschenkel herausgleitet. Wird der Querlenker weiter nach unten gedrückt, löst sich der Bolzen der hinteren Querlenkerlagerung.
- **Alle Modelle ab 60 PS/44 kW außer XSi:** Stabilisator vom Querlenker abschrauben, siehe Kapitel »Stabilisator aus- und einbauen«.

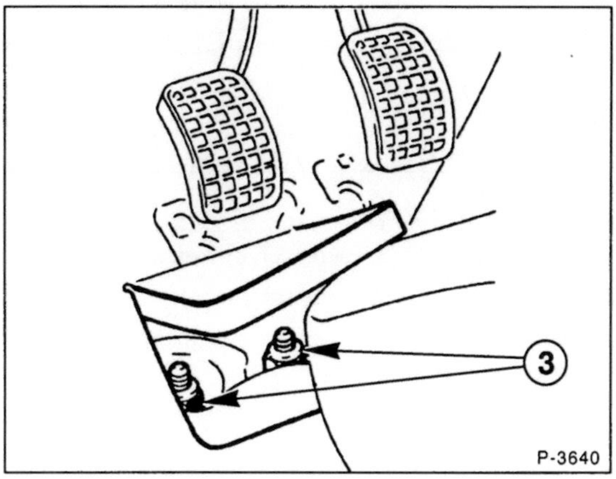


P-3640

- Im Fahrzeuginnenraum den Bodenteppich anheben und Dämmaterial zurückklappen.

- Befestigungsmuttern –3– abschrauben.

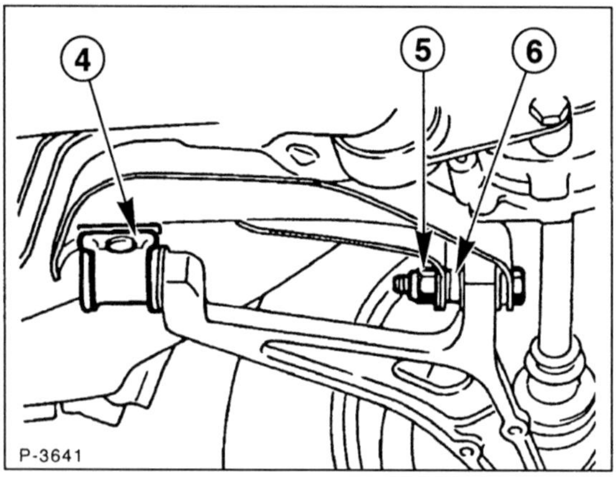

P-3641

- Mutter –5– abschrauben und Bolzen aus Querlenkerlager –6– herausziehen.
- Hinteres Lager –4– abnehmen und Querlenker herausnehmen.

**Einbau**

- Querlenker auf Verformung überprüfen und darauf achten, daß der Kugelkopf kein Spiel aufweist. Die Schutzmanschette und die elastischen Lagerbuchsen dürfen nicht beschädigt sein, sonst ist der Querlenker zu ersetzen.
- Darauf achten, daß die Auflageflächen der Querlenkerlager und die Befestigungsbolzen an der Karosserie sauber und frei von Steinschlagschutz sind, gegebenenfalls reinigen.

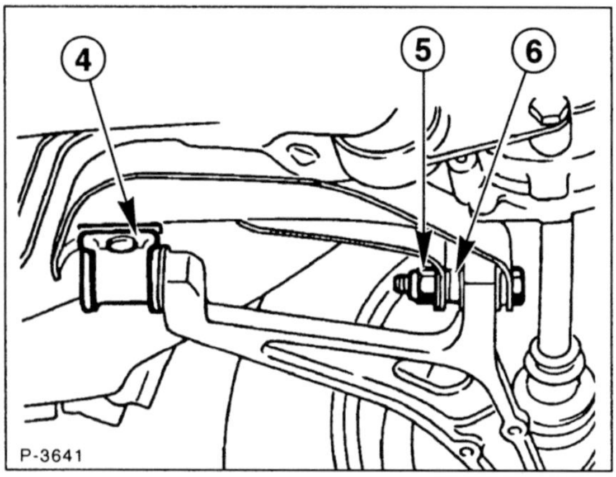

P-3641

- Querlenker ansetzen, Bolzen in Querlenkerlager –6– schieben und Mutter –5– mit **85 Nm** festschrauben.
- Hinteres Lager von unten ansetzen.
- Im Innenraum die Befestigungsmuttern ansetzen und mit **40 Nm** festschrauben.

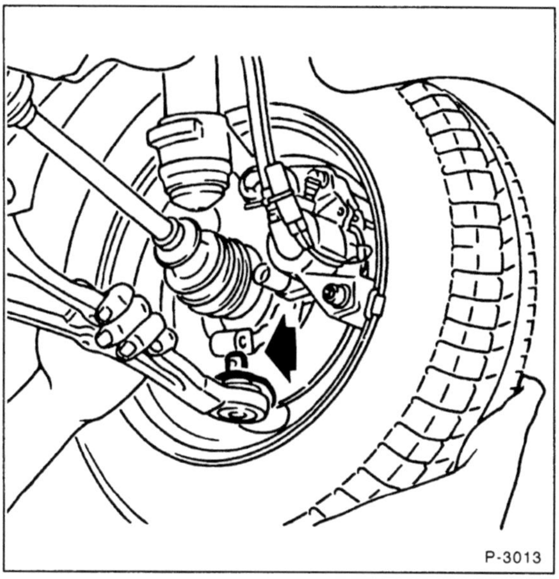
P-3013

- Kugelgelenk –Pfeil– in den Achsschenkel einführen. **Achtung:** Den Querlenker nur so weit nach unten ziehen, bis er aus dem Achsschenkel herausgleitet. Wird der Querlenker weiter nach unten gedrückt, löst sich der Bolzen der hinteren Querlenkerlagerung.
- Befestigungsschraube Kugelgelenk einsetzen und mit **neuer selbstsichernden** Mutter und **50 Nm** festschrauben.
- **Alle Modelle ab 60 PS/44 kW außer XSi:** Stabilisator am Querlenker anschrauben, siehe Kapitel »Stabilisator aus- und einbauen«.
- Fahrzeug ablassen, siehe Seite 226.
- Im Fahrzeuginnenraum Teppichboden wieder einlegen. **Achtung:** Darauf achten, daß das Dämmaterial und der Teppich sauber anliegen, damit die Pedale einwandfrei betätigt werden können.

# Radlager aus- und einbauen

Die vorderen Radlager sind wartungsfrei und müssen nicht eingestellt werden. Ein defektes Radlager macht sich durch Laufgeräusche und übermäßiges Spiel bemerkbar, teilweise auch durch Überhitzung (Öl läuft aus der Nabe). Da das Radlager eingepreßt ist, werden zum Ausbau geeignete Abzieher oder eine Handpresse benötigt. Bei wenig Erfahrung im Umgang mit diesen Werkzeugen sollte diese Arbeit von der Fachwerkstatt durchgeführt werden.

**Ausbau**

- Radschrauben bei auf dem Boden stehendem Fahrzeug lösen. Scheibenrad (Felge) zur Radnabe mit Farbe kennzeichnen. Dadurch kann das ausgewuchtete Rad wieder an gleicher Stelle montiert werden.
- Fahrzeug aufbocken und Vorderrad abnehmen.
- Bremsscheibe ausbauen, siehe Seite 134.
- **Alle Modelle ab 60 PS/44 kW außer XSi:** Stabilisator vom Querlenker abschrauben, siehe Seite 113.
- Gelenkwelle an der Radnabe ausbauen, siehe Seite 110.
- Wird eine Werkstattpresse verwendet, Federbein komplett ausbauen, siehe Seite 106.

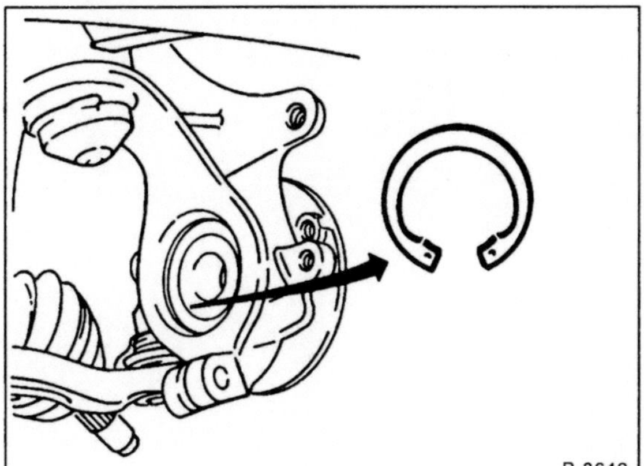

P-3642

- Sicherungsring an der Radnabeninnenseite mit Sicherungsringzange entfernen.
- Radnabe nach außen aus dem Achsschenkel pressen.

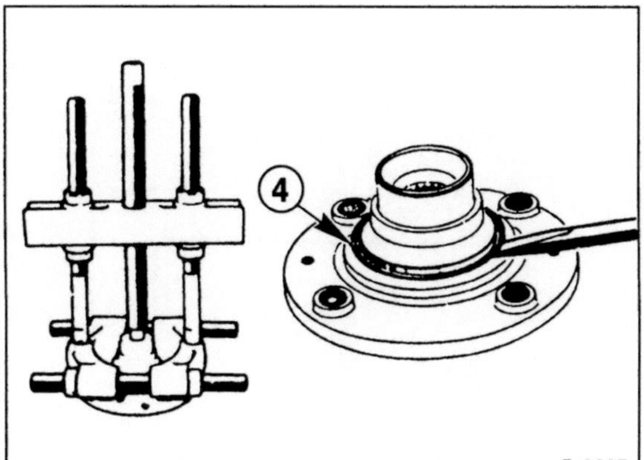

P-3627

- Dichtring –4– mit Schraubendreher abhebeln.
- Den auf der Nabe verbliebenen Innenring mit Werkzeug abziehen, siehe Abbildung.

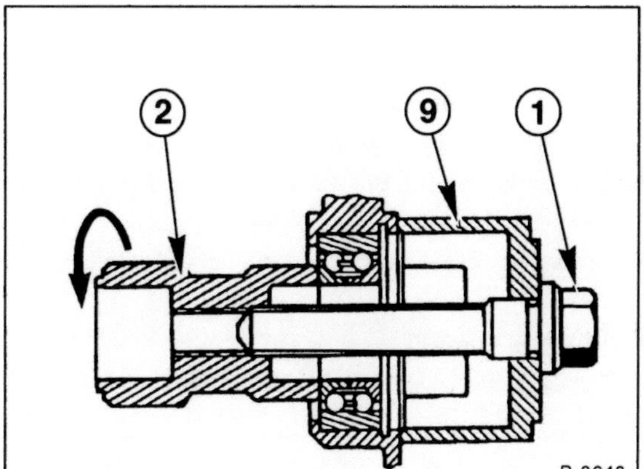

P-3643

- Den von der Nabe abgezogenen Innenring ins Lager einsetzen und Radlager mit PEUGEOT-Sonderwerkzeug –1– Schraube .0613B1, –2– Mutter .0613B2Z und –9– Anschlaghülse .0615EY nach innen aus dem Achsschenkel auspressen.

**Einbau**

- Achsschenkel sichtprüfen. Es dürfen keine Riefen auf dem Radlagersitz vorhanden sein, auch bei anderen Schäden ist der Achsschenkel zu ersetzen.
- Ein einmal ausgebautes Radlager darf nicht wieder verwendet werden.
- Der Kunststoffring des neuen Lagers darf nicht von Hand oder beim Einpressen des Radlagers entfernt werden, er wird beim Einpressen der Radnabe von dieser herausgepreßt.
- Radlagersitz fetten, neues Radlager einpressen.
- **Neuen** Sicherungsring in Achsschenkel einsetzen.

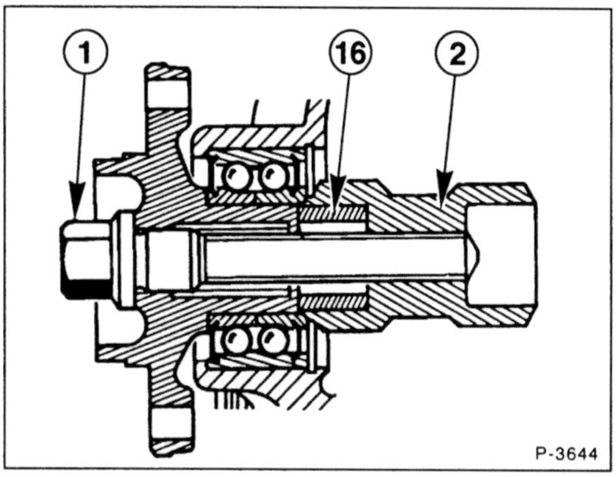


- Radnabe mit PEUGEOT-Sonderwerkzeug –1– Schraube .0613B1 und –2– Mutter .0613B2Z vorsichtig in das Radlager einziehen. Dabei wird der Kunststoffring –16– durch die Radnabe herausgepreßt.
- Falls ausgebaut, Federbein einbauen, siehe Seite 106.
- Gelenkwelle einbauen, siehe Seite 110.
- **Alle Modelle ab 60 PS/44 kW außer XSi:** Stabilisator am Querlenker anschrauben, siehe Seite 113.
- Bremsscheibe und Bremssattel einbauen, siehe Seite 134/132.
- Vorderrad anschrauben, dabei auf Markierung zur Radnabe achten.
- Fahrzeug ablassen.
- Radschrauben über Kreuz mit **85 Nm** festziehen.

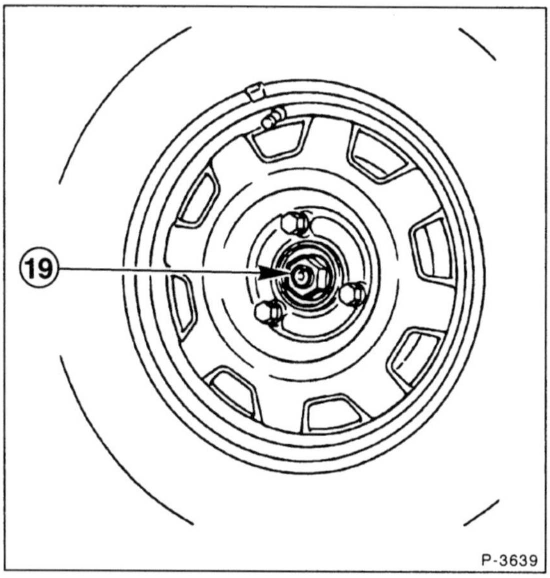


- Alte Radnabenmutter abschrauben und Gelenkwelle mit **neuer** Mutter –19– und **260 Nm** festschrauben. Unterlegscheibe nicht vergessen. **Achtung: Dabei muß das Fahrzeug gebremst werden und auf den Rädern stehen. Unfallgefahr!**
- Baldmöglichst Spur überprüfen, ggf. einstellen lassen.

# Hinterachse

Der Hinterachskörper des PEUGEOT 106 besteht aus einem Stahlrohr, an dem die beiden Längslenker drehbar gelagert sind. Im Stahlrohr befindet sich ein Stabilisator (nicht bei allen Modellen), der mit beiden Längslenkern verzahnt ist. Er verringert bei Kurvenfahrt die Aufbauneigung der Karosserie sowie das Abheben des kurveninneren Hinterrades.

Die Abfederung zwischen Hinterachse und Karosserie übernehmen zwei mit den Längslenkern verzahnte Drehstäbe mit separat angeordneten, hydraulischen Stoßdämpfern.

Die Radnaben besitzen eine Fettdauerfüllung und sind daher wie auch die gesamte Hinterachse wartungsfrei.

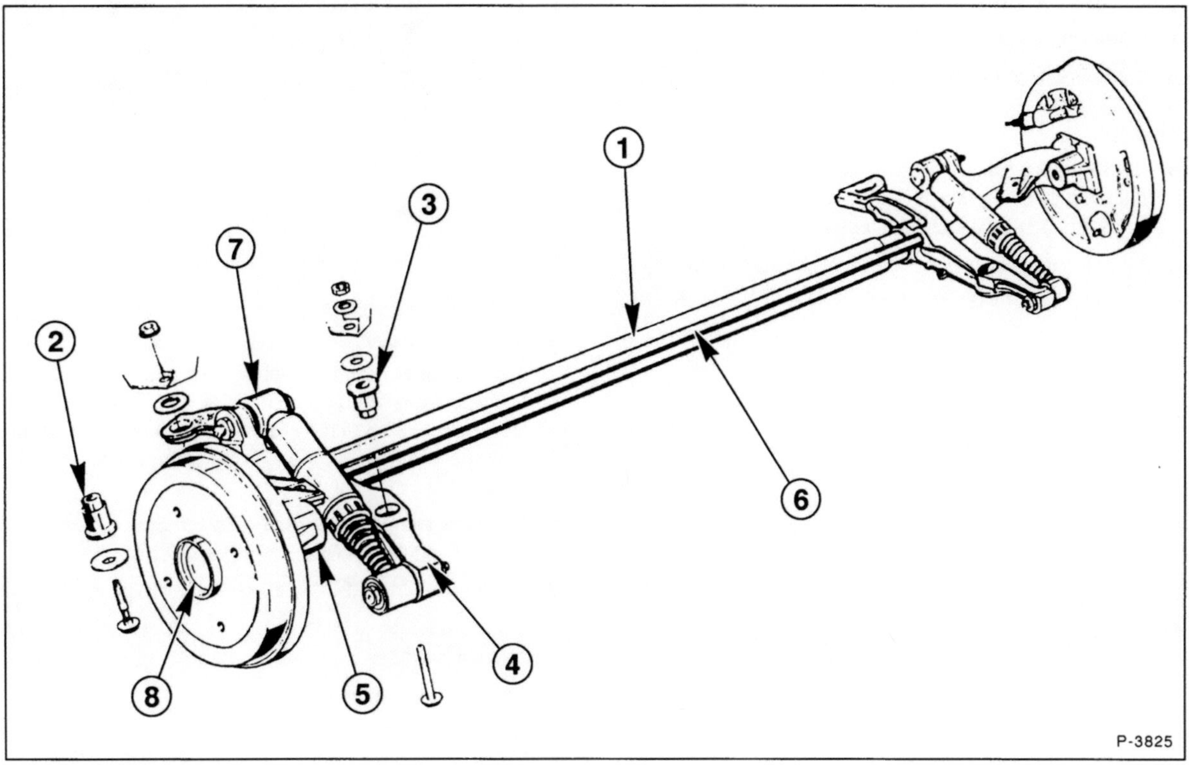


1 – **Hinterachsträgerrohr**
Mit integriertem Stabilisator.

2 – **Vorderes Gummilager**

3 – **Hinteres Gummilager**

4 – **Längsträger**

5 – **Längslenker**

6 – **Drehstab**

7 – **Stoßdämpfer**

8 – **Radnabe**

# Stoßdämpfer hinten aus- und einbauen

Haben die Stoßdämpfer eine Laufleistung von über 80.000 km, so sollten diese aus Sicherheitsgründen nur noch paarweise ausgetauscht werden. Stoßdämpfer prüfen, siehe Seite 118.

### Ausbau

- Fahrzeug hinten aufbocken, siehe Seite 226.

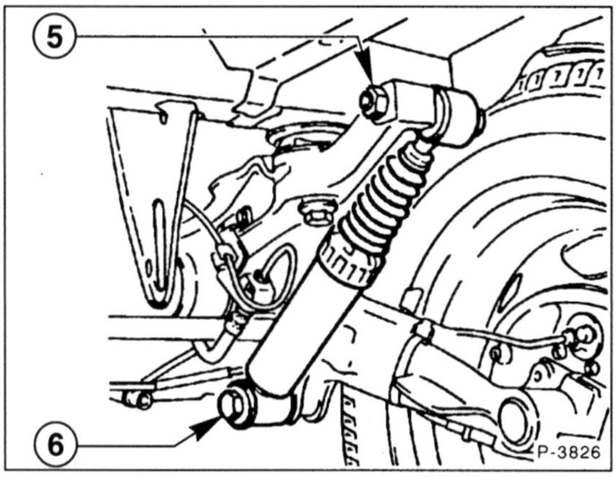


- Mutter –5– am oberen Stoßdämpferlager abschrauben und Schraube herausziehen.
- Schraube –6– abschrauben.
- Stoßdämpfer abnehmen.

### Einbau

- Stoßdämpfer prüfen, gegebenenfalls ersetzen. Stoßdämpfer auch ersetzen, wenn die Gummilager des Stoßdämpfers ausgeschlagen oder porös sind.
- Stoßdämpfer einsetzen. Befestigungsschraube –6– mit **110 Nm** und Schraube mit Mutter –5– mit **90 Nm** festschrauben.

# Stoßdämpfer prüfen

Folgende Fahreigenschaften weisen auf defekte Stoßdämpfer hin:

- Langes Nachschwingen der Karosserie bei Bodenunebenheiten.
- Aufschaukeln der Karosserie bei aufeinander folgenden Bodenunebenheiten.
- Aufbäumen des Fahrzeuges beim Beschleunigen.
- Springen der Räder bereits auf normaler Fahrbahn.
- Ausbrechen des Fahrzeuges beim Bremsen (kann auch andere Ursachen haben).
- Kurvenunsicherheit durch mangelnde Spurhaltung, Schleudern des Fahrzeuges.
- Poltergeräusche während der Fahrt.

Der Stoßdämpfer kann von Hand geprüft werden. Eine genaue Überprüfung der Stoßdämpferleistung ist jedoch nur mit einem Shock-Tester oder einer Stoßdämpfer-Prüfmaschine möglich.

### Prüfung von Hand

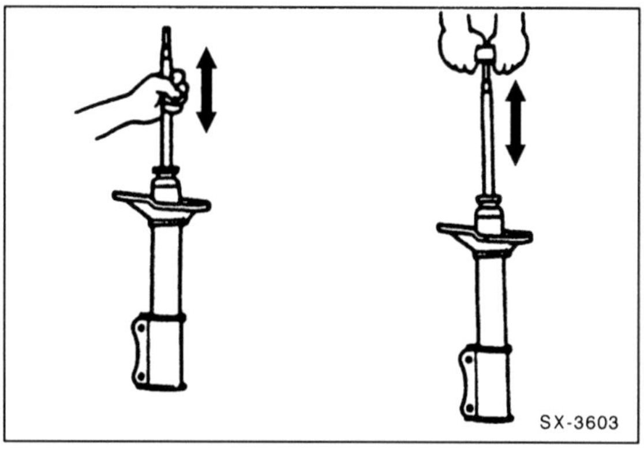


- Stoßdämpfer ausbauen.
- Stoßdämpfer in Einbaulage halten, Stoßdämpfer mindestens 3mal auseinanderziehen und zusammendrücken. Der Stoßdämpfer muß sich dabei über den gesamten Hub gleichmäßig schwer und ruckfrei bewegen lassen, außerdem dürfen keine ungewöhnlichen Geräusche auftreten.
- Bei einwandfreier Funktion sind geringe Spuren von Stoßdämpferöl kein Grund zum Austausch.
- Bei starkem Ölverlust Stoßdämpfer austauschen.
- Die Gummilager des Stoßdämpfers dürfen nicht ausgeschlagen sein.
- Stoßdämpfer einbauen.

## Bremstrommel/Radlager aus- und einbauen

Ein defektes Radlager macht sich durch Laufgeräusche und übermäßiges Spiel bemerkbar. Das Radlager ist nicht einstellbar.

**Ausbau**

- Radkappe abmontieren.

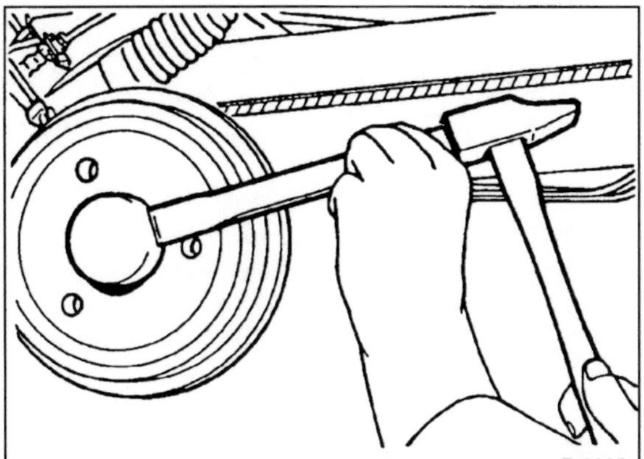

P-3827

- Abdichtkappe vorsichtig mit einem Hammer und einem Meißel von der Radnabe abhebeln.

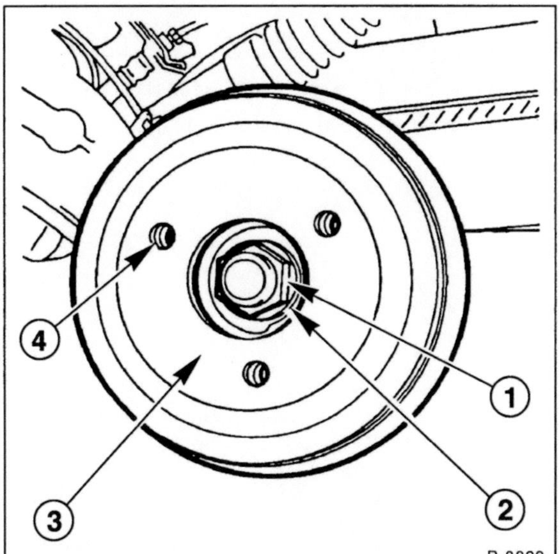


P-3828

- Radnabenmutter –1– lösen, nicht abschrauben. **Achtung:** Unfallgefahr, da hohes Drehmoment! Nur stabiles Werkzeug verwenden.
- Radschrauben bei auf dem Boden stehendem Fahrzeug lösen. Scheibenrad (Felge) zur Radnabe mit Farbe kennzeichnen. Dadurch kann das ausgewuchtete Rad wieder an gleicher Stelle montiert werden.
- Fahrzeug aufbocken und Hinterräder abnehmen.
- Radnabenmutter –1– abschrauben und Unterlegscheibe –2– abnehmen, siehe Abbildung P-3828.
- Bremstrommel –3– abnehmen, Handbremse muß dabei gelöst sein.

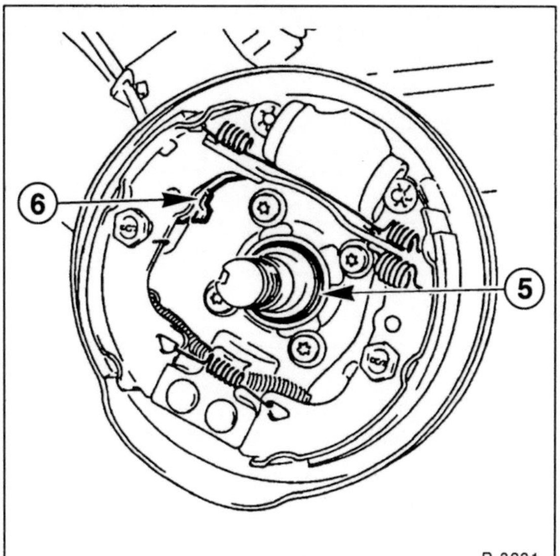


P-3831

- Läßt sich die Bremstrommel nicht abziehen, automatische Nachstellvorrichtung –6– durch eine Gewindebohrung der Radschrauben –4– (Abbildung P-3828) mit einem Schraubendreher zurückstellen.
- Dichtung –5– von Achszapfen abziehen.

**Radlager aus Bremstrommel auspressen**

- Bremstrommel prüfen. Bei eingelaufener Bremstrommel, Radlager mit Bremstrommel ersetzen.

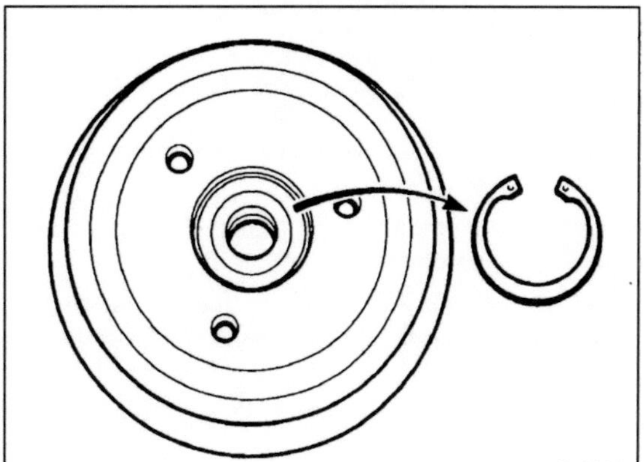

P-3829

- Lagersicherungsring mit einer Spezialzange ausbauen.

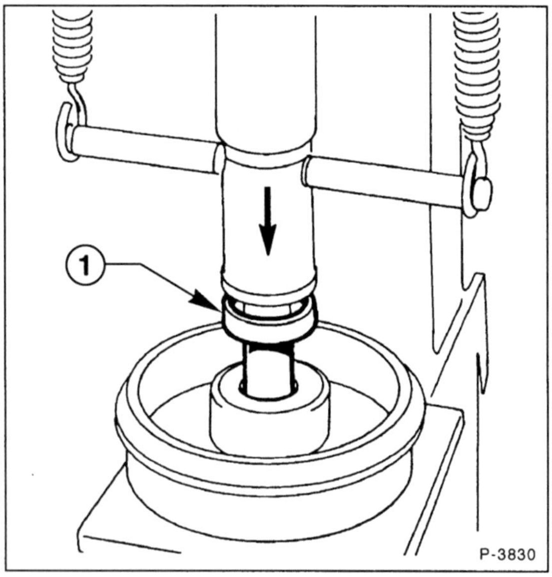


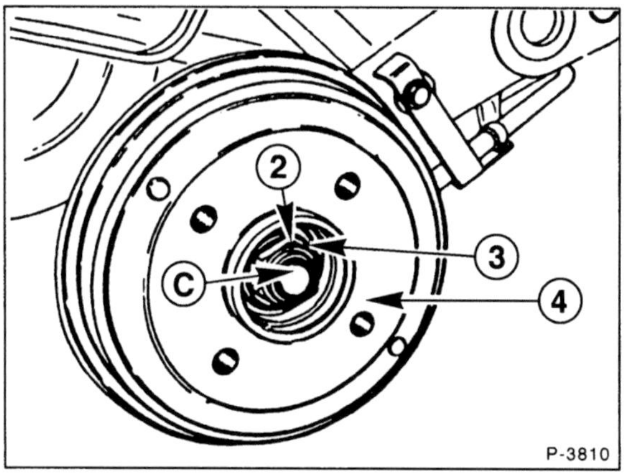


- Ist die Bremstrommel in Ordnung, Radlager mit einer Preßvorrichtung und einer Montagehülse –1–, PEUGEOT-Spezialwerkzeug .0533B, aus der Bremstrommel nach unten ausdrücken. Steht diese Montagehülse nicht zur Verfügung, kann auch ein geeignetes Rohr genommen werden. **Achtung:** Ein einmal ausgepreßtes Lager muß grundsätzlich ersetzt werden.
- Vor dem Einpressen des neuen Lagers, Lagersitz auf Beschädigungen (Riefen) überprüfen, gegebenenfalls Bremstrommel ersetzen. Lageraufnahme mit Molykote-Fett bestreichen.
- Lager bis zum Anschlag mit Montagehülse in die Bremstrommel einpressen.
- Stützteller –1– für Dichtring mit Montagedorn einschlagen, siehe Abbildung.
- Sicherungsring einsetzen.

**Einbau**

- Neue Dichtung und Achszapfen mit Mehrzweckfett einfetten. Dichtung einbauen.
- Stützteller –5– des Dichtrings muß am Radlager montiert sein.
- Achszapfen ganz leicht schmieren, die Werkstätten verwenden hierzu einen Gleitlack, damit das Radlager besser gleitet.
- Bremstrommel –4– mit Radlager auf den Achsschenkel aufsetzen.
- Scheibe –3– zwischenlegen, **neue Mutter** –2– mit **140 Nm** festschrauben. **Achtung:** Unfallgefahr, da hohes Drehmoment! Nur stabilen Drehmomentschlüssel verwenden.
- Bund der Nabenmutter mit geeignetem Durchschlag mit der Nut des Achszapfens verstemmen (Verdrehsicherung), siehe –C– in der Abbildung.
- Neue Kappe mit Gummihammer vorsichtig auf Radnabe auftreiben.
- Vorderrad anschrauben, dabei auf Markierung zur Radnabe achten.
- Fahrzeug ablassen.
- Radschrauben über Kreuz mit **85 Nm** festziehen.
- Handbremse einstellen, siehe Seite 142.

## Hinterachse aus- und einbauen

Zum Ausbau werden ein hydraulischer Werkstattwagenheber oder eine Viersäulenhebebühne benötigt, damit die Achse gleichmäßig abgesenkt werden kann. Das Zerlegen/Einstellen der Hinterachse sollte der Fachwerkstatt vorbehalten bleiben.

**Ausbau**

- Im Innenraum Hutablage, Rücksitzbank mit Rückenlehne und den Kofferraum-Teppichboden ausbauen, siehe Seite 172.
- Fahrzeug hinten aufbocken, siehe Seite 226.
- Abgasanlage ausbauen, siehe Seite 88.
- Reserverad ausbauen.

P-3832

- Links und rechts Bremsschläuche zum Achskörper an den Schlauchkupplungen –Pfeil– abschrauben und verschließen.

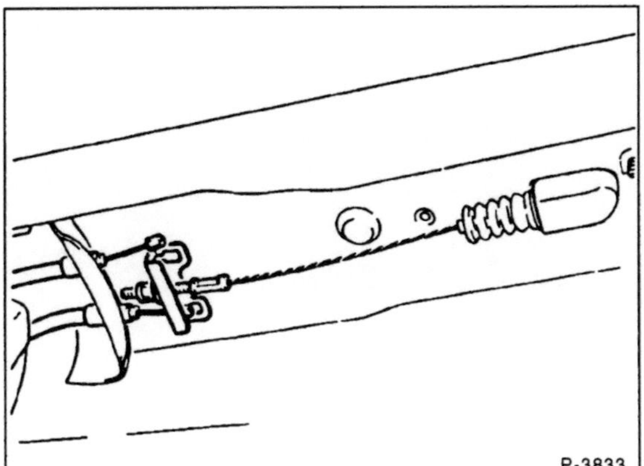

P-3833

- Handbremse lösen und Handbremsseile an der Bremsausgleichvorrichtung aushängen. Bremsseilzüge aus Widerlager herausziehen.

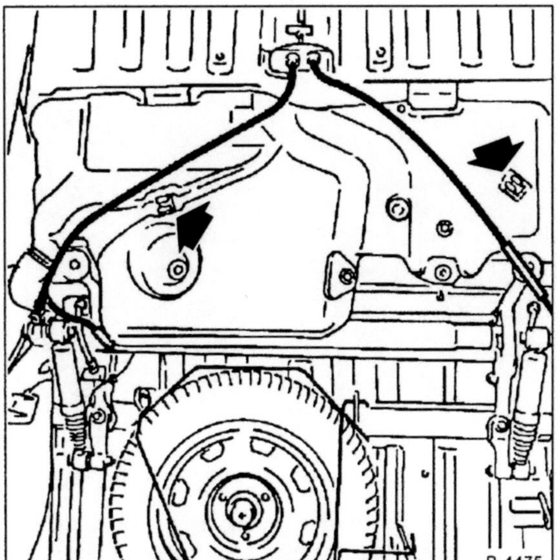

P-4475

- Handbremsseil aus Halterung –Pfeile– herausziehen.
- Hinterachskörper mit Werkstattwagenheber abstützen, beziehungsweise bei Verwendung einer Hebebühne mit einem Hebebühnenlift abstützen.

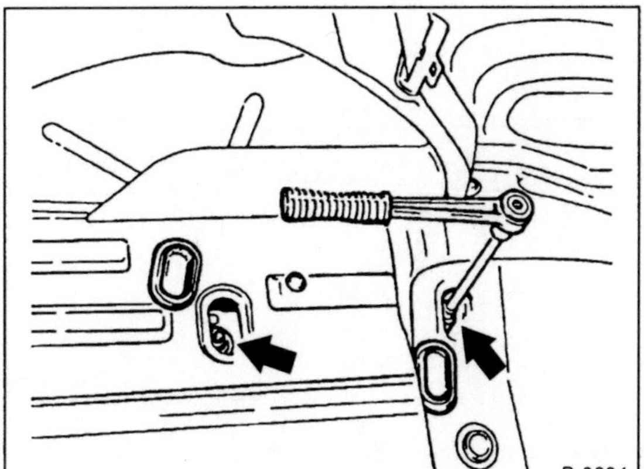

P-3834

- Im Kofferraum die Schraubenabdeckungen abnehmen und die vier Befestigungsmuttern –Pfeile– der Hinterachse abschrauben.
- Hinterachse vorsichtig absenken.

**Einbau**

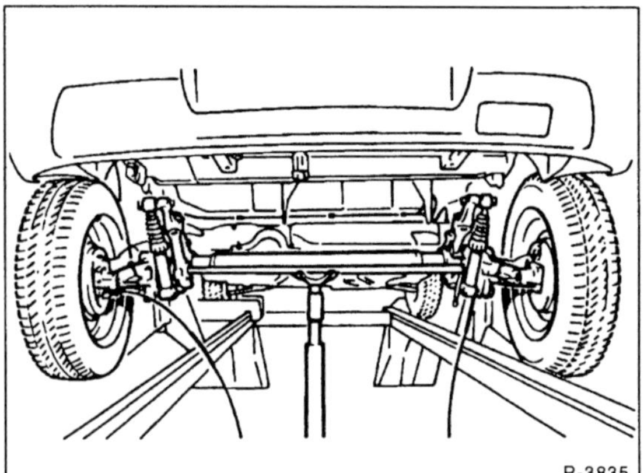
P-3835

- Hinterachse von unten ansetzen und in Einbaulage bringen, dabei müssen alle Befestigungsbolzen in die Schraubenlöcher eingreifen. **Achtung:** Darauf achten, daß beim Anheben der Hinterachse die Bremsleitungen nicht eingeklemmt oder beschädigt werden.

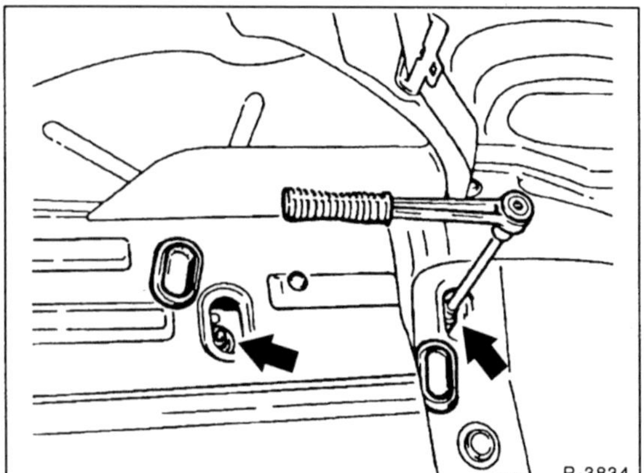
P-3834

- **Neue selbstsichernde Muttern** auf beiden Seiten mit **85 Nm** festziehen.
- Abgasanlage mit Befestigungen einbauen, siehe Seite 88.
- Bremsleitungen der Hinterachse an den Bremsschläuchen anschließen. **Achtung:** Anschließend Bremse entlüften, siehe Seite 139.
- Handbremsseilzüge am Widerlager einhängen und Handbremsseile an der Bremsausgleichvorrichtung einhängen. Handbremse einstellen, siehe Seite 142.
- Reserverad einbauen.
- Fahrzeug ablassen, siehe Seite 226.
- Im Innenraum Hutablage, Rücksitzbank mit Rückenlehne und den Kofferraum-Teppichboden einbauen, siehe Seite 172.

---

**Achtung, Sicherheitskontrolle durchführen:**

- Sind die Bremsschläuche festgezogen?
- Befindet sich der Bremsschlauch in der Halterung?
- Sind die Entlüftungsschrauben angezogen?
- Ist genügend Bremsflüssigkeit eingefüllt?
- Bei laufendem Motor Dichtheitskontrolle durchführen. Hierzu Bremspedal mit 200 bis 300 N (entspricht ca. 20 bis 30 kg) etwa 10 sec. betätigen. Das Bremspedal darf nicht nachgeben. Sämtliche Anschlüsse auf Dichtheit prüfen.

---

- Anschließend einige Bremsungen auf Straßen mit geringem Verkehr durchführen.

# Lenkung

Die Lenkung besteht im wesentlichen aus dem Lenkrad, der Lenksäule, dem Zahnstangen-Lenkgetriebe und den Spurstangen. Die Lenksäule überträgt die Lenkbewegungen auf das Lenkgetriebe. Über eine Verzahnung im Lenkgetriebe wird die Zahnstange entsprechend dem Lenkradeinschlag nach links oder rechts bewegt. Spurstangen, die am mittig angebrachten Mitnehmer der Zahnstange befestigt sind, übertragen die Lenkkräfte über die Achsschenkel auf die Räder. Durch die mittige Anlenkung der Spurstangen wird beim Einfedern der Vorderräder nur eine geringe Spurveränderung verursacht, was Vorteile im Hinblick auf ein gutes Fahrverhalten und einen geringen Reifenverschleiß erbringt.

Die Zahnstangenlenkung ist leichtgängig und spielfrei von Anschlag zu Anschlag. Sie ist wartungsfrei, jedoch muß die Dicht-Manschette auf einwandfreien Zustand geprüft werden.

Je nach Modell oder Ausstattung wird die Bedienung der Lenkung durch eine hydraulische Lenkhilfe erleichtert. Die hydraulische Lenkhilfe (Servolenkung) sorgt dafür, daß der Kraftaufwand beim Einschlagen der Lenkung möglichst gering gehalten wird. Die Lenkhilfe besteht aus der Ölpumpe, dem Vorratsbehälter und den Öldruckleitungen. Angetrieben wird die Ölpumpe über einen Keilriemen. Die Pumpe saugt das Hydrauliköl aus dem Vorratsbehälter an und fördert es mit hohem Druck zum Ventilkörper. Der Ventilkörper sitzt im Lenkgetriebe. Er ist mit der Lenksäule verbunden und leitet das Öl je nach Lenkeinschlag in die entsprechende Seite des Arbeitszylinders. Dort drückt das Öl gegen den Zahnstangenkolben und unterstützt dadurch die Lenkbewegung. Gleichzeitig preßt der Kolben das Öl auf der anderen Seite des Arbeitszylinders zurück zum Nachfüllbehälter.

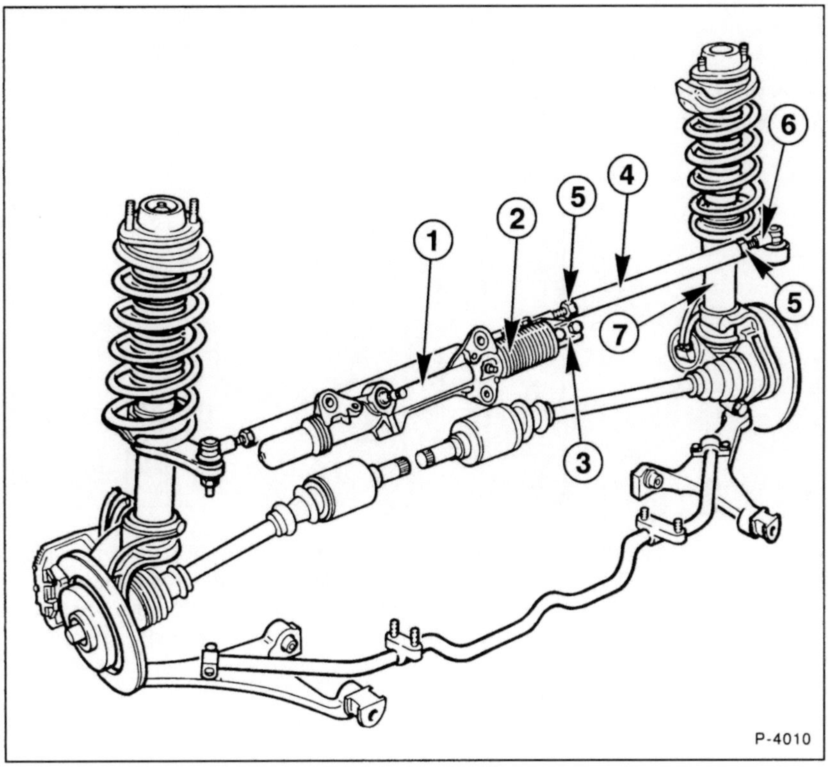


**1 – Lenkgetriebe**
**2 – Manschette**
**3 – Spurstangenmitnehmer**
**4 – Spurstange**
**5 – Kontermutter**
**6 – Spurstangenkopf**
**7 – Achsschenkel**

**Achtung: Die angegebenen Drehmomente sind unbedingt einzuhalten. Selbstsichernde Muttern an der Lenkung immer ersetzen. Schweiß- und Richtarbeiten an Lenkungsteilen sind nicht zulässig. Bei mangelnder Erfahrung sollten Arbeiten an der Lenkung der PEUGEOT-Werkstatt vorbehalten bleiben.**

## Lenkrad aus- und einbauen

**Ausbau**

- Räder in Geradeausstellung bringen.

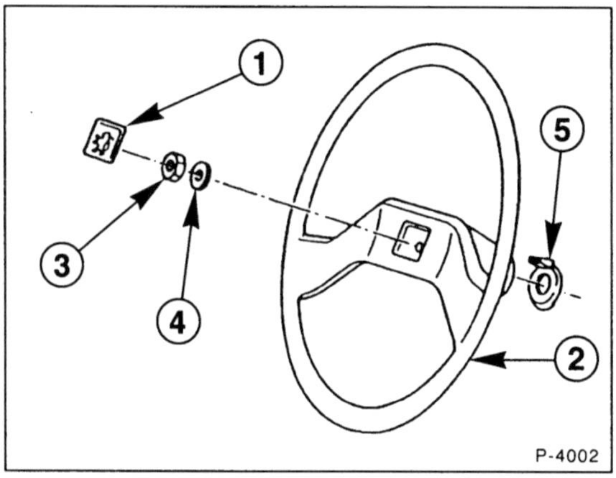


- Lenkradabdeckung –1– mit schmalem Schraubendreher nach vorn aus dem Lenkrad heraushebeln.
- Mutter –3– für Lenkrad abschrauben und mit Scheibe –4– abnehmen.
- Stellung des Lenkrades zur Lenkspindel markieren. Dazu mit einem Filzstift einen Strich über Lenkrad und Lenkspindel ziehen.
- Lenkrad mit den Handballen von der Lenksäule abschlagen. Dazu ist eine kräftige Person erforderlich, da das Lenkrad recht fest sitzt.
- Kappe –5– abnehmen.

**Einbau**

- Kappe –5– gerade aufsetzen.
- Lenkrad entsprechend der Markierung auf die Verzahnung schieben.
- Scheibe –4– Lenkradmutter ansetzen und mit **40 Nm** festschrauben.
- Lenkradabdeckung –1– aufdrücken.
- Probefahrt auf gerader Straße durchführen. Falls das Lenkrad bei Geradeausfahrt schräg steht, Lenkrad entsprechend umsetzen. Dies ist auch wichtig für eine einwandfreie Funktion der Blinkerrückstellung.

## Spurstangengelenk aus- und einbauen

**Ausbau**

- Radschrauben bei auf dem Boden stehendem Fahrzeug lösen.
- Scheibenrad (Felge) zur Radnabe mit Farbe kennzeichnen. Dadurch kann das ausgewuchtete Rad wieder an gleicher Stelle eingebaut werden.
- Fahrzeug vorn aufbocken und Rad abnehmen.

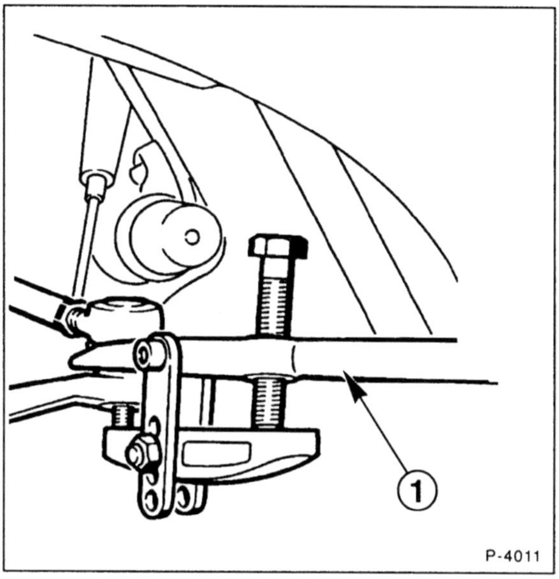


- Selbstsichernde Mutter vom Spurstangengelenk abschrauben. Spurstangengelenk mit handelsüblichem Ausdrücker –1– am Achsschenkel ausdrücken.

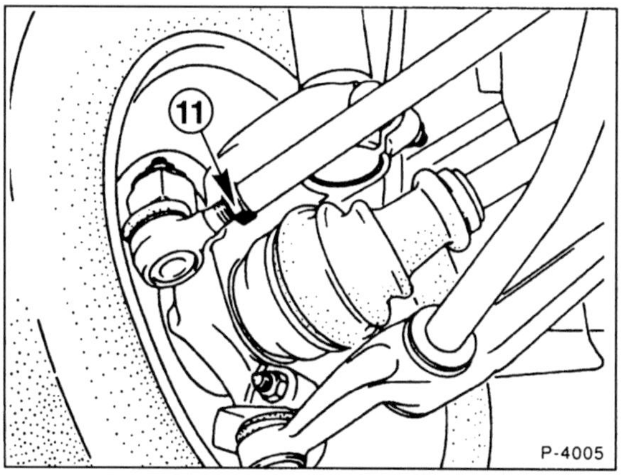


- Kontermutter –11– lösen und Spurstangengelenk von der Spurstange abschrauben. **Achtung:** Umdrehungen notieren, um Gelenk beim Einbau gleich weit aufschrauben zu können. Abbildung zeigt Spurstange in eingebautem Zustand.

**Einbau**

- Spurstangengelenk entsprechend der gezählten Umdrehungen aufschrauben, Kontermutter noch nicht festziehen.
- Gelenk in den Lenkhebel einsetzen und **neue selbstsichernde Mutter** mit **40 Nm** festziehen.
- Rad anschrauben, dabei auf Markierung zur Radnabe achten. Fahrzeug ablassen und Radschrauben über Kreuz mit **85 Nm** festziehen.
- Spureinstellung überprüfen und Kontermutter am Spurstangengelenk mit **40 Nm** festziehen. Soll die Spureinstellung in Fachwerkstatt überprüfen werden, Kontermutter vor der Fahrt mit **40 Nm** festziehen.

## Gummimanschette am Lenkgetriebe aus- und einbauen

**Ausbau**

- Fahrzeug vorn aufbocken, siehe Seite 226.

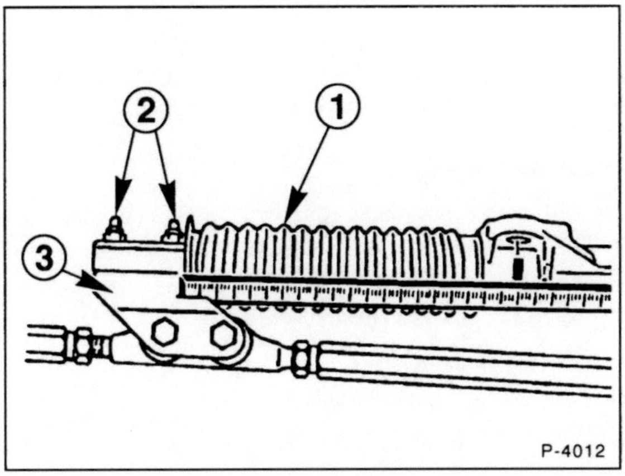


- Schlauchschellen an beiden Enden der Manschette –1– lösen.
- Befestigungsmuttern –2– des Spurstangenmitnehmers – 3– abschrauben und Mitnehmer abnehmen.
- Gummimanschette –1– von Lenkgetriebe abziehen.

**Achtung:** Falls Schmutz in das Lenkgetriebe eingedrungen ist, wovon man in der Regel ausgehen kann, wenn bereits eine Zeitlang mit defekter Manschette gefahren wurde, Fettfüllung im Lenkgetriebe erneuern. Eingedrungene Schmutzpartikel, mit dem Fett vermischt, wirken wie Schleifpaste und können das Lenkgetriebe über kurz oder lang zerstören.

- Manschette ausbauen und vom Lenkgetriebe abziehen, Lenkrad langsam nach beiden Seiten drehen und dadurch das Schmierfett aus dem Lenkgetriebe herausdrücken. Das Fett wird dadurch zwar nicht ganz, aber doch in ausreichender Menge herausgedrückt.

**Einbau**

- Gummimanschette innen am Bund etwas fetten und über die Zahnstange aufziehen.
- Spezialfett für Lenkgetriebe von PEUGEOT seitlich in das Lenkgetriebe einfüllen. Dabei soviel Fett einfüllen, wie aus dem Lenkgetriebe entfernt wurde. Zur Erleichterung des Einfüllvorgangs Zahnstange hin- und herbewegen.
- Gummimanschette auf das Lenkgetriebe aufziehen.
- Manschette mit Schlauchschelle befestigen.
- Spurstangenmitnehmer ansetzen und mit **neuen selbstsichernden Muttern** anschrauben.
- Selbstsichernde Muttern mit **35 Nm** festziehen.
- Fahrzeug ablassen, siehe Seite 226.

# Fahrzeugvermessung

Optimale Fahreigenschaften und geringster Reifenverschleiß sind nur dann zu erzielen, wenn die Stellung der Räder einwandfrei ist. Bei erhöhter und ungleichmäßiger Reifenabnutzung sowie mangelhafter Straßenlage – bei schlechter Richtungsstabilität in Geradeausfahrt sowie schlechten Lenkeigenschaften in Kurvenfahrt – sollte die Werkstatt aufgesucht werden, um den Wagen optisch vermessen zu lassen.
Die Fahrzeugvermessung kann ohne eine entsprechende Meßanlage nicht durchgeführt werden. Ich beschränke mich deshalb hier auf die Beschreibung der für die Vermessung erforderlichen Grundbegriffe.

### Spur/Sturz/Spreizung/Nachlauf

Als **Spur** bezeichnet man den seitlichen Abstand der Räder voneinander. Vorspur bedeutet, daß die Räder – in Höhe des Radmittelpunktes gemessen – vorn etwas enger zusammenstehen als hinten. Nachspur bedeutet, daß die Vorderräder vorn etwas weiter auseinanderstehen als hinten.
Sturz und Spreizung vermindern die Übertragung von Fahrbahnstößen auf die Lenkung und halten bei Kurvenfahrt die Reibung möglichst gering.

**Sturz** ist der Winkel, um den die Radebene von der Senkrechten abweicht. Die Vorderräder stehen also schräg, bei negativem Sturz beispielsweise im Radaufstandspunkt mehr auseinander als oben.

**Die Spreizung** ist der Winkel zwischen der Schwenkachse des Achsschenkels und der gedachten Senkrechten im Aufstandspunkt des Reifens, in Längsrichtung des Wagens gesehen.

**Nachlauf** ist der Winkel zwischen der Schwenkachse des Achsschenkels und der Senkrechten im Reifenaufstandspunkt in Querrichtung des Fahrzeuges gesehen. Der Nachlauf beeinflußt maßgeblich die Geradeausführung der Vorderräder. Zu geringer Nachlauf begünstigt ein Abweichen aus der Fahrtrichtung auf schlechten Straßen oder bei Seitenwind und läßt zudem nach der Kurvenfahrt die Lenkung nicht weit genug zur Mittelstellung zurücklaufen.

### Prüfvoraussetzungen

Zur Fahrzeugvermessung wird eine Meßgrube oder eine Meß-Hebebühne benötigt. Bei jeder Vermessung müssen folgende Voraussetzungen erfüllt sein:

- Vorschriftsmäßiger Reifenfülldruck
- Fahrzeug unbeladen
- Fahrzeug vorher kräftig durchgefedert
- Kein unzulässiges Spiel im Lenkgestänge
- Kein unzulässiges Spiel in der Radaufhängung
- Höhen- bzw. Seitenschlag der Felgen darf nicht mehr als 3 mm betragen

Nachlauf und Sturz können beim PEUGEOT 106 nur kontrolliert werden. Liegt ein gemessener Wert außerhalb der Toleranz, sind Vorderachsteile beschädigt oder verschlissen.

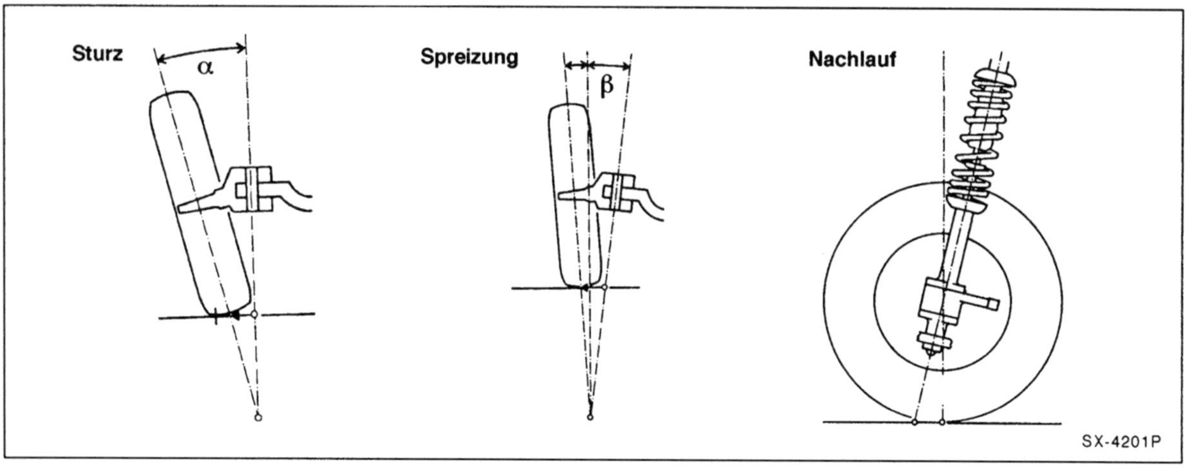

# Bremsanlage

Das hydraulische Fußbremssystem besteht aus dem Hauptbremszylinder, dem Bremskraftverstärker sowie Scheibenbremsen für die Vorderräder und Trommelbremsen für die Hinterräder.

Die Scheibenbremsen sind je nach Motor und Ausstattung zur besseren Kühlung innenbelüftet. Die Trommelbremsen an der Hinterachse sind selbstnachstellend.

Das Bremssystem ist in zwei Kreise aufgeteilt, die diagonal wirken. Ein Bremskreis arbeitet vorn rechts/hinten links, der zweite vorn links/hinten rechts. Dadurch bremst bei Ausfall eines Bremskreises trotzdem noch ein Vorderrad und das entgegengesetzte Hinterrad; das Fahrzeug kann zum Stehen gebracht werden.

Der Druck für beide Bremskreise wird im Hauptbremszylinder über das Bremspedal aufgebaut. Über dem Hauptbremszylinder sitzt der Vorratsbehälter für die Bremsflüssigkeit, dessen Füllmenge regelmäßig kontrolliert werden sollte.

Der Bremskraftverstärker speichert einen Teil des vom Motor erzeugten Ansaug-Unterdruckes. Über entsprechende Ventilsteuerungen wird dann bei Bedarf die Pedalkraft durch den Unterdruck verstärkt. Der Dieselmotor besitzt eine spezielle Unterdruckpumpe, die seitlich am Motor angeflanscht ist und den Unterdruck für den Bremskraftverstärker erzeugt.

Die Handbremse wirkt über Seilzüge auf die Bremsbeläge der Hinterrad-Trommelbremse.

Die Hinterradbremszylinder besitzen integrierte Bremsdruckregler. Die Druckregler arbeiten nach dem Trägheitsprinzip und sorgen dafür, daß beim scharfen Bremsen die Hinterräder nicht überbremst werden (blockieren). Die Radbremszylinder können nicht zerlegt werden; bei einem Defekt sind sie komplett auszutauschen.

Für den PEUGEOT 106 kommen Scheibenbremssättel von den Firmen TEVES oder BENDIX zum Einsatz. Beim Wechseln der Bremsbeläge sind daher unterschiedliche Arbeitsschritte erforderlich.

Je nach Modell und Ausstattung ist der PEUGEOT 106 mit einem elektronischen Antiblockiersystem (ABS) ausgerüstet. Die Arbeitsanweisungen gelten auch für dieses Bremssystem.

Beim Reinigen der Bremsanlage fällt Bremsstaub an. Dieser Staub kann zu gesundheitlichen Schäden führen. Deshalb beim Reinigen der Bremsanlage darauf achten, daß der Bremsstaub nicht eingeatmet wird.

Die Bremsbeläge sind Bestandteil der Allgemeinen Betriebserlaubnis (ABE), außerdem sind sie vom Werk auf das jeweilige Fahrzeugmodell abgestimmt. Es empfiehlt sich des-

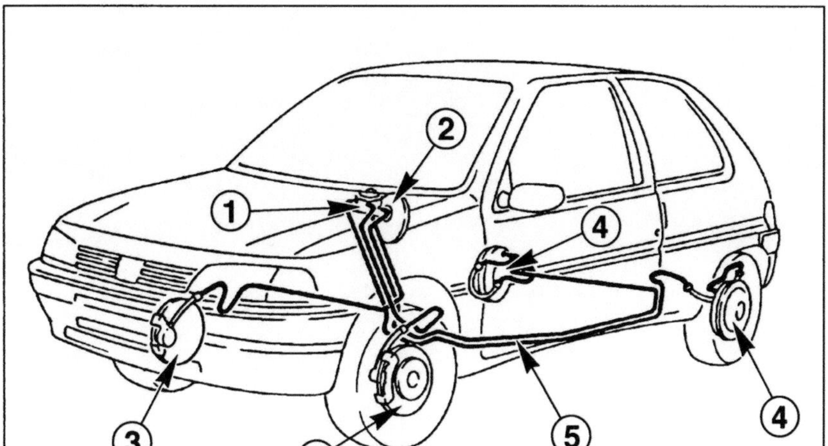


**1 – Hauptbremszylinder mit Bremsflüssigkeitsbehälter**
**2 – Bremskraftverstärker**
**3 – Scheibenbremse**
**4 – Trommelbremse**
**5 – Bremsleitung**

halb, nur von PEUGEOT beziehungsweise vom Kraftfahrtbundesamt freigegebene Bremsbeläge zu verwenden. Diese Bremsbeläge haben eine KBA-Freigabenummer.

**Das Arbeiten an der Bremsanlage erfordert peinliche Sauberkeit und exakte Arbeitsweise. Falls die nötige Arbeitserfahrung fehlt, sollten die Arbeiten an der Bremsanlage von einer Fachwerkstatt durchgeführt werden.**

**Hinweis:** Auf stark regennassen Fahrbahnen sollte während des Fahrens die Bremse von Zeit zu Zeit betätigt werden, um die Bremsscheiben von Rückständen zu befreien. Durch die Zentrifugalkraft wird zwar das Wasser von den Bremsscheiben geschleudert, doch bleibt teilweise ein dünner Film von Silikon, Gummiabrieb, Fett und Verschmutzungen zurück, der das Ansprechen der Bremse vermindert.

Wird das Fahrzeug nach einer Regenfahrt abgestellt, insbesondere im Winter bei Streusalzeinwirkung, ist es zweckmäßig, die Bremse vorher mit leichter Pedalkraft bis zum Stillstand zu betätigen. Dadurch trocknen die Bremsscheiben und können nicht so leicht korrodieren.

Nach dem Einbau von neuen Bremsbelägen müssen diese eingebremst werden. Während einer Fahrtstrecke von rund 200 km sollten unnötige Vollbremsungen unterbleiben.

Korrodierte Scheibenbremsen erzeugen beim Abbremsen einen Rubbeleffekt, der sich auch durch längeres Abbremsen nicht beseitigen läßt. In diesem Fall müssen die Bremsscheiben erneuert werden.

Eingebrannter Schmutz auf den Bremsbelägen und zugesetzte Regennuten in den Bremsbelägen führen zur Riefenbildung auf den Bremsscheiben. Dadurch kann eine verminderte Bremswirkung eintreten.

## Bremssattelfabrikate im PEUGEOT 106

Mit dieser Aufstellung kann das Bremsfabrikat am eigenen Fahrzeug anhand des Bremssattels zugeordnet werden. Die Arbeitsanweisungen für Bremsbelag-/Bremssattelausbau unterscheiden sich je nach dem eingebauten Bremssattel.

**Vorderradbremssattel BENDIX**

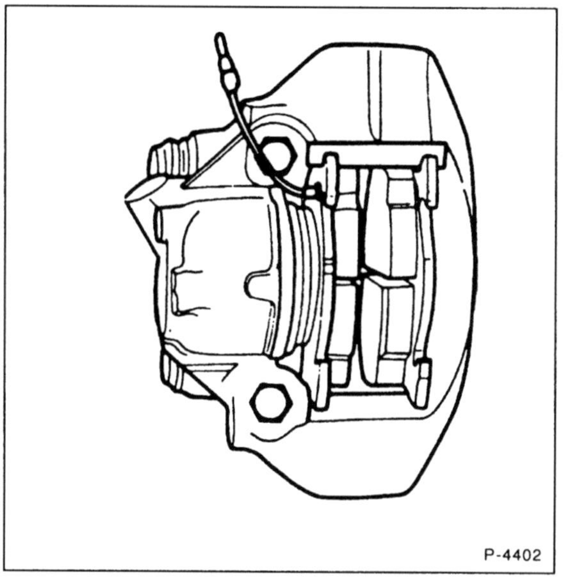


**Vorderradbremssattel TEVES**

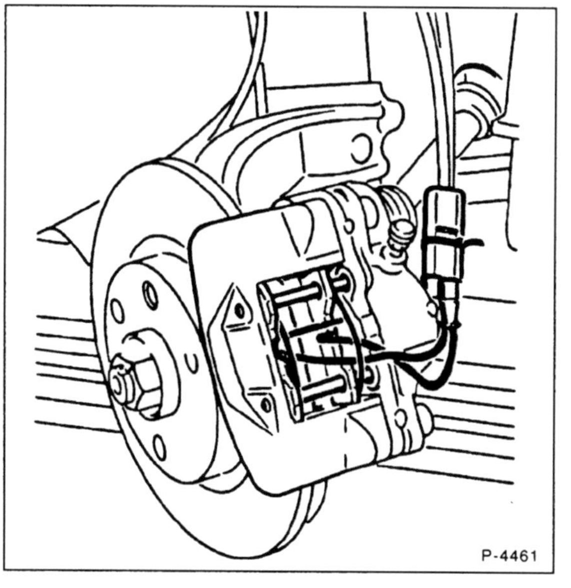

## Scheibenbremsbeläge vorn aus- und einbauen

### Ausbau

- Radschrauben bei auf dem Boden stehendem Fahrzeug lösen. Scheibenrad (Felge) zur Radnabe mit Farbe kennzeichnen. Dadurch kann das ausgewuchtete Rad wieder an gleicher Stelle montiert werden.
- Fahrzeug aufbocken und Vorderräder abnehmen.

**Achtung:** Sollen die Bremsbeläge wieder verwendet werden, so müssen sie beim Ausbau gekennzeichnet werden. Ein Wechsel der Beläge von der Außen- zur Innenseite und umgekehrt oder auch vom rechten zum linken Rad ist nicht zulässig. Der Wechsel kann zu ungleichmäßiger Bremswirkung führen. Grundsätzlich sollte man nur Original PEUGEOT-Bremsbeläge verwenden. **Grundsätzlich alle Scheibenbremsbeläge vorn gleichzeitig ersetzen, auch wenn nur ein Belag die Verschleißgrenze erreicht hat.**

- Falls vorhanden, Stecker für Verschleißwarnanzeige am Bremsbelag abziehen, dabei nicht am Kabel ziehen.

### BENDIX-Bremssattel

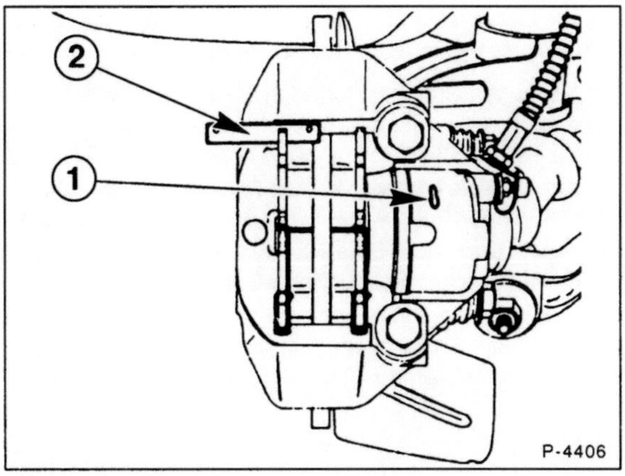


- Splint –1– oben am Keil –2– herausziehen.

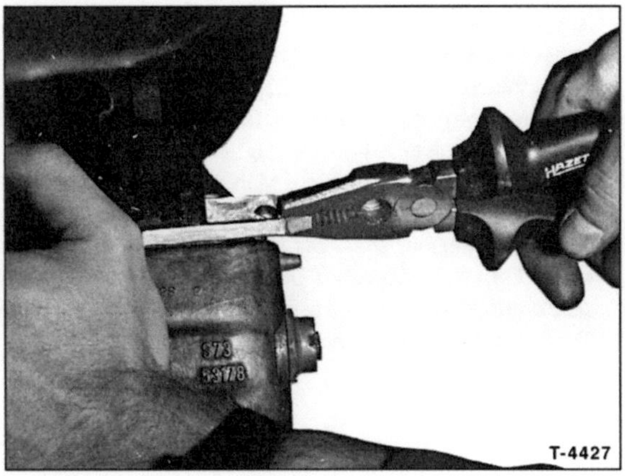


- Zum Herausziehen des Keils eine Flachzange verwenden.

**Achtung:** Splinte und Keile beim Einbau **nicht** wiederverwenden.

### TEVES-Bremssattel

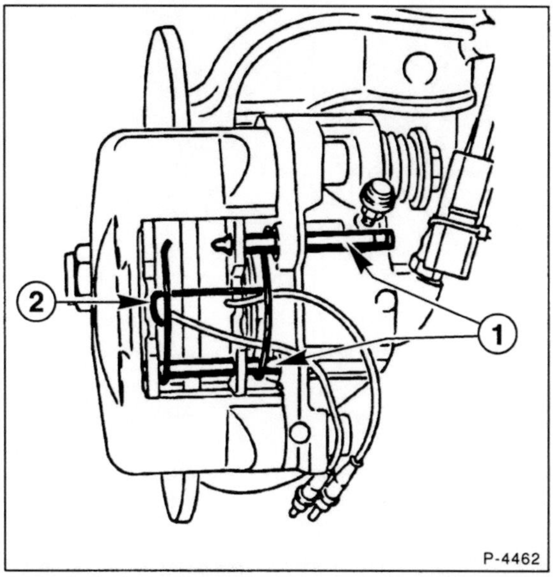


- Mit einem geeignetem Durchschlag Haltestifte –1– von außen nach innen herausschlagen.
- Haltefedern –2– abnehmen.

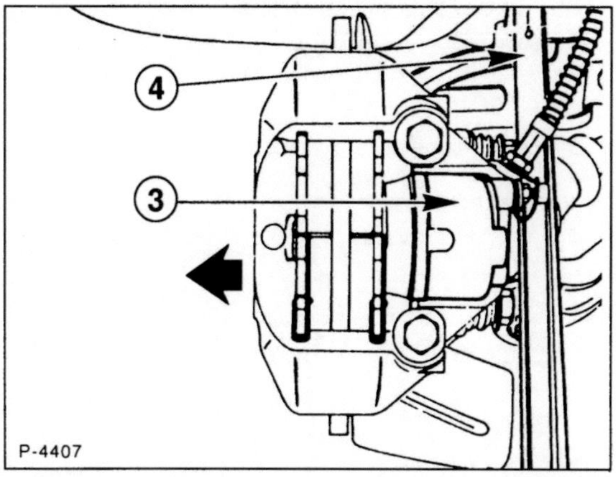


- Bremssattel etwas nach außen drücken, dadurch wird der Bremszylinder –3– zusammengedrückt. Es kann dazu ein Montierhebel zwischen dem Federbein –4– und dem Bremssattel angesetzt werden.

**Achtung:** Beim Eindrücken des Kolbens wird Bremsflüssigkeit aus dem Bremszylinder in den Ausgleichbehälter zurückgedrückt. Flüssigkeit im Behälter beobachten, eventuell Bremsflüssigkeit mit einem Saugheber absaugen.

- Äußeren Bremsbelag aus dem Bremssattel herausziehen.

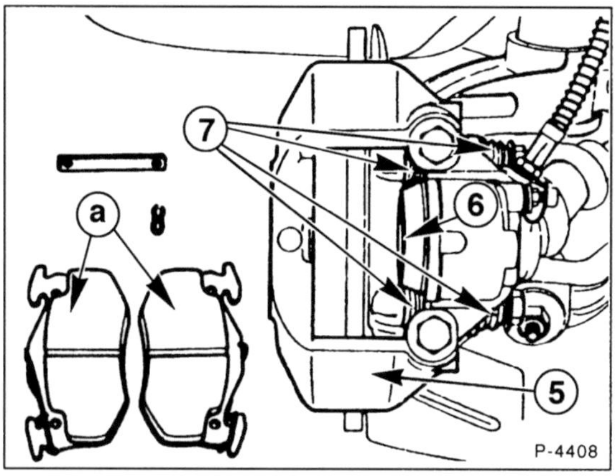


- Bremssattel von Hand wieder etwas nach innen drücken und inneren Bremsbelag aus dem Bremssattel herausziehen.

**Einbau**

**Achtung: Bei ausgebauten Bremsbelägen nicht auf das Bremspedal treten, sonst wird der Kolben aus dem Gehäuse herausgedrückt.**

- Führungsfläche bzw. Sitz der Beläge im Gehäuseschacht mit geeigneter Weichmetallbürste reinigen oder mit einem Lappen und Spiritus auswischen. Keine mineralölhaltigen Lösungsmittel oder scharfkantigen Werkzeuge verwenden.
- Vor Einbau der Beläge ist die Bremsscheibe durch Abtasten mit den Fingern auf Riefen zu untersuchen. Riefige Bremsscheiben können abgedreht werden (Werkstattarbeit), sofern sie noch eine ausreichende Dicke aufweisen.
- Bremsscheibendicke messen, siehe Seite 135.

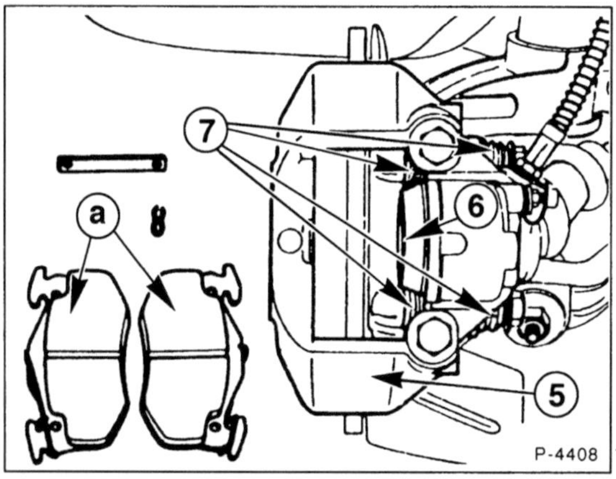


- Staubkappe –6– des Kolbens auf Anrisse prüfen. Eine beschädigte Staubkappe umgehend ersetzen lassen, da eingedrungener Schmutz schnell zu Undichtigkeiten des Bremssattels führt. Der Bremssattel muß hierzu ausgebaut und zerlegt werden (Werkstattarbeit).
- Schutzbälge –7– für Führungsbolzen auf Beschädigung prüfen, gegebenenfalls Bremssattel ausbauen und Schutzbälge ersetzen.

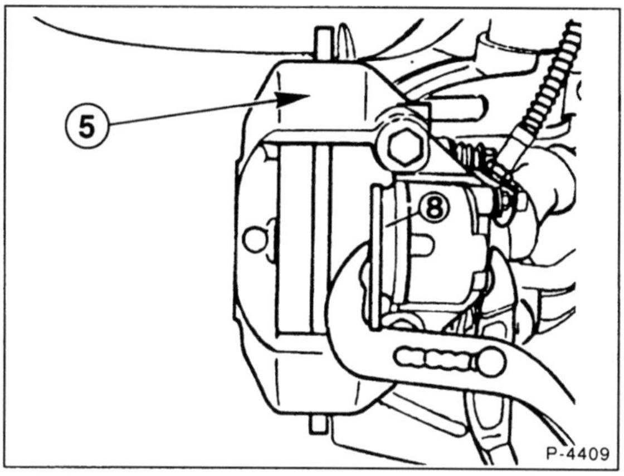


- Bremskolben –5– mit Wasserpumpenzange zurückdrücken, dabei geeignetes Blechstück zwischenlegen. Es geht auch mit einem Hartholzstab (Hammerstiel), dabei jedoch besonders darauf achten, daß der Kolben nicht verkantet wird und Kolbenfläche sowie Staubkappe nicht beschädigt werden.

**Achtung:** Beim Zurückdrücken der Kolben wird Bremsflüssigkeit aus den Bremszylindern in den Ausgleichbehälter gedrückt. Flüssigkeit im Behälter beobachten, eventuell Bremsflüssigkeit mit einem Saugheber absaugen.

Zum Absaugen eine Entlüfterflasche oder eine Plastikflasche verwenden, die nur mit Bremsflüssigkeit in Berührung kommt. Keine Trinkflaschen verwenden! **Bremsflüssigkeit ist giftig und darf auf gar keinen Fall mit dem Mund über einen Schlauch abgesaugt werden. Saugheber verwenden. Auch nach dem Belagwechsel darf die Max.-Marke am Bremsflüssigkeitsbehälter nicht überschritten werden, da sich die Flüssigkeit bei Erwärmung ausdehnt. Ausgelaufene Bremsflüssigkeit läuft am Hauptbremszylinder herunter, zerstört den Lack und führt zur Korrosion.**

**Achtung:** Läßt sich der Kolben nur schwer zurückdrücken, Bremssattel instandsetzen lassen (Werkstattarbeit). Ein schwergängiger Kolben führt zu Funktionsstörungen der Bremse und zu erhöhtem Belagverschleiß.

- Zuerst inneren, dann äußeren Bremsbelag in den Bremssattel einsetzen. **Achtung:** Um ein Quietschen der Scheibenbremsen zu verhindern, können die metallne Rückseite der Bremsbeläge sowie Seitenteile der Rückenplatte mit Anti-Quietsch-Paste (z. B. Plastilube, Tunap VC 582/S, Chevron SRJ/2, Liqui Moly LM-36 oder LM-508-ASC) **dünn** bestrichen werden. Dabei nur die Rückenplatte bestreichen. **Die Paste darf keinesfalls auf den eigentlichen Bremsbelag oder auf die Bremsscheibe gelangen.** Gegebenenfalls Paste sofort abwischen und Teile mit Spiritus reinigen.

### BENDIX-Bremssattel

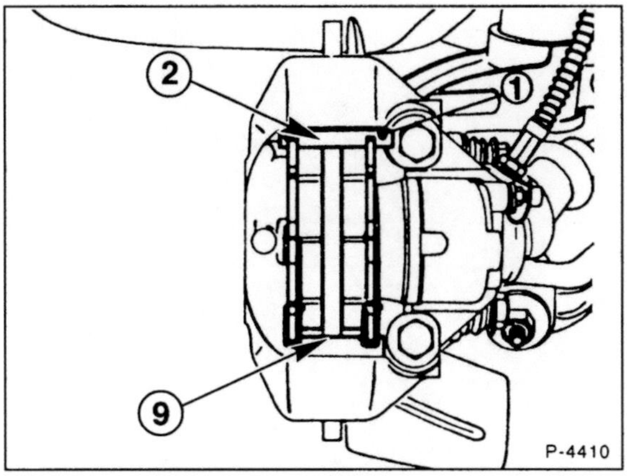


- Beide Bremsbeläge müssen unten am Kolbengehäuse -9- anliegen, dabei oberen Keil -2- einsetzen.
- **Neuen** Splint -1- von der Bremsscheibeninnenseite her in die Bohrung einsetzen.

### TEVES-Bremssattel

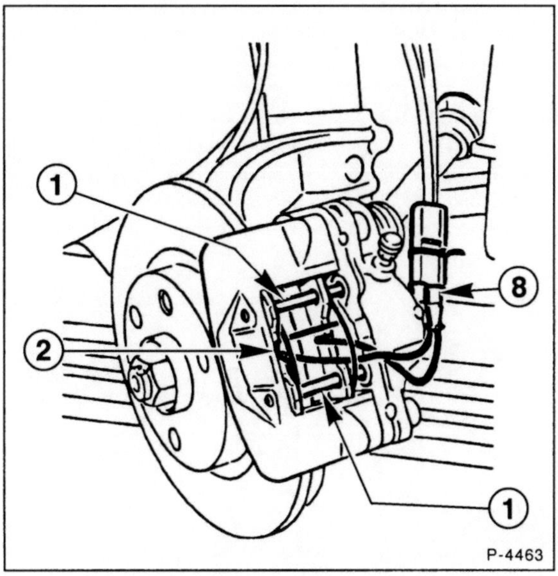


- **Neue** Haltefedern -2- ansetzen.
- **Neue** Haltestifte -1- von innen nach außen einsetzen, dabei die Haltefedern der Bremsbeläge mit Schraubendreher nach unten drücken, damit sie unter den Haltestiften liegen. Haltestifte bis zum Anschlag eintreiben.

- Falls vorhanden, Stecker für Verschleißwarnanzeige-8- in die Steckverbindung am Bremsbelag stecken.
- Vorderräder anschrauben, dabei auf Markierung zur Radnabe achten.
- Fahrzeug ablassen.
- Radschrauben über Kreuz mit **85 Nm** festziehen.

**Achtung:** Bremspedal im Stand mehrmals kräftig niedertreten, bis fester Widerstand spürbar ist. Dadurch werden die Bremsbeläge zentriert.

- Bremsflüssigkeit im Ausgleichbehälter prüfen, gegebenenfalls bis zur Max.-Marke auffüllen.

**Achtung, Sicherheitskontrolle durchführen:**

- Sind die Bremsschläuche festgezogen?
- Befindet sich der Bremsschlauch in der Halterung?
- Sind die Entlüftungsschrauben angezogen?
- Ist genügend Bremsflüssigkeit eingefüllt?
- Bei laufendem Motor Dichtheitskontrolle durchführen. Hierzu Bremspedal mit 200 bis 300 N (entspricht ca. 20 bis 30 kg) etwa 10 sec. betätigen. Das Bremspedal darf nicht nachgeben. Sämtliche Anschlüsse auf Dichtheit prüfen.

- Neue Bremsbeläge vorsichtig einbremsen, dazu Fahrzeug auf leerer Straße mehrmals von ca. 80 km/h auf 40 km/h mit geringem Pedaldruck abbremsen. Dazwischen Bremse etwas abkühlen lassen. Die Bremse muß gleichmäßig ziehen, das Fahrzeug darf nicht ausbrechen. Gegebenenfalls Fehler nach »Störungsdiagnose Bremse« beheben.

**Achtung:** Bis zu einer Fahrstrecke von ca. 200 km sollten keine Vollbremsungen vorgenommen werden.

**Hinweis:** Bremsbeläge sind als Sondermüll zu entsorgen. Die örtlichen Börden geben darüber Auskunft, ob auch eine Entsorgung über den hausmüllähnlichen Gewerbemüll entsorgt zulässig ist.

# Bremssattel aus- und einbauen

**Ausbau**

- Radschrauben bei auf dem Boden stehendem Fahrzeug lösen. Scheibenrad (Felge) zur Radnabe mit Farbe kennzeichnen. Dadurch kann das ausgewuchtete Rad wieder an gleicher Stelle montiert werden.
- Fahrzeug aufbocken und Vorderrad abnehmen.
- Falls vorhanden, Stecker für Verschleißwarnanzeige am Bremsbelag abziehen, dabei nicht am Kabel ziehen.
- Bremsbeläge ausbauen, siehe Seite 129.

**BENDIX-Bremssattel**

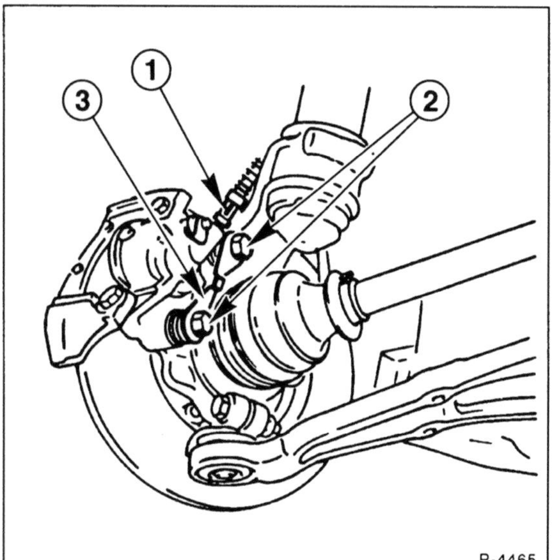

P-4465

- Befestigungsschrauben –2– Bremssattel abschrauben. Sicherungsblech –3– abnehmen. Bremssattel abnehmen.

**TEVES-Bremssattel**

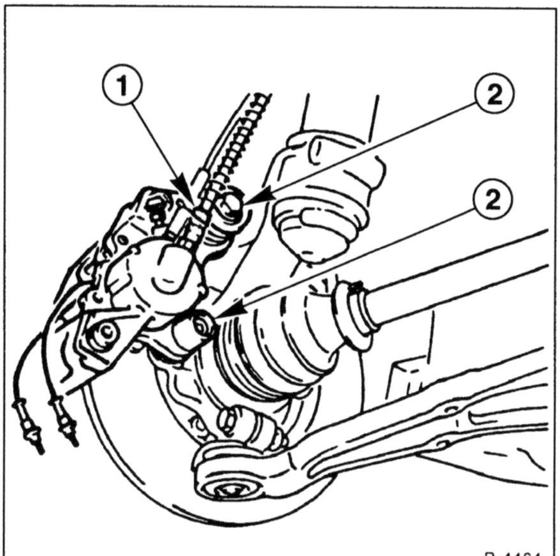

P-4464

- Befestigungsschrauben –2– Bremssattel abschrauben. Bremssattel abnehmen. Um ein Herausgleiten des Bremskolbens zu verhindern, empfiehlt es sich, ein Holzstück zwischen Bremskolben und Bremssattel zu klemmen.

- Bremssattel mit Draht am Aufbau aufhängen. Bremsschlauch –1– dabei nicht abschrauben, sonst muß die Anlage entlüftet werden. Darauf achten, daß der Bremsschlauch nicht auf Zug beansprucht oder verdreht wird. Bremsschlauch auf Verletzungen prüfen, gegebenenfalls erneuern.

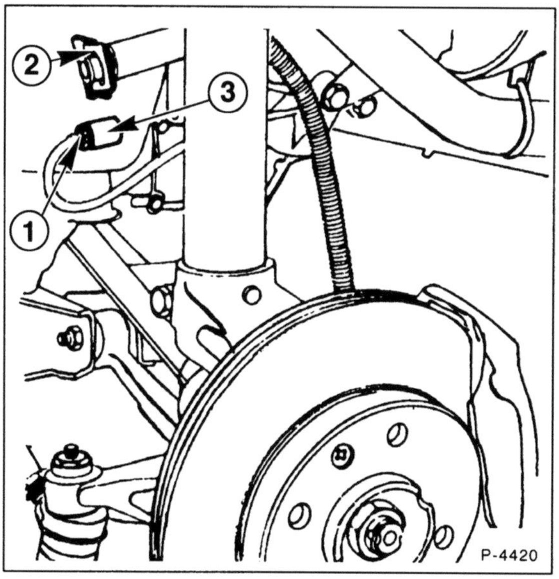

P-4420

- Soll der Bremssattel ganz abgenommen werden, zuerst Mutter –1– der Bremsleitung an der Bremsschlauchkupplung abschrauben und Gabel –2– abnehmen. Anschließend Bremsschlauch am Bremssattel abschrauben, siehe –1– in Abbildung P-4464/P-4465.

**Achtung:** Bremsflüssigkeit läuft aus. Bremsflüssigkeit in einer Flasche sammeln, die ausschließlich für Bremsflüssigkeit vorgesehen ist. Man kann auch die Bremsflüssigkeit mit einem Saugheber aus dem Vorratsbehälter absaugen. **Bremsflüssigkeit ist giftig und darf auf gar keinen Fall mit dem Mund über einen Schlauch abgesaugt werden. Saugheber verwenden.**

### Einbau

- Bremssattelschrauben reinigen und Gewinde mit flüssigem Schraubensicherungsmittel bestreichen.
- Bremssattel mit den eingesetzten Bremsbelägen ansetzen. Dabei darf der Bremsschlauch nicht verdreht oder gedehnt werden. Freigängigkeit des Bremsschlauches bei vollem Lenkradeinschlag prüfen.

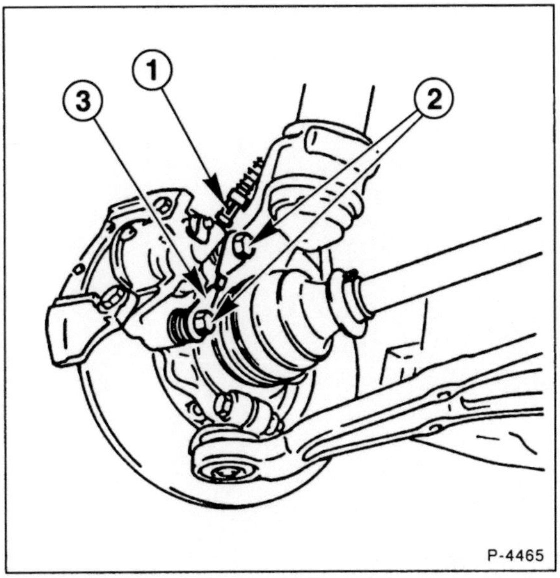


- **BENDIX-Bremssattel:** Sicherungsblech –3– ansetzen.
- Bremssattelschrauben –2– je nach Gewindedurchmesser mit dem richtigen Drehmoment anziehen. Sollwert für Schrauben mit M8-Gewinde: **30 Nm**; für Schrauben mit M12-Gewinde: **120 Nm**.
- Falls abgeschraubt, Bremsschlauch am Bremssattel mit 15 Nm festschrauben.

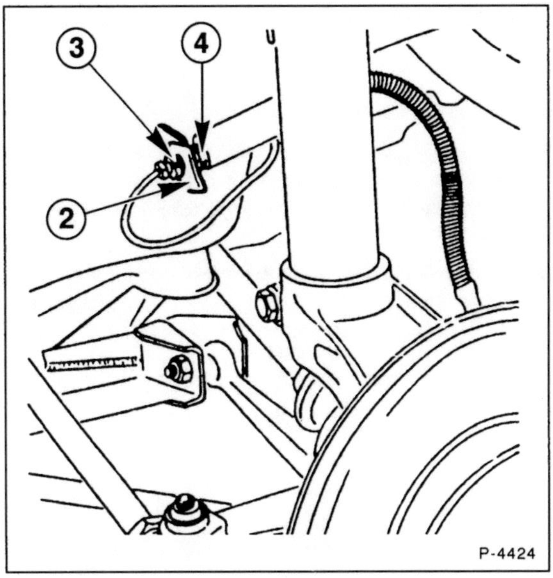


- Falls abgeschraubt, Bremsschlauch –4– an der Bremsleitung –3– anschrauben. Bremsleitung mit der Gabel –2– fixieren.

**Achtung:** War der Bremsschlauch demontiert, Bremsanlage entlüften, siehe Seite 139.

- Falls vorhanden, Stecker für Verschleißwarnanzeige in die Steckverbindung am Bremsbelag stecken.
- Vorderrad anschrauben, dabei auf Markierung zur Radnabe achten.
- Fahrzeug ablassen.
- Radschrauben über Kreuz mit **85 Nm** festziehen.

**Achtung:** Bremspedal im Stand mehrmals kräftig niedertreten, bis fester Widerstand spürbar ist.

- Bremsflüssigkeitsstand im Ausgleichbehälter prüfen, siehe Seite 241.
- Bei auf dem Boden stehendem Fahrzeug Räder nach links und rechts bis zum Anschlag einschlagen und prüfen, ob der Bremsschlauch allen Radbewegungen folgt, ohne irgendwo zu scheuern.

---

**Achtung, Sicherheitskontrolle durchführen:**

- Sind die Bremsschläuche festgezogen?
- Befindet sich der Bremsschlauch in der Halterung?
- Sind die Entlüftungsschrauben angezogen?
- Ist genügend Bremsflüssigkeit eingefüllt?
- Bei laufendem Motor Dichtheitskontrolle durchführen. Hierzu Bremspedal mit 200 bis 300 N (entspricht ca. 20 bis 30 kg) etwa 10 sec. betätigen. Das Bremspedal darf nicht nachgeben. Sämtliche Anschlüsse auf Dichtheit prüfen.

---

- Anschließend einige Bremsungen auf Straßen mit geringem Verkehr durchführen.

## Bremsscheibe aus- und einbauen

### Ausbau

- Bremsbeläge ausbauen, siehe Seite 129.
- Bremssattel ausbauen und mit angeschlossener Bremsleitung so im Radlauf aufhängen, daß der Bremsschlauch nicht verdreht und auf Zug beansprucht wird. Siehe Seite 132.
- Um ein Herausgleiten des Bremskolbens zu verhindern, empfiehlt es sich, ein Holzstück zwischen Bremskolben und Bremssattel zu klemmen.

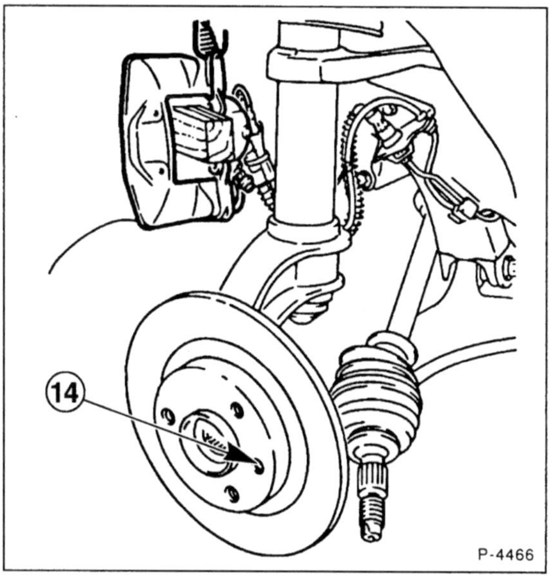


- Befestigungsschraube –14– herausdrehen und Bremsscheibe abnehmen. Der in der Abbildung gezeigte Ausbau der Antriebswelle muß nicht durchgeführt werden.
- Sitzt die Bremsscheibe fest auf der Nabe, mit handelsüblichem Abzieher abziehen.

### Einbau

Um ein gleichmäßiges Bremsen beidseitig zu gewährleisten, müssen beide Bremsscheiben die gleiche Oberfläche bezüglich Schliffbild und Rauhtiefe aufweisen. Deshalb **grundsätzlich beide** Bremsscheiben ersetzen, beziehungsweise abdrehen lassen.

Die Werkstatt kann die Bremsscheibe auf Schlag prüfen. Maximaler Scheibenschlag in eingebautem Zustand, an der Bremsfläche gemessen: **0,15 mm**.

**Achtung:** Wenn die Bremsscheiben ersetzt oder abgedreht werden, müssen gleichzeitig auch neue Bremsbeläge eingebaut werden.

- Bremsscheibendicke messen, siehe Seite 135.
- Falls vorhanden, Rost am Flansch der Bremsscheibe und der Vorderradnabe entfernen.
- Neue Bremsscheiben mit Nitro-Verdünnung vom Schutzlack reinigen.
- Bremsscheibe auf Radnabe aufsetzen und Befestigungsschrauben festschrauben.
- Bremssattel einbauen, siehe Seite 132.
- Bremsbeläge einbauen, siehe Seite 129.

**Achtung:** Bremspedal im Stand mehrmals kräftig niedertreten, bis fester Widerstand spürbar ist.

- Bremsflüssigkeitsstand im Ausgleichbehälter prüfen, siehe Seite 241.

---

**Achtung, Sicherheitskontrolle durchführen:**

- ◆ Sind die Bremsschläuche festgezogen?
- ◆ Befindet sich der Bremsschlauch in der Halterung?
- ◆ Sind die Entlüftungsschrauben angezogen?
- ◆ Ist genügend Bremsflüssigkeit eingefüllt?
- ◆ Bei laufendem Motor Dichtheitskontrolle durchführen. Hierzu Bremspedal mit 200 bis 300 N (entspricht ca. 20 bis 30 kg) etwa 10 sec. betätigen. Das Bremspedal darf nicht nachgeben. Sämtliche Anschlüsse auf Dichtheit prüfen.

---

- Anschließend einige Bremsungen auf Straßen mit geringem Verkehr durchführen.

## Bremsscheibendicke prüfen

- Radschrauben bei auf dem Boden stehendem Fahrzeug lösen. Scheibenrad (Felge) zur Radnabe mit Farbe kennzeichnen. Dadurch kann das ausgewuchtete Rad wieder an gleicher Stelle montiert werden.
- Fahrzeug aufbocken und Vorderrad abnehmen.

- Bremsscheibendicke messen. Die Werkstätten benutzen dazu eine spezielle Lehre oder eine Mikrometerlehre, da sich durch Abnutzung der Bremsscheibe ein Rand bildet. Man kann die Bremsscheibendicke auch mit einer normalen Schieblehre messen, allerdings muß dann auf jeder Seite der Bremsscheibe eine entsprechend starke Unterlage zwischengelegt werden (beispielsweise 2 Zehn-Pfennig-Stücke). Um die exakte Bremsscheibendicke zu haben, müssen von dem gemessenen Maß die Stärke der Zehn-Pfennig-Stücke beziehungsweise die Stärke der Unterlage abgezogen werden. **Achtung:** Messung an mehreren Punkten der Bremsscheibe vornehmen.
- **Massive Bremsscheiben:** Maße für Bremsscheibendicke:
  **Motor TU9/TU1:**
  **Neumaß: 8,0 mm; Verschleißgrenze: 6,0 mm**
  **Motor TU3:**
  **Neumaß: 10,0 mm; Verschleißgrenze: 8,0 mm.**
- **Innenbelüftete Bremsscheibe: Maße für Bremsscheibendicke:**
  **Neumaß: 20,4 mm; Verschleißgrenze: 18,4 mm.**

**Hinweis:** Motorzuordnung, siehe Seite 13.

- Wird die Verschleißgrenze erreicht, Bremsscheibe erneuern.
- Bei größeren Rissen oder bei Riefen, die tiefer als 0,5 mm sind, Bremsscheibe erneuern.
- Vorderrad anschrauben, dabei auf Markierung zur Radnabe achten.
- Fahrzeug ablassen.
- Radschrauben über Kreuz mit **85 Nm** festziehen.

## Bremsbacken aus- und einbauen

**Ausbau**

- Radkappe abmontieren.

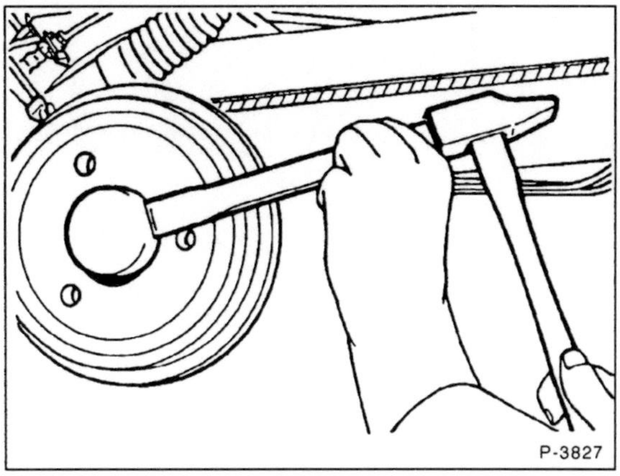


- Abdichtkappe vorsichtig mit einem Hammer und einem Meißel von der Radnabe abhebeln.

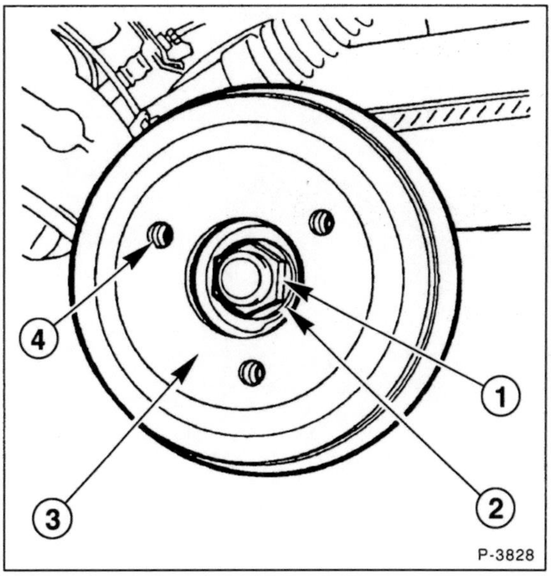


- Radnabenmutter –1– lösen, nicht abschrauben. **Achtung:** Unfallgefahr, da hohes Drehmoment! Nur stabiles Werkzeug verwenden.
- Radschrauben bei auf dem Boden stehendem Fahrzeug lösen. Scheibenrad (Felge) zur Radnabe mit Farbe kennzeichnen. Dadurch kann das ausgewuchtete Rad wieder an gleicher Stelle montiert werden.
- Fahrzeug aufbocken und Hinterräder abnehmen.
- Radnabenmutter –1– abschrauben und Unterlegscheibe –2– abnehmen, siehe Abbildung P-3828.
- Bremstrommel –3– abnehmen, Handbremse muß dabei gelöst sein.

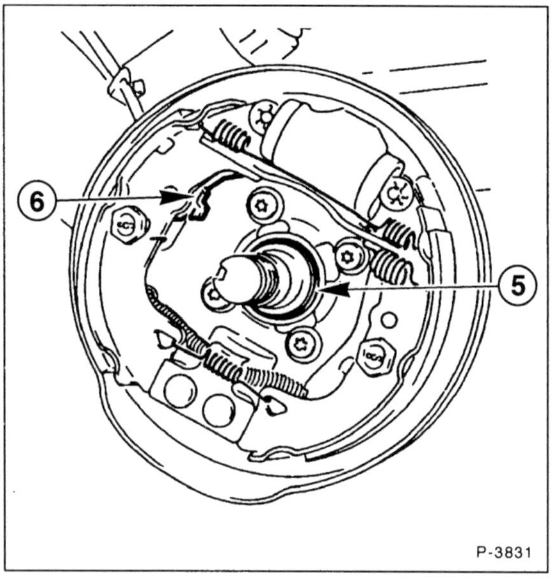


● Läßt sich die Bremstrommel nicht abziehen, automatische Nachstellvorrichtung –6– durch eine Gewindebohrung der Radschrauben –4– (Abbildung P-3828) mit einem Schraubendreher zurückstellen.

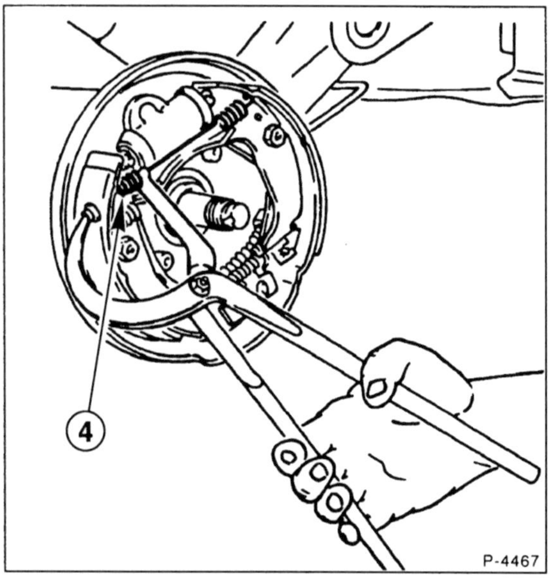


● Mit Bremsfederzange, z. B. HAZET 797, Rückholfeder –4– ausbauen.

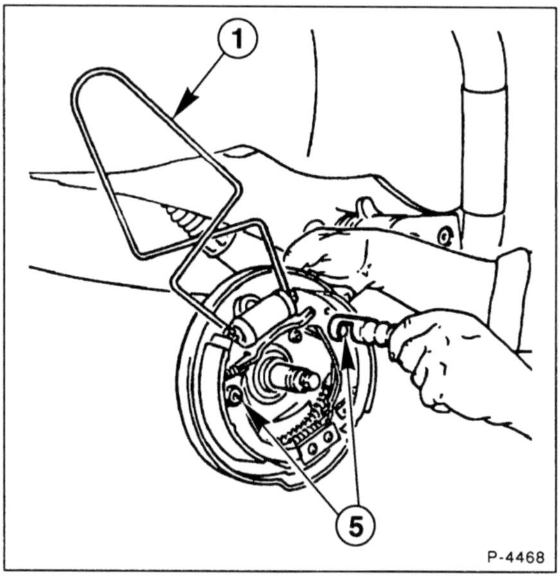


● Falls vorhanden, Federspange –1– oben am Radbremszylinder anbringen, damit die Bremskolben nicht aus den Bremszylindern herausfallen, siehe Abbildung. Da in den meisten Fällen die Spange nicht zur Verfügung steht, beim Ausbau der Bremsbacken darauf achten, daß die Bremskolben nicht herausgezogen werden, sonst dringt Luft in das Bremssystem ein und die Bremse muß entlüftet werden.

● Federteller –5– für Druckfeder mit Wasserpumpenzange kräftig zurückdrücken und um 90° drehen. Während des Zurückdrückens von hinten am Bremsträger den Stift für Federteller mit einem Finger nach vorn drücken.

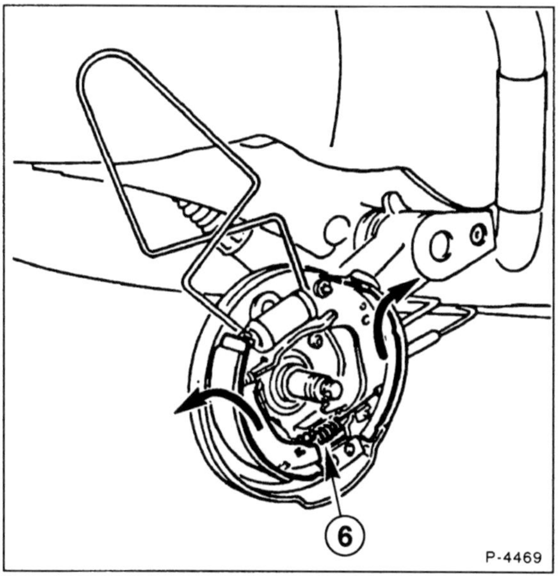


● Bremsbacken in Pfeilrichtung auseinanderziehen und vom unteren Stützlager abziehen.

● Rückholfeder –6– aushängen.

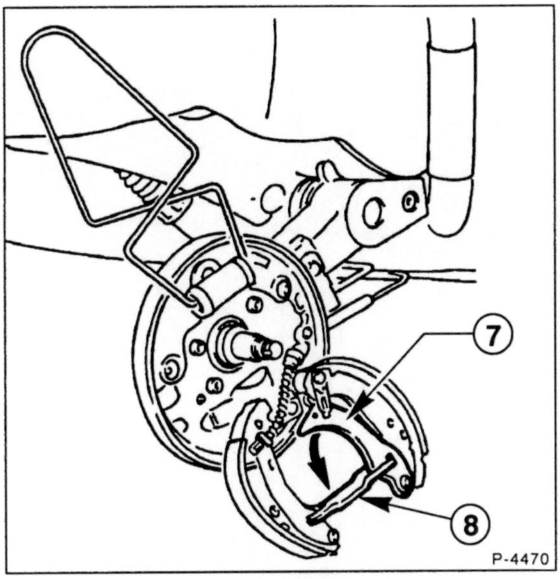


- Den Nachstellhebel –7– in Pfeilrichtung schwenken und Druckstange –8– am vorderen Bremsbacken aushängen.
- Handbremsseil an der hinteren Bremsbacke aushängen.

- Am Radbremszylinder Staubmanschette –5– abziehen. **Achtung: Dabei darf der Bremskolben nicht herausgezogen werden.** Kontrollieren, ob es hinter der Staubmanschette durch Bremsflüssigkeit feucht ist. Gegebenenfalls Radbremszylinder austauschen. **Achtung:** Der Radbremszylinder ist nicht zerlegbar, bei Undichtigkeit also komplett ersetzen.
- Staubmanschette auf Radbremszylinder aufsetzen.

### Einbau

Grundsätzlich alle 4 Bremsbacken ersetzen und gleiches Fabrikat verwenden. Bremstrommel und Bremsträger mit Preßluft ausblasen oder mit Spiritus reinigen.

**Achtung:** Den gesundheitsschädlichen Bremsstaub nicht einatmen. Während die Bremsbacken ausgebaut sind, **nicht auf die Fußbremse treten,** da sonst die Bremskolben aus dem Radbremszylinder rutschen.

Falls der Radbremszylinder durch Bremsflüssigkeit feucht ist, Radbremszylinder ersetzen. Riefige Bremstrommeln ausdrehen lassen, dabei immer beide Bremstrommeln bearbeiten lassen.

**Achtung:** Werden die Bremsbacken ersetzt, sind gleichzeitig auch die Rückzugfedern sowie die Sicherungsscheiben zu erneuern.

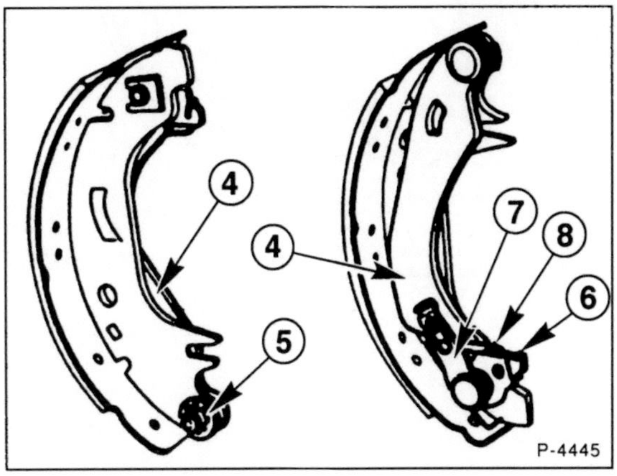


- Nachstellhebel –4– in die vordere Bremsbacke einsetzen und mit einer **neuen** Sicherungsscheibe –5– befestigen.
- Zahnsegment –6–, Feder –8– und Halter –7– einsetzen.

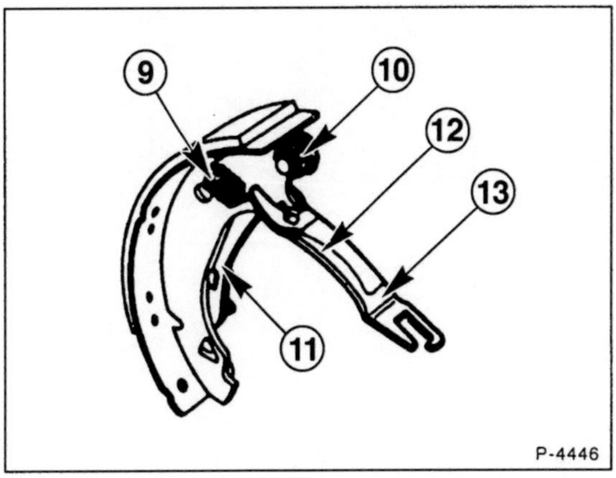


- Hebel für Handbremsseil –11– in die hintere Bremsbacke einsetzen und mit einer **neuen** Sicherungsscheibe –10– befestigen.
- Rückzugfeder –9– einsetzen.
- Druckstange –13– mit der gebogenen Seite nach oben in die Bremsbacken einsetzen.

**Achtung:** Die Druckstangen für die linke und rechte Bremstrommel sind seitenverkehrt, daher nicht verwechseln.

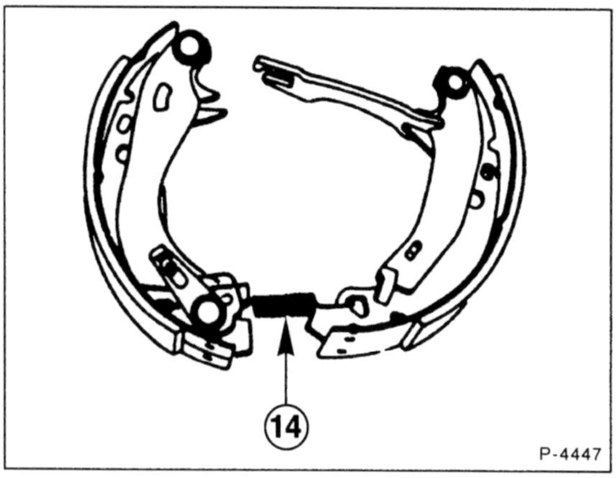


- Untere Rückzugfeder –14– in beide Bremsbacken einhängen.

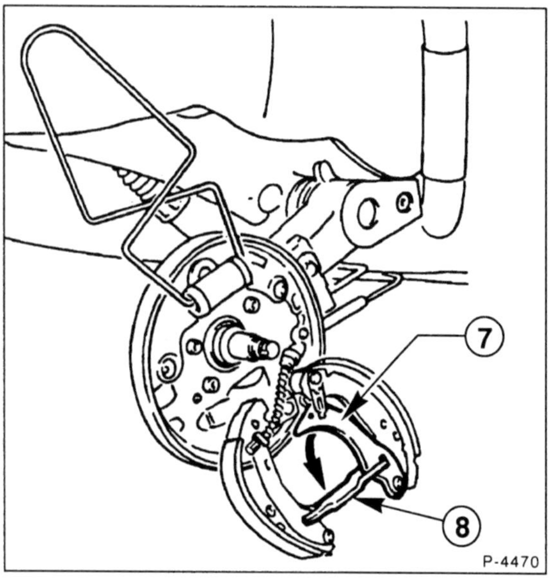


- Handbremsseil in die hintere Bremsbacke einhängen.
- Nachstellhebel –7– entgegen Pfeilrichtung schwenken und Druckstange –8– einsetzen.
- Bremsbacken-Anlageflächen am Bremsträger **hauchdünn** mit Molykote-Fett schmieren, dann Bremsbacken einsetzen.
- Untere Rückzugfeder an Bremsbelägen einhängen.

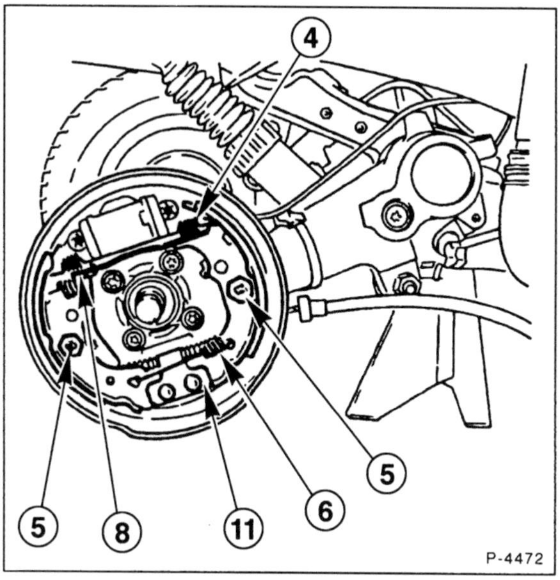


- Bremsbeläge am Stützlager –11– einsetzen, Bremsbeläge müssen hinter den Haltelaschen sitzen.
- Nachstellhebel an der Bremsbacke zum Anschlag bringen. In dieser Stellung obere Rückzugfeder –4– einhängen.
- Falls eingebaut, Haltespange am Radbremszylinder entfernen.
- Beide Haltestifte einsetzen, Feder mit Federteller –5– aufsetzen, mit Wasserpumpenzange kräftig zurückdrücken und um 90° drehen. Während des Zurückdrückens von hinten am Bremsträger den Stift für Federteller mit einem Finger nach vorn drücken.
- Dichtring für Radlager überprüfen, gegebenenfalls ersetzen, dann Bremstrommel einbauen, siehe Seite 119.
- Wurde der hydraulische Bremskreis geöffnet, beispielsweise durch das Auswechseln des Radbremszylinders, so muß vor dem Einstellen der Hinterradbremse die Bremsanlage entlüftet werden, siehe Seite 139.
- Grundlüftspiel der Hinterradbremse durch mehrmaliges Betätigen der Fußbremse einstellen.

Ein Klickgeräusch an der Hinterradbremse ist bis zum Erreichen des Grundlüftspiels hörbar. Durch eine Radschraubenbohrung kann während des Bremsens geprüft werden, ob die automatische Nachstellung arbeitet.

- Handbremse einstellen, siehe Seite 142.

---

**Achtung, Sicherheitskontrolle durchführen:**

- ◆ Sind die Bremsschläuche festgezogen?
- ◆ Befindet sich der Bremsschlauch in der Halterung?
- ◆ Sind die Entlüftungsschrauben angezogen?
- ◆ Ist genügend Bremsflüssigkeit eingefüllt?

◆ Bei laufendem Motor Dichtheitskontrolle durchführen. Hierzu Bremspedal mit 200 bis 300 N (entspricht ca. 20 bis 30 kg) etwa 10 sec. betätigen. Das Bremspedal darf nicht nachgeben. Sämtliche Anschlüsse auf Dichtheit prüfen.

---

● Anschließend einige Bremsungen auf Straßen mit geringem Verkehr durchführen.

**Hinweis:** Bremsbeläge sind als Sondermüll zu entsorgen. Die örtlichen Börden geben darüber Auskunft, ob auch eine Entsorgung über den hausmüllähnlichen Gewerbemüll entsorgt zulässig ist.

## Die Bremsflüssigkeit

Beim Umgang mit Bremsflüssigkeit ist zu beachten:

● Bremsflüssigkeit ist giftig. Keinesfalls Bremsflüssigkeit mit dem Mund über einen Schlauch absaugen. Bremsflüssigkeit nur in Behälter füllen, bei denen ein versehentlicher Genuß ausgeschlossen ist.

● Bremsflüssigkeit ist ätzend und darf deshalb nicht mit dem Autolack in Berührung kommen, gegebenenfalls sofort abwischen und mit viel Wasser abwaschen.

● Bremsflüssigkeit ist hygroskopisch, das heißt, sie nimmt aus der Luft Feuchtigkeit auf. Bremsflüssigkeit deshalb nur in geschlossenen Behältern aufbewahren.

● **Bremsflüssigkeit, die schon einmal im Bremssystem verwendet wurde, darf nicht wieder verwendet werden. Auch beim Entlüften der Bremsanlage nur neue Bremsflüssigkeit verwenden.**

● PEUGEOT schreibt die Verwendung folgender Bremsflüssigkeiten vor: LOCKHEED 55, NAFIC FN3, STOP HD 88, DOW CHEMICAL ET 501 oder original PEUGEOT-Bremsflüssigkeit.

● Bremsflüssigkeit darf nicht mit Fett oder Mineralöl in Berührung kommen. Schon geringe Spuren Mineralöl machen die Bremsflüssigkeit unbrauchbar, beziehungsweise führen zum Ausfall des Bremssystems.

● Bremsflüssigkeit alle 40 000 km, spätestens alle 2 Jahre, auswechseln.

● **Alte Bremsflüssigkeit bei der örtlichen Deponie für Sondermüll abgeben, nicht in die Kanalisation schütten oder dem normalen Hausmüll mitgeben.**

## Bremsanlage entlüften

Nach jeder Reparatur an der Bremse, bei der die Anlage geöffnet wurde, kann Luft in die Druckleitungen eingedrungen sein. Dann ist das Bremssystem zu entlüften. Luft ist auch dann in den Leitungen, wenn sich beim Tritt auf das Bremspedal der Bremsdruck schwammig anfühlt. In diesem Fall muß die Undichtigkeit beseitigt und die Bremsanlage entlüftet werden.

Die Bremsanlage wird durch Pumpen mit dem Bremspedal entlüftet, dazu ist eine zweite Person notwendig.

Muß die ganze Anlage entlüftet werden ist jede Radbremse einzeln zu entlüften. Das ist immer dann der Fall, wenn Luft in jeden einzelnen Bremszylinder gedrungen ist. Falls nur ein Bremssattel beziehungsweise Radbremszylinder erneuert bzw. überholt wurde, genügt in der Regel das Entlüften des betreffenden Zylinders.

Die Reihenfolge der Entlüftung: 1. Radbremszylinder hinten rechts, 2. Radbremszylinder hinten links, 3. Bremssattel vorn rechts, 4. Bremssattel vorn links.

● Zündung ausschalten.

● Deckel vom Vorratsbehälter für Bremsflüssigkeit abschrauben.

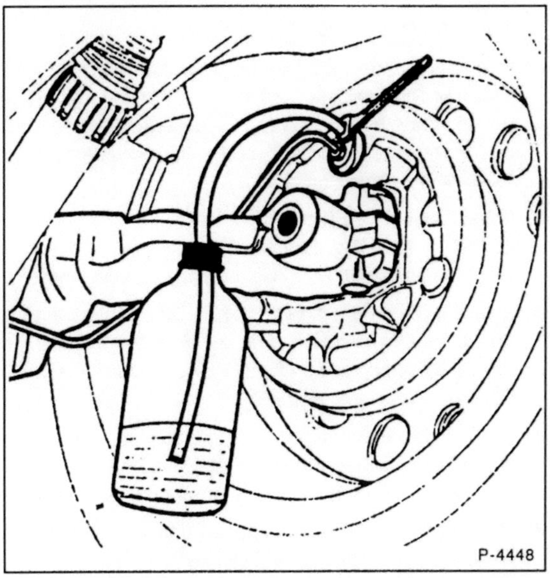


● Staubkappe vom Entlüfterventil (hier: Hinterradbremse) abnehmen und Ringschlüssel ansetzen. Entlüfterventil reinigen. Bei älteren Fahrzeugen Entlüfterschraube mit Rostlöser besprühen und vorsichtig gangbar machen. Mitunter sitzt das Entlüfterventil so fest, daß es beim Lösen abgedreht wird. Dann muß der betreffende Radbremszylinder beziehungsweise Bremssattel ausgetauscht werden.

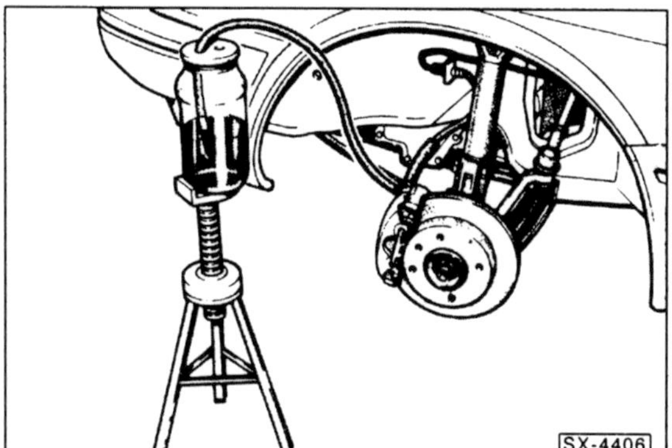
SX-4406

- Sauberen Schlauch aufstecken, anderes Schlauchende in eine mit Bremsflüssigkeit halbvoll gefüllte Flasche stecken. Die Auffangflasche soll mindestens 30 cm höher stehen als das Entlüfterventil. Dadurch wird verhindert, daß Luft über das Gewinde der Entlüfterschraube in das Bremssystem gelangt.
- Von einer Hilfsperson Bremspedal so oft niedertreten lassen („pumpen"), bis sich im Bremssystem Druck aufgebaut hat. Zu spüren am wachsenden Widerstand beim Betätigen des Pedals.
- Ist genügend Druck vorhanden, Bremspedal ganz durchtreten, Fuß auf dem Bremspedal halten.
- Entlüfterventil am Bremssattel etwa eine halbe Umdrehung mit Ringschlüssel öffnen. Ausfließende Bremsflüssigkeit in der Flasche sammeln. Darauf achten, daß sich das Schlauchende in der Flasche ständig unterhalb des Flüssigkeitsspiegels befindet.
- Sobald der Flüssigkeitsdruck nachläßt, Entlüfterventil schließen. **Achtung:** Entlüfterventil ganz leicht mit 5 Nm zuschrauben, sonst kann das Gewinde zerstört werden.
- Pumpvorgang wiederholen, bis sich Druck aufgebaut hat. Bremspedal niedertreten, Fuß auf dem Bremspedal lassen, Entlüfterschraube öffnen, bis der Druck nachläßt, Entlüfterschraube schließen.
- Entlüftungsvorgang an einem Bremszylinder so lange wiederholen, bis sich in der Bremsflüssigkeit, die in die Entlüfterflasche strömt, keine Luftblasen mehr zeigen.
- Nach dem Entlüften Schlauch von Entlüfterschraube abziehen, Staubkappe auf Ventil stecken.
- Die anderen Bremszylinder beziehungsweise Bremssättel auf gleiche Weise entlüften.

**Achtung:** Während des Entlüftens ab und zu den Ausgleichbehälter beobachten. Der Flüssigkeitsspiegel darf nicht zu weit sinken, sonst wird über den Ausgleichbehälter Luft angesaugt. **Immer nur neue Bremsflüssigkeit nachgießen!**

- Nach dem Entlüften ist der Ausgleichbehälter bis zur Max.-Markierung aufzufüllen. Deckel aufschrauben.
- Von Helfer mehrmals das Bremspedal durchtreten lassen und sicherstellen, daß an den Entlüftungsschrauben keine Bremsflüssigkeit austritt.

---

**Achtung, Sicherheitskontrolle durchführen:**

- Sind die Bremsschläuche festgezogen?
- Befindet sich der Bremsschlauch in der Halterung?
- Sind die Entlüftungsschrauben angezogen?
- Ist genügend Bremsflüssigkeit eingefüllt?
- Bei laufendem Motor Dichtheitskontrolle durchführen. Hierzu Bremspedal mit 200 bis 300 N (entspricht ca. 20 bis 30 kg) etwa 10 sec. betätigen. Das Bremspedal darf nicht nachgeben. Sämtliche Anschlüsse auf Dichtheit prüfen.

---

- Anschließend einige Bremsungen auf Straßen mit geringem Verkehr durchführen.

---

**Bremse entlüften bei Fahrzeugen mit ABS (Antiblockiersystem)**

Achtung: Beim Entlüften der Bremsanlage muß unbedingt die Zündung ausgeschalten sein, da bei eingeschalteter Zündung die Hydraulikpumpe im Hydraulikblock anlaufen würde und die gesamte Anlage leerpumpen würde.

- Zuerst die Radbremszylinder wie bei den Fahrzeugen mit herkömmlichem Bremssystem entlüften, siehe vorhergehende Anleitung.

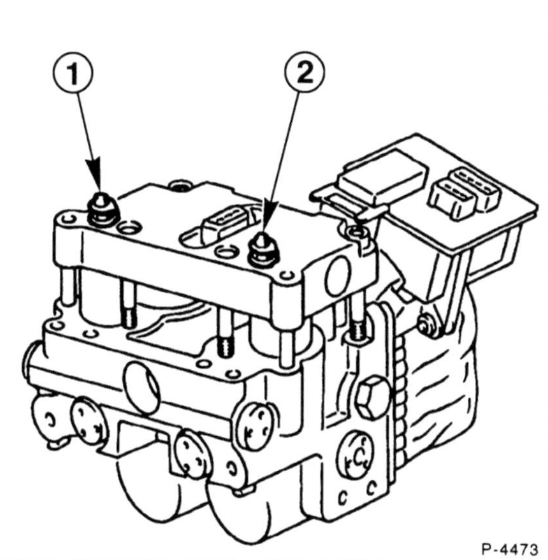

P-4473

- Zusätzlich muß die Hydraulik-Regeleinheit entlüftet werden.
- Bremspedal von Helfer ganz durchtreten und in dieser Stellung halten lassen.
- Sauberen durchsichtigen Schlauch auf die Entlüftungsschraube –1– aufschieben und Schraube öffnen, dann wieder schließen. **Achtung:** Nur ganz leicht mit ca. 5 Nm schließen, sonst wird das Gewinde der Schraube zerstört.

- Bremspedal langsam entlasten, dann wieder durchtreten und in dieser Stellung Entlüftungsschraube –1– öffnen und wieder schließen. Vorgang so oft wiederholen, bis die Bremsflüssigkeit blasenfrei in den Schlauch austritt.
- Am zweiten Bremskreis in gleicher Weise verfahren, dazu Entlüftungsschraube –2– an der Regeleinheit lösen und hier entlüften.
- Bremsflüssigkeitsstand im Ausgleichbehälter nach dem Entlüften bis zur Max.-Markierung auffüllen. Deckel aufschrauben.
- Von Helfer mehrmals das Bremspedal durchtreten lassen und sicherstellen, daß an den Entlüftungsschrauben keine Bremsflüssigkeit austritt.

---

**Achtung, Sicherheitskontrolle durchführen:**

- ◆ Sind die Bremsschläuche festgezogen?
- ◆ Befindet sich der Bremsschlauch in der Halterung?
- ◆ Sind die Entlüftungsschrauben angezogen?
- ◆ Ist genügend Bremsflüssigkeit eingefüllt?
- ◆ Bei laufendem Motor Dichtheitskontrolle durchführen. Hierzu Bremspedal mit 200 bis 300 N (entspricht ca. 20 bis 30 kg) etwa 10 sec. betätigen. Das Bremspedal darf nicht nachgeben. Sämtliche Anschlüsse auf Dichtheit prüfen.

---

- Anschließend einige Bremsungen auf Straßen mit geringem Verkehr durchführen.

## Bremsleitung/Bremsschlauch ersetzen

Für das Bremsleitungssystem, das zusammen mit den druckfesten Bremsschläuchen für die Räder die Verbindung vom Hauptbremszylinder zu den vier Radbremsen herstellt, werden **Rohre** verwendet.

Die **Bremsschläuche** stellen die flexiblen Verbindungen zwischen den starren und beweglichen Fahrzeugteilen her.

- Fahrzeug aufbocken, siehe Seite 226.
- Bremsleitung an den Überwurfmuttern lösen und abnehmen.
- Leitungsanschluß in Richtung Hauptbremszylinder mit geeignetem Stopfen verschließen, oder vorher Bremsflüssigkeit mit Saugheber aus dem Vorratsbehälter absaugen. **Bremsflüssigkeit ist giftig und darf auf gar keinen Fall mit dem Mund über einen Schlauch abgesaugt werden. Saugheber verwenden.**
- Neue Bremsleitung möglichst an gleicher Stelle verlegen.

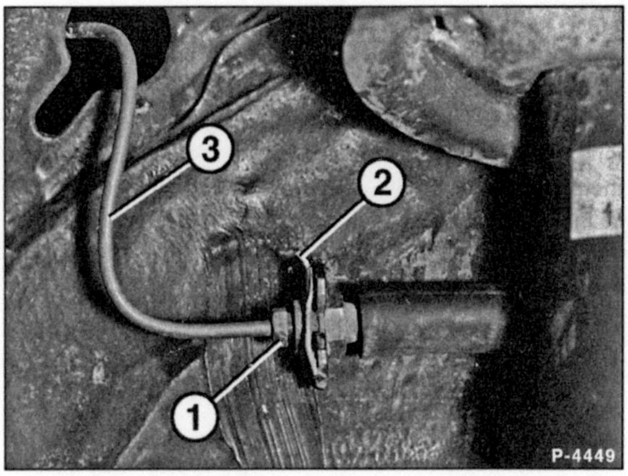


- Soll der Bremsschlauch am Bremssattel erneuert werden, Mutter –1– der Bremsleitung vollständig lösen und die Gabel –2– abnehmen. Bremsleitung zum Hauptbremszylinder –3– verschließen. Anschließend Bremsschlauch am Bremssattel abschrauben.
- Nur vom Werk freigegebene Bremsschläuche einbauen.
- Neuen Bremsschlauch so einbauen, daß er ohne Drall durchhängt, und mit 10 Nm festziehen.
- Nach dem Einbau bei entlastetem Rad prüfen (Wagen angehoben), ob der Schlauch allen Radbewegungen folgt, ohne irgendwo anzuscheuern.

**Achtung:** Bremsschläuche nicht mit Öl oder Petroleum in Berührung bringen, nicht lackieren oder mit Unterbodenschutz besprühen.

- Bremsanlage entlüften, siehe Seite 139.
- Fahrzeug ablassen, siehe Seite 226.
- Bei auf dem Boden stehendem Fahrzeug Räder nach links und rechts bis zum Anschlag einschlagend und prüfen, ob der Schlauch allen Radbewegungen folgt, ohne irgendwo zu scheuern.

---

**Achtung, Sicherheitskontrolle durchführen:**

- ◆ Sind die Bremsschläuche festgezogen?
- ◆ Befindet sich der Bremsschlauch in der Halterung?
- ◆ Sind die Entlüftungsschrauben angezogen?
- ◆ Ist genügend Bremsflüssigkeit eingefüllt?
- ◆ Bei laufendem Motor Dichtheitskontrolle durchführen. Hierzu Bremspedal mit 200 bis 300 N (entspricht ca. 20 bis 30 kg) etwa 10 sec. betätigen. Das Bremspedal darf nicht nachgeben. Sämtliche Anschlüsse auf Dichtheit prüfen.

---

- Anschließend einige Bremsungen auf Straßen mit geringem Verkehr durchführen.

## Bremskraftverstärker prüfen

Der vom Fahrer aufgebrachte Bremsdruck wird über den Bremskraftverstärker durch den Saugrohrunterdruck verstärkt. Beim Dieselmotor wird der benötigte Unterdruck von einer am Motor angeflanschten Unterdruckpumpe erzeugt. Die Funktion ist zu überprüfen, wenn zum Erzielen einer ausreichender Bremswirkung die Pedalkraft außergewöhnlich hoch ist.

- Bremspedal bei stehendem Motor mindestens 5mal kräftig durchtreten, dann bei belastetem Bremspedal Motor starten. Das Bremspedal muß jetzt unter dem Fuß spürbar nachgeben.
- Andernfalls Unterdruckschlauch am Bremskraftverstärker abziehen, Motor starten. Durch Fingerauflegen am Ende des Unterdruckschlauches prüfen, ob Unterdruck erzeugt wird. Der Bremskraftverstärker sitzt im Motorraum direkt am Hauptbremszylinder.
- Ist kein Unterdruck vorhanden: Unterdruckschlauch auf Undichtigkeiten und Beschädigungen prüfen, gegebenenfalls ersetzen. Sämtliche Schellen fest anziehen.
- Ist Unterdruck vorhanden: Unterdruck messen, ggf. Bremsservo ersetzen lassen (Werkstattarbeit).

## Handbremse prüfen/einstellen

Das Spiel der Handbremse muß eingestellt werden, wenn der Leerweg am Handbremshebel bis zum Blockieren der Hinterräder mehr als 7 Rasten beträgt oder wenn Teile der Handbremse beziehungsweise die Bremsbeläge ausgebaut wurden.

**Prüfen**

- Handbremshebel lösen.
- Bremspedal mehrmals bei laufendem Motor betätigen, um eine richtige Selbstnachstellung der Bremse zu gewährleisten. Motor abschalten.
- Fahrzeug hinten aufbocken, beide Räder müssen sich frei drehen, siehe Seite 226.
- Handbremshebel 4 Rasten anziehen. Hinterräder drehen. Die Räder müssen sich mit leichtem Widerstand drehen lassen, gegebenenfalls Handbremse einstellen.

**Einstellen**

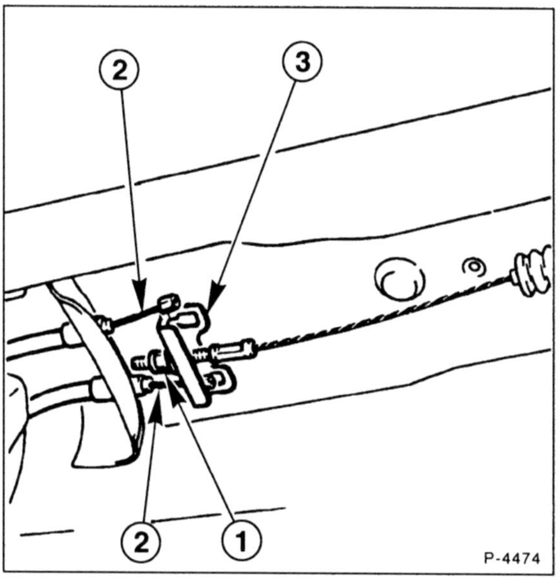


- Handbremshebel 4 Rasten anziehen. Einstellmutter –1– verdrehen, bis die Bremsbeläge leicht an der Bremstrommel anliegen, dazu Hinterräder von Hand drehen. Die Räder müssen sich mit leichtem Widerstand drehen lassen.
- Handbremshebel ziehen und Rasten bis zum Blockieren der Hinterräder zählen. Es darf am Handbremshebel ein Weg von höchstens 4 bis 7 Rasten vorhanden sein, bis die volle Bremswirkung eintritt.
- Kontrollieren, ob sich beide Handbremsseile –2– an der Bremsausgleichsvorrichtung –3– gemeinsam verschieben.
- Handbremse lösen und Räder durchdrehen. Bei gelöster Bremse müssen die Räder frei drehen.
- Fahrzeug ablassen, siehe Seite 226.

## Handbremsseil aus- und einbauen

**Ausbau**

- Handbremse lösen.
- Fahrzeug hinten aufbocken, siehe Seite 226.
- Bremsbacken ausbauen, siehe Seite 135.

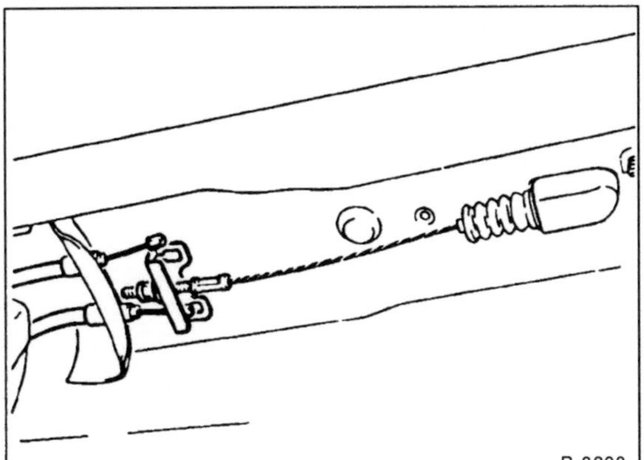

P-3833

- Handbremsseil an der Bremsausgleichvorrichtung aushängen. Bremsseilzüge aus Widerlager herausziehen.

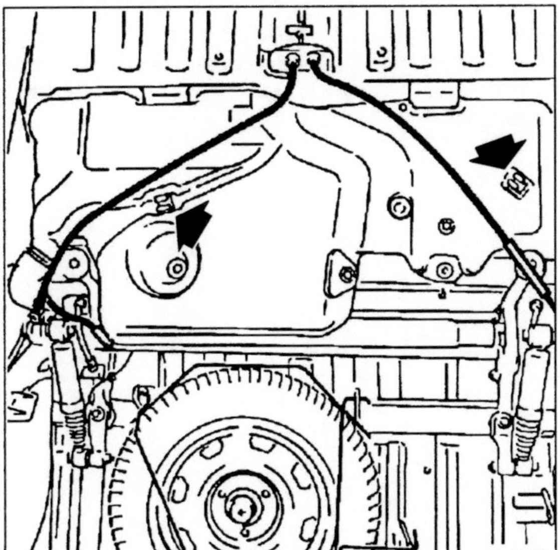

P-4475

- Handbremsseil aus Halterung –Pfeile– herausziehen.

**Einbau**

- Leichtgängigkeit der Bremshebel und des Seilzuges in der Hülle prüfen, gegebenenfalls entsprechendes Teil ersetzen. **Achtung:** Der Seilzug darf nicht geknickt werden, da er sonst schwergängig ist, beziehungsweise an dieser Stelle später brechen kann.
- Seilzug in Einbaulage bringen, Seilzug am Aufbau einclipsen.
- Seilzug in das Widerlager einsetzen.
- Seilzug an der Bremsausgleichsvorrichtung einhängen.
- Bremsbacken einbauen, siehe Seite 135.
- Handbremse einstellen, siehe Kapitel »Handbremse prüfen/einstellen«.
- Fahrzeug ablassen, siehe Seite 226.

## Bremslichtschalter ersetzen

Der Bremslichtschalter sitzt im Fußraum am Pedalbock. Wenn das Bremslicht nicht aufleuchtet, zuerst Sicherung überprüfen. Anschließend Glühlampen überprüfen. Wenn die betreffenden Glühlampen nicht defekt sind, Bremslichtschalter überprüfen. Hierzu Kabelstecker am Bremslichtschalter abziehen und miteinander verbinden (Zündung eingeschaltet). Wenn jetzt das Bremslicht aufleuchtet, Bremslichtschalter auswechseln.

**Ausbau**

- Untere Abdeckung der Armaturentafel abschrauben
- Kabelstecker vom Bremslichtschalter abziehen.

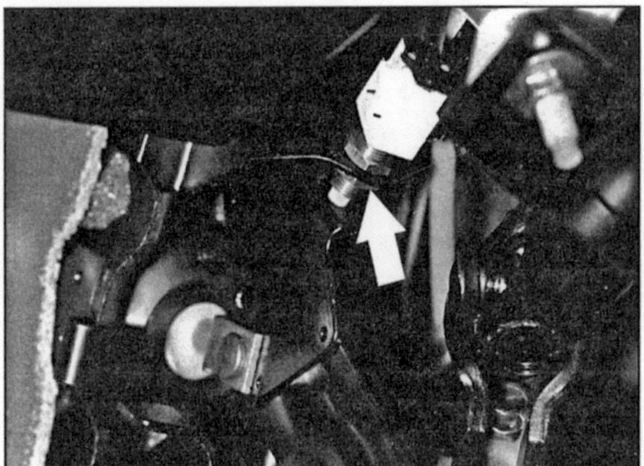

P-4455

- Kontermutter des Bremslichtschalters –Pfeil– am Pedalbock lösen und Bremslichtschalter abschrauben.

**Einbau**

- Kontermutter am neuen Bremslichtschalter etwa so weit wie beim alten Schalter auf das Gewindestück aufschrauben.
- Bremslichtschalter am Pedalbock einsetzen und festschrauben.
- Beide Kabelstecker vom Bremslichtschalter an den Anschlüssen aufstecken.
- Funktion des neuen Bremslichtschalters kontrollieren: Zündung einschalten. Die Bremslichter müssen schon bei leichter Betätigung des Bremspedales aufleuchten. Kabelstecker abziehen und Bremslichtschalter durch Verdrehen der Einstellmutter einstellen. Prüfung wiederholen.
- Kontermutter gegen den Pedalbock schrauben, damit wird der Schalter gegen Verdrehen gesichert.
- Abdeckung einsetzen und festschrauben.

# Die ABS-Anlage

Je nach Modell und Ausstattung besitzt der PEUGEOT 106 ein elektronisches Anti-Blockier-System (ABS) von BENDIX. Ein nachträglicher Einbau des ABS ist nicht möglich.

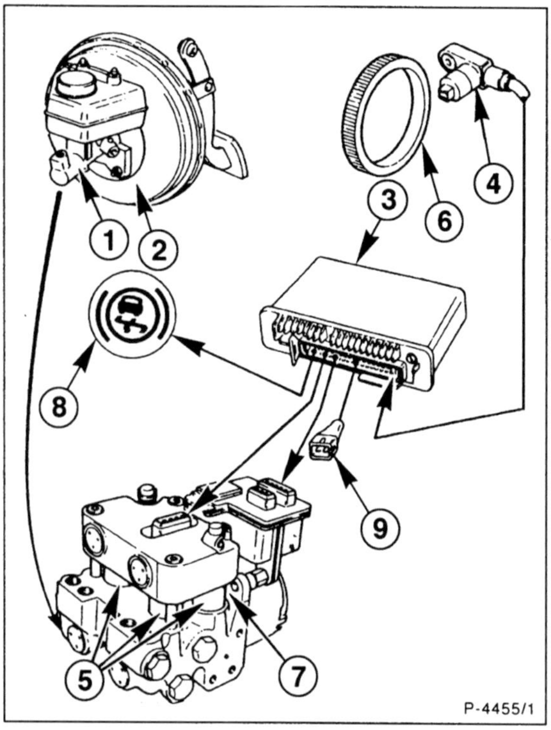


1 – **Hauptbremszylinder**
2 – **Bremskraftverstärker**
3 – **Elektronisches Steuergerät**
Einbauort: Im Kofferraum links (hinter Abdeckung).
4 – **Raddrehzahlgeber**
(an beiden Vorderrädern).
5 – **Magnetventile**
6 – **Zahnkränze (Impulsringe)**
Auf die vorderen Antriebswellen aufgesteckt.
7 – **Hydraulikpumpe**
8 – **Warnleuchte**
Im Schalttafeleinsatz.
9 – **Diagnosestecker**

Das Antiblockiersystem (ABS) verhindert, daß bei scharfem Abbremsen die Räder blockieren. Dadurch bleibt das Fahrzeug bei einer Vollbremsung lenkbar.

Das ABS ist funktionsbereit, sobald die Zündung eingeschaltet ist und die Kontrollampen erloschen sind. Es greift in den Bremsvorgang ein, sobald ein Rad zum Blockieren neigt.

Durch Drehzahlgeber an den Rädern wird die jeweilige Radgeschwindigkeit an das Steuergerät übermittelt. Aus den Signalen der einzelnen Drehzahlgeber errechnet das elektronische Steuergerät eine Durchschnittsgeschwindigkeit, die in etwa der Fahrzeuggeschwindigkeit entspricht. Durch Vergleich der Radgeschwindigkeit für ein einzelnes Rad und der Durchschnittsgeschwindigkeit aller Räder erkennt das Steuergerät den Schlupfzustand des einzelnen Rades und kann dadurch feststellen, wenn sich ein Rad kurz vor dem Blockieren befindet.

Sobald ein Rad zum Blockieren neigt, der Bremsflüssigkeitsdruck im Bremssattel ist dann zu hoch im Verhältnis zur Haftfähigkeit des Reifens auf der Straße, verringert das Hydrauliksystem aufgrund von Signalen des Steuergerätes den Flüssigkeitsdruck im Bremskreis des jeweiligen Vorderrades. Jedoch nur so weit, bis das Rad wieder geringfügig beschleunigt, dann schließen die Ventile wieder und der durch die Bremspedalbetätigung erzielte Druck wirkt wieder.

Dieser Vorgang wiederholt sich bei scharfem Bremsen für jedes einzelne Rad so lange, bis das Bremspedal zurückgenommen wird, beziehungsweise bis kurz vor Stillstand des Fahrzeuges.

Eine Sicherheitsschaltung im elektronischen Steuergerät sorgt dafür, daß sich das ABS bei einem Defekt selbst abschaltet. In diesem Fall leuchtet die ABS-Kontrolleuchte am Armaturenbrett während der Fahrt auf. Die herkömmliche Bremsanlage bleibt dabei in Betrieb. Das Fahrzeug verhält sich beim Bremsen dann so, als ob kein ABS eingebaut wäre.

- Prüfungen und Reparaturen des ABS sollten der Werkstatt vorbehalten bleiben. Ein Großteil der möglichen Fehler werden im Steuergerät erkannt und abgespeichert, die Werkstatt kann die Fehlercodes am Diagnosestecker des Steuergeräts abrufen und gezielt beheben.

**Achtung:** Vor Schweißarbeiten mit einem elektrischen Schweißgerät muß der Stecker vom elektronischen Steuergerät abgezogen werden. Stecker nur bei ausgeschalteter Zündung abziehen.

## Störungsdiagnose Bremse

| Störung | Ursache | Abhilfe |
|---|---|---|
| Leerweg des Bremspedals zu groß | Bremsbeläge teilweise oder völlig abgenutzt | ■ Bremsbeläge erneuern |
| | Ein Bremskreis ausgefallen | ■ Bremskreise auf Flüssigkeitsverlust prüfen |
| | **Speziell bei Trommelbremse:** | |
| | Nachstellautomatik der Trommelbremse klemmt | ■ Nachstelleinheit gangbar machen |
| Bremspedal läßt sich weit und federnd durchtreten | Luft im Bremssystem | ■ Bremse entlüften |
| | Zu wenig Bremsflüssigkeit im Ausgleichbehälter | ■ Neue Bremsflüssigkeit nachfüllen Bremse entlüften |
| | Dampfblasenbildung. Tritt meist nach starker Beanspruchung auf, z. B. Paßabfahrt | ■ Bremsflüssigkeit wechseln. Bremse entlüften |
| Bremswirkung läßt nach, und Bremspedal läßt sich durchtreten | Undichte Leitung | ■ Leitungsanschlüsse nachziehen oder Leitung erneuern |
| | Beschädigte Manschette im Haupt- oder Radbremszylinder | ■ Manschette erneuern. Beim Hauptbremszylinder Innenteile ersetzen, ggf. Hauptbremszylinder ersetzen |
| | **Speziell bei Scheibenbremse:** | |
| | Stationärer Gummidichtring beschädigt | ■ Bremssattel überholen |
| Schlechte Bremswirkung trotz hohen Fußdrucks | Bremsbeläge verölt | ■ Bremsbeläge erneuern |
| | Ungeeigneter oder verhärteter Bremsbelag | ■ Beläge erneuern. Nur Original-Bremsbeläge vom Automobilhersteller verwenden |
| | Bremskraftverstärker defekt, Unterdruckleitung porös, defekt | ■ Bremsservo, Unterdruckleitung prüfen |
| | **Speziell bei Scheibenbremse:** | |
| | Bremsbeläge abgenutzt | ■ Bremsbeläge erneuern |
| Bremse zieht einseitig | Unvorschriftsmäßiger Reifendruck | ■ Reifendruck prüfen und berichtigen |
| | Bereifung ungleichmäßig abgefahren | ■ Abgefahrene Reifen ersetzen |
| | Bremsbeläge verölt | ■ Bremsbeläge erneuern |
| | Verschiedene Bremsbelagsorten auf einer Achse | ■ Beläge erneuern. Nur Original-Bremsbeläge vom Automobilhersteller verwenden |
| | Schlechtes Tragbild der Bremsbeläge | ■ Bremsbeläge austauschen |
| | **Speziell bei Scheibenbremse:** | |
| | Verschmutzte Bremssattelschächte | ■ Sitz- und Führungsflächen der Bremsbeläge im Bremssattel reinigen |
| | Korrosion in den Bremssattelzylindern | ■ Bremssattel erneuern |
| | Bremsbelag ungleichmäßig verschlissen | ■ Bremsbeläge erneuern (beide Räder), Bremssättel auf Leichtgängigkeit prüfen |
| | **Speziell bei Trommelbremse:** | |
| | Kolben in den Radbremszylindern schwergängig | ■ Radbremszylinder instand setzen |

| Störung | Ursache | Abhilfe |
|---|---|---|
| Bremse zieht von selbst an | Ausgleichsbohrung im Hauptbremszylinder verstopft | ■ Hauptbremszylinder reinigen und Innenteile erneuern lassen |
| | Spiel zwischen Betätigungsstange und Hauptbremszylinderkolben zu gering | ■ Spiel prüfen |
| Bremsen erhitzen sich während der Fahrt | Ausgleichsbohrung im Hauptbremszylinder verstopft | ■ Hauptbremszylinder reinigen und Innenteile erneuern lassen |
| | Spiel zwischen Betätigungsstange und Hauptbremszylinder zu gering | ■ Spiel prüfen |
| | Bremse schwergängig | ■ Bewegliche Teile der Trommelbremse schmieren. Bremssattel überholen lassen (Werkstattarbeit) |
| | **Speziell bei Scheibenbremse:** | |
| | Drosselbohrung im Spezial-Bodenventil verstopft | ■ Hauptbremszylinder reinigen, Innenteile ersetzen und Bremsflüssigkeit erneuern |
| | **Speziell bei Trommelbremse:** | |
| | Bremsbacken-Rückzugfedern erlahmt | ■ Rückzugfedern erneuern |
| Bremsen rattern | Ungeeigneter Bremsbelag | ■ Beläge erneuern. Nur Original-Bremsbeläge vom Automobilhersteller verwenden |
| | **Speziell bei Scheibenbremse:** | |
| | Bremsscheibe stellenweise korrodiert | ■ Scheibe mit Schleifklötzen sorgfältig glätten |
| | Bremsscheibe hat Seitenschlag | ■ Scheibe nacharbeiten oder ersetzen |
| | **Speziell bei Trommelbremse:** | |
| | Bremsbeläge verschlissen | ■ Beläge erneuern. Nur Original-Bremsbeläge vom Automobilhersteller verwenden |
| | Bremstrommel unrund | ■ Bremstrommel ersetzen |
| Bremsbeläge lösen sich nicht von der Bremsscheibe, Räder lassen sich schwer von Hand drehen | **Speziell bei Scheibenbremse:** | |
| | Korrosion in den Bremssattelzylindern | ■ Bremssattel überholen, eventuell austauschen |
| Ungleichmäßiger Belag-Verschleiß | **Speziell bei Scheibenbremse:** | |
| | Ungeeigneter Bremsbelag | ■ Beläge erneuern, Nur Original-Bremsbeläge vom Automobilhersteller verwenden |
| | Bremssattel verschmutzt | ■ Bremssattelschächte reinigen |
| | Kolben nicht leichtgängig | ■ Kolben gangbar machen |
| | Bremssystem undicht | ■ Bremssystem auf Dichtigkeit prüfen |
| Keilförmiger Bremsbelag-Verschleiß | **Speziell bei Scheibenbremse:** | |
| | Bremsscheibe läuft nicht parallel zum Bremssattel | ■ Anlagefläche des Bremssattels prüfen |
| | Korrosion in den Bremssätteln | ■ Verschmutzung beseitigen |

| Störung | Ursache | Abhilfe |
|---|---|---|
| Bremse quietscht | Oft auf atmosphärische Einflüsse (Luftfeuchtigkeit) zurückzuführen | ■ Keine Abhilfe erforderlich, und zwar dann, wenn Quietschen nach längerem Stillstand des Wagens bei hoher Luftfeuchtigkeit auftrat, aber nach den ersten Bremsungen sich nicht wiederholt |
| | **Speziell bei Scheibenbremse:** | |
| | Ungeeigneter Bremsbelag | ■ Beläge erneuern. Nur Original-Bremsbeläge vom Automobilhersteller verwenden Rückenplatte mit Anti-Quietsch-Paste bestreichen |
| | Bremsscheibe läuft nicht parallel zum Bremssattel | ■ Anlagefläche des Bremssattels prüfen |
| | Verschmutzte Schächte im Bremssattel | ■ Bremssattelschächte reinigen |
| | **Speziell bei Trommelbremse:** | |
| | Ungeeigneter Bremsbelag | ■ Beläge erneuern. Nur Original-Bremsbeläge vom Automobilhersteller verwenden |
| | Belag liegt nicht satt auf | ■ Beläge erneuern. Nur Original-Bremsbeläge vom Automobilhersteller verwenden |
| | Bremse verschmutzt | ■ Radbremsen reinigen |
| | Rückzugfedern zu schwach | ■ Rückzugfedern erneuern |
| Bremse pulsiert | **ABS** in Funktion | ■ Normal, keine Abhilfe |
| | **Speziell bei Scheibenbremse:** | |
| | Seitenschlag oder Dickentoleranz der Bremsscheibe zu groß | ■ Schlag und Toleranz prüfen. Scheibe nacharbeiten oder ersetzen |
| | Bremsscheibe läuft nicht parallel zum Bremssattel | ■ Anlagefläche des Bremssattels prüfen |
| | **Speziell bei Trommelbremse:** | |
| | Anlagefläche des Scheibenrades an der Bremstrommel nicht plan, dadurch Verzug der Bremstrommel | ■ Es kann versucht werden, die Scheibenräder untereinander auszutauschen. |

# Räder und Reifen

Der PEUGEOT 106 ist je nach Ausstattung mit Reifen und Felgen unterschiedlicher Größe ausgerüstet. Neben der Felgenbreite ist auch die Einpreßtiefe ein wichtiges Nennmaß der Felge. Die Einpreßtiefe ist das Maß von der Felgenmitte bis zur Anlagefläche der Radschüssel an die Bremsscheibe beziehungsweise Bremstrommel.

Alle Scheibenräder sind als sogenannte Hump-Felgen ausgelegt. Der Hump ist ein in die Felgenschulter eingepreßter Wulst, der auch bei extrem scharfer Kurvenfahrt nicht zuläßt, daß der schlauchlose Reifen von der Felge gedrückt wird.

Sofern Reifen und/oder Felgen montiert werden, die nicht in den Fahrzeugpapieren vermerkt sind, ist eine Eintragung in die Fahrzeugpapiere erforderlich. Dazu wird in der Regel eine Freigabebescheinigung von PEUGEOT benötigt.

**Achtung:** Die technische Entwicklung geht ständig weiter. Es kann sein, daß inzwischen auch für ältere Fahrzeug-Modelle andere Reifenfülldrücke beziehungsweise andere Reifen-Felgen-Kombinationen zugelassen sind. Es empfiehlt sich deshalb, die aktuellen Daten bei der Fachwerkstatt zu erfragen.

**Achtung:** Der Gesetzgeber verlangt, daß Reifen lediglich bis zu einer Profiltiefe von 1,6 mm abgefahren werden dürfen, und zwar muß die gesamten Lauffläche noch 1,6 mm Tiefe aufweisen. Es empfiehlt sich jedoch, sicherheitshalber die Sommerreifen bei bei einer Profiltiefe von 2 mm und die Winterreifen bei einer Tiefe von 4 mm auszutauschen.

## Räder- und Reifenmaße, Reifenfülldruck

| Modell | | Scheibenrad (Felge) | Reifengröße Gürtelreifen (schlauchlos) | Reifenfülldruck (Überdruck) in bar | |
|---|---|---|---|---|---|
| | | | | vorn | hinten |
| Sommerreifen | XN, XR | 4.50 B13FH 3x20 | 145/70 R13T | 2,1 | 2,1 |
| | XND, XRD, XTD | 5.00 B13FH 4x20<br>5.00 J13CH 4x20 | 155/70 R13T | 2,0 | 2,0 |
| | XT, XS | 5.00 B13FH 4x20<br>5.00 J13CH 4x20 | 165/65 R12T | 2,0 | 2,0 |
| | XSi | 5.50 J14FH 4x18 | 175/60 R14H | 2,0 | 2,0 |
| Winterreifen | XN, XR | 4.50 B13FH 3x20 | 135 R13 | 2,3 | 2,3 |
| | XND, XRD, XTD | 5.00 B13FH 4x20<br>5.00 J13CH 4x20 | 155/70 R13 | 2,2 | 2,2 |
| | XT, XS | 5.00 B13FH 4x20<br>5.00 J13CH 4x20 | 165/65 R13 | 2,2 | 2,2 |
| | XSi | 5.50 J14FH 4x18 | 165/65 R14 | 2,2 | 2,2 |

- Sämtliche Überdruckangaben beziehen sich auf **kalte** Reifen. Der sich bei längerer Fahrt einstellende, um ca. 0,2 bis 0,4 bar höhere Überdruck darf nicht reduziert werden. Ein Schild mit den richtigen Reifendruckwerten befindet sich überdies an der Fahrertür unterhalb vom Türschloß.
- Der Reifenfülldruck für das **Reserverad** entspricht dem Fülldruck der Hinterradreifen.
- **Winterreifen** werden in der Regel mit einem um 0,2 bar höheren Überdruck gefahren. Die Luftdruckempfehlungen des jeweiligen Reifenherstellers bei Winterreifen sind zu beachten. Da die Winterreifen einer Geschwindigkeitsbeschränkung unterliegen, muß ein Hinweis über die zulässige Höchstgeschwindigkeit sinnvoll im Blickfeld des Fahrers angebracht werden (§ 36, Absatz 1 StVZO).
- Bei sehr sportlicher Fahrweise empfiehlt es sich, den Reifenüberdruck an Vorder- und Hinterrädern um 0,2 bar zu erhöhen. Bei dieser Erhöhung ist vom Basis-Überdruck auszugehen, wie er für die verschiedenen Belastungszustände vorgeschrieben ist.

## Reifenbezeichnungen

**Beispiel:**

SX-4601P

**195** = Reifenbreite in mm

**/70** = Verhältnis Höhe zu Breite (die Höhe des Reifenquerschnitts beträgt 70 % von der Breite)

Fehlt eine besondere Angabe des Querschnittverhältnisses (z. B. 155 R 13), so handelt es sich um das „normale" Höhen-Breiten-Verhältnis. Es beträgt bei Gürtelreifen 82 %.

**H** = Geschwindigkeitsklasse, H: bis 210 km/h (wird bei neueren Reifen nicht immer angegeben).

**R** = Radial-Bauart (= Gürtelreifen).

**14** = Felgendurchmesser in Zoll.

**89** = Tragfähigkeits-Kennzahl.

**Achtung:** Steht zwischen den Angaben 14 und 89 die Bezeichnung M+S, dann handelt es sich um einen Reifen mit Winterprofil.

**H** = Kennbuchstabe für zulässige Höchstgeschwindigkeit.

Der Geschwindigkeitsbuchstabe steht hinter der Reifengröße. Die Geschwindigkeitssymbole gelten sowohl für Sommer- als auch für Winterreifen.

**Geschwindigkeits-Kennbuchstabe**

| Kennbuchstabe | Zulässige Höchstgeschwindigkeit |
|---|---|
| Q | 160 km/h |
| S | 180 km/h |
| T | 190 km/h |
| H | 210 km/h |
| V | 240 km/h |
| W | 270 km/h |

**Reifen-Herstellungsdatum**

Das Herstellungsdatum steht auf dem Reifen im Hersteller-Code.

**Beispiel:** DOT CUL2 UM8 035 ◁ TUBELESS

DOT = Department of Transportation (US-Verkehrsministerium)

CU = Kürzel für Reifenhersteller

L2 = Reifengröße

UM8 = Reifenausführung

035 = Herstellungsdatum = 03. Produktionswoche 1995

◁ = Symbol für dieses Jahrzehnt (1990 bis 1999)

TUBELESS = schlauchlos (TUBETYPE = Schlauchreifen)

## Austauschen der Räder

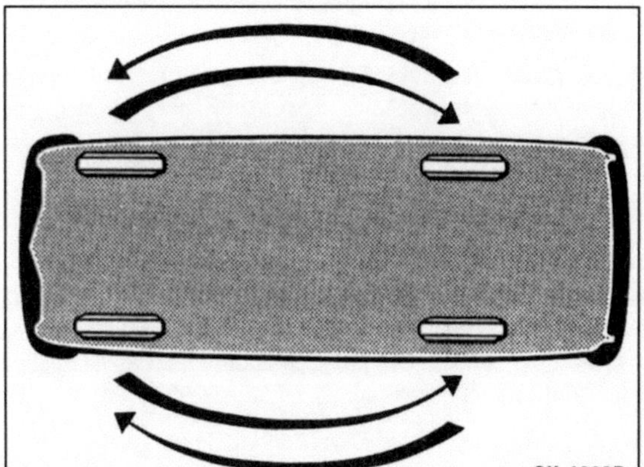

SX-4602P

Es ist nicht zweckmäßig, bei einem Austausch der Räder die Drehrichtung der Reifen zu ändern, da sich die Reifen nur unter vorübergehend stärkerem Verschleiß der veränderten Drehrichtung anpassen. Bei deutlich stärkerer Abnutzung der vorderen Reifen empfiehlt es sich, die Vorderräder gegen die Hinterräder zu tauschen. Dadurch haben alle 4 Reifen etwa die gleiche Lebensdauer.

Zum Festziehen der Radschrauben sollte immer ein Drehmomentschlüssel verwendet werden. Dadurch wird sichergestellt, daß die Radschrauben gleichmäßig fest angezogen sind.

Reifen nicht einzeln, sondern mindestens achsweise ersetzen. Dabei Reifen mit der größeren Profiltiefe immer vorn montieren.

**Achtung:** Beim Erneuern und Demontieren schlauchloser Reifen ist aus Sicherheitsgründen unbedingt das Gummiventil mit auszutauschen.

- Eventuell vorhandene Rostspuren an der Felgen-Anlagefläche mit einer Drahtbürste entfernen. Zum Schutz gegen Festrosten des Rades ist der Zentriersitz des Scheibenrades an den Radnaben vorn und hinten bei jeder Demontage des jeweiligen Rades mit Wälzlagerfett leicht einzufetten.
- Radkappen mit dem Bordwerkzeug oder einem Schraubendreher abhebeln, beziehungsweise von Hand abziehen.

- Vor der Demontage Rad mit Kreide oder Filzstift zur Radnabe markieren, damit es in gleicher Stellung wieder montiert werden kann.
- Leichtmetallfelgen sind durch einen Klarlacküberzug gegen Korrosion geschützt. Beim Radwechsel darauf achten, daß die Schutzschicht nicht beschädigt wird, andernfalls mit Klarlack ausbessern.
- Für **Leichtmetallfelgen** nur die dafür vorgesehenen Radschrauben verwenden.

**Achtung:** Sind am Fahrzeug Leichtmetallfelgen montiert, während das Reserverad eine Stahlfelge besitzt, ist es zweckmäßig, entsprechende Schrauben für die Stahlfelge zum Bordwerkzeug zu legen.

- Verschmutzte Gewinde mit Drahtbürste reinigen.
- Radschrauben über Kreuz in mehreren Durchgängen festziehen. **Achtung:** Durch einseitiges oder unterschiedlich starkes Anziehen der Radschrauben können das Rad und/oder die Radnabe verspannt werden.

**Anzugsdrehmoment: 85 Nm** für Stahl- und Leichtmetallfelgen.

- Radkappe oder Radabdeckung wieder aufdrücken. Blende beim Einbau so ansetzen, daß sich das Reifenventil im vorgesehenen Ausschnitt befindet. Bei Leichtmetallfelgen Stift an Radkappen-Rückseite in zugehörige Bohrung im Rad einsetzen. Diebstahlsicherung einsetzen.

## Gleitschutzketten (Schneeketten)

Die Verwendung von Gleitschutzketten ist nur an der Vorderachse erlaubt. Vor der Montage Radblenden abnehmen.

Beim PEUGEOT 106 XSi dürfen nur Gleitschutzketten mit einer Stärke von max. 12 mm verwendet werden.

Mit Gleitschutzketten darf nicht schneller als 50 km/h gefahren werden. Auf schnee- und eisfreien Straßen sind die Gleitschutzketten abzunehmen.

Es sollten nur von PEUGEOT freigegebene Gleitschutzketten verwendet werden.

## Regeln zur Reifenpflege

Generell gilt, daß Reifen sozusagen ein »Gedächtnis« haben und unsachgemäße Behandlung – dazu zählt beispielsweise auch schnelles oder häufiges Überfahren von Bordstein- oder Schienenkanten – oft erst viel später zu Reifenpannen führt.

### Reifen reinigen

- Reifen möglichst nicht mit einem Dampfstrahlgerät reinigen. Wird die Düse des Dampfstrahlers zu nahe an den Reifen gehalten, dann wird dessen Gummischicht innerhalb weniger Sekunden irreparabel zerstört, selbst bei Verwendung von kaltem Wasser. Ein auf diese Weise gereinigter Reifen sollte sicherheitshalber ersetzt werden.
- Ersetzt werden sollte auch ein Reifen, der über längere Zeit mit Öl oder Fett in Berührung kam. Der Reifen quillt an den betreffenden Stellen zunächst auf, nimmt jedoch später wieder seine normale Form an und sieht äußerlich unbeschädigt aus. Die Belastungsfähigkeit des Reifens nimmt aber ab.

### Reifen lagern

- Reifen sollten kühl, dunkel und trocken aufbewahrt werden. Sie dürfen nicht mit Fett und Öl in Berührung kommen.
- Räder liegend oder an den Felgen aufgehängt in der Garage oder im Keller lagern.
- Bevor die Räder abmontiert werden, Reifenfülldruck etwas erhöhen (ca. 0,3–0,5 bar).
- Für Winterreifen eigene Felgen verwenden, denn das Ummontieren der Reifen auf dieselben Felgen lohnt sich aus Kostengründen nicht.

### Reifen einfahren

Neue Reifen haben vom Produktionsprozeß her eine besonders glatte Oberfläche. Deshalb müssen neue Reifen – das gilt auch für das neue Ersatzrad – eingefahren werden. Bei diesem Einfahren rauht sich durch die beginnende Abnutzung die glatte Oberfläche auf.

Während der ersten 300 km sollte man mit neuen Reifen speziell auf Nässe besonders vorsichtig fahren.

## Auswuchten der Räder

Bei jeder Reifenmontage werden die Räder neu ausgewuchtet. Das Auswuchten ist notwendig, um unterschiedliche Gewichtsverteilung und Materialungenauigkeiten auszugleichen.

Im Fahrbetrieb macht sich eine Unwucht durch Trampel- und Flattererscheinungen bemerkbar. Das Lenkrad beginnt dann bei höherem Tempo zu zittern.

In der Regel tritt dieses Zittern nur in einem bestimmten Geschwindigkeitsbereich auf und verschwindet wieder bei niedrigerer und höherer Geschwindigkeit.

Solche Unwuchterscheinungen können mit der Zeit zu Schäden an Achsgelenken, Lenkgetriebe und Stoßdämpfern führen.

Räder grundsätzlich alle 20.000 km und nach jeder Reifenreparatur auswuchten lassen, da sich durch Abnutzung und Reparatur die Gewichts- und Materialverteilung am Reifen ändert.

- Reifenfülldruck nur bei kühlen Reifen prüfen. Der Reifenfülldruck steigt nämlich mit zunehmender Erhitzung bei schneller Fahrt an. Dennoch ist es völlig falsch, aus erhitzten Reifen Luft abzulassen.
- Bei zu hohem Reifenfülldruck wird die Laufflächenmitte mehr abgenutzt, da der Reifen an der Lauffläche durch den hohen Innendruck mehr gewölbt ist.
- Bei zu niedrigem Reifenfülldruck liegt die Lauffläche an den Reifenschultern stärker auf, und die Laufflächenmitte wölbt sich nach innen durch. Dadurch ergibt sich ein stärkerer Reifenverschleiß der Reifenschultern.
- Falsche Radeinstellung und Unwucht ergeben jeweils typische Reifenverschleißbilder, auf die in der Störungsdiagnose hingewiesen wird.

## Das Notrad

Der PEUGEOT 106 XSi ist aufgrund seiner üppigen Reifendimensionierung mit einem platzsparendem Notrad ausgerüstet. Bei der Benutzung des Notrades sind folgende Punkte zu beachten:

- Das Notrad darf an Vorder- und Hinterachse montiert werden.
- Das Notrad ist nur für den vorübergehenden und kurzzeitigen Einsatz bestimmt. Muß das Rad bei einer Reifenpanne montiert werden, ist es deshalb so schnell wie möglich wieder durch ein Normalrad zu ersetzen.
- Nach Montage des Notrades muß **der Reifenfülldruck so schnell wie möglich geprüft werden,** der Druck muß **4,2 bar** betragen.
- Mit montiertem Notrad darf **auf Landstraßen nicht über 80 km/h und auf Autobahnen nicht über 120 km/h** gefahren werden. Vollgasbeschleunigungen, starkes Bremsen und rasante Kurvenfahrten sind zu vermeiden.
- Das Notrad ist kleiner als das Normalrad. Deshalb verringert sich die Bodenfreiheit der jeweiligen Achse um etwa 30 mm. Um Schäden an tiefliegenden Fahrzeugteilen zu verhindern, sollte nicht über größere Hindernisse oder Vertiefungen gefahren werden.
- Das Notrad ist speziell für den Wagentyp entwickelt. Es darf daher nicht für andere Wagentypen benutzt werden. Ebensowenig dürfen Noträder anderer Fahrzeugtypen verwendet werden.
- Die Verwendung von Gleitschutzketten (Schneeketten) auf dem platzsparenden Notrad ist aus technischen Gründen nicht zulässig.
- Reifen, die älter als 6 Jahre sind, auf Alterung sichtprüfen, gegebenenfalls ersetzen.

## Fehlerhafte Reifenabnutzung

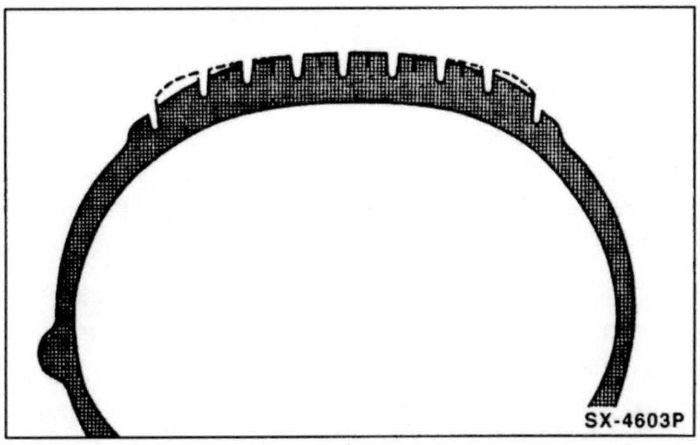


- An den Vorderrädern ist eine etwas größere Abnutzung der Reifenschultern gegenüber der Laufflächenmitte normal, wobei aufgrund der Straßenneigung die Abnutzung der zur Straßenmitte zeigenden Reifenschulter (linkes Rad: außen, rechtes Rad: innen) deutlicher ausgeprägt sein kann.
- Ungleichmäßiger Reifenverschleiß ist zumeist die Folge zu geringen oder zu hohen Reifenfülldrucks und kann auf Fehler in der Radeinstellung oder Radauswuchtung sowie auf mangelhafte Stoßdämpfer oder Felgen zurückzuführen sein.

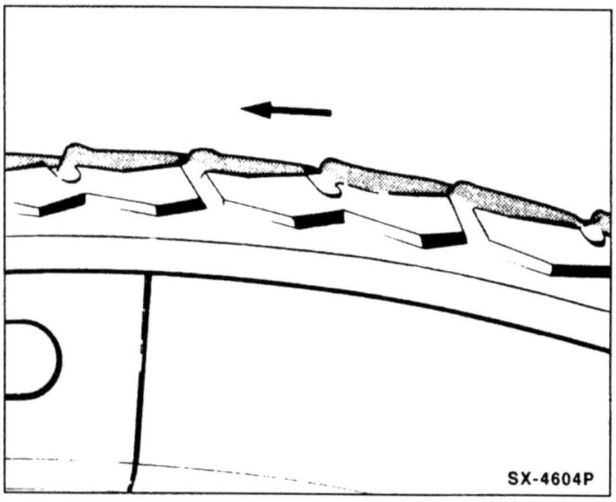


- Sägezahnförmige Abnutzung des Profils ist in der Regel auf eine Überbelastung des Fahrzeuges zurückzuführen.
- In erster Linie ist auf vorschriftsmäßigen Reifenfülldruck zu achten, wobei spätestens alle vier Wochen eine Prüfung vorgenommen werden sollte.
- Reifenfülldruck nur bei kühlen Reifen prüfen. Der Reifenfülldruck steigt nämlich mit zunehmender Erhitzung bei schneller Fahrt an. Dennoch ist es völlig falsch, aus erhitzten Reifen Luft abzulassen.
- Bei zu hohem Reifenfülldruck wird die Laufflächenmitte mehr abgenutzt, da der Reifen an der Lauffläche durch den hohen Innendruck mehr gewölbt ist.
- Bei zu niedrigem Reifenfülldruck liegt die Lauffläche an den Reifenschultern stärker auf, und die Laufflächenmitte wölbt sich nach innen durch. Dadurch ergibt sich ein stärkerer Reifenverschleiß der Reifenschultern.
- Falsche Radeinstellung und Unwucht ergeben jeweils typische Reifenverschleißbilder, auf die in der Störungsdiagnose hingewiesen wird.

## Vorderwagenunruhe beseitigen

Das Lenkradflattern bei bestimmten Geschwindigkeiten ist in der Regel auf eine Unwucht der Räder zurückzuführen.

**Prüfen**

- Reifenfülldruck prüfen, gegebenenfalls korrigieren.
- Probefahrt durchführen. Störung möglichst genau eingrenzen, Geschwindigkeitsbereich, Fahrbahnbeschaffenheit, Kurven- oder Geradeausfahrt.
- Fahrzeug aufbocken.
- Mittenzentrierung der Felgen prüfen. Dabei müssen die Radnabe oder Bremstrommel über den Kragen der Scheibenräder hinausragen oder zumindest bündig damit abschließen. Andernfalls Felge austauschen.
- Radaufhängung prüfen. Dazu Gummi-Metallager, Gelenke, Stoßdämpfer und Felgen auf einwandfreien Zustand prüfen.
- Räder ausbauen und reinigen. Dabei beispielsweise auch Steine aus dem Profil entfernen.
- Reifen auf Bremsplatten untersuchen. Das sind Stellen geringerer Profiltiefe, die bei Vollbremsungen mit blockierenden Rädern entstehen können.
- Profiltiefe der einzelnen Reifen prüfen und miteinander vergleichen. Bei abnormalem Reifenverschleiß vorn und/oder hinten muß das Fahrzeug vorn und hinten vermessen und gegebenenfalls eingestellt werden. Dabei ist die Einstellung der Vorspur an die obere Toleranzgrenze zu legen. **Achtung:** Für die Vermessung ist eine entsprechende Meßanlage erforderlich, die in der Regel nur in einer Fachwerkstatt vorhanden ist.
- Probefahrt durchführen und prüfen, ob die Störungen noch vorhanden sind.

**Höhen- und Seitenschlag der Räder prüfen**

- Bei aufgebocktem Fahrzeug geeignete Meßuhr an der Lauffläche und danach an der Reifenflanke ansetzen. Rad von Hand langsam drehen, Zeigerausschlag der Meßuhr ablesen und Stelle des maximalen Höhenschlags am Reifen mit Kreide kennzeichnen.

**Sollwerte:** Maximaler Höhenschlag = 0,8 mm; maximaler Seitenschlag = 1,2 mm.

- Falls diese Werte nicht eingehalten werden, Räder auf stationärer Auswuchtmaschine auswuchten. Dabei müssen die Räder in gleicher Weise wie am Fahrzeug mittenzentriert werden. Konische Spannvorrichtungen, die das Rad in der Mittenbohrung zentrieren, sind nicht zulässig. Die zulässige Restunwucht in beiden Wuchtebenen beträgt 5 Gramm.

**Höhenschlag beseitigen (matchen):**

- Luft aus dem Reifen lassen und Reifenwülste in das Felgenbett drücken.
- Reifen auf der Felge um 120° verdrehen.
- Reifen aufpumpen und Höhenschlag erneut prüfen.
- Falls der Maximalwert überschritten wird, Reifen auf der Felge um weitere 120° verdrehen und Höhenschlag prüfen.
- Falls der Maximalwert eingehalten wird, Räder auswuchten.

**Höhen- und Seitenschlag der Felge prüfen**

- Felge ohne Reifen mittenzentriert auf die Auswuchtmaschine oder am Fahrzeug montieren. Meßuhr anbringen.
- Höhen- und Seitenschlag der Felge prüfen. Der Höhenschlag (Rundlaufabweichung) wird an der Felgenschulter, der Seitenschlag an der seitlichen Fläche des Felgenhornes gemessen. Dabei sind punktuelle Ausschläge der Meßuhr, die durch Materialerhöhungen oder -vertiefungen entstehen, nicht zu berücksichtigen.

**Sollwerte für Stahl-Scheibenrad:** Maximaler Höhenschlag = 0,8 mm; maximaler Seitenschlag = 1,0 mm.

**Leichtmetall-Scheibenrad:** Maximaler Höhenschlag = 0,25 mm; maximaler Seitenschlag = 0,3 mm.

- Falls die Sollwerte überschritten werden, Felge ersetzen.

**Montage der Räder am Fahrzeug**

- Bei aufgebocktem Fahrzeug Räder so ansetzen, daß sich die Stelle des maximalen Höhenschlages oben befindet. Radschrauben in diesem Zustand über Kreuz mit einem Drehmomentschlüssel und **85 Nm** festziehen.

**Achtung:** Wenn die Verschleißunterschiede der einzelnen Reifen klein sind, Räder mit dem geringsten Höhenschlag und den kleinsten Auswuchtgewichten an der Vorderachse montieren.

- Probefahrt durchführen. Falls immer noch Vorderwagenunruhe oder Lenkradschütteln festgestellt wird, kann es sich um Restunwuchten handeln, die durch Nachwuchten am Fahrzeug beseitigt werden.

**Räder am Fahrzeug nach- oder auswuchten**

- Beim Auswuchten der Antriebsräder unbedingt beide Reifen einer Achse auf Rollen (Geberböcke) setzen.
- Der Antrieb der Räder muß durch den Fahrzeugmotor erfolgen, damit die Räder synchron laufen.
- Probefahrt durchführen.

Falls immer noch Störungen auftreten, so sind die Radial- oder Taumelbewegungen eines oder mehrerer Reifen zu hoch. Mit Werkstattmitteln kann das nicht gemessen werden. In diesem Fall bleibt nur der Austausch der vorderen und/oder hinteren Reifen. Dabei sollten die Reifen grundsätzlich paarweise ersetzt werden.

## Störungsdiagnose Reifen

| Abnutzung | Ursache |
|---|---|
| Stärkerer Reifenverschleiß auf beiden Seiten der Lauffläche | ■ Zu niedriger Reifenfülldruck |
| Stärkerer Reifenverschleiß in der Mitte der Lauffläche, über den gesamten Umfang | ■ Zu hoher Reifenfülldruck |
| Auswaschungen der Profilseite | ■ Statische und dynamische Unwucht des Rades. Eventuell zu großer Seitenschlag der Felge, zu großes Spiel in den Traggelenken |
| Auswaschungen in der Mitte des Reifenprofils | ■ Statische Unwucht des Rades. Eventuell Folge von zu großem Höhenschlag |
| Starke Abnutzung an einzelnen Stellen in der Mitte der Lauffläche | ■ Blockierspuren von Vollbremsungen |
| Schuppenförmige oder sägezahnähnliche Abnutzung des Profils. In krassen Fällen mit Gewebebrüchen verbunden, die nach einiger Zeit außen sichtbar werden | ■ Überbelastung des Wagens. Innenseite der Reifen auf Gewebebrüche untersuchen! |
| Gummizungen an den seitlichen Profilkanten | ■ Fehlerhafte Radeinstellung. Reifen radiert. Bei Hinterrädern auch Zustand der Stoßdämpfer prüfen! |
| Gratbildung an einer Profilseite des Vorderrades | ■ Falsche Spureinstellung. Reifen radiert. Häufiges Fahren auf stark gewölbter Fahrbahn. Schnelle Kurvenfahrt |
| Stoßbrüche im Reifenunterbau. Anfangs nur im Innern des Reifens sichtbar | ■ Überfahren von kantigen Steinen, Schienenstößen und ähnlichem bei hohen Geschwindigkeiten |
| Einseitig abgefahrene Laufflächen | ■ Sturzeinstellung überprüfen |

# Karosserie

Die Karosserie des PEUGEOT 106 ist selbsttragend. Bodengruppe, Seitenteile, Dach und hintere Kotflügel sind miteinander verschweißt. Größere Karosserieschäden lassen sich daher nur von einer Fachwerkstatt beheben.

Motorhaube, Heckklappe, Türen und die vorderen Kotflügel sind angeschraubt und lassen sich leicht auswechseln. Beim Einbau ist dann unbedingt das richtige Luftspaltmaß (= Breite der Fugen zwischen jeweiliger Klappe und umliegender Karosserie) einzuhalten, sonst klappert beispielsweise die Tür, oder es können erhöhte Windgeräusche während der Fahrt auftreten. Der Luftspalt muß auf jeden Fall parallel verlaufen, das heißt, der Abstand zwischen den Karosserieteilen muß auf der gesamten Länge des Spaltes gleich groß sein.

Da viele Anbauteile mit sogenannten Torxschrauben befestigt sind, ist zur Montage der Besitz eines Torxschraubendrehersatzes notwendig.

**Sicherheitshinweise bei Karosseriearbeiten**

- Soweit Schweißarbeiten oder andere funkenerzeugende Arbeiten in Batterienähe durchgeführt werden, muß grundsätzlich die Batterie ausgebaut werden. **Achtung:** Dadurch werden die elektronischen Speicher gelöscht, zum Beispiel Motor-Fehlerspeicher oder Radiocode. Batterie nur bei **ausgeschalteter Zündung** abklemmen, da sonst das Steuergerät der Einspritzanlage beschädigt werden kann. Vor dem Abklemmen sollten auch die Hinweise im Kapitel »Radio« bzw. »Batterie aus- und einbauen« durchgelesen werden.
- Bei Schweißarbeiten oder andere funkenerzeugende Arbeiten immer einen Feuerlöscher bereitstellen.
- An Teilen der gefüllten Klimaanlage darf weder geschweißt, noch hart- oder weichgelötet werden. Das gilt auch für Schweiß- und Lötarbeiten am Fahrzeug, wenn die Gefahr besteht, daß sich Teile der Klimaanlage erwärmen. **Achtung:** Der Kältemittelkreislauf der Klimaanlage darf nicht geöffnet werden.
- Im Rahmen einer Reparatur-Lackierung darf im Trockenofen oder in seiner Vorwärmzone das Fahrzeug bis maximal **+80°** C aufgeheizt werden. Sonst besteht die Gefahr der Beschädigung elektronischer Steuergeräte im Fahrzeug.

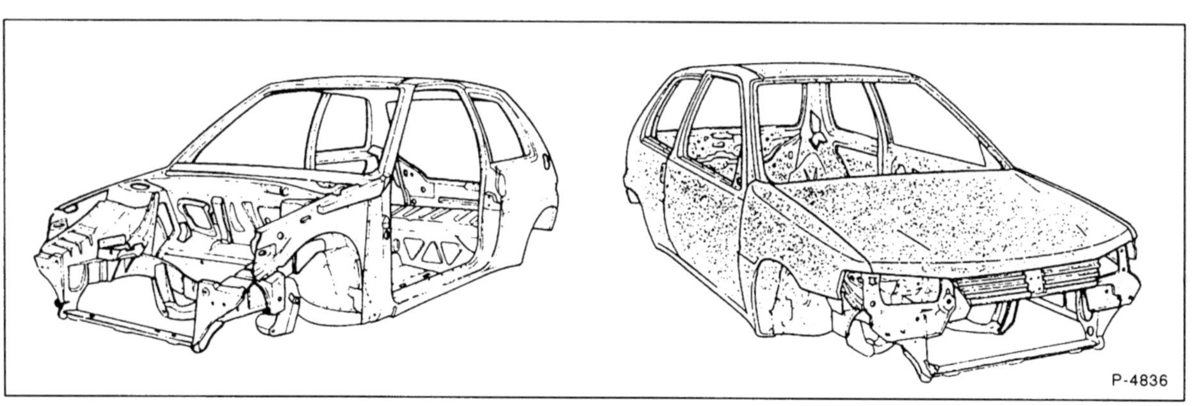

# Stoßfänger vorn aus- und einbauen

### Ausbau

- Beide Blinker ausbauen, siehe Seite 207.
- Beide Scheinwerfer ausbauen, siehe Seite 207.
- Gegebenenfalls Zusatzscheinwerfer ausbauen.

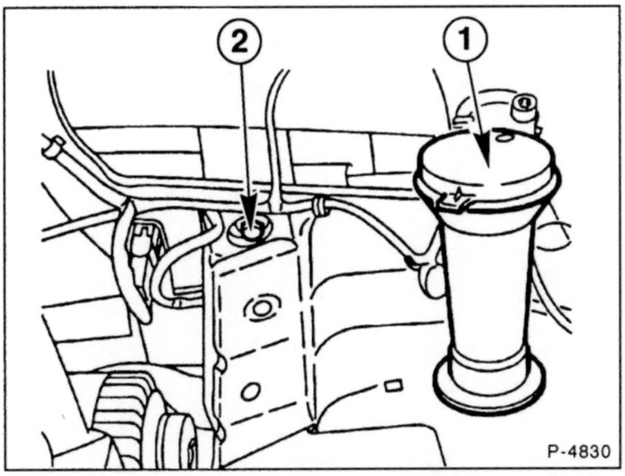


P-4830

- Einfüllstutzen –1– der Scheibenwaschanlage ausbauen.
- Befestigungsschrauben –2– auf beiden Seiten herausdrehen.

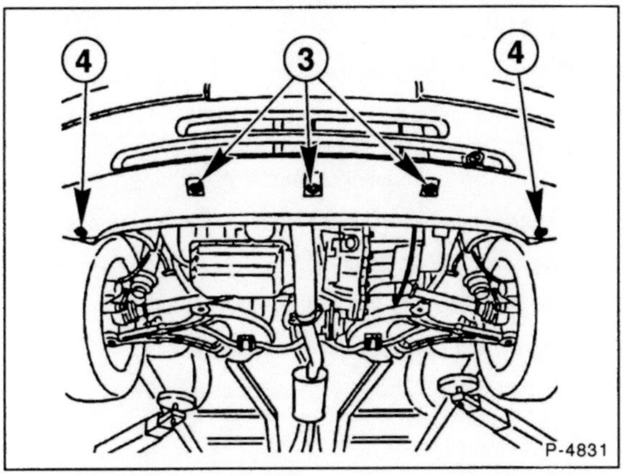


P-4831

- 3 Schrauben –3– an der Unterseite des Stoßfängers herausdrehen.
- Die beiden Befestigungen –4– der Innenkotflügel mit Hilfe einer Zange entfernen.
- Beide Innenkotflügel ausbauen.
- Wasserbehälter der Scheibenwaschanlage ausbauen.

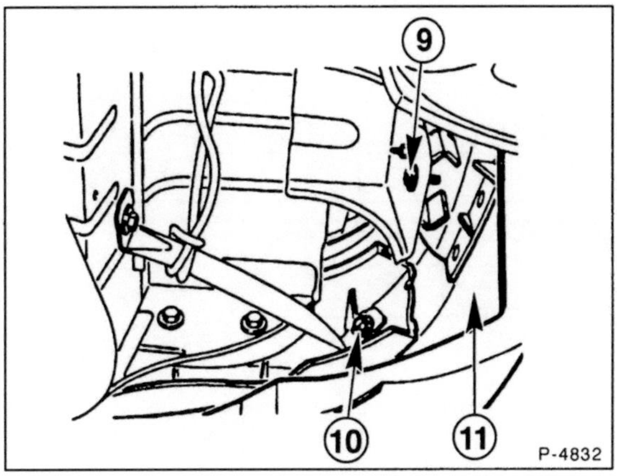


P-4832

- Schrauben –9– und –10– auf beiden Seiten herausdrehen.
- Stoßfänger –11– mit einem Helfer abnehmen.
- Falls vorhanden, Schlauch der Scheinwerferreinigungsanlage an den Spritzdüsen im Stoßfänger abziehen.

### Neuer Stoßfänger umbauen

Je nach Modell und Ausstattung kann es sein, daß beim Einbau eines neuen Stoßfänger dieser an die jeweilige Zusatzausstattung angepaßt werden muß.

### Fahrzeuge mit Scheinwerfereinigungsanlage

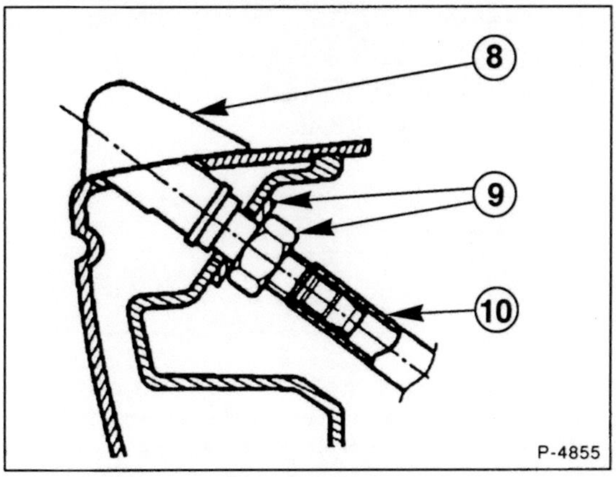


P-4855

- Am alten Stoßfänger Waschdüsen ausbauen. Dazu Schlauch –10– abziehen, Mutter –9– abschrauben und Düse –8– abnehmen.

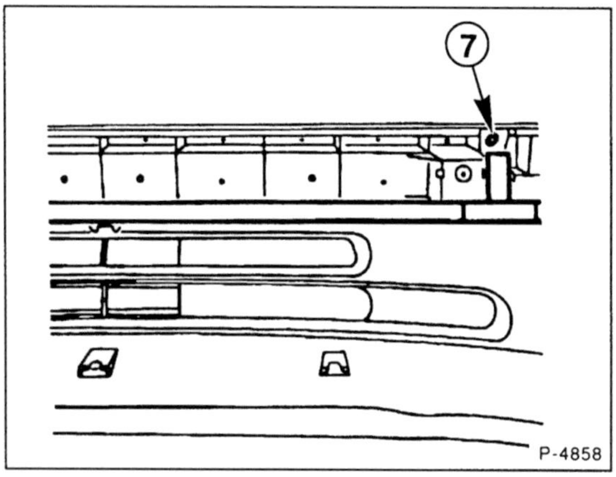


- In den neuen Stoßfänger zwei Bohrungen –7– mit Ø 19 mm bohren. **Achtung:** Dabei auf die richtige Neigung der Bohrung achten.
- Scheinwerferwaschdüsen am neuen Stoßfänger ansetzen und mit Mutter festschrauben.
- Schläuche an den Waschdüsen aufschieben.

**Fahrzeug mit Zusatzscheinwerfer**

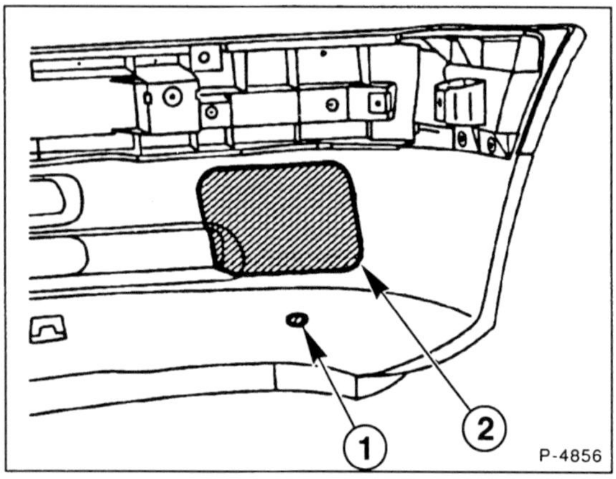


- Die Öffnung für die Zusatzscheinwerfer ist auf der Rückseite des Stoßfängers aufgezeichnet. Mit einer Stichsäge die Öffnung im neuen Stoßfänger aufsägen.

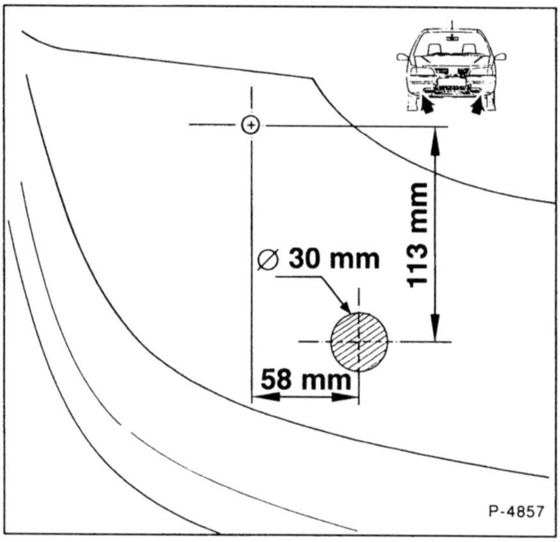


- Werden Original PEUGEOT-Zusatzscheinwerfer eingebaut, entsprechend der Zeichnung ein Loch mit Ø 30 mm bohren.

**Einbau**

- Stoßfänger ansetzen.
- Falls vorhanden, Schlauch der Scheinwerferreinigungsanlage an den Spritzdüsen aufschieben.
- Schrauben –9– und –10– auf beiden Seiten ansetzen, siehe Abbildung 4832.
- 3 Schrauben –3– ansetzen, siehe Abbildung 4831.
- Stoßfänger so ausrichten, daß auf beiden Seiten ein gleichmäßiger Spalt zwischen Kotflügel und Stoßfänger ist, und Befestigungsschrauben festschrauben.
- Wasserbehälter der Scheibenwaschanlage einbauen.
- Beide Innenkotflügel einbauen.
- Beide Scheinwerfer einbauen, siehe Seite 207.
- Beide Blinker einbauen, siehe Seite 207.
- Falls ausgebaut, Zusatzscheinwerfer einbauen.

## Stoßfänger hinten aus- und einbauen

**Ausbau**

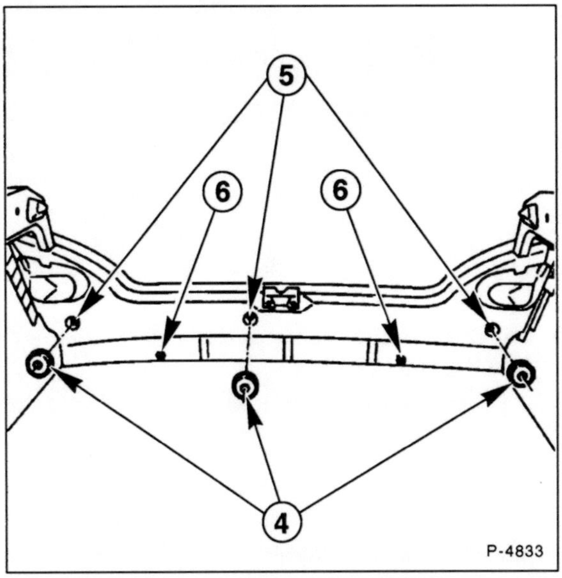


- Radschlüssel entfernen und Lufteinlaßgitter auf der linken Seite des Kofferraums abschrauben.
- Abdeckungen –4– abnehmen und die darunterliegenden Schrauben –5– und die Schrauben –6– herausdrehen.

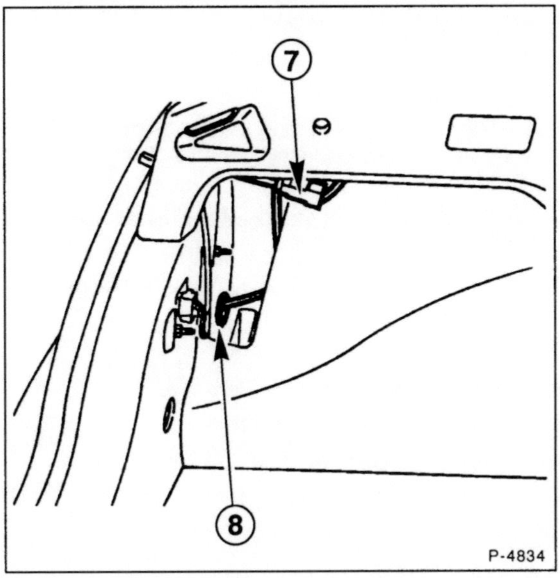


- Den Stecker der Kennzeichenbeleuchtung –7– abziehen.

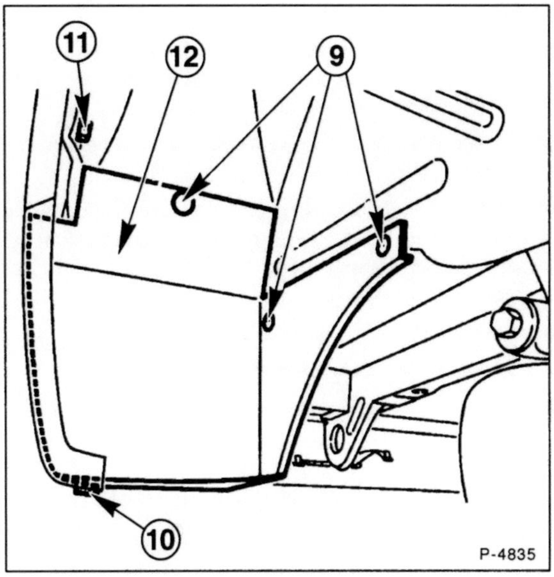


- Die Befestigungsclips –9– mit Hilfe eines Treibdornes mit 3 mm Durchmesser entfernen.
- Die Klammer –10– auf beiden Seiten mit einer Zange abziehen.
- Die Befestigung –11– entfernen und die Abdeckung –12– abnehmen.

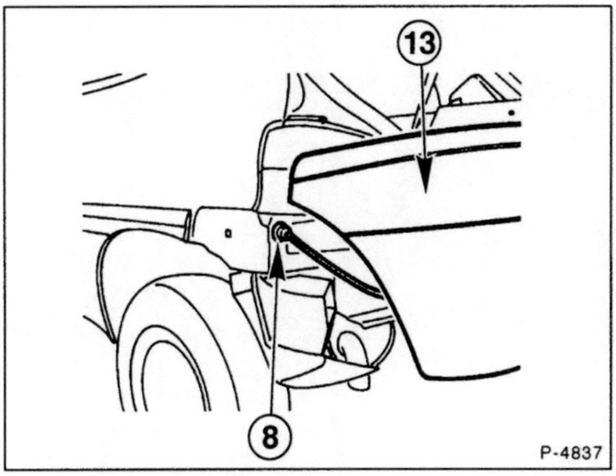


- Der Stoßfänger kann nun mit einem Helfer abgenommen werden. Dabei Gummitülle –8– mit Stromkabel der Kennzeichenbeleuchtung aus der Bohrung ziehen.

**Einbau**

- Stoßfänger mit einem Helfer an die Karosserie halten und Kabel der Kennzeichenbeleuchtung durch die Durchführung ziehen und Gummitülle montieren.
- Befestigungsschrauben des Stoßfängers auf beiden Seiten ansetzen.
- Stoßfänger so ausrichten, daß auf beiden Seiten ein gleichmäßiger Spalt zwischen Kotflügel und Stoßfänger ist. Befestigungsschrauben festschrauben und Abdeckungen montieren.
- Abdeckung ansetzen und mit Clips befestigen.
- Kabel der Kennzeichenbeleuchtung einstecken.
- Lufteinlaßgitter und Radschlüssel einbauen.

## Kotflügel vorn aus- und einbauen

**Ausbau**

- Blinker ausbauen, siehe Seite 207.
- Falls vorhanden, seitliche Blinkleuchte ausbauen, siehe Seite 204.
- Scheinwerfer ausbauen, siehe Seite 207.
- Stoßfänger vorn ausbauen, siehe Kapitel »Stoßfänger aus- und einbauen«.
- Innenkotflügel ausbauen.
- Motorhaube öffnen und abstützen.

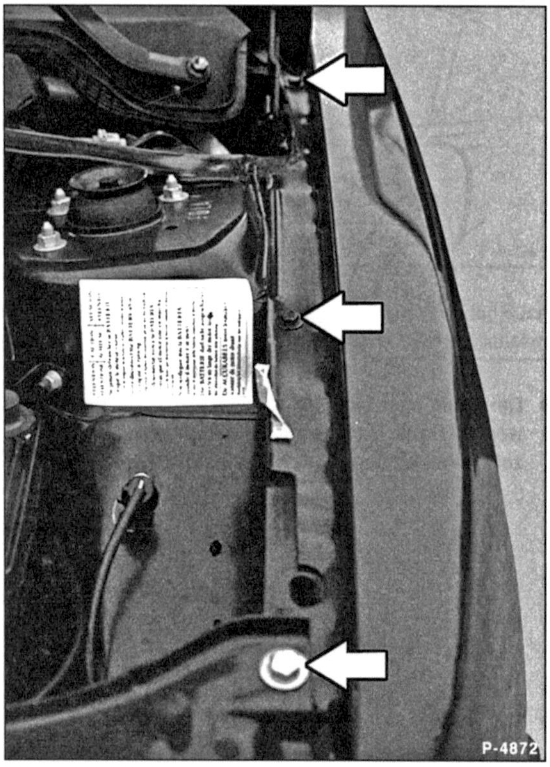


- Die oberen Befestigungsschrauben –Pfeile– des Kotflügels herausdrehen.

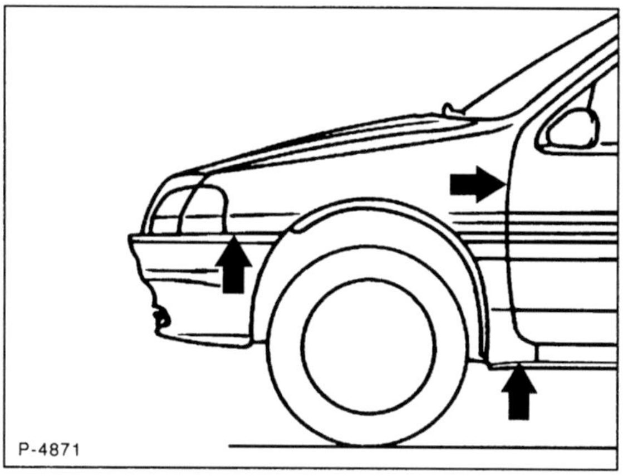


- Die restlichen Befestigungsschrauben –Pfeile– des Kotflügels herausdrehen.
- Durch den Unterbodenschutz und die Dichtmasse sitzt der Kotflügel mitunter sehr fest, er verformt sich beim Entfernen. Soll der alte Kotflügel wieder eingebaut werden, ist deshalb ein Fön erforderlich, der mindestens eine Temperatur von +600° C erreicht.
- Fön mit Flachdüse ausrüsten und Unterbodenschutz und Dichtmasse ringsum nacheinander aufweichen und Kotflügel Stück für Stück vorsichtig abziehen.

**Einbau**

- Kotflügel gegebenenfalls lackieren.
- Anlageflächen des Kotflügels reinigen, gegebenenfalls ausrichten.
- Auf den Anlageflächen handelsübliches Kotflügelabdichtband auflegen.
- Kotflügel ansetzen, ausrichten und anschrauben. Dabei auf gleichmäßiges Fugenmaß zwischen Motorhaube und Kotflügel achten.
- Auf der Innenseite des Kotflügels Unterbodenschutz auftragen.
- Stoßfänger einbauen, siehe Kapitel »Stoßfänger aus- und einbauen«.
- Innenkotflügel einbauen.
- Scheinwerfer einbauen, siehe Seite 207.
- Blinker einbauen, siehe Seite 207.
- Seitliche Blinkleuchte einbauen, siehe Seite 204.

# Motorhaube aus- und einbauen/ einpassen

### Ausbau

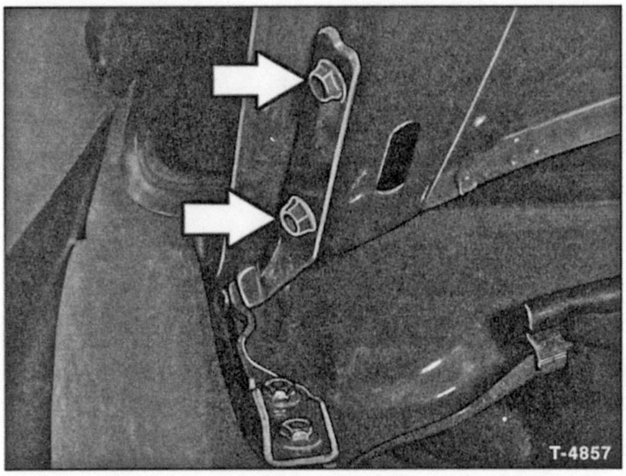


- Einbaulage der Motorhaube kennzeichnen, dazu Schraubenköpfe der Scharnierschrauben mit Filzstift umkreisen. Dies erleichtert den späteren Einbau der alten Motorhaube.
- Motorhaube abstützen, Schlauch von der Scheibenwaschdüse abziehen.
- Am rechten Federbeindom Schraube für Haubenstütze abschrauben.
- 2 Scharnierschrauben an beiden Seiten herausdrehen und Motorhaube mit Helfer abnehmen.

### Einbau

- Motorhaube ansetzen, Schrauben ansetzen, Haube ausrichten und Schrauben festziehen.
- Haubenstütze anschrauben.
- Scheibenwaschschlauch aufstecken.
- Motorhaube schließen und Stellung der Klappe zu den Kotflügeln kontrollieren. Gegebenenfalls Motorhaube neu einjustieren.

### Einpassen

- Schrauben an den Scharnieren lösen und Motorhaube in Längsrichtung verschieben, bis sie mittig sitzt und der vordere Teil bündig mit den Scheinwerfern abschließt.
- Schrauben festziehen.
- 2 Gummipuffer für Motorhaube links und rechts ganz in das Abschlußblech einschrauben.
- Befestigungsschrauben am Haubenschloß lösen und Haubenschloß verschieben, bis die Klappe in geschlossenem Zustand parallel zu den Kotflügeloberkanten steht.
- Anschlagpuffer jetzt so weit herausdrehen, daß die Motorhaube beim Schließen leicht vorgespannt ist und parallel zu den Kotflügeloberkanten steht.

# Schloß/Seilzug für Motorhaube aus- und einbauen

### Ausbau

- Einbaulage des Schloßes markieren, dazu Schloß mit einem geeignetem Markierstift umkreisen, damit das Schloß beim Einbau in die gleiche Position wie vorher kommt.

- Haubenschloß –3– ausbauen, dazu die 2 Befestigungsschrauben –1– herausdrehen.
- Seilzug –2– am Haubenschloß aushängen.

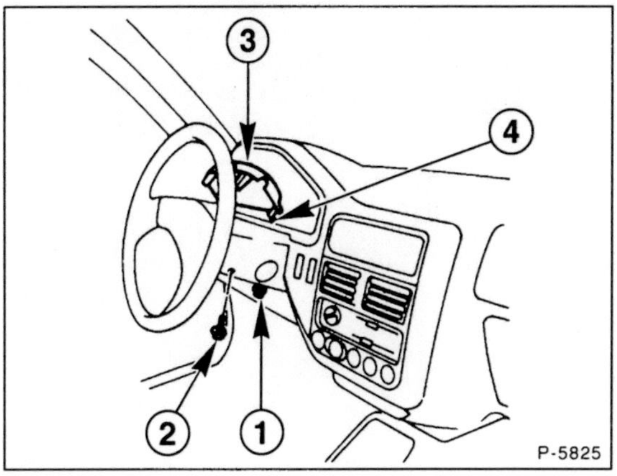


- Befestigungsschrauben für untere Lenksäulenabdeckung –2– abschrauben. Abdeckung abnehmen.
- Seilzug am Betätigungshebel in den Fahrgastraum ziehen.

### Einbau

- Neuen Seilzug vom Fahrgastraum her verlegen und am Betätigungshebel einhängen.
- Seilzug in das Haubenschloß einhängen.
- Haubenschloß einsetzen und in den Schraubenlöchern verschieben, bis das Schloß in den vorher angebrachte Markierung liegt. Schrauben festziehen.

# Heckklappe aus- und einbauen/ einpassen

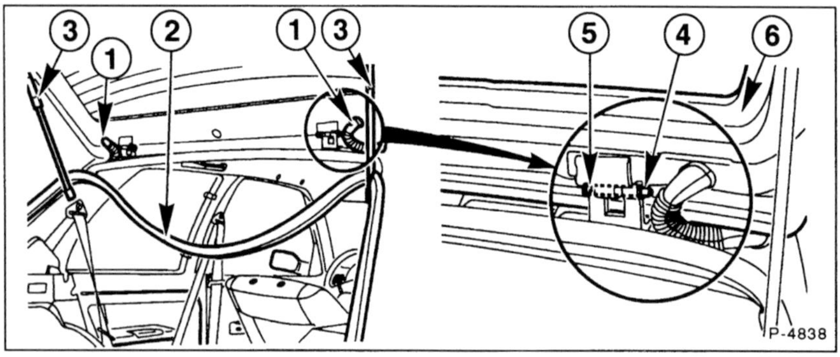


1 – **Kabelführung**
2 – **Heckklappen-Dichtgummi**
3 – **Gasdruckdämpfer**
4 – **Sicherungsring**
5 – **Stift**
6 – **Heckklappe**

### Ausbau

- Hutablage herausnehmen.
- Die Abdeckung des Scheibenwischermotors entfernen und die elektrischen Anschlüsse des Scheibenwischers und der Heckscheibenheizung abziehen.
- Kabelstränge vom Heckklappeninnenblech lösen und Kabelführung von Heckklappe abmontieren.
- Heckklappe abstützen oder von einem Helfer in geöffneter Stellung halten lassen.

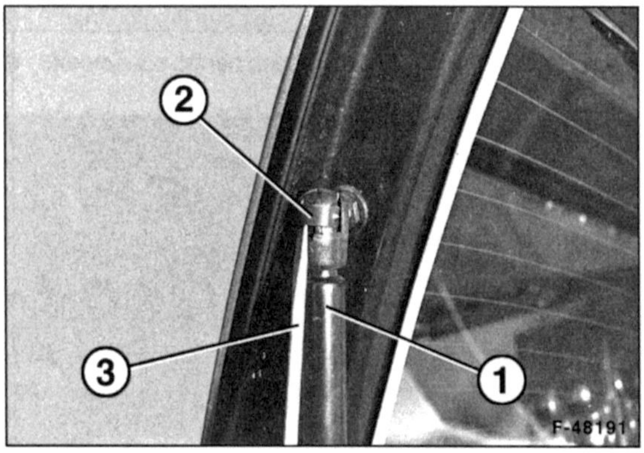


- Dämpfer –1– vom Kugelkopf an der Heckklappe abziehen. Dazu Sicherungsbügel –2– des Gasdruckdämpfers mit einem Schraubendreher –3– etwas anheben.

**Achtung:** Der Sicherungsbügel darf nicht ganz aus der Kugelpfanne entfernt werden, da er sonst verbogen wird.

- Dichtungsgummi oben, wie in der Abbildung P-4838, dargestellt, abziehen.
- Sicherungsringe abziehen und Stifte mit einem Dorn austreiben.
- Heckklappe mit einem Helfer abnehmen.

### Einbau

- Heckklappe mit Helfer ansetzen, Stifte –5– einstecken und mit Sicherungsringen –4– sichern, siehe Abbildung P-4838.
- Kabelstränge in Heckklappe verlegen, elektrische Anschlüsse verbinden.
- Klappe schließen. Sitzt sie außermittig oder schief, Klappe einpassen.
- Gasdruckdämpfer am Kugelkopf aufschieben, der Sicherungsbügel muß einrasten.

### Einpassen

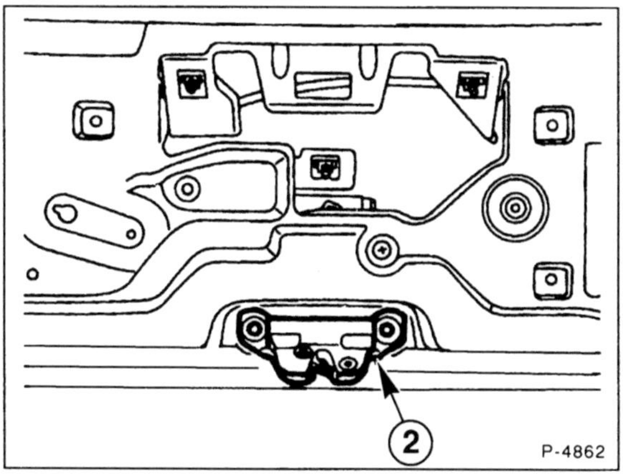


- Heckklappenschloß –2– abschrauben und Betätigungsstange aushängen.

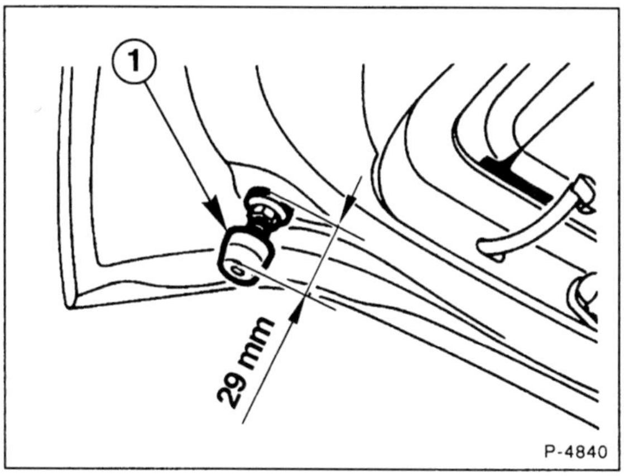


- Anschlagpuffer –1– an beiden Seiten der Heckklappe durch Verdrehen auf 29 mm zwischen Oberkante der Unterlegscheibe und Auflagefläche einstellen.

- Dichtungsgummi, wie in der Abbildung P-4838 dargestellt, abziehen.
- Hintere Sicherheitsgurte und Heckseitenverkleidung ausbauen.

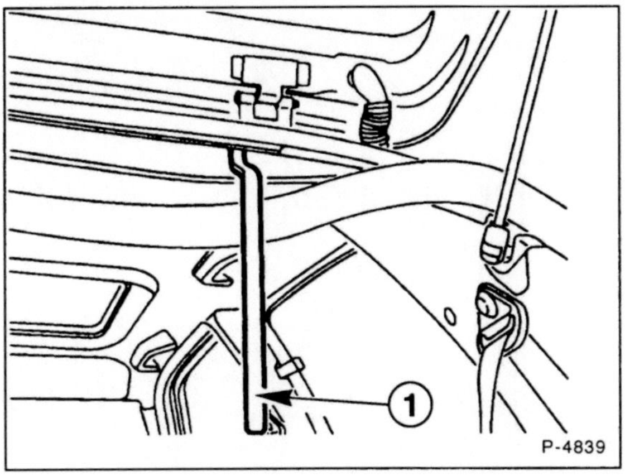


- Hintere Kante der Dachverkleidung vorsichtig herunterziehen.
- PEUGEOT Spezialwerkzeug 7.1317 –1– oder geeigneten Ringschlüssel unter die Dachverkleidung einführen und Scharnierschrauben lösen.
- Klappe in Längs- und Querrichtung verschieben, bis sie überall einen gleichmäßigen Abstand zu der Karosserie hat.
- Scharnierschrauben festschrauben.
- Heckseitenverkleidung und Sicherheitsgurte wieder einbauen.
- Betätigungsstange einhängen und Heckklappenschloß anschrauben.
- Schloß ausrichten.

**Schloß ausrichten**

Wenn die Heckklappe bei Fahrten auf unebener Fahrbahn klappert, nach dem Einbauen und dem Ausrichten der Heckklappe muß das Heckklappenschloß ausgerichtet werden.

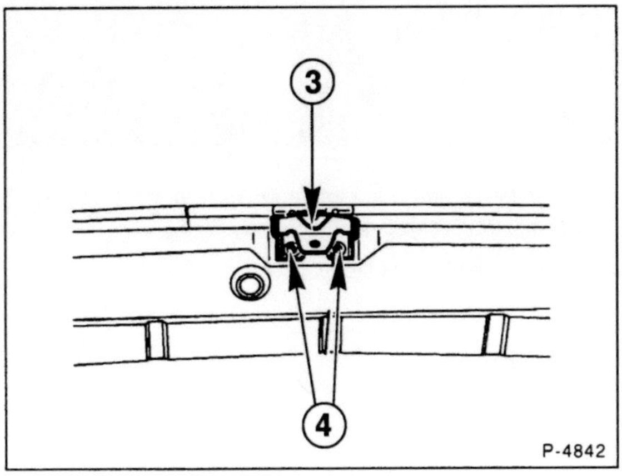


- Befestigungsschrauben –4– des Schließkeils –3– lösen.
- Heckklappe schließen, Schloß und Schließkeil in Schließstellung.
- Von einem Helfer die Heckklappe von außen auf die Anschläge drücken lassen.
- Befestigungsschrauben des Schließkeils von innen festschrauben.

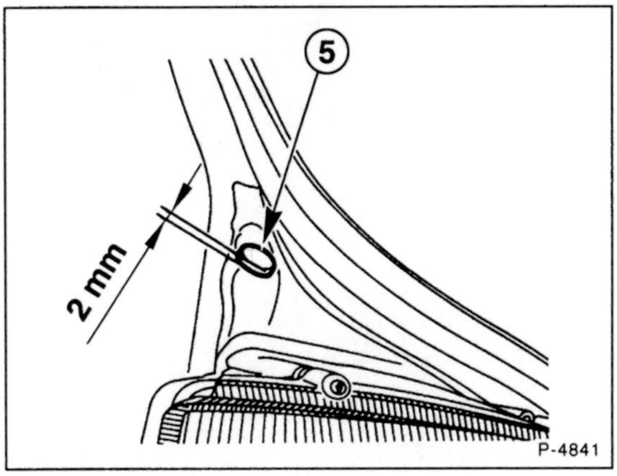


- Gummipuffer –5– mit 2 mm Stärke auf den Anschlägen anbringen.
- Einstellung überprüfen, gegebenenfalls nochmals einstellen. Das Schloß muß beim Schließen einrasten und darf im geschlossenen Zustand kein Spiel haben.

## Heckklappenschloß aus- und einbauen

### Ausbau

- An der Heckklappeninnenseite Abdeckung ausclipsen.

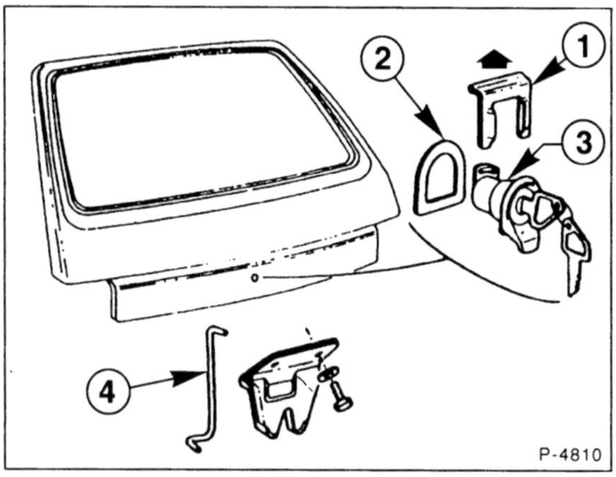


- Arretierbügel –1– am Schließzylinder –3– nach oben ziehen –Pfeilrichtung–.
- Schließzylinder herausziehen, Verbindungsstange –4– zum Schloß am Schließzylinder aushängen. Einbaulage markieren.

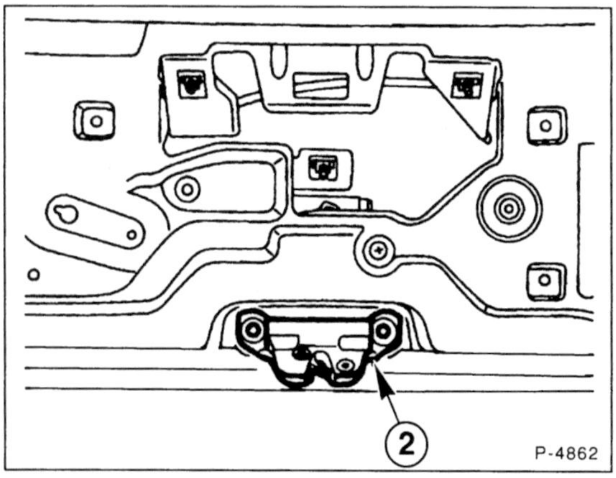


- Befestigungsschrauben abschrauben und Heckklappenschloß –2– abnehmen.

### Einbau

- Verbindungsstange am Heckklappenschloß einhängen und Schloß an der Heckklappe anschrauben.
- Verbindungsstange am Schließzylinder einhängen und Schließzylinder mit Zwischenlage –2– einsetzen, siehe Abbildung P-4810.
- An der Innenseite Arretierungsbügel des Schließzylinders von oben aufschieben.
- Heckklappe schließen. Wenn sie sich schwer schließen läßt oder einen nicht gleichmäßigen Abstand zur Karosserie hat, Schloß lösen und entsprechend verschieben.

## Tür aus- und einbauen

### Ausbau

- Türverkleidung ausbauen, siehe Seite 164.

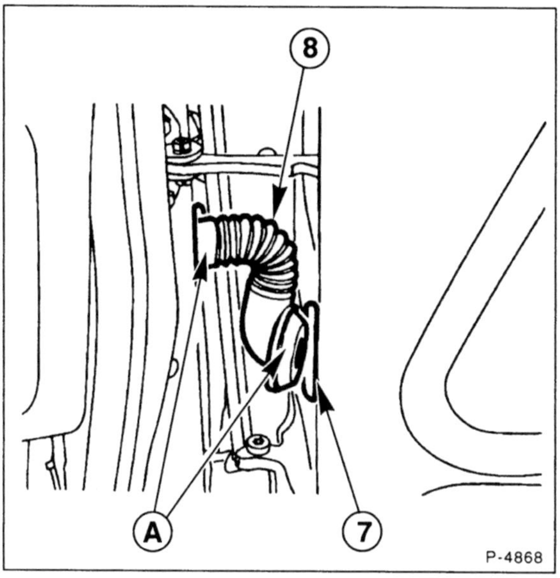


- Die beiden Enden –A– der Kabelführung –8– aus den Bohrungen –7– ziehen.
- Falls vorhanden, elektrische Kabel des Türlautsprechers und der elektrischen Fensterheber aus der Tür herausziehen.

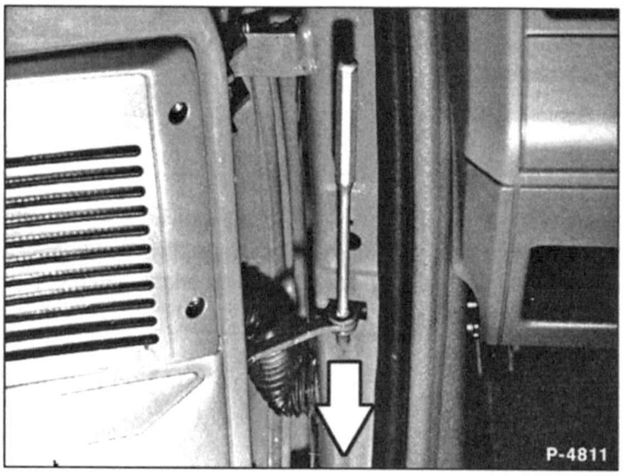


- Spannhülse des Türfangbandes mit Hammer und geeignetem Durchschlag nach unten austreiben.
- Tür von Helfer abstützen lassen.

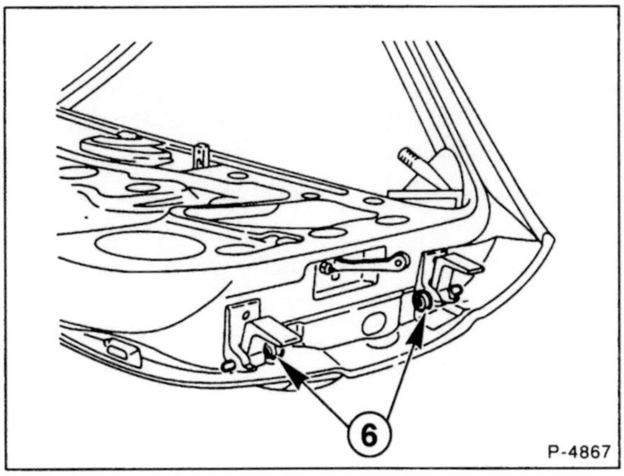


- Zuerst die untere und dann die obere Scharnierachse –6– mit einem Innen-Torx-Schlüssel EX230 abschrauben und Türe abnehmen.

**Einbau**

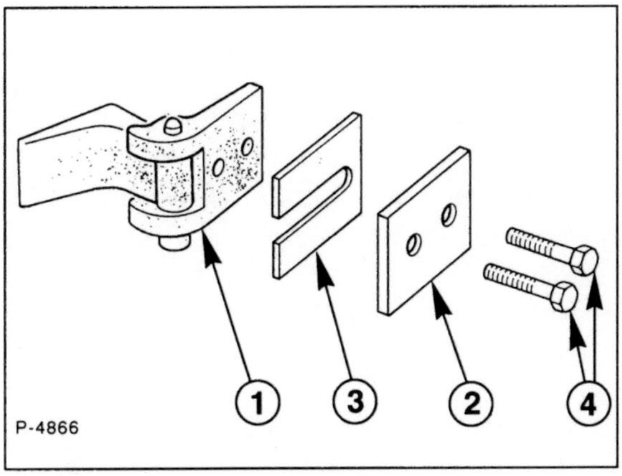


- Wird eine neue Tür eingebaut, an der alten Tür von der Türinnenseite die Befestigungsschrauben –4– abgeschrauben und die Scharnierplatte –1–, Gegenplatte –2– und Beilage –3– abnehmen. Teile auf neue Tür umbauen.
- Tür ansetzen und mit den beiden Scharnierachsen festschrauben.
- Tür schließen.

**Achtung:** Der Spalt zwischen Tür und Türausschnitt muß überall gleich groß sein. Gegebenenfalls Tür ausrichten, dazu Scharnierschrauben und Türschloßbolzen lösen und Tür entsprechend verschieben.

- Türschloßbolzen einstellen, wenn sich die Tür beim Einrasten in das Schloß in der Höhe verschiebt beziehungsweise nicht dicht schließt.
- Spannhülse für Türfangband eintreiben.
- Falls vorhanden, Lautsprecherkabel und elektrische Leitungen für elektrische Fensterheber durch die Kabelführung in die Tür einführen. Enden der Kabelführung an der Bohrung eindrücken.
- Türverkleidung einbauen, siehe Seite 164.

## Schließdorn für Tür aus- und einbauen/einstellen

**Ausbau**

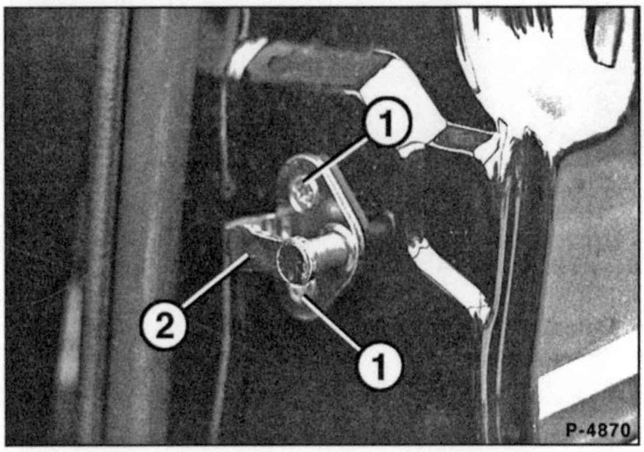


- Einbaulage des Schließdorns –2– markieren, dazu Dorn mit einem geeignetem Markierstift umkreisen.
- Befestigungsschrauben –1– mit Schraubendreher herausdrehen und Schließdorn abnehmen.

**Einbau**

- Schließdorn ansetzen und mit 2 Schrauben lose befestigen.
- Schließdorn entsprechend der Positionsmarkierung ausrichten und Schrauben festziehen.
- Tür vorsichtig schließen und kontrollieren, ob Türschloß einrastet und die Tür genügend Vorspannung hat, gegebenenfalls Schließdorn einstellen.

**Einstellen**

Der Schließmechanismus ist so eingestellt, daß bei geschlossener Tür die Türdichtungen unter Spannung stehen und somit das Eindringen von Zugluft und Regenwasser sowie das Auftreten von Klappergeräuschen verhindern.

Im Laufe der Zeit können sich die Gummidichtungen etwas setzen, was zu den Störungen führen kann. In diesem Fall sowie gegebenenfalls nach dem Türeinbau, Schließdorn einstellen.

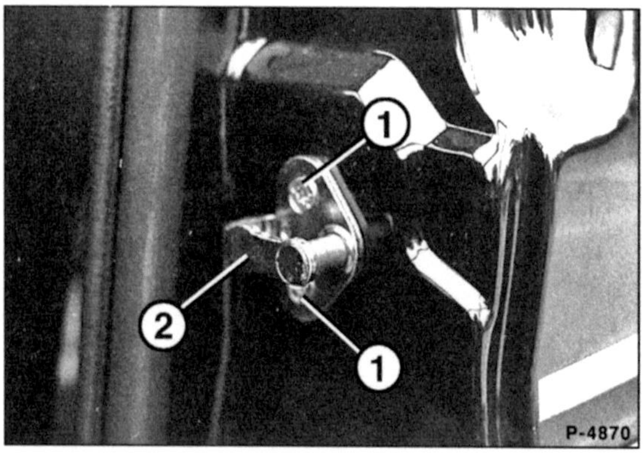


- Befestigungsschrauben –1– des Schließdorns mit einem Schraubendreher ca. eine halbe Umdrehung lösen.
- Schließdorn etwas nach innen schieben und wieder festziehen.
- Wurde die Tür neu eingebaut, muß außerdem geprüft werden, ob die Mittellinie der Aufnahme mit der Mittellinie des Schließdorn fluchtet, gegebenenfalls Dorn in der Höhe verstellen.
- Tür schließen, dabei muß das Türschloß ohne allzu großen Kraftaufwand einrasten, gegebenenfalls Einstellung wiederholen.

## Türverkleidung aus- und einbauen

### Ausbau

- **Fahrzeug mit elektrischen Fensterhebern:** Batterie-Massekabel (–) abklemmen. **Achtung:** Dadurch werden die elektronischen Speicher gelöscht, zum Beispiel Motor-Fehlerspeicher oder Radiocode. Batterie nur bei **ausgeschalteter Zündung** abklemmen, da sonst das Steuergerät der Einspritzanlage beschädigt werden kann. Vor dem Abklemmen sollten auch die Hinweise im Kapitel »Radio« bzw. »Batterie aus- und einbauen« durchgelesen werden.

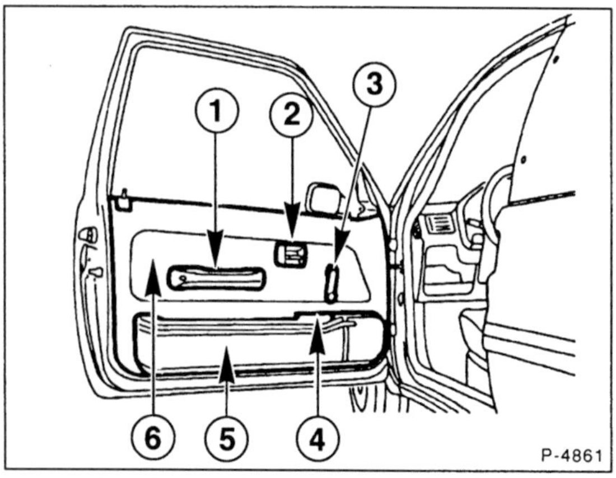


- Fensterkurbel –3– sowie Blende –2– für Griffschale mit einem breiten Schraubendreher abhebeln.
- 2 Befestigungsschrauben abschrauben und Innengriff –1– abnehmen.
- Abdeckung –4– mit einem breiten Schraubendreher vorsichtig abhebeln. Bei Fahrzeugen mit elektrischen Fensterheber Stecker abziehen.
- 9 Befestigungsschrauben abschrauben und Türablage –5– abnehmen.
- Falls vorhanden, Lautsprecherkabel vom Lautsprecher abziehen.
- Türverkleidung –6– zuerst unten, dann oben mit einem breiten Plastikspachtel vom Türblech abhebeln, oder mit den Fingern dahintergreifen. Die Werkstätten setzen ein Sonderwerkzeug hinter der Türverkleidung an den Clipsen an, zum Beispiel HAZET-Nr. 799-3. Lappen zwischenlegen, damit der Lack nicht verkratzt wird.
- Verkleidung vom Türblech wegziehen und abnehmen.

### Einbau

- Kunststoffclips auf einwandfreien Zustand und festen Sitz prüfen. Beschädigten Clip ersetzen.
- Türverkleidung in den Türausschnitt einsetzen. Falls vorhanden, elektrische Leitungen für Fensterheber oder Lautsprecher durch die jeweiligen Öffnungen ziehen und jeweils Befestigungsclips mit dem Handballen einschlagen.
- Türgriff einsetzen und mit 2 Schrauben anschrauben.
- Fensterkurbel auf die Verzahnung aufsetzen und einrasten.
- Blende für Innenbetätigung ansetzen und einrasten.
- Falls vorhanden, Lautsprecherkabel am Lautsprecher aufschieben.
- Türablage ansetzen und festschrauben.
- Falls vorhanden, Stecker der elektrischen Fensterheber an Schalter aufstecken.
- Abdeckung ansetzen und einrasten lassen.
- Batterie-Massekabel (–) anklemmen. **Achtung:** Batterie nur bei **ausgeschalteter Zündung** anklemmen, sonst kann das Steuergerät der Einspritzanlage beschädigt werden.
- Zeituhr einstellen.
- Diebstahlcode für Radio eingeben.

## Das Türschloß

**5-Türer**

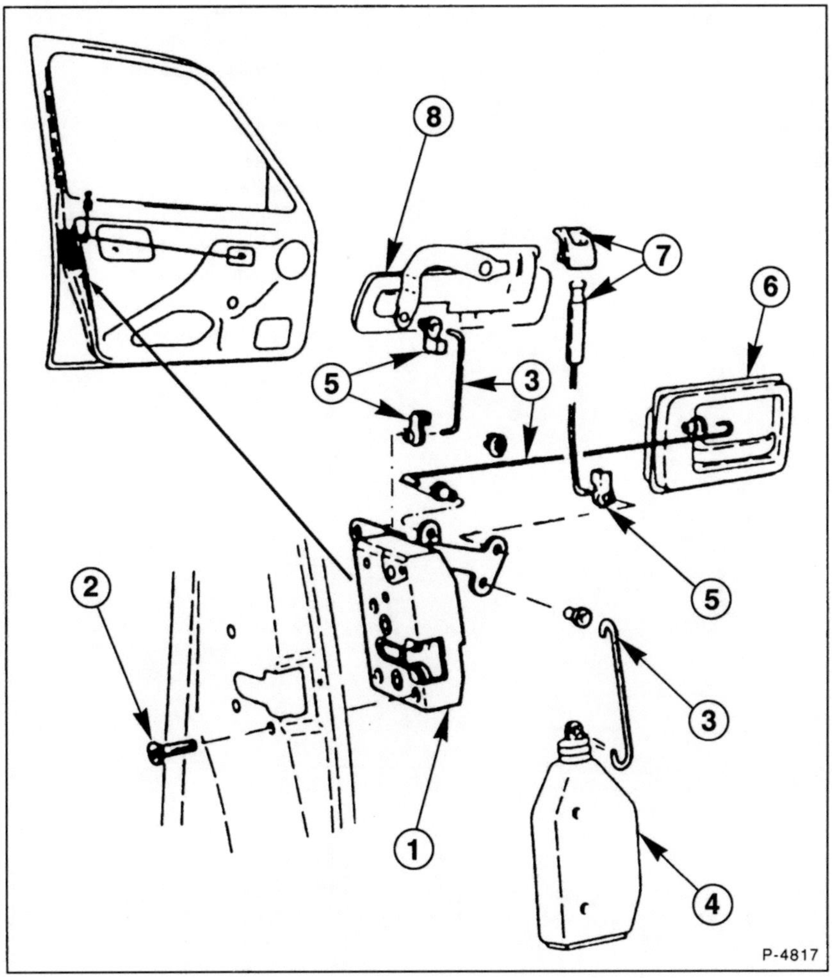


1 – **Türschloß**

2 – **Befestigungsschraube**

3 – **Verbindungsgestänge**

4 – **Stellmotor**
Nur bei Zentralverriegelung.

5 – **Sicherungsklammern**

6 – **Innenbetätigung**

7 – **Verriegelungsknopf**

8 – **Außengriff**

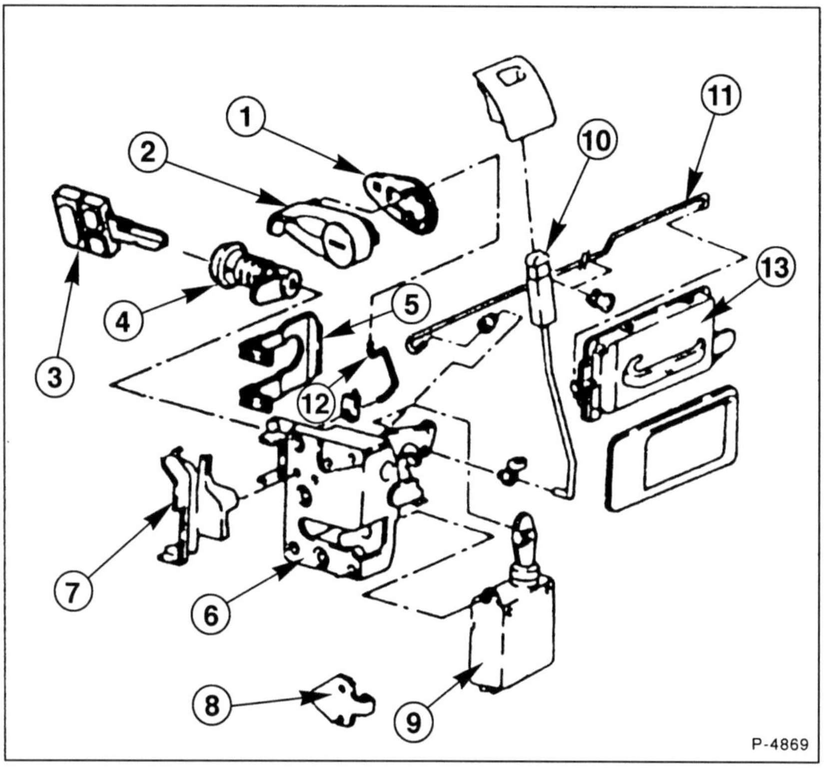


1 – **Abdichtung**
2 – **Außenbetätigung**
3 – **Schlüssel**
4 – **Schließzylinder**
5 – **Sicherungsklammern**
6 – **Türschloß**
7 – **Schutz**
8 – **Schließdorn**
9 – **Stellmotor**
Nur bei Zentralverriegelung.
10 – **Verriegelungsknopf**
11 – **Verbindungsstange**
12 – **Verbindungsstange**
13 – **Innenbetätigung**

## Türschließzylinder/Türschloß/Türgriff aus- und einbauen

### Schließzylinder ausbauen

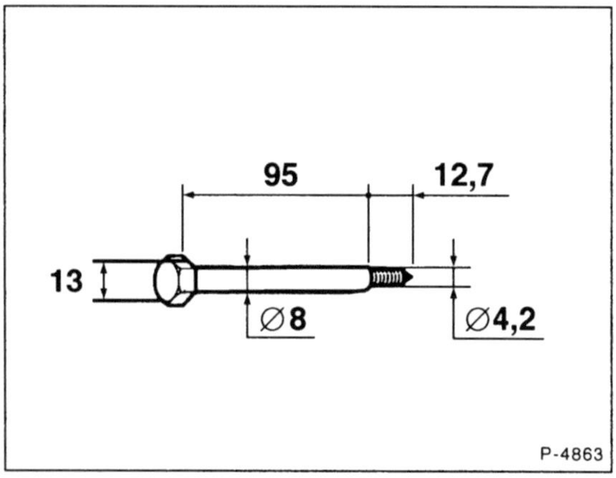


- Zum Ausbau des Schließzylinders wird ein Spezialwerkzeug benötigt, das man anhand der Zeichnung selbst anfertigen kann.
- Abdeckung von Bohrung an der Türkante abmontieren.

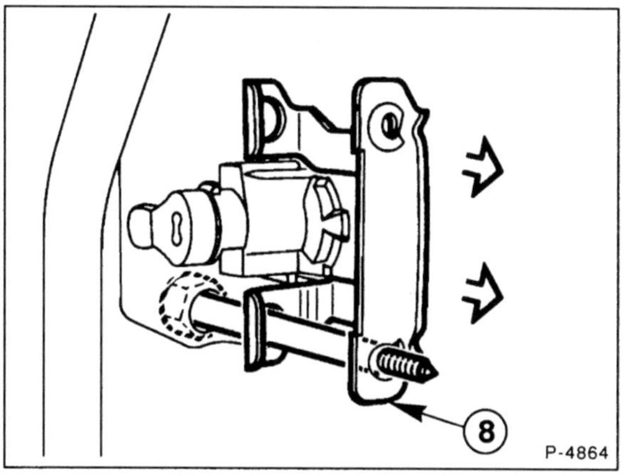


- Spezialwerkzeug durch Bohrung in Haltegabel einschrauben.
- Haltegabel –8– mit Spezialwerkzeug vom Schließzylinder abdrücken.
- Schließzylinder nach außen ziehen und Verbindungsstange aushängen.

**Achtung:** Solange das Türschloß ausgebaut ist, darf das Spezialwerkzeug nicht von der Haltegabel abgeschraubt werden, da sonst die Gabel herunterfällt. Zum Wiedereinbau des Schlosses müßte dann die Türverkleidung ausgebaut werden.

### Einbau

- Verbindungsstange einhängen und Schließzylinder einsetzen.
- Haltegabel mit Spezialwerkzeug auf Schließzylinder ziehen.
- Spezialwerkzeug abschrauben und Bohrung mit Abdeckung verschließen.

### Türschloß ausbauen

- Türverkleidung ausbauen, siehe Seite 164.
- Schutzfolie vorsichtig von der Türe abziehen.

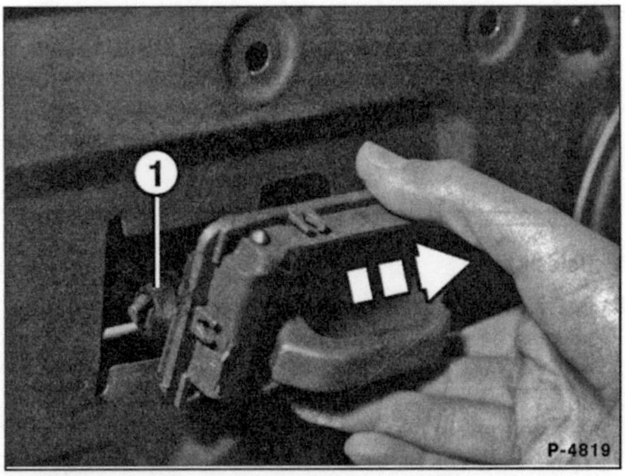


- Betätigungshebel für Türschloß nach vorn schieben und dadurch aus dem Türkörper aushaken. Betätigungshebel etwas herausziehen.
- Verbindungsstange zum Schloß am Betätigungshebel aushängen. Lage des Gummiteils –1– für Wiedereinbau merken.

- Verbindungsstangen zum Verriegelungsknopf sowie zum Außengriff durch Schwenken der Klammern in Pfeilrichtung lösen und an den Hebeln herausziehen. Die Abbildung zeigt ein ausgebautes Türschloß.

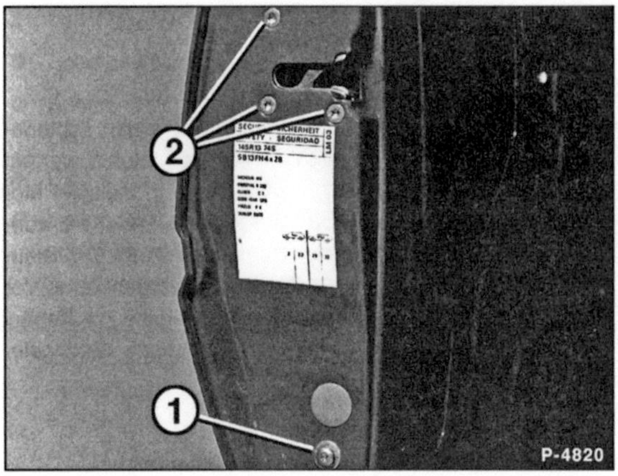


- Befestigungsschrauben –2– für Türschloß herausdrehen und Schloß von innen abnehmen.
- **5-Türer Türaußengriff ausbauen:** Von der Türinnenseite her 1 Torxschraube sowie 1 Mutter abschrauben. Zuvor Verbindungsstange am Schloß aushängen, siehe Abbildung P-4821.

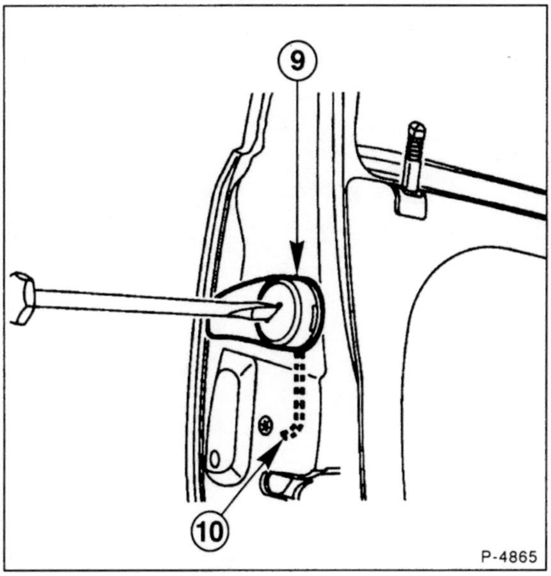


- **3-Türer Türaußengriff ausbauen:** Verbindungsstange –10– am Schloß aushängen. Mit einem großen Schraubendreher die Befestigungsschraube abschrauben. Griff –10– durch die Schloßöffnung drehen und herausnehmen.

### Einbau

- Der Einbau erfolgt in umgekehrter Reihenfolge wie der Ausbau.
- Schutzfolie sorgfältig und dicht mit Klebeband ankleben, sonst kann Wasser und Zugluft in das Fahrzeuginnenraum dringen.
- Vor dem Einbau der Türverkleidung sämtliche Schloßfunktionen sowie Leichtgängigkeit des Kurbelfensters kontrollieren.

## Fensterheber aus- und einbauen

### Ausbau

- **Fahrzeuge mit elektrischem Fensterhebern:** Batterie-Massekabel (–) abklemmen. **Achtung:** Dadurch werden die elektronischen Speicher gelöscht, zum Beispiel Motor-Fehlerspeicher oder Radiocode. Batterie nur bei **ausgeschalteter Zündung** abklemmen, da sonst das Steuergerät der Einspritzanlage beschädigt werden kann. Vor dem Abklemmen sollten auch die Hinweise im Kapitel »Radio« bzw. »Batterie aus- und einbauen« durchgelesen werden.
- Türverkleidung ausbauen, siehe Seite 164.
- Schutzfolie vorsichtig von der Türe abziehen.
- Türfenster ausbauen, siehe Kapitel »Türfenster/Türschachtleisten aus- und einbauen«.

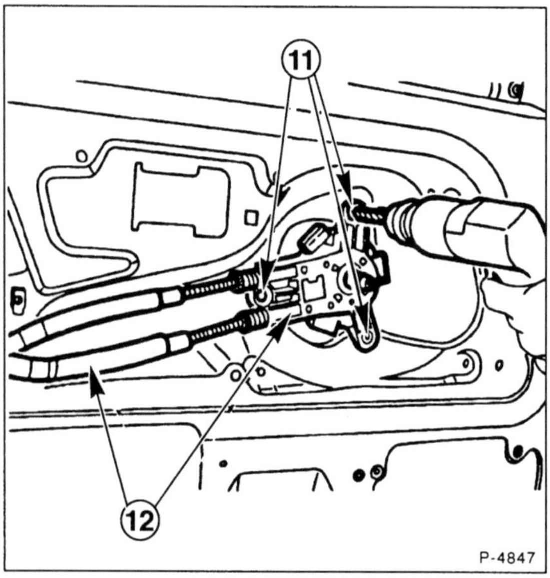


- Nieten –11– mit einer Bohrmaschine mit 6 mm-Bohrer vorsichtig aufbohren.

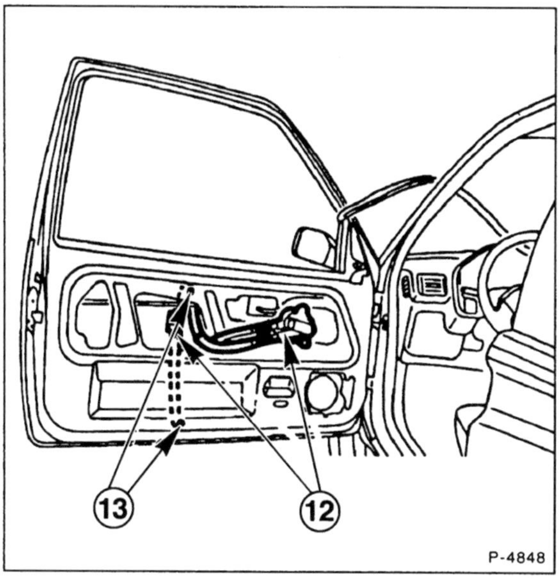


- Befestigungsschrauben –13– abschrauben.
- Bei elektrischem Fensterheber elektrische Anschlüsse abziehen.

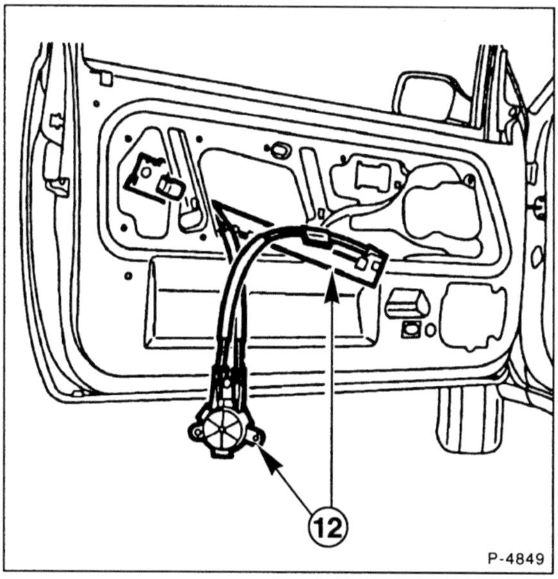


- Fensterhebermechanismus –12– schwenken und durch Innenblech herausnehmen.

### Einbau

- Fensterhebermechanismus einsetzen und mit Befestigungsschrauben festschrauben.
- Kurbeltrieb mit Popnieten annieten.
- Fensterscheibe einbauen, siehe Kapitel »Türfenster/Türschachtleisten aus- und einbauen«.
- Fenster probehalber nach oben und unten kurbeln.
- Schutzfolie sorgfältig und dicht mit Klebeband ankleben, sonst kann Wasser und Zugluft in den Fahrzeuginnenraum dringen.

- Türverkleidung einbauen, siehe Seite 164.
- Batterie-Massekabel (–) anklemmen. **Achtung:** Batterie nur bei **ausgeschalteter Zündung** anklemmen, sonst kann das Steuergerät der Einspritzanlage beschädigt werden.
- Zeituhr einstellen.
- Diebstahlcode für Radio eingeben.

## Türfenster/Türschachtleisten aus- und einbauen

### Ausbau

- Türverkleidung ausbauen, siehe Seite 164.
- Schutzfolie vorsichtig von der Türe abziehen.
- Fenster ganz öffnen. Dazu Fensterkurbel an der Achse aufstecken.

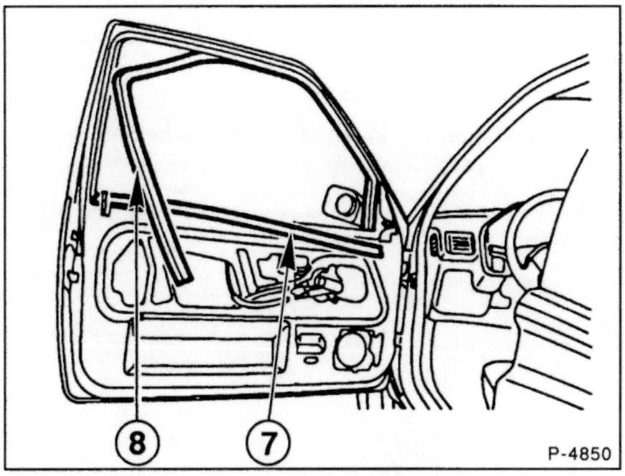


- Dichtung –7– vom Türschacht abziehen.
- Dichtung Gleitschiene –8– teilweise, siehe Abbildung, aus der Führung ziehen.

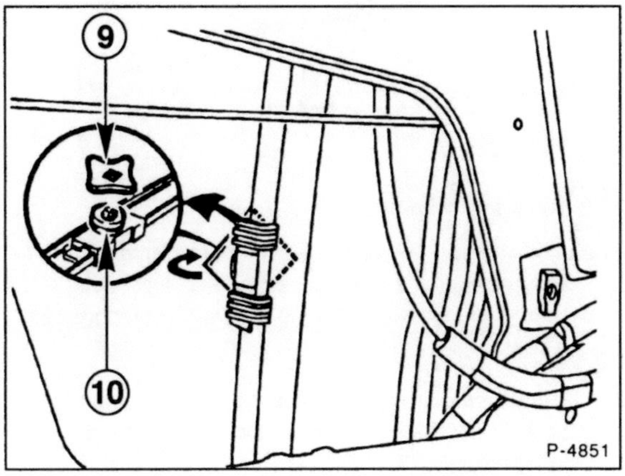


- Halteklammer –9– in Pfeilrichtung drehen und ausbauen.
- Fensterscheibe lösen, nach vorn neigen und nach oben vorsichtig aus dem Türschacht herausführen.

### Einbau

- Scheibe von oben einführen.
- Scheibe mit Halteklammer an Hebemechanismus befestigen.
- Dichtungen einbauen.
- Schutzfolie sorgfältig und dicht mit Klebeband ankleben, sonst kann Wasser und Zugluft in den Fahrzeuginnenraum dringen.
- Vor dem Einbau der Türverkleidung Fenster hochkurbeln und Leichtgängigkeit prüfen, gegebenenfalls vordere Führungsschiene ausrichten: Dazu Schraube für Führungsschiene lösen und Führungsschiene entsprechend verschieben, dann Schraube wieder anziehen.

## Spiegelglas ersetzen

Die Spiegelgläser sind nur eingeclipst unabhängig davon, ob der Außenspiegel manuell oder elektrisch verstellbar ist.

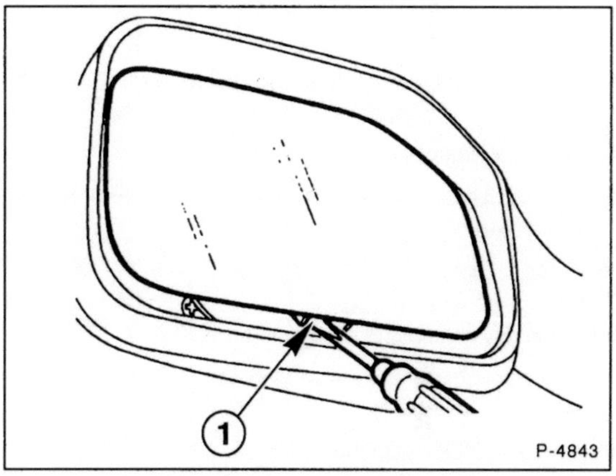


- Gehäuse-Unterkante mit Klebeband abkleben und dadurch vor Beschädigung schützen.
- Feder –1– mit einem kleinen Schraubendreher lösen.
- Neues Spiegelglas ansetzen und Feder einclipsen.

# Außenspiegel aus- und einbauen

### Ausbau

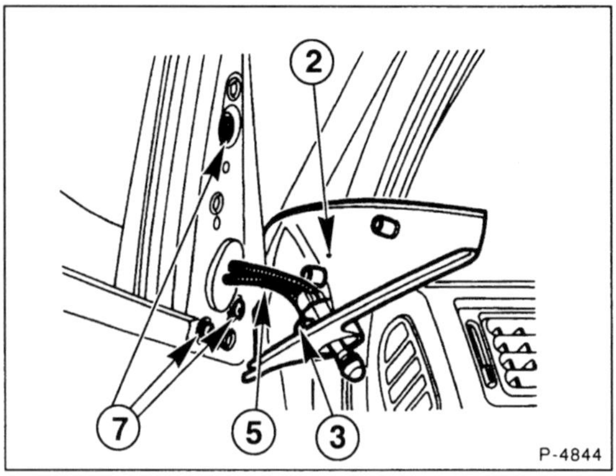


- Inneres Eckblech –2– abziehen.
- **Außenspiegel mit mechanischer Verstellung:** Befestigung –5– des Einstellmechanismus –3– lösen.
- **Außenspiegel mit elektrischer Verstellung:** Elektrische Anschlüsse abziehen.
- Inneres Eckblech –2– abnehmen.
- Befestigungsschrauben –7– herausdrehen und Spiegel abnehmen.

### Einbau

- Spiegel ansetzen und anschrauben.
- Einstellmechanismus anbringen bzw. elektrische Anschlüsse einstecken.
- Inneres Eckblech aufdrücken.

# Einstellmechanismus des Außenspiegels aus- und einbauen

### Ausbau

- Außenspiegelglas ausbauen.

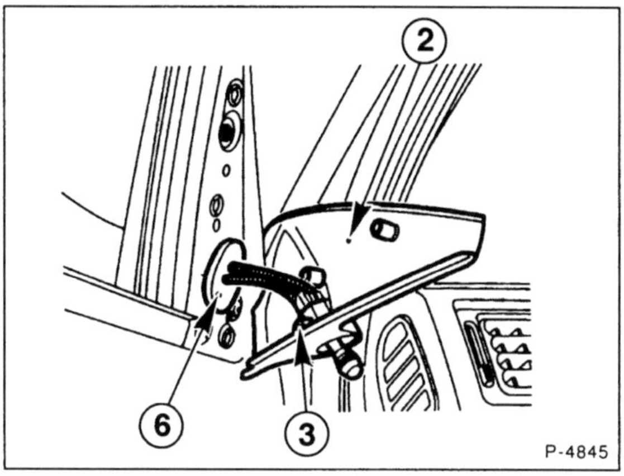


- Inneres Eckblech –2– abziehen.
- **Außenspiegel mit mechanischer Verstellung:** Befestigung –5– des Einstellmechanismus –3– lösen.
- **Außenspiegel mit elektrischer Verstellung:** Elektrische Anschlüsse abziehen.
- Inneres Eckblech –2– abnehmen.

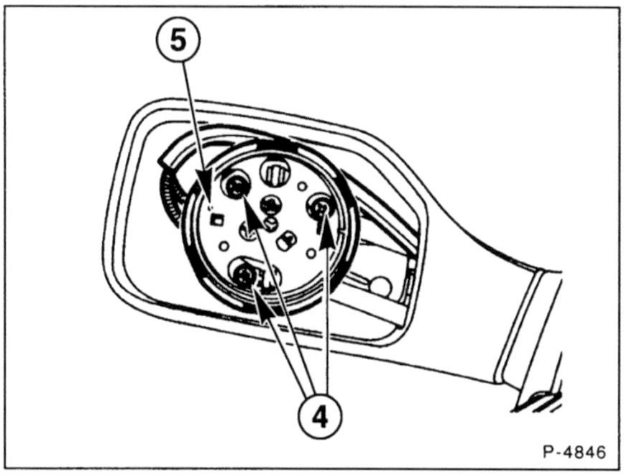


- Befestigungsschrauben –4– herausdrehen.
- Mechanismus –5– nach außen herausnehmen, dabei Betätigungsgriff bzw. elektrische Anschlüsse durch die Dichtung –6– (siehe Abbildung P-4845) hindurchführen.

### Einbau

- Mechanismus einsetzen und anschrauben, dabei Betätigungsgriff bzw. elektrische Anschlüsse durch die Dichtung führen.
- Inneres Eckblech aufdrücken.
- Spiegelglas anbringen.

# Vordersitze aus- und einbauen

Der Sitz ist in 2 Führungsschienen gelagert, in denen er auch verschoben werden kann.

### Ausbau

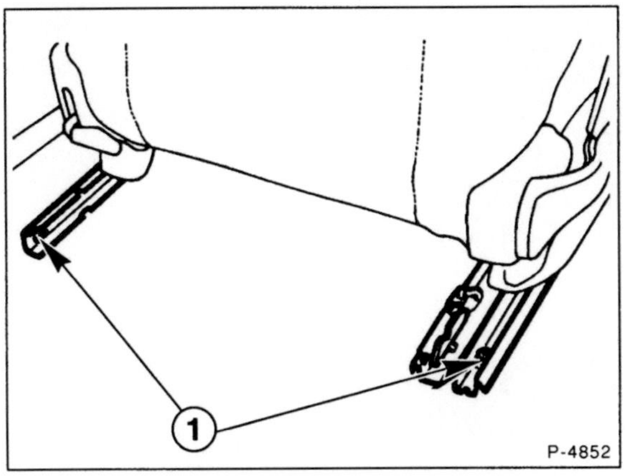


- Sitz so weit wie möglich nach vorne schieben.
- Lehne entriegeln und nach vorne kippen.
- An beiden Führungsschienen die hinteren Befestigungsschrauben –1– herausdrehen.
- Sitz so weit wie möglich nach hinten schieben.

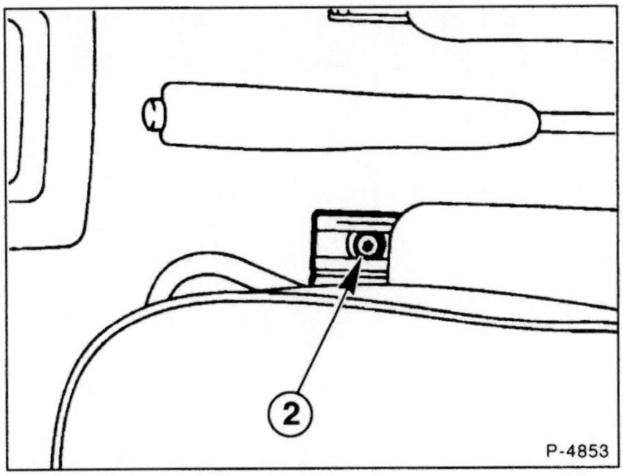


- An beiden Führungsschienen die vorderen Befestigungsschrauben –2– herausdrehen.
- Sitz herausnehmen.

### Einbau

**Achtung:** Die Einbaureihenfolge muß eingehalten.

- Sitz in das Fahrzeug einsetzen.

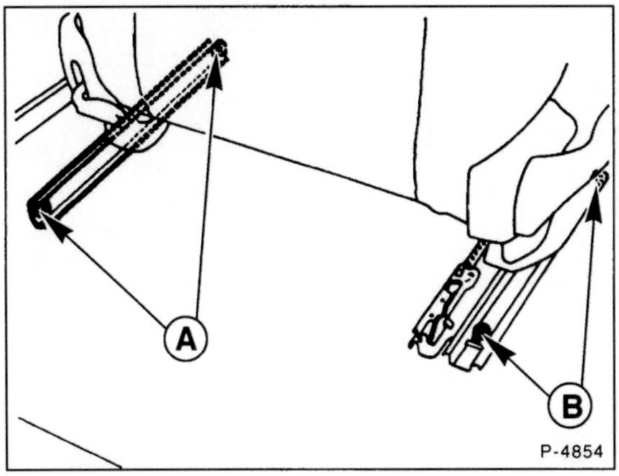


- Befestigungsschrauben der Schiene –A– mit **20 Nm** festziehen.
- Befestigungsschrauben der Schiene –B– mit **20 Nm** festziehen.
- Prüfen ob beide Verriegelungen der Sitzverstellung einrasten und der Sitz sicher arretiert wird.

# Rücksitzbank aus- und einbauen

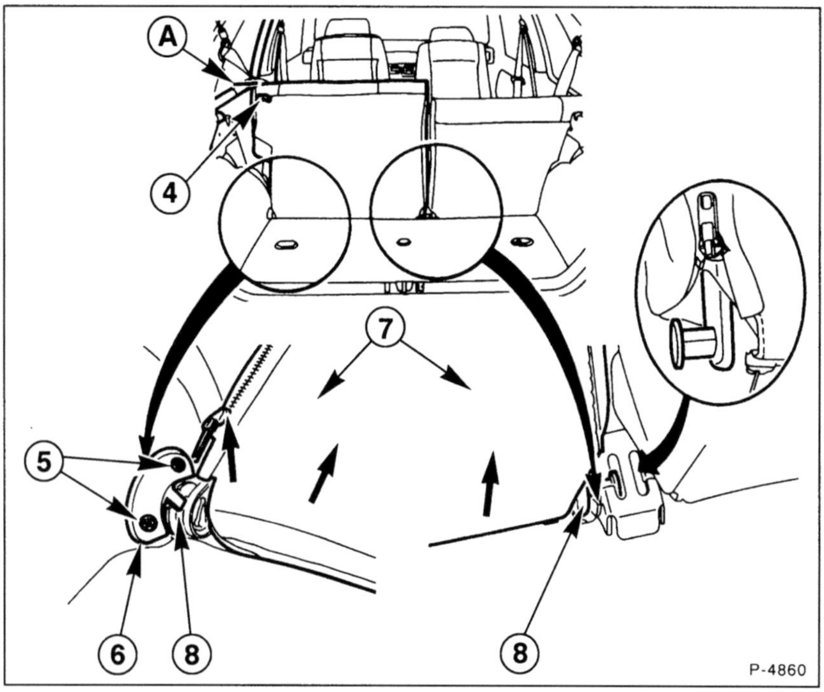


## Ausbau

- Sitzpolster nach vorne klappen.

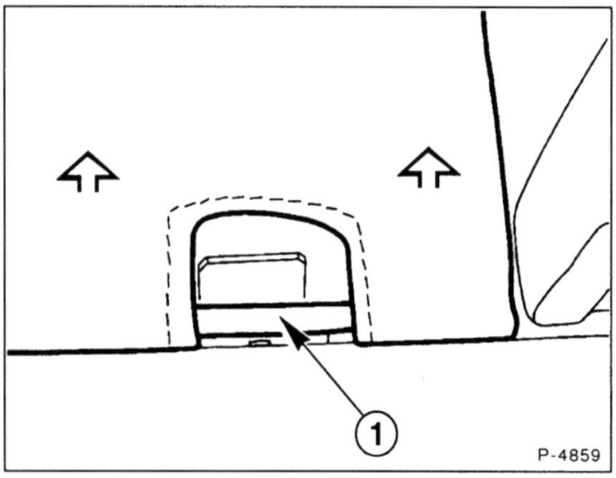


- Sitzpolster nach oben aus der Verankerung –1– ziehen.
- Verriegelung –4– der Rücksitzlehne –7– lösen und Lehne so nach vorne klappen, daß sich das obere Ende der Lehne unterhalb des Heckseitenfensters –A– befindet.
- Befestigungsschrauben –5– abschrauben und Verriegelungsscheibe –6– abnehmen.
- Rücksitzlehne nach oben ziehen und aus Halterungen –8– herausziehen.

## Einbau

- Rücksitzlehne in die Halterungen einsetzen.
- Verrriegelungsscheibe ansetzen und festschrauben.
- Rücksitzlehen zurückklappen und einrasten lassen.
- Rücksitzpolster in die Verankerung einhängen und zurückklappen.

# Lackierung

Ausbeul- und Lackierarbeiten an der Autokarosserie setzen Erfahrung über den Werkstoff und dessen Bearbeitung voraus. Derartige Fertigkeiten werden in der Regel erst durch eine langjährige Praxis vervollkommnet. Aus diesem Grund wird hier nur das Ausbessern von kleineren Karosserie- und Lackschäden erläutert.

Zum Nachlackieren wird unbedingt dieselbe Lackfarbe benötigt, denn selbst kleinste Farbunterschiede fallen nach Abschluß der Arbeiten sofort ins Auge. Der jeweilige Fahrzeug-Farbton wird vom Hersteller auf einem Hinweisschild vermerkt, das im Motorraum oberhalb vom linken Scheinwerfer angebracht ist.

Treten dennoch Differenzen zwischen dem Originallack und dem Reparaturlack auf, dann liegt das daran, daß Fahrzeug-Lackierungen sich durch Alterung, ultraviolette Sonnenbestrahlung, extreme Temperaturdifferenzen, Witterungsbedingungen und chemische Einflüsse wie beispielsweise Industrieabgase mit der Zeit verändern. Außerdem können Oberflächenschäden, Farbveränderungen und Ausbleichen des Lackes eintreten, wenn Reinigung und Lackpflege mit ungeeigneten Mitteln durchgeführt wurden.

Die Metallic-Lackierung besteht aus 2 Schichten, dem Metallic-Grundlack und der farblosen Decklackierung. Beim Lackieren wird der Klarlack über den feuchten Grundlack gespritzt. Die Gefahr von Farbdifferenzen bei der nachträglichen Metallic-Lackierung ist besonders groß, da hier schon unterschiedliche Viskosität des Reparaturlackes gegenüber dem Originallack zu Farbverschiebungen führt.

## Steinschlagschäden ausbessern

Es lohnt sich, regelmäßig auch kleinste Lackschäden zu beseitigen, da auf diese Weise Rostschäden und größere Reparaturen vermieden werden.

Für kleine Kratzer und Steinschläge, die lediglich den Decklack abgesplittert haben, also nicht bis aufs blanke Blech vorgedrungen sind, genügt im allgemeinen der Lackstift. Neben diesem Tupflack mit kleinem Pinsel hilft auch die im Zubehörhandel oft angebotene selbstklebende Lackfolie, wenn die Beschädigung sehr gering ist oder nur Grundierung aufgetragen wird.

- Tiefere Steinschlagschäden, die schon kleine Rostpickel gebildet haben, mit einem »Rostradierer« beziehungsweise einem Messer oder einem kleinen Schraubendreher auskratzen, bis das blanke Blech erscheint. Wichtig ist, daß keine auch noch so kleine Roststelle mehr sichtbar ist. Bei »Rostradierern« handelt es sich um kleine Kunststoffhülsen, die zum Auskratzen des Rostes kurze Drahtborsten besitzen.
- Die blanken Stellen müssen einwandfrei trocken und fettfrei sein. Dazu Reparaturstelle sowie umgebenden Lack mit Silikonentferner reinigen.
- Auf die blanke Metallfläche mit einem dünnen Pinsel etwas Lackgrundierung (»Primer«) auftragen. Da das Grundiermittel meist in Sprühdosen erhältlich ist, etwas Grunddiermittel in den Deckel der Dose sprühen und Pinsel dort eintauchen.
- Nachdem die Grundierung trocken ist, Stelle mit Tupflack ausbessern. Bei den Tupflackdosen ist der Pinsel bereits im Deckel integriert. Falls nur eine Spraydose mit der entsprechenden Farbe zur Verfügung steht, etwas Farbe in den Deckel der Dose sprühen und anschließend Lack mit einem dünnen Wasserfarbenpinsel auftragen. Dabei in einem Arbeitsgang immer nur eine dünne Lackschicht anbringen, damit der Lack nicht herunterlaufen kann. Anschließend Farbe gut trocknen lassen. Vorgang so oft wiederholen, bis der Krater ausgefüllt ist und die ausgebesserte Stelle gegenüber der umgebenden Lackfläche keine Vertiefung mehr bildet.

# Karosserie ausbeulen/ Rostlöcher ausbessern

Kleine Dellen können mit einem Ausbeulhammer sowie einem passenden Handamboß ausgebeult werden. Bei Rostlöchern in der Karosserie empfiehlt es sich, das Teil je nach Schadensumfang komplett auszutauschen oder ein Blechstück einschweißen zu lassen.

### Ausbeulen

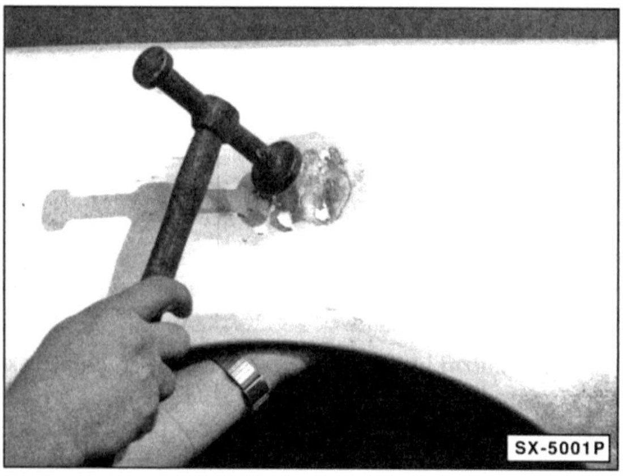


- Kleinere Dellen mit einem Ausbeulhammer zurückschlagen. Dabei auf der anderen Seite mit einem Handamboß gegenhalten. Nicht zu stark hämmern, sonst dehnt sich das Blech zu stark und man bekommt es nicht mehr glatt. Vom Rand ausgehend gleichmäßig zur Mitte hin arbeiten.
- Die ausgebeulte Fläche immer wieder mit der Hand prüfen, bis man die gewünschte Form gefunden hat. Kleinere Unebenheiten werden später ausgespachtelt.
- Roststellen und alte Lackreste sind nach dem Ausbeulen sorgsam von der Reparaturstelle zu entfernen. Entweder mit Sandpapier grober Körnung (120), das über einen Schleifblock gespannt wird, oder mit passenden Schleifblättern auf der Schwabbelscheibe. Naheliegende Zierleisten und Kunststoffteile mit Abdeckband abkleben, damit sie bei einem Ausrutscher nicht versehentlich verkratzt werden.

**Rostlöcher mit Glasfasermatten ausbessern:** Diese Methode stellt nur eine behelfsmäßige Reparatur dar, da die Reparaturstelle meistens bald wieder durchrostet. Sie ist nur an nichttragenden Fahrzeugteilen erlaubt. Die wichtigsten Arbeitsschritte nach dem Grundieren der Reparaturstelle:

**1.** Provisorische Unterlage aus Holz oder dickem Karton herstellen und von hinten gegen das Rostloch spannen. Die Unterlagenform sollte der Karosseriewölbung entsprechen. Ohne Unterlage läßt sich die Glasfasermatte nur schwer in die richtige Form bringen. Da die Unterlage später wieder entfernt wird, muß sie mit einem speziellen Trennmittel präpariert werden. Sie darf sich auf keinen Fall mit dem Polyesterharz verbinden.

**2.** Das Glasfasergewebe in 3 Lagen auflegen, dabei soll die erste Lage die Blechränder nur geringfügig überlappen und die letzte Lage etwa 3 cm überstehen.

**3.** Polyesterharz mit Härter entsprechend der Gebrauchsanweisung vermischen. Dabei unbedingt auf die Einhaltung des genauen Mischverhältnisses achten, sonst trocknet das angereicherte Harz zu schnell oder zu langsam. Als Gefäß eignet sich ein Gipserbecher. Nicht zuviel Harz auf einmal anrühren, sonst trocknet es bereits im Bearbeitungsgefäß.

**4.** Zunächst Unterlage mit Polyesterharz einpinseln, dann die erste Lage Glasfasergewebe auflegen und Harz mit einem Pinsel auftupfen.

**5.** Eventuelle Lufteinschlüsse, als helle Stellen erkennbar, mit einem Scheibenroller kreuz und quer sorgfältig ausrollen, bevor die nächste Gewebeschicht aufgetragen und mit einem Pinsel angetupft wird.

**6.** Polyesterharz etwa 24 Stunden aushärten lassen, Unterlage abnehmen. Überstehende Glasfaserteile mit einer Feile entfernen.

**7.** Anschließend Lackierung vorbereiten und durchführen.

# Lackierung vorbereiten

- Vor jeder Lackreparatur das Auto waschen, damit Schleifkratzer und Schmutzeinschlüsse vermieden werden.
- Nur bei Temperaturen über +12° C, aber nicht in praller Sonne und nicht bei starkem Wind arbeiten.

### Entrosten

- Reparaturstelle großzügig mit Abdeckband (Tesakrepp) abkleben, damit der umliegende Lack nicht versehentlich beschädigt wird.
- Jeden sichtbaren sowie unter Rostblasen versteckten Rost mit Dreikantschaber oder Schraubendreher sowie Schleifpapier der Körnung 120 entfernen.
- Die Kante rings um die Schadenstelle anschließend mit Schleifpapier Körnung 320 zum gesunden Lack hin etwa 1 bis 2 Zentimeter breit anschleifen.
- An verzinkten Karosserieteilen sollte möglichst nur bis auf die Grundierung, nicht bis auf das Zink durchgeschliffen werden.

### Rostschutzgrundierung (»Primer«) aufsprühen

- Die Reparaturstelle mit Nitroverdünnung und einem sauberen Lappen fett- und staubfrei wischen und trocknen lassen.
- Damit keine Verträglichkeitsprobleme auftreten, sollte der »Primer« und der später aufzutragende Decklack vom gleichen Hersteller sein. Sonst kann der Lack später Blasen werfen oder schrumpfen.
- Der »Primer« wird auf das entrostete Blech aus einem Abstand von etwa 25 cm extrem dünn, aber deckend aufgesprüht. Um Spritznebel auf den umgebenden Teilen zu vermeiden, Umfeld zunächst einige Zentimeter neben der Reparaturstelle mit Abdeckband und Papier (Zeitungspapier) abdecken.
- Nach 10 bis 15 Minuten Ablüftzeit kann weiter überspritzt werden. Muß die Stelle gespachtelt werden, »Primer« vorher ganz trocknen lassen.

## Spachteln

Man unterscheidet 2 Spachtelarten: Zweikomponentenspachtel und Feinspachtel. Zweikomponentenspachtel wird kurz vor der Verarbeitung mit Härter vermischt. Er härtet schnell aus und muß rasch verarbeitet werden. Man benutzt ihn, um größere Unebenheiten im Blech auszugleichen. Feinspachtel ist ein Ziehspachtel, mit dem feinere Unebenheiten geglättet werden. Man kann ihn in mehreren Lagen auftragen. Beide Spachtelarten gibt es in Tuben und Dosen, Füllspachtel gibt es auch aus der Spraydose. **Achtung:** Obwohl auf der Dose oft noch direkter Spachtelauftrag auf das blanke Blech empfohlen wird, ist auf jeden Fall die Vorbehandlung mit dem »Primer« ratsam (Rostschutz).

- Auf die ausgebeulte oder mit Glasfasermatten ausgebesserte Stelle Zweikomponentenspachtel auftragen und aushärten lassen. Angaben des Herstellers beachten.
- Nach dem Trocknen Unebenheiten von Hand oder mit Schwingschleifer abschleifen. Dabei sollte ein Schleifpapier mit der Körnung »180« verwendet werden. Es kann bereits Wasserschleifpapier verwendet werden. In diesem Fall die Reparaturstelle (mit Schwamm) und das Schleifpapier während des Schleifens von Zeit zu Zeit mit reichlich Wasser abspülen.
- Anschließend Reparaturstelle sauber abwischen und trocknen lassen.

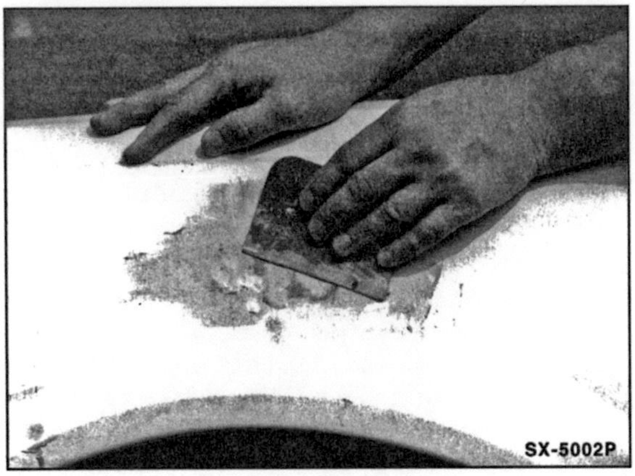

SX-5002P

- Mit breitem, elastischem Kunststoffspachtel die Reparaturstelle mit Feinspachtel überziehen und mindestens 2 Stunden lang aushärten lassen. Auf starken Rundungen und Konturen empfiehlt sich ein Feinspachtel aus der Spraydose.
- Je nach Schichtdicke muß Feinspachtel gut 2 bis 3 Stunden durchtrocknen.

## Schleifen

Schleifpapier ist in verschiedenen Körnungen erhältlich. Je kleiner die Zahl, um so grober der Schliff. Zum Schleifen von Zweikomponentenspachtel empfiehlt sich Körnung 180 bis 240; Füllspachtel und alter Lack werden mit Körnung 360 naß geschliffen. Für den letzten Naßschliff vor der Lackierung empfiehlt sich 600er Schleifpapier.

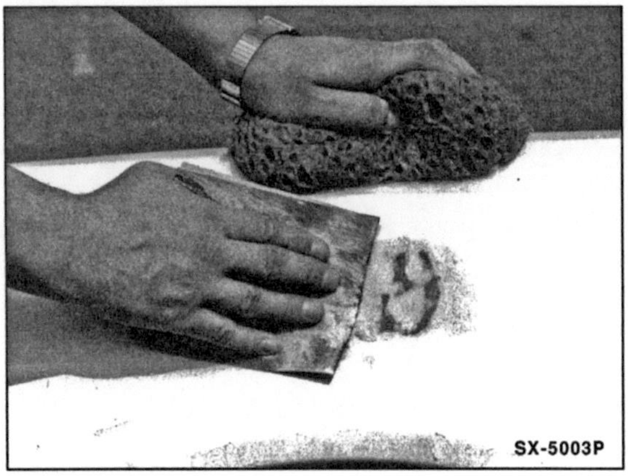

SX-5003P

- Fertige Spachtelstelle mit 360er Papier naß überschleifen, dabei ständig einen Schwamm über der Reparaturstelle ausdrücken. Schwamm von Zeit zu Zeit in sauberes Wasser tauchen und wieder vollsaugen lassen.
- Für den folgenden nassen Feinschliff eignet sich am besten spezielles Naßschleifpapier mit 600er Körnung, dabei wird auch der angrenzende und zu überspritzende Lack mit angeschliffen. Dabei nur in Fahrzeuglängsrichtung schleifen; dann sind verbleibende kleine Schleifriefen hinterher im Decklack kaum sichtbar.

## Reinigen

Vor dem Spritzen muß die geschliffene Lackoberfläche sowie ein bis zwei Handbreiten des umliegenden Lacks von Fett- und Silikonresten befreit werden. Am besten eignet sich dazu Silikonentferner.

- Nach dem Schleifen Reparaturstelle sorgfältig reinigen und alle angrenzenden Fahrzeugflächen mit Zeitungspapier und Klebeband ganz exakt abkleben. Bei Lackierungen an den Kotflügeln ebenfalls die Reifen und die Stoßdämpfer sorgfältig abkleben.

SX-5004P

- Reparaturstelle möglichst immer so abkleben, daß die gespritzte Fläche bis zur nächsten Zierleiste oder Karosseriekante reicht, da am Rand der Abklebung ein Farbgrat entsteht. Falls ein annähernd fließender Übergang zum Originallack unumgänglich ist, etwa zwei Handbreit um die Reparaturstelle abkleben.
- Fußboden zur Staubbindung mit Wasser anfeuchten.

# Lackieren

Damit beim Lackieren keine Probleme auftreten, sollte der zuvor aufgetragene »Primer« vom gleichen Hersteller stammen wie der Spraydosenlack. Der Lack wirft dann keine Blasen und schrumpft nicht.

**Achtung:** Es empfiehlt sich, den Lackiervorgang zunächst an einem geeigneten Blech, zum Beispiel einem alten Kotflügel, zu üben.

- Zum Lackieren muß das zu lackierende Teil trocken und staubfrei sein. Wenn möglich, mit Preßluft abblasen.
- Fußboden zur Staubbindung mit Wasser anfeuchten.
- Reparaturstelle über die zu lackierende Fläche hinaus mit Silikonentferner abreiben. Noch optimaleren Haftgrund für den Decklack erhält man durch Abreiben der gereinigten Fläche mit **silikonfreier** Polierpaste.
- Spraydose vor Gebrauch wenigstens 3 bis 5 Minuten lang intensiv schütteln, sonst bilden sich auf dem Blech Lacknasen.
- Bei **Metalliclack** anschließend etwas Farbe auf einen Karton sprühen, damit eventuell im Steigrohr abgesetzte Metallpartikel beseitigt werden.

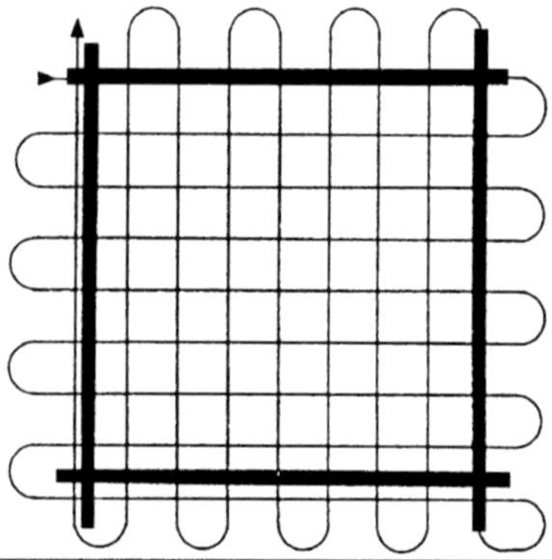

SX-5005P

- Große Flächen, ob senkrecht oder waagerecht, werden im »Kreuzgang« gespritzt: Man beginnt außerhalb der Fläche und schwenkt den Spritzstrahl außerhalb in die andere Richtung.
- Kleine Stellen spiralförmig von außen nach innen besprühen, damit ein unnötig großes Sprühnebelfeld vermieden wird.
- Spraydose mit gleichbleibender Geschwindigkeit und gleichmäßigem Abstand über die Oberfläche führen. Der richtige Abstand liegt bei etwa 25 cm.
- Soll der Lacküberzug möglichst übergangslos zum heilen Lack aufgetragen werden: Das gelingt am besten, wenn man ihn in mindestens vier sich überlappenden Spritzgängen aufträgt. Jeder einzelne Auftrag sollte den vorhergehenden Lackauftrag um zwei bis drei Zentimeter vergrößern.

**Achtung:** Wird aus nächster Nähe gesprüht oder ist die Sprühbewegung zu langsam beziehungsweise von wechselnder Geschwindigkeit, treten sogenannte Lacknasen auf. Das heißt, der Lack läuft an einigen Stellen herunter, weil dort zuviel Farbe auf einmal aufgespritzt wurde. Ebenso verhält es sich, wenn die Richtungsänderungen beim Sprühvorgang nicht über der abgedeckten Fläche durchgeführt werden.

Der Spritzvorgang ist mit ca. 5minütigen Pausen, zum Abdunsten des Lösungsmittels, so oft zu wiederholen, bis der Lack eine ausreichende Deckung erreicht hat. Besonders Metallic-Lack auch zwischen den einzelnen Spritzgängen aufschütteln, da sich die Metallic-Partikel schnell absetzen.

**Achtung:** Bei **Metallic-Lack** ist eine Farbübereinstimmung mit dem Original-Lack nur schwer möglich. Die Pigmentierung (Verteilung der Aluminium-Partikel) wird gleichmäßiger, wenn der letzte Spritzgang aus etwa 30 cm statt 25 cm erfolgt. Mit dieser Technik ist auch eine gewisse Farbtonangleichung möglich: Langsame Handbewegung und damit satter Auftrag macht dunkler, nach schnellerem Überspritzen scheint Metalliclack dagegen heller.

### Klarlack bei Metallic-Lackierungen

- Bei Metallic-Lackierungen den Basis-Metallic-Lack mit einem Klarlacküberzug versehen, erst danach bekommt er seinen Glanz. Gespritzt wird wieder mindestens drei– bis viermal dünn, wobei jedesmal dazwischen eine Ablüftpause von einigen Minuten eingehalten werden muß. Vor dem ersten Auftragen soll der Basislack mindestens 30 Minuten abgelüftet sein. Der Klarlack hat den neuen Basislack um etwa eine Handbreit zu überlappen, das Abdeckpapier ist vorher entsprechend zu erweitern.
- Düsen der Spraydosen freisprühen. Dazu Dose auf den Kopf stellen und so lange sprühen, bis keine Farbe mehr kommt.
- Sofort nach Abschluß der Lackierarbeiten alle Abdeckungen abziehen. Dadurch kann, falls bis zur Abdeckung gespritzt wurde, der nasse Lack am Übergang verlaufen.
- Gespritzte Fläche trocknen lassen. Der Trocknungsvorgang läßt sich mit einer Heizsonne oder einer starken Fotolampe beschleunigen. **Achtung:** Kein Gebläse-Heizgerät verwenden, dadurch würden aufgewirbelte Staubpartikel gegen den frischen Lack geblasen.
- Nach dem Aushärten der Farbe, nach mindestens 48 Stunden, Sprühnebel auf den angrenzenden Flächen mit einem milden Poliermittel und einem Wattebausch vorsichtig abtragen. Dabei nur in Fahrzeug-Längsrichtung polieren.

# Heizung

Die Frischluft für die Heizung wird über einen Lufteinlaß unterhalb der Windschutzscheibe angesaugt und gelangt über das Gebläse in den Fahrzeuginnenraum. Dabei durchströmt die Luft den Heizungskasten und wird durch verschiedene Klappen auf die einzelnen Lufteintrittsdüsen verteilt. Sobald die Heizung auf »warm« gestellt wird, öffnet die Warmluftklappe und die Frischluft wird durch den Wärmetauscher geleitet, der sich im Heizungskasten befindet. Der Wärmetauscher wird ständig von heißer Kühlflüssigkeit vom Motor durchströmt. Die einströmende Frischluft erwärmt sich an den heißen Lamellen des Wärmetauschers und gelangt dann in den Fahrzeuginnenraum. Die Temperatur wird über das Verhältnis von Frischluft zu Warmluft je nach Klappenstellung geregelt. Die Klappen werden durch Bowdenzüge von den Bedienknöpfen aus gesteuert.

Zur Verstärkung der Heizleistung dient ein 3-stufiges Heizgebläse. Damit das Gebläse in den einzelnen Stufen mit unterschiedlichen Geschwindigkeiten läuft, werden elektrische Widerstände vorgeschaltet. Bei dem Ausfall eines Widerstandes läuft der Motor in der entsprechenden Geschwindigkeitsstufe nicht.

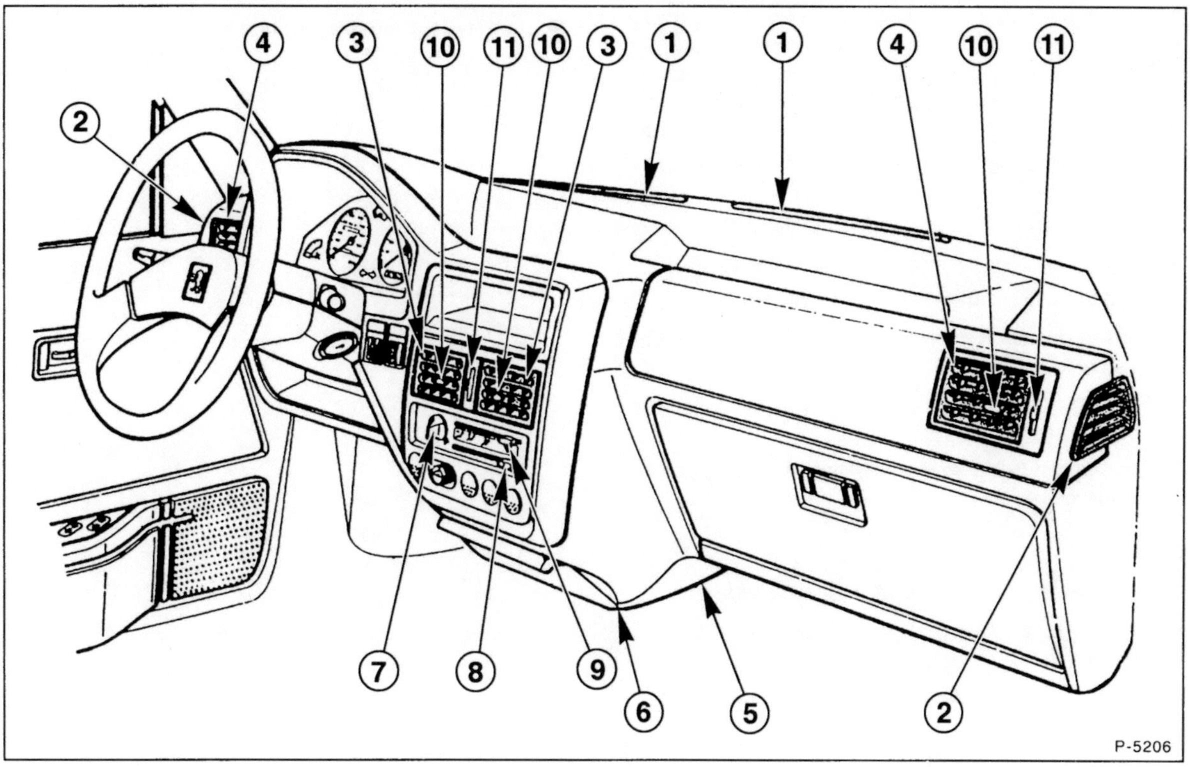


**1 - Enteisungsdüsen Frontscheiben**
**2 - Enteisungsdüsen Türscheiben**
**3 - Mittlere Luftdüse**
**4 - Seitliche Luftdüse**
**5 - Düsen vorderer Fußraum**
**6 - Düsen hinterer Fußraum**
**7 - Gebläse-Drehschalter**
**8 - Temperaturregler**
**9 - Luftstromverteiler**
**10 - Luftdüsen-Einsteller**
**11 - Luftdüsen-Regler**

# Lüftungsgebläse aus- und einbauen

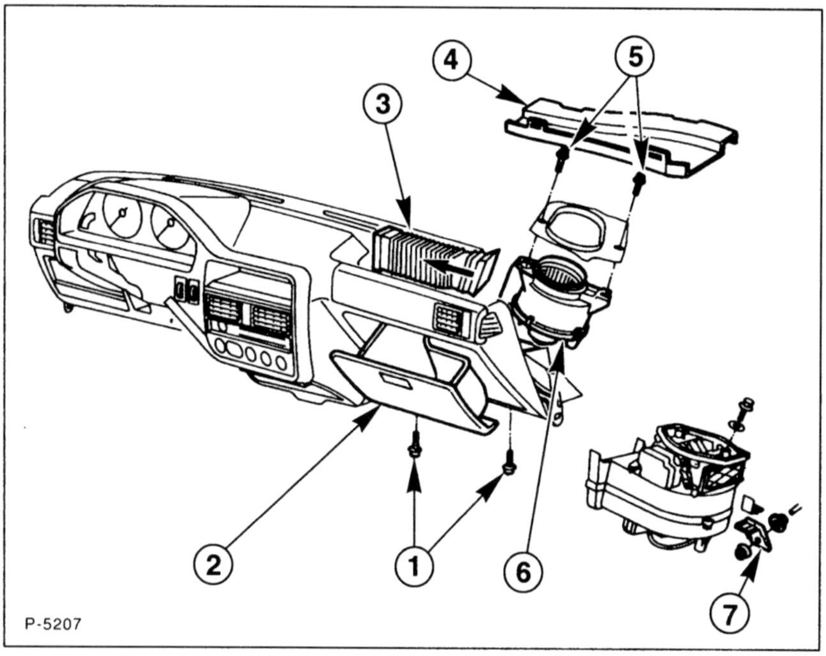


**1 – Befestigungsschrauben Handschuhfach**
**2 – Handschuhfach**
**3 – Lüftungskanal**
**4 – Abdeckung Kaltlufteinlaß**
**5 – Befestigungsschrauben**
**6 – Lüftungsgebläse**
**7 – Befestigungswinkel**

## Ausbau

- Batterie-Massekabel (–) abklemmen. **Achtung:** Dadurch werden die elektronischen Speicher gelöscht, zum Beispiel Motor-Fehlerspeicher oder Radiocode. Batterie nur bei **ausgeschalteter Zündung** abklemmen, da sonst das Steuergerät der Einspritzanlage beschädigt werden kann. Vor dem Abklemmen sollten auch die Hinweise im Kapitel »Radio« bzw. »Batterie aus- und einbauen« durchgelesen werden.
- Handschuhfach –2– ausbauen, siehe Seite 212.
- Lüftungskanal –3– vom Gebläsemotor –6– abziehen.
- Im Motorraum die Abdeckung –4– abnehmen.
- **Fahrzeuge mit Klimaanlage**: Befestigungswinkel –7– abschrauben.
- Von Helfer im Motorraum die Befestigungsschrauben –5– abschrauben.
- Stecker vom Gebläsemotor abziehen und Gebläsemotor herausnehmen.

## Einbau

- Gebläsemotor ansetzen und Stecker aufschieben.
- **Fahrzeuge mit Klimaanlage:** Befestigungswinkel festschrauben.
- Gebläsemotor mit Befestigungsschrauben anschrauben.
- Abdeckung einbauen.
- Handschuhfach einbauen.
- Batterie-Massekabel (–) anklemmen. **Achtung:** Batterie nur bei **ausgeschalteter Zündung** anklemmen, sonst kann das Steuergerät der Einspritzanlage beschädigt werden.
- Zeituhr einstellen.
- Diebstahlcode für Radio eingeben.
- Funktionen des Gebläses überprüfen.

## Heizungsblende aus- und einbauen

### Ausbau

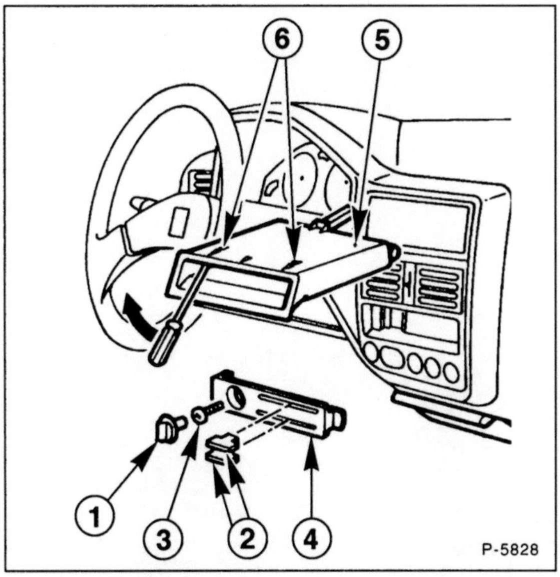


- Gebläsedrehgriff –1– und Heizungsschieber –2– abziehen.
- Kreuzschlitzschrauben –3– abschrauben und Heizungsblende –4– vorsichtig mit einem Schraubendreher abhebeln.

### Einbau

- Heizungsblende ansetzen und festschrauben.
- Gebläsedrehgriff und Heizungsschieber aufstecken.

## Störungsdiagnose Heizung

| Störung | Ursache | Abhilfe |
|---|---|---|
| Heizgebläse läuft nicht | Sicherung für Gebläsemotor defekt | ■ Sicherung für Gebläse prüfen, gegebenenfalls ersetzen |
| | Gebläseschalter defekt | ■ Prüfen, ob an den Vorwiderständen Spannung anliegt. Wenn nicht, Gebläseschalter ausbauen und prüfen |
| | Elektromotor defekt | ■ Gebläsemotor prüfen |
| Heizgebläse läuft nur in einer Geschwindigkeitsstellung nicht | Vorwiderstand defekt | ■ Anschlußplatte ersetzen |
| Heizleistung zu gering | Kühlmittelstand zu niedrig | ■ Kühlmittelstand prüfen, gegebenenfalls Kühlmittel auffüllen |
| | Heizungsbetätigung schwergängig, defekt | ■ Heizungsbetätigung prüfen, gegebenenfalls Bowdenzug ersetzen |
| | Wärmetauscher undicht oder verstopft | ■ Wärmetauscher ersetzen (Werkstattarbeit) |
| Heizung läßt sich nicht ausschalten | Heizungsbetätigung schwergängig, defekt | ■ Heizungsbetätigung prüfen, gegebenenfalls Bowdenzug ersetzen |
| Geräusche im Bereich des Heizgebläses | Eingedrungener Schmutz, Laub | ■ Gebläse ausbauen, reinigen, Luftkanal säubern |
| | Lüfterrad hat Unwucht, Lager defekt | ■ Gebläsemotor ausbauen und auf leichten Lauf prüfen |

# Elektrische Anlage

Bei der Überprüfung der elektrischen Anlage stößt der Heimwerker in den technischen Unterlagen immer wieder auf die Begriffe Spannung, Stromstärke und Widerstand.

Die Spannung wird in Volt (V) gemessen, die Stromstärke in Ampere (A) und der Widerstand in Ohm (Ω). Mit dem Begriff Spannung ist beim Auto in der Regel die Batteriespannung gemeint. Es handelt sich dabei um eine Gleichspannung von ca. 12 Volt. Die Höhe der Batteriespannung hängt vom Ladezustand der Batterie und von der Außentemperatur ab. Sie kann etwa 10 bis 13 Volt betragen. Demgegenüber wird die Bordspannung vom Generator (Lichtmaschine) erzeugt, die bei mittleren Drehzahlen ca. 14 Volt beträgt.

Der Begriff Stromstärke taucht im Bereich der Automobil-Elektrik relativ selten auf. Die Stromstärke ist beispielsweise auf der Rückseite von Sicherungen angegeben und weist auf den maximalen Strom hin, der fließen kann, ohne daß die Sicherung durchbrennt und damit den Stromkreis unterbricht.

Überall wo ein Strom fließt, muß er einen Widerstand überbrücken. Der Widerstand ist unter anderem von folgenden Faktoren abhängig: Leitungsquerschnitt, Leitungsmaterial, Stromaufnahme. Ist der Widerstand zu groß, können Funktionsstörungen auftreten. Beispielsweise darf der Widerstand in Zündleitungen und Zündverteiler nicht zu hoch sein, sonst fehlt ein ausreichend starker Zündfunke an den Zündkerzen und der Motor läuft nicht richtig.

## Meßgeräte

Zum Messen der Bord-Elektrik gibt es im Handel sogenannte Mehrfach-Meßgeräte. Sie vereinen in einem Gerät das Voltmeter, um Spannungen zu messen, das Amperemeter, um die Stromstärke zu messen und das Ohmmeter, um den Widerstand zu messen. Die im Handel befindlichen Meßgeräte unterscheiden sich hauptsächlich im Meßbereich und in der Meßgenauigkeit. Durch den Meßbereich wird festgelegt, in welchem Bereich Spannungen oder Widerstände liegen müssen, damit sie überhaupt vom Gerät erfaßt werden können.

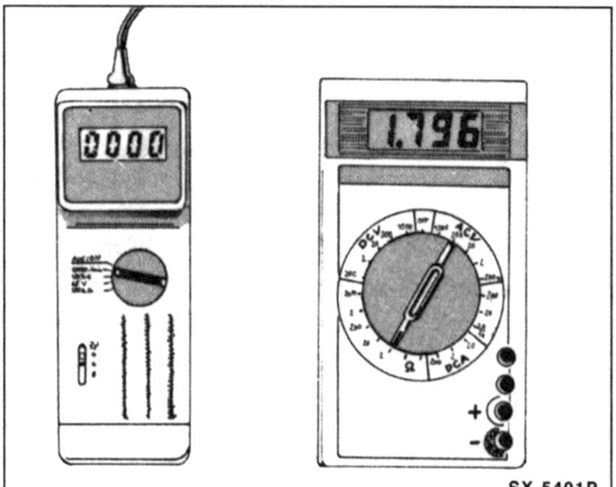


SX-5401P

Für den Heimwerker gibt es Vielfach-Meßgeräte, die speziell für Prüfarbeiten am Auto abgestimmt sind. Mit solch einem Gerät können Motordrehzahl, Zünd-Schließwinkel und Spannungen bis zu 20 Volt messen. Bei Widerstandsmessungen beschränkt sich das Gerät in der Regel auf den Kilo-Ohm-Bereich, also etwa 1–1000 kΩ.

Darüber hinaus werden Meßgeräte zur Überprüfung von elektrischen und elektronischen Bauteilen angeboten. Sie erlauben eine umfassende Messung von kleinen Widerständen in Ohm (Ω) bis zu großen Widerständen im Mega-Ohm-Bereich (MΩ). Spannungen (in Volt) können sehr genau gemessen werden, was vor allem bei elektronischen Bauteilen erforderlich ist.

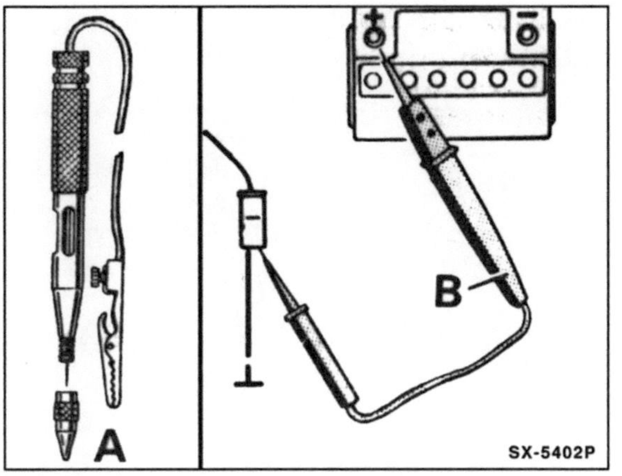


Wenn nur geprüft werden soll, ob überhaupt Spannung (V) anliegt, eignet sich hierzu eine einfache Prüflampe –A–. Dies gilt allerdings nur für Stromkreise, in denen sich keine elektronischen Bauteile befinden. Denn elektronische Steuergeräte reagieren äußerst empfindlich auf zu hohe Ströme. Unter Umständen können elektronische Bauteile bereits durch das Anschließen einer Prüflampe zerstört werden. Achtung: Bei der Prüfung elektronischer Bauteile (Transistoren, Dioden und Steuergeräte) ist ein hochohmiger Spannungsprüfer –B– erforderlich. Er arbeitet wie eine Prüflampe, jedoch ohne daß die elektronischen Bauteile geschädigt werden, und eignet sich für sämtliche Prüfarbeiten.

## Meßtechnik

### Spannung messen

Spannung kann schon mit einer einfachen Prüflampe oder einem Spannungsprüfer nachgewiesen werden. Allerdings erkennt man dann nur, ob überhaupt Spannung anliegt. Um die Höhe der anliegenden Spannung zu prüfen, muß ein Voltmeter (Spannungs-Meßgerät) angeschlossen werden.

Zunächst ist beim Voltmeter der Meßbereich einzustellen, in dem sich die zu messende Spannung voraussichtlich befindet. Spannungen am Fahrzeug sind in der Regel nicht höher als ca. 14 Volt. Eine Ausnahme bildet die Zündanlage; hier kann die Zündspannung bis zu 30.000 Volt betragen, was sich nur mit einem speziellen Meßgerät oder einem Oszilloskop messen läßt.

Während man bei Meßgeräten, die speziell auf das Auto abgestimmt sind, am Wählschalter nur das Voltmeter einschalten muß, sind bei einem allgemeinen Vielfachmeßgerät erst eine Reihe von Entscheidungen zu fällen. Zunächst wird mit dem Wählschalter der Bereich Gleichspannung (DCV im Gegensatz zu ACV = Wechselspannung) eingestellt. Dann wird der Meßbereich gewählt. Da beim Auto außer an der Zündanlage (bis 30.000 Volt) keine höheren Spannungen als ca. 14 Volt auftreten, sollte die Obergrenze des einzustellenden Meßbereiches etwas höher liegen (ca. 15 bis 20 Volt). Falls sicher ist, daß die gemessene Spannung wesentlich niedriger ist, zum Beispiel im Bereich von 2 Volt, kann der Meßbereich heruntergeschaltet werden, um eine größere Anzeigegenauigkeit zu erreichen. Liegen höhere Spannungen an, als sie vom Meßbereich des Gerätes erfaßt werden, kann das Meßgerät zerstört werden.

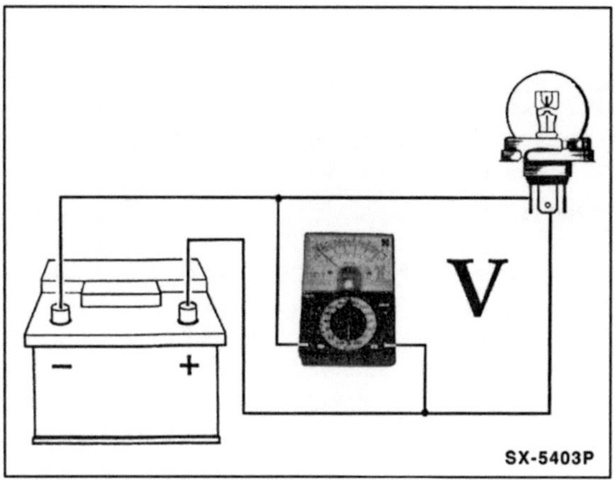


Die Kabel des Meßgerätes entsprechend der Zeichnung parallel zum Verbraucher anschließen. Dabei wird das rote Kabel an die vom Batterie-Pluspol kommende Leitung angelegt, das schwarze Kabel an die Masse-Leitung oder an Fahrzeugmasse, wie zum Beispiel den Motorblock.

**Prüfbeispiel:** Wenn der Motor nicht richtig anspringt, weil der Anlasser zu langsam dreht, ist es zweckmäßig, die Batteriespannung zu prüfen, während der Anlasser betätigt wird. Dazu das Voltmeter mit dem roten Kabel (+) an den Batterie-Pluspol und mit dem schwarzen Kabel an Fahrzeugmasse (–) anklemmen. Anschließend durch einen Helfer den Anlasser betätigen lassen und den Spannungswert ablesen. Liegt die Spannung unter 10 Volt (bei einer Batterie-Temperatur von +20°C), muß die Batterie überprüft und eventuell vor den nächsten Startversuchen geladen werden.

### Stromstärke messen

Am Auto ist es relativ selten erforderlich, die Stromstärke zu messen. Beispiel , siehe Kapitel »Batterie entlädt sich selbständig«. Benötigt wird hierzu ein Amperemeter, welches ebenfalls in einem Vielfachmeßgerät integriert ist.

Vor der Strommessung wird das Meßgerät auf den Meßbereich eingestellt, in dem sich die zu messende Stromstärke voraussichtlich befindet. Falls das nicht bekannt ist, höchsten Meßbereich einstellen und, falls keine Anzeige erfolgt, nacheinander in die nächstniedrigeren Meßbereiche schalten.

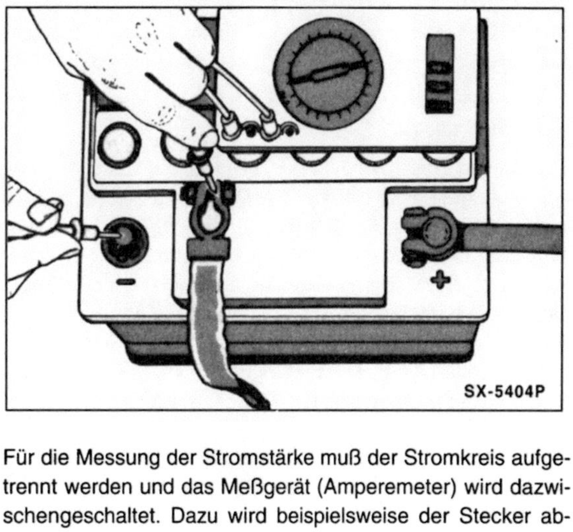


Für die Messung der Stromstärke muß der Stromkreis aufgetrennt werden und das Meßgerät (Amperemeter) wird dazwischengeschaltet. Dazu wird beispielsweise der Stecker abgezogen und das rote Kabel (+) des Amperemeters an die stromführende Leitung angeschlossen. Das schwarze Kabel (–) wird an den Kontakt angelegt, an dem normalerweise die unterbrochene Leitung angeschlossen ist. Die Massekontakte zwischen Verbraucher und Stecker müssen dann mit einem Hilfskabel verbunden werden.

**Achtung:** Keinesfalls sollte mit einem normalen Amperemeter die Stromstärke in der Leitung zum Anlasser (ca. 150 A) oder zu den Glühkerzen beim Dieselmotor (bis 60 A) gemessen werden. Durch die hierbei auftretenden hohen Ströme kann das Meßgerät zerstört werden. Die Werkstatt benutzt für diese Messungen ein Amperemeter mit Gleichstromzange. Dabei wird eine Stromzange über das isolierte Stromkabel geklemmt und der Stromwert durch Induktion gemessen.

### Widerstand messen

Vor der Prüfung des Widerstandes ist grundsätzlich sicherzustellen, daß an den Kontakten, an die das Ohmmeter angeschlossen wird, keine Spannung anliegt. Also immer vorher Stecker abziehen, Zündung ausschalten, Leitung beziehungsweise Aggregat ausbauen oder Batterie abklemmen. Andernfalls kann das Meßgerät beschädigt werden.

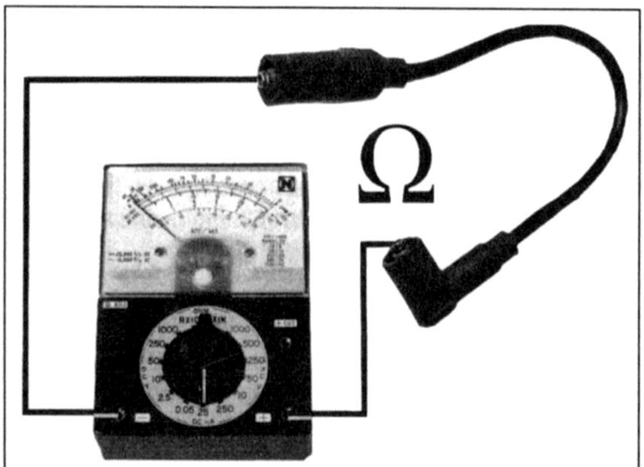

SX-5405P

Das Ohmmeter wird an die 2 Anschlüsse eines Verbrauchers oder an die 2 Enden einer elektrischen Leitung angeschlossen. Dabei spielt es keine Rolle, welches Kabel (+/–) des Meßgerätes an welchen Kontakt angeklemmt wird.

Die Widerstandsmessung am Auto erstreckt sich weitgehend auf 2 Bereiche:

1. Kontrolle eines sich im Stromkreis befindenden Widerstandes oder Bauteils.

2. »Durchgangsprüfung« einer elektrischen Leitung, eines Schalters oder einer Heizwendel. Dabei wird geprüft, ob eine elektrische Leitung im Fahrzeug unterbrochen ist und deshalb das angeschlossene elektrische Gerät nicht funktionieren kann. Zur Messung wird das Ohmmeter an die beiden Enden der betreffenden elektrischen Leitung angeschlossen. Beträgt der Widerstand 0 Ω, dann ist "Durchgang" vorhanden, das heißt die elektrische Leitung ist in Ordnung. Bei unterbrochener Leitung zeigt das Meßgerät ∞ (unendlich) Ω an.

## Elektrisches Zubehör nachträglich einbauen

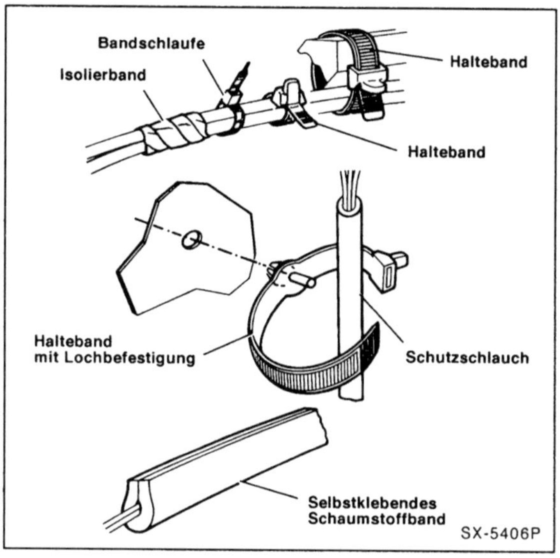

SX-5406P

Kabel, die beim Einbau von Zubehör zusätzlich zu dem serienmäßig eingebauten Kabelsatz im Fahrzeug verlegt werden müssen, sind nach Möglichkeit immer entlang der einzelnen Kabelstränge unter Verwendung der vorhandenen Kabelschellen und Gummitüllen zu verlegen.

Falls erforderlich, sind die neu verlegten Kabel, um Geräuschen während der Fahrt vorzubeugen und das Scheuern von Kabeln zu vermeiden, mit Isolierband, plastischer Masse, Kabelbändern und dergleichen zusätzlich festzulegen. Hierbei ist besonders darauf zu achten, daß zwischen den Bremsleitungen und den festverlegten Kabeln ein Mindestabstand von 10 mm sowie zwischen den Bremsleitungen und den Kabeln, die mit dem Motor oder anderen Teilen des Fahrzeuges schwingen, ein Mindestabstand von 25 mm vorliegt.

Beim Bohren von Löchern in die Karosserie müssen die Lochränder anschließend entgratet, grundiert und lackiert werden. Die beim Bohren zwangsläufig anfallenden Späne sind restlos aus der Karosserie zu entfernen.

Bei allen Einbauarbeiten, die das elektrische Leitungssystem berühren, ist, um der Gefahr von Kurzschlüssen im elektrischen Leitungssystem vorzubeugen, grundsätzlich das Massekabel von der Fahrzeugbatterie (–) klemmen und zur Seite zu hängen.

**Achtung:** Wird die Batterie abgeklemmt, werden unter Umständen der Fehlerspeicher für Motorsteuerung, Antiblockiersystem sowie andere elektrische Geräte wie zum Beispiel das Radio und die Zeituhr stillgelegt, beziehungsweise Speicherwerte gelöscht. Spezielle Hinweise zu diesem Thema stehen in dem Kapitel »Batterie aus- und einbauen«

Sofern zusätzliche elektrische Verbraucher eingebaut werden, ist in jedem Fall zu überprüfen, ob die erhöhte Belastung noch von dem vorhandenen Drehstromgenerator mit übernommen werden kann. Falls erforderlich, sollte ein Generator mit größerer Leistung vorgesehen werden.

# Fehlersuche in der elektrischen Anlage

Beim Aufspüren eines Defekts in der elektrischen Anlage ist es wichtig, systematisch vorzugehen. Dies gilt sowohl beim Überprüfen von ausgefallenen Glühlampen wie auch bei nicht laufenden Elektromotoren.

Der **erste Schritt** ist immer die Überprüfung der Sicherung, sofern das elektrische Bauteil abgesichert ist. Die aktuelle Sicherungsbelegung ergibt sich aus dem Aufdruck auf dem Sicherungskastendeckel, siehe auch unter Kapitel »Sicherungen auswechseln«.

Defekte Sicherung gegebenenfalls auswechseln und nach Einschalten des elektrischen Verbrauchers kontrollieren, ob diese nicht unmittelbar wieder durchbrennt. In diesem Fall muß zuerst der Fehler aufgespürt und behoben werden, in der Regel handelt es sich um einen Kurzschluß. Das bedeutet, an irgend einer Stelle, mitunter auch intern im elektrischen Gerät, sind Masse- und Plusanschluß miteinander verbunden.

**Zweiter Prüfschritt:** Wenn bei intakter Sicherung die Glühlampe nicht leuchtet beziehungsweise der Elektromotor nicht anläuft, ist die Stromversorgung zu überprüfen.

### Glühlampe prüfen

- Lampe ausbauen und sichtprüfen. Ist der Glühfaden durchgebrannt oder sitzt der Glaskolben locker im Sockel, Lampe erneuern.
- Um einwandfrei festzustellen, ob die Glühlampe intakt ist, geht man folgendermaßen vor: Eine Plusleitung (+) und eine Masseleitung (–) direkt an die Pole der Batterie anschließen und mit der Lampe verbinden. Dabei ist es unwichtig, wie die Kabel an die Lampe angeschlossen werden. Ein Kabel an den Stromanschluß, das andere an das Glühlampengehäuse. Wenn jetzt die Lampe nicht leuchtet, Lampe erneuern. Hinweis: Es muß sichergestellt sein, daß die Kontakte an der Lampe und in der Lampenfassung nicht korrodiert sind. Gegebenenfalls korrodierte oder verbogene Anschlüsse abschmirgeln und einwandfreien Kontakt herstellen.
- Ist die Lampe intakt, Lampe einsetzen und einschalten. Leuchtet die Lampe nicht, mit Prüflampe Stromzuführung überprüfen. Dazu Prüflampe an Masse anlegen. Das bedeutet: Das eine Kabel der Prüflampe muß an eine gute Massestelle am Motor (blankes Metall) oder direkt am Batterie-Minuspol angeschlossen werden. Die andere Prüflampen-Prüfspitze (+) entweder an den stromführenden Stecker halten oder mit der Prüfspitze in das stromführende Kabel einstechen. Wenn die Prüflampe jetzt aufleuchtet und die Lampe dennoch nicht brennt, ist die Massezuführung zur Lampe unterbrochen. Um dies zu überprüfen, Massehilfsleitung an die Lampenfassung anlegen. Die Lampe muß jetzt leuchten.
  **Hinweis:** Es gibt Lampen, die nur eine spannungsführende Zuleitung haben, zum Beispiel Standlicht, Fahrzeuginnenbeleuchtung. Diese Lampen sind über ihr Gehäuse direkt mit der Fahrzeugmasse verbunden.
- Wenn das stromführende Kabel zur Lampe keine Spannung aufweist, die Prüflampe also nicht aufleuchtet, ist sehr wahrscheinlich der Schalter defekt. Schalter auf Durchgang prüfen.

### Elektromotoren prüfen

Im Auto werden immer mehr Komfortfunktionen von kleinen Elektromotoren übernommen. Dazu gehören bespielsweise der Fensterheber, die elektrische Zentralverriegelung oder die elektrische Antenne.

Jeder Motor wird bei Bedarf über einen Schalter zugeschaltet, meist von Hand. Bei der elektrischen Antenne wird der Schalter automatisch vom Radio angesteuert.

- Sicherung des betreffenden Elektromotors prüfen, gegebenenfalls ersetzen.

Hinweis: Beim elektrischen Fensterheber und der Zentralverriegelung sollte vor einer erneuten Betätigung die Überlastungsursache beseitigt werden. Das können beispielsweise vereiste Scheiben und Schlösser oder verschmutzte Fenster-Führungsschienen sein.

- Brennt die Sicherung gleich wieder durch, liegt ein Kurzschluß vor.
- Um eindeutig zu klären, ob der Defekt im Motor liegt, 2 Hilfskabel (Ø ca. 2 mm) direkt von der Fahrzeugbatterie an den Motor anlegen. Pluskabel an den Pluspol, Massekabel an Massepol des Motors. Die Pol-Belegung ergibt sich im Zweifelsfall aus dem Stromlaufplan. Dazu muß der Motor gegebenenfalls ausgebaut werden. Alle elektrischen Motoren im Fahrzeug werden mit Bordspannung (12 bis 14 Volt) versorgt. Funktioniert der Motor jetzt ordnungsgemäß, war die Stromversorgung defekt. **Hinweis:** Ein zu langsam laufender oder aussetzender Elektromotor kann auf abgenützte Schleifkohlen hinweisen. In diesem Fall Schleifkohlen (Bürsten) ersetzen.
- Funktioniert der Motor, anhand des Stromlaufplans feststellen, welche Zuleitung am Elektromotor Spannung führt, wenn der Schalter betätigt wird und zuvor die Zündung eingeschaltet wurde.
- Spannungsführendes Kabel am Elektromotor mit Prüflampe prüfen. Da bei Elektromotoren ein großer Strom fließt, kann eine herkömmliche Prüflampe mit Glühlampe genommen werden. Diese haben spitze Prüfnadeln, mit denen das Anschlußkabel durchstochen werden kann. So läßt sich auf einfache Weise die Spannung prüfen. Motoren, die links/rechtsherum drehen, zum Beispiel Fenster∞hebermotoren, haben zwei Plus-Anschlüsse. **Achtung:** Scheibenwischermotor prüfen, siehe entsprechendes Kapitel.
- Liegt keine Spannung am Elektromotor an, ist die Stromversorgung defekt. Fehler in der Zuleitung nach Stromlaufplan suchen und beheben. Elektromotoren haben in der Regel aufgrund des hohen Strombedarfs zusätzliche Schaltrelais. Prüfung, siehe entsprechendes Kapitel.
- Wurde kein Fehler gefunden, Schalter prüfen.
- Ist ein Kabel defekt, ist es oft sinnvoller, man legt ein neues Kabel, da es schwierig ist, einen Defekt im Kabel zu lokalisieren.

## Schalter auf Durchgang prüfen

Die meisten elektrischen Verbraucher werden über einen von Hand betätigten Schalter ein- und ausgeschaltet. Darüber hinaus gibt es auch Schalter, die automatisch betätigt werden. Zu diesen Schaltern zählen zum Beispiel der Öldruckschalter und der Geber für Bremsflüssigkeitsstand.

Grundsätzlich hat ein Schalter die Aufgabe, den Stromkreis zu schließen und zu unterbrechen. Es gibt Schalter, die Masseleitung unterbrechen, und Schalter, die den Plusstrom unterbrechen.

**Schalter für Lampen und Elektromotoren prüfen**

- Betreffenden Schalter ausbauen.
- Einfache Schalter haben nur 2 Anschlüsse für die Kabel. In diesem Fall muß an einem Anschluß immer Spannung (+) anliegen und nach dem Einschalten an der anderen Klemme auch. Es gibt auch Schalter mit mehreren Klemmen. Bei diesen Schaltern anhand des Stromlaufplans klären, an welcher Klemme Spannung anliegen muß, gegebenenfalls vorher Zündung einschalten.
- Mit Prüflampe prüfen, ob am Schalter Spannung anliegt. Leuchtet die Prüflampe auf, Schalter betätigen und an der Ausgangsklemme prüfen, ob dort auch Spannung anliegt. Ist das der Fall, ist sichergestellt, daß der Schalter funktioniert.
- Wenn an der Eingangsklemme keine Spannung anliegt, liegt eine Unterbrechung in der Leitungs-Zuführung vor. Anhand des Stromlaufplans muß die Spannungszuführung kontrolliert und gegebenenfalls eine neue Leitung gelegt werden.

**Geberschalter prüfen**

Geberschalter sind bespielsweise: Öldruckschalter, Geber für Bremsflüssigkeits- und Kühlmittelstand.

- Durchgangsprüfer (Prüflampe oder Ohmmeter) an der Zu- und Ableitung des Schalters anschließen, dazu Kabel am Schalter abziehen. **Achtung:** Schalter, die im Motorblock eingeschraubt sind, haben in der Regel kein Massekabel, da das Schaltergehäuse über den Motorblock als Massepol dient.
- Bei geschlossenem Schalter muß der Durchgangsprüfer Durchgang anzeigen. Am besten ist ein Ohmmeter als Durchgangsprüfer: Bei geschlossenem Schalter muß es 0 $\Omega$, bei geöffnetem Schalter $\infty$ $\Omega$ (unendlich) anzeigen.
- Die Funktionsfähigkeit etwa der Kühlmittel- oder Bremsflüssigkeitsstand-Warnschalter läßt sich am schnellsten prüfen, indem bei eingeschalteter Zündung die Zuleitung am Schalter abgezogen wird und an eine gute Massestelle, zum Beispiel gegen den Motorblock, gehalten wird. Spricht die Warnlampe im Schalttafeleinsatz jetzt an, liegt der Fehler am Schalter.
- Ein Sonderfall ist der Öldruckschalter: Bei stehendem Motor ist der Kontakt geschlossen (Warnlampe brennt), erst bei einem gewissen Öldruck öffnet der Schalter.

## Relais prüfen

In vielen Stromkreisen ist ein Relais integriert. Ein Schaltrelais arbeitet wie ein Schalter. Beispiel: Wenn das Fernlicht über den Handschalter eingeschaltet wird, bekommt das Relais den Befehl, den Strom zum Fernlicht durchzuschalten. Man könnte natürlich den Strom auch direkt über den Lichtschalter von der Batterie zum Fernlicht legen. Bei allen Verbrauchern mit hoher Stromaufnahme (Fernscheinwerfer, Scheibenwischer, Nebelscheinwerfer) schaltet man jedoch ein Relais dazwischen, um den Schalter nicht zu überlasten beziehungsweise um kurze Stromwege sicherzustellen. Neben diesen Schaltrelais gibt es auch Funktionsrelais, zum Beispiel für die Wisch-Wasch-Anlage oder das Warntonrelais für eingeschaltete Außenbeleuchtung.

**Schaltrelais prüfen**

Beim Einschalten des betreffenden Verbrauchers wird das Relais angesteuert, das heißt durch den Schaltstrom zieht eine Magnetspule im Relaisinnern einen Kontakt an und schließt so den Stromkreis für den »Arbeitsstrom«. Der Arbeitsstrom läuft über das Relais zum Stromverbraucher weiter.

Am einfachsten läßt sich die Funktionsfähigkeit eines Relais prüfen, wenn man es gegen ein intaktes auswechselt. So macht man es auch in der Werkstatt. Da dem Heimwerker jedoch in den seltensten Fällen ein neues Relais sofort zur Verfügung steht, empfiehlt sich folgender Arbeitsschritt bei den sogenannten Schaltrelais, wie sie unter anderem zum Schalten von Nebel- und Hauptscheinwerfern verwendet werden. Die hier angegebenen Klemmenbezeichnungen können vor allem bei den serienmäßig eingebauten Relais auch anders lauten.

- Relais aus der Halterung herausziehen.
- Zündung und entsprechenden Schalter einschalten.
- Zuerst mit Spannungsprüfer feststellen, ob an Klemme 30 (+) im Relaishalter Spannung anliegt. Dazu Spannungsprüfer an Masse (–) anschließen und die andere Kontaktspitze vorsichtig in Klemme 30 einführen. Wenn die Leuchtdiode des Spannungsprüfers aufleuchtet, ist Spannung vorhanden. Zeigt der Spannungsprüfer keine Spannung an, Unterbrechung vom Batterie-Pluspol (+) zu Klemme 30 anhand des Schaltplanes aufspüren.
- Leitungsbrücke aus einem Stück isoliertem Draht herstellen, die Enden müssen blank sein.
- Mit dieser Brücke im Relaishalter die Klemme 30 (Batterie +, führt immer Spannung) mit dem Ausgang des Relais-Schließers Klemme 87 verbinden. Mit diesem Arbeitsschritt wird praktisch genau das getan, was ein intaktes Relais auch vornimmt. Wo sich die Klemmen im Relaishalter befinden, ist auf dem Relais beziehungsweise am Steckkontakt aufgeführt.
- Wenn bei eingesetzter Brücke zum Beispiel das Fernlicht aufleuchtet, kann man davon ausgehen, daß das Relais defekt ist.

- Wenn das Fernlicht nicht aufleuchtet, klären, ob die Masseverbindung zum Scheinwerfer intakt ist. Dann Unterbrechung in der Leitungsführung von Klemme 87 zum-Hauptscheinwerfer anhand des Schaltplanes aufspüren und beheben.
- Falls erforderlich, neues Relais einsetzen.

**Achtung:** Falls ein Fehler nur zeitweise in einem Stromkreis auftritt, der mit einem Relais bestückt ist, dann liegt der Defekt in Regel im Relais. Und zwar bleibt dann ein Kontakt im Relais ab und zu kleben, während das Relais in der übrigen Zeit einwandfrei funktioniert. Bei Auftreten des Fehlers leicht gegen das Relaisgehäuse klopfen. Wenn das Relais daraufhin durchschaltet, Relais ersetzen.

## Bremslicht prüfen

- Wenn das Bremslicht nicht aufleuchtet, zuerst Sicherung im Sicherungskasten überprüfen.
- War die Sicherung in Ordnung, anschließend Brems-Glühlampen überprüfen, gegebenenfalls erneuern.

Sind die Brems-Glühlampen in Ordnung, anschließend Bremslichtschalter prüfen. Oberhalb des Bremspedals sitzt am Pedalbock der Bremslichtschalter. Beim Niedertreten des Bremspedals wandert ein Druckstift aus dem Schalter heraus. Der Schalterkontakt schließt, und die Bremslichter leuchten auf.

- Bremslichtschalter überprüfen. Dazu Abdeckung oberhalb der Pedale ausbauen. Kabelstecker vom Bremslichtschalter abziehen.
- Zündung einschalten.
- Beide Kontakte im Kabelstecker des Bremslichtschalters mit einer kurzen Hilfsleitung überbrücken. Wenn die Bremslichter jetzt aufleuchten, ist der Bremslichtschalter defekt, ersetzen.

## Heizbare Heckscheibe prüfen

Bei eingeschalteter Heckscheibenheizung muß das Feld mit den sichtbaren Leiterbahnen nach einiger Zeit frei von Beschlag oder Eis sein.

- Bei Störungen zuerst Sicherung im Sicherungskasten überprüfen.
- Ist die Sicherung in Ordnung, anschließend festen Sitz der Kabelstecker links und rechts an der Heckscheibe überprüfen, gegebenenfalls von Korrosion reinigen.
- Funktioniert die Heckscheibenheizung immer noch nicht, Zuleitungen und Schalter sowie Schaltrelais prüfen, siehe Seite 184.

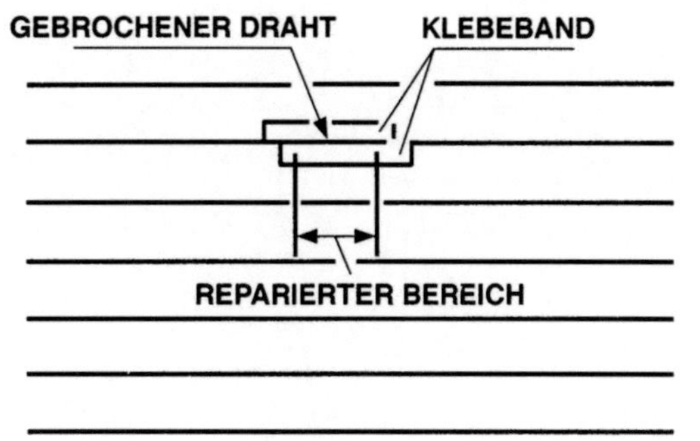


SX-5410

- Sind Heizfäden unterbrochen, hilft handelsüblicher Leitsilberlack zur Wiederherstellung der Verbindung. Dazu beschädigten Bereich mit Verdünner oder Ethylen reinigen.
- Unterbrochene Stelle von beiden Seiten mit Klebeband abkleben und mit einem kleinen Pinsel Silberfarbe auftragen.
- Farbe bei ca. +25° C ca. 24 Stunden trocknen lassen. Es kann auch ein Heißluftfön verwendet werden.

**Achtung:** Heckscheibenheizung nicht einschalten, bevor die Farbe ganz trocken ist. Kein Benzin oder andere Lösungsmittel zum Reinigen des beschädigten Teils verwenden.

## Sicherungen auswechseln

Um Kurzschluß- und Überlastungsschäden an den Leitungen und Verbrauchern der elektrischen Anlage zu verhindern, sind die einzelnen Stromkreise durch Schmelzsicherungen geschützt.

Der PEUGEOT 106 ist mit Sicherungen ausgestattet, die neuesten technischen Erkenntnissen entsprechen. Diese Sicherungen sind mit Messerkontakten ausgestattet, und der Schmelzdraht befindet sich innerhalb des Kunststoffgriffes. Dadurch ist weitgehend sichergestellt, daß die Sicherungen nicht durch Korrosion oder Erschütterungen ausfallen.

- Vor dem Auswechseln einer Sicherung immer zuerst den betroffenen Verbraucher ausschalten.

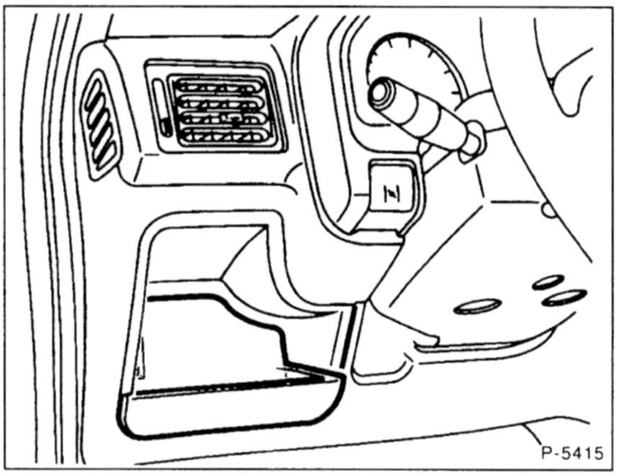


- Der Sicherungskasten befindet sich unterhalb der Schalttafel links neben der Lenksäule. Zum Öffnen die Ablageschale herausziehen. Die Sicherungen der einzelnen Stromkreise sind durch Symbole gekennzeichnet.

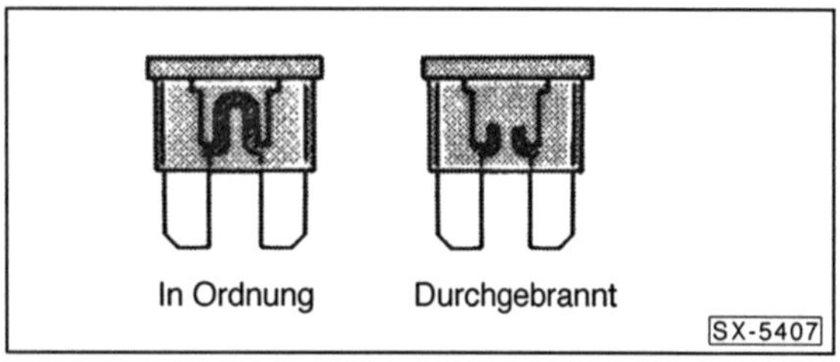


- Eine durchgebrannte Sicherung erkennt man am durchgeschmolzenen Sicherungsdraht.

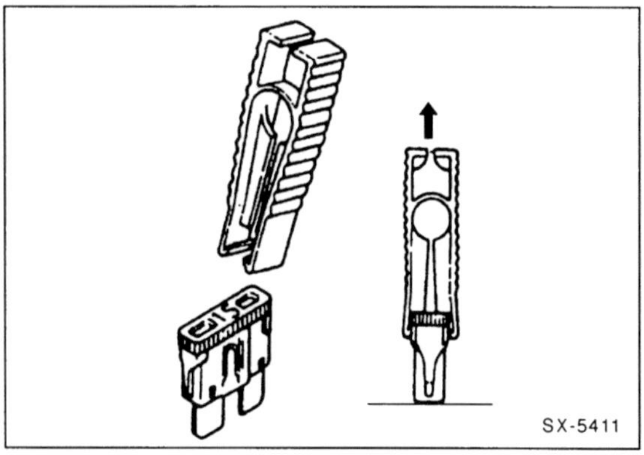


- Defekte Sicherung herausziehen. Zum Ausziehen der Sicherungen befindet sich im Sicherungskasten eine Kunststoffpinzette.
- Neue Sicherung **gleicher Sicherungsstärke** einsetzen. Die Nennstromstärke der Sicherung ist auf der Rückseite des Griffes aufgedruckt. Außerdem hat der Griff der Sicherung eine Kennfarbe, an der ebenfalls die Nennstromstärke zu erkennen ist.

| Nennstromstärke in Ampere | Kennfarbe |
|---|---|
| 3 | lila |
| 7,5 | braun |
| 10 | rot |
| 15 | blau |
| 20 | gelb |
| 30 | grün |

- Brennt eine neu eingesetzte Sicherung nach kurzer Zeit wieder durch, muß der entsprechende Stromkreis überprüft werden.
- Auf keinen Fall Sicherung durch Draht oder ähnliche Hilfsmittel ersetzen, weil dadurch ernste Schäden an der elektrischen Anlage auftreten können.
- Es ist empfehlenswert, stets einige Ersatz-Sicherungen im Wagen mitzuführen. Zur Aufbewahrung befinden sich im Sicherungskasten entsprechende Freiplätze.

## Sicherungsbelegung

Die Sicherungsbelegung kann je nach Fahrzeugausstattung und vom Baujahr des Fahrzeuges abweichen. Die aktuelle Belegung der Sicherungen befindet sich in der Betriebsanleitung.

| Nr. | Amp. | Abgesicherter Stromkreis |
|---|---|---|
| F1 | 5 | Scheinwerferverstellung, Scheinwerferwaschanlage |
| F2 | 25 | Heizungsgebläse |
| F3 | 15 | Relais Klimakompressor, Relais Heckscheibenheizung, Relais Lüfter (Klimaanlage große Stufe), Stellmotor Lufteinlaß, Schalter Sitzheizung |
| F4 | 20 | Blinker, Scheibenwischer hinten, seitliche Blinkleuchten |
| F5 | 30 | Zigarettenanzünder, Signalhorn, beheizte Außenspiegel, Heckscheibenheizung |
| F6 | 10 | Warnblinkanlage, Steuerteil Kühlmitteltemperatur, Relais Lüfter (Klimaanlage, kleine Stufe) |
| F7 | 10 | Steuerrelais Servolenkung, Instrumenten, Kontrolleuchten, Rückfahrscheinwerfer |
| F8 | 20 | Autoradio (Dauerstrom), Uhr, Innen- und Kofferraumbeleuchtung,Infrarotempfänger und Steuerteil Zentralverriegelung |
| F9 | 20 | Autoradio |
| F10 | 25 | elektr. Fensterheber |
| F11 | 5 | Nebelschlußleuchte |
| F12 | 5 | Instrumentenbeleuchtung, Standlicht vorn und hinten links |
| F13 | 5 | Schalterbeleuchtung, Standlicht hinten rechts, Kennzeichenbeleuchtung |

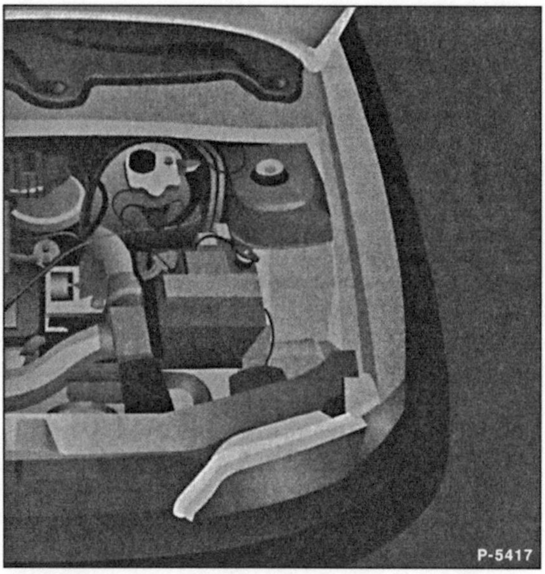


| Nr. | Amp. | Abgesicherter Stromkreis |
|---|---|---|
| F21 | Shunt | Antiblockiersystem |
| F22 | 30 | Antiblockiersystem |
| F23 | 20/25 | Lüfter |
| F24 | 20/25 | Lüfter |
| F25 | 15 | Kraftstoffpumpe |
| F26 | 10 | Heizung Lmbdasonde |

## Batterie aus- und einbauen

Die Batterie befindet sich auf der linken Seite im Motorraum.

Achtung: Durch das Abklemmen der Batterie werden im Fahrzeug folgende elektronische Speicher gelöscht:

- Aus dem Motor-Fehlerspeicher werden alle eventuell gespeicherte Fehler des Einspritz- und Zündungssystem gelöscht.
- Der Keycode für die Diebstahlsicherung im Radio und die eingestellten Sender werden gelöscht. Die Anti-Diebstahlcodierung ist in der Regel nur bei serienmäßig eingebauten Autoradios vorhanden. Ist der Code nicht bekannt, kann nur eine PEUGEOT-Werkstatt das Autoradio wieder in Betrieb nehmen.

Damit diese Speicher nicht gelöscht werden, verwendet die Werkstatt ein sogenanntes »Memory-Erhaltungskabel«. Dieses Kabel wird mit einer 9-Volt-Trockenbatterie verbunden und über den Zigarettenanzünder angeschlossen. Erhältlich ist das Kabel im Autozubehörhandel, es kann aber auch leicht selbst gefertigt werden.

■ Steht das »Memory-Erhaltungskabel« nicht zur Verfügung, sollte vor dem Abklemmen der Batterie sichergestellt werden, daß der Keycode für die Radio-Diebstahlsicherung bekannt ist und der Fehlerspeicher ausgelesen wurde (Werkstattarbeit).

**Ausbau**

- Motorhaube öffnen.

**Achtung:** Bevor die Batteriekabel abgeklemmt werden, prüfen, ob die Zündung und alle Stromverbraucher des Fahrzeuges ausgeschalten sind.

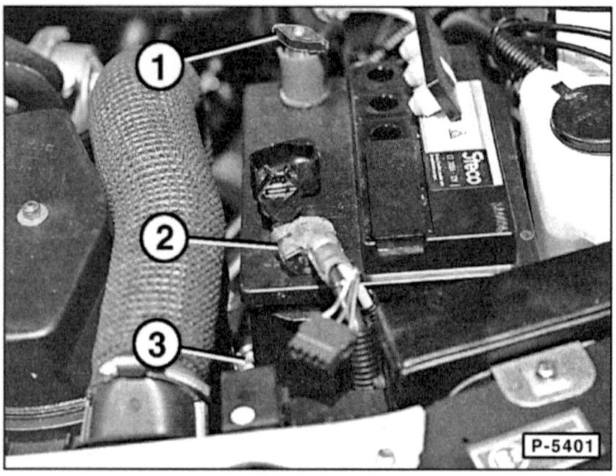


- Batteriekabel abklemmen, zuerst Massekabel –1–, dann Pluskabel –2–.
- Halteplatte –3– am Batteriefuß abschrauben und herausnehmen.
- Batterie von der Halteleiste wegschieben und herausheben.

**Achtung:** Batterien enthalten giftige Substanzen, diese dürfen nicht in den Hausmüll oder die Kanalisation gelangen. Altbatterien beim Kauf einer neuen beim Händler abgeben. Gemeinde- und Stadtverwaltungen informieren darüber, wo sich die nächste Abnahmestelle befindet.

**Einbau**

- Vor dem Einbau die Batteriepole blank machen, geeignet ist dazu eine Messingdrahtbürste. Zur Verhinderung von Korrosion beide Pole mit speziellem Säureschutzfett bestreichen, zum Beispiel mit BOSCH-Polfett.
- Batterie in die Halteleiste einsetzen.
- Halteplatte für Batteriebefestigung einsetzen und mit 20 Nm festschrauben.

**Achtung:** Bevor die Batteriekabel angeklemmt werden, prüfen, ob alle Stromverbraucher des Fahrzeuges ausgeschaltet sind. Andernfalls können beim Anklemmen Funken überspringen beziehungsweise elektrische Einrichtungen beschädigt werden. Auf einwandfreie Masseanschlüsse und saubere Kontakte achten. Hohe Übergangswiderstände führen, insbesondere beim Starten, zu einer Überlastung der elektronischen Steuergeräte und können im Extremfall sogar deren Zerstörung bewirken.

- Pluskabel am Pluspol (+), dann Massekabel am Minuspol (–) anklemmen. **Achtung:** Durch eine falsch angeschlossene Batterie können erhebliche Schäden am Generator und an der elektrischen Anlage entstehen.
- Batteriepole mit Vaseline oder Polschutzfett (z. B. von BOSCH) bestreichen.
- Die Zeituhr einstellen.
- Diebstahlcode für Radio eingeben, siehe Radiobedienungsanleitung.
- Die Radio-Sender neu einspeichern.
- Monopoint-Einspritzanlage: Leerlaufdrehzahl einspeichern, siehe Seite 74.

## Hinweise zur wartungsarmen Batterie

Der PEUGEOT 106 ist serienmäßig mit einer wartungsarmen Batterie ausgestattet. Bei dieser Batterie muß nur selten im Rahmen der Wartung destilliertes Wasser nachgefüllt werden, dennoch sind einige Wartungspunkte zu beachten.

- Zum Laden können die normalen Ladegeräte verwendet werden. Der Ladestrom darf 5 Ampere nicht überschreiten; die Ladespannung soll zwischen 14 und 15 Volt liegen. Ein dauernd zu hoher Ladestrom überlädt die Batterie und führt zu einer wesentlich verringerten Lebensdauer
- Die Batterie darf **nicht** mit einem Schnelladegerät geladen werden.
- Batterie nur im Freien oder in gut belüfteten Räumen laden.
- Bei zu niedrigem Säurestand, zum Beispiel durch längeren Aufenthalt in heißen Regionen, destilliertes Wasser nachfüllen, siehe Kapitel »Wartung«.
- Wird das Fahrzeug länger als 6 Wochen stillgelegt, Batterie ausgebaut und geladen lagern. Die günstigste Lagertemperatur liegt zwischen 0° C und +27° C. Bei diesen Temperaturen hat die Batterie die günstigste Selbstentladungsrate. **Spätestens nach 3 Monaten Batterie erneut aufladen, da sie sonst unbrauchbar wird.**
- Batteriepole regelmäßig reinigen und mit Vaseline oder Bosch-Polfett einreiben.
- Starthilfegeräte dürfen **nicht** verwendet werden, da die Batterie hierdurch kurzfristig einer sehr hohen Stromstärke ausgesetzt wird.

## Batterie laden

**Achtung:** Wenn die Batterie zu lange Zeit entladen war, kann sie nicht mehr vollständig beziehungsweise gar nicht mehr aufgeladen werden.

Die mit ■ gekennzeichneten Positionen entfallen bei der serienmäßig eingebauten wartungsarmen Batterie. Hinweise zur wartungsarmen Batterie beachten.

- Batterie niemals kurzschließen, das heißt Plus- (+) und Minuspol (–) dürfen nicht verbunden werden. Bei Kurzschluß erhitzt sich die Batterie und kann platzen. Nicht mit offener Flamme in Batterie leuchten. Batteriesäure ist ätzend und darf nicht in die Augen, auf die Haut oder die Kleidung gelangen, gegebenenfalls mit viel Wasser abspülen.
- Die Batterie kann auch in eingebautem Zustand geladen werden, vorher jedoch Masse- (–) und Pluskabel (+) abklemmen. **Achtung:** Dadurch werden aus dem Speicher des elektronischen Einspritz-Steuergerätes »Betriebswerte« und aus dem Speicher des Radios der Keycode für die Diebstahlsicherung sowie die eingestellten Sender gelöscht. Vor dem Abklemmen daher unbedingt Hinweise im Kapitel »Batterie aus- und einbauen« durchlesen.
- Vor dem Laden Säurestand prüfen, gegebenenfalls destilliertes Wasser nachfüllen.
- Gefrorene Batterie vor dem Laden auftauen. Eine geladene Batterie friert bei ca. –65° C, eine halbentladene bei ca. –30° C und eine entladene bei ca. –12° C.

■ Stopfen aus der Batterie herausschrauben oder mit schmalem Schraubendreher heraushebeln und leicht auf die Öffnungen legen. Dadurch werden Säurespritzer auf dem Lack vermieden, während die beim Laden entstehenden Gase entweichen können.

- Batterie nur in gut belüftetem Raum laden. Beim Laden der eingebauten Batterie Motorhaube geöffnet lassen.

■ Bei der Normalladung beträgt der Ladestrom ca. 10 % der Kapazität. (Bei einer 50-Ah-Batterie also etwa 5,0 A.) Als Richtwert für die Ladezeit können dann 10 Stunden genommen werden.

- Pluspol (+) der Batterie mit Pluspol, Minuspol (–) der Batterie mit Minuspol des Ladegerätes verbinden.
- Die Säuretemperatur darf während des Ladens +55° C nicht überschreiten, gegebenenfalls Ladung unterbrechen oder Ladestrom herabsetzen.

■ So lange laden, bis alle Zellen lebhaft gasen und bei drei im Abstand von je einer Stunde aufeinanderfolgenden Messungen das spezifische Gewicht der Säure und die Spannung nicht mehr angestiegen sind.

■ Nach der Ladung Säurestand prüfen, gegebenenfalls destilliertes Wasser nachfüllen.

■ Säuredichte prüfen. Liegt der Wert in einer Zelle deutlich unterhalb der anderen Werte (z. B. 5 Zellen zeigen 1,26 g/ml und 1 Zelle 1,18 g/ml), so ist die Batterie defekt und sollte erneuert werden.

■ Batterie ca. 20 Minuten ausgasen lassen, dann Verschlußstopfen einschrauben.

**Achtung: Der Motor darf nicht bei abgeklemmter Batterie laufen, da sonst die elektrische Anlage beschädigt wird.**

## Batterie prüfen

Der Batterie-Zustand wird durch das Messen der Spannung mit einem Voltmeter zwischen Batteriepolen überprüft.

- Batterie äußerlich säubern.
- Für die Prüfung darf die Batterie innerhalb der letzten 6 Stunden nicht geladen worden sein, auch nicht durch den laufenden Fahrzeugmotor. Andernfalls vor der Prüfung die Hauptscheinwerfer 30 Sekunden lang einschalten.
- Scheinwerfer sowie alle anderen Stromverbraucher ausschalten und 5 Minuten warten.

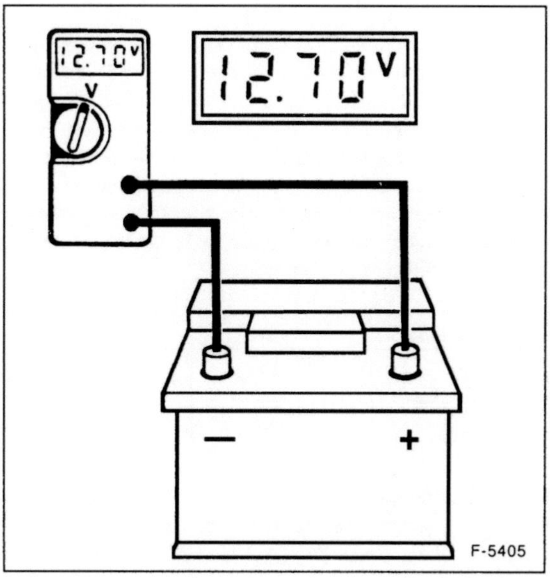


F-5405

- Voltmeter an die Batteriepole anschließen und Spannung messen.
  **Beurteilung:**
  12,7 Volt oder darüber = Batterie in gutem Zustand
  12,6 Volt = Normal
  12,4 Volt oder darunter = Batterie in schlechtem Zustand, Batterie laden oder ersetzen

**Batterie unter Belastung prüfen**

- Voltmeter an den Polen der Batterie anschließen. Hinweis: Beträgt die Batteriespannung (ohne angeschlossene Verbraucher) weniger als 12,0 V, ist die Batterie entladen und muß nachgeladen werden.
- Motor starten und Spannung ablesen.
- Während des Startvorganges darf bei einer vollen Batterie die Spannung nicht unter 10 Volt (bei einer Säuretemperatur von ca. +20° C) abfallen.
- Bricht die Spannung sofort zusammen und wurde in den Zellen eine unterschiedliche Säuredichte (Unterschied mehr als 0,02 g/ml) festgestellt, so ist auf eine defekte Batterie zu schließen.

### Säuredichte prüfen

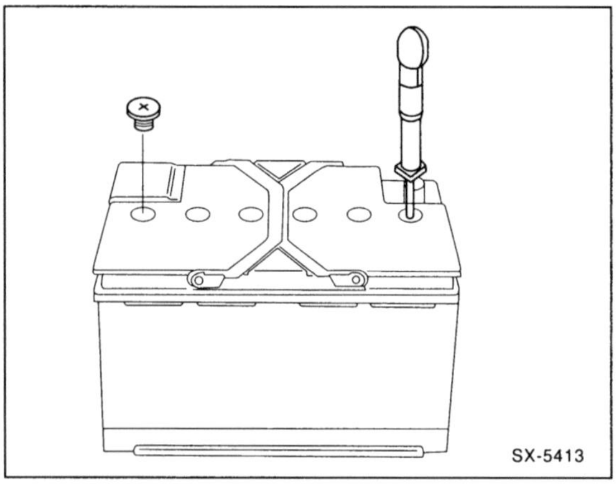

SX-5413

- Die Säuredichte ergibt in Verbindung mit der Spannungsmessung genauen Aufschluß über den Ladezustand der Batterie. Zur Prüfung dient ein Säureheber, der recht preiswert in Fachgeschäften angeboten wird. Je größer das spezifische Gewicht (Säuredichte) der angesaugten Batteriesäure ist, desto mehr taucht der Schwimmer auf. An der Skala kann man die Säuredichte in spezifischem Gewicht (g/ml) oder Baumégrad (+°Bé) ablesen. Folgende Werte müssen erreicht werden:

| Ladezustand | +°Bé | g/ml |
|---|---|---|
| entladen | 16 | 1,15 |
| halb entladen | 24 | 1,22 |
| gut geladen | 30 | 1,26 |

- Nacheinander jede Batteriezelle prüfen, alle Zellen müssen die gleiche Säuredichte (maximale Differenz 0,04 g/ml) haben. Sonst kann auf eine defekte Batterie geschlossen werden.

## Batterie entlädt sich selbständig

Je nach Fahrzeugausstattung addiert sich zur natürlichen Selbstentladung der Batterie auch die Stromaufnahme der verschiedenen Steuergeräte im Ruhezustand. Daher sollte die Batterie in einem abgestelltem Fahrzeug spätestens alle 6 Wochen nachgeladen werden. Wenn der Verdacht auf Kriechströme besteht, Bordnetz nach folgender Anleitung prüfen:

- Zur Prüfung geladene Batterie verwenden.

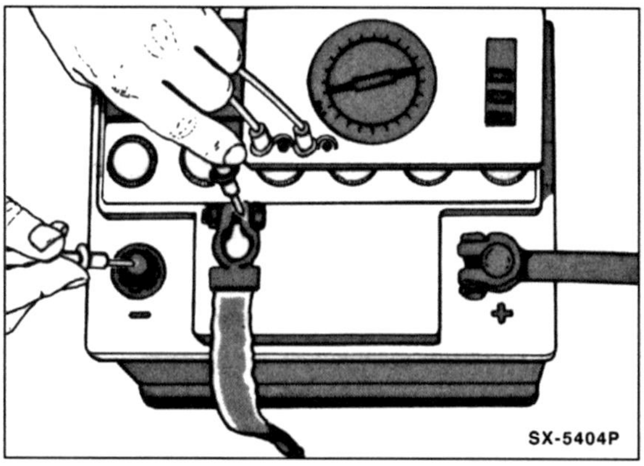

SX-5404P

- Am Amperemeter (Meßbereich von 0–5 mA bis 5 A) den höchsten Meßbereich einstellen. Massekabel (–) von der Batterie abklemmen. **Achtung:** Dadurch werden aus dem Motor-Fehlerspeicher alle eventuell gespeicherte Fehler des Einspritz- und Zündungssystem und aus dem Speicher des Radios der Keycode der Diebstahlsicherung sowie die eingespeicherten Sender gelöscht. Vor dem Abklemmen daher unbedingt Hinweise im Kapitel »Batterie aus- und einbauen« durchlesen.
- Amperemeter zwischen Batterie-Minuspol (–) und Massekabel (–) schalten. Amperemeter-Plus-Anschluß (+) an Massekabel (–) und Amperemeter-Minus-Anschluß an Batterie-Minuspol (–).

**Achtung:** Die Prüfung kann auch mit einer Prüflampe durchgeführt werden. Leuchtet die Lampe zwischen Masseband und Minuspol der Batterie jedoch nicht auf, ist auf jeden Fall ein Amperemeter zu verwenden.

- Alle Verbraucher ausschalten, vorhandene Zeituhr (und andere Dauerverbraucher) abklemmen, Türen schließen.
- Vom Amperebereich solange auf den Milliamperebereich zurückschalten, bis eine ablesbare Anzeige erfolgt (1–3 mA sind zulässig).
- Durch Herausnehmen der Sicherungen nacheinander die verschiedenen Stromkreise unterbrechen. Wenn bei einem der unterbrochenen Stromkreise die Anzeige auf Null zurückgeht, ist hier die Fehlerquelle zu suchen. Fehler können sein: korrodierte und verschmutzte Kontakte, durchgescheuerte Leitungen, interner Schluß in Aggregaten.

- Wird in den abgesicherten Stromkreisen kein Fehler gefunden, so sind die Leitungen an den nicht abgesicherten Aggregaten abzuziehen. Dieses sind: Generator, Anlasser, Zündanlage.
- Geht beim Abklemmen von einem der ungesicherten Aggregate die Anzeige auf Null zurück, betreffendes Bauteil überholen oder austauschen. Bei Stromverlust in Anlasser oder Zündanlage immer auch den Zünd-Anlaßschalter nach Stromlaufplan prüfen.
- Batterie-Massekabel anklemmen.
- Zeituhr einstellen.
- Diebstahlcode für Radio eingeben.

## Störungsdiagnose Batterie

| Störung | Ursache | Abhilfe |
|---|---|---|
| Säurestand zu niedrig | Überladung, Verdunstung (besonders im Sommer) | ■ Destilliertes Wasser bis zur vorgeschriebenen Höhe nachfüllen (bei geladener Batterie) |
| Säure tritt aus dem Entlüftungdeckel aus | Ladespannung zu hoch | ■ Spannungsregler prüfen, ggf. austauschen |
| | *) Säurestand zu hoch | ■ Überschüssige Säure mit Säureheber absaugen |
| Säuredichte zu niedrig | Säuredichte in einer Zelle deutlich niedriger als in den übrigen Zellen | ■ Kurzschluß in einer Zelle. Batterie erneuern |
| | Säuredichte in zwei benachbarten Zellen deutlich niedriger als in den übrigen Zellen | ■ Trennwand undicht, dadurch entsteht eine leitende Verbindung zwischen den Zellen, wodurch die Zellen entladen werden. Batterie erneuern |
| | Batterie entladen | ■ Batterie laden |
| | Generator nicht in Ordnung | ■ Generator prüfen, ggf. reparieren oder austauschen |
| | Kurzschluß im Leitungsnetz | ■ Elektrische Anlage überprüfen |
| | *) Säure infolge Wartungsfehler verwässert | ■ Säureausgleich durchführen |
| *) Säuredichte zu hoch | Säure wurde nachgefüllt | ■ Säureausgleich durchführen |
| Abgegebene Leistung ist zu gering, Spannung fällt stark ab | Batterie entladen | ■ Batterie nachladen |
| | Ladespannung zu niedrig | ■ Spannungsregler prüfen, ggf. austauschen |
| | Anschlußklemmen lose oder oxydiert | ■ Anschlußklemmen reinigen und besonders Unterseite mit Säureschutzfett leicht einfetten, Befestigungsschrauben anziehen |
| | Masseverbindungen Batterie-Motor-Karosserie sind schlecht | ■ Masseverbindung überprüfen, ggf. metallische Verbindungen herstellen oder Schraubverbindungen festziehen |
| | Zu große Selbstentladung der Batterie durch Verunreinigung der Batteriesäure | ■ Batterie austauschen |
| | Evtl. Batterie sulfatiert (grauweißer Belag auf den Plus- und Minusplatten) | ■ Batterie mit kleinem Strom laden, damit sich der Belag langsam zurückbildet. Falls nach wiederholter Ladung und Entladung die abgegebene Leistung immer noch zu gering ist, Batterie austauschen |
| | Batterie verbraucht, aktive Masse der Platten ausgefallen | ■ Batterie austauschen |
| Nicht ausreichende Ladung der Batterie | Fehler an Generator, Spannungsregler oder Leitungsanschlüssen | ■ Generator und Spannungsregler überprüfen, instand setzen bzw. austauschen; Leitungen einwandfrei befestigen |
| | Keilriemen locker, Spannvorrichtung defekt | ■ Keilriemen spannen oder austauschen, Spannvorrichtung prüfen |
| | Zu viele Verbraucher angeschlossen | ■ Größere Batterie einbauen; evtl. auch größeren Generator verwenden |
| Dauernde Überladung | Fehler am Spannungsregler, evtl. auch am Generator | ■ Spannungsregler austauschen bzw. Generator überprüfen |

*) Die mit *) gekennzeichneten Hinweise gelten nicht für die serienmäßige, wartungsarme Batterie.

## Der Generator

Der PEUGEOT 106 ist mit einem Drehstromgenerator der Marken BOSCH oder VALEO ausgerüstet. Je nach Modell und Ausstattung sind Generatoren mit unterschiedlichen Leistungen eingebaut.

Der Generator wird von der Kurbelwelle über den Keilriemen angetrieben. Dabei dreht sich der Läufer mit der Erregerwicklung innerhalb der feststehenden Ständerwicklung mit ca. doppelter Motordrehzahl.

Über Kohlebürsten und Schleifringe fließt der Erregerstrom durch die Erregerwicklung. Dabei bildet sich ein Magnetfeld. Die Lage des magnetischen Feldes zur Ständerwicklung ändert sich ständig, entsprechend der Umdrehung des Läufers. Dadurch wird in der Ständerwicklung ein Drehstrom erzeugt.

Da die Batterie aber nur mit Gleichstrom geladen werden kann, wird der Drehstrom durch Gleichrichter in der Diodenplatte in Gleichstrom umgewandelt. Der Spannungsregler verändert den Ladestrom durch Ein- und Ausschalten des Erregerstromes, entsprechend dem Ladezustand der Batterie. Gleichzeitig hält der Regler die Betriebsspannung konstant bei ca. 14 Volt, unabhängig von der Drehzahl.

**Achtung:** Der Generator ist ein sogenanntes Austauschteil. Das bedeutet, daß ein defekter Generator bei Kauf eines überholten oder neuen Generators vom Hersteller in Zahlung genommen wird, daher Altteil zum Händler mitnehmen.

## Sicherheitshinweise für den Drehstromgenerator

Bei Arbeiten am Drehstromgenerator sind verschiedene Punkte zu beachten, um Schäden an der elektrischen Anlage zu vermeiden. Das komplette Zerlegen und Überholen des Drehstromgenerators sollte von einer Fachwerkstatt durchgeführt werden.

- Wenn eine zusätzliche Batterie (z. B. als Starthilfe) angeschlossen wird, unbedingt darauf achten, daß die gleichen Batteriepole miteinander verbunden werden.
- Beim Anschließen eines Ladegerätes Leitungen des Laders mit den richtigen Batterieklemmen verbinden. Masseband- und Pluskabel während des Ladevorganges von Batterie abklemmen.
- Motor nicht ohne Batterie laufen lassen.
- Klemmen am Drehstromgenerator und am Regler niemals kurzschließen.
- Drehstromgenerator nicht umpolen.
- Generator **nicht** bei angeschlossener Batterie ausbauen.
- Beim Elektroschweißen Batterie grundsätzlich abklemmen.

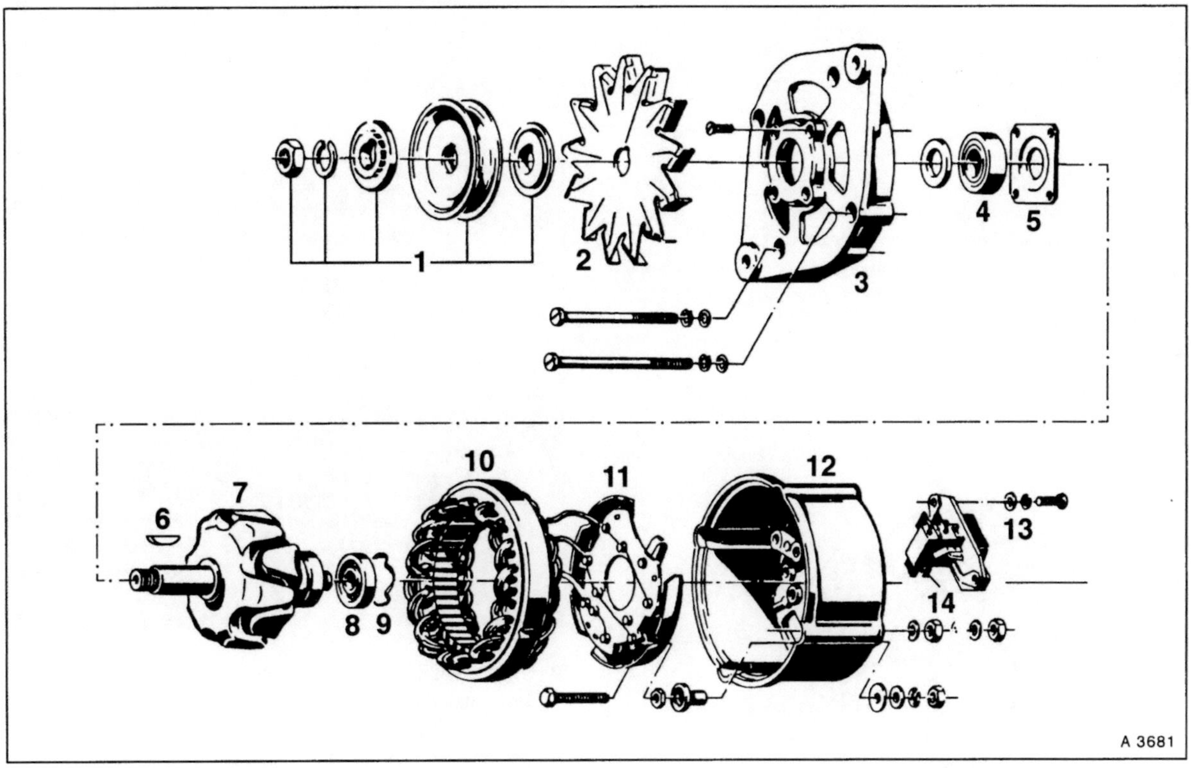


1 – **Riemenscheibe**
2 – **Lüfterrad**
3 – **Gehäuse vorn**
4 – **Antriebslager**
5 – **Abdeckplatte**
6 – **Scheibenfeder**
7 – **Läufer**
8 – **Rillenkugellager hinten**
9 – **Ringfeder**
10 – **Ständer**
11 – **Diodenplatte**
12 – **Gehäuse hinten**
13 – **Spannungsregler**
14 – **Satz Kohlebürsten**

# Generator aus- und einbauen

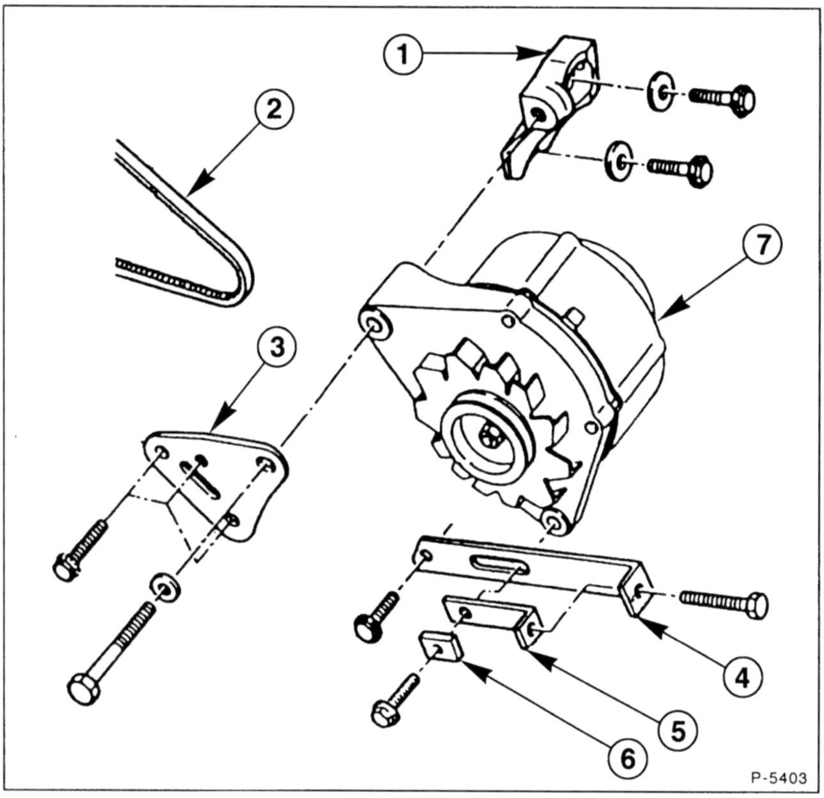


1 – Halter
2 – Keilriemen
3 – Halter
4 – Spannschiene
5 – Spannlasche
6 – Abstandsstück
7 – Generator

### Ausbau

- Batterie-Massekabel (–) abklemmen. **Achtung:** Dadurch werden die elektronischen Speicher gelöscht, zum Beispiel Motor-Fehlerspeicher oder Radiocode. Batterie nur bei **ausgeschalteter Zündung** abklemmen, da sonst das Steuergerät der Einspritzanlage beschädigt werden kann. Vor dem Abklemmen sollten auch die Hinweise im Kapitel »Radio« bzw. »Batterie aus- und einbauen« durchgelesen werden.
- Keilriemen entspannen und abnehmen, Klemmschraube herausdrehen, siehe Seite 40.

### BOSCH-Generator

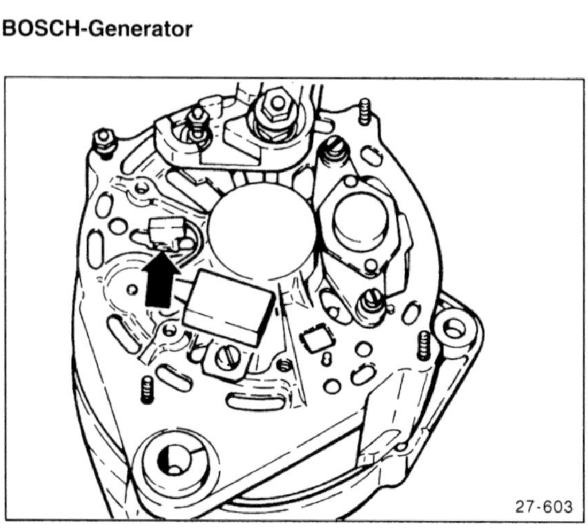


### VALEO-Generator

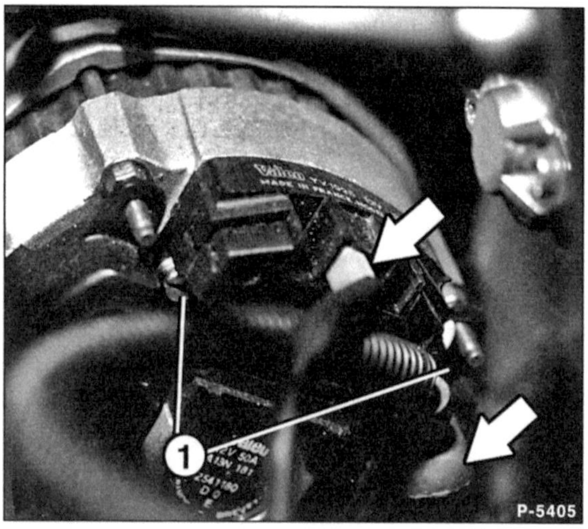


- Schutzkappe wegziehen, dicke (B+) und dünne (D+) -Leitung abklemmen. Der Pfeil in der linken Abbildung zeigt auf die B+-Leitung zum Entstörkondensator, diese Leitung muß nicht abgezogen werden.
- Schraube für Generatorlagerung am Spannbügel herausdrehen.
- Schraube am Lagerbock für Generator herausdrehen, Generator abnehmen.

**Einbau**

- Generator einsetzen und am Lagerbock anschrauben.
- Spannschraube einsetzen.
- Keilriemen auf Verschleiß prüfen, gegebenenfalls ersetzen.
- Keilriemen auflegen und spannen, siehe Seite 40.
- Elektrische Leitungen für Generator anschließen.
- Batterie-Massekabel (–) anklemmen. **Achtung:** Batterie nur bei **ausgeschalteter Zündung** anklemmen, sonst kann das Steuergerät der Einspritzanlage beschädigt werden.
- Zeituhr einstellen.
- Diebstahlcode für Radio eingeben.

## Generator-Ladespannung prüfen

- Voltmeter zwischen Plus- und Minuspol der Batterie anschließen.
- Motor starten. Spannung darf beim Startvorgang bis 9,5 Volt absinken.
- Motordrehzahl auf 3000/min erhöhen. Die Spannung soll 13,5 bis 14,5 Volt betragen. Dies ist ein Beweis, daß Generator und Regler arbeiten.
- Regelstabilität prüfen. Dazu Fernlicht einschalten und Messung bei 3000/min wiederholen. Die gemessene Spannung darf nicht mehr als 0,4 Volt über dem vorher gemessenen Wert liegen.
- Liegen die gemessenen Werte außerhalb der Sollwerte, Generator von Fachwerkstatt überprüfen lassen.

## Schleifkohlen für Generator/ Spannungsregler ersetzen/prüfen

Je nach Ausführung können Generatoren der Firmen BOSCH oder VALEO eingebaut sein. Der Ausbau ist bei eingebautem Generator möglich.

**Ausbau**

- Batterie-Massekabel (–) abklemmen. **Achtung:** Dadurch werden die elektronischen Speicher gelöscht, zum Beispiel Motor-Fehlerspeicher oder Radiocode. Batterie nur bei **ausgeschalteter Zündung** abklemmen, da sonst das Steuergerät der Einspritzanlage beschädigt werden kann. Vor dem Abklemmen sollten auch die Hinweise im Kapitel »Radio« bzw. »Batterie aus- und einbauen« durchgelesen werden.

**BOSCH-Regler**

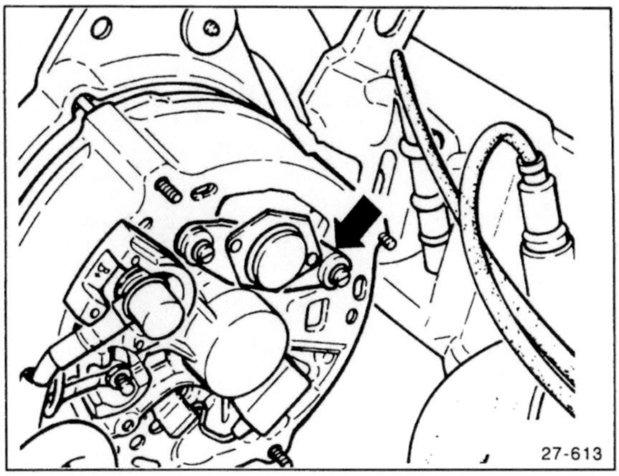
27-613

**VALEO-Regler**

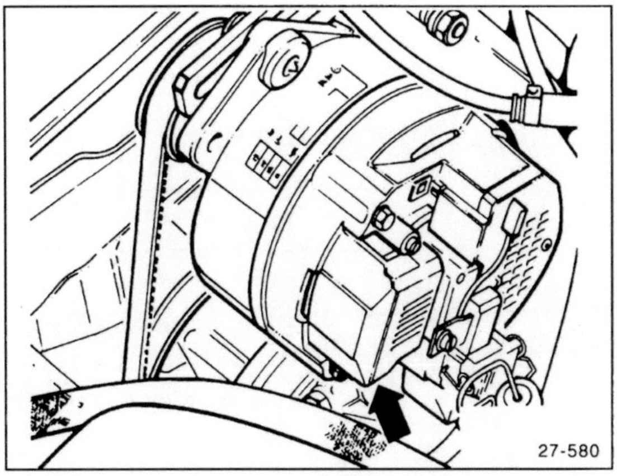
27-580

- Spannungsregler an der Rückseite des Generators abschrauben –Pfeil– und vorsichtig herausziehen.

**VALEO-Regler**

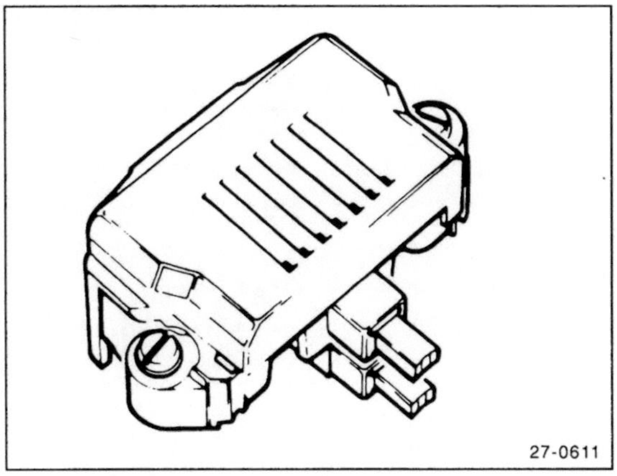
27-0611

- Schleifkohlen ersetzen, wenn die Länge 5 mm oder weniger beträgt. Dazu Anschlußlitze auslöten.
- Schleifringe auf Verschleiß prüfen, gegebenenfalls feinstüberdrehen und polieren.

- Kontaktfläche reinigen und Vorspannung der Kontaktfeder prüfen, gegebenenfalls erneuern.

**Einbau**

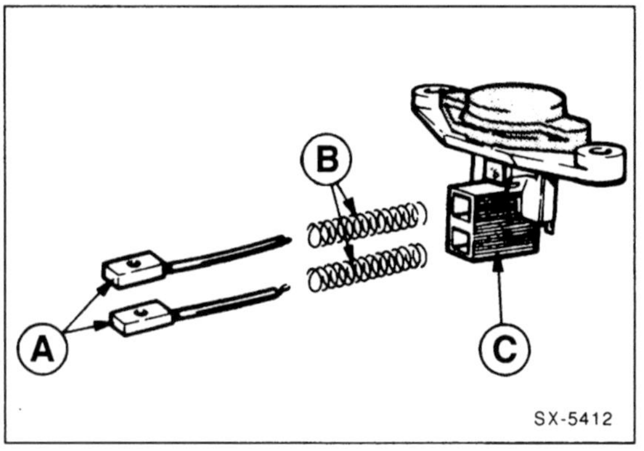


- Kohlebürsten –A– und Federn –B– in den Bürstenhalter –C– einsetzen und Anschlüsse verlöten.
- Damit beim Anlöten der neuen Bürsten kein Lötzinn in der Litze hochsteigen kann, Anschlußlitze der Bürsten mit einer Flachzange fassen. **Achtung:** Durch hochsteigendes Lötzinn würde die Litze steif und die Kohlebürste unbrauchbar werden.
- Der Isolierschlauch über der Litze muß neben der Lötstelle mit der vorhandenen Öse festgeklemmt werden.
- Nach dem Einbau neue Kohlebürsten auf leichten Lauf in den Bürstenhaltern prüfen.
- Spannungsregler erst mit einer Schraube von Hand befestigen, dann vorsichtig in endgültige Einbaulage drücken und festschrauben.
- Batterie-Massekabel (–) anklemmen. **Achtung:** Batterie nur bei **ausgeschalteter Zündung** anklemmen, sonst kann das Steuergerät der Einspritzanlage beschädigt werden.
- Zeituhr einstellen.
- Diebstahlcode für Radio eingeben.

# Störungsdiagnose Generator

| Störung | Ursache | Abhilfe |
|---|---|---|
| Ladekontrollampe brennt nicht bei eingeschalteter Zündung | Batterie leer | ■ Laden |
| | Kabel an Generator locker oder korrodiert | ■ Kabel auf einwandfreien Kontakt prüfen, Schraube festziehen |
| | Ladekontrollampe durchgebrannt | ■ Ersetzen |
| | Regler defekt | ■ Regler prüfen, gegebenenfalls austauschen |
| | Unterbrechung in der Leitungsführung zwischen Generator, Zündschloß und Kontrollampe | ■ Mit Voltmeter nach Stromlaufplan untersuchen |
| | Steckverbindungen zwischen Gleichrichterplatte und Spannungsregler nicht gesteckt | ■ Generator demontieren, gegebenenfalls Stecker ersetzen |
| | Kohlebürsten liegen nicht auf dem Schleifring auf | ■ Freigängigkeit der Kohlebürsten und Mindestlänge (5 mm) prüfen |
| | Erregerwicklung im Generator durchgebrannt | ■ Läufer austauschen |
| Ladekontrollampe verlöscht nicht bei Drehzahlsteigerung | Keilrippenriemen locker | ■ Keilrippenriemen spannen |
| | Kohlebürsten abgenutzt | ■ Kohlebürsten sichtprüfen, gegebenenfalls austauschen |
| | Regler defekt | ■ Regler prüfen, gegebenenfalls austauschen |
| | Leitung zwischen Drehstromgenerator und Regler defekt | ■ Leitung und Kontakte prüfen, ggf. Leitungsstrang ersetzen |
| Ladekontrollampe brennt bei ausgeschalteter Zündung | Plusdiode hat Kurzschluß | ■ Dioden prüfen, gegebenenfalls Diodenplatte austauschen |

# Der Anlasser

Zum Starten des Verbrennungsmotors ist ein kleiner elektrischer Motor, der Anlasser, erforderlich. Damit der Motor überhaupt anspringen kann, muß der Anlasser den Verbrennungsmotor auf eine Drehzahl von mindestens 300 Umdrehungen in der Minute beschleunigen. Das funktioniert aber nur, wenn der Anlasser einwandfrei arbeitet und die Batterie hinreichend geladen ist.

Der Anlasser besteht aus einem Antriebs-, Pol- und Kollektorgehäuse. In dem Pol- und Kollektorgehäuse sind der Anker und der Kollektor gelagert sowie der Bürstenhalter. Im Bürstenhalter befinden sich Kohlebürsten, die ein Verschleißteil darstellen und sich zwar langsam, aber stetig abnutzen. Bei starker Abnutzung der Kohlebürsten kann der Anlasser nicht mehr einwandfrei arbeiten.

In dem vorderen Antriebsgehäuse ist der Ritzelantrieb untergebracht. Wenn über den Zündanlaßschalter der Anlasser Spannung erhält, wird über den Magnetschalter, der auf dem Anlassergehäuse sitzt, das Ritzel auf einem Steilgewinde gegen den Zahnkranz des Schwungrades geschoben. Sobald das Ritzel bis zum Anschlag auf der Spindel vorgelaufen ist, ist es kraftschlüssig mit dem Schwungrad verbunden. Nun kann der Anlasser den Motor auf die erforderliche Anlaßdrehzahl bringen. Wenn der Verbrennungsmotor angelaufen ist, wird das Ritzel vom Motor her beschleunigt, es läuft also kurzzeitig schneller als der Motor und spurt aus, wodurch die Verbindung zum Verbrennungsmotor aufgehoben ist.

Da zum Starten des Verbrennungsmotors eine hohe Stromaufnahme erforderlich ist, ist im Rahmen der Wartung auf eine einwandfreie Kabelverbindung zu achten. Korrodierte Anschlüsse säubern und mit Polschutzfett einstreichen.

**Achtung:** Der Anlasser ist ein sogenanntes Austauschteil. Das bedeutet, daß ein defekter Anlasser bei Kauf eines überholten oder neuen Anlassers vom Hersteller in Zahlung genommen wird, daher Altteil zum Händler mitnehmen.

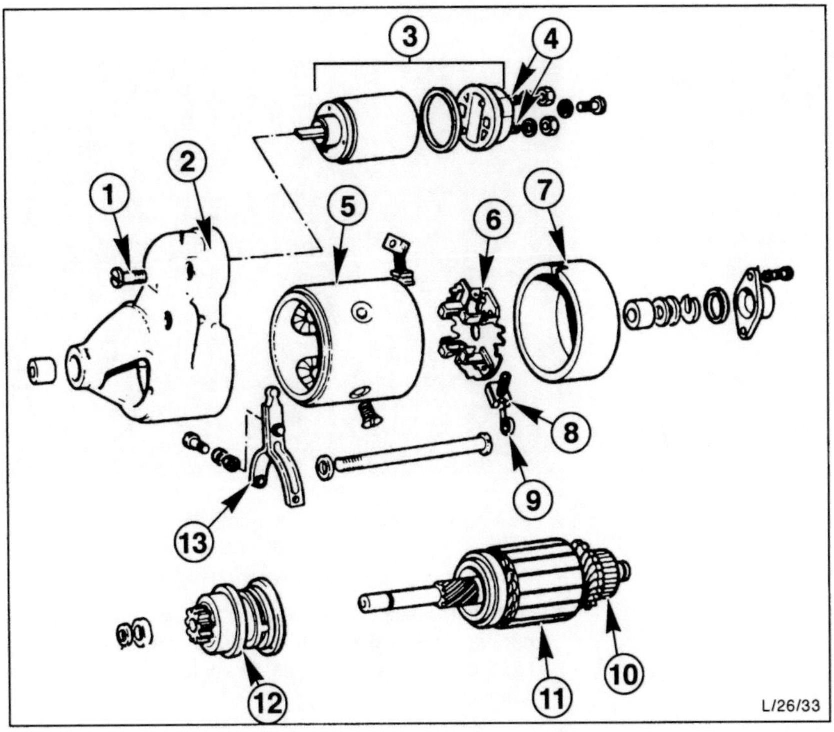


1 – **Befestigungsschraube**
2 – **Antriebsgehäuse**
3 – **Magnetschalter**
4 – **Anschlußklemme**
5 – **Polgehäuse**
6 – **Bürstenhalter**
7 – **Kollektorgehäuse**
8 – **Kohlebürste**
9 – **Bürstenfeder**
10 – **Kollektor**
11 – **Anker**
12 – **Ritzelantrieb**
Mit Freilauf.
13 – **Einrückgabel**

# Anlasser aus- und einbauen

### Benzinmotor

### Ausbau

- Batterie-Massekabel (–) abklemmen. **Achtung:** Dadurch werden die elektronischen Speicher gelöscht, zum Beispiel Motor-Fehlerspeicher oder Radiocode. Batterie nur bei **ausgeschalteter Zündung** abklemmen, da sonst das Steuergerät der Einspritzanlage beschädigt werden kann. Vor dem Abklemmen sollten auch die Hinweise im Kapitel »Radio« bzw. »Batterie aus- und einbauen« durchgelesen werden.

- Leitungen abklemmen: 1 – Klemme 30, direkt vom Batterie-Pluspol; 2 – Klemme 50, zum Zündanlaßschalter. Die Abbildung zeigt den Anlasser des Dieselmotors.

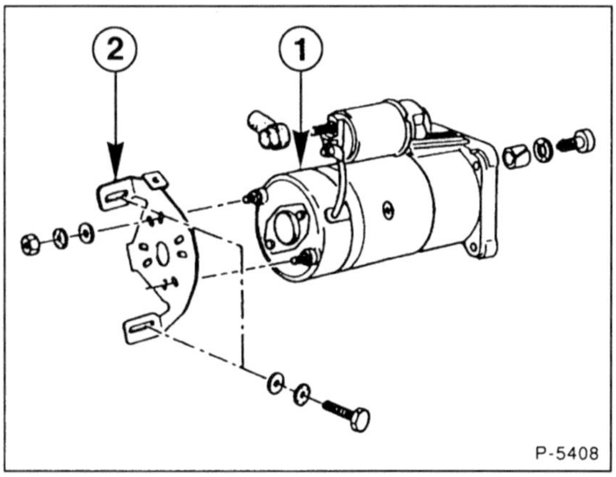


- **XSi-Modell:** Hintere Stütze –2– des Anlassers am Motorblock abschrauben.

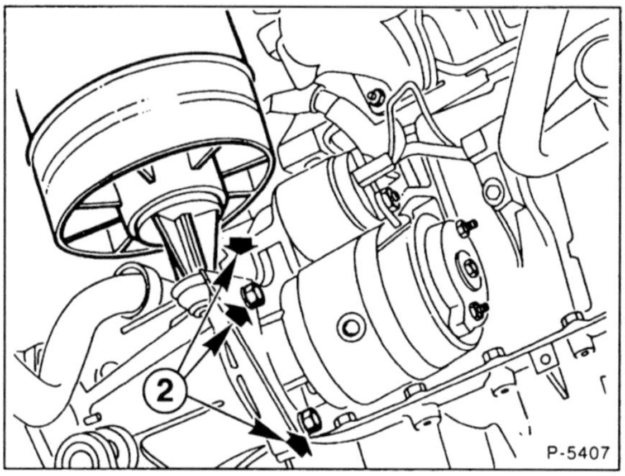


- 3 Befestigungsschrauben –2– am Anlasserflansch herausdrehen und Anlasser abnehmen.

### Einbau

- Starter einsetzen und mit 3 Schrauben am Flansch befestigen.
- **XSi-Modell:** Hintere Anlasserstütze anschrauben.

- Leitungen anklemmen: 1 –Klemme 30, direkt vom Batterie-Pluspol; 2 – Klemme 50, zum Zündanlaßschalter. Die Abbildung zeigt den Anlasser des Dieselmotors.
- Batterie-Massekabel (–) anklemmen. **Achtung:** Batterie nur bei **ausgeschalteter Zündung** anklemmen, sonst kann das Steuergerät der Einspritzanlage beschädigt werden.
- Zeituhr einstellen.
- Diebstahlcode für Radio eingeben.
- Starter auf Funktion überprüfen.

**Dieselmotor**

**Ausbau**

- Batterie-Massekabel (–) abklemmen. **Achtung:** Dadurch werden die elektronischen Speicher gelöscht, zum Beispiel Motor-Fehlerspeicher oder Radiocode. Batterie nur bei **ausgeschalteter Zündung** abklemmen, da sonst das Steuergerät der Einspritzanlage beschädigt werden kann. Vor dem Abklemmen sollten auch die Hinweise im Kapitel »Radio« bzw. »Batterie aus- und einbauen« durchgelesen werden.

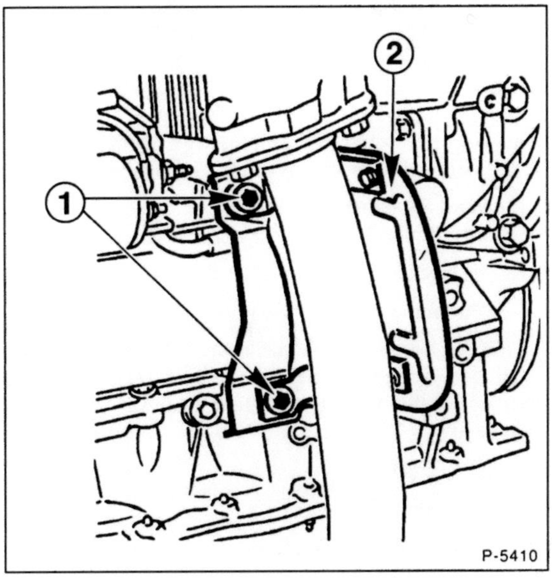


- Die Befestigungsschrauben –1– abschrauben und das Hitzeschutzblech –2– abnehmen.

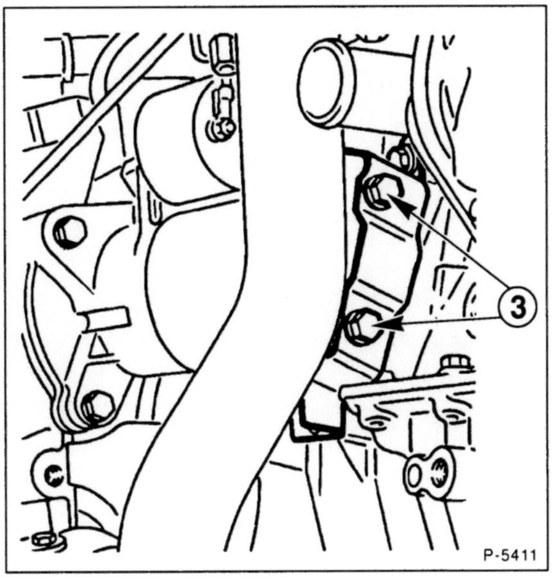


- 2 Befestigungsschrauben –3– abschrauben.

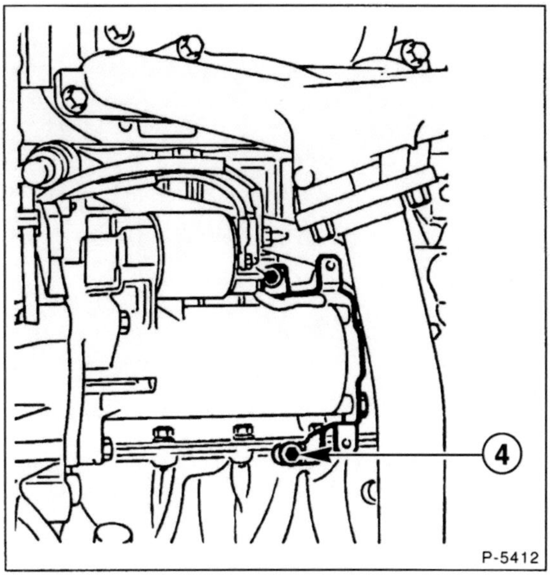


- Schraube –4– abschrauben.
- Luftfilter ausbauen und Ansaugrohr abschrauben, siehe Seite 67.

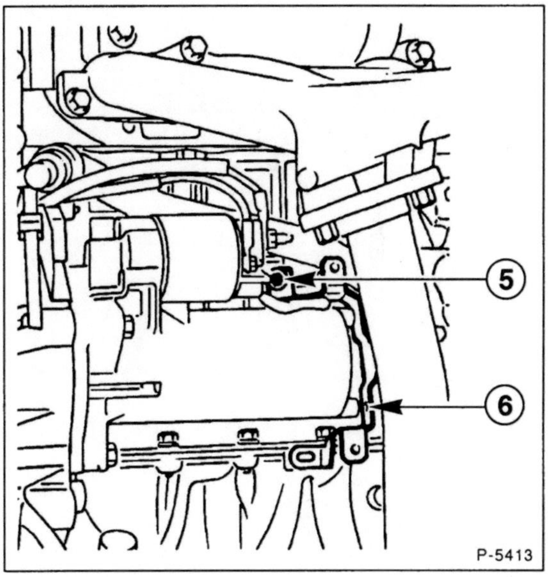


- Befestigungsschraube –5– abschrauben und Anlasserstütze –6– abnehmen.

- Leitungen abklemmen: Klemme 30 –1–, direkt vom Batterie-Pluspol; Klemme 50 –2–, zum Zündanlaßschalter.

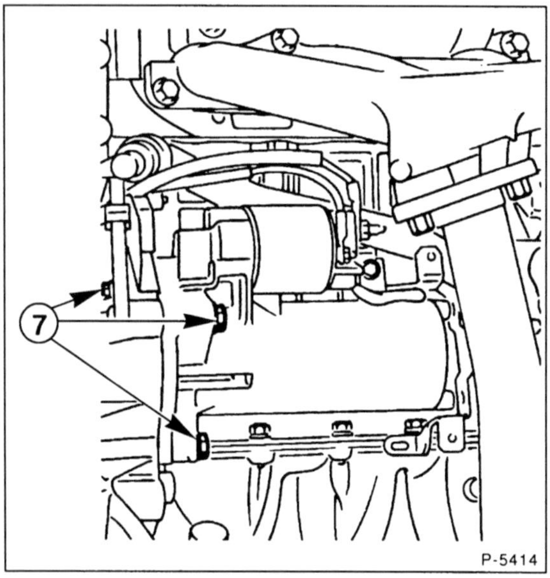


- Befestigungsschrauben –7– abschrauben und Anlasser herausnehmen.

**Einbau**

- Starter einsetzen und Befestigungsschrauben mit 17 Nm festschrauben.
- Anlasserstütze ansetzen und mit 10 Nm am Motorblock festschrauben.

- Leitungen anklemmen: Klemme 30 –1–, direkt vom Batterie-Pluspol; Klemme 50 –2–, zum Zündanlaßschalter.
- Die hinteren Anlasserbefestigungsschrauben an der Anlasserstütze ansetzen und mit 17 Nm festschrauben.
- Hitzeschutzblech mit 10 Nm festschrauben.
- Luftfilter einbauen, siehe Seite 67.
- Batterie-Massekabel (–) anklemmen. **Achtung:** Batterie nur bei **ausgeschalteter Zündung** anklemmen, sonst kann das Steuergerät der Einspritzanlage beschädigt werden.
- Zeituhr einstellen.
- Diebstahlcode für Radio eingeben.
- Starter auf Funktion überprüfen.

## Magnetschalter prüfen/ersetzen

**Schaltschema Anlasser**

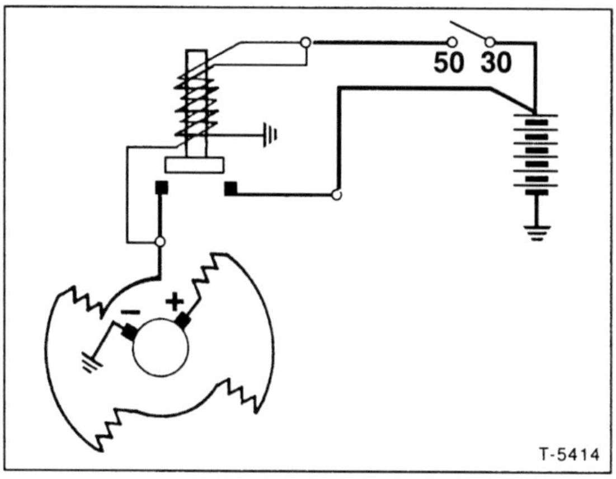


Bei einem Defekt des Magnetschalters wird das Ritzel im Anlasser nicht gegen den Zahnkranz des Schwungrades gezogen. Dadurch kann der Anlasser den Motor nicht durchdrehen.

**Prüfen**

- Anlasser ausbauen.
- An Klemme 50 (Stromanschluß für dickes Kabel) des Anlassers mit Starthilfekabel Batteriespannung 12 Volt anlegen.
- Mit Hilfskabel Klemme 50 und 30 am Anlasser kurz überbrücken, das Anlasserritzel muß nach vorne schnellen. Wenn nicht, Magnetschalter vom Antriebsgehäuse abschrauben und ersetzen.

**Einbau**

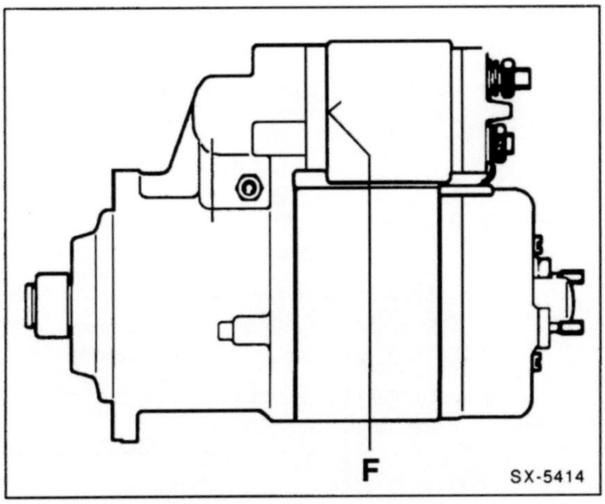


- Magnetschalter an Anlasser anschrauben, Trennfuge –F– mit geeignetem Dichtmittel abdichten.
- Leitung für Magnetschalter anschrauben.
- Anlasser prüfen, wie unter »Ausbau« beschrieben.
- Anlasser einbauen.

## Störungsdiagnose Anlasser

Wenn ein Anlasser nicht durchdreht, ist zunächst zu prüfen, ob an der Klemme 50 des Magnetschalters die zum Einziehen benötigte Spannung von mindestens 10 Volt vorhanden ist. Liegt die Spannung unter dem genannten Wert, dann müssen die Leitungen, die zum Anlasserstromkreis gehören, nach dem Stromlaufplan überprüft werden. Ob der Anlasser bei voller Batteriespannung einzieht, kann folgendermaßen geprüft werden:

- Keinen Gang einlegen, Zündung eingeschaltet.
- Mit einer Leitung (Querschnitt mindestens 4 $mm^2$) die Klemmen 30 und 50 am Anlasser überbrücken, siehe auch Stromlaufplan.

Spurt der Anlasser dabei einwandfrei ein, so liegt der Fehler in der Leitungsführung zum Anlasser. In diesem Fall Anlasser in ausgebautem Zustand überprüfen.

**Prüfvoraussetzung:** Leitungsanschlüsse müssen festsitzen und dürfen nicht oxydiert sein.

| Störung | Ursache | Abhilfe |
|---|---|---|
| Anlasser dreht sich nicht beim Betätigen des Zündanlaßschalters | Batterie entladen | ■ Batterie laden |
| | Klemmen 30 und 50 am Anlasser überbrücken: Anlasser läuft an. Leitung 50 zum Zündanlaßschalter unterbrochen, Anlaßschalter defekt | ■ Unterbrechung beseitigen, defekte Teile ersetzen |
| | Kabel oder Masseanschluß ist unterbrochen. Batterie entladen | ■ Batteriekabel und Anschlüsse prüfen. Spannung der Batterie messen, ggf. laden |
| | Ungenügender Stromdurchgang infolge lockerer oder oxydierter Anschlüsse | ■ Batteriepole und -klemmen reinigen. Stromsichere Verbindungen zwischen Batterie, Anlasser und Masse herstellen |
| | Keine Spannung an Klemme 50 (Magnetschalter) | ■ Leitung unterbrochen Zündanlaßschalter defekt |
| Anlasser dreht sich zu langsam und zieht den Motor nicht durch | Batterie entladen | ■ Batterie laden |
| | Kein Winteröl bzw. Mehrbereichsöl im Motor | ■ Mehrbereichsöl einfüllen |
| | Ungenügender Stromdurchgang infolge lockerer oder oxydierter Anschlüsse | ■ Batteriepole und -klemmen und Anschlüsse am Anlasser reinigen, Anschlüsse festziehen |
| | Kohlebürsten liegen nicht auf dem Kollektor auf, klemmen in ihren Führungen, sind abgenutzt, gebrochen, verölt oder verschmutzt | ■ Kohlebürsten überprüfen, reinigen bzw. auswechseln. Führungen prüfen |
| | Ungenügender Abstand zwischen Kohlebürsten und Kollektor | ■ Kohlebürsten ersetzen und Führungen für Kohlebürsten reinigen |
| | Kollektor riefig oder verbrannt und verschmutzt | ■ Kollektor abdrehen oder Anker ersetzen |
| | Spannung an Klemme 50 fehlt (mind. 10 Volt) | ■ Zündanlaßschalter oder Magnetschalter überprüfen |
| | Magnetschalter defekt | ■ Schalter auswechseln |
| Anlasser spurt ein und zieht an, Motor dreht nicht oder nur ruckweise | Ritzelgetriebe defekt | ■ Ritzelgetriebe ersetzen |
| | Ritzel verschmutzt | ■ Ritzel reinigen |
| | Zahnkranz am Schwungrad defekt | ■ Zahnkranz nacharbeiten, falls erforderlich, Schwungrad erneuern |
| Ritzelgetriebe spurt nicht aus | Ritzelgetriebe oder Steilgewinde verschmutzt bzw. beschädigt | ■ Ritzelgetriebe reinigen, ggf. ersetzen |
| | Magnetschalter defekt | ■ Magnetschalter ersetzen |
| | Rückzugfeder schwach oder gebrochen | ■ Rückzugfeder erneuern |
| Anlasser läuft weiter, nachdem der Zündschlüssel losgelassen wurde | Magnetschalter hängt, schaltet nicht ab | ■ Zündung sofort ausschalten, Magnetschalter ersetzen |
| | Zündschloß schaltet nicht ab | ■ Sofort Batterie abklemmen, Zündschloß ersetzen |

# Beleuchtungsanlage

Zur Beleuchtungsanlage zählen: Hauptscheinwerfer, Heckleuchten, Bremsleuchten, Rückfahrscheinwerfer, Blinkleuchten, Nebelschlußleuchte, Kennzeichenleuchte und Innenleuchte. Die Instrumentenbeleuchtung wird im Kapitel »Armaturen« behandelt.

Glühlampen verschleißen mit der Zeit. Etwa alle 2 Jahre sollten sie deshalb ausgewechselt werden, auch wenn sie noch intakt sind. Dies gilt nicht für Halogenlampen, wie sie zum Beispiel in den Hauptscheinwerfern verwendet werden. Sie halten normalerweise wesentlich länger als herkömmliche Glühlampen und müssen erst bei einem Defekt gewechselt werden. Eine Glühlampe mit verminderter Leuchtkraft erkennt man auch an schwarzen Ablagerungen auf dem Glaskolben.

Vor dem Auswechseln einer Glühlampe Schalter des betreffenden Verbrauchers ausschalten. **Achtung: Glaskolben nicht mit bloßen Fingern anfassen.** Der Fingerabdruck würde verdunsten und sich – aufgrund der Wärme – auf dem Reflektor niederschlagen und diesen erblinden lassen. Grundsätzlich Glühlampe nur durch eine gleiche Ausführung ersetzen. Versehentlich entstandene Berührungsflecken mit sauberem, nicht faserndem Tuch und Alkohol oder Spiritus entfernen.

## Glühlampen auswechseln

### Scheinwerfer

Fern- und Abblendlicht sowie Stand- beziehungsweise Parklicht befinden sich in den beiden Hauptscheinwerfern.

- Schalter der betreffenden Lampe ausschalten.
- Motorhaube öffnen und abstützen.

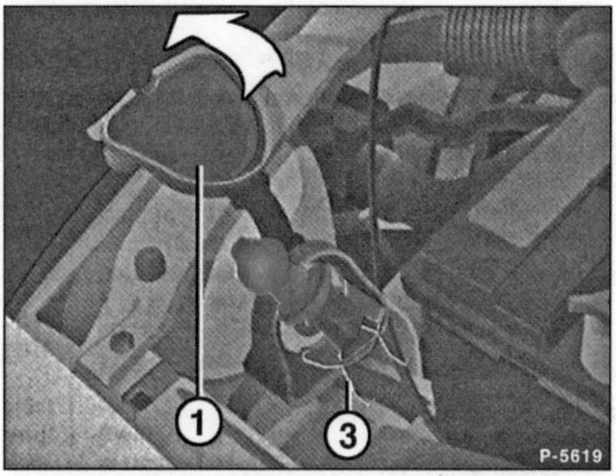


- Scheinwerfer-Schutzabdeckung –1– entfernen und Mehrfachstecker des Fern-/Abblendlichtes von der Scheinwerferrückseite abziehen.
- Drahtbügel –3– aushängen und Glühlampe für Fern-/Abblendlicht herausnehmen.

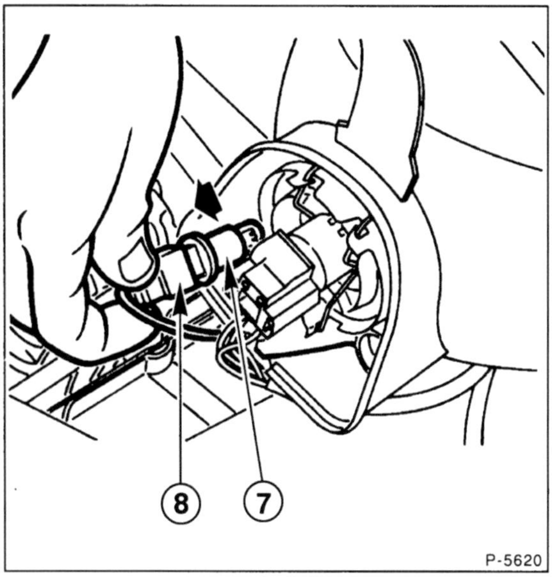


- Die Fassung –8– der Stand- beziehungsweise Parkleuchte zum Wechseln an der Fassung verdrehen und aus dem Reflektor herausziehen.
- Standlichtlampe –7– aus der Fassung gerade herausziehen.
- Neue Standlichtlampe in die Fassung eindrücken.
- Fassung der Standlichtlampe in den Reflektor einsetzen.
- Neue Glühlampe für Fern-/Abblendlicht so einsetzen, daß die Nase am Lampensockel in die entsprechende Aussparung am Gehäuse paßt. Anschließend Drahtbügel einhängen.
- Stecker aufschieben und Scheinwerfer-Abdeckkappe ansetzen.

**Blinkleuchte vorn**

- Blinkleuchte ausbauen, siehe Seite 207.

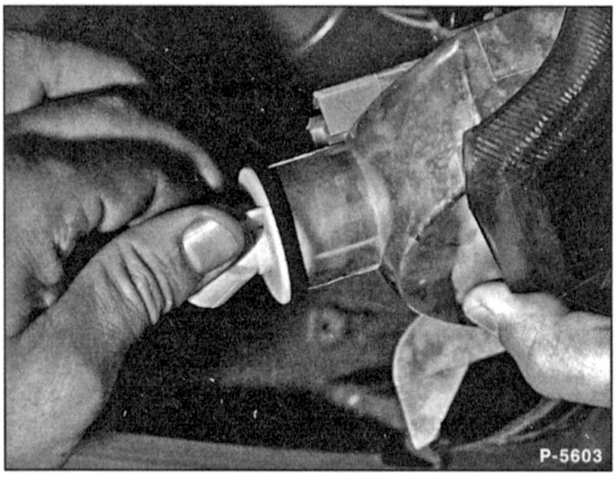


- An der Blinkerrückseite Lampenfassung nach links drehen und abnehmen.
- Glühlampe etwas in die Fassung eindrücken, nach links drehen und herausnehmen.
- Neue Glühlampe in die Fassung eindrücken, nach rechts drehen und einrasten.
- Lampenfassung am Scheinwerfer durch Rechtsdrehen einsetzen. Dabei auf richtigen Sitz der Gummidichtung achten.
- Blinkleuchte einbauen, siehe Seite 207.

**Seitliche Blinkleuchten**

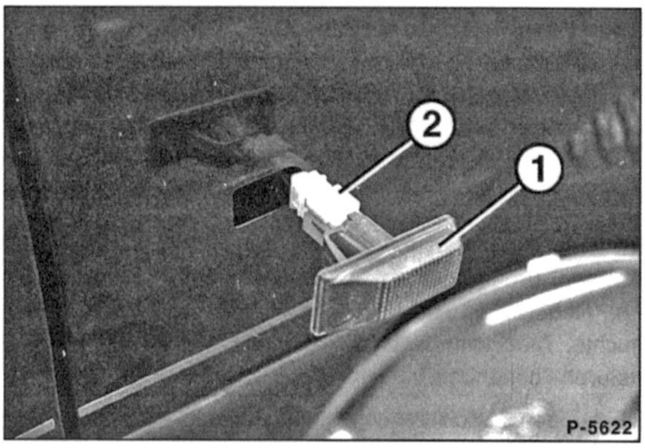


- Blinkleuchte –1– nach hinten schieben und vorsichtig mit einem Schraubendreher heraushebeln. **Achtung:** Um Lackschäden zu vermeiden, Schraubendreher mit einem Lappen umwickeln.
- Lampenfassung –2– vom Gehäuse abziehen.

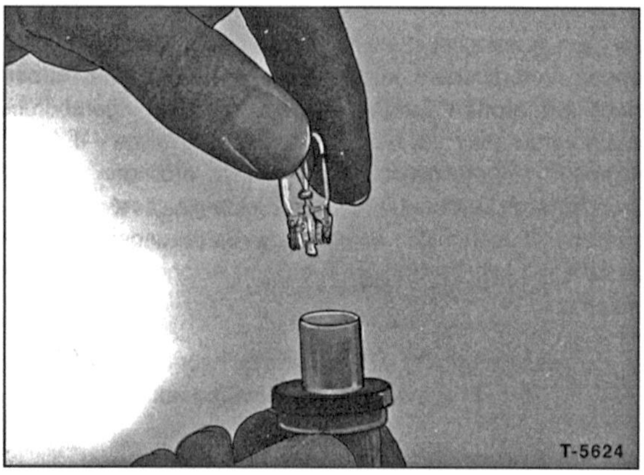


- Glühlampe aus der Fassung gerade herausziehen.
- Neue Glühlampe in die Fassung eindrücken.
- Fassung in Lampengehäuse einsetzen.
- Blinkleuchte in Kotflügel einrasten.

### Heckleuchten

- Heckklappe öffnen.

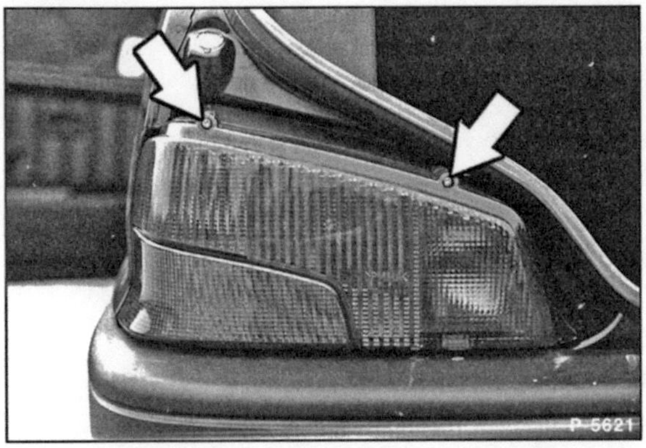
P-5621

- 2 Schrauben –Pfeile– am Leuchtenglas abschrauben und Glas abnehmen.
- Defekte Glühlampe leicht eindrücken, nach links drehen und herausnehmen.
- Neue Glühlampe in Fassung eindrücken, nach rechts drehen und einrasten.
- Lampenglas mit Gummidichtung am Lampenhalter einsetzen und anschrauben.

### Kennzeichenleuchte

- Lampenglas mit einem Schraubendreher vorsichtig abheben.
- Defekte Lampe an der Fassung herausziehen und ersetzen.
- Lampenglas einsetzen und einrasten.

### Innenleuchte

P-5607

- Lampenträger mit Schraubendreher vom Dachhimmel abhebeln. **Achtung:** Beim Abhebeln kann die Metallklammer –Pfeil– brechen. Als Ersatzteil gibt es aber die Klammer nicht einzeln zu kaufen.
- Soffittenlampe auswechseln. Gegebenenfalls Kontaktzungen für Soffittenlampe nachbiegen.
- Innenlampe auf den Lampenträger aufdrücken.

## Glühlampentabelle

Um jederzeit eine Lampe auswechseln zu können, sollte stets ein Kasten mit Ersatzlampen im Wagen mitgeführt werden. Eine Zusammenstellung der im PEUGEOT 106 verwendeten Lampen enthält die Tabelle.

| 12-V-Glühlampe für: | Typ | Leistung |
|---|---|---|
| Fernlicht, Abblendlicht | H4 | 55/60 W |
| Nebel-/Fern-Zusatzscheinwerfer | H3 | 55 W |
| Standlicht vorn | Glassockel | 5 W |
| Blinkleuchte vorn/hinten | Bajonett | 21 W |
| Seitliche Blinkleuchten | Glassockel | 5 W |
| Brems-/Schlußlicht | Bajonett | 21/5W |
| Standlicht hinten | Bajonett | 5 W |
| Nebelschlußleuchte | Bajonett | 21 W |
| Rückfahrescheinwerfer | Bajonett | 21 W |
| Kennzeichenleuchte | Glassockel | 5 W |
| Innenleuchte | Sofitte | 10 W |
| Leseleuchte | Glassockel | 5 W |
| Kofferraumleuchte | Glassockel | 5 W |

## Heckleuchte aus- und einbauen

### Ausbau

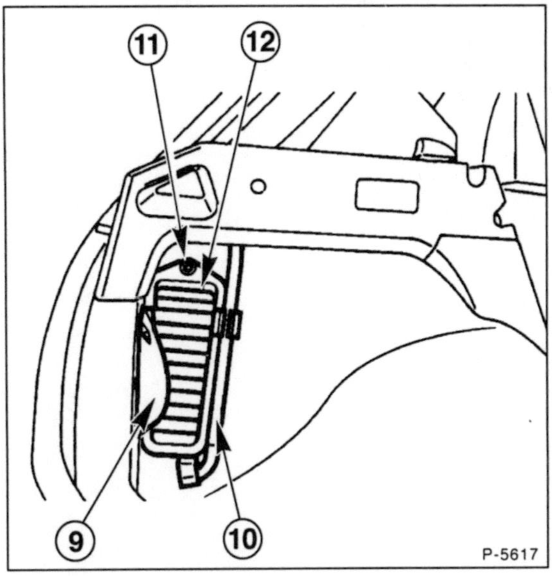

P-5617

- Schutzkappe –9– abnehmen.
- Falls notwendig, Reserveradschlüssel –10– abnehmen.
- Befestigungsschraube –11– abschrauben und Abdeckung –12– abnehmen.

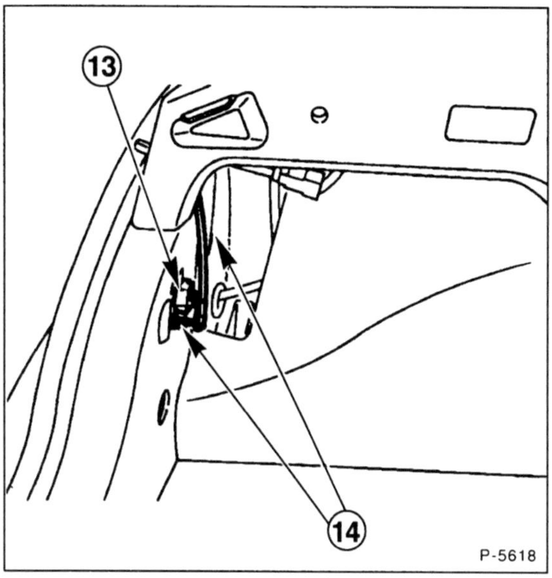


- Mehrfachstecker –13– abziehen.
- Befestigungsschrauben –14– abschrauben und Heckleuchte abnehmen.

**Einbau**

- Heckleuchte ansetzen und mit Befestigungsschrauben festschrauben.
- Mehrfachstecker aufstecken.
- Abdeckung ansetzen und mit Befestigungsschraube anschrauben.
- Schutzkappe aufdrücken.

## Scheinwerfer einstellen

Für die Verkehrssicherheit ist die richtige Einstellung der Scheinwerfer von großer Bedeutung. Die exakte Einstellung der Scheinwerfer ist nur mit einem Spezialeinstellgerät möglich. Es wird deshalb nur gezeigt, wo der Scheinwerfer eingestellt werden kann und welche Bedingungen zum richtigen Einstellen der Scheinwerfer erfüllt sein müssen.

- Reifen müssen den vorgeschriebenen Reifenfülldruck haben.
- Das unbeladene Fahrzeug muß mit 75 kg (eine Person) in der Mitte der hinteren Sitzbank belastet werden.
- Kraftstofftank füllen.
- Fahrzeug auf ebene Fläche stellen.
- Vorderwagen mehrmals kräftig nach unten drücken, damit die Federung der Vorderradaufhängung sich setzt.
- Die Scheinwerfer dürfen nur bei Abblendlicht eingestellt werden. Das Neigungsmaß beträgt für Normalscheinwerfer 10 cm auf 10 m Entfernung.

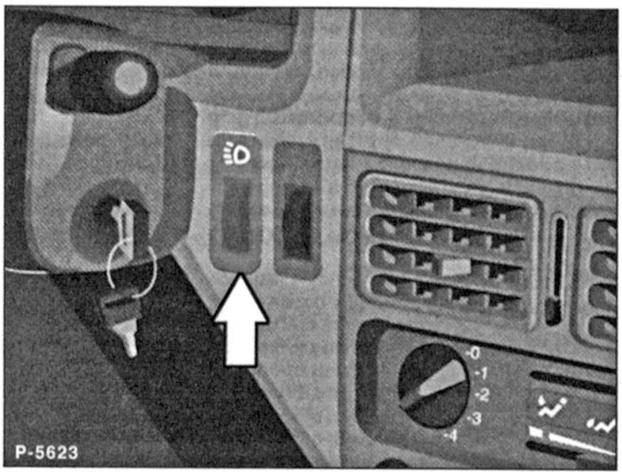


- Falls vorhanden, Leuchtweitenverstellung an der Schalttafel auf Position »0« stellen.
- Motorhaube öffnen.

- Die Einstellschrauben sind vom Motorraum her zu erreichen. Einstellschraube –Pfeil– Höhenverstellung. Die Einstellschraube Seitenverstellung befindet sich zur Fahrzeugmitte hin seitlich neben dem Scheinwerfer.

# Scheinwerfer aus- und einbauen

### Ausbau

- Blinkleuchte ausbauen, siehe Kapitel »Blinkleuchte vorn aus- und einbauen«.

- Scheinwerfer –3– kräftig nach vorne ziehen, dabei rastet der Scheinwerfer aus den Halterungen –4–.
- Schutzabdeckung –5– entfernen und Mehrfachstecker –6– von der Scheinwerferrückseite abziehen.
- Fassung für Standlichtlampe an der Scheinwerferrückseite herausziehen.
- Scheinwerfer abnehmen.

### Einbau

- Standlichtlampe in Scheinwerfer einsetzen, Mehrfachstecker aufstecken und Schutzabdeckung aufdrücken.
- Scheinwerfer einsetzen und in die Halterungen einrasten.
- Blinkleuchte einbauen.
- Funktion der Scheinwerfer prüfen, gegebenenfalls einstellen lassen.

# Blinkleuchten vorn aus- und einbauen

### Ausbau

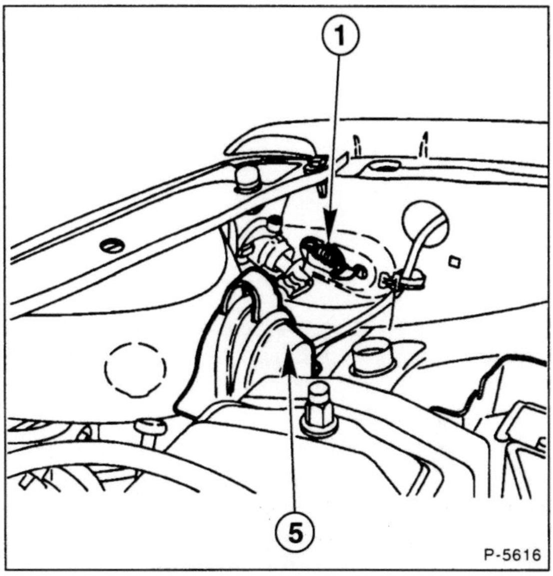


- Feder –1– aushängen.
- Blinker nach vorn aus Kotflügel herausziehen.
- An Blinkerrückseite Lampenfassung nach links drehen und abnehmen.

### Einbau

- Lampenfassung durch Rechtsdrehen einsetzen. Dabei auf richtigen Sitz der Gummidichtung achten.
- Blinker einsetzen und Feder einhängen.

# Armaturen

Beim PEUGEOT 106 sind die Armaturen in einem Schalttafeleinsatz zusammengefaßt. Nach Ausbau des Schalttafeleinsatzes können die Armaturen beziehungsweise Glühlampen ausgebaut werden.

Neben dem Schalttafeleinsatz wird in diesem Kapitel auch der Ausbau des gesamten Armaturenbretts mit seinen Verkleidungen und Schaltern behandelt. **Achtung:** Da oftmals Torxschrauben eingebaut sind, ist zur Montage der Besitz eines Torxschraubendrehersatzes erforderlich.

## Schalttafeleinsatz aus- und einbauen

### Ausbau

- Batterie-Massekabel (–) abklemmen. **Achtung:** Dadurch werden die elektronischen Speicher gelöscht, zum Beispiel Motor-Fehlerspeicher oder Radiocode. Batterie nur bei **ausgeschalteter Zündung** abklemmen, da sonst das Steuergerät der Einspritzanlage beschädigt werden kann. Vor dem Abklemmen sollten auch die Hinweise im Kapitel »Radio« bzw. »Batterie aus- und einbauen« durchgelesen werden.

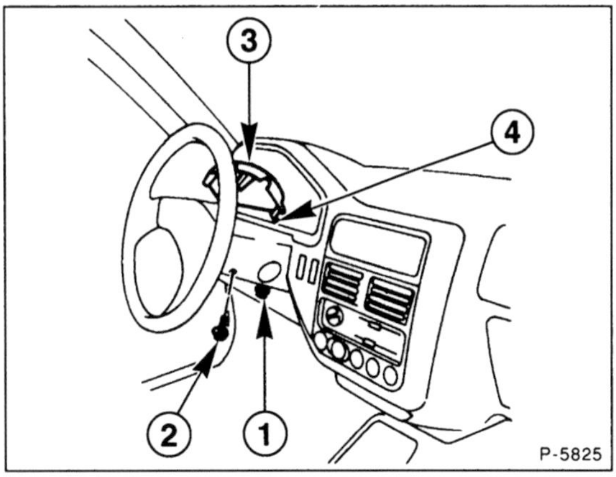


- Befestigungsschrauben –1– abschrauben und Lenksäule ablassen.
- Befestigungsschrauben obere Lenksäulenabdeckung –2– abschrauben.
- Obere Lenksäulenabdeckung –3– nach oben klappen und die Haltehaken aushängen. Abdeckung abnehmen.
- Die Verkleidung unter dem Armaturenbrett ausbauen.
- Von unten hinter den Schalttafeleinsatz greifen und durch ruckartiges Ziehen die Tachowelle lösen. Kann die Tachowelle nicht gefunden oder erreicht werden, Tachowelle am Getriebe mit Überwurfmutter abschrauben, Schalttafeleinsatz ausbauen, etwas herausziehen und dann Welle abziehen.

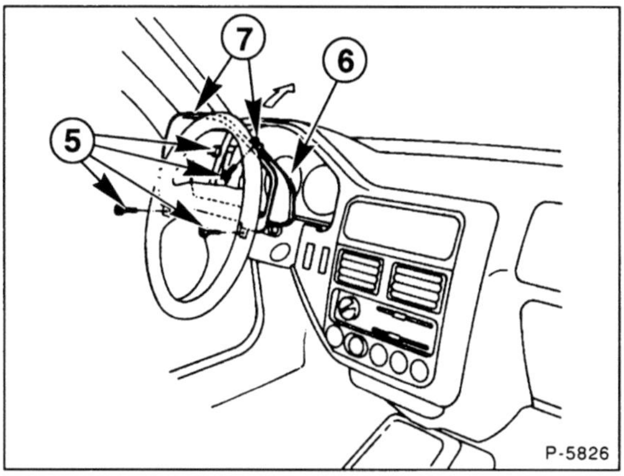


- 4 Befestigungsschrauben –5– der Blende –6– abschrauben.
- Oberkante des Armaturenbrettes etwas nach oben in Pfeilrichtung biegen und die Befestigungshaken –7– der Blende aushängen.

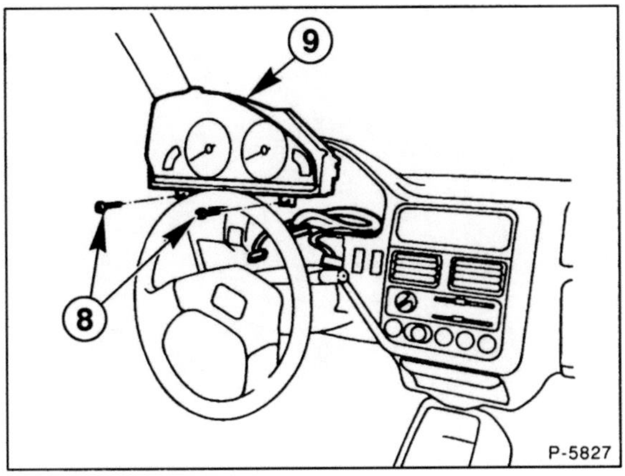


- 2 Schrauben –8– abschrauben und Schalttafeleinsatz –9– herausziehen.
- Alle elektrischen Mehrfachstecker hinten am Schalttafeleinsatz abziehen.
- Schalttafeleinsatz abnehmen.

**Einbau**

- Alle Kombistecker auf Schalttafeleinsatz aufschieben.
- Tachowelle am Schalttafeleinsatz einrasten.
- Schalttafeleinsatz in Schalttafel einsetzen und mit 2 Schrauben befestigen.
- Befestigungshaken der Blende einhängen und Blende festschrauben.
- Obere Abdeckung der Lenksäule ansetzen und festschrauben.
- Lenksäule ansetzen und festschrauben.
- Die Verkleidung unter dem Armaturenbrett einbauen.
- Falls abgeschraubt, Tachowelle am Getriebe mit Überwurfmutter festschrauben.
- Batterie-Massekabel (–) anklemmen. **Achtung:** Batterie nur bei **ausgeschalteter Zündung** anklemmen, sonst kann das Steuergerät der Einspritzanlage beschädigt werden.
- Zeituhr einstellen.
- Diebstahlcode für Radio eingeben.
- Alle elektrische Funktionen für Schalttafeleinsatz überprüfen.

## Der Schalttafeleinsatz

Eingebaut werden Schalttafeleinsätze der Firmen VDO und JÄGER. Abgebildet ist die Version der Fa. JÄGER mit 3 Instrumenten (Tachometer, Kraftstoffanzeige, Zeituhr). Um die Instrumente zu ersetzen, muß der Schalttafeleinsatz zerlegt werden.

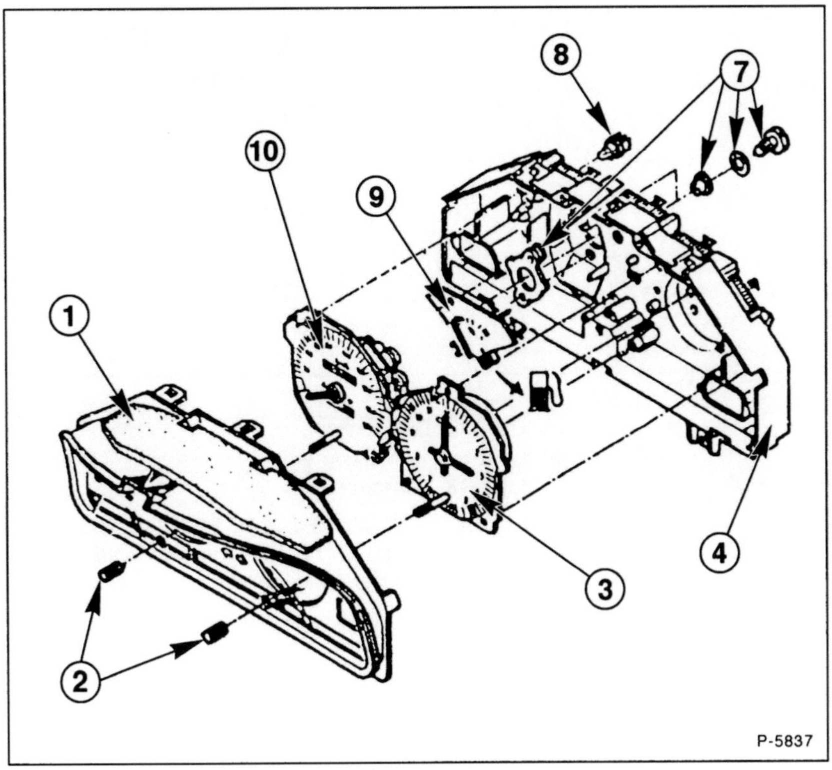


**1 – Abdeckung**
**2 – Stellknopf**
**3 – Zeituhr**
**4 – Instrumententräger**
**5 – Befestigungsschraube**
**7 – Halterung**
**8 – Glühlampe mit Fassung**
**9 – Kraftstoffanzeige**
**10 – Tachometer**

**Lampen auswechseln**

- Abdeckung für Schalttafeleinsatz ausbauen, siehe Kapitel »Schalttafelausbau«.

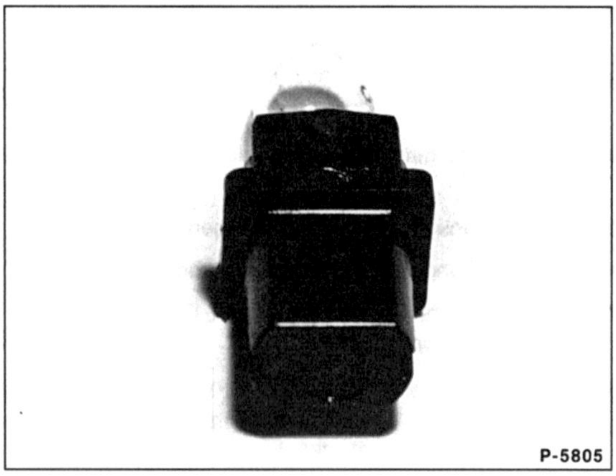

P-5805

- Hinter Schalttafeleinsatz greifen und Fassung der defekten Lampe herausziehen.
- Lampe aus der Fassung ziehen und durch Lampe gleicher Stärke ersetzen.
- Ist die betreffende Lampe nicht erreichbar, Schalttafeleinsatz ausbauen.
- Beim Einsetzen der Fassung beachten, daß die Kontakte an der Leiterplatte anliegen müssen, gegebenenfalls vorher Leiterplatte entsprechend ausrichten.

## Druckschalter aus- und einbauen

Die Bedienungsschalter für Warnblinkanlage, heizbare Heckscheibe, Nebelschlußleuchte sowie verschiedene Sonderausstattungen sitzen beim PEUGEOT 106 in der Mittelkonsole.

**Ausbau**

- Batterie-Massekabel (–) abklemmen. **Achtung:** Dadurch werden die elektronischen Speicher gelöscht, zum Beispiel Motor-Fehlerspeicher oder Radiocode. Batterie nur bei **ausgeschalteter Zündung** abklemmen, da sonst das Steuergerät der Einspritzanlage beschädigt werden kann. Vor dem Abklemmen sollten auch die Hinweise im Kapitel »Radio« bzw. »Batterie aus- und einbauen« durchgelesen werden.

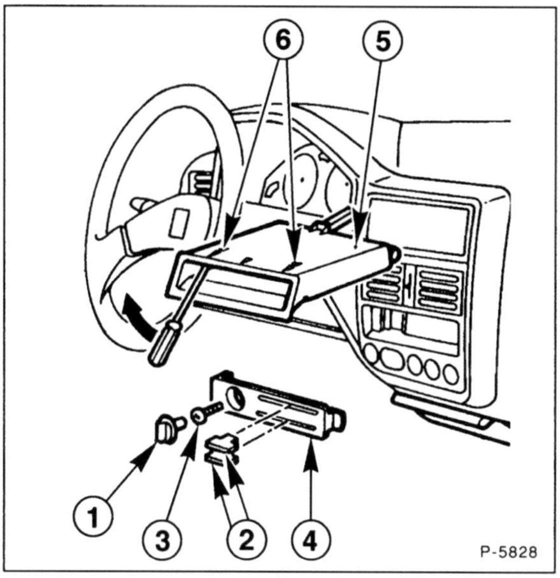


P-5828

- Gebläsedrehgriff –1– und Heizungsschieber –2– abziehen.
- Kreuzschlitzschrauben –3– abschrauben und Heizungsblende –4– vorsichtig mit einem Schraubendreher abhebeln.
- **Fahrzeug mit Radio:** Radio ausbauen, siehe Seite 213.
- **Fahrzeug ohne Radio:** Mit einem Schraubendreher Halteklammern –6– ausrasten und Ablagefach –5– herausziehen.

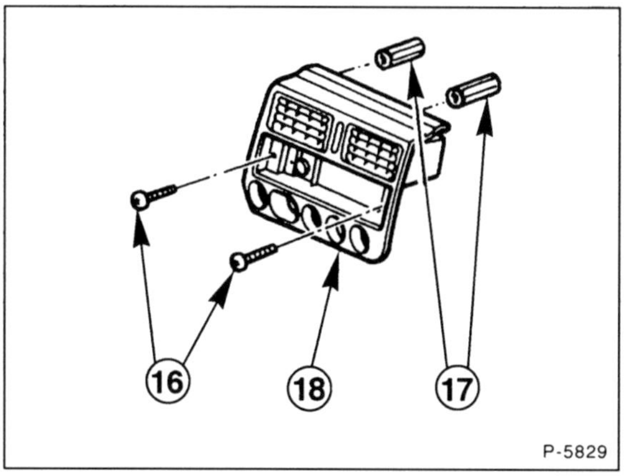


P-5829

- Durch den Radioschacht Muttern –17– abschrauben.
- Kreuzschlitzschrauben –16– abschrauben und Verkleidung –18– abnehmen.
- 2 schmale Schraubendreher in die Aussparungen links und rechts am betreffenden Schalter eindrücken und gleichzeitig Schalter herausziehen.
- Mehrfachstecker hinten am Schalter abziehen.

## Einbau

- Mehrfachstecker hinten am Schalter aufstecken.
- Schalter in die Halterung eindrücken, bis er einrastet.
- Batterie-Massekabel (–) anklemmen. **Achtung:** Batterie nur bei **ausgeschalteter Zündung** anklemmen, sonst kann das Steuergerät der Einspritzanlage beschädigt werden.
- Funktion für eingebauten Schalter überprüfen.
- Verkleidung ansetzen und mit Muttern und Schrauben festschrauben.
- Heizungsblende ansetzen und festschrauben.
- Gebläsedrehgriff und Heizungsschieber aufstecken.
- **Fahrzeug ohne Radio:** Ablagefach in die Halterung eindrücken, bis es einrastet.
- **Fahrzeug mit Radio:** Radio einbauen, siehe Seite 213.
- Zeituhr einstellen.
- Diebstahlcode für Radio eingeben.

# Lenkstockschalter aus- und einbauen

Die Schalter für Beleuchtung, Blinker, Hupe sowie Front- und Heckscheibenwischer sind sogenannte Lenkstockschalter.

## Ausbau

- Batterie-Massekabel (–) abklemmen. **Achtung:** Dadurch werden die elektronischen Speicher gelöscht, zum Beispiel Motor-Fehlerspeicher oder Radiocode. Batterie nur bei **ausgeschalteter Zündung** abklemmen, da sonst das Steuergerät der Einspritzanlage beschädigt werden kann. Vor dem Abklemmen sollten auch die Hinweise im Kapitel »Radio« bzw. »Batterie aus- und einbauen« durchgelesen werden.

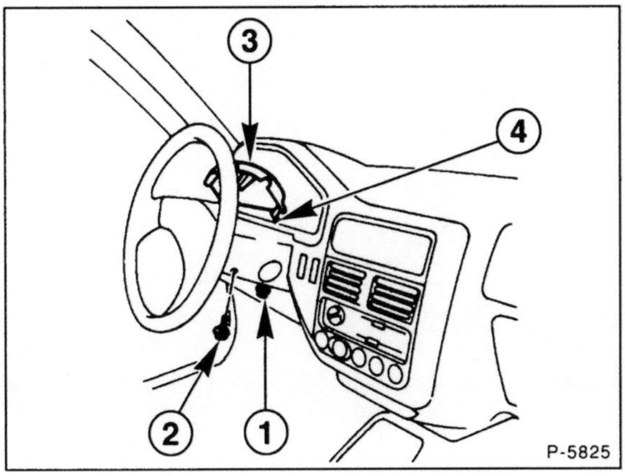


- Befestigungsschrauben untere Lenksäulenabdeckung –2– abschrauben.

- Die 2 Befestigungsschrauben des betreffenden Lenkstockschalters abschrauben und diesen herausziehen.
- Mehrfachstecker des Lenkstockschalters abziehen.

## Einbau

- Mehrfachstecker am Lenkstockschalter aufschieben.
- Lenkstockschalter aufstecken und festschrauben.
- Batterie-Massekabel (–) anklemmen. **Achtung:** Batterie nur bei **ausgeschalteter Zündung** anklemmen, sonst kann das Steuergerät der Einspritzanlage beschädigt werden.
- Zeituhr einstellen.
- Diebstahlcode für Radio eingeben.
- Alle Funktionen der Lenkstockschalter prüfen.
- Lenksäulenverkleidung ansetzen und festschrauben.

## Innenlichtschalter ersetzen

### Ausbau

- Batterie-Massekabel (–) abklemmen. **Achtung:** Dadurch werden die elektronischen Speicher gelöscht, zum Beispiel Motor-Fehlerspeicher oder Radiocode. Batterie nur bei **ausgeschalteter Zündung** abklemmen, da sonst das Steuergerät der Einspritzanlage beschädigt werden kann. Vor dem Abklemmen sollten auch die Hinweise im Kapitel »Radio« bzw. »Batterie aus- und einbauen« durchgelesen werden.

- Entsprechende Tür öffnen und Gummiabdeckung vom Schalter abziehen.
- Schraube –Pfeil– herausdrehen und Schalter nach außen ziehen.
- Kabel an der Schalterrückseite abziehen. **Achtung:** Darauf achten, daß das Kabel nicht in die Karosserieöffnung rutscht.

### Einbau

- Kabel an der Schalterrückseite aufschieben.
- Schalter ansetzen, festschrauben und Gummiabdeckung montieren.
- Batterie-Massekabel (–) anklemmen. **Achtung:** Batterie nur bei **ausgeschalteter Zündung** anklemmen, sonst kann das Steuergerät der Einspritzanlage beschädigt werden.
- Zeituhr einstellen.
- Diebstahlcode für Radio eingeben.

## Handschuhfach aus- und einbauen

### Ausbau

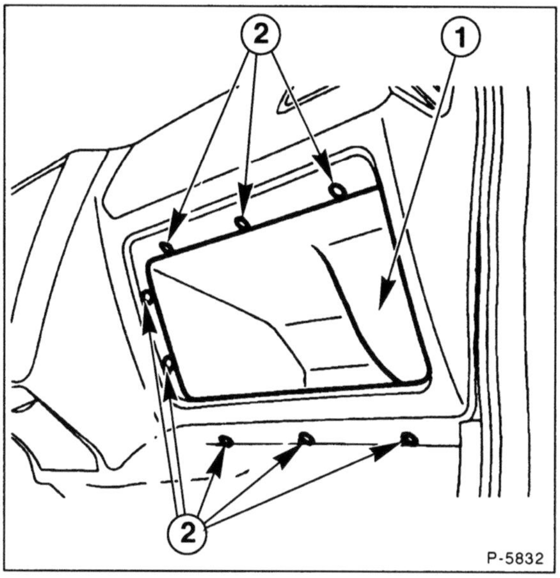


- **XN-Ausstattung:** Befestigungsschrauben –2– abschrauben und Handschuhfach –1– herausnehmen.

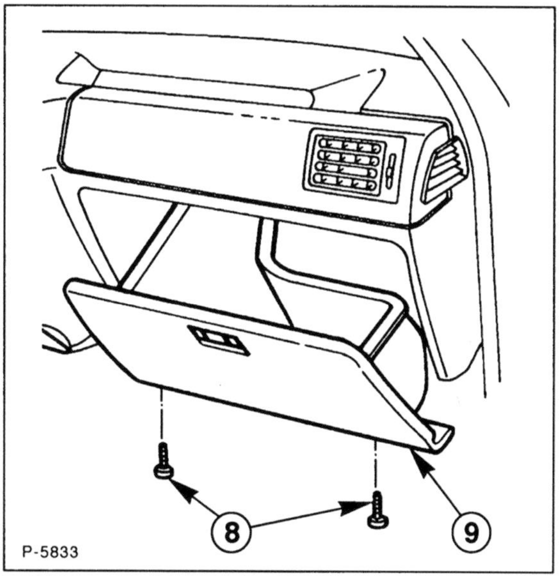


- Befestigungsschrauben –8– abschrauben und Handschuhfach –9– herausnehmen.

### Einbau

- Handschuhfach ansetzen und festschrauben.

# Radio aus- und einbauen

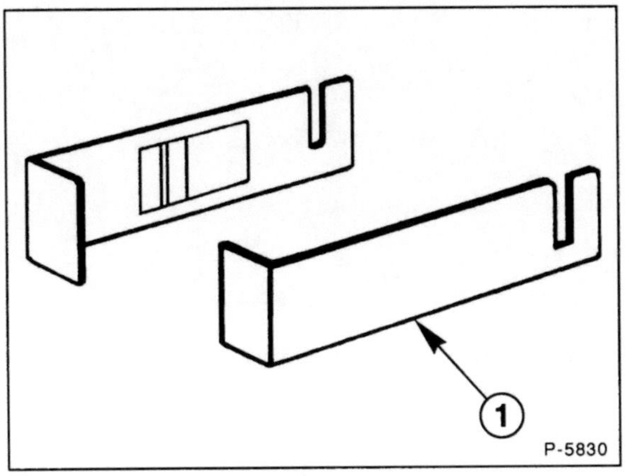


Die vom Werk eingebauten Radiogeräte sind mit einer Einschubhalterung ausgestattet, die den schnellen Aus- und Einbau des Radios ermöglichen. Allerdings gelingt das nur mit einem Spezialwerkzeug –1–, das beim PEUGEOT-Händler erhältlich ist.

**Achtung:** Vor dem Ausbau des Radios muß der Diebstahlsicherheitscode des Radios in Erfahrung gebracht werden. Da nach dem Unterbrechen der Stromzufuhr vor der Wiederinbetriebnahme des Radios der Sicherheitscode eingegeben werden muß. Der Sicherheitscode des Radios ist auf dem Gerätepass notiert. Wie der Sicherheitscode eingegeben wird hängt vom Typ des Radios ab (siehe Bedienungsanleitung Radio). Ist der Sicherheitscode nicht bekannt, kann das Radio nur von einer Fachwerkstatt wieder in Betrieb genommen werden.

### Ausbau
### Original PEUGEOT-Radio

- Batterie-Massekabel (–) abklemmen. **Achtung:** Dadurch werden die elektronischen Speicher gelöscht, zum Beispiel der Motor-Fehlerspeicher. Batterie nur bei **ausgeschalteter Zündung** abklemmen, da sonst das Steuergerät der Einspritzanlage beschädigt werden kann. Vor dem Abklemmen sollten auch die Hinweise im Kapitel »Batterie aus- und einbauen« durchgelesen werden.

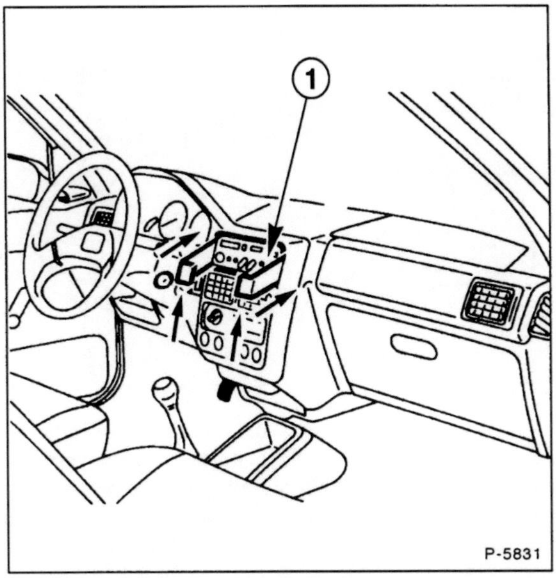


- Spezialwerkzeug –1– rechts und links zwischen Radio und Armaturenbrett einschieben.
- Werkzeug einrasten lassen und durch Drücken die Befestigungsklammern des Autoradios lösen.
- Radio herausziehen, Mehrfachstecker und Antennenkabel abziehen.

### Einbau

- Mehrfachstecker und Antennenkabel am Radio aufstecken.
- Radio in den Radioschacht schieben. Darauf achten, daß keine Kabel eingeklemmt werden.
- Radio in Armaturentafel eindrücken, bis die Haltefedern einrasten.
- Batterie-Massekabel (–) anklemmen. **Achtung:** Batterie nur bei **ausgeschalteter Zündung** anklemmen, sonst kann das Steuergerät der Einspritzanlage beschädigt werden.
- Zeituhr einstellen.
- Diebstahlcode für Radio eingeben.
- Gegebenenfalls Sender neu speichern.

### Radio nachträglich einbauen

Die vom Werk eingebauten Radiogeräte werden oberhalb der Heizungssteuerung eingebaut. Fahrzeuge ohne Radio besitzen stattdessen an dieser Stelle ein Ablagefach. Bei nachträglichem Einbau eines Radios ist das Ablagefach auszubauen. Es ist zweckmäßig, die passende Radiohalterung mit Anschlußstecker bei der PEUGEOT-Werkstatt zu kaufen.

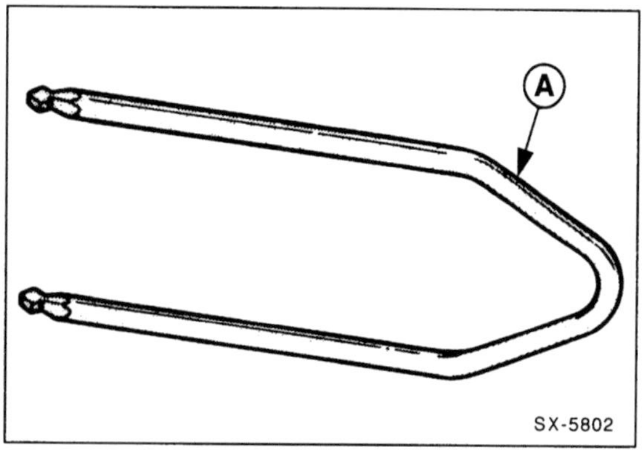


Die meisten im Zubehörhandel erhältlichen Radiogeräte sind mit einer Einschubhalterung ausgestattet, die den schnellen Ein- und Ausbau des Radios ermöglicht. Allerdings gelingt das nur mit einem Spezialwerkzeug, welches beim Kauf des Radios beigelegt oder im Fachhandel erhältlich ist. Ob ein Radio mit Einschubhalterung eingebaut ist, erkennt man in der Regel an den 4 Bohrungen in der Frontplatte.

- Batterie-Massekabel (–) abklemmen. **Achtung:** Dadurch werden die elektronischen Speicher gelöscht, zum Beispiel Motor-Fehlerspeicher. Batterie nur bei **ausgeschalteter Zündung** abklemmen, da sonst das Steuergerät der Einspritzanlage beschädigt werden kann. Vor dem Abklemmen sollten auch die Hinweise im Kapitel »Batterie aus- und einbauen« durchgelesen werden.

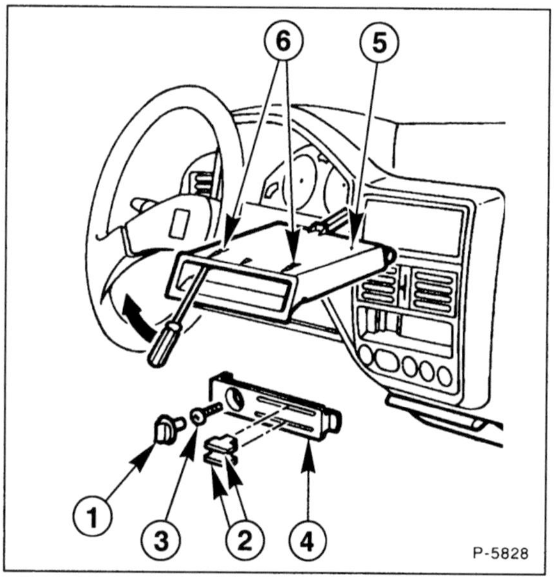


- Mit einem Schraubendreher Halteklammern –6– ausrasten und Ablagefach –5– herausziehen.

- Mehrfachstecker und Antennenkabel aus dem Radioschacht ziehen.

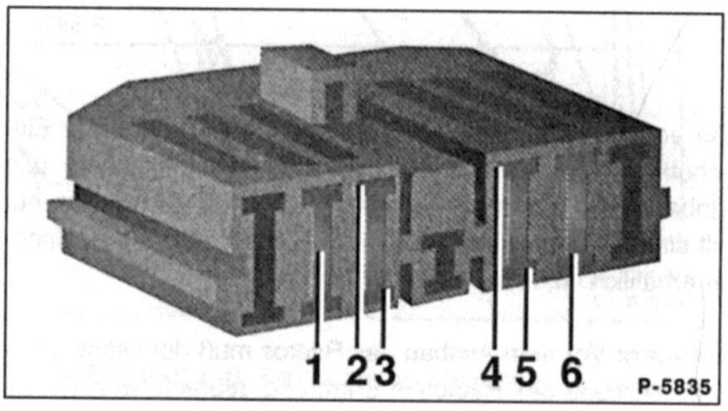


- Wird das Radio nachträglich eingebaut, Stromversorgung an den serienmäßig vorhandenen Stecker anschließen. **Klemmenbelegung des Mehrfachsteckers:**
  1 – Lautsprecher vorn links, 2 – Plus (+) bei eingeschalteter Zündung, 3 – Masse (–), 4 – Skalenbeleuchtung, 5 – Dauerplus (+), 6 – Lautsprecher vorn rechts.
- Antennenkabel am Radio einstecken.
- Batterie-Massekabel (–) anklemmen. **Achtung:** Batterie nur bei **ausgeschalteter Zündung** anklemmen, sonst kann das Steuergerät der Einspritzanlage beschädigt werden.
- Radio einschalten und auf Funktion prüfen.
- Falls vorhanden, Diebstahlcode für Radio eingeben, siehe Bedienungsanleitung Radio.
- Radio in Radioschacht einsetzen und einrasten lassen.
- Zeituhr einstellen.
- Der PEUGEOT 106 ist serienmäßig grundentstört. Bei nachträglichem Einbau weiterer Entstörungen darauf achten, daß nur typgeprüfte Entstörsätze (mit allgemeiner Betriebserlaubnis, ABE) verwendet werden, sonst kann die Zulassung des Fahrzeugs erlöschen.

**Achtung:** Bei nachträglich eingebauten Radios, kann es nötig sein, daß Radio auf Antenne abstimmen, siehe dazu die Bedienungsanleitung des Radioherstellers.

# Lautsprecher nachträglich einbauen

### Türlautsprecher vorn

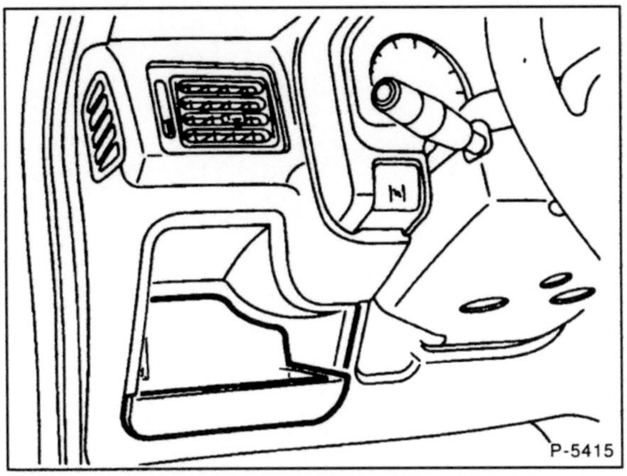


- Die Abdeckung des Sicherungskastens ausbauen.
- Den am Sicherungskasten befestigten Stecker aushängen.
- Handschuhfach ausbauen, siehe Seite 212.

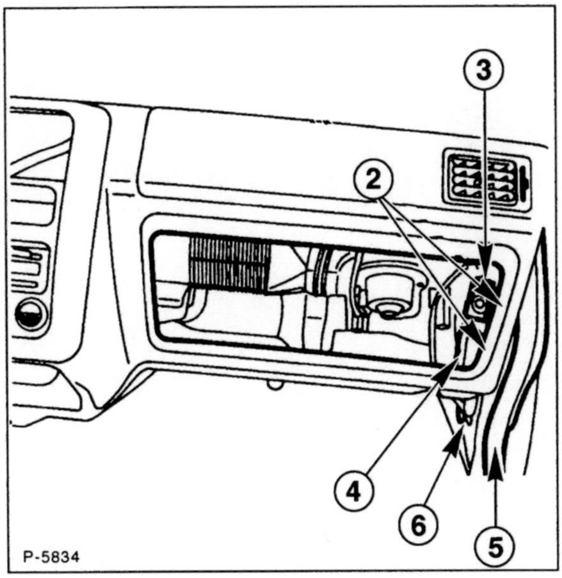


- Den Stecker –4– von der Befestigung –3– lösen.
- Auf beiden Seiten Türdichtungen –5– im vorderen Bereich abziehen.
- Auf beiden Seiten Teppichboden soweit zurückschlagen, daß die Bohrungen –6– freigegeben wird.
- Türverkleidungen ausbauen, siehe Seite 164.

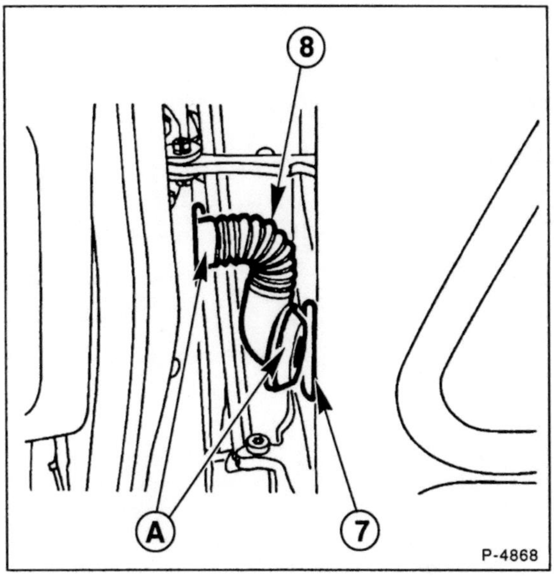


- Auf beiden Seiten Enden –A– der Kabelführungen –8– aus Bohrungen –7– herausziehen.
- Lautsprecherkabel von den Türen aus durch die Kabelführungen und Bohrungen bis zu den Steckern ziehen.
- Lautsprecherkabel an den Steckern anschließen:
  Schwarzes Kabel () an Steckerbuchse 1A
  Rotes Kabel (+) an Steckerbuchse 3B
- Lautsprecher an dem dafür vorgesehenen Platz in der Türablage festschrauben.
- Lautsprecherkabel am Lautsprecher anschließen.
- Türverkleidung einbauen.
- Teppichboden zurückklappen und Türdichtungen montieren.
- Sicherungskastenabdeckung und Handschuhfach einbauen.

# Antenne aus- und einbauen

Der PEUGEOT 106 ist serienmäßig mit einer Dachantenne ausgestattet, die hinter der Innenleuchte angeschraubt ist.

**Ausbau**

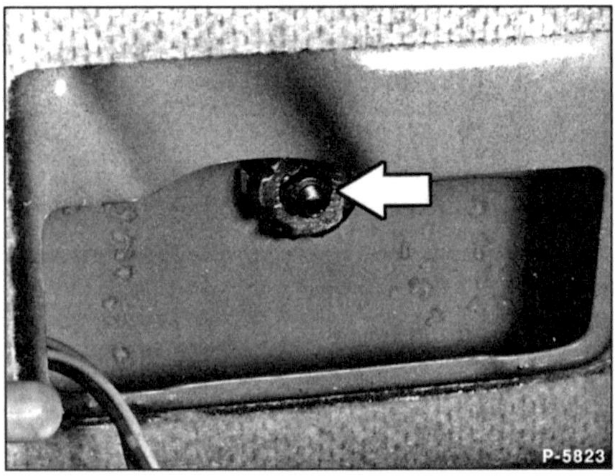


- Abdeckungen der Innenleuchte mit einem flachen Schraubendreher abhebeln. Dazu Lappen unterlegen.
- Durch die Öffnung Befestigungsmutter abschrauben.
- Antennenkabel vom Antennenfuß abnehmen und Antenne mit Antennenfuß nach oben vom Dach abheben.

**Einbau**

- Antenne auf dem Dach ansetzen und Antennenfuß von unten zusammen mit dem Antennenkabel festschrauben.
- Antenne auf Funktion prüfen.
- Innenleuchtenabdeckung eindrücken.

# Scheibenwaschanlage

## Scheibenwischergummi ersetzen

Die Scheibenwischergummis sind bei schlechtem Wischbild zu ersetzen. Im Handel werden sowohl komplette Scheibenwischblätter (Wischergummi mit Träger) als auch einzelne Wischgummis angeboten. Wird nur das Wischgummi ersetzt, darauf achten, daß der Träger nicht verbogen ist.

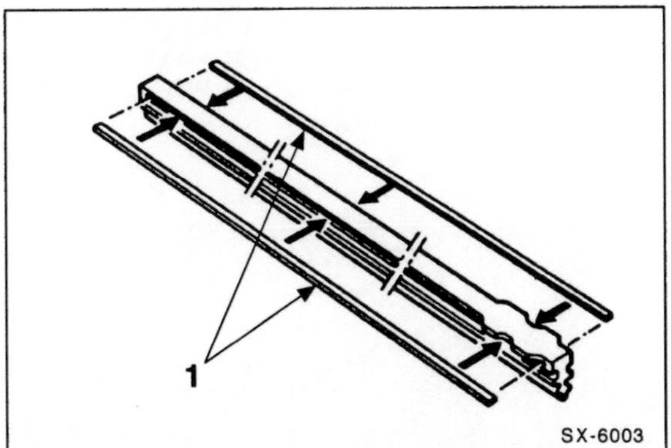


SX-6003

Das Wischergummi ist in zwei Metall-Halteschienen –1– geführt, die zum Ausbau einzeln demontiert werden.

**Ausbau**

**Achtung:** Bei Arbeiten an der Wischeranlage den Zündschlüssel abziehen. Durch Bewegungen am Wischerarm oder Wischergestänge kann ab der Zündschlüsselstellung »1« die Parkstellungsautomatik angeregt werden. Das heißt, der Wischer läuft los, bis er sich in der Endstellung befindet. Es besteht Verletzungsgefahr!

- Wischerarm hochklappen und einrasten.

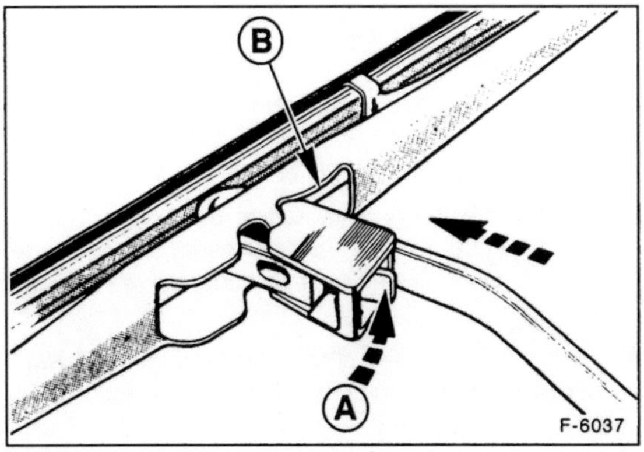


F-6037

- Wischerblatt senkrecht zum Wischerarm stellen.
- Federklammer –A– niederdrücken und Wischerblatt nach unten aus dem Haken am Wischerarm schieben.
- Wischerblatt nach oben schieben und durch die Öffnung –B– vom Wischerarm abnehmen.

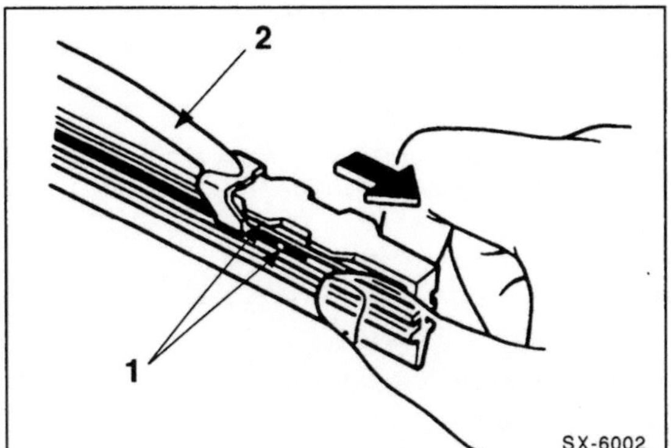


SX-6002

- An der geschlossenen Seite des Wischgummis beide Stahlschienen zusammendrücken (falls erforderlich, Kombizange verwenden), seitlich aus der oberen Klammer herausnehmen und Gummi komplett mit Schienen aus den restlichen Klammern des Wischerblattes herausziehen.

### Einbau

- Neues Wischgummi –21– ohne Halteschienen in die eine Klammer des Wischerblattes lose einlegen.

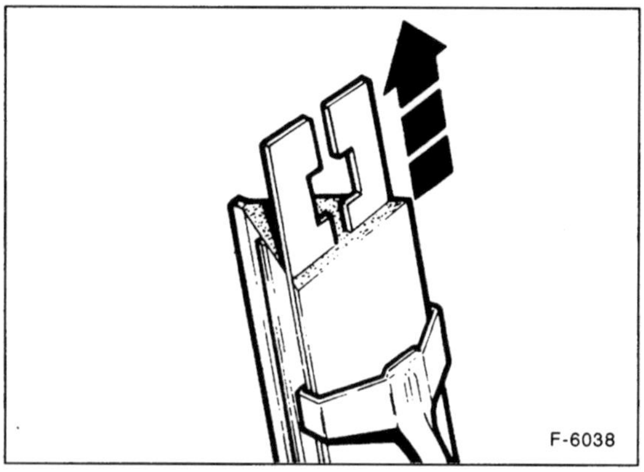


- Beide Schienen so in den Wischgummi einführen, daß die Aussparungen der Schienen zum Gummi zeigen und in die Gumminasen der Rille einrasten.
- Beide Stahlschienen und Gummi mit Kombizange zusammendrücken und so in die andere Klammer einsetzen, daß die Klammernasen beidseitig in die Haltenuten des Wischgummis einrasten –Pfeil b–.
- Wischerblatt über den Wischerarm schieben und Federklammer in den Haken des Wischerarmes einrasten lassen.
- Wischerarm zurückklappen. Darauf achten, daß das Wischgummi überall an der Scheibe anliegt.

## Scheibenwaschdüse aus- und einbauen/einstellen

### Ausbau

- Motorhaube öffnen.
- Zulaufschlauch für Düse abziehen.
- Haltenasen zusammendrücken und Düse nach oben aus der Motorhaube herausziehen.

### Einbau

- Düse von oben in die Motorhaube einsetzen und drücken, bis sie einrastet.
- Schlauch auf die Düse aufschieben.

### Einstellen

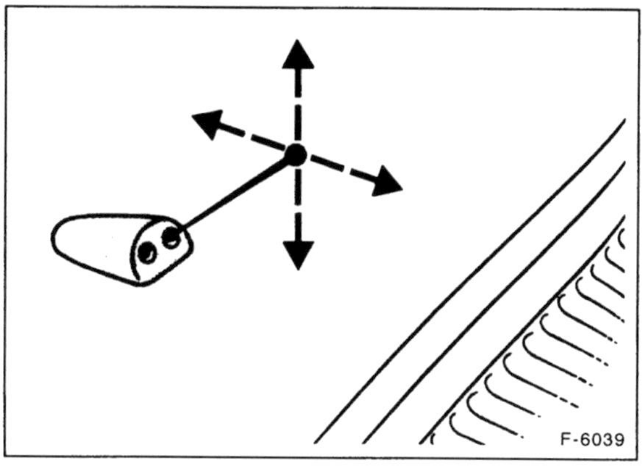


- Die Düse kann mit einer Nadel oder Preßluft gereinigt und mit einer Nadel in der Spritzhöhe eingestellt werden.

## Scheibenwischerarm aus- und einbauen

### Ausbau

- Wischermotor laufen lassen und abschalten. Ruhestellung vom Scheibenwischer auf der Windschutzscheibe mit Klebestreifen markieren.
- Motorhaube öffnen.

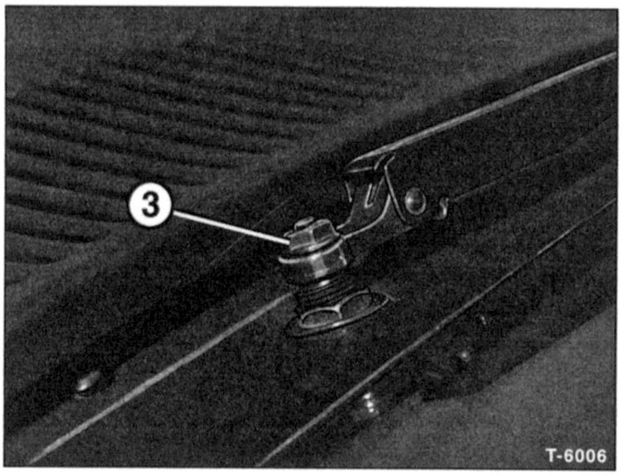


- Befestigungsmutter –3– abschrauben.
- Wischerarm nach oben schwenken und von der Lagerachse abziehen. **Achtung:** Falls der Wischerarm schwer von der Achse abzuziehen ist, mit 17er Gabelschlüssel unter den Wischerarm greifen und Wischerarm vorsichtig abhebeln.

### Einbau

- Wischerarm nach vorher angebrachter Markierung auf die Verzahnung der Achse aufsetzen und nicht zu fest anschrauben.
- Scheibenwischerarm an die Windschutzscheibe anlegen.
- Scheibenwischer einschalten und Wischbereich kontrollieren, gegebenenfalls Wischerarm versetzen.

# Der Scheibenwischerantrieb

## Frontscheibenwischer

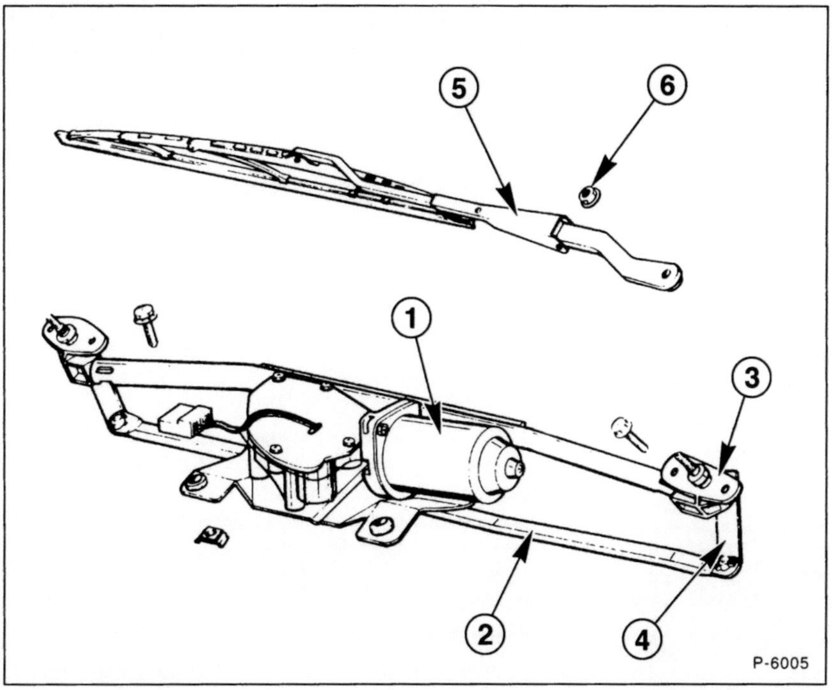
P-6005

1 – Wischermotor
2 – Wischergestänge
3 – Wischerlager
4 – Gelenkhebel
5 – Wischerarm
6 – Befestigungsmutter

## Heckscheibenwischer

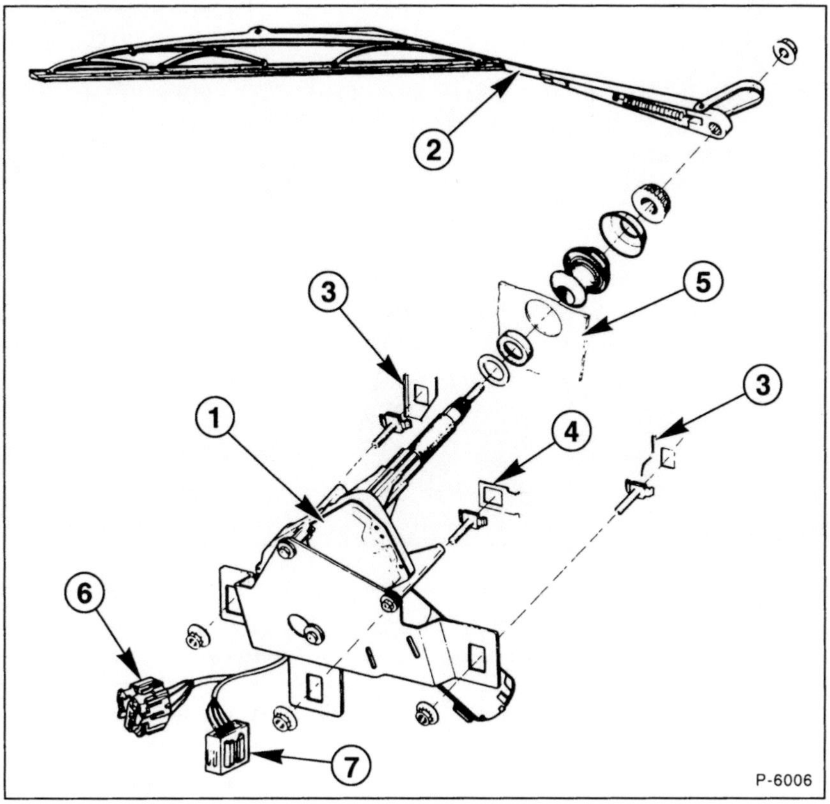
P-6006

1 – Wischermotor
2 – Wischerarm
3 – Obere Halterung
4 – Untere Halterung
5 – Heckscheibe
6 – Relaisstecker
7 – Stromanschlußstecker

## Scheibenwischermotor aus- und einbauen

**Ausbau Frontwischermotor**

- Scheibenwischer laufen lassen und mit dem Scheibenwischerschalter abschalten, dadurch läuft der Wischer in die Endstellung. Endstellung der Wischer auf der Windschutzscheibe mit Klebeband markieren.
- Motorhaube öffnen und abstützen.
- Batterie-Massekabel (–) abklemmen. **Achtung:** Dadurch werden die elektronischen Speicher gelöscht, zum Beispiel Motor-Fehlerspeicher oder Radiocode. Batterie nur bei **ausgeschalteter Zündung** abklemmen, da sonst das Steuergerät der Einspritzanlage beschädigt werden kann. Vor dem Abklemmen sollten auch die Hinweise im Kapitel »Radio« bzw. »Batterie aus- und einbauen« durchgelesen werden.
- Wischerarme ausbauen, siehe Kapitel »Scheibenwischerarm aus- und einbauen«.

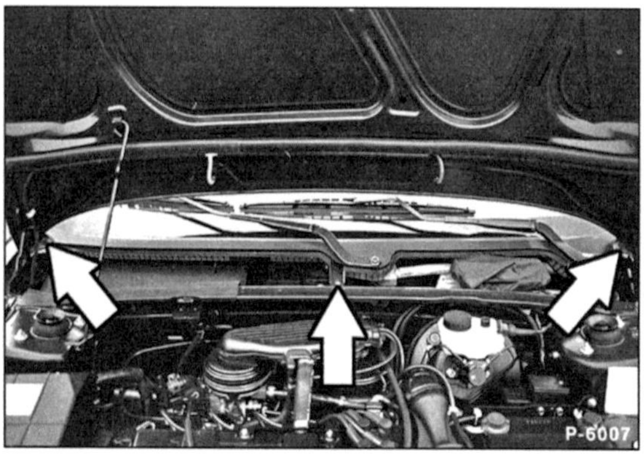


- Lufteinlaßgitter unterhalb der Windschutzscheibe abschrauben, dazu die Befestigungsmuttern und -schrauben –Pfeile– abschrauben.
- Plastikfolie von Wischermotor abziehen.
- Mehrfachstecker am Wischermotor abziehen.

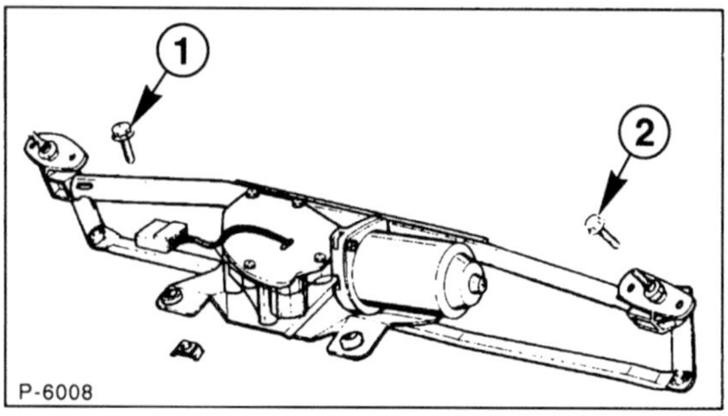


- Befestigungsschrauben –2– der Wischerlager abschrauben.
- Befestigungsschrauben –1– Motorlager abschrauben und Wischerantrieb herausnehmen.

**Einbau**

- Gestänge einsetzen, Motor und Wischerlager anschrauben.
- Batterie-Massekabel (–) anklemmen. **Achtung:** Batterie nur bei **ausgeschalteter Zündung** anklemmen, sonst kann das Steuergerät der Einspritzanlage beschädigt werden.
- Mehrfachstecker aufstecken und Motor in Parkstellung laufen lassen.
- Lufteinlaßgitter ansetzen und festschrauben.
- Wischerarme einbauen, siehe Kapitel »Scheibenwischerarm aus- und einbauen«.
- Zeituhr einstellen.
- Diebstahlcode für Radio eingeben.

---

**Ausbau Heckscheibenwischermotor**

- Batterie-Massekabel (–) abklemmen. **Achtung:** Dadurch werden die elektronischen Speicher gelöscht, zum Beispiel Motor-Fehlerspeicher oder Radiocode. Batterie nur bei **ausgeschalteter Zündung** abklemmen, da sonst das Steuergerät der Einspritzanlage beschädigt werden kann. Vor dem Abklemmen sollten auch die Hinweise im Kapitel »Radio« bzw. »Batterie aus- und einbauen« durchgelesen werden.
- Wischerarm ausbauen, siehe Kapitel »Scheibenwischerarm aus- und einbauen«.

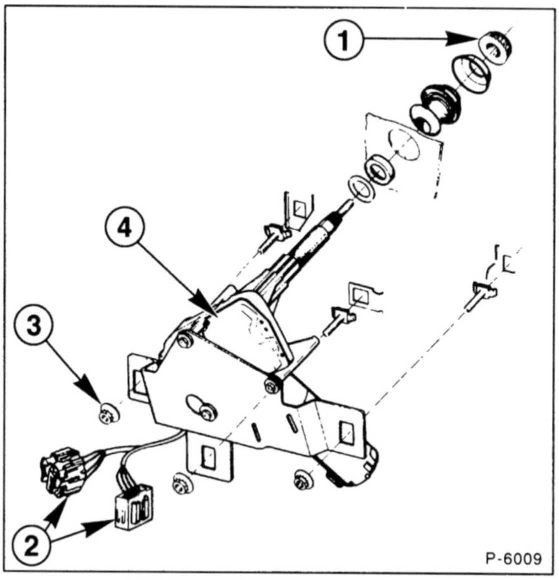


- Befestigungsmutter –1– an der Scheibenwischerachse abschrauben.
- Heckklappe öffnen und Verkleidung abschrauben und ausclipsen. Dazu breiten Spachtel oder Schraubendreher zwischen Verkleidung und Klappe ansetzen und Verkleidung abdrücken.
- Mehrfachstecker am Wischermotor –2– abziehen.

- Befestigungsmuttern –3– vom Scheibenwischermotor abschrauben.
- Wischermotor –4– herausnehmen.

**Einbau**

- Wischermotor ansetzen und festschrauben.
- Befestigungsmutter an der Scheibenwischerachse aufschrauben.
- Wischerarm einbauen, siehe Kapitel »Scheibenwischerarm aus- und einbauen«.
- Batterie-Massekabel (–) anklemmen. **Achtung:** Batterie nur bei **ausgeschalteter Zündung** anklemmen, sonst kann das Steuergerät der Einspritzanlage beschädigt werden.
- Zeituhr einstellen.
- Diebstahlcode für Radio eingeben.

## Störungsdiagnose Scheibenwischergummi

| Wischbild | Ursache | Abhilfe |
|---|---|---|
| Schlieren | Wischgummi verschmutzt | ■ Wischgummi mit harter Nylonbürste und einer Waschmittellösung oder Spiritus reinigen |
| | Ausgefranste Wischlippe, Gummi ausgerissen oder abgenutzt | ■ Wischgummi erneuern |
| | Wischgummi gealtert, rissige Oberfläche | ■ Wischgummi erneuern |
| Im Wischfeld verbleibende Wasserreste ziehen sich sofort zu Perlen zusammen | Windschutzscheibe durch Lackpolitur oder Öl verschmutzt | ■ Windschutzscheibe mit sauberem Putzlappen und einem Fett-Öl-Silikonentferner reinigen |
| Wischerblatt wischt einseitig gut - einseitig schlecht, rattert | Wischgummi einseitig verformt, »kippt nicht mehr« | ■ Neues Wischgummi einbauen |
| | Wischerarm verdreht, Blatt steht schief auf der Scheibe | ■ Wischerarm vorsichtig verdrehen, bis richtige, senkrechte Stellung erreicht ist |
| Nicht gewischte Flächen | Wischgummi aus der Fassung herausgerissen | ■ Wischgummi vorsichtig in die Fassung einsetzen |
| | Wischerblatt liegt nicht mehr gleichmäßig an der Scheibe an, da Federschienen oder Bleche verbogen | ■ Wischerblatt ersetzen. Dieser Fehler tritt vor allem bei unsachgemäßem Montieren eines Ersatzblattes auf |
| | Anpreßdruck durch Wischerarm zu gering | ■ Wischerarmgelenke und Feder leicht einölen oder neuen Arm einbauen |

# Wagenpflege

## Fahrzeug waschen

Aus Umweltschutzgründen ist in den meisten Gemeinden die Wagenwäsche auf öffentlichen Plätzen verboten. Inzwischen gibt es an vielen Tankstellen die Möglichkeit, dort seinen Wagen auch von Hand zu waschen. Da an diesen Tankstellen garantiert ist, daß das Schmutzwasser nicht in der Erde versickert, sollte die Wagenwäsche dort durchgeführt werden.

- Verschmutzten Wagen möglichst umgehend waschen.
- Tote Insekten **vor** der Wagenwäsche einweichen und abwaschen.
- Reichlich Wasser verwenden.
- Weichen Schwamm oder sehr weiche Waschbürste mit Schlauchanschluß benutzen.
- Lackierung nicht scharf abspritzen, sondern nur abbrausen und Schmutz aufweichen lassen.
- Aufgeweichten Schmutz von oben nach unten mit reichlich Wasser abwaschen.
- Schwamm oft ausspülen.
- Zum Abtrocknen sauberes Leder verwenden.
- Nur gute, rückfettende Markenwaschmittel verwenden (falls überhaupt). Mit klarem Wasser gründlich nachspülen, um die Reste des Waschmittels zu entfernen.
- Zum Schutz der Lackierung kann dem Waschwasser ein Waschkonservierer beigegeben werden.
- Bei regelmäßiger Benutzung von Waschmitteln muß öfter konserviert werden.
- Wagen niemals in der Sonne waschen oder trocknen. Wasserflecken auf der Lackierung sind sonst unvermeidlich.
- Durch Streusalze besonders gefährdet sind alle innenliegenden Falze, Flansche und Fugen an Türen und Hauben. Diese Stellen müssen deshalb bei jedem Wagenwaschen – auch nach der Wäsche in automatischen Waschstraßen – mit einem Schwamm gründlich gereinigt und anschließend abgespült und abgeledert werden.

**Achtung:** Nach der Wagenwäsche ergibt sich eine verringerte Bremswirkung durch Nässe. Deshalb Bremsscheiben kurz trockenbremsen.

## Lackierung pflegen

**Konservieren:** So oft wie nötig soll die sauber gewaschene und getrocknete Lackierung mit einem Konservierungsmittel behandelt werden, um die Oberfläche durch eine porenschließende und wasserabweisende Wachsschicht gegen Witterungseinflüsse zu schützen.

Übergelaufenen Kraftstoff, übergelaufenes Öl oder Fett, beziehungsweise übergelaufene Bremsflüssigkeit **sofort entfernen,** sonst kommt es zu Lackverfärbungen.

Das Konservieren muß wiederholt werden, wenn Wasser nicht mehr vom Lack abperlt, sondern großflächig verläuft. Regelmäßiges Konservieren bewirkt, daß der ursprüngliche Glanz der Lackierung sehr lange erhalten bleibt.

Eine weitere Möglichkeit, den Lack zu konservieren, bieten Waschkonservierer. Waschkonservierer schützen die Lackierung jedoch nur ausreichend, wenn sie bei **jeder** Wagenwäsche verwendet werden und der zeitliche Abstand zwischen 2 Wäschen nicht mehr als 2 bis 3 Wochen beträgt. Nur Lackkonservierer verwenden, die Carnauba- oder synthetische Wachse enthalten.

Nach dem Anwenden von Waschmitteln (Schaumwäsche) ist eine Nachbehandlung mit einem Konservierungsmittel besonders zu empfehlen (Gebrauchsanweisung beachten).

**Polieren:** Das Polieren der Lackierung ist nur dann erforderlich, wenn der Lack infolge mangelhafter Pflege unter der Einwirkung von Straßenstaub, industriellen Abgasen, Sonne und Regen unansehnlich geworden ist und sich durch eine Behandlung mit Konservierungsmitteln kein Glanz mehr erzielen läßt. Zu warnen ist vor stark schleifenden oder chemisch stark angreifenden Poliermitteln, auch wenn der erste Versuch damit noch so sehr zu überzeugen scheint.

Vor jedem Polieren muß der Wagen sauber gewaschen und sorgfältig abgetrocknet werden. Im übrigen ist nach der Gebrauchsanweisung für das Poliermittel zu verfahren.

Die Bearbeitung soll in nicht zu großen Flächen erfolgen, um ein vorzeitiges Eintrocknen der Politur zu vermeiden. Bei manchen Poliermitteln muß anschließend noch konserviert werden. Nicht in der prallen Sonne polieren! Matt lackierte Teile dürfen nicht mit Konservierungs- oder Poliermitteln behandelt werden.

**Teerflecke entfernen:** Teerflecke fressen sich innerhalb kurzer Zeit in den Lack ein und können dann nicht mehr vollkommen entfernt werden. Frische Teerflecke können mit einem in Waschbenzin getränkten weichen Lappen entfernt werden. Notfalls kann auch Tankstellenbenzin, Petroleum oder Terpentinöl verwendet werden. Sehr gut gegen Teerflecke eignet sich auch ein Lackkonservierer. Bei Verwendung dieses Mittels kann auf ein Nachwaschen verzichtet werden.

**Insekten entfernen:** Die Reste von Insektenleichen tragen Stoffe in sich, die den Lackfilm beschädigen können, wenn sie nicht innerhalb kurzer Zeit entfernt werden. Einmal festgeklebt, lassen sie sich durch Wasser und Schwamm allein nicht entfernen, sondern müssen mit schwacher, lauwarmer Seifen- oder Waschmittel-Lösung abgewaschen werden. Es gibt auch spezielle Insekten-Entferner.

**Baumaterial-Spritzer entfernen:** Spritzer jeglichen Baumaterials mit einer lauwarmen Lösung neutraler Waschmittel abwaschen. Nur leicht reiben, da sonst die Lackierung zerkratzt werden kann. Nach dem Waschen sorgfältig mit klarem Wasser nachspülen.

**Kunststoffteile pflegen:** Kunststoffteile, Kunstledersitze, Himmel, Leuchtengläser sowie mattschwarz gespritzte Teile mit Wasser und eventuell einem Shampoo-Zusatz säubern, Himmel nicht durchfeuchten. Kunststoffteile gegebenenfalls mit Kunststoffreiniger behandeln. Keinesfalls Lösungsmittel wie Nitroverdünner, Kaltreiniger oder Kraftstoff verwenden.

**Scheiben reinigen:** Fensterscheiben innen und außen mit sauberem, weichem Lappen abreiben. Bei starker Verschmutzung helfen Spiritus oder Salmiakgeist und lauwarmes Wasser, oder auch ein spezieller Scheibenreiniger. Beim Reinigen der Windschutzscheibe Scheibenwischerarm nach vorn klappen.

Bei der Reinigung der Windschutzscheibe sind auch die Wischerblätter zu säubern.

**Achtung:** Bei Verwendung silikonhaltiger Mittel dürfen die zur Reinigung der Lackierung verwendeten Waschbürsten, Schwämme, Lederlappen und Tücher nicht für die Scheiben verwendet werden. Beim Einsprühen der Lackierung mit silikonhaltigen Pflegemitteln sollten die Scheiben mit Pappe oder anderem Material abgedeckt werden.

**Gummidichtungen pflegen:** Von Zeit zu Zeit Gummidichtungen durch Einpudern der Dicht- und Gleitflächen mit Talkum oder Besprühen mit Silikonspray geschmeidig halten. So werden auch quietschende oder knarrende Geräusche beim Türenschließen vermieden. Auch das Einreiben der betreffenden Flächen mit Schmierseife beseitigt die Geräusche.

**Leichtmetall-Scheibenräder** mit Felgenreiniger besonders während der kalten Jahreszeit pflegen, jedoch keine aggressiven, säurehaltigen, stark alkalischen und rauhen Reinigungsmittel oder Dampfstrahler über +60° C verwenden.

**Sicherheitsgurte** nur mit milder Seifenlauge in eingebautem Zustand säubern, nicht chemisch reinigen, da dadurch das Gewebe zerstört werden kann. Automatikgurte nur in trockenem Zustand aufrollen. Gurtband nicht bei einer Temperatur von über +80° C oder direkter Sonneneinstrahlung trocknen.

# Unterbodenschutz/ Hohlraumkonservierung

Die gesamte Bodenanlage einschließlich der hinteren Radkästen ist mit Unterbodenschutz beschichtet. Die besonders stark gefährdeten Bereiche in den vorderen Radläufen sind mit Kunststoffschalen gegen Steinschlag geschützt. Darüber hinaus wurden korrosionsgefährdete Karosserieteile aus verzinktem Blech hergestellt. Vor der kalten Jahreszeit und nach einer Unterbodenwäsche sollte der Unterbodenschutz kontrolliert und gegebenenfalls nachkonserviert werden.

Im Schleuderbereich des Unterbaues können sich Staub, Lehm und Sand ablagern. Das Entfernen des angesammelten Schmutzes, der während der Winterzeit auch noch mit Salz angereichert sein kann, ist besonders wichtig.

**Motorraum konservieren:** Zur Verhinderung von Korrosion am Vorderwagen (z. B. Seitenteile, Längsträger oder Abschlußblech) und des Antriebaggregates muß der Motorraum einschließlich der im Motorraum befindlichen Teile der Bremsanlage sowie der Vorderachselemente und der Lenkung mit einem hochwertigen Konservierungswachs eingesprüht werden. Vor allen Dingen natürlich nach einer Motorwäsche. **Achtung:** Vor der Motorwäsche, die zum Beispiel mit Kaltreiniger und einem Dampfstrahlgerät durchgeführt werden kann, sind Generator, Sicherungskasten und Bremsflüssigkeitsbehälter mit Plastikhüllen abzudecken.

# Polsterbezüge pflegen

**Textilbezüge:** Polsterbezüge mit Staubsauger absaugen oder mit einer nicht zu weichen Bürste ausbürsten. Bei starker Verschmutzung Textilbezüge mit Trockenschaum reinigen.

Fett- und Ölflecke mit Reinigungsbenzin oder Fleckenwasser behandeln. Das Reinigungsmittel darf aber nicht unmittelbar auf den Stoff gegossen werden, da sich sonst unweigerlich Ränder bilden. Fleck durch kreisförmiges Reiben von außen nach innen bearbeiten. Andere Verschmutzungen lassen sich meistens mit lauwarmem Seifenwasser entfernen.

**Lederbezüge**: Bei starker Sonneneinstrahlung und längerer Standzeit Sitze abdecken, damit sie nicht ausbleichen.

Trikot- oder Wollappen mit Wasser leicht anfeuchten und Lederflächen säubern, ohne das Leder oder die Nahtstellen zu durchfeuchten. Anschließend das getrocknete Leder mit einem sauberen und weichen Tuch nachreiben.

Stärker verschmutzte Lederflächen können mit einem milden Feinwaschmittel ohne Aufheller (2 Eßlöffel auf 1 Liter Wasser) gereinigt werden. Fett- und Ölflecke vorsichtig ohne Reiben mit Reinigungsbenzin abtupfen.

Die gereinigten (lackierten) Lederpolster müssen zur Lederpflege und als Anti-Elektrostatikum mit Karneol behandelt werden. Das Mittel vor Gebrauch gut schütteln und mit einem weichen Lappen dünn auftragen. Nach dem Eintrocknen mit einem sauberen und weichen Tuch nachreiben. Diese Behandlung empfiehlt sich bei normaler Beanspruchung alle 6 Monate.

# Motorstarthilfe

# Fahrzeug abschleppen

## Starthilfe

Bei der Starthilfe mit einem Starthilfekabel sind einige Punkte zu beachten. **Achtung:** Werden die vorgeschriebenen Anschlußhinweise nicht genau eingehalten, besteht die Gefahr der Verätzung durch austretende Batteriesäure. Außerdem können Verletzungen oder Schäden durch ein Explodieren der Batterie entstehen oder können Defekte an der Fahrzeugelektrik entstehen.

- Der Leitungsquerschnitt der Starthilfekabel soll bei Ottomotoren bis ca. 2,5 l Hubraum mindestens 16 $mm^2$ (Durchmesser ca. 5 mm) betragen. Bei Dieselmotoren oder Ottomotoren über ca. 2,5 l Hubraum soll der Leitungsquerschnitt mindestens 25 $mm^2$ betragen. Maßgebend ist dabei jeweils das Fahrzeug mit der entladenen Batterie. Der Leitungsquerschnitt ist in der Regel auf der Packung der Starthilfekabel angegeben. Beim Neukauf ist grundsätzlich ein Starthilfekabel mit isolierten Kabelzangen und 25 $mm^2$ Querschnitt empfehlenswert, da es sich auch für Motoren mit geringerem Hubraum eignet.
- Beide Batterien müssen eine Spannung von 12 Volt haben.
- Eine entladene Batterie kann bereits bei –10° C gefrieren. Vor Anschluß der Starthilfekabel muß eine gefrorene Batterie unbedingt in einem beheizten Raum langsam aufgetaut werden.
- Die entladene Batterie muß ordnungsgemäß am Bordnetz angeklemmt sein.
- Flüssigkeitsstand der entladenen Batterie prüfen, gegebenenfalls mit destiliertem Wasser auffüllen.
- Fahrzeuge so weit auseinanderstellen, daß kein metallischer Kontakt besteht. Andernfalls könnte bereits beim Verbinden der Pluspole (+) ein Strom fließen.
- Bei beiden Fahrzeugen Handbremse anziehen. Schaltgetriebe in Leerlaufstellung schalten.
- Alle Stromverbraucher ausschalten.
- Grundsätzlich Motor des Spenderfahrzeuges während des Startvorganges mit Leerlaufdrehzahl drehen lassen. Dadurch wird eine Beschädigung des Generators durch Spannungsspitzen beim Startvorgang vermieden.
- Während des Starthilfevorganges offene Flammen oder brennende Zigaretten in der Nähe der Batterie vermeiden, weil aus der Batterie brennbare Gase austreten können.
- Darauf achten, daß die Starthilfekabel nicht durch drehende Teile wie z. B. Kühlerventilator beschädigt werden.

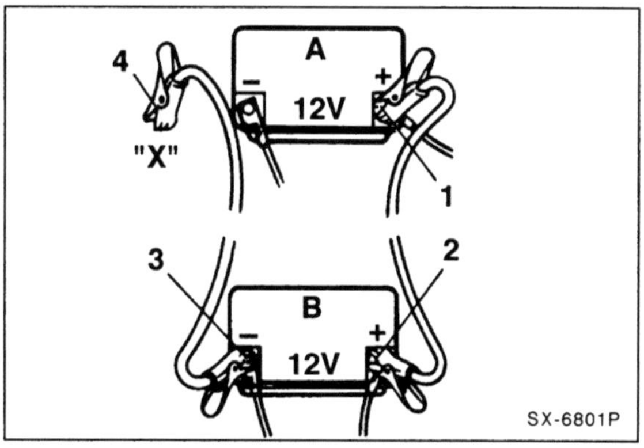


- Starthilfekabel in folgender Reihenfolge anschließen:
  1. Rotes Kabel an den Pluspol (+) der entladenen Batterie –A– anklemmen.
  2. Das andere Ende des roten Kabels an den Pluspol (+) der stromgebenden Batterie –B– anklemmen.
  3. Schwarzes Kabel an den Minuspol (–) der stromgebenden Batterie –B– anklemmen.
  4. Das andere Ende des schwarzen Kabels an eine gute Massestelle –X–, zum Beispiel den Motorblock des Empfängerfahrzeuges, anschließen. Dadurch werden Masseverluste vermieden. Unter ungünstigen Umständen könnte beim Anschließen des Kabels an den Minuspol (–) der leeren Batterie, durch Funkenbildung und Knallgasentwicklung, die Batterie explodieren.

**Achtung:** Die Klemmen der Starthilfekabel dürfen bei angeschlossenen Kabeln nicht in Kontakt miteinander kommen, beziehungsweise die Plusklemmen (+) dürfen keine Massestellen wie Karosserie oder Rahmen berühren.

- Motor des Empfängerfahrzeuges (leere Batterie) starten und laufen lassen. Beim Starten Anlasser nicht länger als 10 Sekunden ununterbrochen betätigen, da sich durch die hohe Stromaufnahme Polzangen und Kabel erwärmen. Deshalb zwischendurch eine »Abkühlpause« von mindestens ½ Minute einlegen.

Nicht über die Batterie beugen – **Verätzungsgefahr!**

**Achtung:** Bevor die Starthilfekabel abgeklemmt werden, am Empfängerfahrzeug die heizbare Heckscheibe einschalten sowie das Heizgebläse auf die höchste Stufe schalten, um eine Überspannung vom Regler zu den Verbrauchern zu vermeiden.

- **Nach der Starthilfe** Kabel in **umgekehrter** Reihenfolge abklemmen, also zuerst vom Spenderfahrzeug.

## Abschleppen

### Regeln beim Abschleppen

- Zündung einschalten, damit das Lenkrad nicht blockiert ist, die Bremsleuchten funktionieren und das Signalhorn und die Scheibenwischer betätigt werden können.
- Getriebe in Leerlaufstellung bringen.
- Warnblinkanlage bei ziehendem und gezogenem Fahrzeug einschalten.
- Da der Bremskraftverstärker und die Servolenkung nur bei laufendem Motor arbeiten, müssen bei nicht laufendem Motor das Bremspedal und das Lenkrad mit einem entsprechend höheren Kraftaufwand bedient werden!
- **Empfehlenswert ist die Verwendung einer Abschleppstange.** Die Gefahr des Auffahrens ist bei der Verwendung eines Abschleppseils sehr groß.
- Falls doch ein Abschleppseil verwendet wird, sollte ein elastisches Abschleppseil benutzt werden, damit das schleppende und das gezogene Fahrzeug geschont werden. Nur Kunstfaserseile oder Seile mit elastischen Zwischenglieder verwenden.

### Fahrzeug anschleppen (Notstart)

**Achtung:** Fahrzeuge mit Katalysator dürfen nur bei kaltem Motor und in einem Versuch angeschleppt werden, da sonst die Gefahr von Katalysatorschäden besteht.

- Zündung einschalten und Gas geben.
- Auskuppeln und 3. Gang einlegen.
- Fahrzeug anschleppen oder anschieben lassen.
- Langsam einkuppeln.

### Abschleppöse vorn

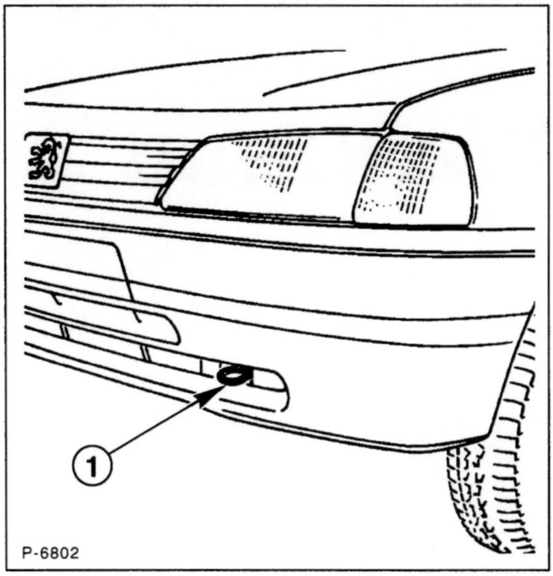


- Die vordere Abschleppöse –1– befindet sich im Stoßfänger.

### Abschleppöse hinten

- Die hintere Abschleppöse –4– befindet sich beim PEUGEOT 106 unter einer Abdeckung –2– im hinteren Stoßfänger. Von unten hinter den Stoßfänger greifen und Befestigungshaken –4– aushängen. Abdeckung nicht abnehmen, sie bleibt während des Abschleppens am Fahrzeug.
- Nach dem Gebrauch Abdeckung wieder in Stoßfänger einrasten.

# Fahrzeug aufbocken

# Werkzeug

Für viele Wartungs- und Reparaturarbeiten muß das Fahrzeug aufgebockt beziehungsweise hochgehoben werden. In der Werkstatt wird der Wagen in der Regel mit der Hebebühne angehoben, man kann ihn jedoch auch mit dem Fahrzeug- oder Werkstatt-Wagenheber anheben. Grundsätzlich darf das Fahrzeug nur an bestimmten Aufnahmepunkten angehoben werden.

Bei Arbeiten unter dem Fahrzeug muß dieses, falls es nicht auf einer Hebebühne steht, auf vier stabilen Unterstellböcken stehen. **Auf keinen Fall dürfen Arbeiten unter dem Fahrzeug ausgeführt werden, wenn dieses nicht ausreichend gesichert ist oder nur mit dem Wagenheber abgestützt wird. Es besteht Lebensgefahr!**

- Hebewerkzeuge zum Anheben des Fahrzeuges dürfen nur an den nachstehend gezeigten Stellen angesetzt werden, da sonst bleibende Verformungen am Fahrzeug nicht auszuschließen sind.
- Die Räder, die beim Anheben auf dem Boden stehen bleiben, mit Keilen gegen Vor- oder Zurückrollen sichern. Nicht auf die Feststellbremse verlassen, diese muß bei einigen Reparaturarbeiten gelöst werden.
- Fahrzeug nur auf ebener, fester Fläche aufbocken. Bei weichem Untergrund breite Bretter unter den Wagenheber und die Unterstellböcke legen, damit sich das Gewicht auf eine größere Fläche verteilt.
- Durch eine geeignete Gummi- oder Holzzwischenlage werden beim Anheben Beschädigungen an der Karosserie vermieden.
- Fahrzeug mit Unterstellböcken so abstützen, daß jeweils ein Bein seitlich nach außen zeigt.
- Das Fahrzeug darf nur in unbeladenem Zustand angehoben werden.

**Achtung:** Keinesfalls darf der Wagen an Motor- oder Getriebeteilen angehoben oder abgestützt werden.

**Anheb- und Aufbockpunkte**

**Rangierwagenheber vorn**

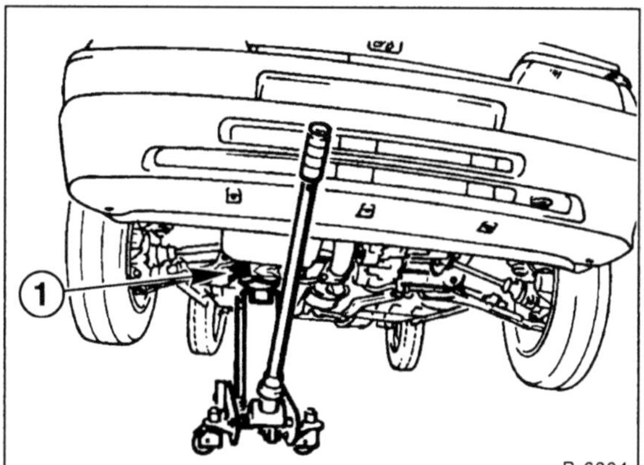


P-6804

- Fahrzeug mit einem Rangierwagenheber links oder rechts unter der Halterung des Dreieckslenkers –1– mit einem zwischengelegtem Holzstück anheben.

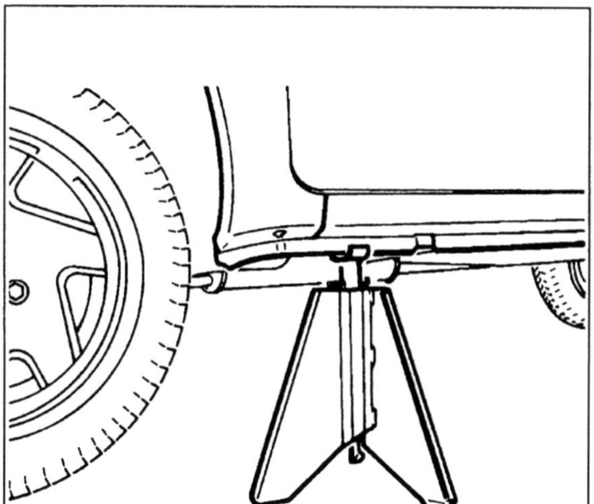

P-6805

- Unterstellbock, wie in der Abbildung gezeigt, ansetzen.

## Rangierwagenheber hinten

- Reserverad ausbauen.

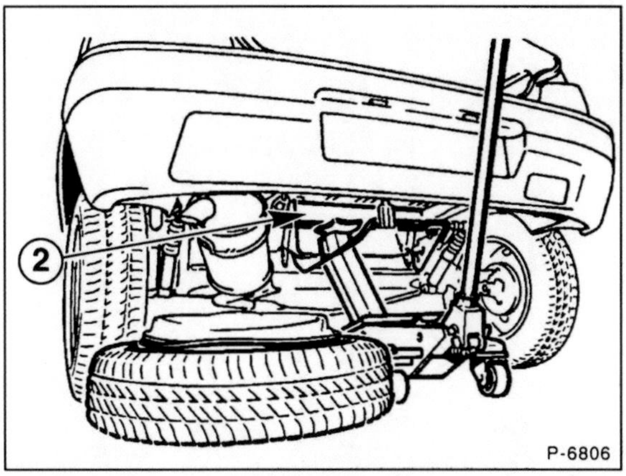


- Fahrzeug mit einem Rangierwagenheber am Querträger –2– anheben. **Achtung:** Das Fahrzeug darf nicht am eingebauten Reserverad angehoben werden.

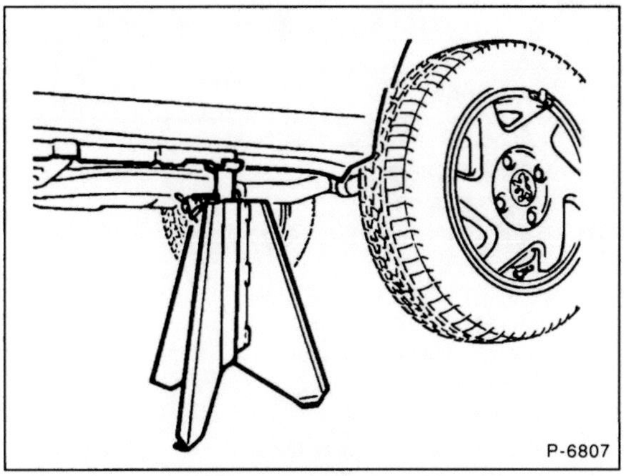


- Fahrzeug, wie in der Abbildung gezeigt, auf beiden Seiten mit Unterstellbock abstützen.

## Zweisäulen-Hebebühne

Es ist empfehlenswert zum Anheben des Fahrzeuges Befestigungsklauen, die das Fahrzeug fest mit der Hebebühne verbinden, zu benutzen, da sich durch den Ausbau von Aggregaten, wie z. B. Motor, Vorderachse usw., der Schwerpunkt des Fahrzeuges verschiebt.

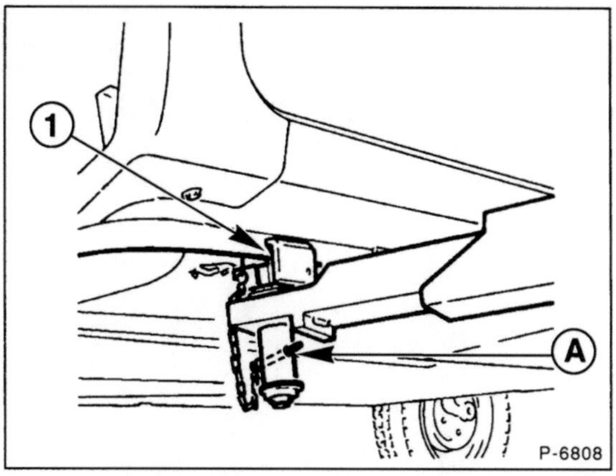


- **Vorne:** Klauen am Schwellerfalz im Bereich –1– ansetzen. Die Köpfe der Befestigungsschrauben müssen nach innen zeigen.

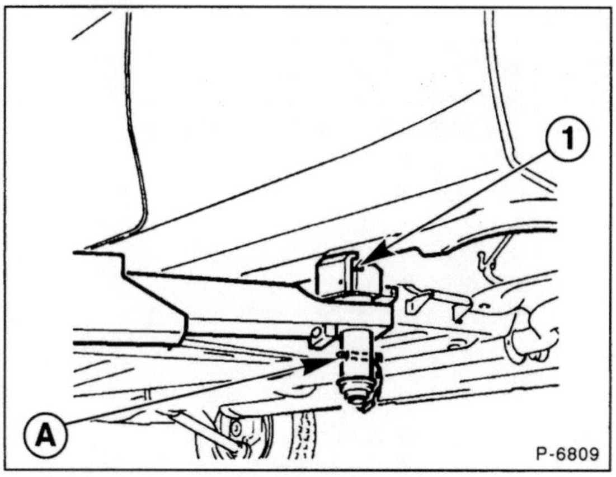


- **Hinten:** Klauen am Schwellerfalz an den Bordwagenheber-Aufnahmen –1– ansetzen. Die Köpfe der Befestigungsschrauben müssen nach innen zeigen. Auf der rechten Fahrzeugseite kann es je nach Modell sein, daß die Befestigungsschraube am Tank anstößt, dann Schraubenkopf nach außen drehen.
- Die Klemmen mit Hilfe des Stiftes anziehen. Anschließend Stifte durch die Bohrungen –A– schieben.

## Werkzeug

Der Aufwand an Werkzeug richtet sich ganz nach dem Umfang der Arbeiten, die am PEUGEOT 106 ausgeführt werden sollen. Neben einer Grundausstattung ist in jedem Fall ein Drehmomentschlüssel empfehlenswert.

Gutes und stabiles Werkzeug wird von der Firma HAZET (42804 Remscheid, Postfach 100461) angeboten. In den Tabellen sind die Spezialwerkzeuge mit der HAZET-Bestellnummer aufgeführt. Vertrieben wird das Werkzeug über den Fachhandel.

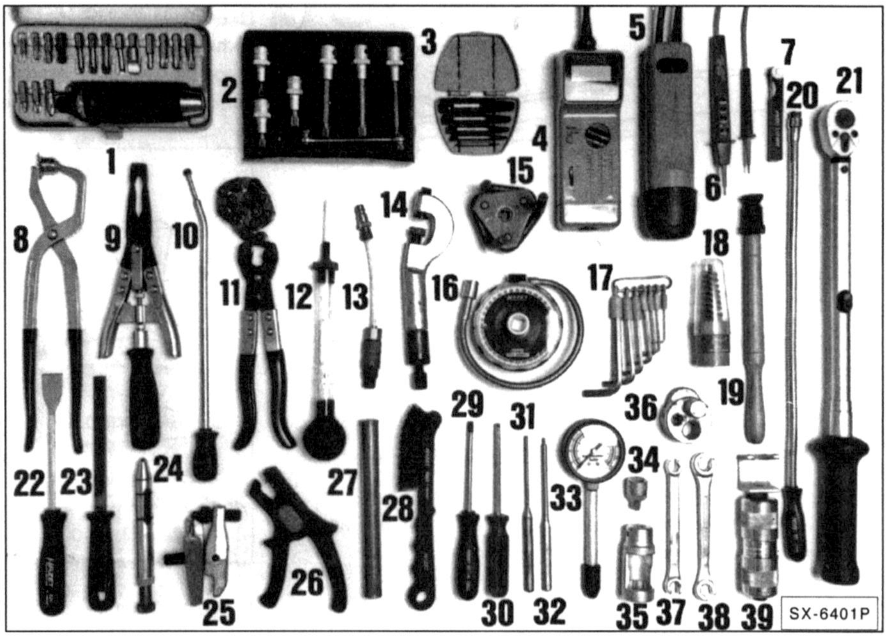


| Abb. | Werkzeug | Hazet-Nr. |
|---|---|---|
| 1 | Schlag-Schraubendreher | 2272 |
| 3 | Schraubenausdreher für verschiedene Schrauben | 793/3 |
| 4 | Pocket-Motortester (Benziner) | BOSCH |
| 5 | Zündzeitpunkt-Stroboskop (Benziner) | BOSCH |
| 6 | Dioden-Prüflampe | – |
| 7 | Fühlerblattlehre 0,05–1,0 mm | 2147 |
| 8 | Bremsfederzange | 797 |
| 9 | Schlag-Ausziehzange für Ventilschaftabdichtungen | 791-2 |
| 10 | Einschlagdorn für Eingriffsicherungen der Benzin-Einspritzanlage | 4519-1 |
| 11 | Ketten-Abgasrohrschneider | 2182 |
| 12 | Batteriesäureprüfer | 802-1 |
| 13 | Druckluftadapter zum Ersetzen der Ventilschaftabdichtungen | 3428 |
| 14 | Hydraulischer Mutternsprenger | 846-22 |
| 15 | Ölfilterschlüssel | 2172 |
| 17 | Satz Innensechskantschlüssel | 2100/7R |
| 18 | Pol- und Klemmenreinigungsbürste | 802-4 |
| 19 | Ventileinschleifer | 795 |
| 20 | Magnet-Sucher | 1976 |
| 21 | Drehmomentschlüssel 20 – 200 Nm | 6122–1CT |
| 22 | Flachschaber zur Beseitigung von Dichtungsrückständen an Zylinderkopf sowie Motorblock | 824 |
| 23 | Bremssattelfeile | 1968-1 |
| 24 | Kupplungsdorn ∅ 15 – 19 mm | 2173/1 |

| Abb. | Werkzeug | Hazet-Nr. |
|---|---|---|
| 25 | Ausdrücker für Spurstangenköpfe | 779 |
| 26 | Abisolierzange | 1862 |
| 27 | Messingdorn | – |
| 28 | Stahldrahtbürste für Bremssattelreinigung | 1968 |
| 31 | Splinttreiber für Sicherungsstifte | 748Lgb-4 |
| 32 | Splinttreiber Hohlstifte | 748-Lgb-6 |
| 33 | Kompressionsdruckprüfer | – |
| 34 | Vierkantadapter 3/8" auf 1/2" | 958-2 |
| 36 | Stehbolzenausdreher | 845 |
| 37 | Offene Doppelringschlüssel für | 612S-9x11 |
| 38 | Überwurfmuttern der Bremsleitungen | 612S-12x14 |
| 39 | Schlag-Ausziehgerät für Scheibenwischerarme etc. | 1966-5 |
| **ohne Abbildung:** | | |
| | Zündkerzenschlüssel | 2505-2 |
| | Öldienstschlüssel | 3701 |
| | Kupplungs-Zentrierwerkzeug (neu) | 2174 |
| | Steckschlüssel für Diesel-Einspritzdüsen | 4555N |

# Wartungsplan PEUGEOT 106

Der Wartung ist **mindestens einmal im Jahr** durchzuführen. Wurden in dieser Zeit mehr als 10.000 km gefahren, ist die Wartung bereits nach dieser Laufleistung durchzuführen. Dies gilt für die Benzin- und Dieselmotoren in gleicher Weise. Bei erschwerten Betriebsbedingungen, wie überwiegend Stadt- und Kurzstreckenverkehr, häufigen Gebirgsfahrten, Anhängerbetrieb und staubigen Straßenverhältnissen, Pflegedienst entsprechend öfter durchführen. Die mit ● gekennzeichneten Positionen sind bei jeder Wartung, die mit ■ gekennzeichneten Positionen bei jeder 2. Wartung zusätzlich auszuführen.

**Motor**

- ● Motoröl: Wechseln, Ölfilter ersetzen (beim Benzinmotor Ölfilter erstmalig nach 10.000 km, dann nur noch jeden 2. Ölwechsel ersetzen).
- ● Motor: Sichtprüfung auf Ölundichtigkeit.
- ● Dieselmotor: Kraftstoffilter entwässern.
- ● Keilriemen: Spannung und Zustand prüfen.
- ● Kühl- und Heizsystem: Flüssigkeitsstand prüfen, Konzentration des Frostschutzmittels prüfen. Sichtprüfung auf Undichtigkeiten und äußere Verschmutzung des Kühlers.
- ● Abgasanlage: Auf Beschädigungen prüfen.
- ■ Ventile: Spiel prüfen, einstellen.
- ■ Motorsteuerung: Fehlerspeicher abrufen (Werkstattarbeit).
- ■ Kraftstoffanlage: Dichtheit prüfen. Kraftstoffleitungen auf Verlegung, Scheuerstellen und festen Anschluß prüfen.
- ■ Benzinmotor: Zündkerzen erneuern.
- ■ Kupplung: Kupplungspedal-Einstellung prüfen.

**Getriebe, Achsantrieb**

- ● Schalt- und Ausgleichgetriebe: Sichtprüfung auf Undichtigkeiten.
- ■ Gelenkschutzhüllen: Auf Undichtigkeiten und Beschädigungen prüfen.
- ■ Kupplung: Kupplungsspiel prüfen/einstellen.

**Vorderachse und Lenkung**

- ■ Spurstangenköpfe: Spiel und Befestigung prüfen, Staubkappen prüfen.
- ■ Achsgelenke: Staubkappen prüfen.
- ■ Lenkung: Faltenbälge auf Undichtigkeiten und Beschädigungen prüfen.
- ■ Servolenkung: Flüssigkeitsstand prüfen, gegebenenfalls Hydrauliköl auffüllen.

**Aufbau**

- ● Unterbodenschutz: Prüfen.
- ● Karosserie: Lackierung auf Beschädigung prüfen.
- ■ Türfeststeller, Tür- und Heckklappenscharniere, Haubenschloß: Schmieren.
- ■ Sicherheitsgurte: Auf Beschädigungen prüfen.

**Bremsen, Reifen, Räder**

- ● Scheibenbremse: Belagstärke prüfen.
- ● Bremsanlage: Leitungen, Schläuche, Bremszylinder und Anschlüsse auf Undichtigkeiten und Beschädigungen prüfen.
- ● Bereifung: Profiltiefe und Reifenfülldruck prüfen; Reifen auf Verschleiß und Beschädigungen (einschließlich Reserverad) prüfen.
- ● Räder: Anzugsdrehmoment von **85 Nm** prüfen.
- ■ Trommelbremse: Belagstärke prüfen.

**Elektrische Anlage**

- ● Alle Stromverbraucher: Funktion prüfen.
- ● Beleuchtungsanlage: Prüfen, gegebenenfalls Scheinwerfer einstellen.
- ● Signalhorn: Prüfen.
- ● Scheibenwischer: Wischergummis auf Verschleiß prüfen.
- ● Scheibenwaschanlage: Funktion prüfen, Düsenstellung kontrollieren, Flüssigkeit nachfüllen, Scheinwerfer-Waschanlage prüfen.
- ● Batterie: Spannung und Säurestand prüfen.

**Jede 4. Wartung / 40.000 km oder alle 2 Jahre**

- Bremsflüssigkeit: Erneuern.
- Kühlflüssigkeit: Erneuern.
- Trockenluftfilter: Filtereinsatz erneuern.

**Jede 6. Wartung / 60.000 km**

- Getriebe: Ölstand prüfen, gegebenenfalls auffüllen. Sichtprüfung auf Undichtigkeit.

**Jede 7. Wartung / 70.000 km**

- Zahnriemen: Erneuern.

**Jede 8. Wartung / 80.000 km**

- Benzin-/Dieselmotor: Kraftstoffilter erneuern.

**Jede 12. Wartung / 120.000 km**

- Zahnriemen: Erneuern.

# Wartungsarbeiten

W

Hier werden, nach den verschiedenen Baugruppen des Fahrzeugs aufgeteilt, alle Wartungsarbeiten beschrieben, die gemäß dem Wartungsplan durchgeführt werden müssen. Auf die erforderlichen Verschleißteile sowie das möglicherweise benötigte Sonderwerkzeug wird jeweils hingewiesen.

Es empfiehlt sich, Reifendruck, Motorölstand und Flüssigkeitsstände für Kühlung, Wisch-/Wasch-Anlage etc. mindestens alle 4 bis 6 Wochen zu prüfen und gegebenenfalls zu ergänzen.

**Achtung:** Beim **Einkauf von Ersatzteilen** sind immer der **KFZ-Schein** und die **Modellnummer** (siehe Kapitel »Fahrzeugidentifizierung«) mitzunehmen, da zur einwandfreien Fahrzeugidentifizierung oftmals die genaue Angabe der Fahrgestellnummer, des Modells oder des Baujahres erforderlich ist.

Um ganz sicher zu sein, daß man die richtigen Ersatzteile erhalten hat, empfiehlt es sich nach Möglichkeit, das Altteil auszubauen und zum Ersatzteilhändler mitzunehmen. Dort kann man es mit dem Neuteil vergleichen.

## Motor und Abgasanlage

Folgende Wartungspunkte müssen nach dem Wartungsplan durchgeführt werden:

- Motor: Öl- und Filterwechsel.
- Motor: Sichtprüfung auf Ölundichtigkeiten.
- Motor: Ölstand prüfen.
- Dieselmotor: Kraftstoffilter entwässern, beziehungsweise Einsatz erneuern.
- Dieselmotor: Leerlauf- und Höchstdrehzahl prüfen bzw. einstellen, siehe Kapitel »Diesel-Einspritzanlage«.
- Benzinmotor: Fehlerspeicher abfragen, diese Arbeit muß von einer PEUGEOT-Fachwerkstatt durchgeführt werden.
- Keilriemen: Spannung und Zustand prüfen.
- Zahnriemen: Erneuern, siehe Kapitel »Zahnriemen erneuern«.
- Kühl- und Heizsystem: Kühlmittel erneuern (alle 2 Jahre/40.000 km). Flüssigkeitsstand prüfen. Konzentration des Frostschutzmittels prüfen. Sichtprüfung auf Undichtigkeiten und äußere Verschmutzung des Kühlers.
- Abgasanlage: Auf Beschädigungen prüfen. Beim Benzinmotor Lambdasonde auf festen Sitz und einwandfreie Kabelverbindung prüfen.
- Motor: Ventilspiel prüfen, einstellen.
- Kraftstoffanlage: Dichtheit prüfen. Kraftstoffleitungen auf Verlegung, Scheuerstellen und festen Anschluß prüfen, siehe auch Kapitel »Kraftstoffanlage«.
- Benzin-/Dieselmotor: Kraftstoffilter ersetzen.
- Trockenluftfilter: Filtereinsatz erneuern.
- Benzinmotor: Zündkerzen prüfen, gegebenenfalls erneuern. Elektrische Anschlüsse prüfen.

### *Motorölwechsel*

Zum Motorölwechsel ist folgendes Werkzeug erforderlich:

- Eine Grube oder ein hydraulischer Wagenheber mit Unterstellböcken.
- Ein Spezialwerkzeug zum Lösen des Ölfilters (Ölfilterzange, Spannbandschlüssel oder HAZET-Werkzeug 2172).
- Stecknuß-Satz zum Lösen der Ölablaßschraube sowie eine Ölauffangschale (wenn Öl nicht abgesaugt wird), die mindestens 4 Liter Öl faßt.

Folgende Verschleißteile werden benötigt:

- Nur wenn Öl nicht abgesaugt wird: Aluminium- oder Kupfer-Dichtring für die Ölablaßschraube (wird manchmal mit dem Ölfilter mitgeliefert).
- Öl-Filterpatrone.
- 3,5 Liter Motoröl. Nur von PEUGEOT freigegebenes Motoröl verwenden, siehe Seite 43.

**Ölwechselmenge Benzin- und Dieselmotor:**
**3,5 l mit Filter**
**3,2 l ohne Filter.**

- Die Mengendifferenz zwischen der »MIN«- und »MAX«-Markierung am Ölpeilstab beträgt ca. **1,0 l (Dieselmotor: 1,4 l)**. Der Ölstand sollte zwischen diesen Markierungen sein.

Der Ölwechsel ist einmal im Jahr durchzuführen. Werden innerhalb dieser Zeitspanne mehr als 10.000 km zurückgelegt, ist der Ölwechsel schon nach 10.000 km vorzunehmen. Dabei wird gleichzeitig die Filterpatrone gewechselt.

Bei erschwerten Einsatzbedingungen wie Kurzstreckenverkehr, häufiger Kaltstart und sehr staubigen Straßenverhältnissen, sollten Motoröl und Ölfilter in kürzeren Abständen gewechselt werden.

**Das Motoröl darf beim Benzinmotor auch mittels einer Sonde (an der Tankstelle) über das Ölmeßrohr abgesaugt werden.** Allerdings muß das neue Öl dann meistens bei der betreffenden Tankstelle gekauft werden.

**Achtung:** Die Öl-Verkaufsstellen nehmen die entsprechende Menge Altöl kostenlos entgegen, daher beim Ölkauf Quittung und Ölkanister für spätere Altölrückgabe aufbewahren! Altöl kann unter Umständen auch bei den Altöl-Sammelstellen abgegeben werden. Gemeinde- und Stadtverwaltungen informieren darüber, wo sich die nächste Altöl-Sammelstelle befindet. **Keinesfalls darf Altöl einfach weggeschüttet oder dem Hausmüll mitgegeben werden.** Größere Umweltschäden wie beispielsweise Grundwasserverseuchung wären sonst unvermeidbar.

### Motoröl ablassen

- Motor auf Betriebstemperatur bringen. Dazu Fahrzeug ca. 10 Minuten lang warmfahren (60° – 80° C Kühlmitteltemperatur).
- Fahrzeug waagerecht aufbocken.
- Gefäß zum Auffangen des Altöls unter die Ölwanne stellen.

**Achtung:** Das Motoröl darf beim Benzinmotor auch mittels einer Sonde abgesaugt werden.

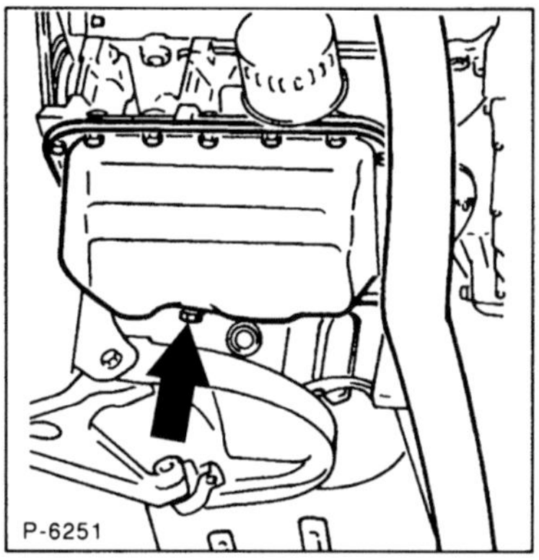


- Ölablaßschraube –Pfeil– aus der Ölwanne herausdrehen und Altöl ganz ablassen.

**Achtung:** Werden im Motoröl Metallspäne und Abrieb in größeren Mengen festgestellt, deutet dies auf Freßschäden hin, zum Beispiel Kurbelwellen- oder Pleuellagerschäden. Um Folgeschäden nach erfolgter Reparatur zu vermeiden, ist die sorgfältige Reinigung von Ölkanälen und Ölschläuchen unerläßlich. Zusätzlich soll der Ölkühler, falls vorhanden, erneuert werden.

- Anschließend Ölablaßschraube mit neuem Dichtring einschrauben und fest, aber nicht mit zu großer Gewalt anziehen.
- Ölauffangwanne unter den Ölfilter stellen.

- Ölfilter ausbauen. Für den Ausbau des Ölfilters benutzen die Werkstätten ein spezielles Werkzeug. Steht dieses nicht zur Verfügung, kann auch ein Lederriemen genommen werden. Man kann auch einen spitzen Schraubendreher seitlich in den Ölfilter eintreiben. Beim Drehen läuft dann allerdings Öl aus – Gefäß unterstellen. Altöl aus dem Ölfilter in das Auffanggefäß ablaufen lassen.
- Ölfilterflansch mit Kraftstoff reinigen. Eventuell dort verbliebene Filterdichtung abnehmen.
- Gummidichtring am neuen Ölfilter leicht mit sauberem Motoröl bestreichen.
- Neuen Ölfilter nur mit der Hand festschrauben. Wenn die Filterdichtung am Motorblock anliegt, Filter noch um ½ Umdrehung weiterdrehen. Hinweise auf dem Ölfilter beachten.
- Neues Öl am Einfüllstutzen des Zylinderkopfdeckels einfüllen.

**Achtung:** Grundsätzlich empfiehlt es sich zunächst ½ Liter Motoröl weniger einzufüllen, den Motor warmlaufen zu lassen und nach einigen Minuten den Ölstand mit dem Meßstab zu kontrollieren und gegebenenfalls zu ergänzen. Zuviel eingefülltes Motoröl muß wieder abgesaugt werden, da sonst die Motordichtungen beziehungsweise der Katalysator beschädigt werden können.

**Achtung:** CD-Motorenöle, die vom Hersteller ausdrücklich als Öle für Diesel-Motoren bezeichnet werden, sind für Otto-Motoren nicht geeignet.

- Fahrzeug ablassen.
- Nach Probefahrt Dichtigkeit der Ablaßschraube und des Ölfilters überprüfen, gegebenenfalls vorsichtig nachziehen.
- Betriebswarmen Motor abstellen und Ölstand nach ca. 2 Minuten nochmals prüfen, gegebenenfalls korrigieren.
- Um die Betriebsverhältnisse des Motors besser überwachen zu können, soll beim Ölwechsel immer ein Öl gleichen Typs und möglichst auch gleicher Marke verwendet werden. Daher ist es zweckmäßig, bei jedem Ölwechsel ein Hinweisschild am Motor zu befestigen, auf dem Marke und Viskosität des Öles vermerkt sind.
- Wahllos abwechselnder Gebrauch verschiedener Öltypen ist ungünstig. Motorenöle gleichen Typs, aber verschiedener Marken sollen möglichst nicht gemischt werden. Motorenöle gleichen Typs und gleicher Marke, aber verschiedener Viskosität, können im Bedarfsfall während jahreszeitlicher Überschneidung ohne weiteres nachgefüllt werden.

## Sichtprüfung auf Ölverlust

Bei ölverschmiertem Motor und hohem Ölverbrauch überprüfen, wo das Öl austritt. Dazu folgende Stellen überprüfen:

- Öleinfülldeckel öffnen und Dichtung auf Porosität oder Beschädigung prüfen.
- Belüftungsschläuche vom Zylinderkopfdeckel zum Luftfilter auf festen Sitz prüfen.
- Zylinderkopfdeckel-Dichtung.
- Zylinderkopf-Dichtung.
- Ölfilterdichtung: Ölfilter am Ölfilterflansch.
- Ölablaßschraube.
- Öldruckschalter.
- Ölwannendichtung.
- Wellendichtringe vorn und hinten für Nockenwelle und Kurbelwelle.

Da sich bei Undichtigkeiten das Öl meistens über eine größere Motorfläche verteilt, ist der Austritt des Öls nicht auf den ersten Blick zu erkennen. Bei der Suche geht man zweckmäßigerweise wie folgt vor:

- Motorwäsche durchführen. Motor mit handelsüblichem Kaltreiniger einsprühen und nach einer kurzen Einwirkungszeit mit Wasser abspritzen. Vorher Zündverteiler bzw. Zündmodul und Generator mit Plastiktüte abdecken.
- Trennstellen und Dichtungen am Motor von außen mit Kalk oder Talkumpuder bestäuben.
- Ölstand kontrollieren, gegebenenfalls auffüllen.
- Probefahrt durchführen. Da das Öl bei heißem Motor dünnflüssig wird und dadurch schneller an den Leckstellen austreten kann, sollte die Probefahrt über eine Strecke von ca. 30 km auf einer Schnellstraße durchgeführt werden.
- Anschließend Motor mit Lampe absuchen, undichte Stelle lokalisieren und Fehler beheben.

## Motorölstand prüfen

Etwa alle 1.000 km sollte der Ölstand des Motors überprüft und gegebenenfalls ergänzt werden. Auf 1.000 Kilometer soll der Motor im Schnitt nicht mehr als 0,5 Liter Öl verbrauchen. Mehrverbrauch ist ein Anzeichen für verschlissene Ventilschaftabdichtungen und/oder Kolbenringe beziehungsweise Öldichtungen.

- Das Fahrzeug muß beim Messen auf einer waagerechten Fläche stehen.
- Der Motor muß betriebswarm sein.
- Nach Abstellen des Motors mindestens 3 Minuten lang warten, damit sich das Öl in der Ölwanne sammelt.
- Ölpeilstab am Motor herausziehen und mit sauberem Lappen abwischen.
- Anschließend Meßstab bis zum Anschlag in das Führungsrohr einführen und wieder herausziehen. Der Ölstand muß zwischen den beiden Markierungen liegen.
- Neues Öl erst nachfüllen, wenn sich der Ölstand der unteren Marke nähert. Die Ölmenge von der »MIN«- bis zur »MAX«-Markierung beträgt bei **1,0 l**.
- Nachgefüllt wird am Verschluß des Zylinderkopfdeckels. Beim Nachfüllen richtige Ölsorte verwenden, keine Ölzusätze verwenden, siehe Seite 43.

## Keilriemen/Keilrippenriemen prüfen/spannen

Es wird kein Spezialwerkzeug benötigt.

Benötigte Verschleißteile:

- 1 Keil- beziehungsweise Keilrippenriemen. Die Länge ist vom Motortyp abhängig. Beim Kauf beachten.

Zu niedrige Keilriemenspannung führt zum erhöhten Verschleiß oder Ausfall des Keilriemens. Bei zu hoher Spannung können Lagerschäden an den betreffenden Aggregaten auftreten.

- Ein Keilriemen muß ersetzt werden bei: Übermäßiger Abnutzung, Ausgefransten Flanken, Ölspuren, Porosität, Querschnittbrüchen. Keilriemen ersetzen, siehe Seite 40.
- Spannung des Keilriemens prüfen, und zwar durch kräftigen Daumendruck in der Mitte zwischen den beiden Riemenscheiben, die den größten Abstand voneinander haben. Der Keilriemen darf sich um ca. 4 mm durchdrücken lassen. Keilriemen spannen, siehe Seite 40.

## Kühlmittelstand prüfen

Der Kühlmittelstand sollte in regelmäßigen Abständen – etwa alle vier Wochen – geprüft werden, zumindest aber vor jeder größeren Fahrt.

Zum Nachfüllen – auch in der warmen Jahreszeit – nur eine Mischung aus Kühlerfrostschutzmittel und demineralisiertem Wasser verwenden.

**Achtung:** Da Kühler, Wärmetauscher und Teile des Motors aus Aluminium gefertigt sind, darf nur ein dafür geeignetes Frost- und Korrosionsschutzmittel verwendet werden.

**Achtung:** Um die Weiterfahrt zu ermöglichen, kann auch, insbesondere im Sommer, Leitungswasser nachgefüllt werden. Der Kühlerfrostschutz muß dann jedoch baldmöglichst korrigiert werden.

- Der Kühlmittelstand soll bei kaltem Motor (Kühlmitteltemperatur ca. +20° C) etwas über der Markierung am Ausgleichbehälter liegen.
- Wenn der Kühlmittelstand bei kaltem Motor die Markierung unterschreitet, Kühlmittel nachfüllen.
- **Kaltes** Kühlmittel nur bei **kaltem Motor** nachfüllen, um Motorschäden zu vermeiden.

**Achtung: Verschlußdeckel bei heißem Motor vorsichtig öffnen. Verbrühungsgefahr! Beim Öffnen Lappen über den Verschlußdeckel legen. Verschlußdeckel möglichst bei einer**

**Kühlmittel-Temperatur unter +90° C öffnen.**

- Verschlußdeckel beim Öffnen zuerst etwas aufdrehen und Überdruck entweichen lassen. Danach Deckel weiterdrehen und abnehmen.
- Sichtprüfung auf Dichtheit durchführen, wenn der Kühlmittelstand in kurzer Zeit absinkt.

## *Frostschutz prüfen*

Folgendes Prüfwerkzeug wird benötigt:

- Eine Prüfspindel, die es preiswert im Zubehörhandel zu kaufen gibt und auch oft an Tankstellen zur Benutzung vorliegt.

Regelmäßig vor Winterbeginn sollte sicherheitshalber die Konzentration des Frostschutzmittels geprüft werden, insbesondere wenn zwischendurch reines Wasser nachgefüllt wurde.

- Motor warmfahren, bis der obere Kühlmittelschlauch zum Kühler ca. handwarm ist.
- Verschlußdeckel am Ausgleichbehälter vorsichtig öffnen. **Achtung:** Nicht bei heißem Motor öffnen, siehe unter »Kühlmittelstand prüfen«.
- Mit Meßspindel Kühlflüssigkeit ansaugen und am Schwimmer Kühlmitteldichte ablesen. Der Frostschutz soll in unseren Breiten bis –30° C reichen, bei extrem kalten Klima bis –40° C.

### Kühlkonzentrat ergänzen

**Beispiel:** Die Frostschutz-Messung mit der Spindel ergibt einen Frostschutz bis – 10° C. In diesem Fall aus dem Kühlsystem 1,0 l Kühlflüssigkeit ablassen und dafür 1,0 l reines Frostschutzkonzentrat auffüllen. Dadurch wird ein Frostschutz bis –30° C erreicht. Soll ein Frostschutz von –40° C erreicht werden: 1,5 l Flüssigkeit wechseln.

| Gemess. Wert in °C | 0 | -5 | -10 | -15 |
|---|---|---|---|---|
| Motor | Differenzmenge in l | | | |
| Frostschutz -30° C | 2,5 | 2,0 | 1,0 | 0,5 |
| bis -40° C | 3,0 | 2,5 | 1,5 | 1,0 |

**Achtung:** Die in der Tabelle angegebenen Werte gelten bei einer Kühlflüssigkeitstemperatur von ca. +20° C.

- Verschlußdeckel am Kühler verschließen und nach Probefahrt Frostschutz erneut überprüfen.

## *Kühlmittel wechseln*

Das Kühlmittel ist im Rahmen der Wartung alle 2 Jahre oder wenn früher erreicht alle 40.000 km, möglichst im Herbst, erneuern. Dazu sind folgende Werkzeuge erforderlich:

- Wagenheber und Unterstellböcke.
- Sechskant-Ringschlüsselsatz oder Stecknußsatz.
- Auffanggefäß für das Kühlmittel.

Folgende Verschleißteile werden benötigt:

- Zum Füllen – auch in der warmen Jahreszeit – nur eine Mischung aus Kühlerfrostschutzmittel und demineralisiertem Wasser verwenden.
- Für die Ablaßschraube am Motorblock wird ein Dichtring der Größe 12,2 x 18 benötigt.

**Inhalt des Kühlsystems:**
**Alle Motoren: 6 Liter**

### Ablassen

- Das Heizungsventil vollständig öffnen. Dazu den Temperaturregler ganz in den roten Bereich stellen.
- Verschlußdeckel am Ausgleichbehälter vorsichtig öffnen. **Achtung:** Nicht bei heißem Motor öffnen, siehe unter »Kühlmittelstand prüfen«.
- Fahrzeug vorn aufbocken, siehe Seite 226.

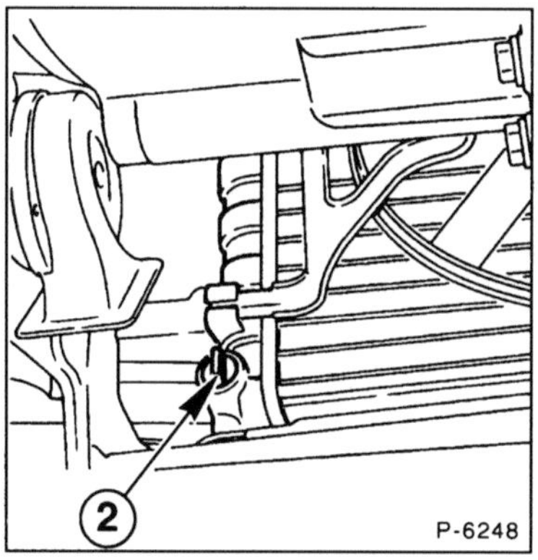


- Sauberes Auffanggefäß unter den Kühler stellen und Ablaßschraube –2– unten am Kühler lösen.

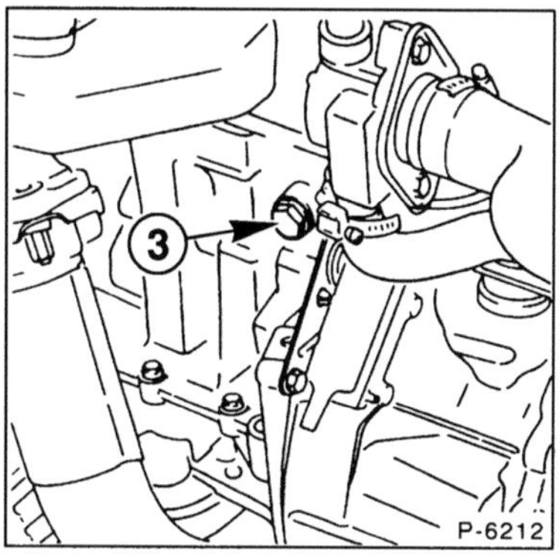


- Sauberes Auffanggefäß unter den Motor stellen und Ablaßschraube –3– am Motorblock herausdrehen. Die Schraube sitzt unterhalb des Abgaskrümmers.
- Kühlmittel ganz ablaufen lassen.

**Achtung:** Kühlflüssigkeit ist giftig und darf nicht einfach weggeschüttet oder dem Hausmüll mitgegeben werden. Gemeinde- und Stadtverwaltungen informieren darüber, wo sich die nächste Sondermüll-Sammelstelle befindet.

Wird die Kühlflüssigkeit zwischendurch im Rahmen einer Reparatur abgelassen, sollte sie zur Wiederverwendung aufgefangen werden.

- Ablaßschraube mit neuem Dichtring am Motorblock einschrauben und mit **50 Nm** festziehen.
- Ablaßschraube am Kühler handfest anziehen.
- Fahrzeug ablassen, siehe Seite 226.

### Auffüllen

**Achtung:** Da Kühler, Wärmetauscher und Teile des Motors aus Aluminium gefertigt sind, darf nur ein dafür geeignetes Frost- und Korrosionsschutzmittel verwendet werden.

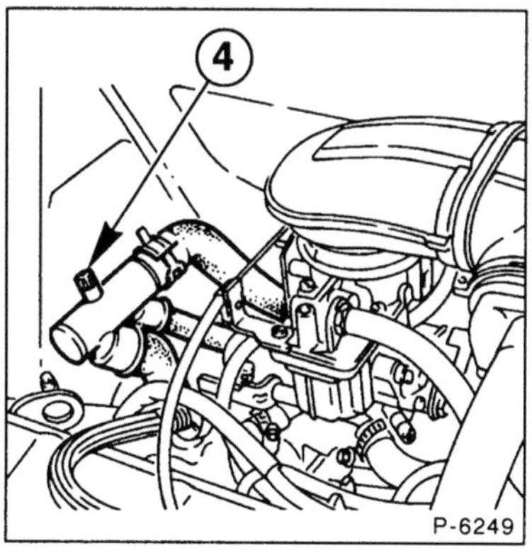


- Entlüftungsschraube –4– öffnen.

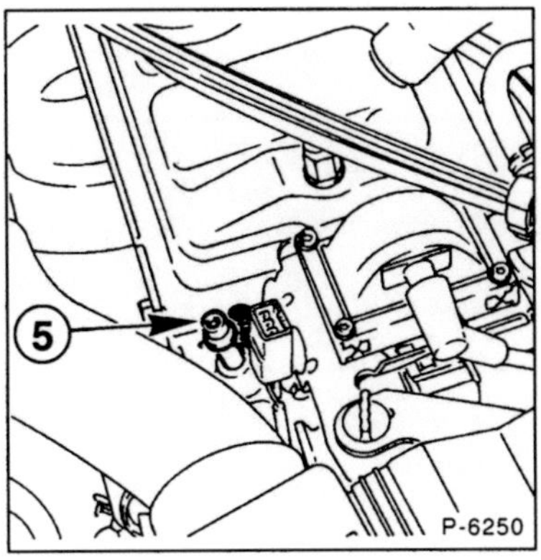


- Entlüftungsschraube –5– um ½ Umdrehung öffnen.
- Das Kühlsystem am Ausgleichbehälter mit Kühlmittel befüllen, bis zu den Entlüftungsschrauben das Kühlmittel in einem gleichmäßigen Strahl austritt.
- Die Entlüftungsschrauben verschließen.
- Kühlmittelstand bis zur MAX-Markierung auffüllen.

**Kühlsystem entlüften**

**Achtung:** Zum Entlüften des Kühlsystems muß der Verschlußdeckel am Ausgleichbehälter abgenommen sein.

- Den Motor starten und mit 2000/min laufen.
- Sobald sich der Kühlerlüfter einschaltet, den Motor abstellen.
- Den Ausgleichsbehälter bis zur MAX-Markierung auffüllen.
- Verschlußdeckel am Ausgleichbehälter aufschrauben.

## Kühlsystem-Sichtprüfung auf Dichtheit

- Kühlmittelschläuche durch Zusammendrücken und Verbiegen auf poröse Stellen untersuchen, hartgewordene Schläuche ersetzen.
- Die Schläuche dürfen nicht zu kurz auf den Anschlußstutzen sitzen.
- Festen Sitz der Schlauchschellen kontrollieren. Gegebenenfalls neue Schraubschellen anstelle der bisherigen Klemmschellen einbauen.
- Dichtung des Verschlußdeckels für den Ausgleichbehälter auf Beschädigungen überprüfen.
- Wenn der Kühlmittelstand häufig absinkt, ohne daß eine undichte Stelle lokalisiert werden kann, Kühlsystem bei warmem Motor prüfen. Dazu Motor warmfahren und im Leerlauf so lange drehen lassen, bis der Lüfter einschaltet. Darauf achten, ob Kühlflüssigkeit im Bereich der Kühlmittelpumpe austritt.
- Deutlicher Kühlmittelverlust und/oder Öl in der Kühlflüssigkeit sowie weiße Abgaswolken bei warmem Motor deuten auf eine defekte Zylinderkopfdichtung hin.

**Achtung:** Mitunter ist es schwierig, die Leckstelle ausfindig zu machen. Dann empfiehlt sich eine Druckprüfung durch die Werkstatt (Spezialgerät erforderlich). Hierbei kann ebenfalls das Überdruckventil des Verschlußdeckels geprüft werden.

**Hinweis:** Tropfenbildung an der Entlüftungsbohrung der Kühlmittelpumpe beziehungsweise Verdampfungsspuren von Kühlmittel im Motorraum sind unbedenklich, wenn nicht ein deutlich meßbarer Kühlmittelverlust im Ausgleichbehälter auftritt.

## Sichtprüfung der Abgasanlage

- Fahrzeug aufbocken.
- Befestigungsschellen auf festen Sitz prüfen.
- Abgasanlage mit Lampe auf Löcher, durchgerostete Teile sowie Scheuerstellen absuchen.
- Stark gequetschte Abgasrohre ersetzen.
- Gummihalterungen durch Drehen und Dehnen auf Porosität überprüfen und gegebenenfalls austauschen.
- Elektrischen Anschluß und festen Sitz der Lambdasonde prüfen.
- Fahrzeug ablassen.

## Ventilspiel prüfen/einstellen

Zum Ventilspiel prüfen und einstellen ist folgendes Spezialwerkzeug erforderlich:

- Eine Fühlerblattlehre in 0,05 mm-Abstufungen.
- Ein Gabel- und Steckschlüsselsatz.
- Dieselmotor: Eine Mikrometer-Bügelmeßschraube zum Messen der Einstellscheiben.

Folgende Verschleißteile sind erforderlich:

- Dichtung für Zylinderkopfdeckel.

Um unterschiedliche Wärmeausdehnungen im Ventiltrieb zu kompensieren, muß ein gewisses Ventilspiel vorhanden sein.

Bei zu geringem Spiel verändern sich die Steuerzeiten, die Verdichtung ist schlecht, die Motorleistung nimmt ab, der Motorlauf ist unregelmäßig. In extremen Fällen können sich die Ventile verziehen oder die Ventile beziehungsweise Ventilsitze verbrennen.

Bei zu großem Spiel stellen sich starke mechanische Geräusche ein, die Steuerzeiten verändern sich, der Motor gibt, in Folge zu kurzer Öffnungszeiten der Ventile und somit schlechter Zylinderfüllung, weniger Leistung ab, der Motorlauf ist unregelmäßig.

Das Einstellen der Ventile hat nur dann den gewünschten Erfolg, wenn die Ventile einwandfrei abdichten, diese kein unzulässiges Spiel in den Ventilführungen haben und am Schaftende nicht eingeschlagen sind.

Das Ventilspiel ist jeweils im Rahmen der Wartung und nach Reparaturen, oder wenn Geräusche am Ventiltrieb auftreten, zu prüfen beziehungsweise einzustellen.

Das Ventilspiel wird bei »kaltem«, stehendem Motor geprüft beziehungsweise eingestellt. Der Motor ist dann kalt, wenn er auf die Umgebungstemperatur abgekühlt oder seit mindestens 2 Stunden abgestellt ist.

**Benzinmotor**
**Prüfen/Einstellen**

- Zylinderkopfdeckel ausbauen, siehe in Kapitel »Zylinderkopf aus- und einbauen«.
- Um den Motor in die erforderlichen Positionen zu drehen, gibt es 3 Möglichkeiten. Erste und einfachste Möglichkeit: 4. oder 5. Gang einlegen, Handbremse lösen und Nockenwelle durch verschieben des Fahrzeuges in Fahrtrichtung verdrehen.

- Der Motor kann auch verdreht werden, indem das Fahrzeug vorn auf einer Seite aufgebockt wird. Handbremse anziehen, 4. oder 5. Gang einlegen und Vorderrad von Hand in Fahrtrichtung verdrehen, der Motor dreht sich mit.
- Dritte Möglichkeit zum Motorverdrehen: Getriebe in Leerlaustellung bringen, Handbremse anziehen. Motor mit einem Steckschlüsseleinsatz an der Zentralschraube der Kurbelwellenriemenscheibe im Uhrzeigersinn (Motorlaufrichtung) verdrehen. Dadurch dreht sich ebenfalls die Nockenwelle.
- Zweckmäßigerweise stellt man den Motor zunächst auf den **O**beren **T**otpunkt (OT) für Zylinder 1 und beginnt mit den Ventilen für den 1. Zylinder. Der Kolben des 1. Zylinders steht im OT, wenn die Nocken für das Ein- und Auslaßventil gleichmäßig nach oben zeigen. Der 1. Zylinder liegt gegenüber dem Getriebe auf der Zahnriemenseite des Motors, in Fahrtrichtung gesehen rechts. Danach dreht man den Motor jeweils eine 1/2 Umdrehung und prüft das Ventilspiel für die folgenden Zylinder entsprechend der Zündfolge: 1 – 3 – 4 – 2. Damit die Nockenwelle immer um eine ¼ Umdrehung weitergedreht wird, muß sich der Motor um eine ½ Umdrehung weiterdrehen, deshalb zweckmäßigerweise Kreidestrich an der Kurbelwellen-Riemenscheibe 180° versetzt zur OT-Markierung anbringen.

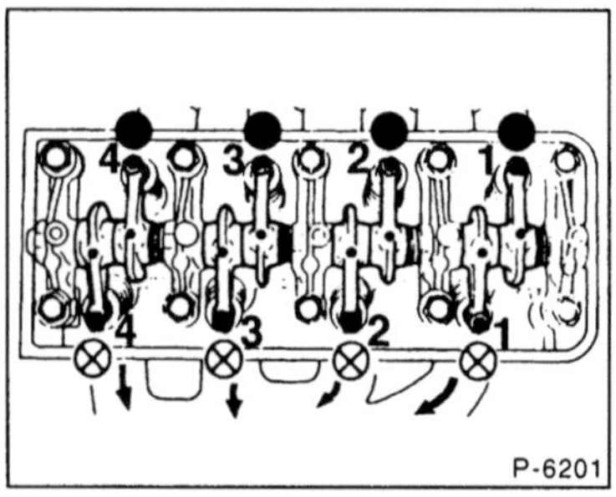

P-6201

- Motor etwas hin- und herdrehen, dabei müssen sich die Ventile des 4. Zylinders überschneiden. Das heißt, während sich ein Kipphebel nach oben bewegt, beginnt der andere sich nach unten zu bewegen, und sobald sich beide Kipphebel auf gleicher Höhe befinden, überschneiden sich die Ventile. Wenn sich zum Beispiel die Ventile des 4. Zylinders überschneiden, dann kann das Ventilspiel des 1. Zylinders geprüft oder eingestellt werden. **Punkt = Einlaßventil, Kreuz = Auslaßventil.**

P-6202

- Ventilspiel zwischen Ventilschaftende und Kipphebel mit Fühlerblattlehre prüfen. Das Ventilspiel ist richtig eingestellt, wenn sich die Fühlerblattlehre stramm durchziehen läßt, andernfalls Ventilspiel einstellen.

**Sollwerte:**

| | |
|---|---|
| Einlaßventil | 0,20 mm |
| Auslaßventil | 0,40 mm |

- Probehalber Fühlerblattlehre mit 0,05 mm Übermaß (über Sollwert) ansetzen, sie darf nicht mehr zwischen Ventil und Kipphebel passen. Gegebenenfalls Ventilspiel verringern.
- Zum Verstellen Kontermutter der Einstellschraube lösen und Einstellschraube mit Schraubendreher langsam und nur in kleinen Schritten verdrehen, bis sich die Fühlerblattlehre mit dem Sollwert saugend durchziehen läßt.
- Einstellschraube mit Schraubendreher festhalten und Kontermutter festschrauben. Einstellung nochmals überprüfen.
- Nacheinander alle Ventile in der unten aufgeführten Reihenfolge prüfen und gegebenenfalls einstellen. Geprüfte Kipphebel mit Farbstift kennzeichnen, damit sichergestellt ist, daß alle Ventile an die Reihe kamen.

| Ventile des Zylinders Nr.: | – Ventile des: |
|---|---|
| 4 überschneiden | – 1. Zylinder einstellen |
| 2 überschneiden | – 3. Zylinder einstellen |
| 1 überschneiden | – 4. Zylinder einstellen |
| 3 überschneiden | – 2. Zylinder einstellen |

- Die Ventile können auch in unregelmäßiger Reihenfolge eingestellt werden: Motor verdrehen, bis an einem beliebigen Ventil der Nocken der Nockenwelle vom Kipphebel wegweist. In dieser Stellung Spiel prüfen und gegebenenfalls korrigieren. Eingestellten Kipphebel mit Farbstift kennzeichnen, nacheinander alle Ventile prüfen beziehungsweise einstellen.

**Dieselmotor**
**Prüfen/Einstellen**

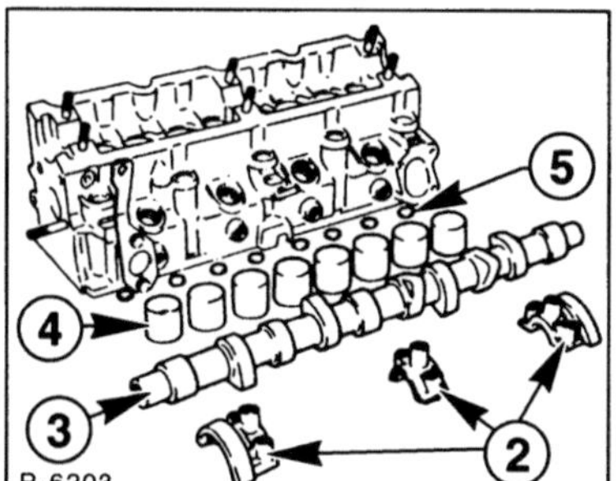

P-6203

Der Dieselmotor hat eine obenliegende Nockenwelle –3–, die die Ventile über Tassenstößel –4– direkt betätigt.

Das Ventilspiel wird mittels Einstellscheiben –5– mit unterschiedlichen Stärken eingestellt.

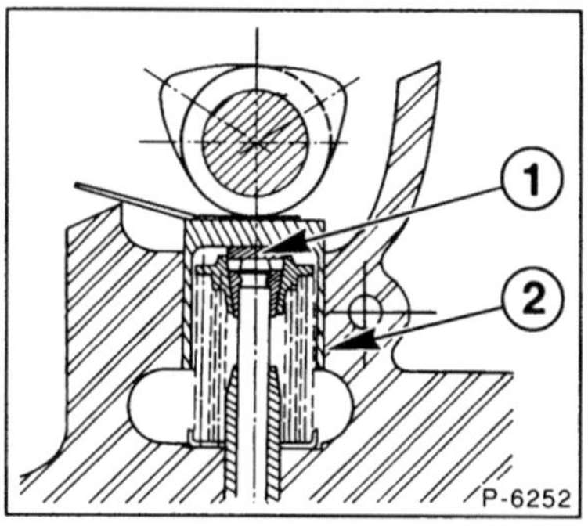

P-6252

Die Einstellscheiben –1– befinden sich unter der Druckfläche des Tassenstößels –2–. Zum Einstellen des Ventilspieles stehen als PEUGEOT-Ersatzteil Einstellscheiben von 3,20 mm bis 3,65 mm in Abstufungen der Scheibenstärke von 0,05 mm und von 3,65 mm bis 4,90 mm in Abstufungen der Scheibenstärke von 0,02 und 0,03 mm zur Verfügung. Da die Arbeit recht umfangreich ist (die Nockenwelle muß zum Einstellen ausgebaut werden) und neben den Einstellscheiben auch eine Mikrometer-Bügelmeßschraube erforderlich ist, empfiehlt es sich, bei wenig Erfahrung das Einstellen des Ventilspiels einer PEUGEOT-Fachwerkstatt zu überlassen.

Bereits eingebaut Einstellscheiben können, wenn keine mechanische Beschädigungen vorliegen, wieder verwendet werden.

- Luftfilter ausbauen, siehe Seite 67.
- Zylinderkopfdeckel ausbauen, siehe in Kapitel »Zylinderkopf aus- und einbauen«.

- Um den Motor in die erforderlichen Positionen zu drehen, gibt es 2 Möglichkeiten. Erste und einfachste Möglichkeit: 4. oder 5. Gang einlegen, Handbremse lösen und Nockenwelle durch Verschieben des Fahrzeuges in Fahrtrichtung verdrehen.
- Der Motor kann auch verdreht werden, indem das Fahrzeug vorn auf einer Seite aufgebockt wird. Handbremse anziehen, 4. oder 5. Gang einlegen und Vorderrad von Hand in Fahrtrichtung verdrehen, der Motor dreht sich mit.

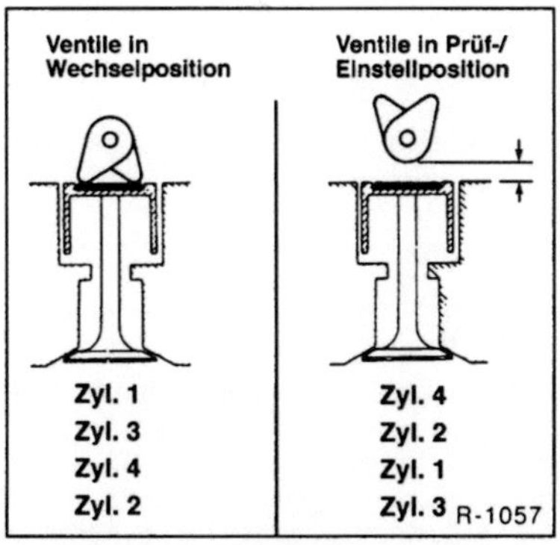

R-1057

- Zweckmäßigerweise stellt man den Motor zunächst so, daß die Ventile für den 1. Zylinder gleichmäßig nach unten zeigen, sie befinden sich dann in der Ventilüberschneidung (Wechselposition). Der 1. Zylinder liegt gegenüber dem Getriebe an der Zahnriemenseite des Motors, in Fahrtrichtung gesehen rechts. Danach dreht man den Motor jeweils um eine ½ Umdrehung und prüft das Ventilspiel für die folgenden Zylinder entsprechend der Zündreihenfolge: 1 – 3 – 4 – 2.

T-1035

- Eine andere Möglichkeit, das Ventilspiel zu messen: Nockenwelle durch Verdrehen des Motors so stellen, daß an einem Ventil der Nocken auf der Nockenwelle nach oben, vom Ventil weg zeigt. In dieser Stellung kann das jeweilige Ventil geprüft werden.
- Geprüfte Ventile mit einem Farbstift kennzeichnen, damit sichergestellt ist, daß alle Ventile an die Reihe kamen.
- Motor wieder etwas verdrehen, bis der Nocken eines anderen Ventiles nicht am Tassenstößel anliegt. Die Reihenfolge der Ventilspielmessung spielt bei dieser Methode keine Rolle. So verfahren, bis alle Ventile kontrolliert wurden.

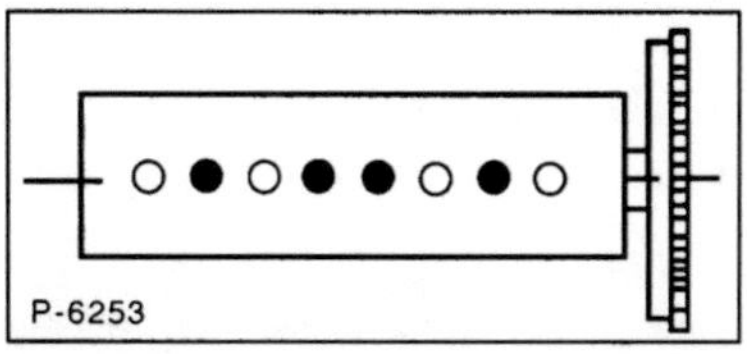
P-6253

Die Abbildung zeigt die Anordnung der Ein- und Auslaßventile. **Schwarzer Punkt = Einlaßventil, weißer Punkt = Auslaßventil.** Die Reihenfolge der Ventile aus Richtung der Zahnriemenseite: Auslaßventil, Einlaßventil 1. Zylinder; Auslaßventil, Einlaßventil 2. Zylinder; Einlaßventil, Auslaßventil 3. Zylinder; Einlaßventil, Auslaßventil 4. Zylinder.

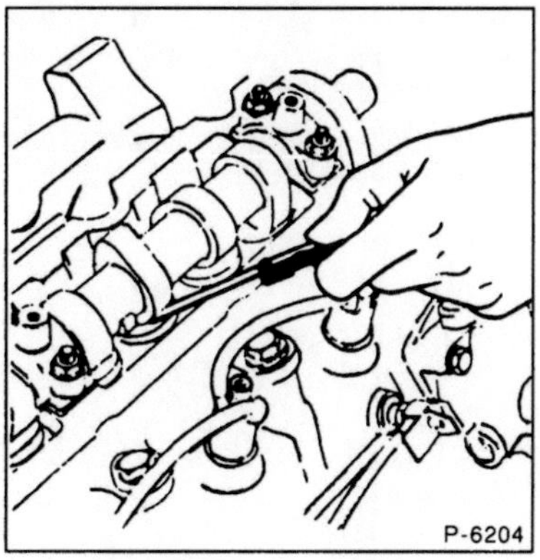
P-6204

- Ventilspiel mit Fühlerblattlehre zwischen Exzenter und Tassenstößel mit Fühlerblattlehre prüfen. Das Ventilspiel ist richtig eingestellt, wenn sich die Fühlerblattlehre stramm durchziehen läßt, andernfalls Ventilspiel einstellen.
  **Sollwerte:**
  Einlaßventil 0,15 mm ± 0,08 mm
  Auslaßventil 0,30 mm ± 0,08 mm
- Falls das Ventilspiel nicht dem Sollwert entspricht und eingestellt werden muß, Stärke der Fühlerblattlehre so lange wechseln, bis der Istwert des Ventilspiels ermittelt ist. Meßwert notieren.

**Einstellen**

- Nockenwelle ausbauen, siehe Seite 35.
- Betreffende Tassenstößel herausnehmen und Einstellscheibe herausnehmen. **Achtung:** Es empfiehlt sich, ein entsprechendes Ablagebrett anzufertigen, da die Tassenstößel an gleicher Stelle wieder eingebaut werden müssen.
- Dicke der bisherigen Einstellscheibe ermitteln: Mit einer Bügelmeßschraube die Stärke der bisher eingebauten Einstellscheibe messen, Ergebnis notieren.

Zur Berechnung der neuen Einstellscheibendicke folgende Formel anwenden:

$$N = T + (A - S)$$

**N** = Dicke der neu einzusetzenden Scheibe

**T** = Dicke der ausgebauten Scheibe

**A** = Gemessenes Ventilspiel

**S** = Ventilspiel-Sollwert

- Neue Einstellscheibe mit Öl benetzen und einlegen.
- Auf diese Weise sämtliche Ventile einstellen.
- Tassenstößel einsetzen.
- Nockenwelle einbauen.
- Anschließend Ventilspiel nochmals prüfen.
- Zylinderkopfdeckel mit neuer Dichtung ansetzen und Befestigungsschrauben festziehen.
- Luftfilter einbauen.

## *Kraftstoffilter ersetzen*

Als Spezialwerkzeug wird benötigt:

- Schlauchklemmen zum Abklemmen der Kraftstoffleitung.

Folgendes Verschleißteil muß gekauft werden:

- Kraftstoffilter. Beim Ersatzteilkauf beachten, daß ein Kraftstoffilter entsprechend der Motorleistung benötigt wird.

**Benzinmotor**

Der Kraftstoffilter muß beim Benzinmotor alle 80.000 km ersetzt werden.

Der Kraftstoffilter sitzt am Fahrzeugunterboden bei dem Kraftstofftank. Zum Wechsel sind ein Wagenheber sowie Unterstellböcke erforderlich.

### Ausbau

**Achtung:** Kein offenes Feuer, Brandgefahr! Feuerlöscher bereitstellen.

- Batterie-Massekabel (–) abklemmen. **Achtung:** Dadurch wird aus dem Speicher des Radios der Code für die Diebstahlsicherung gelöscht. Die Batterie darf nur bei **ausgeschalteter Zündung** abgeklemmt werden.
- Fahrzeug aufbocken.
- Geeigneten Auffangbehälter unter den Kraftstoffilter halten.

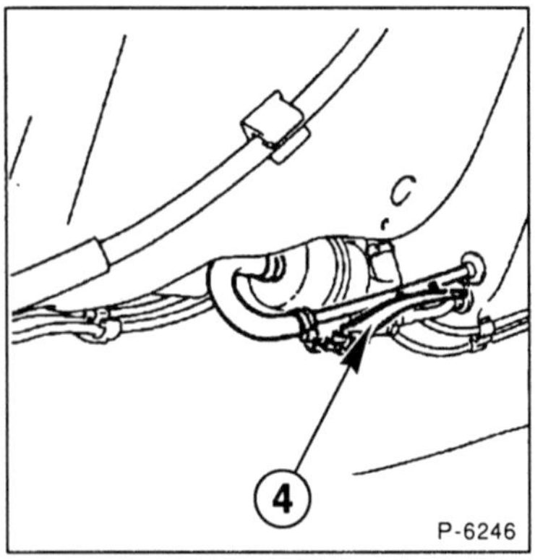


- Befestigungsgurt des Kraftstoffilters aushängen.

- Zufluß- und Ablaufleitung mit Klebeband kennzeichnen. Die Zuordnung der Leitungen ist an der Pfeilrichtung auf dem Filter zu erkennen, der Pfeil zeigt in Durchflußrichtung.
- Kraftstoffzu- und -ablaufleitung am Filter mit Klemme abklemmen, damit kein Kraftstoff herauslaufen kann.
- Kraftstoffschläuche am Kraftstoffilter abziehen, vorher Klemmschellen lösen und zurückschieben.
- Anschließend beide Leitungen abziehen. Gegebenenfalls Lappen um die Anschlüsse legen.
- Filter abnehmen.

**Achtung:** Der Kraftstoffilter ist auch nach dem Lösen der Leitungen mit Benzin gefüllt.

### Einbau

**Achtung:** Kraftstoffilter so einbauen, daß der Pfeil auf dem Gehäuse in Durchflußrichtung zeigt, also vom Tank zum Motorraum.

- Kraftstoffilter ansetzen.
- Kraftstoffleitungen am Filter aufschieben und mit Schlauchschellen sichern.
- Klemmwerkzeug abnehmen.
- Befestigungsgurt des Kraftstoffilters einhängen.
- Fahrzeug ablassen.
- Batterie-Massekabel (–) anklemmen. Code für die Diebstahlsicherung eingeben und Zeituhr einstellen. **Achtung:** Die Batterie darf nur bei **ausgeschalteter Zündung** angeklemmt werden.
- Nach Probelauf des Motors Dichtheit der Kraftstoffanschlüsse kontrollieren.

### Dieselmotor

Der Kraftstoffilter muß beim Dieselmotor alle 20.000 km ersetzt werden.

**Achtung:** Auslaufender Dieselkraftstoff muß besonders auf Gummiteilen (Kühlmittelschläuche) sofort abgewischt werden, da er sonst diese Teile im Lauf der Zeit zersetzen kann.

- Geeignete Auffangwanne unter Kraftstoffilter stellen.

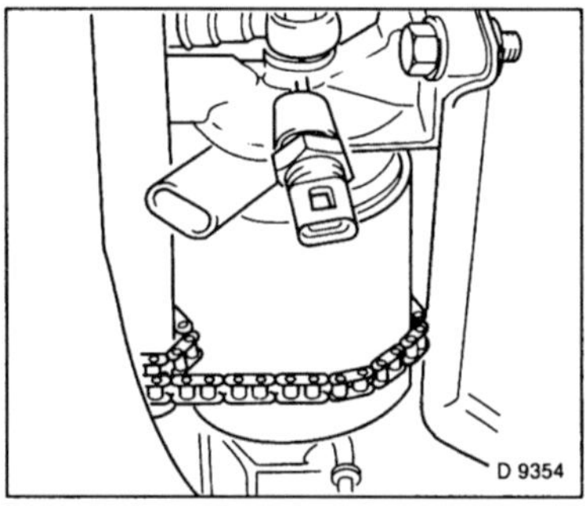


- Mit einem Ölfilterband Kraftstoffilter abschrauben.
- Neuen Filter mit Diesel füllen. Gummidichtung mit Dieselkraftstoff benetzen.
- Filter ansetzen und von Hand anschrauben.
- Kraftstoffanlage entlüften, siehe Seite 82.
- Nach Probefahrt Dichtigkeit der Kraftstoffanlage überprüfen.

## *Luftfiltereinsatz wechseln*

Es wird kein Sonderwerkzeug benötigt.

Folgendes Verschleißteil muß gekauft werden:

- Luftfiltereinsatz. Beim Ersatzteilkauf beachten, daß ein Luftfiltereinsatz entsprechend der Motorleistung benötigt wird.

### Ausbau

- Luftfilterdeckel ausbauen, siehe Seite 67.
- Filtereinsatz herausnehmen.
- Filtergehäuse mit einem Lappen auswischen.

### Einbau

- Neuen Filtereinsatz in das Luftfiltergehäuse einlegen.
- Luftfilterdeckel einbauen, siehe Seite 67.

## *Zündkerzen ersetzen/ elektrische Anschlüsse prüfen*

Die Zündkerzen sind nach 20.000 km zu ersetzen. Geprüft werden die Zündkerzen nur bei Zündungsstörungen.

Als Spezialwerkzeug wird benötigt:

- Ein Zündkerzenschlüssel, der preiswert im Zubehörhandel zu kaufen ist.
- Zusätzlich empfiehlt sich der Kauf einer speziellen Zange, zum Beispiel HAZET 1849, die das Abziehen der Zündkerzenstecker erleichtert.

Folgende Verschleißteile müssen gekauft werden:

- 4 Zündkerzen. Die richtige Zündkerze für den jeweiligen Motor, siehe Tabelle auf Seite 64.

### Ausbau

- Sämtliche Zündkerzenstecker abziehen, dabei nur an den Steckern und nicht an den Zündkabeln ziehen. Die erwähnte Zange erleichtert das Abziehen.
- Zündkerzennischen, wenn möglich, mit Preßluft ausblasen, damit nach dem Ausbau der Zündkerzen kein Schmutz in die Gewindebohrung fällt.
- Zündkerzen mit einem Zündkerzenschlüssel herausschrauben.

- Zustand der Kerze (sogenanntes »Kerzengesicht«) prüfen. Mit einiger Erfahrung lassen sich daraus Rückschlüsse auf den Betriebszustand des Motors ziehen. Es gelten folgende Regeln:

**Elektroden und Isolierkörper**

- Mittelgrau = Richtiges Arbeiten der Zündkerze und richtiges Gemisch
- Schwarz = Gemisch zu fett
- Hellgrau = Gemisch zu mager
- Verölt = Aussetzen der betreffenden Zündkerze oder schlecht abdichtende Kolbenringe (Kompression prüfen).

- Isolatoren der Zündkerzen auf Kriechströme untersuchen. Kriechströme zeigen sich als dünne, unregelmäßige Spuren auf der Oberfläche. Falls Kriechstromspuren vorhanden sind, prüfen ob der Zündkerzenstecker undicht ist, gegebenenfalls austauschen.
- Falls erforderlich, Zündkerzen mit einer Messingbürste oder einem Sandstahlgerät reinigen.

**Einbau**

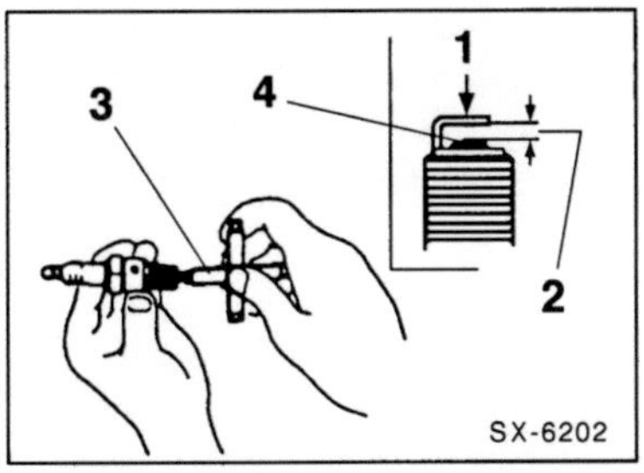


- Elektrodenabstand –2– mit Fühlerblattlehre prüfen. Sollwert: **0,7 – 0,8 mm.** Bei neuen Zündkerzen ist der Elektrodenabstand in der Regel richtig eingestellt, siehe Seite 64.
- Kerzen mit abgebrannten Elektroden erneuern.
- Zum Einstellen des Kontaktabstandes Masse-Elektrode –1– nachbiegen. Dafür gibt es ein einfaches, praktisches Werkzeug –3–, andernfalls seitlich gegen die Masse-Elektrode klopfen. Beim Aufbiegen kleinen Schraubendreher am Gewinderand der Kerze abstützen, keinesfalls jedoch an der Mittel-Elektrode –4–, da diese sonst beschädigt wird.
- Gewinde der Zündkerzen mit sauberem Lappen reinigen.
- Zündkerzen von Hand bis zur Anlage am Zylinderkopf einschrauben. **Achtung:** Dabei Kerzen nicht verkantet ansetzen.
- Zündkerzen mit **25 Nm** festziehen. **Achtung:** Steht kein Drehmomentschlüssel zur Verfügung, neue Zündkerzen mit Kerzenschlüssel um ca. 90° (¼ Umdrehung) anziehen. Gebrauchte Zündkerzen nur ca. 15° anziehen.

**Achtung:** Zu fest angezogene Zündkerzen können beim Herausschrauben abreißen oder das Gewinde im Zylinderkopf beschädigen. In diesem Fall Kerzengewinde mit UTC- oder Heli-Coil-Einsätzen reparieren.

- Kerzenstecker entsprechend der Zündfolge 1–3–4–2 aufstecken. Der 1. Zylinder befindet sich auf der Keilriemenseite, der 4. Zylinder befindet sich auf der Schwungradseite des Motors.
- Durch Hin- und Herbewegen festen Sitz der Kerzenstecker und Zündkabel prüfen.

**Elektrische Anschlüsse prüfen**

- Sämtliche elektrischen Anschlüsse an der Zündspule sowie am Steuergerät auf festen Sitz prüfen.
- Angerissene Klemmen ersetzen.
- Korrodierte Anschlüsse mit einer Drahtbürste oder Schmirgelleinen reinigen, gegebenenfalls mit Kontaktspray einsprühen.
- Die Kontakte dürfen nicht feucht sein, andernfalls Kontakte reinigen und mit Kontaktspray einsprühen.
- Zündkabel auf engen Radius biegen und auf Risse prüfen. Gegebenenfalls alle Zündkabel ersetzen.
- Schalt- und Ausgleichgetriebe: Sichtprüfung auf Dichtheit.
- Schaltgetriebe: Ölstand prüfen, gegebenenfalls auffüllen.

# Getriebe/Achsantrieb

- Achswellen: Gelenkschutzhüllen auf Undichtigkeiten und Beschädigungen prüfen.
- Kupplung: Kupplungseinstellung prüfen/einstellen.
- Schaltgetriebe: Sichtprüfung auf Öldichtigkeiten. Ölstand prüfen.

Achtung: Altöl muß auf jeden Fall bei einer Altöl-Sammelstelle abgegeben werden. Die Verkaufsstelle des neuen Getriebeöls muß das Altöl kostenlos entgegen nehmen. Außerdem informieren Gemeinde- und Stadtverwaltungen darüber, wo sich die nächsten Altöl-Sammelstelle befindet. **Keinesfalls darf Altöl einfach weggeschüttet oder dem Hausmüll mitgegeben werden.** Größere Umweltschäden wie beispielsweise Grundwasserverseuchung wären sonst unvermeidbar.

## *Kupplungseinstellung prüfen/einstellen*

Es wird kein Sonderwerkzeug benötigt. Die Prüfung/Einstellung wird im Kapitel »Kupplung« beschrieben, siehe Seite 97.

## *Gummimanschetten der Gelenkwellen prüfen*

- Fahrzeug aufbocken, siehe Seite 226.

- Gummi der Manschette –1– mit Lampe anstrahlen und auf Porosität und Risse untersuchen. Eingerissene oder nach innen gezogene Gelenkschutzhüllen umgehend erneuern.
- Sollte die Manschette durch Unterdruck im Gelenk nach innen gezogen oder defekt sein, so ist sie umgehend auszutauschen.
- Auf Fettspuren an den Manschetten und in deren Umgebung achten.
- Festen Sitz der Klemmschellen –2– prüfen.
- Fahrzeug ablassen, siehe Seite 226.

## *Sichtprüfung auf Dichtheit*

Folgende Leckstellen sind möglich:

- Trennstelle zwischen Motorblock und Getriebe (Schwungraddichtung/Wellendichtung-Getriebe).
- Öleinfüll-/-ablaßschraube.
- Gelenkwelle an Getriebe.

Bei der Suche nach der Leckstelle folgendermaßen vorgehen:

- Getriebegehäuse mit Kaltreiniger reinigen.
- Ölstand kontrollieren, ggf. auffüllen.
- Mögliche Leckstellen mit Kalk oder Talkumpuder bestäuben.
- Probefahrt durchführen. Damit das Öl besonders dünnflüssig wird, sollte die Probefahrt auf einer Schnellstraße über eine Entfernung von ca. 30 km durchgeführt werden.
- Anschließend Fahrzeug aufbocken und Getriebe mit einer Lampe nach der Leckstelle absuchen.
- Leckstellen umgehend beseitigen, anschließend Ölstand prüfen und gegebenenfalls auffüllen.

## *Schaltgetriebe: Ölstand prüfen*

Das Getriebeöl muß im Rahmen der Wartung nicht gewechselt zu werden. Das Getriebe sollte lediglich regelmäßig auf Undichtigkeit sichtgeprüft werden.

Als Spezialwerkzeug wird benötigt:

- Ein spezieller PEUGEOT-Öldienstschlüssel, z. B. HAZET 3701.
- Zum Nachfüllen ein Schlauch oder eine Ölspritzkanne.

Benötigtes Verschleißteil:

- Getriebeöl SAE 75W-80W, Spezifikation API-GL5. PEUGEOT schreibt Öle folgender Hersteller vor: »ESSO GEAR OIL BV« oder »SHELL SF 5288«.

**Prüfen**

- Fahrzeug waagerecht aufbocken, siehe Seite 226.
- Getriebe auf Undichtigkeiten sichtprüfen.

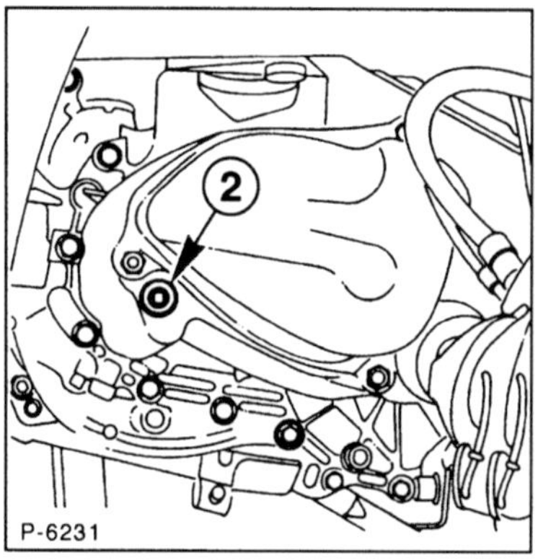


P-6231

- Ölstand-Kontrollschraube –2– am Getriebe herausdrehen. Die Einfüllschraube befindet sich neben dem Getriebedeckel im Getriebegehäuse.
- Mit dem Finger Füllstand des Getriebeöls prüfen. Der Ölstand muß bis zur Unterkante der Einfüllschraube reichen.
- Falls Öl nachgefüllt werden muß, nur Getriebeöl entsprechend der angegebenen Spezifikation nachfüllen. Hierfür wird ein Schlauch oder eine Ölspritzkanne benötigt. Beim Nachfüllen Gefäß unterstellen und überschüssiges Öl ablaufen lassen. Nicht zuviel Öl auf einmal einfüllen. Eingefüllt wird das Getriebeöl durch die Öffnung der Ölstand-Kontrolllschraube.
- Öl bis zum Austreten aus der Kontrollöffnung auffüllen.
- **Achtung:** Getriebeöl auffangen und bei einer Altölsammelstelle abgeben, keinesfalls einfach wegschütten oder dem Hausmüll mitgeben.

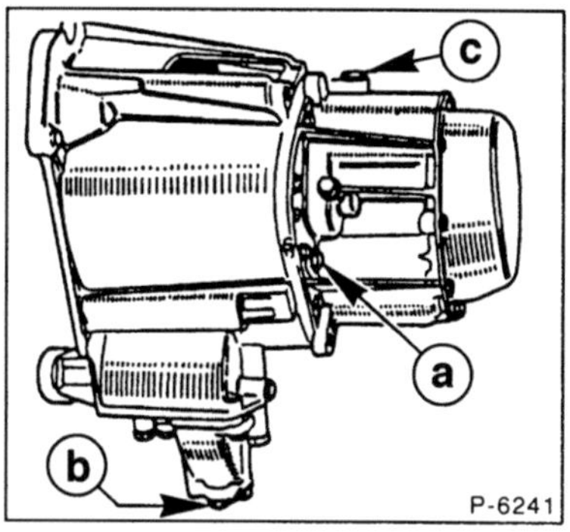


P-6241

- Die Ölablaßschraube –b– unten am Getriebe muß nur bei einer Getriebeüberholung geöffnet werden. Beim Neubefüllen des Getriebes ist die vorgeschriebene Ölmenge einzufüllen.

**Gesamtfüllmenge: 2,0 l**

**Achtung:** Grundsätzlich darauf achten, daß nicht mehr Öl eingefüllt wird als bis zur Unterkante der Öleinfüllbohrung.

- Kontrollschraube mit **50 Nm** festziehen.
- Fahrzeug ablassen, siehe Seite 226.

# Bremsen/Reifen/Räder

- Bremsanlage: Dicke der Bremsbeläge prüfen.
- Bremsanlage: Leitungen, Schläuche, Bremszylinder und Anschlüsse auf Undichtigkeiten und Beschädigungen prüfen.
- Bremsanlage: Bremsflüssigkeitsstand prüfen. Bremsflüssigkeit wechseln.
- Feststellbremse: Einstellung überprüfen.
- Bereifung: Profiltiefe und Reifenfülldruck prüfen; Reifen auf Verschleiß und Beschädigungen (einschließlich Reserverad) prüfen.
- Radschrauben: Festen Sitz prüfen, gegebenenfalls mit **85 Nm** über Kreuz nachziehen.

## *Bremsbelagdicke prüfen*

Je nach Ausstattung werden verschlissene Scheibenbremsbeläge durch das Aufleuchten einer Warnleuchte in der Armaturentafel angezeigt. In diesem Fall sind die Bremsbeläge umgehend zu ersetzen.

- Stellung der Räder zur Radnabe mit Farbe kennzeichnen. Dadurch kann das ausgewuchtete Rad wieder in derselben Position montiert werden. Radschrauben bei auf dem Boden stehendem Fahrzeug lösen. Fahrzeug vorn aufbocken und Vorderräder abnehmen.
- Bremsscheibendicke prüfen, siehe Seite 135.

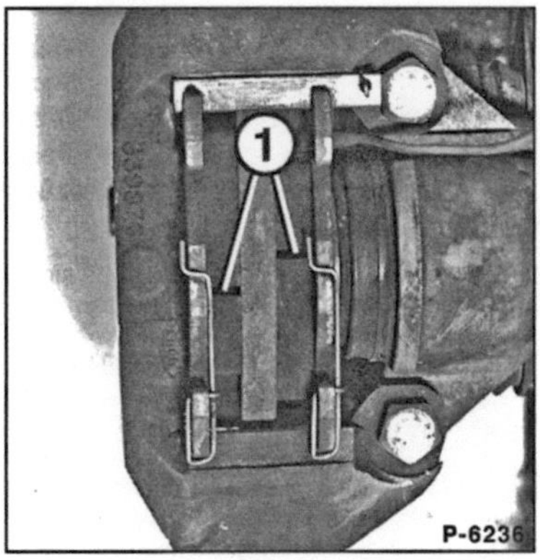


- Bremsbelagdicke – also ohne metallne Rückenplatte – durch den Bremsträger sichtprüfen. Sind keine Regennuten –1– mehr sichtbar, Bremsbeläge ersetzen. Im Zweifelsfall Bremsbeläge ausbauen und Belagdicke mit einer Schieblehre messen.
- Die Verschleißgrenze der **Scheibenbremsbeläge** ist erreicht, wenn der Belag ohne Rückenplatte nur noch eine Dicke von **2 mm** aufweist. In diesem Fall immer alle 4 Beläge der Achse ersetzen.

**Hinweis:** Nach einer Faustregel entspricht bei den vorderen Scheibenbremsen 1 mm Bremsbelag einer Fahrleistung von mindestens 1.000 km. Diese Faustregel gilt unter ungünstigen Bedingungen. Im Normalfall halten die Beläge viel länger. Bei einer Belagdicke der Scheibenbremsbeläge von 5,0 mm (ohne Rückenplatte) beträgt die Restnutzbarkeit der Bremsbeläge also noch mindestens 3.000 km.

- Räder so ansetzen, daß die beim Ausbau angebrachten Markierungen übereinstimmen. Vorher Zentriersitz der Felge an der Radnabe mit Wälzlagerfett leicht einfetten. Räder anschrauben. Fahrzeug ablassen und Radschrauben über Kreuz mit **85 Nm** festziehen.

**Trommelbremse**

- Fahrzeug hinten aufbocken.

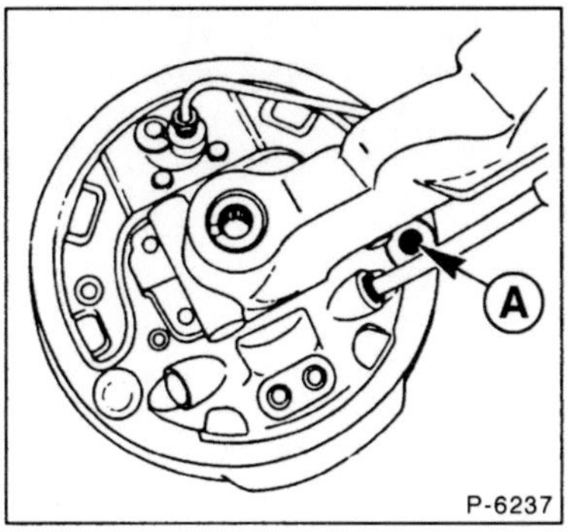


- An der Hinterrad-Trommelbremse kann die Bremsbelagstärke nach dem Entfernen des Stopfens am Schauloch –A– kontrolliert werden. Sonst Bremstrommel ausbauen, siehe Seite 119.
- Die Verschleißgrenze der Trommelbremsbeläge ist erreicht, wenn der Belag eine Stärke von **1 mm** hat. In diesem Fall immer alle 4 Beläge der Achse ersetzen.

**Achtung:** Falls die Bremstrommel abgebaut wurde, Manschette Radbremszylinder zurückziehen und auf Feuchtigkeit hinter der Manschette prüfen. Gegebenenfalls Radbremszylinder auswechseln.

- Stopfen einsetzen und auf gute Abdichtung achten.
- Fahrzeug ablassen.

## *Sichtprüfung der Bremsleitungen*

- Fahrzeug aufbocken.
- Bremsleitungen mit Kaltreiniger reinigen.

**Achtung:** Die Bremsleitungen sind zum Schutz gegen Korrosion mit einer Kunststoffschicht überzogen. Wird diese Schutzschicht beschädigt, kann es zur Korrosion der Leitungen kommen. Aus diesem Grund dürfen Bremsleitungen nicht mit Drahtbürste, Schmirgelleinen oder Schraubendreher gereinigt werden.

- Bremsleitungen vom Hauptbremszylinder zu den einzelnen Bremssätteln und Radbremszylindern mit Lampe überprüfen. Der Hauptbremszylinder sitzt im Motorraum unter dem Vorratsbehälter für Bremsflüssigkeit.
- Bremsleitungen dürfen weder geknickt noch gequetscht sein. Auch dürfen sie keine Rostnarben oder Scheuerstellen aufweisen. Andernfalls Leitung bis zur nächsten Trennstelle ersetzen.
- Bremsschläuche verbinden die Bremsleitungen mit den Radbremszylindern an den beweglichen Teilen des Fahrzeugs. Sie bestehen aus hochdruckfestem Material, können aber mit der Zeit porös werden, aufquellen oder durch scharfe Gegenstände angeschnitten werden. In einem solchen Fall sind sie sofort zu ersetzen.

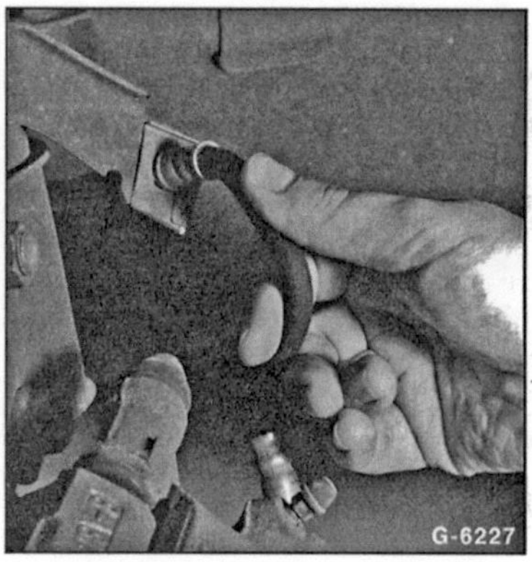


- Bremsschläuche mit der Hand hin- und herbiegen, um Beschädigungen festzustellen. Schläuche dürfen nicht verdreht sein, farbige Kennlinie beachten, falls vorhanden!
- Lenkrad nach links und rechts bis zum Anschlag drehen. Die Bremsschläuche dürfen dabei in keiner Stellung Fahrzeugteile berühren.
- Anschlußstellen von Bremsleitungen und -schläuchen dürfen nicht durch ausgetretene Flüssigkeit feucht sein.

**Achtung:** Wenn der Vorratsbehälter und die Dichtungen durch ausgetretene Bremsflüssigkeit feucht sind, so ist das nicht unbedingt ein Hinweis auf einen defekten Hauptbremszylinder. Vielmehr dürfte die Bremsflüssigkeit durch die Belüftungsbohrung im Deckel oder durch die Deckeldichtung ausgetreten sein.

- Fahrzeug ablassen.

## *Bremsflüssigkeitsstand/ Warnleuchte prüfen*

Der Vorratsbehälter für die Bremsflüssigkeit befindet sich im Motorraum. Er hat zwei Kammern, je eine für jeden Bremskreis. Der Schraubverschluß hat eine Belüftungsbohrung, die nicht verstopft sein darf.

Der Vorratsbehälter ist durchscheinend, so daß der Bremsflüssigkeitsstand jederzeit von außen überwacht werden kann. Es ist ratsam, in regelmäßigen Abständen einen Blick auf den Vorratsbehälter zu werfen.

- Der Flüssigkeitsstand –1– soll, bei geschlossenem Deckel, nicht höher als die MAX-Markierung und nicht unterhalb der MIN-Marke liegen. Bremsflüssigkeit nur nachfüllen, wenn sie unter die MIN-Markierung gesunken ist.
- Nur Bremsflüssigkeit von PEUGEOT, LOCKHEED 55, NAFIC FN3 oder DOW CHEMICAL ET 501 einfüllen.
- Durch Abnutzung der Scheibenbremsen entsteht ein geringfügiges Absinken der Bremsflüssigkeit. Das ist normal.
- Sinkt die Bremsflüssigkeit jedoch innerhalb kurzer Zeit stark ab, ist das ein Zeichen für Bremsflüssigkeitsverlust.
- Die Leckstelle muß dann sofort ausfindig gemacht werden. Meist liegt es an verschlissenen Manschetten in den Radbremszylindern. Sicherheitshalber sollte die Überprüfung der Anlage von einer Fachwerkstatt durchgeführt werden.

**Warnleuchte prüfen**

- Zündung einschalten, Feststellbremse lösen.
- Kontakt –2– im Vorratsbehälter mit dem Daumen nach unten drücken.
- Vom Helfer im Innenraum prüfen lassen, ob die Warnleuchte aufleuchtet. Falls nicht, elektrische Zuleitung gemäß Schaltplan prüfen.

## *Bremsflüssigkeit wechseln*

Benötigtes Sonderwerkzeug:

- Passenden Ringschlüssel für Entlüfterschrauben.
- Absaugflasche für Bremsflüssigkeit.
- Durchsichtiger Kunststoffschlauch und Auffangflasche für Bremsflüssigkeit.

Benötigte Verschleißteile:

- Ca. 0,5 l Bremsflüssigkeit nach Werksfreigabe: Von PEUGEOT, LOCKHEED 55, NAFIC FN3 oder DOW CHEMICAL ET 501.

Die Bremsflüssigkeit nimmt durch die Poren der Bremsschläuche sowie durch die Entlüftungsöffnung des Vorratsbehälters Luftfeuchtigkeit auf. Dadurch sinkt im Laufe der Betriebszeit der Siedepunkt der Bremsflüssigkeit. Bei starker Beanspruchung der Bremse kann es deshalb zu Dampfblasenbildung in den Bremsleitungen kommen, wodurch die Funktion der Bremsanlage stark beeinträchtigt wird.

Bremsflüssigkeit alle 2 Jahre beziehungsweise alle 40.000 km, möglichst im Frühjahr, erneuern. Bei vielen Gebirgsfahrten, Bremsflüssigkeit in kürzeren Abständen wechseln.

- Vorsichtsmaßregeln beim Umgang mit Bremsflüssigkeit beachten, siehe Seite 139.
- Mit einer Absaugflasche aus dem Bremsflüssigkeitsbehälter Bremsflüssigkeit bis zu einem Stand von ca. 10 mm absaugen.

**Achtung:** Vorratsbehälter nicht ganz entleeren, damit keine Luft in das Bremssystem gelangt.

- Vorratsbehälter bis zur „MAX"-Marke mit **neuer** Bremsflüssigkeit füllen.
- Am rechten hinteren Bremssattel sauberen Schlauch auf Entlüfterventil aufschieben, geeignetes Gefäß unterstellen.
- Von Helfer das Bremspedal mehrmals durchtreten lassen, bis sich ein Gegendruck aufgebaut hat. Bremspedal getreten lassen, gleichzeitig Entlüfterventil öffnen und Bremsflüssigkeit durch den durchsichtigen Schlauch herausströmen lassen. Entlüfterventil schließen, wenn das Pedal am Bodenblech anstößt, Fuß vom Pedal nehmen lassen. Dieser Vorgang ist an jedem Entlüfterventil solange zu wiederholen (ca. 10mal), bis nur noch neue Bremsflüssigkeit heraustritt. Neue Bremsflüssigkeit ist an der helleren Farbe zu erkennen.
- Entlüfterventil schließen, Vorratsbehälter mit **neuer** Bremsflüssigkeit auffüllen.
- Auf die gleiche Weise alte Bremsflüssigkeit aus den anderen Bremssätteln, beziehungsweise Radbremszylindern in der Reihenfolge – hinten rechts, hinten links, vorne rechts, vorne links – herauspumpen.

**Achtung:** Die abfließende Bremsflüssigkeit muß in jedem Fall klar und blasenfrei sein.

- Alte Bremsflüssigkeit bei der örtlichen Deponie für Sondermüll abgeben.

## *Feststellbremse prüfen*

Die Feststellbremse wirkt über Seilzüge auf die Hinterräder.

- Fahrzeug hinten aufbocken, siehe Seite 226.
- Handbremshebel 4 Rasten anziehen, an den Hinterrädern muß nun eine leichte Bremswirkung spürbar sein.
- Handbremse ganz anziehen und Rasten zählen. Muß der Handbremshebel mehr als insgesamt 4 bis 7 Rasten angezogen werden, bis sie angezogen ist, Feststellbremse einstellen, siehe Kapitel »Bremsanlage«.
- Fahrzeug ablassen, siehe Seite 226.

## *Reifenfülldruck prüfen*

- Reifenfülldruck nur am kalten Reifen prüfen.
- Reifenfülldruck einmal im Monat sowie im Rahmen der Wartung prüfen. Fülldrucktabelle, siehe Seite 148.
- Zusätzlich sollte der Fülldruck vor längeren Autobahnfahrten kontrolliert werden, da hierbei die Temperaturbelastung für den Reifen am größten ist.

## *Reifenprofil prüfen*

Die Reifen ausgewuchteter Räder nutzen sich bei gewissenhaftem Einhalten des vorgeschriebenen Fülldrucks und bei fehlerfreier Radeinstellung und Stoßdämpferfunktion auf der gesamten Lauffläche annähernd gleichmäßig ab. Bei ungleichmäßiger Abnutzung, siehe Störungsdiagnose im Kapitel »Reifen«. Im übrigen läßt sich keine generelle Aussage über die Lebensdauer bestimmter Reifenfabrikate machen, denn die Lebensdauer hängt von unterschiedlichen Faktoren ab:

- Fahrbahnoberfläche
- Reifenfülldruck
- Fahrweise
- Witterung

Vor allem sportliche Fahrweise, scharfes Anfahren und starkes Bremsen fördern den schnellen Reifenverschleiß.

**Achtung:** Die Rechtsprechung verlangt, daß Reifen lediglich bis zu einer Profiltiefe von 1,6 mm abgefahren werden dürfen, und zwar müssen die Profilrillen auf der gesamten Lauffläche noch mindestens 1,6 mm Tiefe aufweisen. Es empfiehlt sich jedoch, sicherheitshalber die Reifen bereits bei einer Mindestprofiltiefe von 2 mm (Winterreifen: 4 mm) auszutauschen.

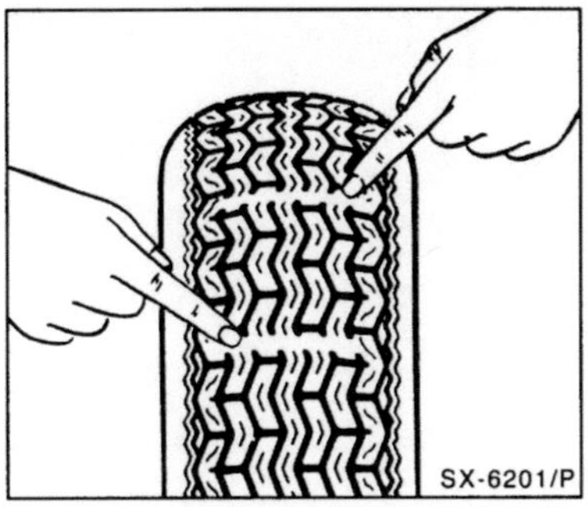

SX-6201/P

Nähert sich die Profiltiefe der gesetzlich zulässigen Mindestprofiltiefe, das heißt, weist der mehrmals am Reifenumfang angeordnete 1,6 mm hohe Verschleißanzeiger kein Profil mehr auf, müssen die Reifen gewechselt werden.

**Achtung:** M+S-Reifen haben auf Matsch und Schnee nur ausreichende Wirkung, wenn ihr Profil noch mindestens 4 mm tief ist.

**Achtung:** Reifen auf Schnittstellen untersuchen und mit kleinem Schraubendreher Tiefe der Schnitte feststellen. Wenn die Schnitte bis zur Karkasse reichen, korrodiert durch eindringendes Wasser der Stahlgürtel. Dadurch löst sich unter Umständen die Lauffläche von der Karkasse, der Reifen platzt. Deshalb: Bei tiefen Einschnitten im Profil aus Sicherheitsgründen Reifen austauschen.

## *Reifenventil prüfen*

- Staubschutzkappe vom Ventil abschrauben.
- Etwas Seifenwasser auf das Ventil geben. Wenn sich eine Blase bildet, Ventil mit umgedrehter Schutzkappe festdrehen.

**Achtung:** Zum Anziehen des Ventils kann nur eine Metallschutzkappe verwendet werden. Metallschutzkappen sind an der Tankstelle erhältlich.

- Ventil erneut prüfen. Falls sich wieder Blasen bilden oder sich das Ventil nicht weiter anziehen läßt, Ventil erneuern.
- Grundsätzlich Schutzkappe wieder befestigen.

■ Spurstangenköpfe: Spiel und Befestigung prüfen, Staubkappen prüfen.

# Lenkung/Vorder- und Hinterachse

■ Achsgelenke: Staubkappen prüfen.

■ Lenkung: Spiel prüfen, Faltenbälge auf Undichtigkeiten und Beschädigungen prüfen.

■ Vorder- und Hinterachse: Radlagerspiel prüfen.

■ Servolenkung: Flüssigkeitsstand prüfen, gegebenenfalls Hydrauliköl auffüllen.

## *Staubkappen für Spurstangen-/ Achsgelenke prüfen*

- Fahrzeug vorn aufbocken.

W-6233

- Staubkappen links und rechts mit Lampe anstrahlen und auf Beschädigungen überprüfen, dabei auf Fettspuren an den Manschetten und in deren Umgebung achten.
- Bei beschädigter Staubkappe, sicherheitshalber entsprechendes Gelenk mit Schutzkappe auswechseln. Eingedrungener Schmutz zerstört mit Sicherheit das Gelenk.
- Befestigungsmutter für die Achsgelenke auf festen Sitz prüfen, dabei Mutter jedoch nicht verdrehen. Locker Mutter ersetzen.

## *Radlagerspiel prüfen*

- Fahrzeug aufbocken, so daß sich die Räder frei drehen.
- Zur Prüfung des Radlagerspieles an der Hinterachse Handbremse lösen.
- Reifen oben mit der einen Hand kräftig nach außen ziehen, gleichzeitig unten mit der anderen Hand zur Fahrzeugmitte drücken. Anschließend oben nach innen drücken und unten nach außen ziehen. Wenn ein merklicher Ruck spürbar ist, hat das entsprechende Radlager zuviel Spiel.
- Prüfung an allen Rädern durchführen, gegebenenfalls defekte Lager ersetzen.
- Fahrzeug ablassen, siehe Seite 226.

## *Lenkungsspiel überprüfen*

- Lenkrad in Mittelstellung bringen.

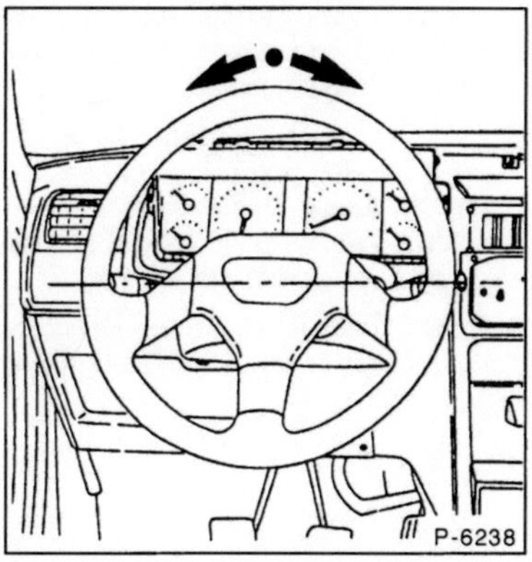

P-6238

- Durch das geöffnete Fenster Lenkrad hin- und herbewegen. Am Lenkrad darf dabei maximal ein Spiel von etwa 25 mm vorhanden sein, ohne daß die Räder sich bewegen.
- Bei größerem Spiel am Lenkrad sind Lenkgestänge, Lenkgetriebe und die Lagerspiele der Vorderachse zu prüfen.
- Spurstangen kräftig von Hand hin- und herbewegen. Die Kugelgelenke dürfen kein Spiel aufweisen, andernfalls Spurstangengelenke ersetzen.

## *Ölstand für Servolenkung prüfen*

Benötigtes Verschleißteil:

- ATF-»DEXRON II« von SHELL (D21065/21611) oder ESSO (D21774).

**Prüfen**

- Der Ölstand für die Lenkhilfe im Vorratsbehälter bei abgestelltem Motor prüfen. Der Ölstand kann bei kaltem oder betriebswarmen Öl geprüft werden. Betriebswarmes Öl hat eine Temperatur von ca. +80° C, die Temperatur von kaltem ATF-Öl entspricht der Umgebungstemperatur.
- Der Ölstand muß zwischen der MAX.- und der MIN.-Markierung liegen. Der Ölstand nie unter der unteren Markierung liegen.
- Andernfalls Hydrauliköl nachfüllen. Dabei nur ein von PEUGEOT freigegebenes Öl verwenden, zum Beispiel: ATF-»DEXRON II«, von SHELL oder ESSO. ATF = Automatic Transmission Fluid.
- Grundsätzlich nur **neues Öl** nachfüllen, da selbst kleinste Verunreinigungen zu Störungen an der hydraulischen Anlage führen können.
- Falls Hydrauliköl nachgefüllt wurde, Motor starten und bei laufendem Motor das Lenkrad mehrmals von Anschlag zu Anschlag bewegen, dadurch entlüftet sich die Anlage.
- Falls Öl nachgefüllt werden mußte, ist das Lenksystem auf Dichtheit prüfen.

- Beleuchtungsanlage: Sämtliche Scheinwerfer, Schlußleuchten und Blinklampen prüfen, gegebenenfalls Scheinwerfer einstellen oder Glühlampen erneuern, siehe Kapitel »Beleuchtungsanlage«.
- Alle Stromverbraucher auf Funktion prüfen.
- Signalhorn: Prüfen.
- Scheibenwischer: Wischergummis auf Verschleiß prüfen, gegebenenfalls ersetzen, siehe Kapitel »Scheibenwischanlage«.
- Scheiben- und Scheinwerferwaschanlage: Funktion prüfen, Düsenstellung kontrollieren, Flüssigkeit nachfüllen, Scheinwerfer-Waschanlage prüfen, siehe Kapitel »Scheibenwischanlage«.
- Batterie: Spannung und Säurestand prüfen.

## *Batterie prüfen*

Benötigtes Sonderwerkzeug:

- Säureschutzfett, z. B. BOSCH-Polfett.
- Stahldrahtbürste (Pol- und Klemmenreinigungsbürste).

Benötigtes Verschleißteil:

- Destiliertes Wasser.

**Batterie-Pole reinigen**

Bei der regelmäßigen Durchsicht des Wagens sind auch die Batterie-Pole und Anschlußklemmen zu reinigen und mit Säureschutzfett einzureiben.

**Säurestand prüfen**

Bei der serienmäßig eingebauten Batterie reicht die einmal eingefüllte Säuremenge normalerweise für die gesamte Lebensdauer der Batterie. Dennoch sollte der Säurestand regelmäßig kontrolliert werden.

**Achtung:** Nicht mit offener Flamme in die Batterie leuchten. Explosionsgefahr!

- Der Flüssigkeitsspiegel in der Batterie soll ca. 5 mm über den Bleiplatten, also etwa bis zur Markierung stehen. Bei niedrigerem Stand bis zur Sollhöhe auffüllen. Dazu die Abdeckung mit einem Schraubendreher abheben. Jede Zelle einzeln mit destilliertem Wasser auffüllen.

**Achtung:** Zum Nachfüllen nur destilliertes Wasser verwenden.

- Batteriespannung prüfen, siehe Seite 189.

# Karosserie/Innenausstattung

- Türfeststeller, Türschlösser, Schließkeil/-klaue, Deckelschloßober- und unterteil: Mit Mehrzweckfett fetten.
- Türfeststeller, Tür- und Heckklappenscharniere, Haubenschloß: Schmieren.
- Unterbodenschutz und Hohlraumkonservierung: Prüfen.
- Sicherheitsgurte: Auf Beschädigungen prüfen.

## Sichtkontrolle Unterboden/Karosserie

Bei der regelmäßigen Pflege Augenmerk auf Lackbeschädigungen legen und auch Unterboden öfters reinigen, siehe Seite 222.

## Sichtprüfung aller Sicherheitsgurte

**Achtung:** Geräusche, die beim Aufrollen des Gurtbandes entstehen, sind funktionsbedingt. Bei störenden Geräuschen kann nur der Sicherheitsgurt ausgetauscht werden. Auf keinen Fall darf zur Behebung von Geräuschen Öl oder Fett verwendet werden. Der Aufrollautomat darf nicht zerlegt werden, da hierbei die vorgespannte Feder herausspringen kann. Unfallgefahr!

- Sicherheitsgurt ganz herausziehen und Gurtband auf durchtrennte Fasern prüfen. Beschädigungen können zum Beispiel durch Einklemmen des Gurtes oder durch brennende Zigaretten entstehen. In diesem Fall Gurt austauschen.
- Sind Scheuerstellen vorhanden, ohne daß Fasern durchtrennt sind, braucht der Gurt nicht ausgewechselt zu werden.
- Schwergängigen Gurt auf Verdrehungen prüfen, gegebenenfalls Verkleidung an der Mittelsäule ausbauen.
- Wenn die Aufrollautomatik nicht mehr funktioniert, Gurt auswechseln.
- Gurtbänder nur mit Seife und Wasser reinigen, keinesfalls Lösungsmittel oder chemische Reinigungsmittel verwenden.

## Schlösser schmieren

- Schließeinrichtungen für Türen, Front- und Gepäckraumklappe ölen, beziehungsweise fetten
- Türschlösser an den Schließzapfen, Schließösen und Anlageflächen der Drehfallen fetten.

# Stromlaufpläne

In einem Personenwagen werden bis zu 1000 Meter Leitungen verlegt, um alle elektrischen Verbraucher (Scheinwerfer, Radio usw.) mit Strom zu versorgen.

Will man einen Fehler in der elektrischen Anlage aufspüren oder nachträglich ein elektrisches Zubehör montieren, kommt man nicht ohne Stromlaufplan aus; anhand dessen der Stromverlauf und damit die Kabelverbindungen aufgezeigt werden. Um das Kabelgewirr zumindest auf dem Stromlaufplan übersichtlich zu ordnen, sind nur jeweils einzelne Schaltkreise auf Detailplänen angeordnet. Grundsätzlich muß der betreffende Stromkreis geschlossen sein, sonst kann der elektrische Strom nicht fließen. Es reicht beispielsweise nicht aus, wenn an der Plusklemme eines Scheinwerfers Spannung anliegt, wenn nicht gleichzeitig über den Masseanschluß der Stromkreis geschlossen ist.

Deshalb ist auch das Massekabel der Batterie mit der Karosserie verbunden. Mitunter reicht diese Masseverbindung jedoch nicht aus, und der betreffende Verbraucher bekommt eine direkte Masseleitung. In den einzelnen Stromkreisen können Schalter, Relais, Sicherungen, Meßgeräte, elektrische Motoren oder andere elektrische Bauteile integriert sein.

Um das Kabelgewirr zumindest auf dem Stromlaufplan entwirren zu können, sind die Stromlaufpläne in einzelne Baugruppen aufgeteilt. Anhand des Stromlaufplanes kann die einzelne Leitung zwischen den Bauteilen verfolgt werden. Auf dem Steckverbindungsplan kann man erkennen wo die einzelne Leitungen im Fahrzeug verlegt sind und wo die Leitungen mit Steckern getrennt werden können.

**Am sinnvollsten geht man bei der Benutzung des Stromlaufplanes folgendermaßen vor:**

Zuerst sucht man in der Legende das betreffende Bauteil, zum Beispiel den Schalter für das Heizgebläse. Neben der Bauteil-Benennung wird dann die entsprechende Nummer angezeigt, die im Stromlaufplan neben dem entsprechenden Bauteil wieder auftritt.

Um den Stromlaufplan lesen zu können, ist die Kenntnis einiger Bauteile erforderlich, außerdem sollte man die wichtigsten Schaltzeichen kennen.

Alle Schalter und Verbraucher sind in Ruhestellung gezeichnet. Der geänderte Stromverlauf nach Betätigung eines Schalters sei am Beispiel eines Zweistufen-Schalters erläutert:

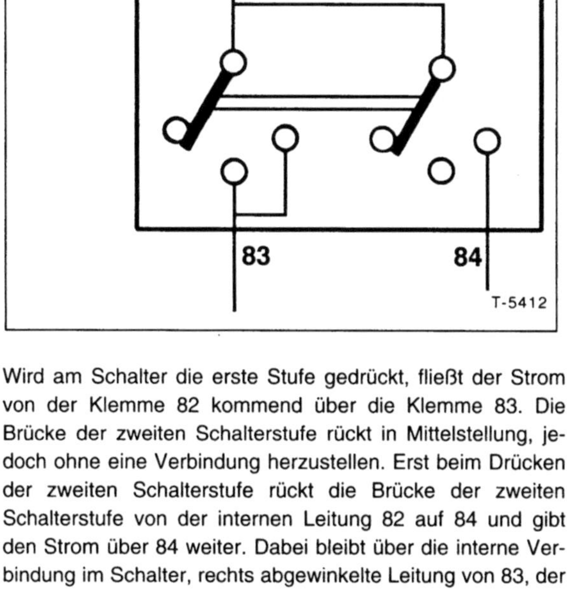


Wird am Schalter die erste Stufe gedrückt, fließt der Strom von der Klemme 82 kommend über die Klemme 83. Die Brücke der zweiten Schalterstufe rückt in Mittelstellung, jedoch ohne eine Verbindung herzustellen. Erst beim Drücken der zweiten Schalterstufe rückt die Brücke der zweiten Schalterstufe von der internen Leitung 82 auf 84 und gibt den Strom über 84 weiter. Dabei bleibt über die interne Verbindung im Schalter, rechts abgewinkelte Leitung von 83, der Stromfluß der ersten Schalterstufe bestehen.

Der Sicherungskasten mit den Sicherungen und Relais ist in jedem Detailplan mit den entsprechenden Sicherungen eingezeichnet. Sicherungsbelegung, siehe Seite 187.

## Stromlaufpläne PEUGEOT 106

**Modelljahr 1994**

Wegen des großen Umfangs der vorhandenen Stromlaufpläne können nicht alle Modelljahre berücksichtigt werden. Bei einer Neuauflage wird jeweils der aktuelle Stromlaufplan veröffentlicht, an dem sich auch Fahrzeugbesitzer älterer Modelle orientieren können.

# Erläuterung Stromlaufplan

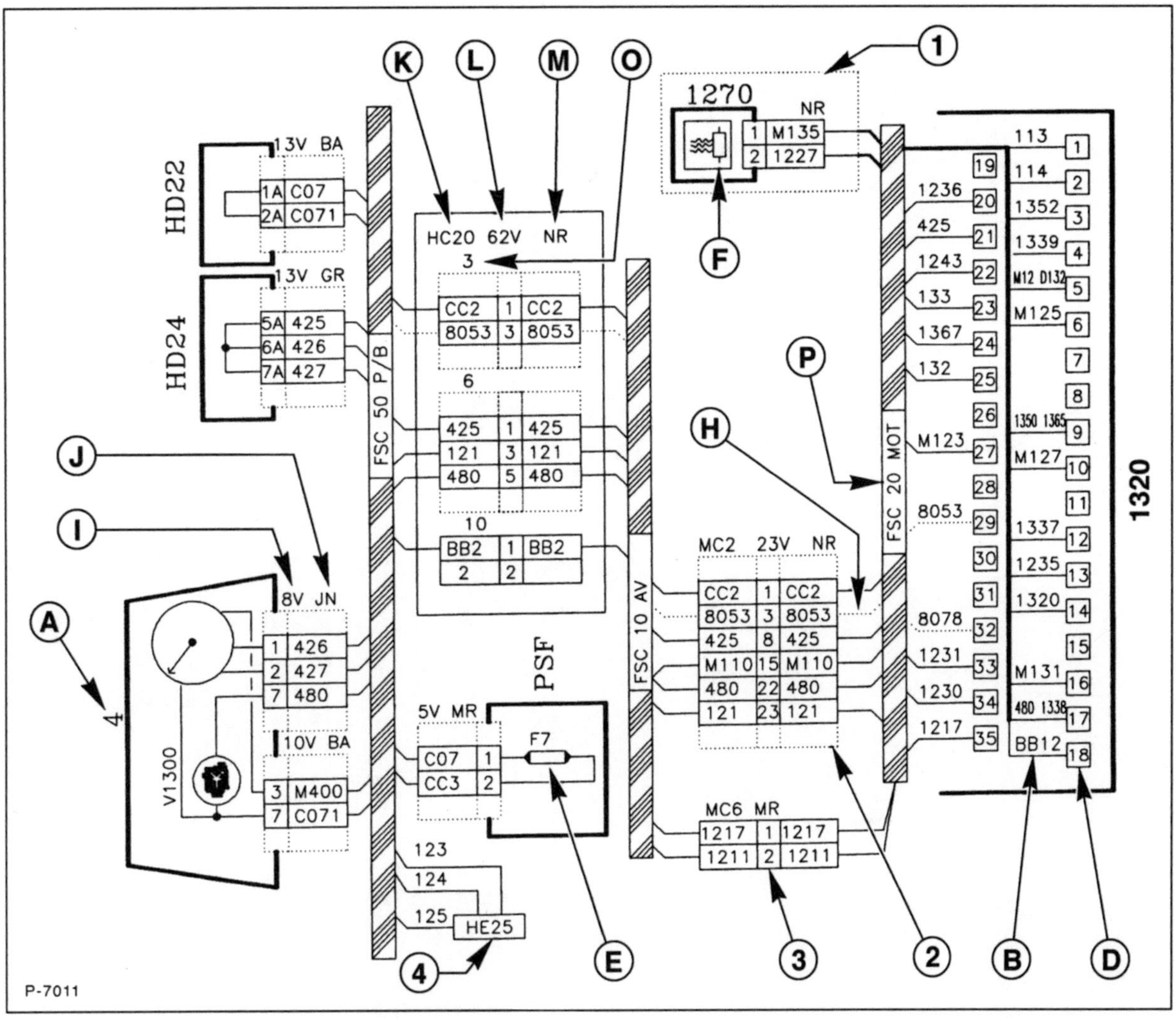


1 = Darstellung einer modell- oder ausstattungsabhängigen Variante

2 = Darstellung einer teilweise dargestellten Steckverbindung

3 = Darstellung einer kompletten Steckverbindung

4 = Darstellung einer festen Verbindung

A = Bauteilnummer

B = Kabelnummer

D = Nummer der Steckverbindung

E = Sicherungsnummer

F = Bauteilsymbol

H = Darstellung einer modell- oder ausstattungsabhängiger Kabelverbindung

I = Anzahl der Steckerpole

J = Steckerfarbe

K = Nummer der Steckverbindung

L = Polanzahl der Steckverbindung

M = Farbe der Steckverbindung

O = Modulnummer (nur bei Steckern, die aus mehreren Modulen bestehen)

P = Sicherungsbezeichnung

## Erläuterung Steckverbindungsplan

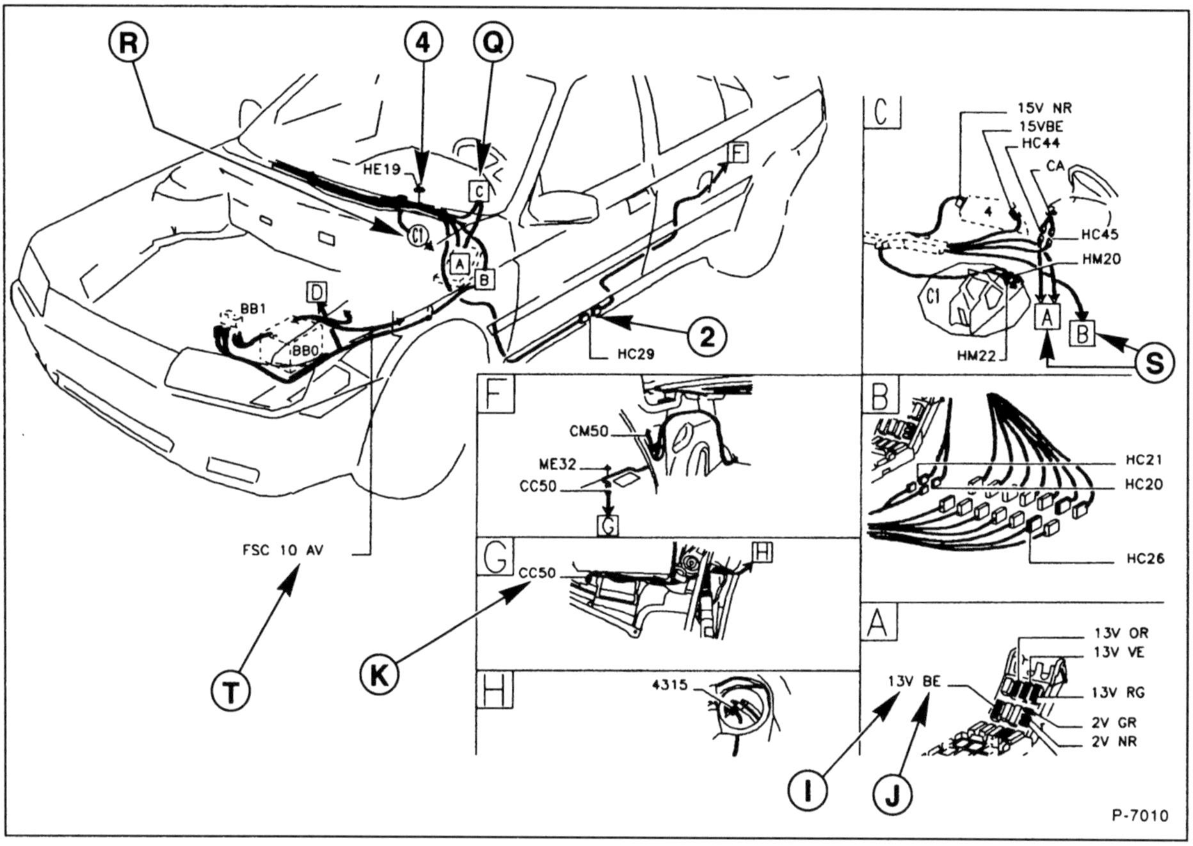


2 = Darstellung einer Steckverbindung

4 = Darstellung einer festen Verbindung

I = Anzahl der Steckerpole

J = Steckerfarbe

K = Nummer der Steckverbindung

Q = Lupenkennzeichnung (vergrößerte Darstellung in separatem Kasten)

R = Ausschnitt in Kasten

S = Querverweis auf andere Ausschnitte

T = Bezeichnung des Kabelstrangs

## Kennzeichnung der Bauteile

Die einzelnen Bauteile sind mit vier Zahlen gekennzeichnet. Die ersten beiden Ziffern geben die Zuordnung zu den einzelnen Baugruppen an, die letzten beiden Ziffern sind die fortlaufende Nummerierung des einzelnen Bauteils, z. B.: 4310 (Kraftstoffstandsanzeige). 43 = Gruppe Information Kraftstoff und Vorglühanlage, 10 = fortlaufende Nummer.

Sind mehrere identische Bauteile in einem Fahrzeug eingebaut, so werden diese durch einen zusätzlichen Buchstaben gekennzeichnet, z. B.: 2400A (Relais für Parkleuchte).

Kontrolleuchten werden mit einem vorgestellten V gekennzeichnet, z. B.: V1000 (Ladekontrolleuchte).

Bauteile, die direkt zur Stromversorgung gehören, sind speziell gekennzeichnet:

BB0 = Batterie

BB1 = Batterie-Plusanschlußeinheit

CA = Zündschloß

PSF = Platine - Sicherungskasten

## Kennzeichnung der Kabelstränge, Steckverbindungen und Masseanschlüsse

In der Kennzeichnung der Steckverbindungen und der Masseanschlüsse ist die Einbaulage definiert.

M = Motorraum

H = Innenraum

C = Kofferraum

Die Masseanschlüsse werden durch die Einbaulage (M, H oder C), dem Buchstaben M und einer fortlaufenden Nummer gekennzeichnet, z. B.: HM11.

Die festen Verbindungen werden durch die Einbaulage (M, H oder C), dem Buchstaben E und einer fortlaufenden Nummer gekennzeichnet, z. B.: HE28.

Die Steckverbindungen werden durch die Einbaulage (M, H oder C), dem Buchstaben C und einer fortlaufenden Nummer gekennzeichnet, z. B.: MC15.

Die Steckverbindungen mit Plusanschluß werden durch die Einbaulage (M, H oder C), dem Buchstaben D und einer fortlaufenden Nummer gekennzeichnet, z. B.: HDM11.

Die Steckverbindungen mit Masseanschluß werden durch die Einbaulage (M, H oder C), den Buchstaben DM und einer fortlaufenden Nummer gekennzeichnet, z. B.: HDM11.

Die Kabelstränge können anhand der Kabelnummer einer elektrischen Funktion oder der Stromversorgung zugeordnet werden. Die beiden Buchstaben geben die Funktion oder die Stromversorgung an, und die folgenden Ziffern geben die fortlaufende Nummer an, z. B.: CC12.

Stromversorgung vor Sicherung:

BB = Versorgung Dauer+

CC = Versorgung + über Zündung

AA = Versorgung + über Zubehör

Leitungen, die über eine Sicherung mit Strom versorgt werden, sind mit einem Buchstaben und drei Ziffern gekennzeichnet. Die ersten beiden Ziffern geben die Nummer der Sicherung an, und die folgenden Ziffern geben die fortlaufende Nummer an, z. B.: A113.

Stromversorgung nach Sicherung:

B = Versorgung Dauer+

C = Versorgung + über Zündung

A = Versorgung + über Zubehör

V = Versorgung + für Standlicht

Spezielle Stromversorgung:

CE = Versorgung + Beleuchtung über Zündung

M = Masse

## Kennzeichnung der Abkürzungen:

+P = Dauer +

+AA = + über Zubehör

+AC = + über Zündung

+V = Standlicht

+D = +Anlasser

## Legende für alle Stromlaufpläne

BB0 = Batterie

BB1 = Batterie-Plusanschlußeinheit

CA = Zündschloß

PSF = Platine - Sicherungskasten

V1000 = Ladekontrolleuchte

V1150 = Vorglühkontrolleuchte

V2600 = Kontrolleuchte Standlicht

V2610 = Kontrolleuchte Abblendlicht

V2620 = Kontrolleuchte Fernlicht

V4300 = Kontrolleuchte Mindestkraftstoffstand

0002 = Kombischalter

0004 = Kombiinstrument

0005 = Wischerschalter

1010 = Anlasser

1020 = Drehstromgenerator

1150 = Vorglühsteuergerät

1160 = Glühkerzen

1255 = Abschaltelektroventil für Pumpe

1400 = OT-Geber/Bezugsmarkengeber

1500 = Relais Kühlerlüfter

1501 = Sicherung für Kühlerlüfter

1505 = Temperaturschalter für Kühlerlüfter

1506 = Widerstand für Zweistufen-Kühlerlüfter

1510 = Kühlluftventilator

2000 = Schalter für Nebelschlußleuchten

2100 = Bremslichtschalter

2300 = Schalter Warnblinkanlage

2305 = Blinkgeber

2320 = Blinker vorne links

2325 = Blinker vorne rechts

2400A = Relais für Parkleuchte

2610 = Scheinwerfer links

2615 = Scheinwerfer rechts

2630 = Heckleuchte links

2635 = Heckleuchte rechts

2636 = Kennzeichenleuchte

2660 = Schalter für Nebelscheinwerfer

3050 = Helligkeitsregler

4210 = Drehzahlmesser

4310 = Kraftstoffstandsanzeiger

4720 = Relais Warnton eingeschaltete Beleuchtung

5010 = Steuerteil Scheibenwischer vorn

5015 = Scheibenwischermotor vorn

5115 = Pumpe Scheibenwaschanlage vorne/hinten

5215 = Scheibenwischermotor hinten

6406 = Umschalter für Außenrückspiegel

8047 = Schalter für Gebläsedrehzahl

8100 = Anzünder vorn

8300 = Schalter für Fahrersitzbeheizung

8410 = Autoradio

## Code der Kabelfarben

BA = Weiß

GR = Grau

MR = Braun

BE = Blau

VE = Grün

BG = Beige

JN = Gelb

RG = Rot

OR = Orange

VI = Violett

NR = Schwarz

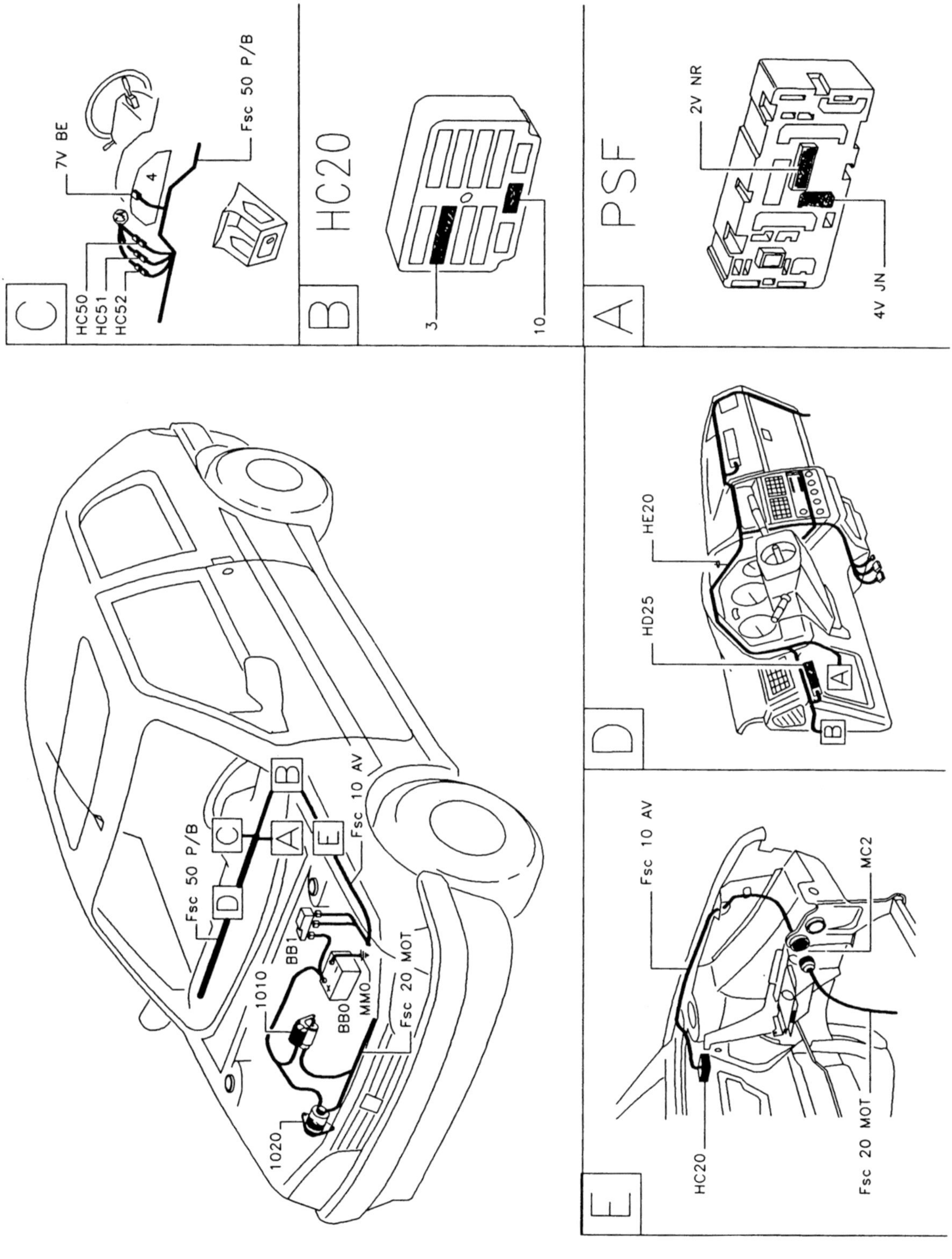
C
HC50
HC51
HC52
7V BE
4
Fsc 50 P/B
B
HC20
3
10
A
PSF
2V NR
4V JN
Fsc 50 P/B
D
C
A
B
E
Fsc 10 AV
1010
BB1
BB0
MM0
Fsc 20 MOT
1020
D
HD25
HE20
A
B
E
Fsc 10 AV
MC2
HC20
Fsc 20 MOT

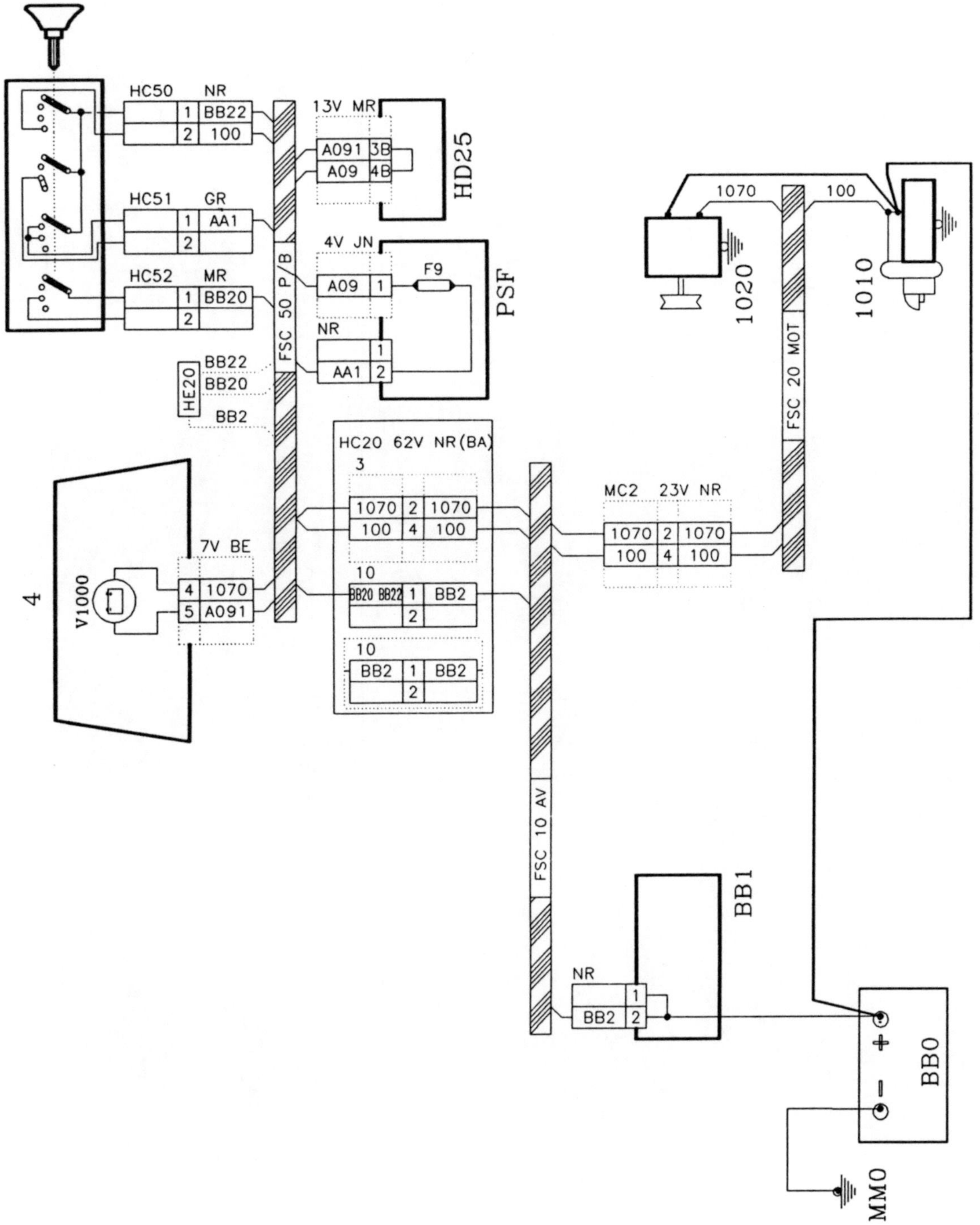
CA
HC50
NR
1
BB22
2
100
HC51
GR
AA1
HC52
MR
BB20
13V MR
A091
3B
A09
4B
HD25
4V JN
F9
PSF
NR
AA1
FSC 50 P/B
HE20
BB22
BB20
BB2
HC20 62V NR(BA)
3
1070
100
7V BE
4
5
A091
V1000
10
BB20 BB22
BB2
MC2 23V NR
1070
100
1020
1010
FSC 20 MOT
FSC 10 AV
BB1
BB0
MM0

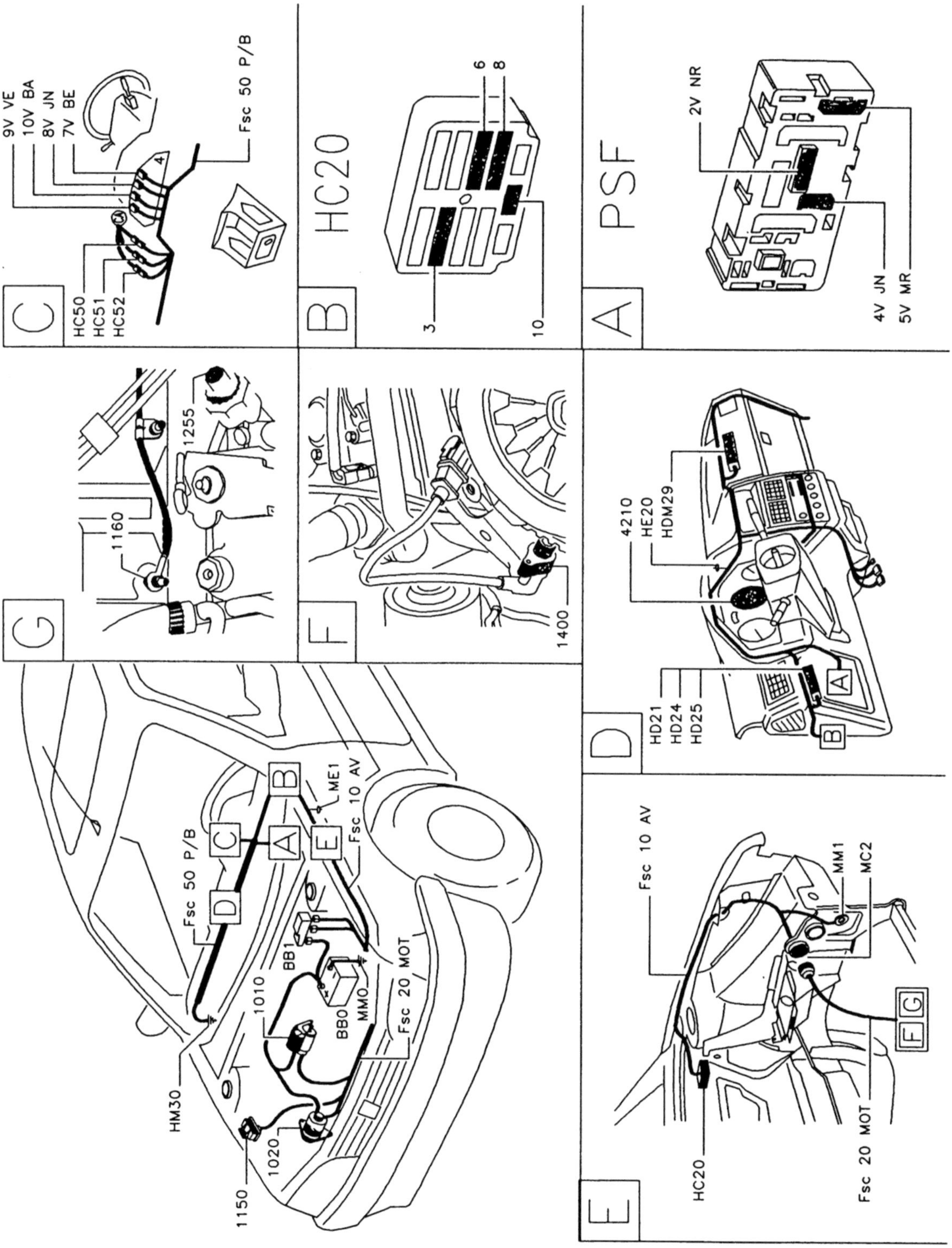

C
HC50
HC51
HC52
9V VE
10V BA
8V JN
7V BE
4
Fsc 50 P/B
B
HC20
3
6
8
10
A
PSF
2V NR
4V JN
5V MR
G
1160
1255
F
1400
D
HD21
HD24
HD25
4210
HE20
HDM29
A
B
1150
1020
HM30
1010
BB0
MM0
BB1
Fsc 20 MOT
Fsc 50 P/B
D
C
A
E
B
ME1
Fsc 10 AV
E
HC20
Fsc 10 AV
MM1
MC2
F
G
Fsc 20 MOT

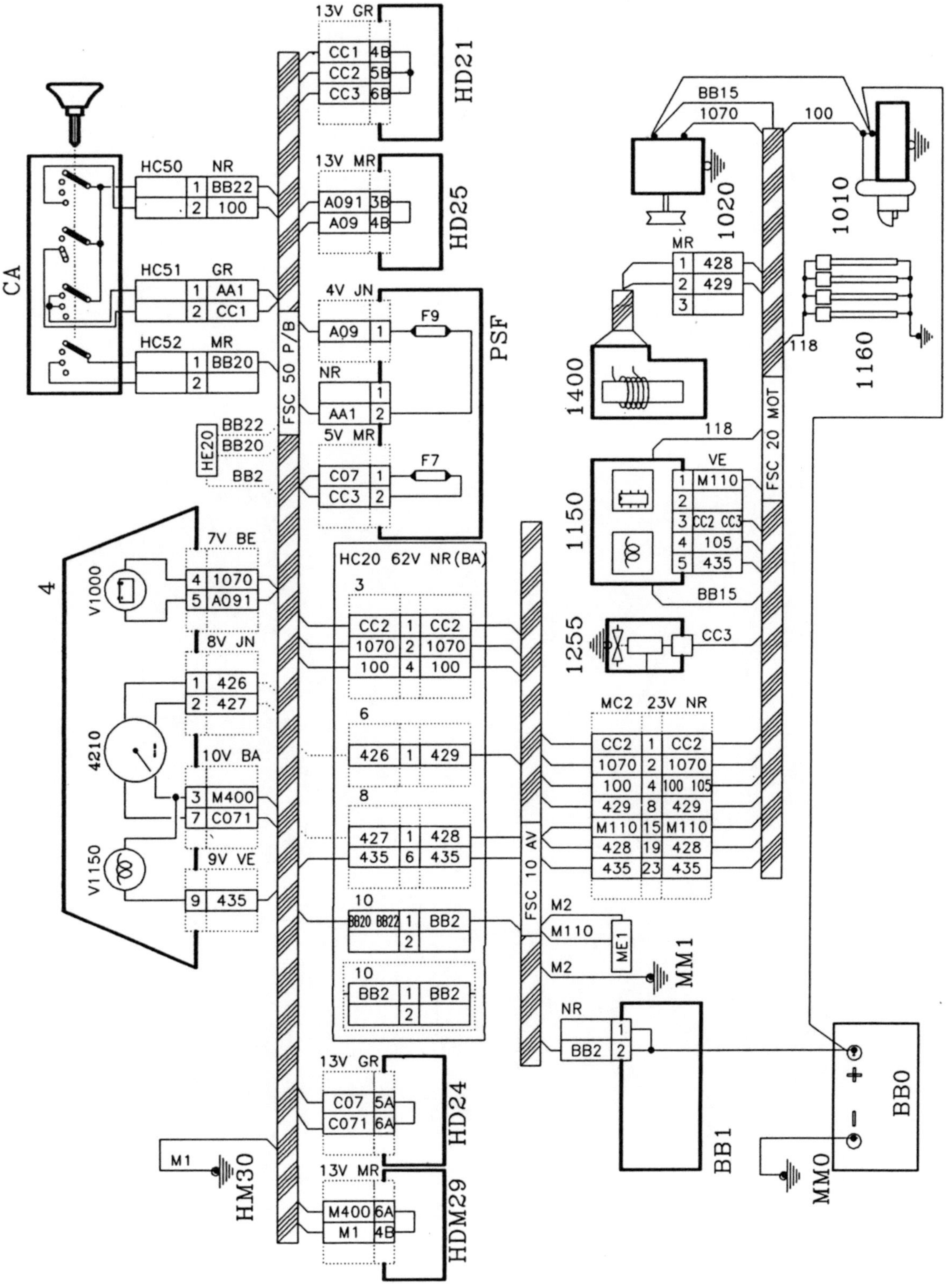
CA
HC50 NR
1 BB22
2 100
HC51 GR
1 AA1
2 CC1
HC52 MR
1 BB20
2
HE20
BB22
BB20
BB2
4
7V BE
V1000
4 1070
5 A091
8V JN
4210
1 426
2 427
10V BA
3 M400
7 C071
V1150
9V VE
9 435
FSC 50 P/B
13V GR
CC1 4B
CC2 5B
CC3 6B
HD21
13V MR
A091 3B
A09 4B
HD25
4V JN
A09 1
F9
NR
1
AA1 2
5V MR
C07 1
CC3 2
F7
PSF
HC20 62V NR(BA)
3
CC2 1 CC2
1070 2 1070
100 4 100
6
426 1 429
8
427 1 428
435 6 435
10
BB20 BB22 1 BB2
2
10
BB2 1 BB2
2
13V GR
C07 5A
C071 6A
HD24
M1
HM30
13V MR
M400 6A
M1 4B
HDM29
FSC 10 AV
M2
M110
ME1
M2
MM1
NR
1
BB2 2
BB1
BB15
1070
100
1020
1010
MR
1 428
2 429
3
1400
118
1160
FSC 20 MOT
118
VE
1 M110
2
3 CC2 CC3
4 105
5 435
BB15
1150
1255
CC3
MC2 23V NR
CC2 1 CC2
1070 2 1070
100 4 100 105
429 8 429
M110 15 M110
428 19 428
435 23 435
BB0
MM0

P-7015

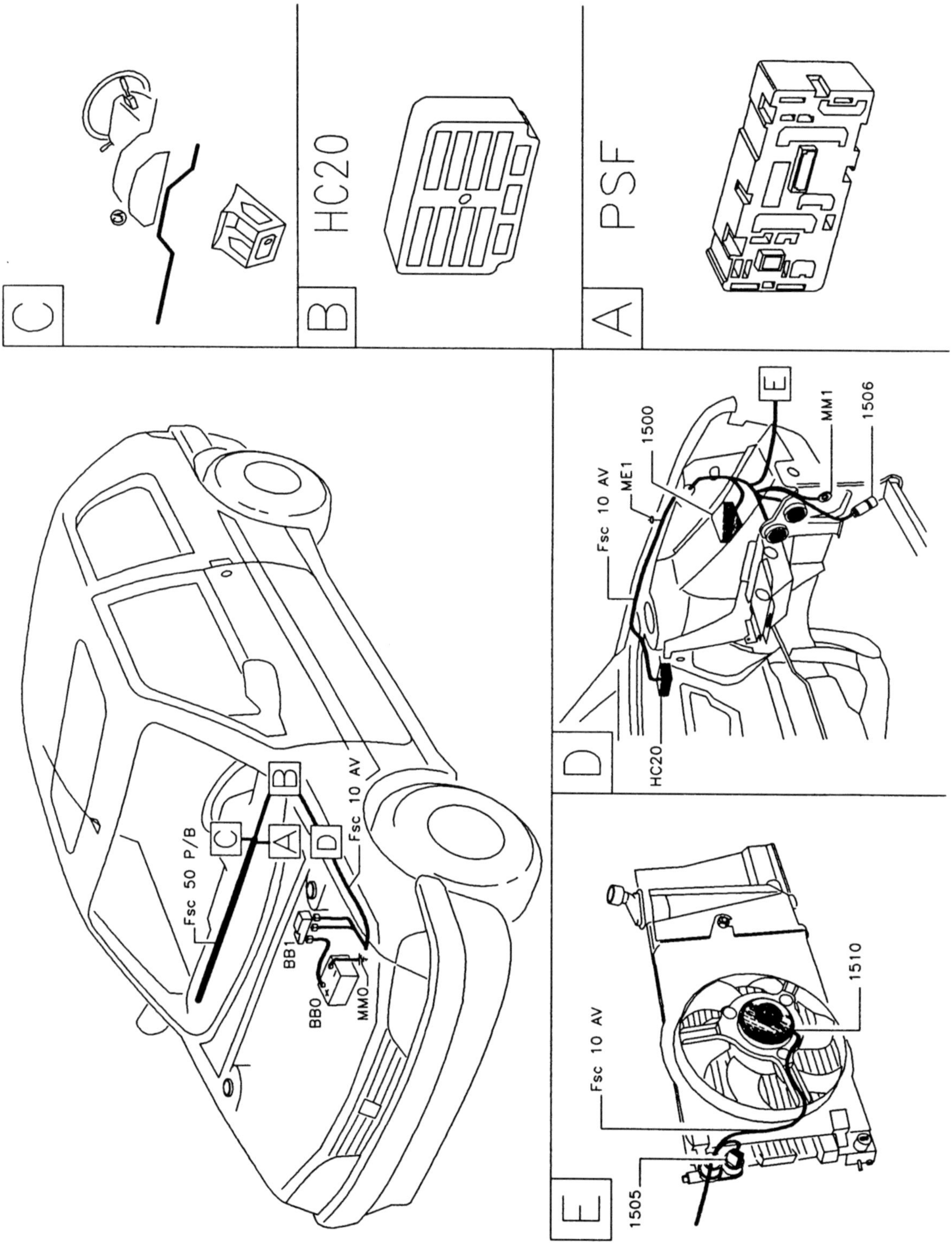
C
B
HC20
A
PSF
Fsc 50 P/B
Fsc 10 AV
BB1
BB0
MM0
D
E
Fsc 10 AV
ME1
1500
MM1
1506
HC20
Fsc 10 AV
1510
1505

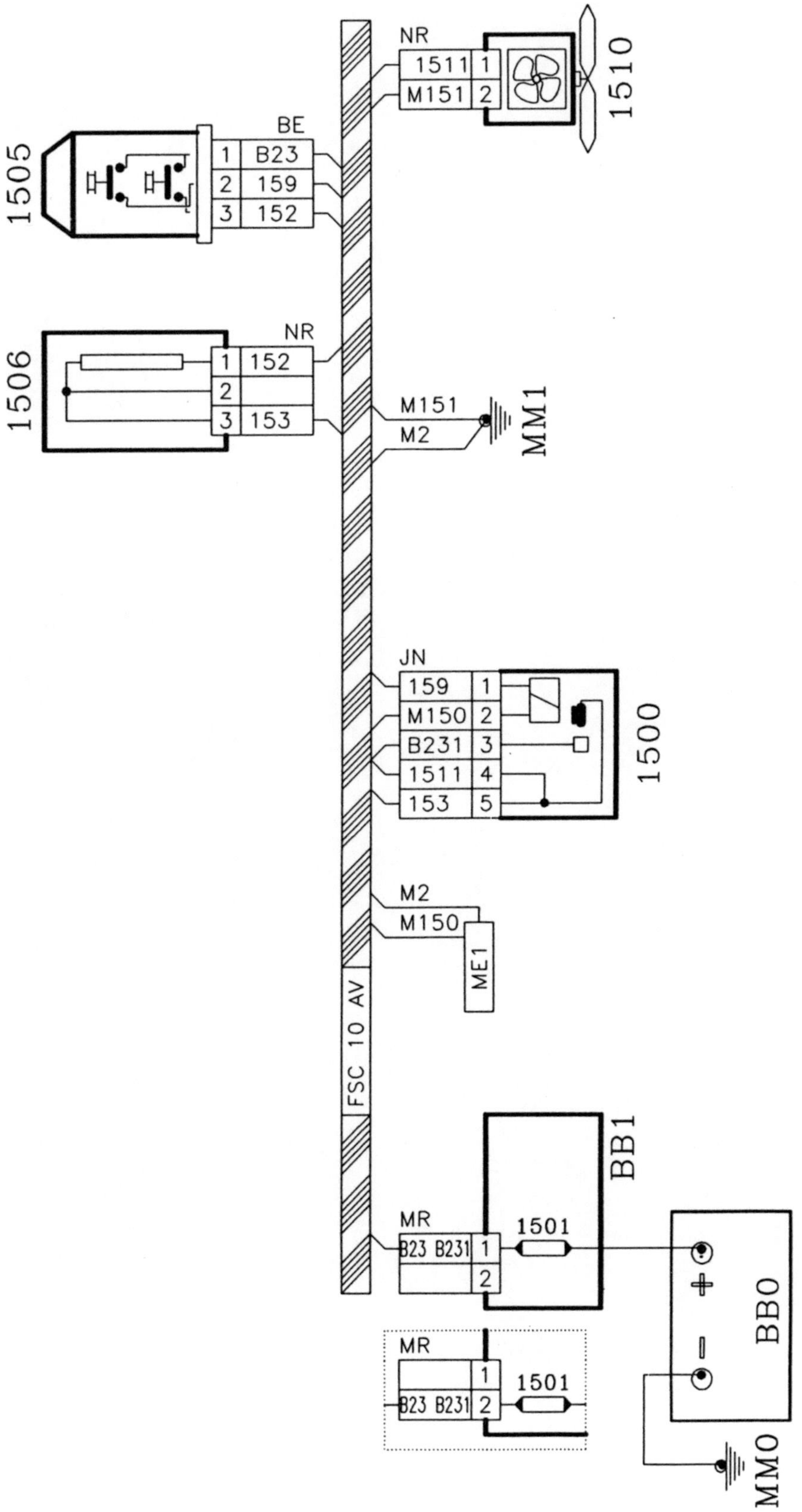
1505
BE
1 B23
2 159
3 152
1506
NR
1 152
2
3 153
NR
1511 1
M151 2
1510
M151
M2
MM1
JN
159 1
M150 2
B231 3
1511 4
153 5
1500
M2
M150
ME1
FSC 10 AV
BB1
MR
B23 B231 1
2
1501
BB0
+
−
MR
1
B23 B231 2
1501
MM0

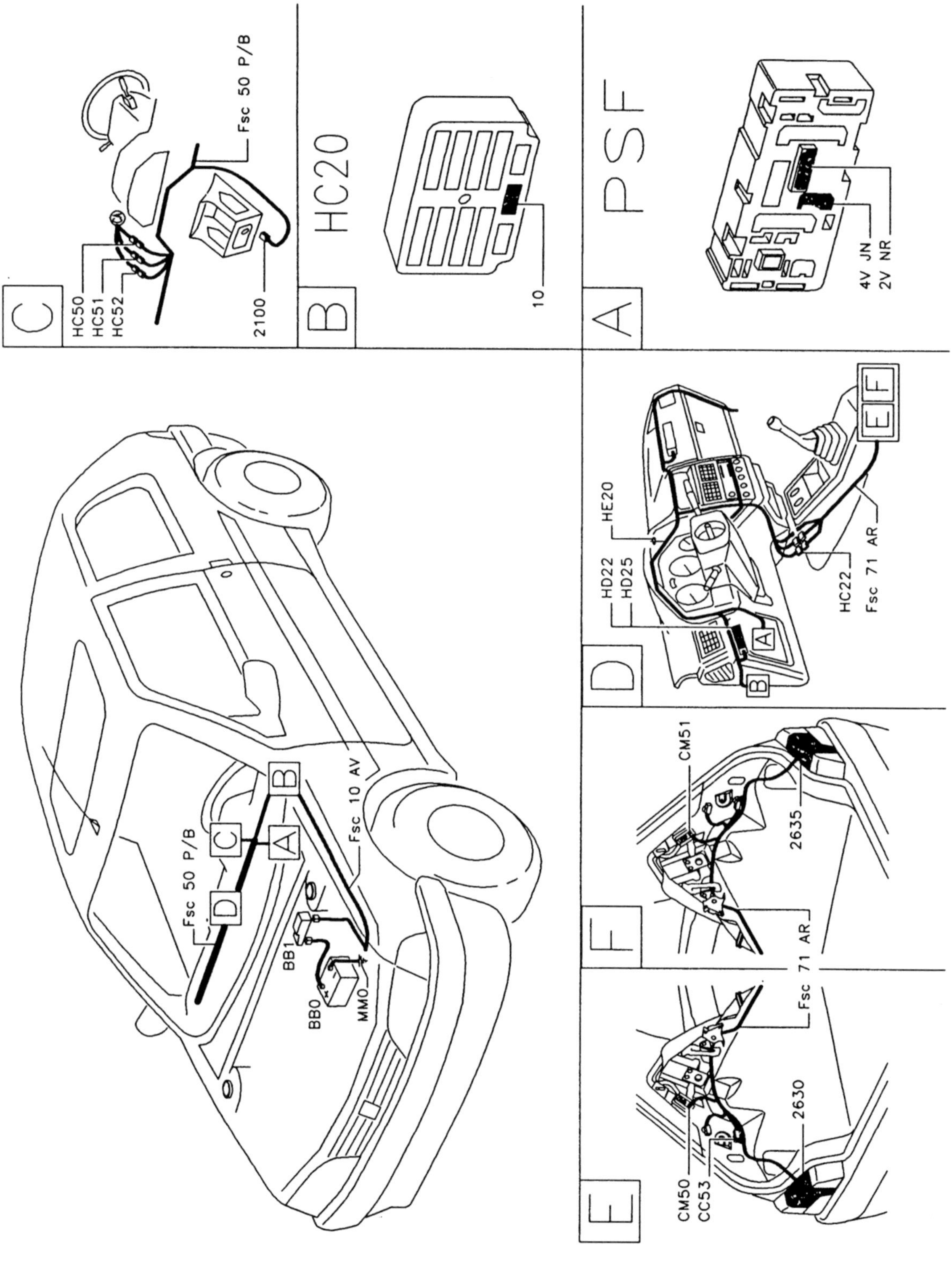
C
HC50
HC51
HC52
2100
Fsc 50 P/B
B
HC20
10
A
PSF
4V JN
2V NR
D
HD22
HD25
HE20
HC22
Fsc 71 AR
E
F
CM51
2635
CM50
CC53
2630
Fsc 10 AV
BB1
BB0
MM0

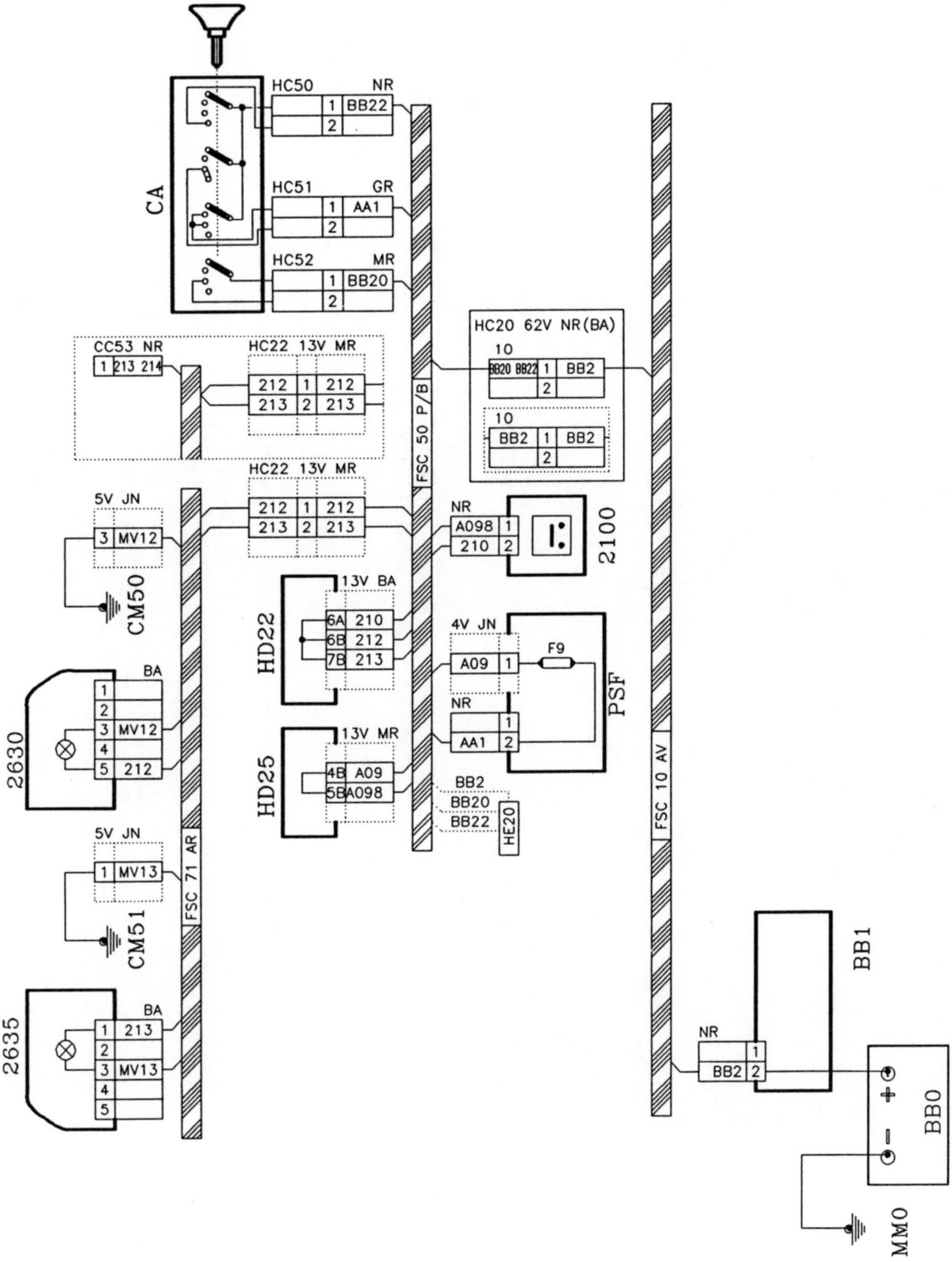
CA
HC50 NR
1 BB22
2
HC51 GR
1 AA1
2
HC52 MR
1 BB20
2
CC53 NR
1 213 214
HC22 13V MR
212 1 212
213 2 213
HC20 62V NR(BA)
10
BB20 BB22 1 BB2
2
10
BB2 1 BB2
2
FSC 50 P/B
HC22 13V MR
212 1 212
213 2 213
5V JN
3 MV12
CM50
NR
A098 1
210 2
2100
13V BA
6A 210
6B 212
7B 213
HD22
4V JN
A09 1
F9
NR
1
AA1 2
PSF
BA
1
2
3 MV12
4
5 212
2630
13V MR
4B A09
5B A098
HD25
BB2
BB20
BB22
HE20
FSC 10 AV
5V JN
1 MV13
CM51
FSC 71 AR
BA
1 213
2
3 MV13
4
5
2635
BB1
NR
1
BB2 2
BB0
MM0

P-7019

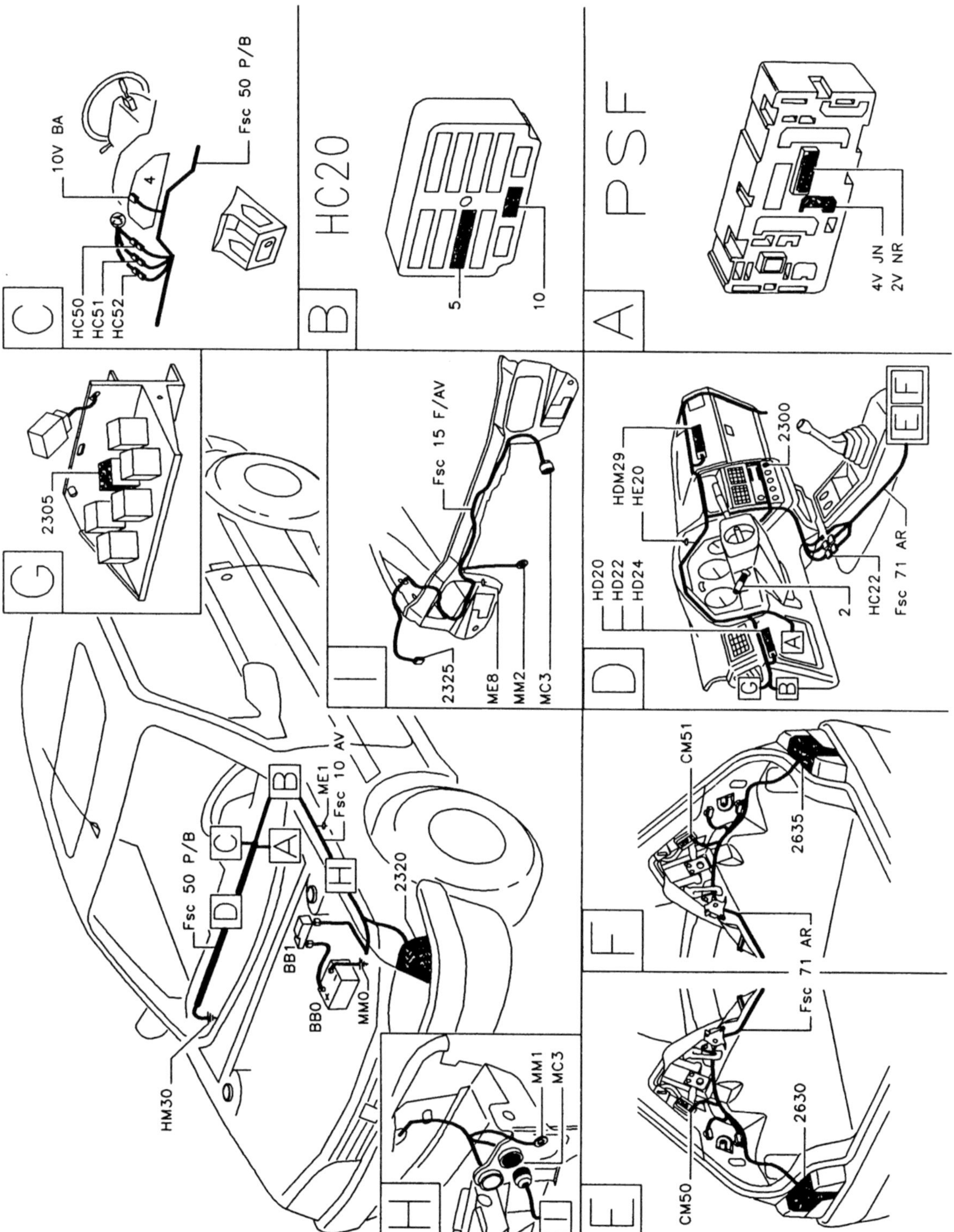
G
2305
C
HC50
HC51
HC52
10V BA
4
Fsc 50 P/B
B
HC20
5
10
A
PSF
4V JN
2V NR
I
2325
ME8
MM2
MC3
Fsc 15 F/AV
D
HD20
HD22
HD24
HDM29
HE20
2300
2
HC22
Fsc 71 AR
E F
HM30
Fsc 50 P/B
D
C
A
B
ME1
Fsc 10 AV
H
2320
BB1
BB0
MM0
H
MM1
MC3
I
E
CM50
2630
Fsc 71 AR
F
2635
CM51

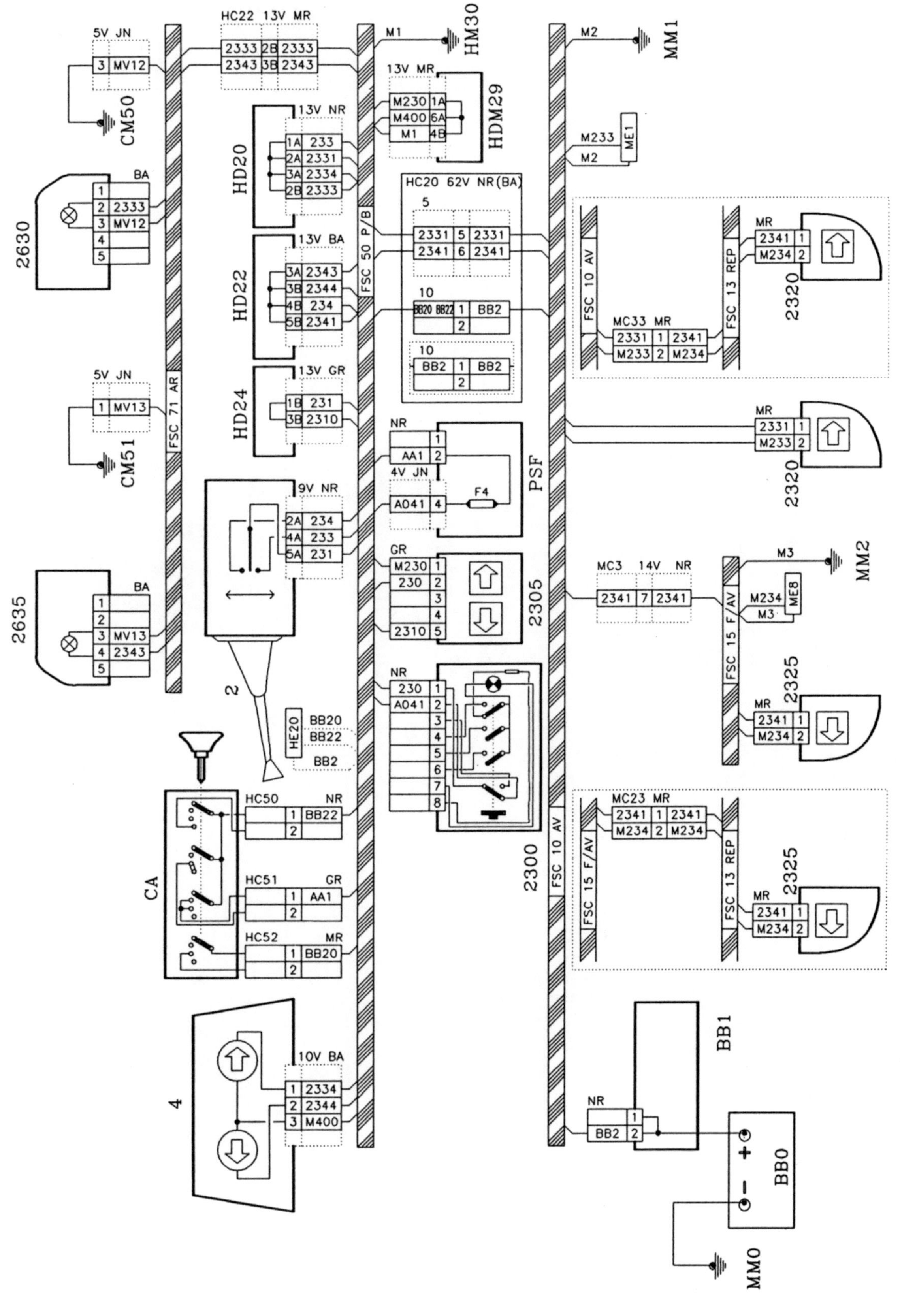

HC22 13V MR
5V JN
3 MV12
CM50
2630
BA
2 2333
3 MV12
HD20
13V NR
1A 233
2A 2331
3A 2334
2B 2333
HD22
13V BA
3A 2343
3B 2344
4B 234
5B 2341
HD24
13V GR
1B 231
3B 2310
5V JN
1 MV13
CM51
FSC 71 AR
2635
3 MV13
4 2343
9V NR
2A 234
4A 233
5A 231
2
HE20
BB20
BB22
BB2
CA
HC50 NR
1 BB22
HC51 GR
1 AA1
HC52 MR
1 BB20
4
10V BA
1 2334
2 2344
3 M400
2333 2B 2333
2343 3B 2343
M1
HM30
13V MR
M230 1A
M400 6A
M1 4B
HDM29
FSC 50 P/B
HC20 62V NR(BA)
2331 5 2331
2341 6 2341
BB20 BB22 1 BB2
BB2 1 BB2
NR
AA1 2
4V JN
A041 4
F4
PSF
GR
M230 1
230 2
2310 5
2305
NR
230 1
A041 2
2300
M2
MM1
M233
ME1
FSC 10 AV
FSC 13 REP
MC33 MR
2331 1 2341
M233 2 M234
MR
2341 1
M234 2
2320
2331 1
M233 2
MC3 14V NR
2341 7 2341
M3
MM2
FSC 15 F/AV
M234
ME8
2325
MC23 MR
2341 1 2341
M234 2 M234
BB1
NR
BB2 2
BB0
MM0


P-7021

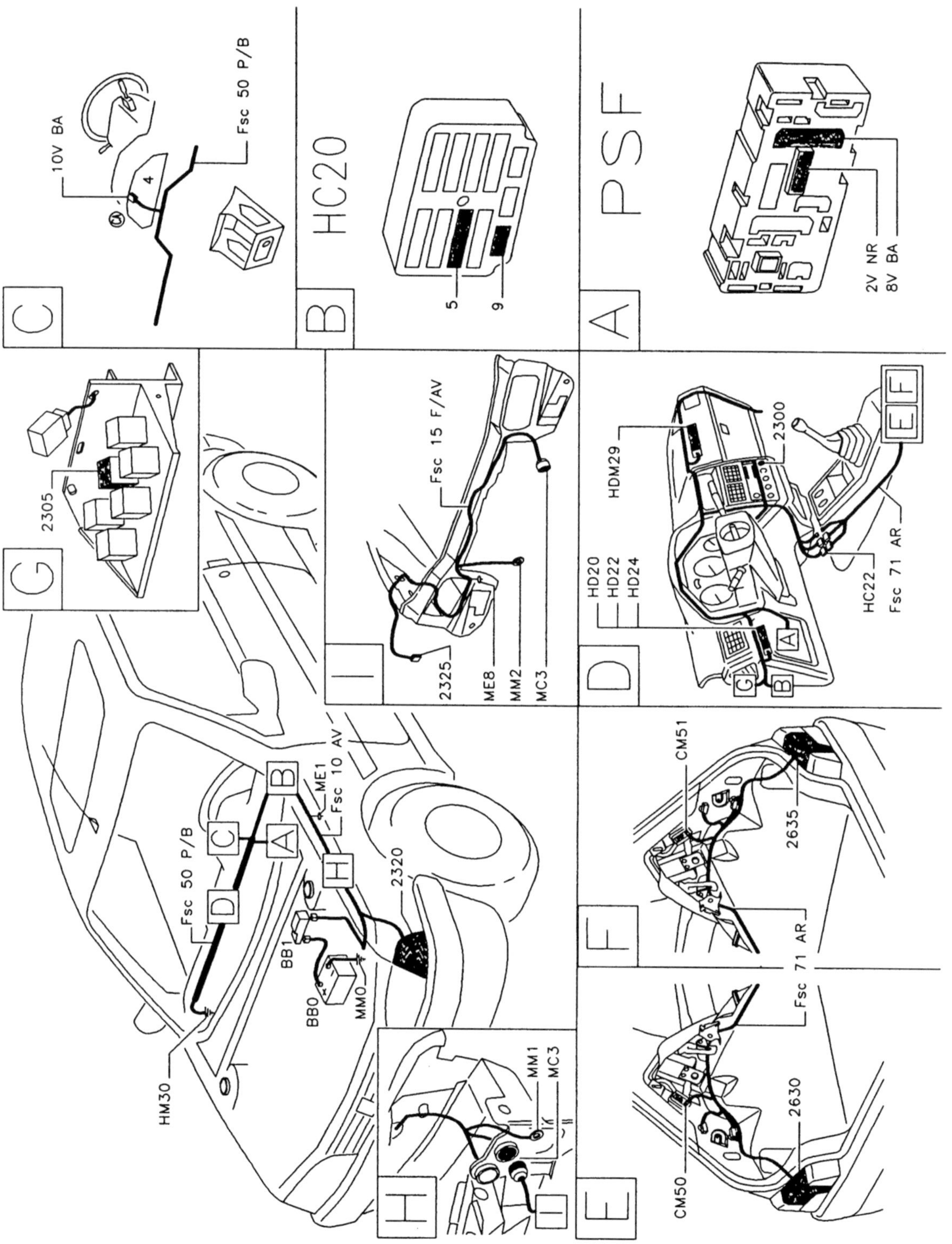
G
2305
C
10V BA
4
Fsc 50 P/B
B
HC20
5
9
A
PSF
2V NR
8V BA
I
2325
ME8
MM2
MC3
Fsc 15 F/AV
D
HD20
HD22
HD24
HDM29
2300
HC22
Fsc 71 AR
E
F
HM30
Fsc 50 P/B
D
C
A
B
ME1
Fsc 10 AV
H
2320
BB1
BB0
MM0
H
MM1
MC3
I
E
CM50
2630
Fsc 71 AR
F
2635
CM51

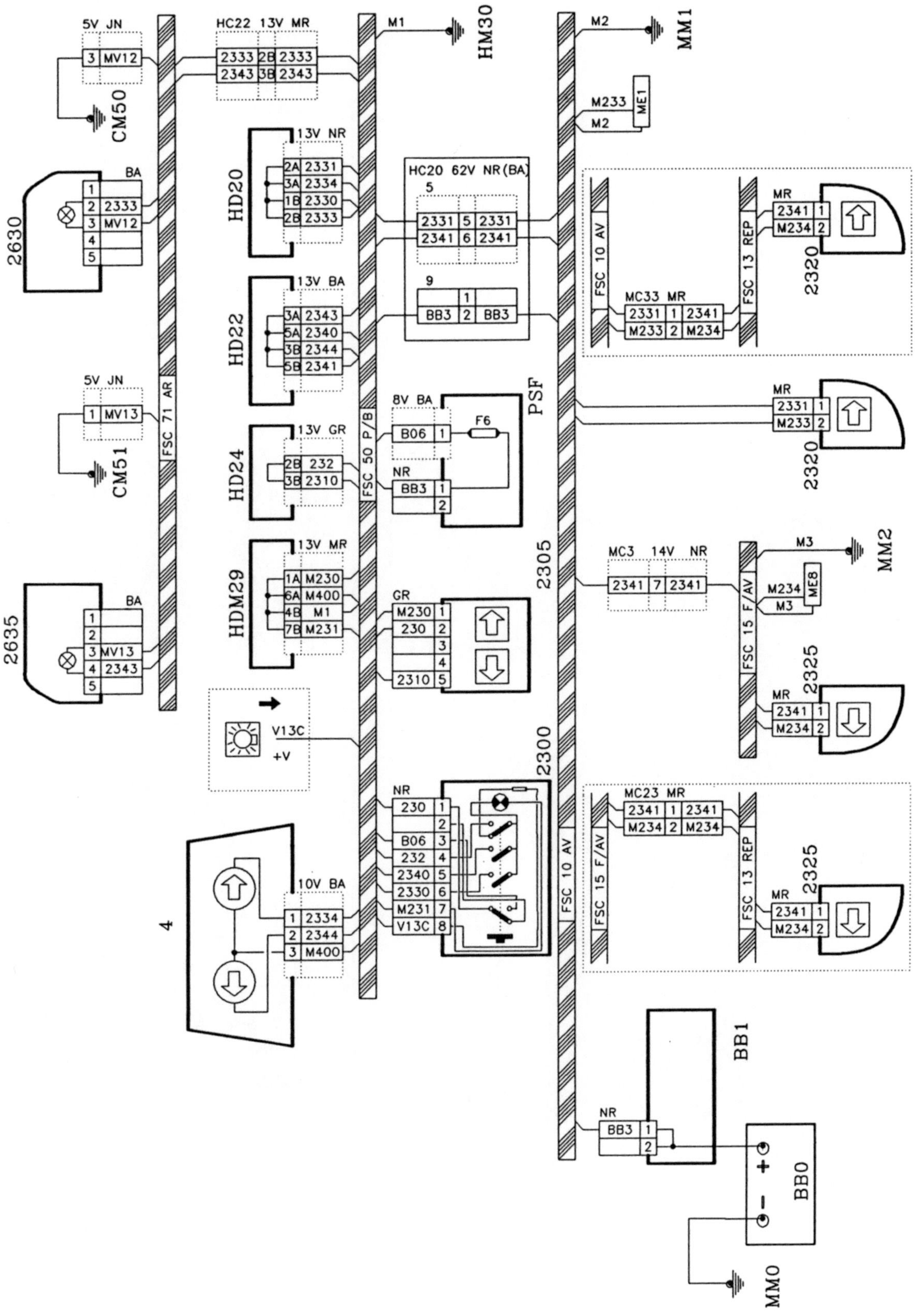
HM30
MM1
MM2
MM0
CM50
CM51
2630
2635
HD20
HD22
HD24
HDM29
HC22 13V MR
HC20 62V NR(BA)
PSF
F6
FSC 71 AR
FSC 50 P/B
FSC 10 AV
FSC 13 REP
FSC 15 F/AV
MC33 MR
MC3 14V NR
MC23 MR
ME1
ME8
2320
2325
2305
2300
V13C
+V
10V BA
BB1
BB0
BB3
4

P-7023

# Standlicht

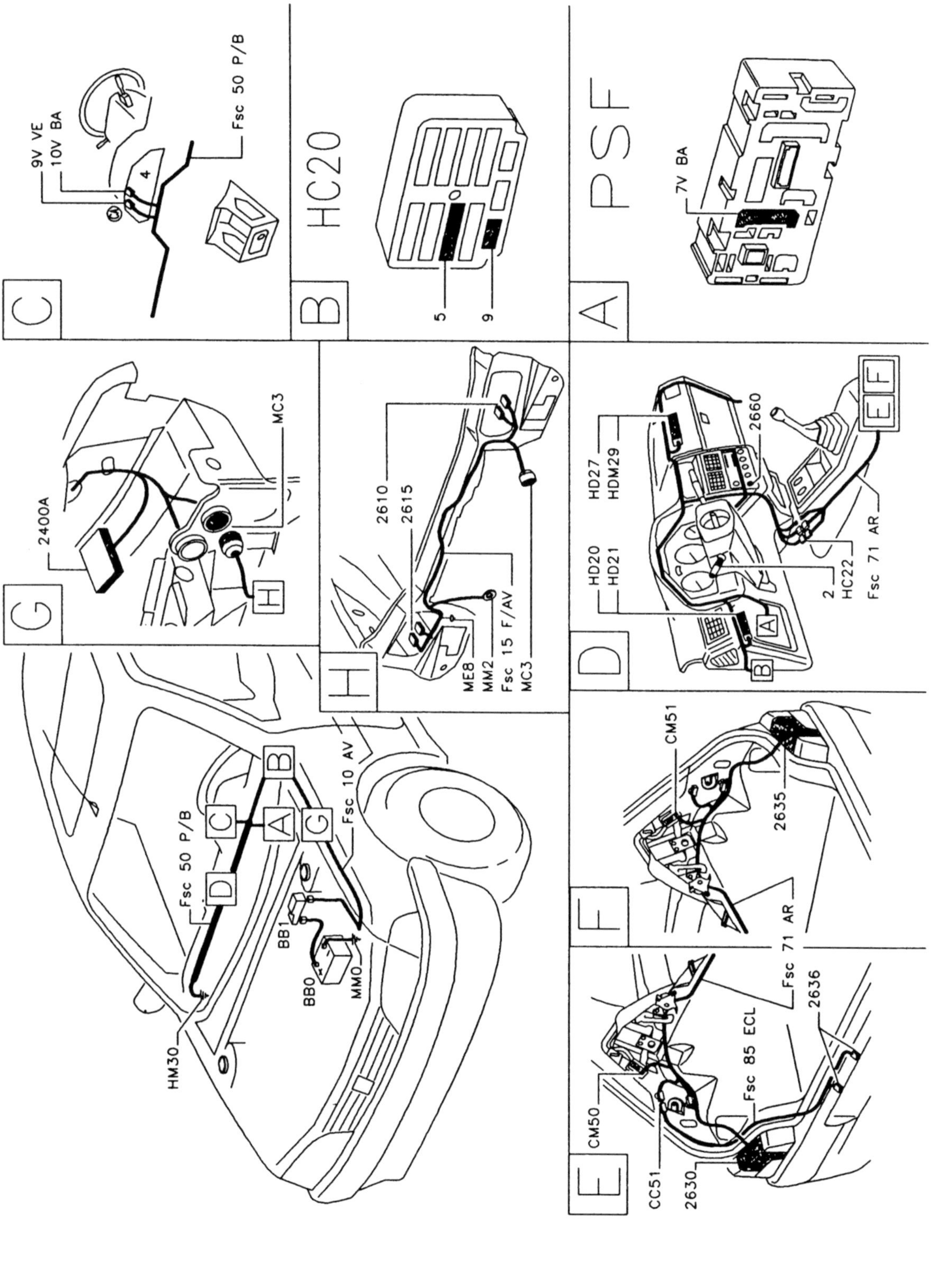

C
9V VE
10V BA
Fsc 50 P/B
B
HC20
5
9
A
PSF
7V BA
G
2400A
MC3
H
2610
2615
ME8
MM2
Fsc 15 F/AV
D
HD20
HD21
HD27
HDM29
2660
2
HC22
Fsc 71 AR
E
F
CM51
2635
CM50
CC51
2630
Fsc 85 ECL
2636
Fsc 10 AV
HM30
BB1
BB0
MM0

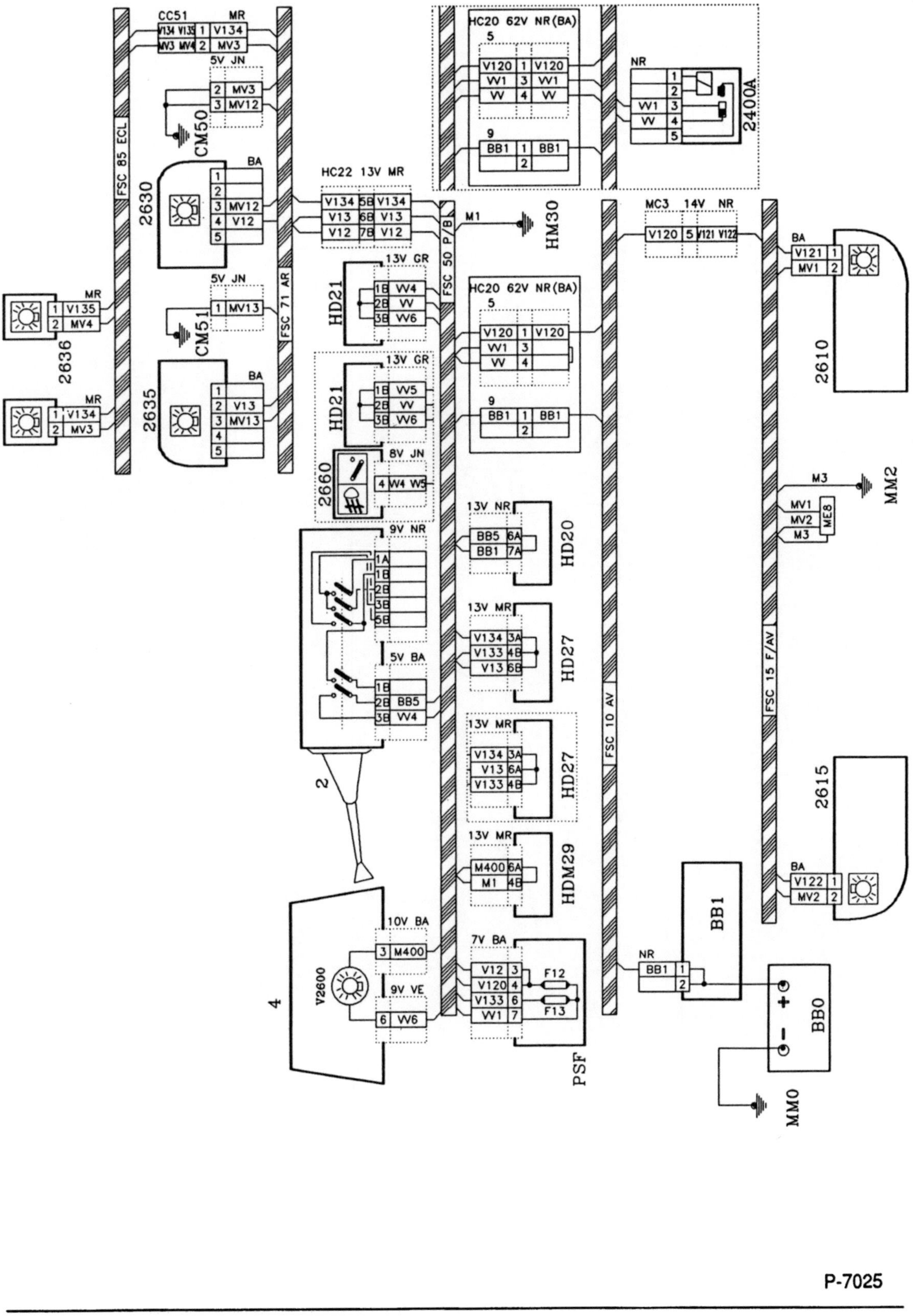

2630
2635
2636
CM50
CM51
HD21
2660
HD20
HD27
HDM29
PSF
HM30
2400A
2610
2615
BB1
BB0
MM0
MM2
V2600
FSC 85 ECL
FSC 71 AR
FSC 50 P/B
FSC 10 AV
FSC 15 F/AV

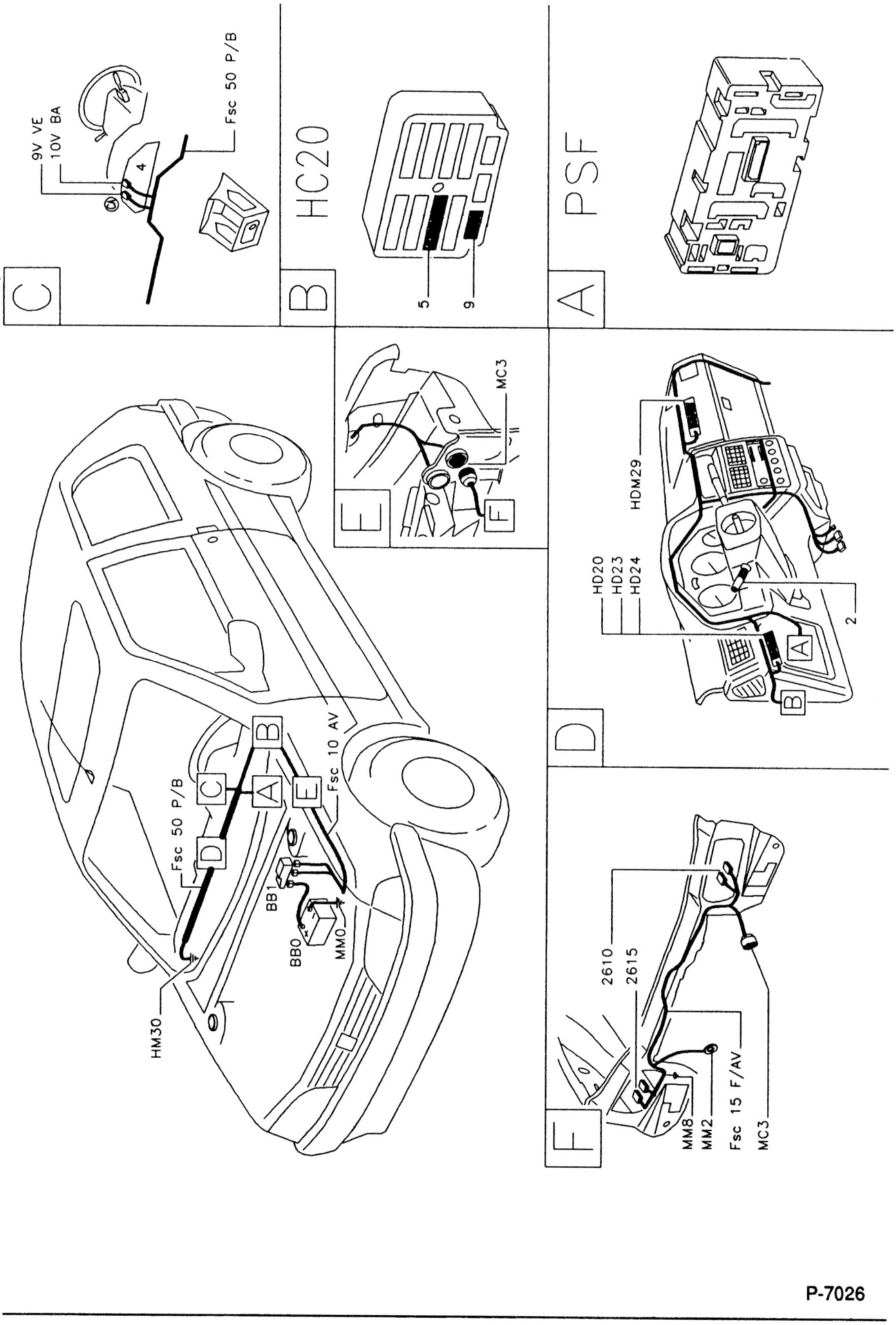
A
PSF
B
HC20
5
9
C
9V VE
10V BA
4
Fsc 50 P/B
D
HD20
HD23
HD24
HDM29
2
E
MC3
F
2610
2615
MM8
MM2
Fsc 15 F/AV
MC3
HM30
Fsc 50 P/B
Fsc 10 AV
BB1
BB0
MM0

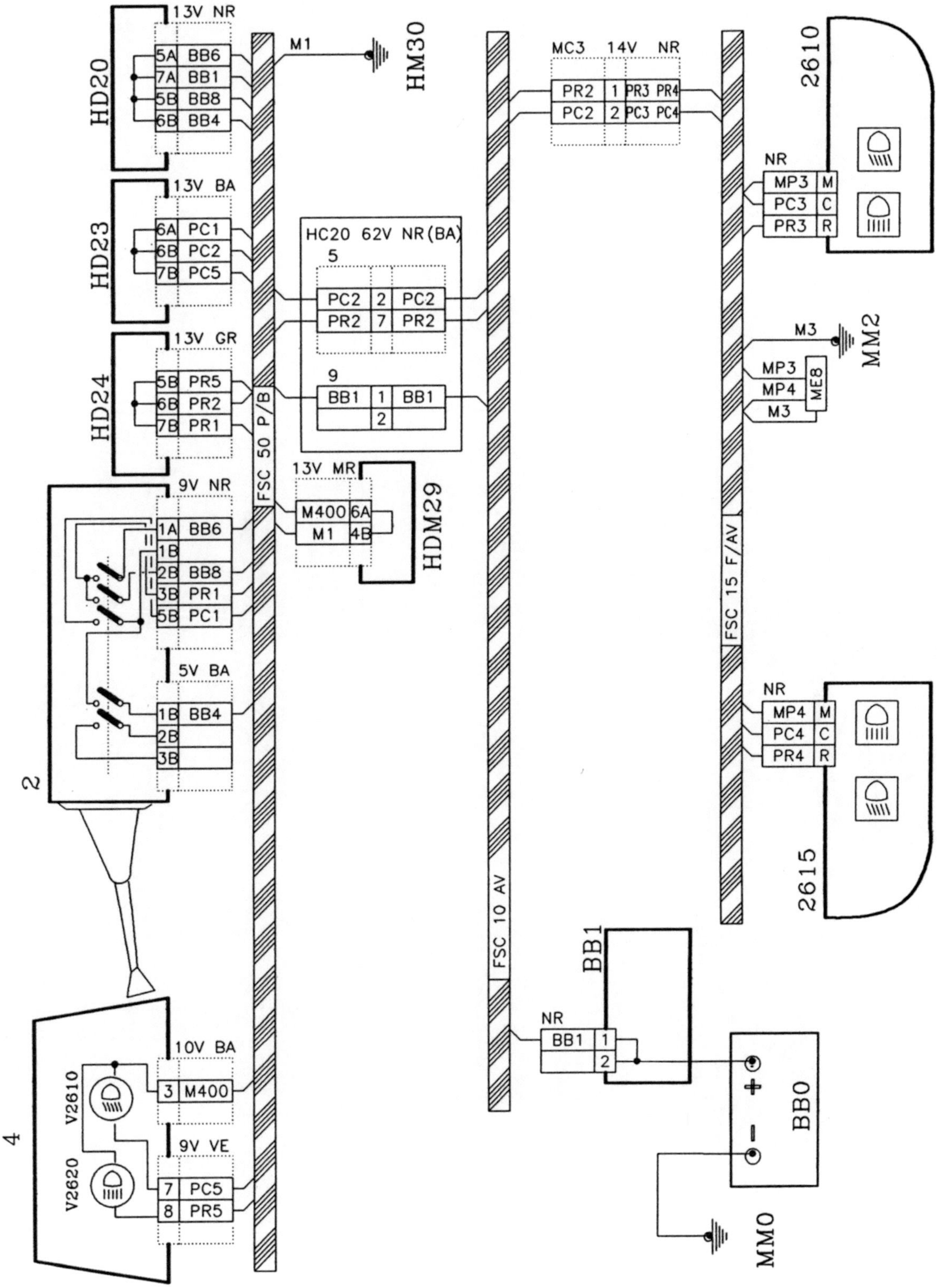
HD20
13V NR
5A BB6
7A BB1
5B BB8
6B BB4
M1
HM30
HD23
13V BA
6A PC1
6B PC2
7B PC5
HD24
13V GR
5B PR5
6B PR2
7B PR1
HC20 62V NR(BA)
5
PC2 2 PC2
PR2 7 PR2
9
BB1 1 BB1
2
FSC 50 P/B
13V MR
M400 6A
M1 4B
HDM29
9V NR
1A BB6
1B
2B BB8
3B PR1
5B PC1
5V BA
1B BB4
2B
3B
2
4
10V BA
3 M400
9V VE
7 PC5
8 PR5
V2610
V2620
MC3 14V NR
PR2 1 PR3 PR4
PC2 2 PC3 PC4
FSC 10 AV
FSC 15 F/AV
2610
NR
MP3 M
PC3 C
PR3 R
M3
MM2
MP3
MP4
M3
ME8
NR
MP4 M
PC4 C
PR4 R
2615
BB1
NR
BB1 1
2
BB0
MM0

P-7027

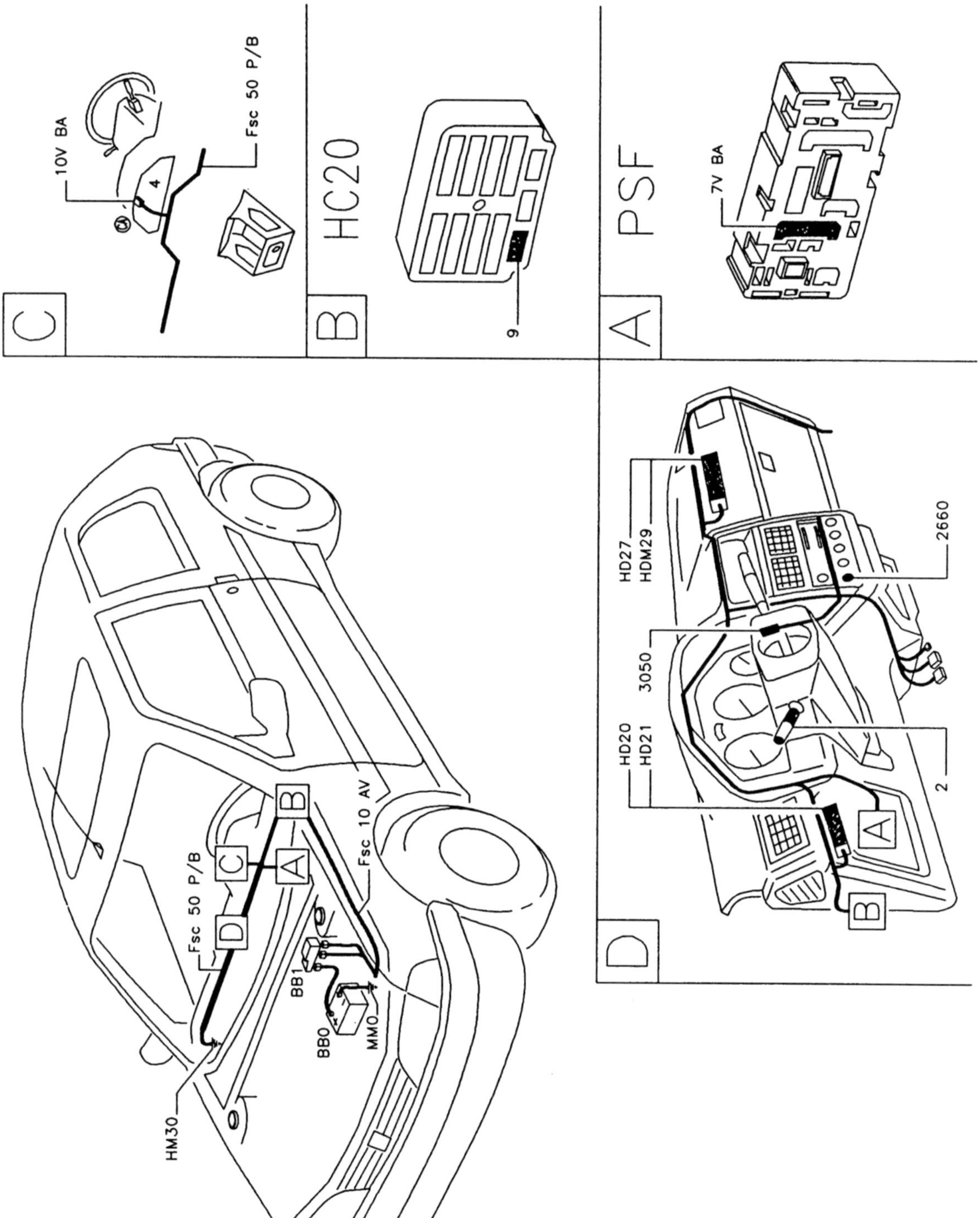
C
10V BA
4
Fsc 50 P/B
B
HC20
9
A
PSF
7V BA
D
HD27
HDM29
2660
3050
HD20
HD21
2
A
B
HM30
Fsc 50 P/B
D
C
A
B
Fsc 10 AV
BB1
BB0
MMO

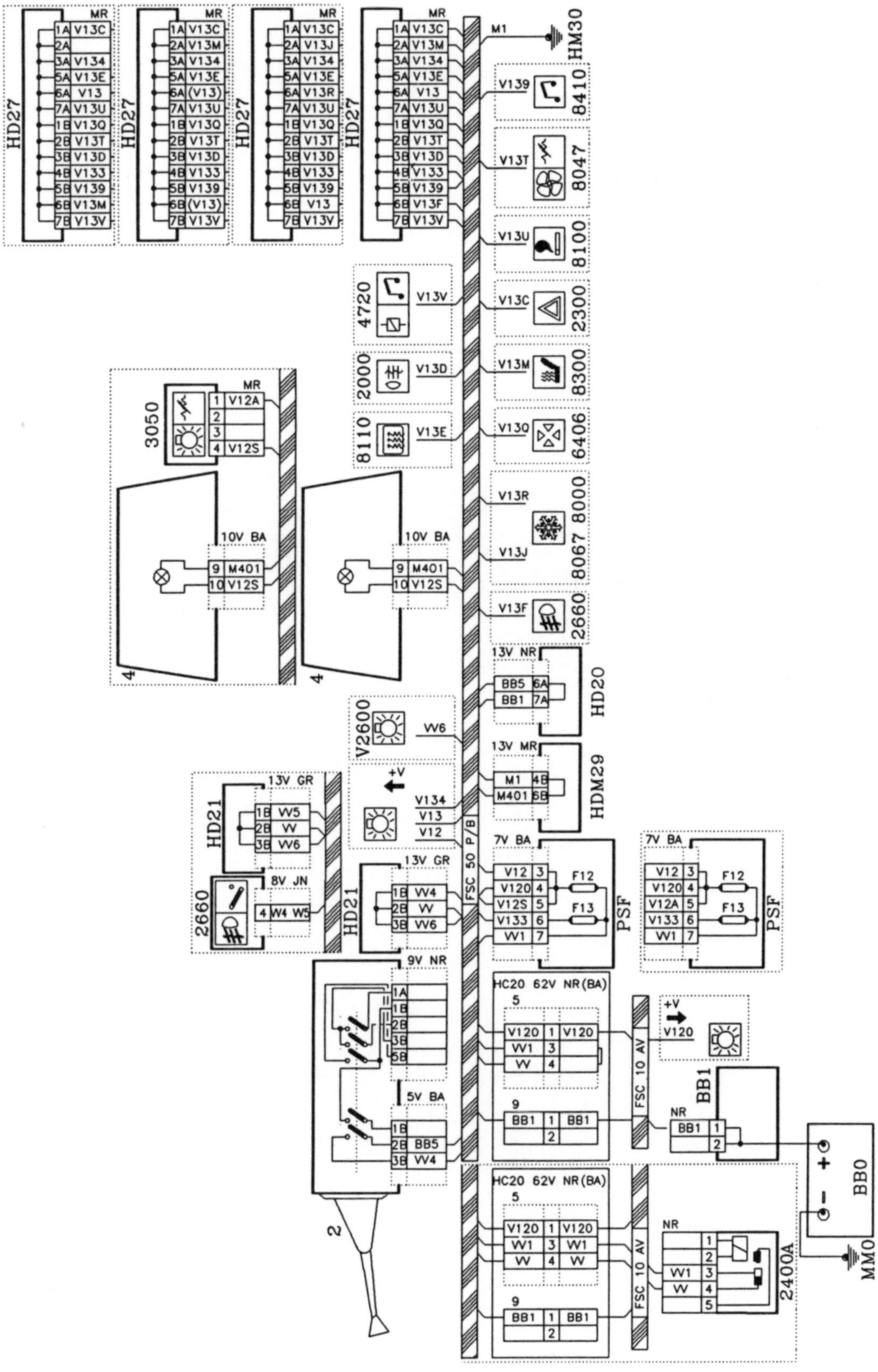

HD27
MR
1A V13C
2A
3A V134
5A V13E
6A V13
7A V13U
1B V13Q
2B V13T
3B V13D
4B V133
5B V139
6B V13M
7B V13V
2A V13M
6A (V13)
6B (V13)
2A V13J
6A V13R
6B V13
6B V13F
M1
HM30
8410
V139
8047
V13T
8100
V13U
2300
V13C
8300
V13M
6406
V13Q
8000
V13R
8067
V13J
2660
V13F
4720
V13V
2000
V13D
8110
V13E
3050
1 V12A
4 V12S
10V BA
9 M401
10 V12S
4
13V NR
BB5 6A
BB1 7A
HD20
V2600
W6
13V MR
M1 4B
M401 6B
HDM29
+V
V134
V13
V12
FSC 50 P/B
HD21
13V GR
1B W5
2B W
3B W6
8V JN
4 W4 W5
1B W4
3B W6
7V BA
V12 3
V120 4
V12S 5
V133 6
W1 7
V12A 5
F12
F13
PSF
9V NR
5V BA
2B BB5
3B W4
HC20 62V NR(BA)
V120 1 V120
W1 3
W 4
BB1 1 BB1
FSC 10 AV
V120
BB1
NR
BB0
MM0
W1 3 W1
W 4 W
2400A
2


P-7029

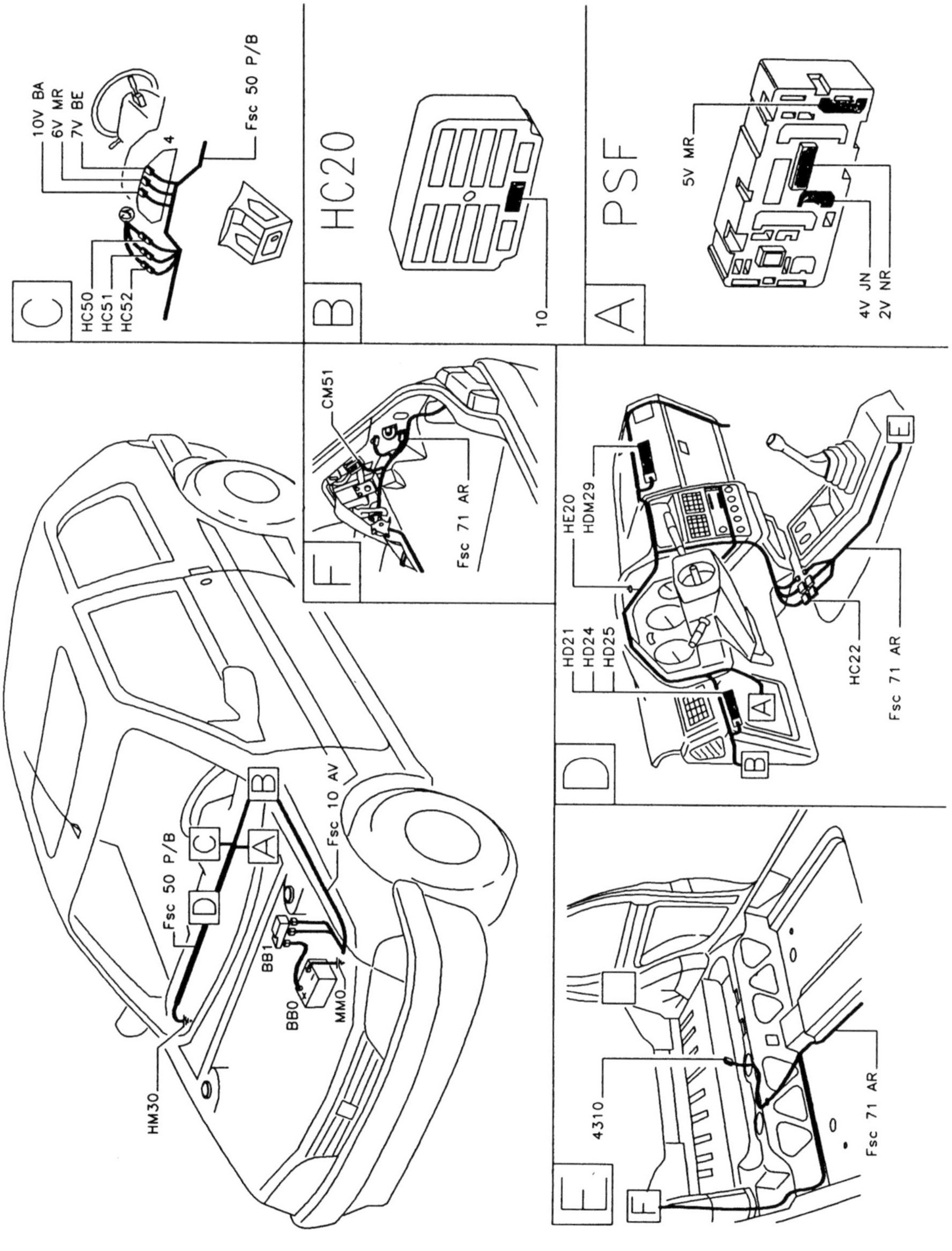

C
HC50
HC51
HC52
10V BA
6V MR
7V BE
4
Fsc 50 P/B
B
HC20
10
A
PSF
5V MR
4V JN
2V NR
F
CM51
Fsc 71 AR
D
HE20
HDM29
HD21
HD24
HD25
HC22
Fsc 71 AR
E
4310
Fsc 71 AR
HM30
BB0
MM0
BB1
Fsc 50 P/B
Fsc 10 AV

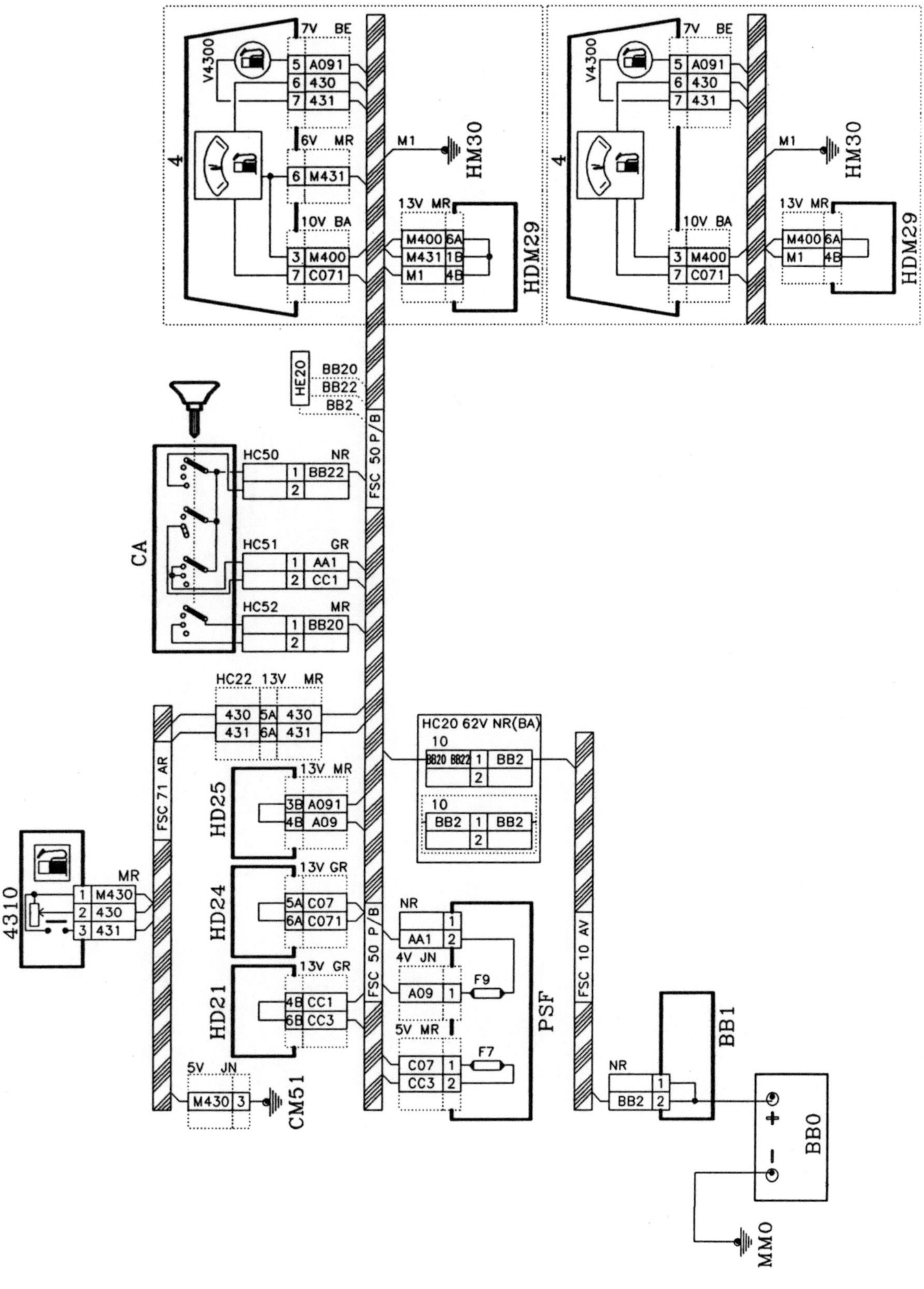
4
V4300
7V BE
5 A091
6 430
7 431
6V MR
6 M431
10V BA
3 M400
7 C071
M1
HM30
13V MR
M400 6A
M431 1B
M1 4B
HDM29
M1 4B
HE20
BB20
BB22
BB2
FSC 50 P/B
CA
HC50 NR
1 BB22
HC51 GR
1 AA1
2 CC1
HC52 MR
1 BB20
HC22 13V MR
430 5A 430
431 6A 431
FSC 71 AR
HC20 62V NR(BA)
10
BB20 BB22 1 BB2
10
BB2 1 BB2
HD25
13V MR
3B A091
4B A09
HD24
13V GR
5A C07
6A C071
HD21
13V GR
4B CC1
6B CC3
4310
MR
1 M430
2 430
3 431
5V JN
M430 3
CM51
NR
AA1 2
4V JN
A09 1
F9
5V MR
C07 1
CC3 2
F7
PSF
FSC 10 AV
BB1
NR
BB2 2
BB0
MM0

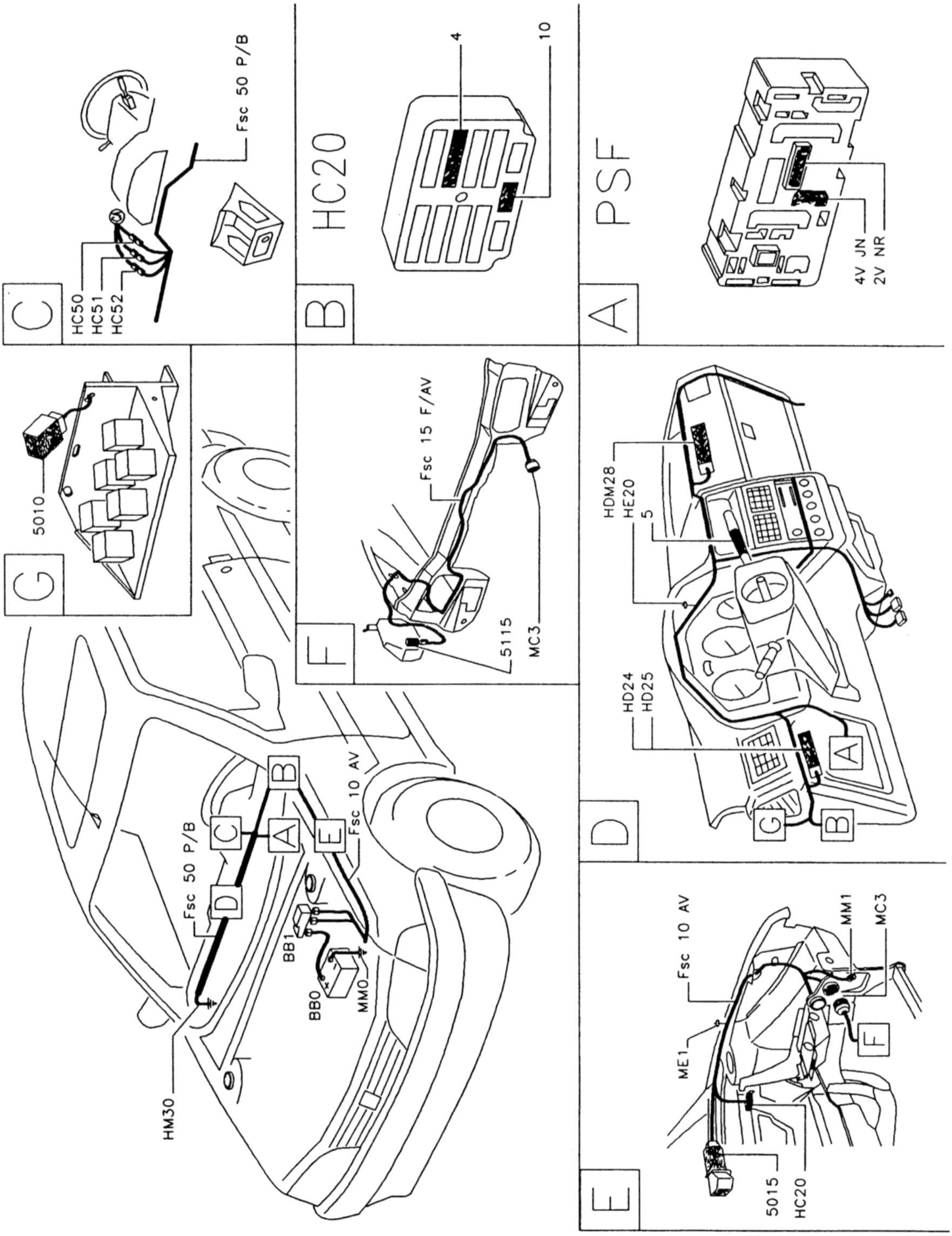
C
HC50
HC51
HC52
Fsc 50 P/B
B
HC20
4
10
A
PSF
4V JN
2V NR
G
5010
F
Fsc 15 F/AV
5115
MC3
D
HDM28
HE20
5
HD24
HD25
E
Fsc 10 AV
ME1
MM1
MC3
5015
HC20
HM30
Fsc 50 P/B
BB0
BB1
MM0
Fsc 10 AV

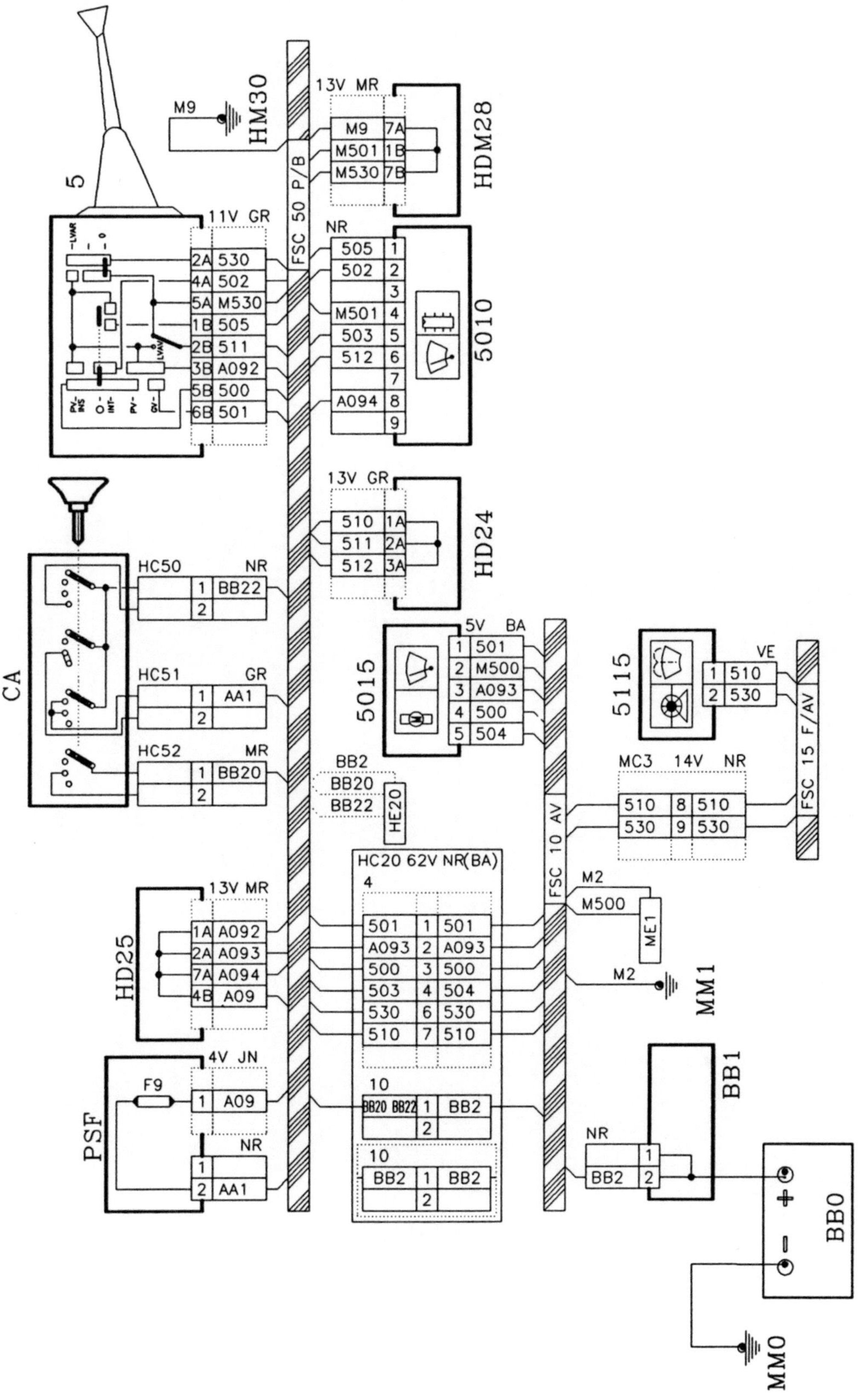

HM30
M9
FSC 50 P/B
13V MR
M9 7A
M501 1B
M530 7B
HDM28
5
11V GR
2A 530
4A 502
5A M530
1B 505
2B 511
3B A092
5B 500
6B 501
NR
505 1
502 2
3
M501 4
503 5
512 6
7
A094 8
9
5010
13V GR
510 1A
511 2A
512 3A
HD24
CA
HC50 NR
1 BB22
2
HC51 GR
1 AA1
2
HC52 MR
1 BB20
2
5015
5V BA
1 501
2 M500
3 A093
4 500
5 504
5115
VE
1 510
2 530
FSC 15 F/AV
BB2
BB20
BB22
HE20
MC3 14V NR
510 8 510
530 9 530
FSC 10 AV
HC20 62V NR(BA)
4
501 1 501
A093 2 A093
500 3 500
503 4 504
530 6 530
510 7 510
M2
M500
ME1
M2
MM1
HD25
13V MR
1A A092
2A A093
7A A094
4B A09
PSF
4V JN
F9
1 A09
NR
1
2 AA1
10
BB20 BB22 1 BB2
2
10
BB2 1 BB2
2
BB1
NR
1
BB2 2
BB0
MM0

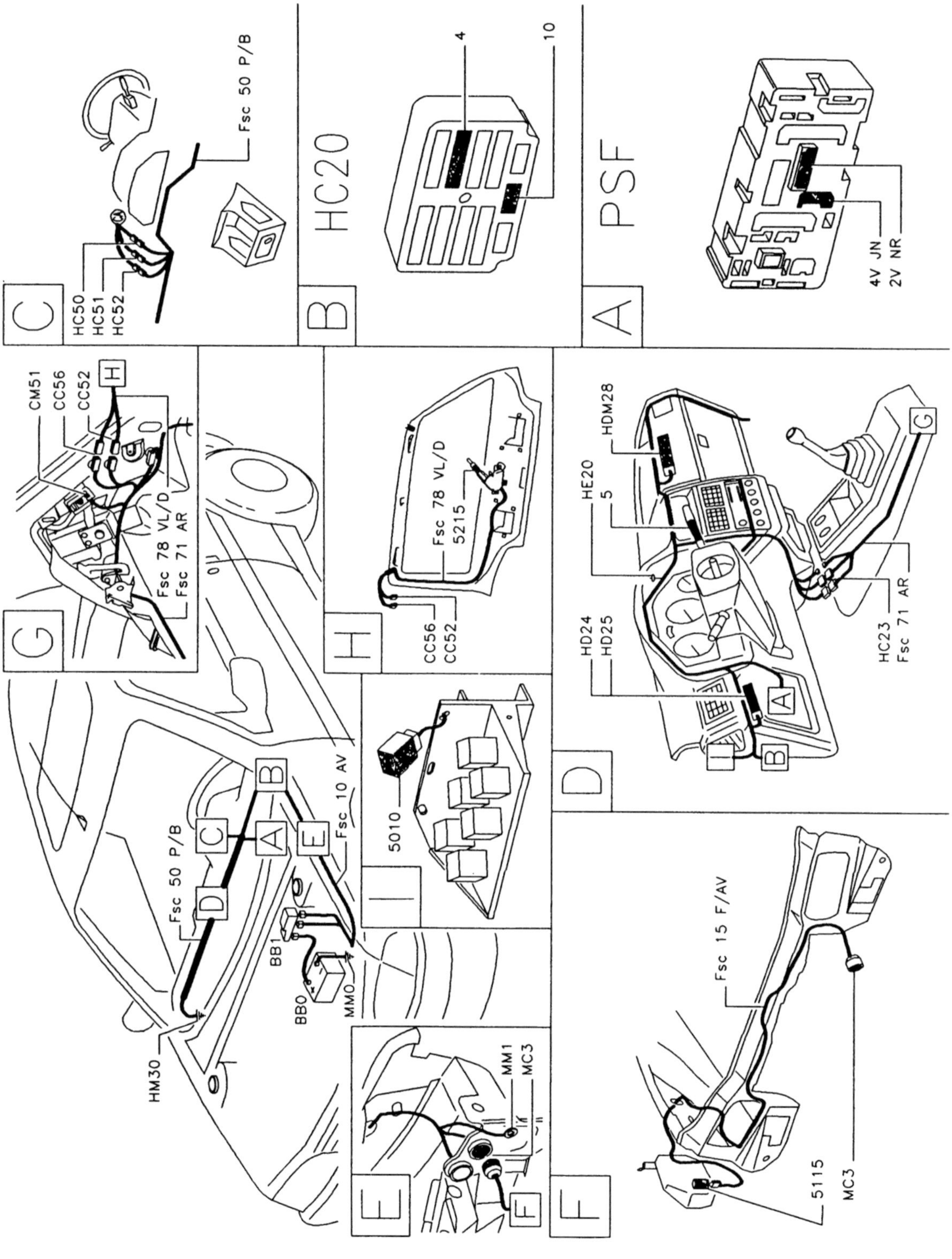
C
HC50
HC51
HC52
Fsc 50 P/B
B
HC20
4
10
A
PSF
4V JN
2V NR
G
CM51
CC56
CC52
H
Fsc 78 VL/D
Fsc 71 AR
H
CC56
CC52
Fsc 78 VL/D
5215
D
HE20
5
HDM28
HD24
HD25
HC23
Fsc 71 AR
A
B
G
I
5010
Fsc 50 P/B
C
A
B
D
E
Fsc 10 AV
BB1
BB0
MM0
HM30
E
MM1
MC3
F
F
Fsc 15 F/AV
5115
MC3

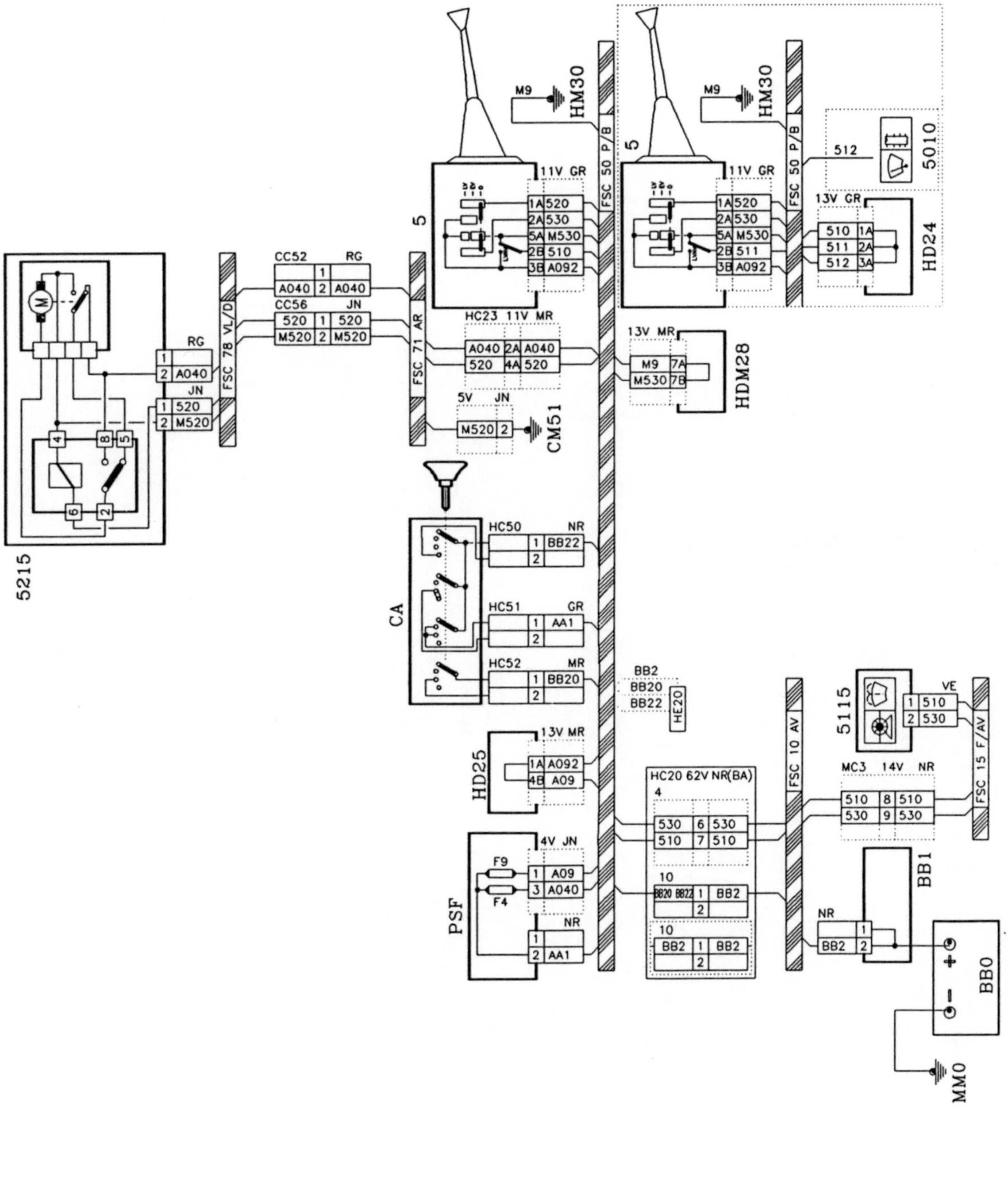
5215
FSC 78 VL/D
CC52 RG
A040 2 A040
CC56 JN
520 1 520
M520 2 M520
FSC 71 AR
HC23 11V MR
A040 2A A040
520 4A 520
5V JN
M520 2
CM51
5
11V GR
1A 520
2A 530
5A M530
2B 510
3B A092
FSC 50 P/B
M9
HM30
HDM28
13V MR
M9 7A
M530 7B
511
512
5010
13V GR
510 1A
511 2A
512 3A
HD24
CA
HC50 NR
1 BB22
HC51 GR
1 AA1
HC52 MR
1 BB20
BB2
BB20
BB22
HE20
HD25
13V MR
1A A092
4B A09
PSF
4V JN
F9
F4
1 A09
3 A040
NR
2 AA1
HC20 62V NR(BA)
530 6 530
510 7 510
BB20 BB22 1 BB2
BB2 1 BB2
FSC 10 AV
5115
VE
1 510
2 530
FSC 15 F/AV
MC3 14V NR
510 8 510
530 9 530
BB1
NR
BB2 2
BB0
MM0

P-7035